Janus Cornarius
et la redécouverte d'Hippocrate
à la Renaissance

DE DIVERSIS ARTIBUS

COLLECTION DE TRAVAUX
DE L'ACADÉMIE INTERNATIONALE
D'HISTOIRE DES SCIENCES

COLLECTION OF STUDIES
FROM THE INTERNATIONAL ACADEMY
OF THE HISTORY OF SCIENCE

DIRECTION
EDITORS

EMMANUEL POULLE (†)
ROBERT HALLEUX
JAN VANDERSMISSEN

TOME 95 (N.S. 58)

BREPOLS

Janus Cornarius et la redécouverte d'Hippocrate à la Renaissance

Textes de Janus Cornarius édités et traduits
Bibliographie des éditions cornariennes

Marie-Laure Monfort

BREPOLS

COMITE SLUSE

Publié avec le soutien de la Région Wallonne.

© 2017, Brepols Publishers n.v., Turnhout, Belgium.

All rights reserved. No part of this publication may be reproduced, stored in a retrieval system, or transmitted, in any form or by any means, electronic, mechanical, photocopying, recording, or otherwise
without the prior permission of the publisher.

D/2017/0095/246

ISBN 978-2-503-53803-7

e-ISBN 978-2-503-56225-4

DOI 10.1484/M.DDA-EB.5.106707

Printed in the EU on acid-free paper.

*À la mémoire de mon père
Louis Monfort*

Introduction

Le nom de Janus Cornarius est aujourd'hui à peu près inconnu. Il n'apparaît pour ainsi dire jamais dans les ouvrages consacrés à la Renaissance ou à l'histoire médicale et figure seulement dans les grandes biographies de référence et dans quelques travaux très spécialisés portant sur la transmission de la médecine grecque ou de Pères de l'Église comme Basile de Césarée. Attribué par un maître peu inspiré à un certain Johann Haynpol, fils de cordonnier, né vers 1500 à Zwickau en Saxe, mort à Iéna en 1558 comme premier Doyen de la Faculté de médecine, ce nom d'humaniste mal choisi est d'ailleurs parfois noirci à la main ou laissé en blanc dans plusieurs imprimés du XVIe siècle, comme si son inscription dans les livres transgressait un interdit pour nous mystérieux et qui aurait en somme prolongé ses effets jusqu'à nos jours. Janus Cornarius Zuiccauiensis est pourtant l'auteur de la traduction néo-latine d'Hippocrate la plus diffusée à la Renaissance, d'une remarquable fidélité au texte, et qui devait contribuer, comme nous l'apprend son dernier discours *In dictum Hippocratis 'Vita breuis, ars vero longa'*, à faire que « la vie ne soit pas courte et l'art long, comme l'a dit Hippocrate, mais tout au contraire, que l'art soit court et agréable, mais que la vie soit longue », autrement dit une traduction établie dans l'espoir de servir d'abord et avant tout le progrès médical, car il ajoutait avec insistance « non seulement la nôtre, mais aussi celle de ceux qui, libérés par notre activité, si Dieu le veut, des maladies aiguës et des longues maladies, mèneront une longue vie dans le futur »[1]. Il n'est pas insignifiant que l'orateur ait pensé d'abord aux maladies, de préférence à toutes les autres pathologies.

La première diffusion ou vulgarisation des écrits hippocratiques en Europe occidentale au début de l'époque moderne fut l'œuvre d'un petit nombre de savants et demanda près d'une quarantaine d'années, comprises entre *ca.* 1510, époque à laquelle Marco Fabio Calvo de Ravenne, un ami et collaborateur de

---

1. *Sur le dit d'Hippocrate 'La vie est courte, mais l'art est long'*, prononcé à Iéna en 1557, n° 43 de la *Bibliographie des éditions cornariennes,* désormais BEC, donnée en Annexe II p. 476, édité ci-dessous p. 449-462. Thème évoqué dans V. Nutton, « Hippocrates in the Renaissance » dans *Die hippokratischen Epidemien : Verhandlungen des* Vème Colloque international hippocratique, G. Baader et R. Winau (éds.), Berlin, 1984, 420-439, et également abordé dans Th. Rütten, « Hippocrates and the Construction of 'Progress' in Sixteenth- and Seventeenth-Century Medicine » dans *Reinventing Hippocrates*, D. Cantor (éd.), Aldershot, 2002, 37-58.

Raphaël, entreprend une première traduction latine, peu aisée, des manuscrits grecs d'Hippocrate arrivés de Constantinople à Venise, publiée à Rome en 1525, et 1546, l'année où paraît chez Froben à Bâle la nouvelle version latine de Janus Cornarius, plus lisible que celle de Calvus, préparée par l'édition *princeps* grecque de ces manuscrits byzantins réalisée dans l'officine des Aldes à Venise en 1526, puis sa réédition, en 1538 chez Froben, corrigée par Janus Cornarius. Si cette vulgarisation d'Hippocrate a bien lieu dans le mouvement général de diffusion de la culture orientale que l'on désigne communément par le nom d'Humanisme, elle n'en porte pas moins à la connaissance du plus grand nombre une toute nouvelle approche de la médecine, à caractère révolutionnaire. Nous avons en France un signe bien connu de cet événement paradoxal à travers l'œuvre provocatrice de Rabelais, qui appelle à la critique radicale des institutions savantes et commence, on le sait, par une édition grecque des *Aphorismes* d'Hippocrate. Mais on connaît encore mal l'incidence de la redécouverte d'Hippocrate à la Renaissance sur l'organisation générale du savoir médical, qui vole en éclats dès cette époque avec la remise en cause de la théorie humorale héritée de Galien sur laquelle s'appuyait la compréhension des maladies, et la construction du modèle infectieux encore prédominant dans le raisonnement médical actuel[2]. Or l'histoire de ce changement de paradigme est en partie lisible à travers ces quelques épisodes de la diffusion moderne d'Hippocrate, si l'on accepte de s'arrêter aux détails parfois microscopiques de l'histoire toujours lacunaire des textes, et de les situer par rapport aux très vastes perspectives, parfois artificielles, de celle des sciences. Le paradoxe caractérisant la redécouverte d'Hippocrate à la Renaissance tient au fait que son acteur principal, Janus Cornarius, a cherché et trouvé dans les écrits du Père de la médecine, dont les plus anciens remontent au Ve siècle avant JC, les bases théoriques rendant possible l'édification de la médecine moderne. Tel est le principal sujet de cette étude.

Les éditions hippocratiques au XVIe s. sont fort nombreuses. La bibliographie de référence de G. Maloney et R. Savoie en recense 621 depuis les débuts de l'imprimerie jusqu'en 1599[3]. Mais la plupart ne sont que des rééditions de quelques premières éditions significatives, parmi lesquelles on a pu vouloir distinguer schématiquement un versant arabo-médiéval, représenté principalement par les recueils intitulés *Articella* divulguant des traductions latines médiévales effectuées en général à partir de versions arabes du texte grec, et une tradition néo-latine caractérisée par l'utilisation directe de sources

---

2. B. Quilliet, *La tradition humaniste. VIIIe siècle av. J.-C. – XXe siècle apr. J.-C.*, Paris, 2002, 233-336 ; J.-L. Casanova, *La théorie génétique des maladies infectieuses*. Article mis en ligne le 26 avril 2009 sur http://www.canalacademie.com ; J.-L. Casanova, C. Fieschi, S.-Y. Zhan et L. Abel, « Revisiting human primary immunodeficiencies », *Journal of internal medicine* 264 (2008), 115-127.

3. G. Maloney et R. Savoie, *Cinq cents ans de bibliographie hippocratique : 1473-1982*, St Jean-Chrysostome Québec, 1982. (= MS).

grecques d'origine byzantine accessibles à la fin du *Quattrocento*[4]. Mais les recherches actuelles montrent que ces deux traditions se côtoient et s'entremêlent, de sorte qu'il est plus juste distinguer les étapes de la redécouverte d'Hippocrate à la Renaissance d'abord selon le critère de la langue, puis d'après l'étendue du texte diffusé. Avant 1526, date de parution de la première édition grecque d'Hippocrate imprimée chez les Aldes à Venise, qui se veut intégrale, les traités hippocratiques imprimés ne peuvent être connus du monde savant ouest-européen qu'à travers un texte latin, et le nombre de ces traités ne dépasse guère la dizaine jusqu'à la publication à Rome en 1525 de la traduction latine de Calvus de Ravenne annonçant un total de 82 traités[5].

Le titre générique *Articella*, qui est à comprendre comme un diminutif d'*ars*, sous-entendu *medica*, fut attribué à un recueil des textes médicaux canoniques imprimés dans un ordre presque toujours identique à partir de *ca*. 1476, comprenant d'abord les traductions latines, effectuées à partir de l'arabe, des trois traités hippocratiques *Aphorismes, Pronostic* et *Régime dans les maladies aigües*, généralement attribuées, mais en partie à tort, au moine carthaginois Constantin l'Africain († 1087), traités précédés d'une *Isagogè* ou *Introduction* à l'*Art médical* de Galien de Johannitius (Hunain ibn Isaac, 810-873), ainsi que d'un *De pulsibus* et d'un *De urinis* attribués à un certain Théophile dit le Protospathaire (sans doute du IXe s.), ensemble suivi d'une traduction de l'*Art médical* avec un commentaire d'Ali Ibn–Ridwan (998-1068) ; puis une deuxième *Articella* ajoute en 1483 la traduction d'*Épidémies* VI par Bartholomée de Messine, actif entre 1258 et 1266, d'après les commentaires de Johannes Alexandrinus, actif entre 530 et 650, et celle du traité *Nature de l'enfant*, sans

---

4. Pour les *Articelle* antérieures à 1500, voir le catalogue collectif des incunables *Gesamtkatalog der Wiegendrucke – Staatsbibliothek zu Berlin Preußicher Kulturbesitz* (= GW) consultable en ligne, s. v. *Articella* n° 02678-0268310N. Sur la constitution de cette tradition arabo-latine, qui commence avec la tradition syro-arabe du canon médical alexandrin comportant 16 traités de Galien et 4 traités hippocratiques (*Aphorismes, Pronostic, Régime dans les maladies aigües* et *Airs, eaux, lieux*), l'essentiel est exposé par G. Strohmaier, « La tradition hippocratique en latin et en arabe », dans *Le latin médical. La constitution d'un langage scientifique*, G. Sabbah (éd.), Saint-Étienne, 1991, 27-39 ; voir aussi, concernant les *Articelle*, la bibliographie récente donnée dans F. Wallis, « 12th Century Commentaries on the *Tegni*. Bartholomaeus of Salerno and Others », dans *L'Ars Medica (Tegni) de Galien. Lectures antiques et médiévales*. N. Palmieri (éd.), Saint-Étienne, 2008, 128 n. 1, et en priorité P. Kibre, *Hippocrates Latinus. Repertorium of Hippocratic writings in the Latin middle-ages*, rev. ed., New-York, 1985. Les études les plus récentes confirment l'hypothèse d'une traduction à partir du grec de plusieurs textes des *Articelle*, voir en particulier les trois articles de N. Palmieri, « Elementi 'presalernitati' nell'Articella : la Translatio antiqua dell'Ars medica, detta Tegni », *Galenos* 5, 2011, 43-70, « La translatio antiqua degli Aforismi di Ippocrate e la tradizione presalernitana », *Galenos* 6, 2012, 65-101, et « I traduttori greco-latini dell'Articella e i loro lettori », *Galenos* 8, 2014, 13-33. Pour les références des traités hippocratiques mentionnés, voir la bibliographie générale ci-dessous p. 488-489.

5. Ἅπαντα τὰ τοῦ Ἱπποκράτους. *Omnia opera Hippocratis*, Venise, Aldes, 1526, Göttingen SUB 4° Cod. mss. hist. nat. 3 ; *Hippocratis ... octaginta volumina ... per M. Fabium Calvum Rhavennatem ... latinitate donata ...* Rome, Franciscus Minutius Calvus, 1525, Montpellier BIUM Ea 10.

doute du même traducteur, ainsi que celle de *Loi* par Arnaud de Villeneuve (1238-1311/13), et celle du *Serment* par Petrus Paulus Vergerius (1370-1444)[6].

Mais dès 1481, les traductions réalisées à partir du grec par le Padouan Andreas Brentius ou Brenta, mort en 1484, font aussi connaître d'abord *De insomniis* ou *Régime* IV, puis *Nature de l'homme, Régime* et *De l'art*, ainsi que de nouvelles versions de *Loi* et *Serment*[7]. À cette dizaine de traités hippocratiques imprimés en version latine, il faut ajouter la tradition des *Lettres* et des autres écrits pseudo-hippocratiques également diffusés dès les débuts de l'imprimerie, parmi lesquels on signalera une édition grecque vénitienne des *Lettres* 11 à 20 dès 1499, et quatre autres éditions incunables latines partielles antérieures à celle de Calvus, dont la célèbre Lettre 17 *Sur la folie de Démocrite* dès 1480 à Augsbourg, ainsi que quelques autres textes pseudo-hippocratiques de la tradition manuscrite latine[8]. La disponibilité de ces textes imprimés n'est pas nécessairement beaucoup plus grande que celle des manuscrits grecs ou latins, et ces derniers livrent une tradition médiévale rien moins que linéaire, dont l'étude, toujours en cours, révèle l'utilisation de modèles grecs plus fréquente qu'on ne l'a cru longtemps pour la période médiévale[9]. Janus Cornarius affirme, dans la lettre dédicace de son édition de 1546, qu'à l'époque de ses études de médecine, achevées vers 1523, il ne connaissait d'Hippocrate que les récentes traductions néo-latines de Leonicenus pour les

---

6. GW 02678 (Padoue *ca.* 1476), et GW 02679 (Venise 1483), BIU Santé Paris 129, en ligne ; sur les problèmes que pose l'attribution de la traduction des *Aphorismes* à Constantin l'Africain, voir C. Magdelaine, « La *translatio antiqua* des *Aphorismes* d'Hippocrate », dans *I testi medici greci. Tradizione e ecdotica*, A. Garzya et J. Jouanna (éds.), Napoli, 1999, 349-361 ; sur Théophile voir RE V A, 2 Sp. 2148-2149, W. Wolska-Conus, « Stéphanos d'Athènes (d'Alexandrie) et Théophile le Prôtospathaire, commentateurs des *Aphorismes* d'Hippocrate sont-ils indépendants l'un de l'autre ? », *Revue des études byzantines* 47 (1989), 5-89, suivi de « Les sources des commentaires de Stéphanos d'Athènes et de Théophile le Prôtospathaire aux *Aphorismes* d'Hippocrate », *Revue des études byzantines* 54 (1996), 5-66 et enfin I. Grimm-Stadelmann, *Theophilos. Der Aufbau des Menschen*, Diss., München, 2008 ; sur *Épidémies VI*, voir *Epidemie libro sesto*, a cura di D. Manetti e A. Roselli, Firenze, 1982, LXII, et D. C. Pritchet, *Iohannis Alexandrini commentaria in sextum librum Hippocratis Epidemiarum*, Leiden, 1975 ; sur Bartholomée de Messine voir J. Jouanna, *Hippocrate, La Nature de l'homme*, CMG I 1,3, Berlin, 1975, 129, ainsi que F. Giorgianni, « Bartolomeo da Messina traduttore del De natura pueri ippocratico » dans *Il bilinguismo medico fra tardoantico e medioevo*, A. M. Urso (éd.), Messina, 2012, 149-164.

7. GW 12479 et GW 12780 (Rome *ca.* 1481) pour les premières éditions des traductions de Brenta ; sur l'ensemble des traductions latines, voir J. Jouanna, « Remarques sur la valeur relative des traductions latines pour l'édition des textes hippocratiques », dans *Le latin médical. La constitution d'un langage scientifique*, G. Sabbah (éd.), Saint-Étienne, 1991, 11-26.

8. Voir T. Rütten, *Demokrit-lachender Philosoph und sanguinischer Melancholiker. Eine pseudohippokratische Geschichte*, Leiden, 1992, 223-225.

9. Voir G. Baader, « Die Tradition des Corpus Hippocraticum im europäischen Mittelalter », dans *Die hippokratischen Epidemien : Verhandlungen des* Vème Colloque international hippocratique, G. Baader et R. Winau (éds.), Sudhoffs Archiv, Beiheft 27, Berlin, 1984, 409-419, et plus récemment par exemple K.-D. Fischer, « Neues zur Überlieferung der lateinischen *Aphorismen* im Frühmittelalter », *Latomus* 62, 1 (2003), 156-164, ainsi que G. Sabbah, P.-P. Corsetti et K.-D. Fischer, *Bibliographie des textes médicaux latins. Antiquité et Haut Moyen Âge*, Saint-Étienne, 1987, 94-107 ; et K.-D. Fischer, *Bibliographie des textes médicaux latins. Antiquité et Haut Moyen Âge. Premier supplément 1986-1999*, Saint-Étienne, 2000, 86-99.

Aphorismes du commentaire de Galien, *Galeni in Hippocratis aphorismos commentarius* (MS 53, Ferrare 1509), et celles de Guillaume Cop pour *Pronostic* et *Régime des maladies aigües* (MS 55, 1511), autrement dit les nouvelles traductions des trois premiers traités divulgués par les *Articelle*[10]. Nicolaus Leonicenus (1428-1524), professeur padouan et ferrarais à la longévité exceptionnelle, puis dans la génération suivante le médecin bâlois Guillaume Cop (1471-1532), médecin personnel du roi de France François Ier à partir de 1530, sont avec Andreas Brentius les premiers traducteurs néo-latins d'Hippocrate, dont les traductions seront d'ailleurs reprises à titre d'hommage dans une réédition de Calvus réalisée par l'imprimeur Cratander à Bâle en 1526 (MS 100, BIU Santé Paris 22), quand paraît l'édition *princeps* grecque, un an après celle de Galien, qui livrait déjà des commentaires hippocratiques absents des éditions antérieures.

Les vingt premières années du XVIe s. avaient aussi vu paraître en Europe diverses éditions partielles comme un *Hippocratis De praeparatione hominis ad Ptolemaeum regem* traduit par Reuchlin, publié à Tübingen en 1512, et plusieurs traductions de lettres pseudo-hippocratiques, tandis qu'à la même époque, en France, Symphorien Champier (1472-1535), Lyonnais médecin de Charles VIII et Louis XII, auteur d'une *Vita Arnaldi de Villanova* (1520) aussi bien que d'une *Vita Mesuae* (1523), publie dès 1516 une *Epitome commentariorum Galeni in libros Hippocratis*, dont il est difficile de dire sur quels textes elle se fonde, et que François Rabelais (1483/94-1553) édite en 1532 à Lyon un texte grec des *Aphorismes* différent de celui déjà diffusé depuis 1526 par l'aldine, et sans doute le premier texte médical grec jamais imprimé en France[11]. En Italie mentionnons aussi Ugo Benzi (1376-1439), arrivé à Padoue en 1420, dont une *In Aphorismos Hippocratis et commentaria Galeni, resoluta expositio* est publiée en 1498 (MS 31), avant même que ne paraisse l'édition de Leonicenus, ainsi que Georges Valla de Plaisance, professeur de rhétorique à Venise en 1481, traducteur d'un traité sur la fièvre alors attribué à Alexandre d'Aphrodise (MS 69), ou encore les traductions du *De*

---

10. Sur ces éditions voir S. Fortuna, « Niccolò Leoniceno e la traduzione latina dell'*Ars medica* di Galeno », dans *I Testi medici greci. Tradizione e Ecdotica*, A. Garzya et J. Jouanna (éds.), Napoli, 1999, 157-173 et « Wilhelm Kopp possessore del Par. gr. 2254 e 2255 ? Ricerche sulla sua tradizione del *De victus ratione in morbis acutis* di Ippocrate », *Medicina nei secoli*, N. S. 13 (1) (2001), 47-57. Sur l'influence de Leonicenus, voir l'étude fondamentale de W. F. Edwards, « Nicolo Leoniceno and the Origins of the Humanist Discussion of Method », *Philosophy and Humanism, Renaissance Essays in Honor of Paul Oskar Kristeller,* ed. by E. P. Maloney, Leiden, 1976, 283-305.

11. Voir J. Benzing, *Bibliographie der Schriften Johannes Reuchlins im 15. und 16. Jahrhundert*, Bad Bocklet, 1955, n° 116 et 117 et *Hippocratis epistola ad regem Ptolemaeum de hominis fabrica* publiée dans *Anecdota medica Graeca*, F. Z. Ermerins (éd.), Leyde, 1840, p. 277-297 ; une brève et discrète communication, remarquablement documentée, de J. Roger, « La situation d'Aristote dans l'œuvre de Symphorien Champier », dans *Actes du colloque sur l'Humanisme lyonnais au XVIe siècle* (mai 1972), Grenoble, 1974, 41-51, attire l'attention sur ce personnage. Sur l'édition de Rabelais, voir ci-dessous p. 103-112.

flatibus par François Philelphe et Constantin – ou plus probablement Janus – Lascaris diversement publiées à partir de 1525[12].

La traduction latine de Marcus Fabius Calvus de Ravenne qui paraît à Rome en 1525 (MS 92) offrit donc tout d'un coup à la majorité des *studiosi* la pure révélation de 82 livres d'Hippocrate auparavant inconnus à l'exception de ceux qui viennent d'être mentionnés. Marco Fabio Calvo (ca. 1440-1527), qui trouvera la mort au cours du sac de Rome, est un antiquaire passionné d'architecture auquel on doit le premier plan de la Rome antique, un collaborateur de Raffaello Sanzio pour lequel il traduit en italien le *De architectura* de Vitruve, et sa personnalité est rapidement dépeinte, dans une lettre de Celio Calcagnini à Ziegler citée par Littré et datant de *ca.* 1519, comme celle d'un pythagoricien végétarien d'une grande sagesse. On pense qu'il a fondé sa traduction d'Hippocrate, à laquelle il aurait travaillé de 1510 à 1515, sur plusieurs manuscrits qui ne sont pas tous identifiés[13]. Son exemplaire de travail, *Vaticanus gr.* 278, fut copié par ses soins en 1512 sur *Vat. gr.* 277 (R), lui-même descendant de *Marcianus gr.* 269 (M)[14]. Cette traduction de Calvus traîne à travers la littérature spécialisée de ce temps une réputation d'obscurité à certains égards justifiée, mais offre aussi, au-delà de la pratique de la double traduction jugée usuelle dans les textes médicaux, un certain charme né de l'emploi systématique de tout l'éventail des mots latins susceptibles de correspondre au terme grec accessoirement translittéré dont la dénotation n'est pas sûre, et représente de ce fait un état de l'interprétation hippocratique d'une incontestable valeur archéologique. Plusieurs analyses récentes ont en effet montré ce que la prudence de Calvus avait eu de conservatoire, puisqu'elle a aussi préservé des traces parfois irremplaçables de bonnes leçons manuscrites et de lectures dont on peut encore s'inspirer avec fruit[15]. Les successeurs de Calvus devront d'ailleurs ponctuellement et à maintes reprises reconnaître malgré tout leur dette à son égard, même si sa traduction n'apportait en somme, notamment par son

---

12. DBDI 8, 720-723 ; MS 58, 64, 73, 93 ; la traduction de Valla est reproduite dans Ps. Alessandro d'Afrodisia, *Trattato sulla febbre*, ed. crit., trad. e com. P. Tassinari, 1994.

13. DBDI, 43, 723-727 ; extrait de la lettre de Calcagnini citée par Littré I, 542 ; *Antiquae urbis Romae cum regionibus simulachrum Calvo Marco Fabio auctore*, Rome 1527.

14. D'après A. Rivier, *Recherche sur la tradition manuscrite du traité* De morbo sacro, Bern, 1962, 144-150. Analyse un peu différente dans Th. Rütten, « The Melancholia-Author Rufus in the Psychopathological Literature of the (Early) Modern Period », dans P. Pormann (éd.), *Rufus of Ephesus. On Melancholy*, Tübingen, 2008, 245-262, n. 55-57, qui donnent comme modèle *Vaticanus gr.* 277 corrigé par les *Vaticani* 276 et 278. Voir aussi voir I. Mazzini, « Manente Leontini, Übersetzer der hippokratischen Epidemien (cod. Laurent. 73, 12). Bemerkungen zu seiner Übersetzung von Epidemien Buch 6 », dans *Die hippokratischen Epidemien : Verhandlungen des* Vème *Colloque international hippocratique*, G. Baader et R. Winau (éds.), Berlin, 1989, 312-320, 312 n. 2 pour la bibliographie sur Calvus.

15. L'article d'I. Mazzini cité dans la note précédente insiste sur le caractère pionnier de cette traduction, qui explique ses très nombreuses fautes, et le recours à la double traduction ; pour une évaluation des leçons de Calvus, voir M.-L. Monfort, « Les traités hippocratiques *Épidémies V* et *VII* dans le texte de la vulgate », *Würzburger medizinhistorische Mitteilungen* 20 (2001), 123-140.

lexique pour le moins ouvert, qu'une masse considérable d'obscurités nouvelles.

L'édition *princeps* de la collection hippocratique est donnée par Francesco Toresani d'Asola, petit-fils d'Alde Manuce (Aldus Manutius 1449-1515), également responsable de l'édition *princeps* de l'aldine de Galien en 5 volumes, de 1525, et cette aldine d'Hippocrate sera le principal outil de travail de Janus Cornarius, qui la découvre seulement à la fin de l'année 1528 dans la bibliothèque de l'imprimeur bâlois Hieronymus Froben, et la reproduit dans son édition de 1538 en la corrigeant abondamment sur l'exemplaire que lui donne son imprimeur, et qui est aujourd'hui conservé à Göttingen[16]. Une étude de Paul Potter publiée en 1998 indique, à partir de l'étude des corrections que portent les manuscrits en jeu, que le texte grec imprimé en 1526 provenait du manuscrit *Parisinus gr.* 2141 (G) pour la plus grande partie du corpus, sauf pour une douzaine de traités absents de G donnés notamment par *Holkhamensis gr.* 92 (282) (Ho) et par *Parisinus gr.* 2253 (A), et montre que l'imprimeur vénitien a aussi utilisé les citations d'Hippocrate, ou lemmes, de sa propre édition de Galien pour *Fractures*, absent de ces manuscrits[17].

La tradition manuscrite de la Collection hippocratique pose bien des problèmes. Les ouvrages de référence en ce domaine sont toujours le catalogue établi par Hermann Diels en 1905, et le classement donné en 1887 par Johann Ilberg invitant ses successeurs à distinguer, pour les manuscrits offrant un grand nombre de traités, deux grandes collections dites *Marciana* et *Vaticana*, parce que respectivement transmises par le manuscrit byzantin *Marcianus gr.* 269 (M), en possession de la *Biblioteca Marciana* sans doute depuis la mort de son possesseur, le cardinal Bessarion, en 1472, et par *Vaticanus gr.* 276 (V), originaire d'Italie du Sud d'après J. Irigoin, mais ces deux manuscrits, censés refléter un corpus de 60 livres ou traités mentionné pour la première fois au Xe s. sous le nom de ἑξηκοντάβιβλος dans la *Souda* (*Suidae lexicon s.v.* Ἱπποκράτης, Adler II, 662-663), transmettent en réalité des textes d'origine hybride, qui n'ont été constitués en collection que récemment, bien qu'à plusieurs reprises le témoignage des papyrus démontre l'ancienneté des sources

---

16. Ἅπαντα τὰ τοῦ Ἱπποκράτους. *Omnia opera Hippocratis*, Venise, Aldes, 1526, ÜB Göttingen 4° Cod. mss. hist. nat. 3. Sur Alde Manuce, voir M. Lowry, *Le monde d'Alde Manuce. Imprimeurs, hommes d'affaires et intellectuels dans la Venise de la Renaissance*, trad. par S. Mooney et F. Dupuigrenet Desroussilles, Paris, 1989.

17. Les aldines de Galien et d'Hippocrate numérisées sont accessibles sur le site medic@ de la BIU Santé-Paris V et l'exemplaire personnel de l'aldine de Galien ayant appartenu à Cornarius, richement annoté de sa main, l'est désormais aussi sur le site de la ThULB Jena ; sur les diverses hypothèses concernant la provenance du texte de l'aldine d'Hippocrate, voir A. Rivier, *Recherche sur la tradition manuscrite du traité De morbo sacro*, Bern, 1962, 150-152, et J. Jouanna, *Hippocrate. Airs, eaux, lieux*, Paris, 1996, 155 n. 304 ; P. Potter, « The *editiones principes* of Galen and Hippocrates and their relationships », dans *Text and Tradition. Studies in ancient medicine and its transmission presented to Jutta Kollesch*, K.-D. Fischer, D. Nickel and P. Potter (éds.), Leiden, 1998, 243-261.

utilisées par les copistes[18]. Mais quoi qu'il en soit, il nous est très difficile de savoir jusqu'à quel point les érudits médecins du XVIe s. ont pu avoir connaissance de ces faits ou en deviner l'un ou l'autre aspect.

Les principaux médecins érudits contemporains de Janus Cornarius se rencontrent dans tous les cercles, y compris celui des néo-platoniciens[19]. Plusieurs d'entre eux sont explicitement ou tacitement utilisés, critiqués ou approuvés dans son œuvre, et il suit lui-même très attentivement l'avancement ou les régressions de la théorie médicale à travers les publications de Jacques Dubois, Girolamo Fracastoro, Leonhard Fuchs, Jean Fernel ou Agostino Gadaldini, et de surcroît collabore ou est en contact avec des personnages majeurs de l'histoire des sciences tels que Conrad Gessner (ou Gesner) et André Vésale, et fait régulièrement allusion aux contributions d'Erasme et de Melanchthon à la gloire d'Hippocrate, mais pas une fois il ne cite Paracelse[20]. Si l'absence de ce dernier nom qui symbolise souvent dans les histoires médicales l'avancée théorique la plus audacieuse de toute la Renaissance médicale, et si l'impossibilité de trouver la moindre allusion à ses travaux dans l'œuvre intégrale de Janus Cornarius constitue pour nous une énigme, la multiplication récente d'études portant sur l'activité des médecins érudits contemporains fait de mieux en mieux apparaître la nature du conflit opposant les autres novateurs comme Fracastoro, Vésale ou Gessner aux néo-galénistes Dubois, Fernel ou Leonhard Fuchs (1501-1566), conflit parfois violent mais dont les enjeux scientifiques dépassent de loin ceux d'une vague et vaine querelle anti-arabiste. Fuchs publie dès 1537 à Bâle une édition bilingue commentée du livre VI des *Épidémies,* qui a sans doute connu des éditions antérieures dont on a complètement perdu la trace. Jacques Dubois (1478-1555), professeur de médecine très écouté, maître de Vésale, est l'auteur d'un *Liber de ordine et ordinis ratione in legendis Hippocratis et Galeni libris*, Paris 1541 (1539[1]),

---

18. H. Diels, *Die Handschriften der antiken Ärtze.* Teil 1 *Hippokrates und Galenos,* Berlin, 1905, BIU Santé Paris, medic@ 90841 (1905) ; *Bericht über den Stand der interakademischen Corpus medicorum antiquorum,* Berlin, 1907, BIU Santé Paris medic@ 90841 ; J. Ilberg, « Zur Überlieferung des Hippokratischen Corpus », *Rheinisches Museum* 42 (1887), 436-461 ; J. Irigoin, « Tradition manuscrite et histoire du texte. Quelques problèmes relatifs à la Collection hippocratique », dans *La collection hippocratique et son rôle dans l'histoire de la médecine*, Leiden, 1975, 3-18 ; « L'Hippocrate du cardinal Bessarion (Marcianus graecus 269 [533]) », dans *Miscellanea Marciana di Studi Bessarionei*, Medioevo e Umanesimo, 24, Padova, 1976, 161-147 ; « Le rôle des *recentiores* dans l'établissement du texte hippocratique », dans *Corpus hippocraticum*, R. Joly (éd.), Mons, 1977, 9-17 ; *Tradition et critique des textes grecs*, Paris, 1997, 191-236 ; « Le manuscrit V d'Hippocrate », dans *I testi medici greci. Tradizione e ecdotica*, Napoli, 1999, 269-283.

19. H. Hirai, « Lecture néoplatonicienne d'Hippocrate chez Fernel, Cardan et Gemma », dans *Pratique et pensée médicales à la Renaissance. 51e Colloque international d'études humanistes, Tours 2-6 juillet 2007,* Paris, 2009, 241-256.

20. Voir notamment Th. et U. Rütten , « Melanchthons Rede *De Hippocrate* », *Medizinhistorisches Journal*, 33 (1998), 19-55, et pour les relations avec Paracelse, Vésale et Harvey et leur antihippocratisme supposé, Th. Rütten, « Hippocrates and the Construction of 'Progress' in Sixteenth- and Seventeenth-Century Medicine » dans *Reinventing Hippocrates*, C. Cantor (éd.), Aldershot, 37-58, 38.

sorte d'index alphabétique des maladies et de leurs descriptions d'après Hippocrate et Galien à l'usage des étudiants, sans doute établi pour ce qui concerne Hippocrate à partir de l'aldine ou de l'édition grecque de 1538. Dubois est également l'auteur d'un commentaire *In Hippocratis elementa*, Paris, 1541, et d'un autre *In Claudi Galeni duos libros De differentiis febrium*, Paris, 1555, vraisemblablement utilisés par Janus Cornarius[21]. On connaît aussi de mieux en mieux l'œuvre de Girolamo Fracastoro (1478-1553) dont le *De sympathia* et le *De contagione* de 1546 bouleversent l'explication des maladies épidémiques, et celle d'André Vésale de Bruxelles (1514-1564), médecin de Charles Quint en 1544, dont le *De humani corporis fabrica* publié à Bâle en 1543 représente une des plus grandes dates de l'histoire médicale par sa contestation audacieuse de l'anatomie de Galien, d'autant plus éclatante qu'elle émane d'un ancien élève de Dubois[22]. On découvre aussi peu à peu l'œuvre de Conrad Gessner ou Gesnerus (1516-1565) de Zürich, fils d'un herboriste, docteur en médecine en 1541 à Bâle après un séjour à Montpellier où il rencontre l'étonnant naturaliste français Pierre Belon du Mans (1517-1564), et qui fut lui aussi un naturaliste doublé d'un bibliographe hors pair, premier éditeur de Marc Aurèle, et enfin, disons-le pour la beauté du geste, l'auteur du premier ouvrage sur la tulipe, qui mourra victime de la peste, après avoir été le collaborateur de Janus Cornarius pour une édition complète de Galien en 1549 (BEC 32), mais aussi l'éditeur en 1550 d'un Aristote fondé sur celui d'Erasme, et en 1562 d'un nouveau Galien accompagné d'une bio-bibliographie qui fait encore autorité, mais par-dessus tout inventeur de l'inestimable *Bibliotheca universalis* recensant tous les ouvrages jamais imprimés[23]. Citons enfin brièvement les noms de Girolamo Mercuriale (1530-1606) et d'Anuce Foës (1528-1596), dont les éditions d'Hippocrate parues à la fin du XVIe s. sont plus ou moins tributaires de celles de 1526 et de 1546[24]. Mercuriale, originaire

---

21. BIU Santé Paris 439(2), 439 et 60(2) ; voir A. Drizenko, « Jacques Dubois, dit Sylvius, traducteur et commentateur de Galien », dans *Lire les médecins grecs à la Renaissance*, V. Boudon-Millot et G. Cobolet (éds.), Paris, 2004, 199-208.

22. H. Cushing, *A bio-bibliography of Andreas Vesalius*, 2ème éd., Hamden-London, 1962, 68-70. L'auteur signale lui aussi comme incompréhensible l'effacement systématique du nom de Janus Cornarius dans certains exemplaires, et le présente par ailleurs assez bizarrement comme un galéniste et un opposant à Vésale, 163 ; J. Vons, *André Vésale. Résumé de ses livres sur la fabrique du corps humain*, texte et traduction par J. Vons, Introduction, notes et commentaire par J. Vons et S. Velut, Paris, 2008, Introduction VII-CXXI.

23. D'après H. Wellisch, « Conrad Gessner. A bio-bibliography », *Journal of the Society for the Bibliography of Natural History* 7, 2 (1974), 151-247, avec quelques erreurs sur l'activité de Janus Cornarius présenté comme un galéniste ; voir depuis U. B. Leu, R. Keller, S. Weidmann, *Conrad Gessner's private library*, Leiden, 2008.

24. J.-M. Agasse, *Girolamo Mercuriale. L'art de la gymnastique, Livre premier*, Paris, 2006, XXVII-XXIX ; J. Jouanna, « Foes éditeur d'Hippocrate », dans *Lire les médecins grecs à la Renaissance*, V. Boudon-Millot et G. Cobolet (éds.), Paris, 2004, 1-26 ; voir aussi A. Arcangeli et V. Nutton (éds.), *Girolamo Mercuriale. Medicina e cultura nell'Europa del Cinquecento*, Atti del Convegno « Girolamo Mercuriale e lo spazio scientifico e culturale del Cinquecento » (Forlì, 8-11 novembre 2006), Firenze, 2008, en particulier 269-300.

de Forlì et proche des milieux romain, padouan, bolognais et pisan, dont l'édition d'Hippocrate (MS 557, Venise 1588) doit à peu près tout à celle de Janus Cornarius, est le premier à tenter un classement raisonné des écrits hippocratiques indépendant de Galien, dans une *Censura et dispositio operum Hippocratis* publiée à Francfort en 1585 (MS 534). Cette tentative est éclipsée 10 ans plus tard, et sans doute injustement supplantée dans l'estime des érudits hippocratisants, par l'édition du médecin de Metz Anuce Foës (MS 595) qui corrige intégralement le grec et le latin des précédentes éditions complètes avec moins de bonheur qu'on ne l'a dit, et remanie complètement l'ordre de l'aldine à peu près conservé dans les éditions intégrales précédentes, en accompagnant le texte d'un fort intimidant appareil de notes, lui-même préfiguré dans un lexique dont il se dit l'auteur, mais susceptible de refléter des commentaires perdus de Janus Cornarius. Ce lexique, intitulé *Oeconomia Hippocratis* (MS 556), imprimé en 1588, est en réalité un ouvrage extrêmement pratique pour retrouver une citation d'Hippocrate, et deviendra à son tour, comme on le verra plus loin, une des sources implicites du néo-hippocratisme[25].

Le présent ouvrage reprend et prolonge ma thèse intitulée « L'apport de Cornarius (ca. 1500-1558) à l'édition et à la traduction de la Collection hippocratique », rédigée pour l'obtention d'un doctorat de Littérature et civilisation grecques, et soutenue en décembre 1998 à l'Université de Paris-Sorbonne Paris IV sous la direction de Jacques Jouanna, qui m'avait proposé ce sujet, et à qui je dois la découverte de ce personnage d'exception que fut Johann Haynpol de Zwickau, dont l'activité est restée à bien des égards souterraine jusqu'à aujourd'hui. La qualité de sa traduction latine d'Hippocrate publiée en 1546 et le très petit nombre de connaissances solides sur les circonstances de sa publication justifiaient amplement l'entreprise, également encouragée par le travail de Brigitte Mondrain qui a eu part elle aussi à la mise au jour de l'apport de Janus Cornarius en médecine[26]. Il y a une vingtaine d'années, quand j'ai entrepris ces recherches, la consultation d'ouvrages du XVIe siècle éparpillés dans les bibliothèques européennes, condition première de la réalisation du projet, se heurtait à des impossibilités matérielles extrêmement nombreuses et insoupçonnées, que ma formation de conservateur de bibliothèque ne suffisait pas à surmonter, contrairement à ce que j'avais cru au moment de débuter l'entreprise. Un pas décisif fut franchi, après la soutenance et au cours des deux ans que j'ai passés dans l'Unité de recherche *Médecine grecque* du CNRS alors dirigée par Jacques Jouanna, aujourd'hui composante de l'UMR 8167, quand j'ai pu lancer avec la coopération d'Henry Ferreira-

---

25. M.-L. Monfort, « L'*Oeconomia Hippocratis* de Foes », *ibid.*, 27-41.
26. B. Mondrain, « Étudier et traduire les médecins grecs au XVIe siècle. L'exemple de Janus Cornarius » dans *Les voies de la science grecque. Études sur la transmission des textes de l'Antiquité au XIXe siècle*, D. Jacquart (éd.), Genève, 1997, 391-417.

Lopes et de Guy Cobolet, début 2000, l'entreprise de numérisation des éditions anciennes d'Hippocrate en possession de la Bibliothèque Interuniversitaire de Médecine de Paris 5, aujourd'hui BIU Santé, car ce nouvel outil rendait enfin possible une comparaison effective des éditions et des leçons auparavant trop dispersées pour être physiquement confrontées dans toutes leurs nuances. En 2017, le développement massif des reproductions numérisées amène tous les jours des possibilités nouvelles de découvertes décisives, et je prie le lecteur de bien vouloir tenir compte du caractère en quelque sorte pionnier des recherches dont les résultats sont proposés dans cet ouvrage, quand deux ou trois clics lui permettent maintenant de contrôler bien des assertions parfois purement hypothétiques à l'époque de leur construction. Il est probable que ces gestes encore relativement nouveaux périment parfois telle ou telle affirmation ancienne, ce dont je ne peux bien entendu que me réjouir. À cet égard, l'heure est maintenant aux considérations méthodologiques.

La thèse de 1998 sur l'apport de Cornarius à l'édition et à la traduction d'Hippocrate rassemblait déjà des éléments bio-bibliographiques extraits pour l'essentiel des lettres dédicaces accompagnant les éditions cornariennes, et proposait quelques pistes problématiques autour de la question des manuscrits utilisés, mais permettait surtout de cerner de multiples zones d'ombre appelant davantage d'investigation et des moyens techniques appropriés. La biographie très lacunaire de Janus Cornarius, surtout concernant ses voyages de jeunesse, ses convictions face aux conflits religieux, sa proximité avec Melanchthon, ses relations avec les érudits médecins contemporains, Manardi, Fracastoro, Gesner, Vésale, Fuchs, Dubois, Fernel, Gadaldini et d'autres, sa position dans les débats médicaux pour ou contre les Arabes ou Galien ou d'autres, à quoi il faut ajouter son talent d'humoriste et sa vigueur intellectuelle sensibles à travers ses rares écrits, l'effacement parfois systématique de son nom dans de nombreux exemplaires de ses principales éditions, tout cela indiquait que la traduction d'Hippocrate à laquelle il semblait avoir consacré pratiquement toute sa vie répondait à un enjeu bien supérieur à celui de quelques coups éditoriaux, et suggérait aussi que cet enjeu énigmatique avait dû modeler dans une certaine mesure la réception de l'hippocratisme après 1546. C'est pourquoi j'avais pris la liberté de forger, peut-être un peu contre le sens ordinaire du mot, l'expression de *vulgate hippocratique* pour désigner la traduction de Janus Cornarius diffusée à partir de 1546[27]. Comme le nom de *vulgate* servait

---

27. M.-L. Monfort, « La notion de vulgate hippocratique » dans *Medical Latin from the late Middle Ages to the Eighteenth Century. Proceedings of the European Foundation Exploratory Workshop in the Humanities*, Brussels 3 and 4 September 1999, Koninklijke Akademie voor Geneeskunde von België, 2000, 53-66. Pour une signification plus juste de l'appellation de vulgate appliquée à la Bible, qui désigne aussi bien la version de Saint-Jérôme imprimée par Gutenberg vers 1452 que la nouvelle traduction latine d'Erasme de 1516, voir maintenant J.-P. Deville, « L'évolution des vulgates et la composition de nouvelles versions latines de la Bible au XVIe siècle », dans *Biblia. Les Bibles en latin au temps des Réformes*, M.-C. Gomez-Géraud (éd.), Paris, 2008, 71-106.

simplement, au premier siècle de l'imprimerie, à désigner un texte imprimé, *vulgata editio*, par opposition à ceux qui ne circulaient qu'en manuscrits, puis s'est appliqué à tout canon de fait, il paraissait pouvoir permettre de cerner autant que possible ce paradoxe éclatant formulé par Janus Cornarius dès 1527 et répété par lui en toute occasion, selon lequel la médecine du futur serait celle d'Hippocrate, ce que semblait en effet confirmer le succès de la notion de *clinique* dont Pline l'Ancien *HN* XXIX, 2, 4 attribue l'invention à Hippocrate, au cœur de ce que l'on appelle peut-être trop souvent la pensée médicale occidentale. Mais l'explication de ce paradoxe avait déjà été donnée par Janus Cornarius lui-même dans ce discours testamentaire de 1557 prononcé pour sa réception comme premier *Dekan* de l'Université de Jena, *In dictum Hippocratis Vita brevis, ars vero longa est*, discours qui en 1998 était encore considéré comme perdu par les meilleures autorités. Ce n'est qu'en septembre 2008 que j'ai enfin pu le découvrir sur le site de l'*Universitätsbibliothek* de Leipzig grâce aux progrès de l'informatisation et de la numérisation en Europe et dans l'ancienne RDA. Hippocrate permet, dit-il alors en substance dans ce discours testamentaire, de simplifier la médecine, une réponse pressentie certes, mais néanmoins solidaire d'un complexe épistémologique remontant pour une part à Aristote, cristallisé à la fin du Moyen Age autour de la querelle astrologique, et sur lequel Janus Cornarius, étudiant à Wittenberg et proche des milieux ayant suscité la publication de Copernic, avait sans doute un mot à dire, ou plus exactement à taire. Telles furent les principales étapes de la recherche dont les résultats sont exposés dans ce qui suit, avec la pleine conscience des limites et des écueils propres à un tel sujet.

La publication en latin et en traduction d'un choix de discours et préfaces de Janus Cornarius repris de la thèse et corrigés, auxquels il valait la peine d'ajouter le traité *Medicina siue medicus* de 1556 et bien sûr le discours *In dictum Hippocratis*, ainsi que la parution de la *Bibliographie des éditions cornariennes* revue et corrigée peuvent représenter, tel est mon espoir, la première étape d'une réhabilitation de Johann Haynpol, savant méconnu mais de premier ordre, qui a également traduit tout Platon, et sans doute aussi, soit dit ici en passant, fourni en son temps à son émule François Rabelais les traits les plus saillants du mystérieux Panurge. Mais l'homme réel s'était effacé sous l'œuvre.

Janus Cornarius et la vulgate hippocratique était donc le titre, assurément trop obscur, que j'avais en tête depuis 1999, et sous lequel j'ai mené à bien la réalisation de l'ensemble, comme on le sentira sans doute à maintes reprises. Je dois remercier de leurs contributions décisives à l'aboutissement de ce travail tout d'abord mon directeur de thèse et de recherches Jacques Jouanna, pour m'avoir orientée sur ce sujet et permis de travailler de 1998 à 2000 en détachement sur un poste de CR1 dans l'unité du CNRS qu'il avait créée, devenue depuis Équipe Médecine grecque, composante de l'UMR 8176 *Orient et Méditerranée*, ainsi que de séjourner à la Fondation Hardt. Je remercie également l'*Herzog August Bibliothek Wolfenbüttel* de m'avoir auparavant accueillie comme hôte, ainsi que Thomas Rütten et Leonie von Reppert-Bismarck, qui en m'ouvrant généreusement leur porte à Wolfenbüttel m'ont considérablement aidée au tout début de ma recherche. La *Bibliographie des éditions cornariennes* a été vérifiée à titre amical par Jean-Paul Laroche, bibliographe à la Bibliothèque municipale de Lyon, à qui j'exprime ma profonde gratitude, de même qu'aux bibliothécaires du Fonds Ancien, toujours attentifs et généreux. Enfin l'indéfectible soutien scientifique et l'amicale sollicitude de Klaus-Dietrich Fischer depuis près de vingt ans m'ont toujours permis de surmonter d'innombrables doutes. Je le remercie tout particulièrement d'avoir pris le temps de réviser les textes latins de Cornarius publiés dans l'*Annexe* 1, et de relire la partie de cette *Introduction* consacrée aux *Articelle*. Mais malgré tous ces appuis, et d'autres très nombreux que je n'oublie pas, mes recherches n'auraient jamais donné lieu à ce livre sans les encouragements constants de Robert Halleux, à qui je dois une reconnaissance toute particulière.

Première partie

Janus Cornarius éditeur de l'*Hippocrates togatus*

La version latine de la *Collection hippocratique* diffusée en Europe à partir de 1546, qui rend aux écrits du Père de la médecine une partie de leur clarté, est donc le fruit du travail colossal de Johann Haynpol, commencé à la fin des années 1520 dans un contexte intellectuel et politique très agité. Son but initial était de servir la médecine en rendant accessible au plus grand nombre un *Hippocrates integer Latine loquens* ou *togatus*, selon les expressions qu'il emploie dans la lettre dédicace de son édition de 1546[1]. L'ouvrage imprimé par Hieronymus Froben à Bâle connaît un succès instantané, car il est repris la même année par deux éditeurs vénitiens et deux éditeurs parisiens, et il sera continuellement réimprimé dans les années qui suivent jusqu'à la fin de la décennie 1560, et même tacitement recopié dans l'édition de Girolamo Mercuriale (Venise 1588, MS 557)[2]. Peu à peu augmenté d'un appareil d'index et de commentaires transformant la traduction de Janus Cornarius en canon de fait, cet Hippocrate latin, encore réimprimé au XVIIIe s. en tant que référence incontournable (Venise 1737-1739, MS 1252, BEC 44d), ne sera guère concurrencé en son temps que par l'édition bilingue annotée d'Anuce Foes (Frankfurt-am-Main 1595, MS 595), puis finalement remplacé par l'édition bilingue grecque et française d'Émile Littré (Paris 1839-1861, MS 1550), dont la pagination est devenue la référence hippocratique universelle. La qualité exceptionnelle de la traduction latine de Janus Cornarius, à la fois littérale et limpide, lui confère d'autant plus de valeur pour l'histoire du texte qu'elle coïncide à peu près parfaitement avec le texte et les corrections récentes du plus complet des manuscrits grecs d'Hippocrate conservés à la Bibliothèque nationale de France, et même semble-t-il dans le monde, les *Parisini Graeci* 2255 et 2254 (E et D), ce qu'ont depuis longtemps remarqué les éditeurs successifs d'Hippocrate, sans en déduire les conclusions précises que cette proximité suggère.

Une fois clair, cependant, que l'auteur de la vulgate hippocratique a tiré de son propre fonds la majeure partie des corrections qu'il introduit d'abord dans le texte grec de l'aldine puis, parfois sans aucun support grec connu, dans sa traduction de 1546, se pose la question de l'arrière-plan interprétatif qui les dicte. La biographie de Johann Haynpol contient plusieurs lacunes importantes

---

1. BEC 28, texte ci-dessous p. 349-373.
2. BEC 28a-28d. Sur l'édition de René Chartier (MS 833), voir maintenant *René Chartier (1572-1654), éditeur d'Hippocrate et Galien*, V. Boudon-Millot, G. Cobolet et J. Jouanna (éds.), Paris, 2012 ; M.-L. Monfort, « Les traductions d'Hippocrate et de Galien par Janus Cornarius dans l'édition Chartier », *ibid.* 325-342.

coïncidant avec des périodes et des lieux significatifs pour l'histoire intellectuelle renaissante. Et plus généralement, il va de soi que le contexte politico-religieux, agité par la crise qui a éclaté en 1517 à Wittenberg, où Janus Cornarius étudie à partir de l'hiver 1520-1521, une crise qui secouera comme on sait la plupart des villes et principautés germaniques pendant une quarantaine d'années, a naturellement influé sur l'idée qu'il se faisait de sa mission rénovatrice.

Chapitre I

Années de formation, années de voyage

Zwickau, ville natale de Janus Cornarius, et aussi plus tard du compositeur Robert Schumann, située à une centaine de kilomètres au Sud-Est de Leipzig, était vers 1500 une ville libre de Saxe, la Saxe elle-même se trouvant divisée, depuis le partage de Leipzig d'août 1485 qui avait eu lieu sous la tutelle du Prince électeur Ernst de Saxe, entre la principauté de Saxe ernestine et un nouveau duché, la Saxe albertine, sans Prince électeur à sa tête[1]. Leipzig, alors seule ville universitaire saxonne, était en Saxe albertine, Zwickau en Saxe ernestine. Le successeur d'Ernst en 1486 sera Friedrich der Weise (le Sage), connu pour son ralliement tardif, mais décisif parce qu'il entraîne celui de tous les Princes électeurs contre la candidature de François Ier, en faveur de l'élection de Charles Quint à la tête de l'Empire en 1519. La division de la Saxe et les positions souvent antagonistes des ducs et des princes électeurs qui se succèderont jusqu'à l'accession du duc de Saxe albertine Moritz (1521-1553) à la dignité de Prince électeur de la Saxe en 1547 seront déterminantes lors des conflits auxquels met fin, en 1555, la Paix d'Augsbourg et l'institution du principe *Cuius regio, eius religio* réglant la liberté de culte dans l'Empire[2]. Les habitants de Zwickau bénéficiaient de l'action d'une classe de notables cultivés, qui favoriseront la création d'une *trilinguis schola* en 1523, et un des plus brillants citoyens de Zwickau dans le domaine qui nous occupe est certainement Georg Agricola, né en 1494. Janus Cornarius, qui est un de ses amis, suivra ses pas à l'Université de Leipzig jusqu'au départ pour l'Italie en 1524 du futur auteur du *De re metallica*[3].

---

1. K. Czok, *Geschichte Sachsens*, Weimar, 1989, 174-207.
2. NDB 18, 141-143 ; H. Bund, *Kurfürst Moritz von Sachsen. Aufgabe und Hingabe 32 Jahre deutscher Geschichte. 1521-1553*, Hagen, 1966.
3. S. Karant-Nunn, *Zwickau in Transition, 1500-1547. The Reformation as an Agent of Change*, Columbus Ohio, 1987 ; J. Roger, « Science humaniste et pratique technicienne chez Georg Agricola », dans *L'Humanisme allemand (1480-1540). XVIIIe colloque international de Tours*, Paris, 1979, 211-220 ; R. Halleux, *Georg Agricola. Bermannus, le mineur. Un dialogue sur les mines*, texte établi, traduit et commenté par R. Halleux et A. Yans, Paris, 1990 ; NDB I, 98-100.

1. Johann Haynpol de Zwickau

La bibliographie des biographies de Janus Cornarius, comme celle des biographies médicales en général, pourrait être un sujet d'étude en soi[4]. Entre la première biobibliographie de Janus Cornarius par Petrus Albinus en 1589, et le riche article d'Otto Clemen paru en 1912, une longue suite de compilations a favorisé depuis la fin du XVIe siècle l'émergence d'une légende cornarienne dont certains éléments sont impossibles à vérifier[5]. La chose fut cependant tentée avec une remarquable rigueur critique et bibliographique par Johannes Baptista Paitonus, auteur au XVIIIe s. d'une réédition vénitienne de la traduction d'Hippocrate par Janus Cornarius, précédée d'une très utile préface dans laquelle, le fait est assez rare, il cite la plupart de ses sources, et qui contient un catalogue de toutes les précédentes éditions d'Hippocrate[6]. Le mérite des travaux intermédiaires entre les trois grands jalons de la biobibliographie cornarienne qui viennent d'être cités est cependant de conserver la trace de documents appelant une actualisation[7]. À partir du XIXe siècle, ces études, qui restent en général assez courtes, sont menées davantage dans le cadre de l'histoire d'universités particulières que dans celui de l'histoire de la médecine, et rarement au bénéfice de l'histoire de la philologie. Une chronologie établie à partir des registres des universités pour servir à l'histoire de l'université de Marburg, fondée en 1527 par Philipp de Hesse (1504-1567) sans autorisation pontificale, et considérée pour cette raison comme la première université allemande, fournit des repères d'autant plus utiles qu'il n'existe pas encore à ce jour d'histoire globale de ces institutions[8]. Au XVIe siècle cette histoire est celle de la Réforme religieuse, qui prend son départ, comme on le sait, à Wittenberg. L'influence active de Philipp Melanchthon, *praeceptor Germaniae* c'est-à-dire véritable organisateur du système scolaire allemand, est sensible dès son arrivée à Wittenberg en 1518 aux côtés de Luther et durera jusqu'à sa mort en 1560. Par ses diverses contributions à la réforme ou à la création d'établissements scolaires et universitaires, le bras droit de Luther adapte très progressivement les structures existantes aux idéaux et aux besoins à la fois humanistes et réformistes qui surgissent peu à peu durant près d'un demi siècle, et il parvient en général à surmonter les antagonismes nés de conflits religieux parfois très violents, exprimés de la façon la plus claire, dans le

---

4. Les grandes tendances de l'historiographie médicale sont exposées par M. D. Grmek, *Histoire de la pensée médicale en Occident. I : Antiquité et Moyen-Âge*, M. D. Grmek éd., Paris, 1995, 7-24.

5. P. Albinus, *Meißnische Land- und Bergchronica,* Dresden, Bergen, 1589, t. 1, 346-347 ; O. Clemen, « Janus Cornarius », *Neues Archiv für Sachsische Geschichte und Altertumkunde* 39 (1912), 36-76.

6. BEC 44c.

7. Comme par exemple J. Förstemann, O. Günther, *Briefe an Desiderius Erasmus von Rotterdam*, Leipzig, 1904.

8. F. Gundlach, *Catalogus professorum academiae Marpurgensis 1527-1910*, Marburg, 1927.

domaine qui nous intéresse, par le célèbre débat, exacerbé jusqu'à la rupture, de Luther et d'Erasme sur le libre-arbitre[9]. L'activité de Janus Cornarius est contemporaine de ces bouleversements qui ont marqué toute la production intellectuelle de ce temps. Rappelons ici que l'Université de Leipzig, la plus ancienne université saxonne, se trouve au début du XVIe siècle sous l'autorité de Georg de Saxe, érasmien anti-luthérien, et qu'elle restera d'obédience catholique jusqu'à sa mort en 1539. L'Université de Leipzig souffrira, en particulier dans les années 20, de sa rivalité avec celle de Wittenberg, elle-même fondée en 1502 par le prince électeur Friedrich de Saxe, pour compenser la perte de Leipzig, exclue de son nouveau territoire du fait des divisions rappelées précédemment[10]. De même la fondation de l'Université d'Iéna en 1558 est une conséquence des partages de la Saxe, Johann Friedrich ayant alors perdu Wittenberg en même temps que sa dignité de Prince électeur au profit de son cousin Moritz en juin 1547. Mais pour la fondation de l'Université de Marburg, comme pour la réforme de celle de Leipzig en 1539 ou pour la fondation de celle d'Iéna dix ans plus tard, Melanchthon est l'autorité que les princes consultent et le maître à penser des nouveaux professeurs[11]. Telles sont les conditions institutionnelles et politiques générales dans lesquelles Janus Cornarius a assuré, avec ou sans l'appui de ces diverses autorités successives, dédicataires alternés des lettres préfaces de ses multiples éditions, la transmission de la Collection hippocratique.

Des sources manuscrites intéressant Janus Cornarius ont été conservées dans les archives de la *Ratsschulbibliothek* de Zwickau, et ont déjà fait l'objet de publications, la plupart d'abord en appendice de l'article d'Otto Clemen, d'autres dans un article d'Uhlig de 1937, et elles sont également présentées dans la thèse de médecine de Liselotte Skernewitz, datant des années 50. D'autres témoignages directs ou indirects émanent de la correspondance de quelques personnalités notoires de l'Humanisme allemand, Erasme, Melanchthon, Julius von Pflug, la famille Amerbach, Martin Bucer etc.. La connaissance de ces sources est subordonnée à la publication ou l'accessibilité d'une littérature foisonnante, de proportions si vastes qu'on ne saurait la maîtriser qu'au terme d'une recherche collective. À cette difficulté s'ajoute celle qui surgit du fait que les diversités entités, érudits, imprimeurs, universitaires, banquiers, conseillers, princes, églises, temples et chapelles, conseils municipaux et peuples de villes impériales ou non, ralliés à la Réforme ou non, ont entretenu, comme acteurs d'une des périodes les plus riches de l'histoire allemande, des relations d'une complexité remarquable, relevant de l'interpréta-

---

9. Voir par exemple C. Augustijn, « Le dialogue Erasme-Luther dans l'Hyperaspistes II », dans *Actes du Colloque international Érasme,* Tours 1986, J. Chomarat, A. Godin et J.-C. Margolin (éds.), Genève, 1990, 171-183.

10. K. Czok, *Geschichte Sachsens*, Weimar, 1989, 180-181.

11. K. Hartfelder, *Philipp Melanchthon als* Praeceptor Germaniae, Berlin, 1889, réimp. Nieuwkoop, 1964, 417-538.

tion historienne la plus générale. Un épisode pittoresque invérifiable, relaté dans une lettre de Simon Riquinus à Erasme, datée du 1er janvier 1530, illustre la sensibilité de quelques chroniqueurs aux symboles de l'appartenance religieuse. Simon Riquinus y avertit Érasme de ce que le jeune Janus Cornarius, nouvellement arrivé à Bâle, s'était déjà fait remarquer pour son athéisme en diffusant un pamphlet blasphématoire intitulé *De crucifixo baccalaureo*, disparu des bibliothèques depuis les temps les plus anciens, mais vraisemblablement connu de Luther, qui en aurait réprouvé la teneur dans certains propos de table[12]. Il n'est pas interdit de voir dans la curiosité suscitée par l'affaire, très sensible dans le contexte allemand, un effet de l'autorité intellectuelle durable des Réformateurs luthériens visant à masquer l'appartenance de Janus Cornarius au courant réformateur catholique ultra-minoritaire, vaincu politiquement sur la scène germanique à partir de la défaite de Zwingli dont nous aurons à traiter plus loin.

Un autre thème, moins sensible, revient souvent chez les biographes, celui du patronyme allemand de Janus Cornarius et de sa traduction latine. Melanchthon a parfois corrigé en *Johannes* la forme si romaine du prénom *Janus* que l'érudit s'était donné. L'orthographe du patronyme le plus fréquemment transmis *Haynpol* étant comme souvent à cette époque laissée à l'appréciation des scripteurs, les biographes nous ont transmis une longue série de variantes telles que *Haynpöll, Hagenboth, Hampol, Hambut, Hanbut, Hanbutten, Hagenbutt*, cette dernière forme seule se rapprochant assez de l'actuel *Hagebutte* qui désigne le fruit de l'églantier, lequel se dit en grec *cynobaton*, en latin *cornus* et en allemand *das Hagedorn*, alors que Clemen adopte lui-même que la forme *Haynpoll*[13]. L'épithète *Cycneus* ou *Cigneus* se rencontre parfois pour *Zuuiccauiensis, Suiccauiensis* ou *Zuiccauiensis*, qui est la forme la plus souvent imprimée. Un imprimé de 1517 intitulé *Erasmi Stellæ Libonothani interpretamenti gemmarum libellus unicus* publié à Nürnberg comporte au verso de sa page de titre deux distiques mis sous le nom d'un certain Ioannes Cornarius Cigneus, puis en page a[ii] une quinzaine de lignes du même auteur *Lectori* pour vanter le *De gemmis* du médecin Erasmus Stella ou Stüler, natif de Leipzig, d'où dérive probablement l'étrange *Libonothanus*, et qui fut maire de Zwickau à partir de 1513, fondateur d'une école de grec dans

---

12. P. Uhlig, « Artz und Apotheker in Altzwickau », *Sudhoffs Archiv* 30 (1937-1938), 301-306 ; L. Skernewitz, *Janus Cornarius, der erste Dekan der Med. Fakultät der Universität Jena*, Diss. Jena, [1954] ; Clemen *op. cit.*, 42 et n. 2 ; P. S. Allen, *Opus epistolarum Desiderii Erasmi Roterodami* t. 8, Oxford, 1934, 313 (2246) ; B. Mondrain, « Éditer et traduire les médecins grecs au XVIe siècle. L'exemple de Janus Cornarius », dans *Les voies de la science grecque. Études sur la transmission des textes de l'Antiquité au XIXe siècle*, D. Jacquart (éd.), Genève, 1997, 395 n. 5.

13. L'erreur sur le nom *Cornarius*, forgé sur *cornus*, le cornouiller (Virgile, G. II, 447-448 : *bona bello / Cornus*), par confusion peut-être avec *die Hagebuche* ou *Hainbuche* ou *Weissbuche*, l'églantier (ou l'aubépine ?), parcourt les biographies et fait l'objet de plusieurs témoignages, relayés par Clemen. Ce nom d'humaniste, réputé donné par un maître d'école peu instruit, apparaît pour la première fois en 1517, et l'on trouve aussi la signature *Johan Haynpol doctor*, Clemen *op. cit.*, 37.

sa ville, et décédé en 1521[14]. Cet ouvrage typique des redécouvertes désormais permises par la numérisation des fonds anciens, et qui devrait passer, jusqu'à preuve du contraire, pour le plus ancien imprimé portant le nom de Cornarius, nous renseigne sur le milieu dans lequel s'est construit ce nom d'humaniste biscornu, et sur la date de sa première attestation.

Ca. 1500, l'année de naissance de Johan Haynpol, fils de Simon Haynpol, cordonnier, décédé à Zwickau en 1541, est déduite des indications portées sur l'un de ses portraits gravés, qui mentionne la date de sa mort à 58 ans, le 16 mars 1558, deux dates qui font de lui l'exact contemporain de Charles Quint. Dans l'état actuel des recherches, il ne semble pas que les archives de Zwickau fournissent d'autres renseignements sur sa famille, à l'exception du nom d'un frère, Wolf, convoqué par la municipalité le 6 décembre 1530 pour présenter des excuses au docteur Cornarius en raison d'invectives proférées sous l'influence de la boisson, et derechef en 1531 et 1532 pour le même motif, mais qui lui vaut alors de payer une amende. Ces archives signalent aussi l'existence d'un certain Heinrich Haynpoll qui aurait pris la tête d'un groupe de rebelles au duc Moritz lors du siège de la ville en novembre 1546. Bien que la tradition rapporte que Janus Cornarius faisait parfois peur aux femmes, on lui connaît au moins une épouse, Ursula, et deux fils, Achate et Diomède, qui deviendront à leur tour médecins[15]. Achate, *magister artium* à Wittenberg en 1554, docteur en médecine à Iéna en 1558 puis professeur de médecine dans la même université et finalement médecin municipal à Creuznach, mènera à bonne fin la publication de la traduction par son père des *Opera omnia* de Platon, dont il signe la préface. Diomède sera l'auteur de deux ouvrages conservés et le dédicataire du dernier traité *Medicina siue medicus* de son père[16]. Des remerciements exprimés à diverses reprises par Janus Cornarius au Sénat et au Peuple de Zwickau pour le *stipendium* ou la solde de sept années sans laquelle il n'aurait pu étudier, l'on a pu inférer que les ressources de Simon Haynpol étaient plutôt modestes[17]. Les dates données par Clemen et par le *Catalogus* de Gundlach pour son immatriculation à Leipzig au cours de l'été 1517, son accès au grade de *baccalaureus artium* le 13 septembre 1518, suivi de son immatriculation à Wittenberg pour le semestre

---

14. VD16 S 9793, ouvrage en ligne. La notice en ligne de la *Deutsche Biographie* sur Erasmus Stella remonte à 1893 et ne connaît pas l'imprimé de 1517.

15. Anecdote rapportée par Simon Riquinus, dont Janus Cornarius aurait effrayé l'épouse, et Clemen ajoute comme pour expliquer le fait : « Cornarius war eine Kolossalfigur », *op. cit.*, 42 ; Clemen *op. cit.*, 63 : Achate Cornarius fut immatriculé à Leipzig en été 1550 ; d'après F. W. Strieder, *Grundlage zu einer hessischen Gelehrten- und Schriftsteller-Geschichte*, 2, 1782, Ursula Göpferts est le nom de la première épouse de Janus Cornarius, la mère de ses deux fils Achate et Diomède. Ce dernier deviendra médecin de l'empereur Maximilien II.

16. *Oratio in funere Wolfgangi Lazii*, Viennae Austriae, 1565, VD16 ZV 20484, SWB ; *Consiliorum medicinalium habitorum in consultationibus a clarissimis atque expertissimis, apud diversos aegrotos, partim defunctis, partim adhuc superstitibus medicis, tractatus*, Leipzig, Lantzenberger, 1599, VD16-C5127, BnF 4-TD5-26.

17. BEC 3 et 9.

d'hiver 1520-1521, puis l'obtention le 24 janvier 1521 du grade de *magister artium*, débouchant sur une activité d'enseignant comme *Dozent* de langue et littérature grecques à Wittenberg, enfin sa mention comme licencié puis peut-être comme docteur en médecine les 9 et 13 décembre 1523 à Wittenberg, correspondent dans l'ensemble aux récits de Cornarius sur ses sept années d'études, qu'il termine dans les derniers jours de 1523.

Les quelques vers imprimés sous le portrait gravé de l'atelier de Lucas Cranach le Jeune, qui montre un visage triste et doux, disent : « Zwickau m'a fait naître / Marburg m'a donné une place pour enseigner / et aussi par suite un tombeau / Avec une grande expérience en médecine / Mes écrits en ont témoigné. Mort en 1558 ». Cependant d'autres témoignages le disent enterré à Iéna ou à Zwickau[18].

Janus Cornarius est donc inscrit en médecine à l'Université de Wittenberg dès 1520, trois ans après son arrivée à Leipzig et un an après son obtention du grade de bachelier. Ses divers témoignages sur ses années de formation sont d'un style véhément, qui lui semble particulier, sans reproduire nécessairement un éventuel lieu commun de la critique humaniste vilipendant l'enseignement scolastique, que Rabelais n'entreprendra qu'une dizaine d'années plus tard, sous le masque grotesque de ses figures d'almanach. Janus Cornarius consacre en effet à la description de l'enseignement médical qu'il a suivi à Wittenberg une grande part d'un violent discours intitué *Hippocrates siue doctor uerus*, prononcé le 9 avril 1543 à l'Université de Marburg, dénonçant l'incapacité de ses anciens professeurs de médecine à transmettre quelque savoir que ce soit, et évoque à nouveau ses années d'études en préface de ses deux éditions latines des œuvres complètes d'Hippocrate publiées en 1546 et 1554, ainsi que dans les préfaces de sa grande édition latine de Paul d'Egine parue en 1556[19]. Quelques autres allusions répètent ce que ces trois sources principales disent de façon plus détaillée, mais l'ensemble des documents autobiographiques à notre disposition ne permet pas de répondre formellement à la principale question que suscitent d'autres témoignages indirects utilisés par les biographes, à savoir si Janus Cornarius possédait ou non un titre de docteur en médecine de l'Université de Wittenberg, comme l'affirmait la biographie de Petrus Albinus, qui mentionnait aussi une promotion à Valence, et suscita peut-être par là-même une telle question, qu'alimente aussi le titre même du discours de Marburg, pouvant répondre à quelques accusations d'incompétence, en disant qu'en tout état de cause le seul vrai docteur en médecine c'est Hippocrate.

---

18. Voir aussi le portrait à l'huile (82 x 68 cm) de la Friedrich-Schiller-Universität Jena, reproduit sur le site de la *Deutsche Fotothek*. Une grande partie de la documentation sur la biographie de Janus Cornarius m'a été généreusement fournie à Wolfenbüttel par Thomas Rütten, qui l'avait rassemblée pour son ouvrage *Hippokrates im Gespräch*, Münster, 1993. Qu'il soit assuré de toute ma gratitude.

19. BEC 23, texte ci-dessous p. 325-347 ; BEC 28, texte ci-dessous p. 349-373 ; BEC 38, texte ci-dessous p. 375-382 et BEC 39.

La préface des œuvres de Paul d'Egine, écrite le 1er avril 1555, est l'unique texte autobiographique que nous ayons. Il y raconte que sa vocation médicale remonte à l'époque où il était encore *adolescens*, et où il prit conscience de l'extrême importance de la santé, pour avoir souffert d'une malnutrition dont il attribue la cause à l'ignorance et à la pauvreté. Son père l'avait envoyé *ad externas scholas*, un pluriel qui peut se comprendre comme une allusion aux deux universités saxonnes. Il ajoute que sa famille souhaitait lui voir entreprendre des études de théologie. Mais ayant à dix-huit ans compris l'utilité des connaissances médicales, il commença à suivre, contre le vœu parental, les cours des professeurs de médecine, toutefois plutôt comme *explorator* et *arbiter*. Ce récit tardif est apparemment le seul où l'auteur fasse état d'une formation de théologien. Les autres textes n'évoquent que sa connaissance des deux langues classiques et son expérience d'étudiant en médecine. Il n'était sans doute pas facile d'étudier la théologie à Wittenberg en 1519[20].

En 1546, dans le premier livre d'une violente polémique avec le médecin botaniste Leonhardt Fuchs, Cornarius déclare qu'il connaît le latin et le grec depuis une trentaine d'années. Il aurait donc commencé à apprendre ces deux langues vers l'âge de 16 ans, à Zwickau ou plus probablement à Leipzig. Tous ses autres témoignages concordent pour affirmer, comme il le fait avec une certaine fougue dans la première édition latine d'Hippocrate, qu'en grec du moins il n'eut jamais qu'un seul précepteur et maître, le très respecté Pierre Mosellan, Petrus Mosellanus ou Peter Schade. Grâce à cet unique professeur, à peine quatre ans plus tard, il enseigne à Wittenberg non seulement la grammaire grecque mais aussi les poètes et les orateurs. Originaire de la région de Coblence, immatriculé à l'Université de Cologne le 2 janvier 1512, puis à Leipzig en 1515, Pierre Mosellan y avait pris la succession de son maître Richard Crocke en 1517. Recteur de l'Université de Leipzig de 1520 à 1523, il avait échoué dans sa tentative d'obtenir la place de professeur de grec à Wittenberg auprès de Luther, laquelle revint à Melanchthon en 1518. Pierre Mosellan mourut prématurément le 19 avril 1524 après quelques années de maladie, laissant plusieurs discours sur la rénovation de l'université ainsi que des éditions commentées d'Aristophane, Grégoire de Naziance, Isocrate, Lucien, Théocrite, Aulu-Gelle, Quintilien et Lorenzo Valla[21]. Une *Paedologia*

---

20. Deux lettres de Janus Cornarius à Stephan Roth (décembre 1529) et à Georg Spalatin (juillet 1521) sont publiées dans G. Buchwald, *Zur Wittenberger Stadt- und Universitäts-Geschichte in der Reformationszeit. Briefe aus Wittenberg an M. Stephan Roth in Zwickau*, Leipzig, Wigand, 1893, 68 et 69, ainsi qu'une lettre d'un certain Gregor Mulich désignant Janus Cornarius comme *auctor et impulsor* de graves troubles religieux à Zwickau (juin 1531), et une lettre de Matthaeus Aurogallus témoignant d'une fréquentation assidue entre les deux hommes (octobre 1531), p. 92-93 et 96. Selon W. Kaiser et A. Völker, *Ars medica Vitebergensis 1502-1817*, Halle (Saale), 1980, 13 : « Der kosmopolitische Wanderhumanist Janus Hagenbut-Cornarius (1500 bis 1558) aus Zwickau ist bereits Magister Artium, als er 1521 nach Wittenberg kommt, um hier medizinische Vorlesungen zu hören und eine Kollegveranstaltung über Melanchtons griechische Grammatik zu absolvieren », l'enseignement médical n'ayant pas encore à cette date, dans cette université, une forme institutionnelle bien définie.

21. O. G. Schmidt, *Ein Beitrag zur Geschichte des Humanismus im Sachsen*, Leipzig, 1867 ; Clemen *op. cit.*, 39-40.

de Mosellan, datant de 1518, devait servir de manuel scolaire dans la *Trivialschule* de Wittenberg dont Melanchthon exposera le plan en 1528. Ainsi contrairement à ce que pourrait laisser croire la réputation de rivalité entre les deux universités saxonnes, il y eut aussi une forme de collaboration entre Mosellan et Melanchthon, dont la brève présence de Cornarius comme enseignant de grec à Wittenberg fournit un autre exemple. Cet épisode ne dura guère que trois semestres, avant que l'échec de diverses démarches mal connues pour obtenir une position plus lucrative ne l'amène à suivre des études de médecine.

Les cours de médecine dispensés à Wittenberg sont décrits et commentés dans le discours *Hippocrates siue doctor verus* prononcé à Marburg en 1543. Une vingtaine d'années plus tard, le jugement très sévère de Cornarius stigmatise spécialement les petits docteurs, *doctorculi*, et les professeurs de médecine si parfaitement ignorants que leurs élèves les plus sérieux finissaient par les abandonner, car ils étaient tout juste bons à provoquer l'hilarité de leur auditoire. Cornarius considère qu'il n'a rien appris en médecine à Wittenberg et affirme n'avoir embrassé cette carrière que par nécessité financière, avec l'intention d'apprendre la médecine par lui-même, en s'aventurant hors des sentiers battus des autres médecins, selon les termes de la préface de son édition latine de Basile, datée du 20 mars 1540 (BEC 17) : *praeter uulgarem medicorum consuetudinem expatiatus*. Il revendique ainsi une originalité qu'il nous est difficile d'apprécier aujourd'hui, tant fut répandu entre 1500 et 1550 le type de l'érudit médecin humaniste, dont la diversité nous échappe encore.

On peut situer les voyages de Janus Cornarius entre sa réception comme *licentiatus* de l'Université de Wittenberg en décembre 1523 et son installation pour une petite année chez l'imprimeur bâlois Jérôme Froben à la fin de l'été 1528. Que savons-nous de ces voyages ? Les dires de Petrus Albinus concernant une promotion de Janus Cornarius au grade de docteur en médecine à Valence, *apud Gallos*, ne peuvent pas être contrôlés par l'examen des Archives départementales de cette ville, car la liste de ses étudiants promus, parmi lesquels on trouve plusieurs noms allemands, ne commence qu'en 1566, mais les premiers statuts de l'Université de Valence rédigés en 1490, qui ont été conservés, prescrivent les conditions à remplir pour y devenir docteur, si bien qu'une telle promotion, d'ailleurs confusément décrite par Albinus, ne peut être exclue pour l'ancien étudiant de Wittenberg[22]. L'affirmation selon laquelle Janus Cornarius serait aussi allé en Italie est beaucoup plus suspecte, du fait qu'il ne parle jamais d'un tel voyage, et qu'il avoue au contraire à plusieurs reprises que son premier élan dans cette direction s'est brisé à Bâle. Nous connaissons seulement, par les lettres citées par Clemen et par les récits de Cornarius dans ses préfaces, son séjour à Lübeck en 1524, suivi d'un grand voyage *apud Livones, Rutenos, et in illustrium principum Megalopyrgeum ducatu ac aula*. Les Livons qu'il nomme plusieurs fois sont les habitants de l'actuelle Lettonie ou de la Lituanie, et les Rutènes ou Ruthènes sans doute ceux de l'ancienne

Ruthénie ou Ukraine Subcarpatique[23]. À la cour du duc Heinrich von Mecklenburg où il revient vraisemblablement au printemps 1527, après ce vaste tour vers le Nord-Est sur lequel nous ne savons pas grand chose, il exerce un temps la charge de *Principum Megalopurgensium Physicus,* de Médecin des Princes de Mecklenburg, et il se dit aussi chargé de contribuer par son enseignement au rétablissement de l'Université de Rostock. Cette situation donne à penser que Janus Cornarius est à cette date relativement proche de Luther et du milieu réformiste dont Heinrich von Mecklenburg fut un des premiers soutiens, au point que ce prince demandait à Luther de lui fournir des enseignants pour l'Université de Rostock[24]. Deux lettres de l'été 1527, écrites à Rostock et dans ses environs, publiées par Clemen, montrent qu'en mai une édition des *Aphorismes* d'Hippocrate que Janus Cornarius supervise est en cours à Haguenau chez Secerius, car il s'y dit mécontent du travail du typographe, et il affirme qu'en août de la même année il a l'intention de voyager encore un an en Germanie inférieure et en Gaule jusqu'à ce qu'il ait trouvé l'aide et le soutien qu'il recherche. Une lettre de Bâle datée de février 1529 nous apprend ensuite le circuit accompli après l'été 1527, qui comprend toute la Germanie inférieure, la Frise ou *Gelria*, la Hollande, le Brabant, la Flandre, la Picardie, une partie de la Gaule puis Strasbourg et l'Helvétie[25]. Mais nous lisons aussi ailleurs qu'il se serait rendu jusque chez les Anglais, *per Belgas ad Anglos, et rursus ab his per Gallias* dans un ouvrage à caractère polémique de 1546, *Vulpecula excoriata*, où il affirme alors que s'il n'est encore jamais allé en Italie, il avait bien l'intention de s'y rendre, et qu'il a fait d'autres voyages[26].

Ces voyages de Cornarius l'ont donc mené, d'après les sources de Clemen, de Wittenberg à Lübeck en 1524 puis à Rostock en 1525, d'où il s'est rendu

---

22. Le registre D1 des Archives départementales de la Drôme signale une copie de 1730 d'un livre intitulé *Institutio, privilegia et statuta almae Universitatis Valentinae, in lucem edita, cura et mandato E. D. Basset, praedictae Universitatis rectoris. Turnoni, apud Claudium Michaelem, typographum Universitatis Valentinae, 1601* publiant les statuts et règlements de l'Université de Valence, rédigés en 1490 par le premier recteur dont le nom soit connu, Adhémar de l'Orme, l'Université ayant été établie par Louis XI, encore dauphin, en 1452. Il ne restait en 1861, de ce livre de 1601, outre la copie des Archives de la Drôme, qu'un seul exemplaire conservé à Grenoble, selon l'abbé Nadal, auteur d'une *Histoire de l'Université de Valence*, Valence, 1861. On sait par exemple qu'Achille Pirmin Gasser, très proche de Gesner et en concurrence avec Janus Cornarius à Bâle, a été immatriculé à Orange. Petrus Albinus écrit très exactement : « Janus Cornarius oder Haynpol ist zu Zwickau geborn / im Jar 1500. ist erstlich zu Wittenberg Magister worden / Anno 1521. und bald drauff Licentiatus im 1523. hernach Doctor der Artzney / beyde zu Valentz und zu Wittenberg / creirt. In beyden Sprachen / Lateinisch und Griechisch / trefflich erfahren und geübet / Deswegen er auch die Graeca scripta Hippocratis, item Aristotelis Physicen mit grossem nutz der Jugend publice profitirt in den Universiteten zu Rostock / Marpurg und endlich auch zu Jena / hat auch des Galeni scripta und andere viel Autores mehr vertiret, etc. » *op. cit.*, 346, *online* sur le site de la SLSUB Dresden.

23. D'après Graesse, Benedikt et Flechl, *Orbis Latinus*, Braunschweig, 1972. Mais *Rutena* est aussi le nom de Rüthen en Wesphalie.

24. Il existe en réalité, depuis la guerre civile de 1484-1492 connue sous le nom de *Rostocker Domfehde*, un conflit plus ou moins ouvert entre la population de Rostock et les notables et princes de cette ville. Le séjour de Janus Cornarius à Rostock peut avoir été facilité par Georg Spalatin (1482-1545), ADB 35, 1-29. Voir aussi ci-dessous p. 455 n. 1.

25. Clemen, *op. cit.*, 64-68.

26. BEC 29, 1, 6.

chez les Livons et les Ruthènes, avant de revenir à Rostock en 1527, d'où il effectue une seconde boucle mais cette fois vers l'Ouest et qui le ramène, éventuellement par Valence, à Strasbourg et à Bâle. Voilà ce que l'on peut dire sur les lieux parcourus à partir des sources directes et explicites, les lettres, les préfaces, les discours et pamphlets de l'ensemble de sa bibliographie. Le passage de Cornarius à Louvain est attesté par la lettre déjà citée de Simon Riquinus ou Rychwyn à Érasme, mais nous ne savons rien de ses séjours en Angleterre et en France, et nous le retrouvons à Bâle en septembre 1528[27]. Quelques traces de son arrivée dans la correspondance de la famille Amerbach attestent qu'il venait de Strasbourg, muni d'une recommandation de son compatriote Eppendorf[28].

Quelles furent ses activités dans ces divers endroits ? Nous savons par le discours, très postérieur, déjà cité, *Hippocrates sive doctor verus,* qu'il juge ses compétences médicales garanties par son statut de *medicus physicus* acquis aux cours de ses voyages au Nord de l'Allemagne. On penserait à Lübeck, toutefois un épisode de la polémique avec Fuchs déjà évoquée nous le montre plutôt en assistant du médecin Antonius Bredanus, aux prises avec les risques inhérents au traitement de l'ascite, ou accumulation d'eau dans le péritoine[29]. Les recherches sur son passage à l'Université de Rostock, qui semble en partie contemporain de son séjour à Lübeck, le donnent inscrit comme *licentiatus*, et non comme *doctor.* Il intervient là en qualité d'*extraordinarius* devant un auditoire de plus en plus réduit, le nombre des étudiants étant descendu de 246 en 1516 à 4 en 1525, l'année où Cornarius est recruté. Ce nombre d'inscrits tombe à 0 l'année suivante, ce qui pousse peut-être le jeune homme à partir chercher son pain ailleurs[30]. Et c'est finalement un poème de Janus Cornarius publié en 1546 qui nous apprend que la ville de Riga fut la première à oser lui

---

27. H. De Vocht, *History of the foundation and the rise of the Collegium trilingue Lovaniense 1517-1550*, Louvain, 1953, 390. La lettre de Riquinus (Allen VIII, 2246) date du 1er janvier 1530.

28. A. Hartmann éd., *Die Amerbach-Korrespondenz*, Basel, 1947, vol. 3 = 1525-1530, p. 353, et aussi 359, 390.

29. BEC 29 : *quum peregrinando artis medicae pericula Lubecae facerem Anno Christi MDXXIIII, Antonio Bredano medico peritissimo physicum urbis tum agente, et me familiariter complectente, et ad suos aegros saepe adducente, et postea etiam in Livoniam transmittente ac commendante (...) quemdam hydropicorum sectorem noui, et illum etiam aliquoties Chirurgiam adhibere praesens ipse uidi, cui non parum saepe res successit.* « Lorsqu'au cours de mes voyages je faisais mes premiers essais en médecine à Lübeck en 1524, le très habile médecin Antonius Bredanus ayant alors la fonction de *physicus* de la ville et me traitant comme un familier, et m'emmenant souvent avec lui chez ses malades, et m'envoyant ensuite avec sa recommandation en Livonie (…) j'ai fait la connaissance de quelqu'un qui incisait les hydropiques, je l'ai souvent vu moi-même pratiquer la chirurgie en ma présence, et il n'était pas rare que l'opération réussît » f. K2b et K3a. L'incision devait se pratiquer dans la région du nombril et comportait un risque si important d'hémorragie provoquée par une section accidentelle de l'artère, que les malades préféraient *deciens mori.* Le lieu exact de l'incision est indiqué au c. 50 de la *Chirurgie* de Paul d'Egine, mais dans un passage corrompu.

30. G. Schumacher, H. Wischhusen, Anatomia Rostochiensis : *Die Geschichte der Anatomie an der 550 Jahre alten Universität Rostock*, Berlin, 1970, 18-21 ; O. Krabbe, *Die Universität Rostock im 15. und 16. Jahrhundert*, Rostock - Schwerin, 1854. À titre de comparaison, Hartfelder, *op. cit.*, 511, donne les chiffres suivants : en 1516, 162 étudiants sont immatriculés à Wittenberg, puis 458 en 1519, 579 en 1520 et ils sont encore 201 en 1525, l'année de la Guerre des Paysans, alors qu'ils ne sont plus que 52 à Tübingen.

confier, sinon le titre de *physicus*, du moins une tâche de *medicus : in urbe Rigensi, / Quæ medicum me ausa est prima fouere situm*, dit le poète[31]. On doit naturellement imaginer une certaine variabilité locale dans la dénomination des activités de *medicus* et de *physicus*, en rapport avec la diversité des statuts politiques et des régimes des cités allemandes parcourues, et l'on peut se demander si le *physicus* des princes de Mecklenburg-Schwerin n'était pas plutôt leur médecin personnel qu'un agent municipal, mais quoi qu'il en soit, ces voyages à la recherche d'une position décrivent au moins une certaine crise de l'emploi d'érudit médecin, dont l'analyse excède maintenant notre propos.

2. Éloge du voyage

Deux *praefationes* imprimées au retour de ces voyages reflètent la maturation intellectuelle de cette période. Mais leur interprétation dépend du statut du genre, peut-être nouveau, peut-être imité de l'antique, de la *praefatio*. Ce terme désigne vers 1526 d'abord littéralement un « discours préliminaire », puis change de sens dans les années 1550 pour s'appliquer à un texte écrit imprimé au début d'un ouvrage, en supplantant peu à peu, après une courte étape de coexistence des deux formes, la lettre dédicace dite *epistola nuncupatoria*, elle-même dérivée d'habitudes propres à la publication manuscrite[32]. Cette évolution traduit une adaptation des éditeurs aux nouvelles lois du marché du livre et un autre rapport au lecteur, désormais de plus en plus anonyme, dont le nom est par conséquent laissé en blanc, *candidus*[33]. On voit nettement le moment de ce changement de sens dans le titre *In Hippocratem Latinum praefatio* ajouté au début de la dédicace au Sénat et au peuple de Zwickau de la deuxième édition latine d'Hippocrate parue en 1554[34]. Au commencement de son histoire moderne, la *praefatio* est donc d'abord, comme le veut l'étymologie, un discours proféré devant un auditoire universitaire comprenant des professeurs et des étudiants avant même d'être imprimé, et l'on a quelques réflexions de l'auteur sur ce genre aujourd'hui disparu, suggérant qu'il relevait

---

31. BEC 30, *Propemtica II* : il s'agit d'un poème dédicacé *Francisco Stiteno Iurisconsulto*, qui part à son tour en Livonie. Sur Riga au XVIe siècle, on apprend par D. Böcker, « Das Fremde und das Eigene in gedruckten Bildern des 16. Jahrhunderts am Beispiel von Riga », dans *Riga und der Ostseeraum von der Gründung 1201 bis in die Frühe Neuzeit*, I. Misāns et H. Wernicke (éds.), Marburg, 2005, 432-450, que l'un des premiers exemples de la production imprimée est un calendrier en allemand pour l'an 1590.

32. L. Febvre et H-J. Martin, *L'apparition du livre*, Paris, 1971 (1958[1]), 31.

33. BEC 12a de 1542 s'adresse à tout *medicinae candidato* et à un simple *Lectori* dans les pièces liminaires. La *praefatio* de l'édition latine posthume de Synésius, BEC 46, publiée en 1560 a pour titre *Ianii Cornarii medici physici de aetate, studiis et moribus, Synesii Cyrenaei eiusque coaetaneis ad Lectorem praefatio*.

34. BEC 38, ci-dessous p. 375.

principalement d'un code universitaire[35]. C'est ainsi qu'outre une édition des *Aphorismes* qui représente la toute première édition hippocratique cornarienne, le livre publié à Haguenau sans date chez Secerius, au cours de l'été 1527 d'après le témoignage cité plus haut, autrement dit après le séjour à Riga, contient aussi une *praefatio* de Janus Cornarius intitulée *Quarum artium ac linguarum cognitione Medico opus sit. Praefatio ante Hippocratis aphorismorum initium, habita Rostochi*, « Sur les arts et les langues dont la connaissance est nécessaire au médecin, préface prononcée à Rostock », qui semblerait devoir introduire au « début des *Aphorismes* »[36]. Et au cours d'un bref séjour à Wittenberg dont la date est difficile à connaître, il prononce une autre *praefatio* qu'il intitule *In peregrinationis laudem praefatio ante D. Hippocratis aere aquis et locis libellum, habita Vuittembergae*, « Préface au traité d'Hippocrate sur l'air, les eaux et les lieux, sur l'éloge du voyage, prononcée à Wittenberg » (BEC 7), qui sera publiée après une troisième *praefatio* prononcée à Bâle après septembre 1528 (BEC 2), mais peut être antérieure à cette dernière dans son exécution, et même antérieure à celle de Rostock. Sans mentionner les lieux parcourus au cours des précédents voyages, la préface *In laudem peregrinationis* de Wittenberg nous renseigne néanmoins sur le sens à donner à ces pérégrinations. Le texte de l'éloge du voyage fut imprimé en septembre 1531 sur une vingtaine de pages in-8° au beau milieu de l'édition latine des *Erotica* de Parthénius, alors que la première édition d'*Airs, eaux, lieux* sur l'existence de laquelle devrait reposer, peut-être, mais sans certitude, la possibilité de tenir un tel discours à vocation de préface, date d'août 1529 (BEC 4). Il est en effet très difficile de savoir si la *praefatio* annonçant une explication de texte se concevait comme un appel à utiliser un texte déjà imprimé, lancé en direction des étudiants, ou au contraire comme un encouragement à l'imprimer, à l'adresse d'une officine quelconque, ou encore comme un événement purement universitaire ne donnant pas systématiquement lieu à une publication, laquelle pouvait alors intervenir plus ou moins tard. Les diverses dates des documents disponibles montrent que dans le cas des *Aphorismes* la préface fut nécessairement prononcée avant l'impression du texte grec, puisqu'elle est imprimée avec lui, tandis que le discours de Wittenberg fut publié postérieurement à l'impression d'*Airs, eaux, lieux*, ce qui ne veut bien entendu pas dire qu'il n'aurait pas pu être prononcé avant. Les relations entre les imprimeurs et les *studiosi* capables de corriger un texte grec, ou de le leur fournir, ou de leur signaler son existence, puis susceptibles d'en faire la publicité ou d'en assurer

---

35. Après quelques plaisanteries sur son inhabileté à parler devant un auditoire averti, Janus Cornarius invoque au début d'*In laudem peregrinationis* « la coutume admise par les professeurs de préfacer en public les bons auteurs (*publice receptus à professoribus mos in bonos autores praefandi*) » BEC 7, 58. Ces considérations méthodologiques pourraient signifier, parmi d'autres indices, que le discours de Wittenberg est la toute première *praefatio* de Janus Cornarius, antérieure à celle de Rostock, elle-même sans doute prononcée après son séjour à Riga.

36. BEC 1, texte ci-dessous p. 269-286.

la diffusion auprès d'un public averti, variaient probablement d'un individu ou d'une situation à l'autre.

Ces considérations importent pour la datation du séjour à Wittenberg au cours duquel Janus Cornarius a prononcé son éloge du voyage, un événement que la teneur de ce texte invite à situer nécessairement au plus tôt après la première pérégrination vers le Nord-Est, mais qui peut aussi, on l'a compris, par sa date de publication, être postérieur à son séjour à Bâle à partir de septembre 1528, où il arrive en venant directement de Strasbourg, ou même avoir eu lieu encore plus tard alors qu'il était déjà rentré à Zwickau, ville située à quelque 200 km seulement de Wittenberg, et tout ceci nous indique par conséquent une date placée entre 1527 et 1530[37]. Mais puisque Janus Cornarius découvrira pour la première fois chez l'imprimeur bâlois Hieronymus Froben, comme il l'a si souvent répété, la totalité des traités hippocratiques édités en aldine, qui lui servent de support pour son édition *d'Airs, eaux, lieux*, on doit relever que la faiblesse insigne des références au traité hippocratique prétexte à l'éloge du voyage de Wittenberg est plutôt une indication en faveur d'une date ancienne. Car il existe aussi, retrouvée pour la *Bibliographie des éditions cornariennes*, une édition parisienne d'une ancienne traduction latine de ce traité, dont le support premier pouvait en revanche être déjà en sa possession en 1527-1528, avant sa découverte de l'aldine de Froben. Cette vieille traduction, plutôt que son édition de 1529, aurait alors pu lui fourni l'occasion de la *praefatio* de Wittenberg consacrée à l'éloge du voyage et d'*Airs, eaux, lieux*[38].

Le discours *In peregrinationis laudem* témoigne en outre d'une réelle et toute fraîche expérience du voyage et de ses multiples difficultés concrètes, et nous livre un autoportrait d'un réalisme inattendu dans un genre aussi codifié, où l'orateur encore maladroit se dépeint en polyglotte, et fait sur ce thème état de performances hors du commun mais utiles en voyage, ce qui nous invite aussi à situer le moment de sa profération plus près de 1527 ou 1528 que de 1530 :

> « Je vous en prie, Très distingués messieurs et jeunes étudiants, écoutez moi patiemment, moi qui manque d'entraînement en éloquence et qui vais parler parfois avec ignorance et dans un discours assez clairement non travaillé. Que m'excuse auprès de vous ce voyage même dont je parlerai, qui a fait que nous

---

37. Dans une lettre de Rostock datée du 6 août 1527, Janus Cornarius déplore la présence de « nombreux corbeaux » à Wittenberg, où il renonce à se faire une place, Clemen p. 67.

38. BEC 7 et BEC 4a. Cette publication parisienne de 1542, qui n'est qu'une réédition partielle de BEC 4, est parfaitement insolite dans la bibliographie cornarienne, où elle doit cependant figurer à cause de la vieille traduction latine *De temporibus* présentée par un éditeur anonyme, mais apparemment prise en compte par Cornarius, selon Jouanna. Pour l'identification de cette vieille traduction latine, voir Hippocrate, *Airs, eaux, lieux,* J. Jouanna éd., Paris, 1996, 135, 156-157 et n. 307. Pour la description complète de cette édition parisienne voir P. Renouard, *Imprimeurs et libraires parisiens du XVIe siècle*, T. 5, S. Postel-Lecoq et M.-J. Beaud-Gambier (éds.), Paris, 1991, p. 152, Bogard (Jacques) n° 128.

n'avons pas toujours eu grand soin du choix des mots, quand il fallait changer de genre universel de langage autant de fois que l'on arrive dans une autre région. À moins que l'on ne préfère, en gardant perpétuellement l'accent de sa propre langue passer en public pour ridicule, et rapidement pour odieux, plutôt que de s'accoutumer familièrement, selon le moment et l'habitude des lieux, à ceux chez qui l'on est arrivé, par imitation de l'alimentation et des mœurs, et aussi de la langue »[39].

Le voyageur dit ici que son discours manque d'éloquence parce qu'il s'est habitué à parler les diverses langues des pays visités pour y trouver sa pitance, et l'on croirait entendre Panurge. La littérature biographique allemande évoque encore de vagues voyages maritimes aussi peu vérifiables en l'état actuel de la documentation que ne l'est la thèse d'une immatriculation à Valence, ou même celle qu'un séjour à Pavie. À moins qu'il ne s'agisse de Paris. Sur le passage de Janus Cornarius en France, nous ne possédons en effet aucune déclaration imprimée de l'intéressé, qui se contente toujours de mentionner qu'il a beaucoup voyagé, et entre autres lieux *per Gallias*, où il aurait exercé une activité médicale[40]. Toutefois la ressemblance évidente de l'ancien étudiant de Leipzig et de Wittenberg avec l'immortel ami et compagnon de Pantagruel, qui m'a tout d'abord été suggérée par les quelques lignes citées précédemment, extraites du rarissime discours *In laudem peregrinationis*, m'engage à formuler l'hypothèse, presque trop belle il est vrai, mais néanmoins plausible, d'une possible rencontre dans les Gaules de la fin des années 1520 entre François Rabelais et le jeune médecin saxon en voyage[41]. Johann Haynpol de Zwickau pourrait en effet bien être le modèle historique du personnage littéraire de Panurge, que Pantagruel, on le sait, « ayma toute sa vie ». Cette observation en vérité, nous allons le voir, s'impose à l'examen des principales données disponibles, et nous dirons pour commencer que si ce rapprochement n'a encore jamais été fait, c'est d'abord à cause de la rareté de la source documentaire qui le suggère le mieux, à savoir ce discours *In laudem peregrinationis* dont il est maintenant question, coincé depuis des siècles à la Bibliothèque nationale de France dans un très vieux livre de Parthénius sur les maladies d'amour[42]. Le cloisonnement de la recherche universitaire, la haine des peuples, le hasard ou

---

39. *rogo uos, Ornatissimi uiri, ac studiosi adolescentes, me in arte dicendi inexercitatum, indoctius interim ac clarius inelaborata oratione dicturum patienter audite. Excuset me apud uos illa ipsa de qua loquar peregrinatio, quae fecit ut uerborum selectorum minor nobis semper fuit cura, quum toties immutandum sit uniuersum dictionis genus, quoties quidem ad aliam regionem peruenitur. Nisi quis malit perpetuum suae linguae tenorem seruans uulgo ridiculus, et non longe post exosus haberi, quam pro tempore et locorum consuetudine, cum his ad quos perueneris, et uictus et morum, sic linguae etiam imitatione familiariter consuescere.* BEC 7, 59.

40. Voir ci-dessous p. 339 n. 8.

41. On pense bien sûr aux premiers discours dans toutes les langues du monde à commencer par l'allemande dans « Comment Pantagruel trouva Panurge, lequel il ayma toute sa vie », c. IX de *Pantagruel* dans F. Rabelais, *Œuvres complètes*, Paris, 1955, 207-213.

42. L'exemplaire de Montpellier ne contient pas ce discours.

même le latin auraient assuré à eux seuls le splendide anonymat du personnage, et préservé le secret que cachait, si notre hypothèse est admise, un des plus beaux hommages de la Gaule à ses visiteurs. Outre l'absence à ce jour de modèle connu de Panurge et le sentiment que cette figure littéraire si vivante doit traduire une réalité, très bien exprimé à travers l'ouvrage récent de Myriam Marrache-Gouraud qui voit ce personnage comme un *estranger*, il y a en effet entre Haynpol et le compagnon de Pantagruel une ressemblance par le nez, « un peu aquillin, faict à manche de rasouer », par l'âge de 30 à 35 ans, et par nombre de détails littéraires qui s'éclairent soudain[43]. Il subsiste aussi un grand blanc dans la biographie de Rabelais, dont les spécialistes perdent un moment la trace dans les années 1527-1528, précisément celles que Janus Cornarius dit avoir passées en Europe de l'Ouest et en France, et au cours desquelles Rabelais de son côté, pour des raisons parfaitement inconnues, décide d'entreprendre des études de médecine, qu'il commence peut-être à Paris[44]. Enfin et surtout, on le verra bientôt, la fameuse édition grecque des *Aphorismes* d'Hippocrate que Rabelais publie en 1532 dérive entièrement de la première édition hippocratique cornarienne réalisée en 1527 à Haguenau, ce qui dans les circonstances de la parution de celle-ci, également très rare aujourd'hui, ne saurait s'expliquer entièrement comme une pure coïncidence. Devenant alors une pièce majeure du portrait de Janus Cornarius, si ce rapprochement est admis, la saga pantagruélienne, qu'il n'est pas possible d'examiner davantage ici, nous donnerait alors la chance extraordinaire de voir le jeune Janus Cornarius des années de voyage *per Gallias*, à travers les mots de Rabelais, sous les traits d' « un homme beau de stature et elegant en tous lineamens du corps, mais pitoyablement navré en divers lieux et tant mal en ordre qu'il sembloit estre echappé es chiens, ou mieulx ressembloit un cueilleur de pommes du païs du Perche », rencontré près de Paris, sur le Pont de Charenton, nous dit le c. IX de *Pantagruel*[45].

Quoi qu'il en soit de Panurge, la question de la date à laquelle fut prononcée la *praefatio In laudem peregrinationis* de Wittenberg, qu'il faut laisser pen-

---

43. *Pantagruel* c. XVI « Des mœurs et conditions de Panurge », *op. cit.*, 237 ; M. Marrache-Gouraud, *'Hors toute intimidation'. Panurge ou la parole singulière*, Genève, 2003, p. 23-44 pour la perception de Panurge comme un étranger, et p. 315-351 pour les réflexions sur une possible réalité de l'homme derrière la création littéraire. Dès les premières lignes de l'Introduction, l'auteur note : « Omniprésent dès son apparition, Panurge est d'emblée un personnage essentiel dans l'univers rabelaisien. C'est un événement à lui tout seul : il ne cesse d'être l'objet de l'attention des autres personnages, comme des lecteurs 'rabelaisants' pour qui il demeure une énigme ». Ajoutons que le nom de Janus Cornarius est comme presque toujours absent de l'Index de cet ouvrage.

44. R. Antonioli, *La médecine dans la vie et dans l'œuvre de Fr. Rabelais*, Lille, 1977, 36.

45. À cette réserve près que c'est, bien entendu, disons Monsieur Jourdain, et non Molière, qui fait de la prose sans le savoir. Pour l'examen de cette question chez Rabelais, voir C. La Charité, « Rabelais lecteur d'Hippocrate dans le *Quart Livre* », *Langue et sens du Quart Livre. Actes du colloque de Rome (novembre 2011)*, Paris, 2012, 233-268 ; M.-L. Monfort, « Le discours scientifique de Panurge », *Seizième siècle*, 8 (2012), 255-272 ; R. Menini, *Rabelais altérateur. « Graeciser en François »*, Paris, 2014, p. 595-596.

dante en l'absence d'autres éléments, revêt de surcroît une autre importance au regard des quelques circonstantes déjà connues ayant entouré cette fois la publication des écrits coperniciens et la diffusion des idées qu'ils contiennent. L'autre hypothèse en effet que nous osons formuler, selon laquelle Janus Cornarius lors de ces déplacements chez les Livons et les Ruthènes a eu également connaissance de la nouvelle cosmologie qui s'élaborait chez eux, et a même pu rencontrer personnellement le chanoine de Frauenburg, repose sur un faisceau de raisons diverses qu'il faut évoquer brièvement ici, dans la mesure où cet événement très probable, s'il a bien eu lieu, a dû peser de tout son poids sur la vocation de traducteur d'Hippocrate du futur médecin de Zwickau, non seulement à titre personnel et en somme biographique, mais surtout par ses résonances intellectuelles, idéologiques et théoriques. La résidence de Nicolas Copernic, qui est lui aussi un médecin, attaché à l'évêque d'Ermland alors installé au château de Heilsberg, aujourd'hui Lidzbark en Pologne, se trouve, notons-le, à mi-chemin de la route terrestre reliant Rostock à Riga, villes distantes de 1500 km environ[46]. Si c'est bien de Wittenberg qu'est parti en 1538, à l'âge de 25 ans à peine, l'inspiré Professeur Joachim Rheticus aux menées duquel l'on doit finalement la publication du *De reuolutionibus orbium caelestium* en 1543, l'on ne sait toujours pas vraiment comment a pu commencer cette extraordinaire aventure qui aurait aussi bien pu ne jamais aboutir[47]. L'ouvrage très solide de Karl Heinz Burmeister, consacré à la biographie de Rheticus, établit que ce natif de Feldkirch dans le Vorarlberg, aujourd'hui en Autriche, avait étudié à Zürich de 1528 à 1531, où il rencontra notamment Conrad Gesner (1516-1565) et Achilles Pirmin Gasser (1505-1577), et selon Burmeister ce serait ce dernier, qui fut un temps médecin à Feldkirch, qui l'aurait incité à entreprendre et poursuivre des études de mathématiques et d'astronomie à Wittenberg entre 1532 et 1536[48]. Là, malgré la réputation bien établie d'une hostilité de Melanchthon, de Luther et des catholiques, il existait un cercle favorable aux théories déjà connues de Copernic, où se prépare de longue main le voyage de Rheticus à Frauenburg, résidence du chanoine astro-

---

46. T. S. Kuhn, *The Copernican revolution. Planetary astronomy in the development of western thought*, Cambridge, 1985 ; J.-J. Szczeciniarz, *Copernic et le mouvement de la Terre*, 1998.

47. K. H. Burmeister, *Georg Joachim Rhetikus, 1514-1574. I Humanist und Wegbereiter der modernen Naturwissenschaften. Eine Bio-Bibliographie. II Quellen und Bibliographie. III Briefwechsel*, Wiesbaden, 1967-1968 ; A. Koyré, *Nicolas Copernic. Des révolutions des orbes célestes*, traduction, introduction et notes, Paris, 1998, 11 et 89 n. 3. Sur l'activité médicale de Copernic, voir H. Hugonnard-Roche, E. Rosen, J.-P. Verdet, *Introductions à l'astronomie de Copernic. Le* Commentariolus *de Copernic. La* Narration prima *de Rheticus*, introduction, traduction française et commentaire, Paris, 1975, 18-19, et plus généralement 9-95. L'article tout récemment publié de M. Lerner, « 'Der Narr will die gantze kunst Astronomiae umkehren' : sur un célèbre *Propos de table* de Luther », dans *Nouveau ciel, nouvelle terre. La révolution copernicienne dans l'Allemagne de la Réforme (1530-1630)*, M. Á. Granada et E. Mehl (éds.), Paris, 2009, 41-65, fait le point des connaissances et problématiques actuelles concernant la diffusion du copernicianisme à Wittenberg, et n'infirme nullement notre hypothèse, bien au contraire. Nous y revenons immédiatement, ci-dessous n. 49.

48. Voir ci-dessous p. 41 n. 50.

nome, qu'il atteint fin mai 1539. On sait aussi que dès 1538 au moins le très jeune Rheticus a l'intention de faire imprimer les travaux de Copernic, et qu'il va le visiter dans ce but malgré les obstacles pesant sur l'entreprise. Une telle visite réclamait de la part du voyageur une très solide formation scientifique préalable, de préférence administrée à un sujet suffisamment capable et courageux, et ne pouvait s'improviser. Ce projet de publier ou proprement de *vulgariser* la théorie copernicienne réussit, comme on le sait, grâce à la diffusion et l'édition de la *Narratio prima* rédigée par Rheticus, où l'auteur dénonce littéralement l'existence d'une nouvelle cosmologie révolutionnaire, contraignant ainsi le chanoine à en dire davantage, ce qu'il fait peut-être malgré lui et sous le code ésotérique des mathématiques, comme le dit bien sa célèbre phrase *Mathemata mathematicis scribuntur*[49]. Les documents rassemblés par Burmeister décrivent avec force détails une entreprise conçue de manière collective, pilotée par un groupe discret louvoyant de Luther à Érasme, et ce vraisemblablement dès le début des années 1530, dans un milieu assez mal identifié historiquement parce que silencieux, qui était exactement le même que celui que fréquentait aussi Janus Cornarius à cette date[50]. Or les deux *praefationes* de Rostock et de Wittenberg lient explicitement l'obligation urgente de lire Hippocrate, et le futur essor de la « science des astres véritables », mais contiennent aussi d'autres signaux devenus clairs avec le temps.

Le discours de Rostock se présente comme un panégyrique d'Hippocrate et de la médecine, qui se veut fidèle à la tradition des éloges, dénonce les charlatans analphabètes et vante l'utilité publique du médecin. La connaissance de la médecine, selon l'orateur, requiert celle de toute la philosophie et spécialement de la philosophie de la nature. Pour soigner « les affections de l'esprit qui affectent aussi le corps », le médecin a besoin de tous les *logoi*. Mais le développement consacré à la philosophie de la nature prend vite le tour insolite d'une vaste rêverie poétique représentant l'aspirant médecin en observateur enthousiaste de la totalité du monde physique dans toutes ses parties. Cette fantasmagorie débouche sur des considérations plus précises quand vient le tour de l'observation des astres. L'orateur distingue la doctrine astrologique de

---

49. Burmeister, *Georg Joachim Rheticus* I, 21-44. Selon Lerner, le thème d'une hostilité de Luther à Copernic, fondé sur les *Tischreden* évoqués dans le tire de son article, est une construction historiographique qu'il s'applique à démontrer, en cherchant pour l'individu désigné par *Der Narr* une autre identité que celle supposée depuis toujours, à savoir Copernic, et ce 'fou' pourrait être, par conjecture, Calcagnini, ou quelqu'un d'autre, et pas nécessairement un astronome, en particulier p. 47. La théorie copernicienne semble, selon certains, effectivement connue à Wittenberg dès 1532, voir *ibid.* p. 52 n. 37.

50. Les contacts personnels entre Achille Pirmin Gasser et Janus Cornarius pendant le séjour à Bâle sont attestés par plusieurs lettres, et par la concurrence professionnelle entre les deux hommes. Voir Clemen *op. cit.*, 47, et encore K. H. Burmeister, également auteur d'un *Achilles Pirmin Gasser, 1505-1577. Arzt und Naturforscher, Historiker und Humanist*, 3 vol., Wiesbaden, 1970, dont le volume consacré à la correspondance apporte un autre éclairage sur les relations entre les deux hommes.

« la science des astres véritables », et développe une argumentation sur la concorde de la science et des saintes écritures très semblable à celle que tentera de faire valoir Galilée. Cette prise de position valut vraisemblablement au médecin de Zwickau la longue réputation d'athéisme dont l'historiographie, comme on l'a indiqué, porte la trace.

Le discours *In laudem peregrinationis*, dans sa majeure partie et quant à son contenu substantiel, se veut en même temps qu'un hymne au voyage une introduction à la lecture du traité hippocratique *De l'air, des eaux et des lieux*. Même si l'éloquence, pour les raisons que l'on a vues, n'est pas ce que doit en attendre son auditoire de Wittenberg, le discours semble néanmoins se plier aux règles scolaires du discours d'apparat par l'emploi de quelques exemples brillants. Les grands voyageurs des temps anciens cités comme modèles sont, dans l'ordre voulu par l'auteur, Thalès, Ulysse, Homère, Aristote, Ésope et Pythagore, qui doivent tous l'essentiel de leur sagesse à leurs voyages bien connus ou supposés. Alors que la mention du voyageur Ulysse est banale, la description d'un Homère source et garant de tout savoir, créateur de la langue grecque par agrégation des langues qu'il a pratiquées en voyageant, paraît plus originale. Et si le succès d'Ésope dans les écoles du XVIe siècle est un phénomène bien connu, en revanche Thalès, Aristote et Pythagore sont moins attendus pour illustrer un éloge purement académique du voyage, à moins que la série ne vise à mettre en valeur l'orientation physique et naturaliste de leurs œuvres, dont Pythagore par sa place anormale dans la liste serait l'emblème, par différence avec celle que lui réserve une autre tradition vive de la Renaissance intégrant Pythagore, au titre de l'hermétisme, parmi les maîtres de la *prisca theologia*[51]. L'évocation de Pythagore que nous trouvons dans ce discours de Janus Cornarius à l'Université de Wittenberg, une dizaine d'années avant le départ de Rheticus pour Frauenburg, présente au contraire une certaine parenté avec les mentions du vieux maître que l'on trouvera dans les écrits coperniciens, où il est systématiquement désigné, avec ses disciples, comme l'inventeur de l'hypothèse héliocentrique[52]. Et la plupart de ces thèmes, on le

---

51. Telle est globalement l'orientation de travaux comme celui de P. Zambelli, *L'apprendista stregone. Astrologia, cabala e arte lulliana in Pico della Mirandola e seguaci*, Venise, 1995.

52. Rappelons ici que dans le *De revolutionibus* I, 5 où l'on trouve la toute première formulation de l'hypothèse d'une révolution terrestre autour du Soleil, la mise en doute du mouvement de la sphère céleste rapporte cette pensée au Pythagoricien Philolaus : « Et il ne serait pas du tout étonnant qu'en plus de la révolution diurne, on attribue à la terre quelque autre mouvement. En effet on dit que le Pythagoricien Philolaos, remarquable mathématicien, pensait que la terre se meut circulairement, et même qu'elle est animée de plusieurs autres mouvements et qu'elle est un des astres. C'est pour le voir que Platon n'hésita pas à se rendre en Italie, ainsi que le rapportent ceux qui ont raconté la vie de Platon » trad. A. Koyré, dans *Nicolas Copernic. Des révolutions des orbes célestes*, traduction, introduction et notes, [Paris], 1998, 54-55. Sur ce thème voir G. Avezzù, « Le fonti greche di Copernico » dans *Copernico a Padova. Atti della Giornata Copernicana nel 450° della pubblicazione del* De reuolutionibus orbium caelestium, Padova, 1995, 123-147 et en particulier 147 n. 16 ; B. Biliński, « Pitagorismo di Niccolò Copernico », *ibid.* 121 ; Lerner *op. cit.*, 47.

sait, circulent déjà sans être imprimés, à une date indéterminée, dans le premier brouillon du *De revolutionibus* qu'est le *Commentariolus*, ce qui pouvait aussi aider un Janus Cornarius à en prendre connaissance[53]. Il dit en effet, au sujet de Pythagore, à l'Université de Wittenberg vers 1528 :

> « Sans parler non plus de Pythagore, puisqu'un petit discours ne peut embrasser l'étude de cet homme tant dans la connaissance du cours des étoiles que dans la recherche sur le reste de la nature, et pour approuver les lois anciennes quand elles sont bonnes, les abroger quand elles sont mauvaises, et pour en instituer de nouvelles chez les Égyptiens, en Babylonie, en Crète, à Lacédémone et finalement en Italie et à Métaponte. C'est là qu'il invitait les hommes à se détourner du luxe pour la vie frugale et l'abstinence, les femmes à la chasteté et les jeunes gens à la docilité. Car c'est à Métaponte qu'il exposait tous ces sujets, et l'on croit qu'il connaissait et comprenait aussi le sens et les paroles des animaux sauvages, et c'est de là aussi que vinrent beaucoup d'inventions utiles à l'usage des hommes. Donc voilà qui suffit pour comprendre la grande utilité du voyage et le nombre de bienfaits qu'il fait naître pour la vie humaine.
>
> Mais nous devons y ajouter l'agrément, puisque l'esprit humain apprécie habituellement ces deux thèmes, je veux dire l'utilité et l'agrément. Mets-moi ici, sous ton regard, la situation à laquelle on commence à se plaire (*adlubescentem situm*), de la terre tout entière, et tant de charmes de la douce nature, d'une beauté tout à fait admirable et qui font qu'il [Pythagore] a trouvé le nom de *monde*. Puis la variété des régions, des hommes, des mœurs, des esprits, des lois, des religions, des animaux et la terre et de ce qui y naît, toutes choses en désaccord entre elles suivant les divers endroits. Et tu jugeras le profit que l'on peut retirer d'une si grande et désagréable variété de toutes les choses, par le plaisir de l'esprit qui apprend que la nature si diverse et si différente pour lui du monde tout entier se trouve et se tient cependant dans un si grand accord et une si mélodieuse harmonie que l'excellente nature génitrice de tout cela peut sembler avoir introduit une telle variété en vue de la seule utilité de consoler l'esprit humain, si parfois des vents trop déplaisants le battent ou que des peines et des tourments trop lourds l'oppressent. Car si cela arrive, les médecins ont

---

53. Pour ce qui concerne la paternité pythagoricienne de sa théorie, le *Commentariolus* (*ca.* 1506) indiquait déjà, après l'énoncé des sept axiomes fondateurs : *Proinde ne quis temere mobilitatem telluris assererasse cum Pythagoricis nos arbitretur, magnum quoque et hic argumentum accipiet in circulorum declaratione. Et enim quibus Physiologi stabilitatem ejus astruere potissime conantur, apparentis plerumque invitantur. Quae omnia hic imprimis corrunt tum etiam propter apparentiam versemus eandem.* « Par conséquent, pour que l'on ne pense pas que nous affirmons à la légère avec les Pythagoriciens la mobilité de la Terre, on trouvera ici aussi un grand argument dans la démonstration des cercles. Et de fait, ceux par lesquels les Physiologues s'efforcent de démontrer sa stabilité sont la plupart du temps donnés d'après les apparences. Eh bien, tous les arguments qui ici s'écroulent d'abord, employons-les aussi selon cette même apparence ». Latin cité d'après N. Copernic, Œuvres complètes II. Version française. Fac-similés des manuscrits des écrits mineurs, Paris – Varsovie – Cracovie, 1992, LIV 209.

pensé qu'aucun remède plus salutaire que le changement de lieu, et le transport sous un autre ciel plus clément, ne pouvait être appliqué »[54].

Le Pythagore de Janus Cornarius est donc d'abord un astronome, ensuite un révolutionnaire et enfin un linguiste fabuleux qui comprend même le langage des animaux. Le développement cité, outre le sibyllin syntagme *totius orbis adlubescentem situm*, contient un jeu de mots intraduisible sur *mundus*, un équivalent latin de *kosmos*, mais qui comme adjectif signifie aussi « net, propre, élégant, raffiné ». Or ce jeu de mots est relativement fréquent chez certains auteurs contemporains et se retrouve en particulier dès les premières phrases du *De revolutionibus*[55]. La suite de cet éloge de Pythagore, dont l'enseignement est présenté ici comme la meilleure raison de lire le traité hippocratique *Airs, eaux, lieux*, aborde le thème de l'ésotérisme cultivé par ses disciples, qui est également très présent dans le *De revolutionibus*, et ce dès la lettre dédicace au Pape Paul III où l'auteur dénonce cette attitude de repli, avec laquelle le chanoine de Frauenburg a l'air de vouloir rompre en publiant ses travaux[56].

---

54. *Praetereo quoque Pythagoram, quum nulla breui oratione comprehendi queat eius uiri studium, tum in cognoscendo syderum cursu, tum in natura reliqua indaganda, ac legibus pristinis bonis adprobandis, malis abrogandis, ac nouis condendis apud Aegyptos, Babyloniam, Cretam, Lacedaemona, postremum Italiam et Metapontum, quo homines a luxu ad frugalem uitam et abstinentiam, foeminas ad pudicitiam, adolescentes ad modestiam inuitaret. Eo enim omnia ille referebat, adeo ut brutorum etiam animantium sensum et uoces nosse ac intelligere creditus sit, et inde quoque multa utiliter in hominum usum proferre. Unde sane intelligere satis est, quantae utilitatis res sit peregrinatio, et quam multa bona hominum uitae inde oboriantur.*

Annectamus autem mox ex ea quoque iucunditatem, quum omnia his duobus maxime locis, utilitatis dico et iucunditatis, humanus animus soleat aestimare. Atque hic ob oculos pone mihi admiranda plane pulchritudine, ut inde etiam mundi nomen inuenerit, totius orbis adlubescentem situm, tot undique adblandientis naturae illecebras. Deinde regionum, hominum, morum, ingeniorum, legum, religionum, animantium, terraeque nascentium / diuersitatem penitus inter se pro locorum diuersitate discordantem. Et stipitem judicabis qui ex tanta rerum omnium uarietate non iucunda animi uoluptate capiatur, ubi diuersissimam adeo ac dissimilem ubique totius mundi naturam, tanto tamen consensu ac consona harmonia constare ac cohaerere cognoscat, quum non in alium etiam usum induxisse hanc uarietatem optima cunctorum genitrix natura uideri queat, quam humani animi consolandi, si quando immitioribus perfletur auris, aut grauioribus angatur curis ac molestiis. Certe enim si id contingat, medici censuerunt nullum salubrius remedium posse adhiberi, quam loci commutationem, atque in aliud clementius coelum transportationem.

55. « Qu'y a-t-il en effet de plus beau que le ciel qui contient assurément tout ce qui est beau ? C'est ce que proclament les noms mêmes *caelum* et *mundus*, celui-ci indiquant la pureté et l'ornement, celui-là la perfection de la forme. C'est par suite de sa splendeur si haute que la plupart des philosophes l'ont appelé : Dieu visible » trad. Koyré, *op. cit.*, 41.

56. Cependant l'édition française de Koyré fait place à une conclusion différente du livre I, qui au contraire dénonce à travers la fameuse lettre de Lysis à Hipparque la divulgation de secrets trop difficiles pour la foule, *op. cit.*, 85 (I, 11), supprimée par Rheticus dans la 1ère édition, et absente par exemple de la traduction de J. Peyroux, *Nicolas Copernic. Sur les révolutions des orbes célestes*, Paris, 1987, 368, NIII. Un dossier très complet sur les résistances à l'héliocentrisme, dont le caractère 'hérétique' est immédiatement identifié, est offert dans l'ouvrage en 6 volumes de P.-N. Mayaud, *Le conflit entre l'Astronomie Nouvelle et l'Écriture Sainte aux XVIe et XVIIe siècles. Un moment de l'histoire des idées. Autour de l'affaire Galilée*, Paris, 2005. Il cite en particulier, mais comme non probante, une lettre de Calcagnini faisant état de l'argument exposé par ce dernier ; considère, sans donner de date, que le *Commentariolus* circulait à Wittenberg ; commente l'opposition de Luther et Melanchthon à la théorie copernicienne, t. I, 194-216, en particulier 199, 205 n. 180 ; t. VI, 131-139, en particulier 133. Le discours *In laudem peregrinationis* a bien entendu échappé à son enquête.

Alors pourquoi, si Janus Cornarius avait rencontré Nicolas Copernic au cours de son voyage en Livonie, n'en aurait-il pas écrit un seul mot ? Il est d'abord très intéressant, pour l'histoire si difficile à écrire du discours entre les lignes, de rencontrer dans la préface *In peregrinationis laudem* un écho aux thèmes du traité hippocratique *Airs, eaux, lieux* fondé sur une évocation des voyages prêtés à Pythagore en quête de diversité culturelle, ainsi faite qu'elle pourrait tout autant décrire ceux de Janus Cornarius lui-même, qui peut lui aussi se présenter en témoin oculaire de coutumes différentes :

> « Car combien il importe que la terre soit parcourue par tel ou tel air ou tel ou tel vent, comme l'a dit en résumé notre cher Hippocrate, qui dans le traité précédemment cité a seulement voulu montrer que, de même que pour tous les corps, sains et malades, la situation des lieux et la qualité de l'air peuvent beaucoup, et même tout, de même on peut remarquer la même chose pour les esprits eux-mêmes, quand il indique que c'est de là que vient le fait que le cœur des hommes soit plus doux ici, plus féroce ailleurs. Et de plus, qui ne trouverait très agréables ces changements divers non seulement dans chaque région mais dans les villes de presque chaque région, non seulement dans les langues, la religion et les passions, soit par rapport à l'exécution d'une action vertueuse, soit par rapport à ce qui est acceptable selon la coutume officielle et ancestrale comme vice ou sentiment de pudeur, et même aussi dans les soins extérieurs du corps, l'alimentation, l'allure et les gestes quotidiens ? Quelqu'un qui ne serait pas passionné par ce genre de connaissances me semblerait totalement privé de l'intelligence humaine, qui autrement dans son voisinage apprécie toujours la diversité et même en toute occasion. Mais combien le plaisir est moindre de lire ces choses chez un écrivain si remarquable soit-il, ou bien de les entendre raconter par une personne digne de foi, plutôt que de les voir en face et de ses yeux, une par une, nous qui pensons tous en général que le jugement que nous portons sur elles ne nous trompe absolument pas, donc il est clair que beaucoup ont préféré mettre immédiatement sous les yeux des choses qui les ont émus rapportées auparavant par d'autres, pour les établir de manière plus certaine, et pour qu'ensuite on ait une plus grande confiance dans les choses écrites. D'où ces nombreuses navigations jusqu'au Phase qui sont déjà passées en proverbe. D'où ces départs en Scythie et chez les Bretons presque entièrement séparés du monde, voyages entrepris généralement pour pouvoir ainsi joindre le jugement infaillible des yeux à la connaissance de ces régions conçue auparavant »[57].

L'orateur non seulement interprète les thèses d'*Airs, eaux, lieux* en moderne sensible à la variété des peuples et des mœurs, et il faut souligner combien une telle attitude est exceptionnelle à cette date, mais surtout ce qu'il vante ici c'est la supériorité de l'expérience immédiate et directe, du jugement de nos yeux, sur celle que donnent les livres, ainsi que le surcroît de crédit dont jouissent le document véridique ou l'expérience personnelle. Dans cette perspective, le thème de l'ésotérisme pythagoricien, réduit ici au seul interdit de nommer mais pas de faire signe, sort du faux débat sur l'élitisme intellectuel puisqu'une vérité, qu'elle ait ou non un auteur, s'imposera toujours d'elle-même à la raison qui la cherche.

« Il ne faut pas passer sous silence notre Pythagore, dont j'ai rappelé plus haut les voyages entrepris pour l'utilité des hommes. Il arrive en effet pour cette entreprise à une si grande estime et à une telle vénération chez tout le monde, que ses disciples rapportent tous ses dogmes sans le moindre doute comme sûrs et certains, ne croient pas qu'une cause soit à demander ou à rapporter à quelqu'un et n'invoquent pas nommément Pythagore comme autorité, mais au lieu de faire usage de son nom indiquent seulement l'excellence du maître ἐμφατικῶς <de manière significative *ou* par signes> en disant αὐτὸς ἔφη <il l'a dit lui-même *ou* c'est lui qui l'a dit> s'ils veulent affirmer quelque chose de son autorité »[58].

Les Pythagoriciens de Janus Cornarius n'ont plus besoin de Pythagore, car ils comptent sur la force des preuves démontrées, et ce pourrait être aussi le pari que font alors les quelques savants et érudits déjà coperniciens[59]. Le discours *In laudem peregrinationis* de Janus Cornarius, oublié pendant plusieurs siècles entre le latin et le grec de certains exemplaires de la première édition des *Erotica* de Parthénius, est donc aussi, quoi qu'il en soit, une pièce importante pour la connaissance historique de l'avènement de la théorie héliocentrique.

57. *Nam quantum referat hoc uel alio aere ac uento terram perflari, ut ne longius recenseam Hippocrates noster facit, qui in praefato libello nihil fere aliud ostendere uoluit, quam in corporibus tum sanis, tum morbidis omnibus, quum locorum situm et aeris uim plurimum, immo omnia posse, tum in animis ipsis idem persentiri, quum alibi / mitiora, alibi magis fera hominum pectora inde fieri commonstrat. Porro cui non iucundissima esse possit uaria illa in singulis non tantum regionibus, sed cuiusque fere regionis urbibus immutatio morum, non in linguis solum religioneque et affectibus, tum circa uirtuose aliquid patrandum, tum circa uitia, citra omnem pudorem ex more solenni et patrio admittenda : uerum etiam externo corporis cultu, uictu, incessu, et quotidianis actionibus : ut si quis eiusmodi cognitione non adficiatur, plane humanae mentis exors mihi adpareat, quae alias de uicino adeo rerum uarietate libenter perfruitur ex qualicunque tandem occasione. At quanto minor est uoluptas, uel apud scriptorem aliquem quantumuis insignem illa legisse, uel ab aliquo fide digno narrante audiuisse, quam coram singula oculis contueri, quorum iudicio omnium minime plerique omnes nos falli putamus, uel hinc adparet quod permulti ea quae ab aliis tradita antea commouerunt, maluerunt praesentibus oculis subiicere, ut certius ista sibi constarent, atque ipsis postea de rebus scripturis maior / fides haberetur. Hinc illae multae ad Phasin usque, quae in prouerbium etiam abierunt, nauigationes. Hinc in Scythiam profectiones, et penitus toto diuisos orbe Britannos, peregrinationes a plerisque sunt institutae, quo infallibile oculorum iudicium ad praeconceptam cognitionem de illis ipsis regionibus adiungerent.*
58. *Neque silendus hic Pythagoras est, cuius peregrinationes in utilitatem hominum institutas superius recensui. Is adeo ex hac re in magnam aestimationem, atque adeo uenerationem apud omnes uenit, ut discipuli eius tanquam certa omnia eius dogmata indubitanter proferrent, nec quaerendam causam aut reddendam ulli putarent, nec Pythagoram nominatim in autoritatem aduocarent, sed pro nominis tantum usu* ἐμφατικῶς *magistri excellentiam indicarent* αὐτὸς ἔφη *dicentes, si quid eius autoritate uellent roboratum.* BEC 7, 69.
59. Sur la réception immédiate du *De revolutionibus* voir, outre l'ouvrage de P.-N. Mayaud déjà cité, l'enquête de O. Gingerich, *Le livre que nul n'avait lu. À la poursuite du* De revolutionibus *de Copernic*, trad. par J.-J. Szczeciniarz, Paris, Dunod, 2008. L'auteur, sans mentionner Cornarius, pose la question des relations de Copernic avec Wittenberg, et signale la présence d'un exemplaire de l'édition de 1543 à la *Ratschulbibliothek* de Zwickau qui mériterait évidemment toute notre attention.

3. L'imprimerie Froben à Bâle

Après la mort en 1513 de l'imprimeur Johannes Amerbach, ses deux fils Bruno et Basilius reprennent son entreprise en association avec Johann Froben (1460-1527), le père de Hieronymus (ca. 1501-1563), qui lui succèdera à sa mort en 1527. Un troisième fils Amerbach, Bonifacius, sera un éminent juriste bâlois à partir de 1525 à son retour d'Avignon où il fit ses études. La correspondance Amerbach, qui rassemble plus de 6000 lettres en 22 volumes conservés à la Bibliothèque universitaire de Bâle après leur acquisition par la ville en 1775, est la première source d'informations concernant l'activité de cette imprimerie devenue une des plus prestigieuses d'Europe sous le nom de Froben. La première pièce de cet ensemble est datée du 24 septembre 1481 et la publication des lettres s'arrête à la date du 30 juin 1557, dans le volume 10 publié en 1991. Une quinzaine seulement de ces lettres publiées mentionnent Janus Cornarius. Datée d'août-septembre 1528, la lettre d'Eppendorf déjà citée rappelle les états de service de Janus Cornarius, qui comportent un enseignement des lettres grecques à Wittenberg et une expérience médicale validée par les princes de Mecklenburg et par 'des villes illustres'. Il a, selon les termes d'Eppendorf, épuisé toutes ses ressources à parcourir l'Europe, et *fessus, certas querit sedes*, fatigué, cherche à s'installer quelque part. Eppendorf demande ensuite à Bonifacius Amerbach de lui trouver un emploi d'enseignant ou de médecin. Une réponse de celui-ci datée du 1er octobre 1528 explique que le petit nombre d'étudiants et l'affluence de médecins rendent cette demande impossible à satisfaire. Une autre lettre du 3 octobre 1528 montre que Bonifacius est bien intervenu en faveur de Janus Cornarius au sujet d'une place qu'il savait vacante à l'université de Freiburg, mais que cette demande serait arrivée trop tard, quand cette place était prise[60].

La découverte de la bibliothèque constituée par Johann Froben est régulièrement présentée par Cornarius comme l'événement majeur de sa vie. L'officine installée *Zum Sessel* (Totengäßlein) depuis 1507 a pris la relève de l'imprimerie vénitienne d'Alde Manuce, qui assura la première diffusion imprimée des littératures antiques grecque et latine par ses magnifiques éditions en *italiques*, les fameuses aldines dont Thomas More mit un exemplaire dans les bagages des visiteurs de l'Utopie[61]. La présence quotidienne d'Érasme dans ses murs lui donne un immense éclat. Érasme, qui avait exigé de son imprimeur attitré Johann Froben qu'il cesse de publier les écrits de

---

60. A. Hartmann, *Die Amerbachkorrespondenz* (1481-1558), 10 vol., Bâle, 1942-1991. En dehors de l'épisode rapporté ici, (vol. 3, p. 353, 359, 360-363, 390, 416, 423-424, 451, 502), aucune lettre de cette énorme collection ne nous renseigne sur les relations de Janus Cornarius avec l'officine Froben. Le dernier mot sur lui est de Boniface Amerbach à Alciat : *nescio qua Cornarii, cui credideram, neglegentia* (451), mais en revanche le soutien d'Eppendorf est très vigoureux (390, de janvier 1529).

61. M. Lowry, *Le monde d'Alde Manuce : imprimeurs, hommes d'affaires et intellectuels dans la Venise de la Renaissance*, trad. par S. Mooney et F. Dupruigrenet-Desroussilles, Paris, 1989.

Luther dès 1520, s'était définitivement installé à Bâle dans la maison même de l'imprimeur en 1523, afin de surveiller les innombrables éditions de ses textes, lesquels selon certains calculs représentaient un dixième de toute la production imprimée bâloise. Érasme devra cependant s'enfuir à Fribourg-en-Brisgau le 17 avril 1529, quelques mois après l'arrivée de Janus Cornarius, en raison des progrès de l'influence luthérienne consécutifs à la défaite de Zwingli[62]. De plus de 40 ans l'aîné de Janus Cornarius, le Prince des Humanistes, dont l'éloge figure en bonne place dès les premières lignes du discours de Rostock qui salue son *Éloge de la médecine*, a naturellement autorité sur la traduction des grands textes grecs, non seulement le *Nouveau Testament* et les Pères de l'Église comme Basile, mais aussi Galien, dont il publie quelques traités traduits[63]. Janus Cornarius ne manque pas de faire état des encouragements que le grand homme lui prodigue dans une lettre écrite de Fribourg, que le médecin de Zwickau cite à plusieurs reprises, comme il le fait en 1546, dix ans après sa mort, en préface de sa première traduction complète d'Hippocrate, et même encore vingt ans après, quand il publie la traduction de Paul d'Egine[64].

Né en 1501, *magister artium* en 1520, Hieronymus Froben travaille d'abord à partir de 1528 en association avec son beau-père Johann Herwagen et son beau-frère Nicolaus Episcopius, puis seul ou en association avec ce dernier à partir de 1531 et jusqu'à sa mort en 1563. Spécialisé dans l'édition des auteurs classiques et anciens, comme son père Johann à qui l'on doit 320 éditions, dont seulement deux en allemand, il sera le principal éditeur de Janus Cornarius, qui publiera chez lui 22 des 48 éditions originales connues de sa bibliographie. L'autre principal éditeur bâlois de Janus Cornarius, Johannes Oporinus, 1507-1567, fut d'abord professeur de latin en 1526, avant de devenir le *famulus* de Paracelse. Ce dernier, médecin personnel de Johann Froben, avait quitté Bâle avant l'arrivée de Cornarius, qui ne le mentionne pas une seule fois dans les textes à notre disposition. Esprit remarquablement ouvert et indépendant, Oporinus, qui passe pour avoir pris la tête d'un certain mouvement d'opposition à l'université de Bâle, est à nouveau *professor* de 1529 à 1535, et fait partie d'une association d'imprimeurs, à laquelle appartiennent entre autres Thomas Platter et Robert Winter, spécialisée dans les relations avec l'Italie. Avant de s'installer à son compte comme imprimeur en 1543, Oporinus avait travaillé à la copie de textes de patristique grecque pour Johann Froben. Sa

---

62. J.-F. Gilmont (éd.), *La Réforme et le livre,* Paris, 1990, 244 ; L. E. Halkin, *Erasme parmi nous,* Paris, 1987.

63. Il s'agit d'*Exhortatio ad artium liberalium studia, De optimo docendi genere, Quod optimus medicus idem sit philosophus*, traduction effectuée dès la réception de l'aldine et terminée en avril 1526, publiée dans *Opera omnia Desiderii Erasmi Roterodami*, I-1, Amsterdam, 1960, 639-669. Les textes sont difficiles, corrompus et les traductions d'Erasme ne seront pas reprises dans les éditions galéniques frobéniennes, d'après E. Rummel, *Erasmus as Translator of the Classics*, Toronto, 1985, 109-117. Pour l' *Éloge de la médecine*, voir *Opera omnia* I-4, 145-186 et ci-dessous p. 277 n. 3.

64. Voir p. 278-362.

politique éditoriale fut d'une grande audace, car il publia dès la première année de son activité d'imprimeur rien moins que le *De fabrica* illustré de Vésale, mais aussi, chose rarissime, une traduction latine du Coran[65].

Janus Cornarius raconte sa découverte des ressources que lui offrait Hieronymus Froben, dans la préface d'avril 1555 à sa traduction de Paul d'Egine publiée par Herwagen :

> « Lorsque j'arrivai à Bâle, je découvris pour mon profit ces grands médecins grecs que l'on croyait entièrement perdus, Hippocrate, Galien, Paul d'Egine, Dioscoride, imprimés par l'officine aldine à Venise, et apportés par Johann Froben, disparu peu auparavant, de sorte qu'ils se trouvaient dans l'officine frobénienne (dont Hieronymus Froben était alors le successeur et l'héritier), pour que soit donnée aux savants et aux étudiants une large facilité non seulement de lecture mais aussi d'utilisation. Et pour ma part, si j'avais rapidement trouvé à Bâle quelqu'un pour me remplir abondamment d'or une cassette vidée par un long voyage, et pour remplacer richement mon vêtement et mes autres effets, en partie usés en partie vendus et abandonnés comme charges pour la route (…), je n'aurais cependant pas accepté ces deux choses avec autant de joie que celle que me procura l'excellent Hieronymus Froben qui, après m'avoir reçu, sans me connaître du tout, comme un membre de sa famille, et m'avoir pris en amitié, m'informa des auteurs grecs qui restaient chez lui, et me les donna peu après pour que je les utilise »[66].

La nature des relations économiques entre les deux hommes n'est pas très claire, en dépit du franc-parler et de la clairvoyance dont Janus Cornarius fait preuve à maintes reprises au sujet des aspects commerciaux du métier d'imprimeur, anticipant sur les notions encore inexistantes de propriété intellectuelle et de droit d'auteur, mais Hieronymus Froben a d'une manière ou d'une autre rétribué son correcteur-traducteur, dont l'avis comptait sans doute pour les choix éditoriaux, généralement justifiés dans les préfaces, la décision de publier dépendant en dernier ressort de la disponibilité des textes, qu'ils soient déjà imprimés ou encore manuscrits. L'exemplaire de travail du futur éditeur d'Hippocrate, l'édition *princeps* grecque, l'aldine aujourd'hui conservée à la

---

65. J. Benzing, *Die Buchdrucker des 16. und 17. Jahrhunderts im deutschen Sprachgebiet*, 2ème éd., Wiesbaden, 1982 ; M. Steinmann, *Johannes Oporinus, ein Basler Buchdrucker um die Mitte des 16. Jahrhunderts*, Basel-Stuttgart, 1967.

66. *ubi Basileam perueni, commodum reperi illos penitus interiisse creditos medicos Graecos, Hippocratem, Galenum, Paulum Aeginetam, Dioscoridem, ex Aldina Venetiis officina excusos, et ad Johannem Frobenium, qui paulo antea e uiuis excesserat, perlatos, ita ut hi in officina Frobeniana (cuius tum Hieronymus Frobenius successor et haeres erat) eo modo essent ut doctis ac studiosis non solum legendi illos, sed etiam utendi larga facultas exhiberetur. Atque ego quidem si mox Basileae reperissem qui longa peregrinatione exhaustos loculos mihi largo auro repleuisset, et uestitum aliamque suppellectilem partim detritam, partim diuenditam, ac velut viae onus relictam, luculenter suppeditasset (...) tamen tam magno gaudio neutrum admisissem, quanto me affecit optimus uir Hieronymus Frobenius, qui ubi me ignotum sibi penitus, familiariter excepisset, et in amicitiam recepisset, de Graecis illis authoribus apud se extantibus edocuit, et ipsos paulo post utendos dedit.* BEC 39.

Bibliothèque universitaire de Göttingen, porte sur la page de titre une inscription de la main de Cornarius, disant qu'il a reçu cet ouvrage en avril 1529 comme cadeau de l'officine Froben à Bâle[67]. Un tel don pouvait rétribuer un travail de correction ou valoir comme droits d'auteur pour les traductions et éditions déjà faites ou à venir.

Dès fin 1528 en effet, à l'initiative de Bonifacius Amerbach, Janus Cornarius avait prononcé devant des étudiants bâlois un éloge d'Hippocrate comprenant un résumé du *Pronostic*, autrement dit encore une *praefatio*, publiée le 1er décembre, où il déplore la corruption des textes grecs et la mauvaise qualité des vieilles traductions latines de ce traité hippocratique comme des autres. Froben a également publié en 1529 un *compendium* de la matière médicale que Janus Cornarius dit s'être confectionné pour son usage personnel et avoir utilisé pendant ses voyages, se présentant comme une sorte de *vademecum* sous forme de listes de termes médicaux, qui rencontre un certain succès auprès des étudiants (BEC 3). Nous verrons que cet ouvrage modeste contient déjà les bases de la réforme médicale que l'auteur a d'ores et déjà en vue. L'édition bilingue d'*Airs, eaux, lieux* et du traité *Des vents* suit immédiatement. Mais ayant échoué encore dans ses deux tentatives pour obtenir une place de *physicus* à Bâle par l'entremise de Zwingli, à qui il écrit trois lettres conservées, Janus Cornarius rentre chez lui, à Zwickau[68].

Deux autres publications d'août 1529 chez l'imprimeur Bebelius marquent encore cette année passée à Bâle, un Dioscoride grec repris d'une aldine, en tête duquel il dit son intention d'éditer tout Hippocrate en grec, *sua lingua loquentem*, et des *Selecta epigrammata Latine versa* résultant d'une collaboration quelque peu trouble avec le juriste auteur d'emblèmes André Alciat, dans laquelle on retrouve Bonifacius Amerbach comme médiateur[69]. Cette participation exceptionnelle de Cornarius à la diffusion de la poésie grecque ancienne montre chez lui un réel talent littéraire, dans un exercice qui consiste en une joute de traducteurs produisant chacun leur version d'un texte grec dont le lecteur peut lire des morceaux inédits. Janus Cornarius présente cet ouvrage comme une récréation qui ne saurait le détourner de ses études médicales, car il dit vouloir seulement se divertir l'esprit quand il s'écarte de l'étude sérieuse des médecins à laquelle il s'est entièrement voué, *a seriis medicorum studiis, quibus totos nos consecravimus, digressus animum exhilarare*. Mais il mentionnera plus tard, dans sa lettre préface à la traduction de Paul d'Egine, des lettres que lui aurait adressées Alciat, alors son récent et

---

67. On lit en bas de la page de titre de l'ouvrage Ἅπαντα τὰ τοῦ Ἱπποκράτους. *Omnia opera Hippocratis,* Venise, Aldes, 1526, UB Göttingen 4° Cod. mss. hist. nat. 3. reproduite p. 479 : « Ἰανὸς κορνάριοσ ὁ ζουΐκκαβιεὺσ, ἰατρός M.d. XXVIIII Mense aprili, Basileae accepi,/Ex officina Frobeniana dono datum ».

68. BEC 2, 4 et 3 ; Clemen *op. cit.*, 47.

69. BEC 5 et 6 ; H. B. Lathrop, « Janus Cornarius *Selecta epigrammata Graeca* and the early english epigrammatists », *Modern Language Notes*, XLIII, 4 (1928), 223-229.

éminent ami, *tum recens insignis nobis amicus*, qui l'aurait encouragé en mai 1529 à traduire ce grand spécialiste grec de la chirurgie. Malheureusement, la correspondance Amerbach révèle des tractations plus complexes à l'origine de cet ouvrage de poésie grecque, ainsi que le peu d'intérêt que Janus Cornarius avait porté à sa réalisation, décidée tout à fait au début de son séjour chez Froben. Datée d'Avignon, le 28 novembre 1528, une première lettre d'André Alciat à Bonifacius Amerbach fait allusion à une querelle avec l'imprimeur Cratander, à laquelle Amerbach refuse de se mêler. Alciat y dit détenir un *De ponderibus et mensuris libellum cum medicorum quorundam ejus argumenti fragmentis* qu'il vient de traduire en latin et qu'il voudrait voir imprimé par Froben, en même temps que des *Epigrammata Graeca* ayant déjà fait l'objet d'une publication qu'Alciat voudrait réviser et augmenter, toujours avec l'aide de Froben. Cette tâche, finalement confiée à Janus Cornarius et à l'imprimeur Bebelius, ne tournera pas à la satisfaction d'Alciat, qui interdira la publication de son *De ponderibus et mensuris* et se plaindra des nombreuses fautes laissées par Janus Cornarius dans les *Selecta epigrammata*, si bien que Boniface devra exprimer à Alciat son regret d'avoir fait appel à la collaboration du médecin. La recherche bibliographique montre que l'ouvrage que souhaitait réviser Alciat est en réalité le recueil *Epigrammata Graeca ueterum elegantissima ... per Johannem Soterem collecta* imprimé à Cologne en 1525. Et le *De ponderibus et mensuris* qu'il détenait est celui qui sera publié, traduit en latin, en même temps qu'Aetius en 1533[70].

Cet épisode, difficile à juger pour nous, montre la complexité des relations entre les imprimeurs et les auteurs, et la valeur que pouvait prendre dans leurs transactions la détention de textes anciens inédits, de préférence des textes grecs, ou la capacité de les traduire. Tout cet itinéraire de Janus Cornarius dans les dix premières années de la Réforme reflète la situation sociale difficile de ces *magistri artium* sans emploi, soumis au pouvoir des princes et des petits industriels d'un genre très nouveau que sont alors les imprimeurs. Plus tard, la collaboration amicale et malgré tout sereine entre Janus Cornarius et Hieronymus Froben deviendra une des plus belles réussites de l'Humanisme érasmien.

---

70. *Amerbach-Korrespondenz* t. 3, p. 416, 423-24 ; BEC 8.

CHAPITRE II

UN MÉDECIN HUMANISTE DANS LA RÉFORME

Le séjour à Bâle est représenté à diverses reprises par Janus Cornarius comme la dernière étape de ses cinq années de voyages. Hormis pour l'édition de Haguenau (BEC 1), c'est à Bâle que commence véritablement son activité d'éditeur et de traducteur. Elle est d'une ampleur sans doute inégalée par le nombre, la diversité et la qualité des travaux de révision et surtout de traduction accomplis en 30 ans. Le catalogue des éditions cornariennes, avec des auteurs tels que Parthénios, Adamantius ou Artémidore semble à première vue un peu hétéroclite, et la place qu'y tiennent les Pères de l'Église, au premier rang desquels Basile de Césarée et Épiphane, renvoie bien sûr au contexte politico-religieux, mais avec une signification dont les nuances ne sont pas toujours faciles à saisir pour nous. La découverte assez récente du discours *De oboedentia* (BEC 48) nous apporte de nouveaux éléments qui semblent confirmer l'hypothèse de contacts étroits entre Janus Cornarius et une branche modérée mais marginalisée du catholicisme réformateur, d'inspiration curieusement rationaliste. Sa polémique avec Fuchs, un protestant proche de Melanchthon, parce qu'elle occupe un peu de place dans sa bibliographie (BEC 26, 27 et 29), nous paraît aujourd'hui relever de la rivalité scientifique la plus anecdotique et valoir au mieux par son pittoresque. Elle représente pourtant de la part Janus Cornarius une tentative pour défendre en l'absence de législation sur la propriété intellectuelle non seulement ses propres intérêts, mais aussi l'éthique philologique en général, dont on s'aperçoit qu'elle manque totalement à Fuchs et à ses semblables à l'intelligence bornée et à l'honnêteté douteuse. Et entre la folie que Fuchs reproche à Cornarius et la stupidité dont ce dernier accuse Fuchs, on dirait d'ailleurs que la postérité n'a pas vraiment su choisir, tant le prestige surfait de ce dernier demeure intact.

1. Travaux d'Hercule

La comparaison de ses propres travaux avec ceux d'Hercule est de Janus Cornarius lui-même, qui pense inscrire l'édition et la traduction de la Collection hippocratique au nombre des plus hauts exploits littéraires de tous les temps. Une telle comparaison s'impose en effet absolument dès que l'on considère l'ensemble de son œuvre. Après son passage à Bâle, durant une quinzaine d'années, sans perdre de vue l'objectif d'éditer tout Hippocrate *Latine loquentem*, objectif atteint en 1546, Janus Cornarius va publier une bonne douzaine d'œuvres d'un volume impressionnant, et souvent des œuvres complètes, et pour la majorité d'entre elles sous la forme de traductions de médecine et de patristique grecque, à savoir :

– les *Erotica* de Parthénius, première édition latine en septembre 1531, qui contiennent parfois le discours *In laudem peregrinationis*, BEC 7
– six puis seize livres de médecine grecque soit la totalité de l'œuvre d'Aetius en août 1533 et en 1542, BEC 8 et 19
– l'édition *princeps* du *De medicamentis* de l'auteur latin Marcellus, en même temps qu'une première traduction latine de six traités galéniques, trois sur la respiration et trois sur le fœtus, en 1536, BEC 10
– l'édition grecque d'Hippocrate en 1538, BEC 12
– et encore la même année la traduction latine d'un *De agricultura libri viginti* aujourd'hui connu sous le titre *Geoponica* et attribué à tort à Cassianus Bassus, BEC 13
– la première édition latine du *De somniorum interpretatione* d'Artémidore, déjà imprimé en grec dans une édition aldine de 1518, en septembre 1539, BEC 14
– Marbode, auteur médiéval d'un très répandu *De lapidibus ac gemmis*, et d'un *De plantis* attribué à un certain Aemilius Macer, BEC 16
– et encore la même année tout Basile traduit en latin, y compris sans doute un volume de correspondance avec Grégoire de Nazianze signalé par Gesner mais perdu, BEC 17 anticipé par un BEC 15 en 1539, et BEC 18
– la première édition latine, antérieure à l'édition grecque de 1544 chez Oporinus, des livres d'Epiphane sur les hérésies en 1543, BEC 22
– les *Physiognomonica* d'Adamantius, édition *princeps* bilingue en 1544, BEC 24
– et peu à peu tout l'Hippocrate latin, avec d'abord le volume des *Epistolae* en 1542, BEC 20, puis les premiers *Libelli aliquot* en 1543, BEC 23
– ainsi que la traduction latine d'un livre de Jean Chrysostome en 1544, BEC 25

tout en exerçant continuellement une fonction de *Physicus* dans diverses villes allemandes, Zwickau, Nordhausen, Francfort, en proie aux soubresauts de la Réforme, quand il n'enseigne pas à Marburg, ville d'ailleurs incidemment touchée par une épidémie de peste. On ne comptera pas en 1534 la deuxième édition revue et augmentée de son *compendium* médical de 1529, BEC 9 repris de BEC 3, deux discours, *orationes*, de 1542 prononcés à Marburg sur l'organisation des connaissances et des études médicales, *De rectis medicinae studiis amplectendis, oratio*, BEC 21 et *Hippocrates siue doctor uerus*, BEC 23, ni les trois pamphlets dirigés contre son confrère Fuchs, ni la révision d'un catéchisme dont il revendique la paternité dans sa polémique avec Fuchs, encore introuvable aujourd'hui.

Et pourtant en 1546, Janus Cornarius est seulement à mi-chemin de son œuvre, car outre la traduction intégrale de Platon, BEC 47, s'ajoutant à la révision du texte grec des œuvres complètes de Basile, BEC 37, il donnera encore par la suite les éditions latines complètes et commentées de Paul d'Egine, BEC 40, et de Dioscoride, BEC 42. On a aussi découvert récemment l'existence d'un volume de traduction des œuvres morales de Plutarque, BEC 39, à quoi il faut ajouter la révision de l'édition latine complète de Galien en collaboration avec Conrad Gesner, dans laquelle figurent ses traductions de 1536 mais aussi 11 nouvelles traductions dont il est l'auteur, BEC 32. Deux ouvrages personnels, l'un sur la peste, BEC 35, l'autre sur la réorganisation complète du savoir médical qui résulte de tels travaux, intitulé *Medicina sive Medicus*, BEC 41, et quelques écrits et traductions en rapport avec sa lecture de Platon, Xénophon, Plutarque, Psellos, Synésius complètent à peu près la liste, d'un format proprement stupéfiant, et qui se termine par cette édition latine posthume intégrale de Platon, beaucoup trop oubliée. On cherche en vain d'autres érudits parmi les Humanistes du XVIe siècle, et peut-être même dans toute l'histoire des études grecques, ayant autant – et aussi bien – traduit de grec en latin des textes d'un tel niveau. Au point que l'on s'interroge sur la vitesse de traduction, quasi simultanée, correspondant approximativement à ce volume de textes. Janus Cornarius met lui-même en valeur sa vélocité quand il précise dans la lettre dédicace d'Epiphane que le texte latin de plus de 600 pages qu'il offre au public lui a coûté neuf mois de travail[1]. Le parti pris d'une transposition littérale, assez fidèle et sûre pour permettre en général la restitution du grec à partir du latin, repose sur la maîtrise parfaite des deux langues, une compétence beaucoup moins répandue qu'on ne le croit, et qui vaut à l'auteur de la vulgate hippocratique une place à part dans le monde des savants.

Se pose aussi la question de la provenance de ces textes. À l'époque où Janus Cornarius débute son activité de traducteur, la plupart des grands textes grecs ont fait l'objet d'une édition aldine. Et l'on ne sait pas assez combien les manuscrits anciens étaient rares ni le progrès que signale la publication et la vulgarisation des collections, particulières ou non. Janus Cornarius dénonce, dans sa dédicace de l'édition hippocratique de 1546 où il décrit les obstacles à la publication de son *Hippocrates togatus*, « un petit nombre de bons médecins possédant les études de vraie médecine non pour l'usage public, mais comme

---

1. BEC 22.

un trésor pour eux-mêmes et privé »[2]. La bibliographie cornarienne ne compte qu'une minorité de premières éditions et reflète des choix éditoriaux sur lesquels Janus s'exprime à mots couverts dans le passage sa dédicace de 1546 consacré aux retards qui ont pesé sur la publication de l'Hippocrate latin, huit ans après la parution de l'Hippocrate grec.

Les mentions réitérées de la libéralité de princes, de villes ou de Froben lui-même, qu'on lit encore dans la préface *In Hippocratem Latinum* de la réédition de 1554, sont à mettre en rapport avec la matière première nécessaire à la fabrication des livres, allant des investissements risqués à la disponibilité des manuscrits, et on les retrouve régulièrement dans les lettres dédicaces des éditions cornariennes autres que celles d'Hippocrate. Avant cette année 1546 qui voit l'aboutissement de ses travaux hippocratiques, Janus Cornarius édite donc un certain nombre d'œuvres sans rapport apparent avec son Hippocrate latin, et ce n'est pas la vocation encyclopédique et universelle des études médicales affirmée dans le discours de Rostock qui en explique l'hétérogénéité. Une logique apparaît à l'examen des modèles utilisés pour ces travaux non directement médicaux, qui émanent d'une source certes déjà imprimée pour les deux éditions d'Adamantius et d'Artémidore, mais supposant aussi l'utilisation d'un nouveau manuscrit pour celle de Marbode, tandis que les éditions de Parthénius, d'Aetius, de Marcellus et des *Geoponica* reposent entièrement sur des sources manuscrites. Il faut en dire quelques mots.

Adamantius, médecin juif du début du IVe s. ayant vécu à Alexandrie, n'est pas seulement l'auteur des *Physiognomonica* traduits par Cornarius mais aussi d'un Περὶ ἀνέμων mentionné par Paul d'Egine[3]. La lettre dédicace à Dryander de cette édition bilingue commence par « *Remitto tibi Adamantium et quidem cum fenore*, je te rends Adamantius, et même avec les intérêts », ce qui peut signifier que Janus Cornarius a utilisé un témoin de la première édition grecque de 1540 prêté par Dryander à qui il le rendrait sous la forme de cette réédition traduite, accompagnée d'une dissertation sur un passage de Plutarque, et du texte grec des *Physiognomonica* repris de cette édition *princeps*[4]. Johannes Dryander, professeur de médecine et de mathématiques,

---

2. P. 364-365.
3. Anonyme latin, *Traité de physiognomonie*, texte établi, traduit et commenté par J. André, Paris, 1981. L'introduction indique que les Ἀδαμαντίου σοφιστοῦ φυσιογνωμονικά résument un texte de Polémon, IIe s. ap., dont l'original est perdu et qui ne subsiste plus qu'en version arabe. Première traduction moderne du Περὶ ἀνέμων édité par Valentin Rose (*Anecdota Graeca et Graecolatina*, Berlin, 1864) par P. Luccioni dans « Le traité *Sur les vents* d'Adamantios : quelques remarques » dans *La météorologie dans l'Antiquité. Entre science et croyance. Actes du Colloque international interdisciplinaire de Toulouse*, 2-3-4 mai 2002, Centre Jean Palerne, C. Cusset (éd.), Saint-Étienne, 2003, 437-454 ; d'après S. Vogt, *Physiognomonica. Aristoteles*, übersetzt und kommentiert, Berlin, 1999, en particulier 203-204 sur le traité d'Adamantius, jugé très proche de la version arabe de Polémon mais peu utile pour connaître les *Physiognomonica* d'Aristote. Je remercie Sabine Vogt de m'avoir communiqué son ouvrage avant même sa publication.
4. La *Ratsschulbibliothek* de Zwickau conserve un exemplaire de l'édition *princeps* parisienne de 1540, *Adamantii sophistae Physiognomonica. Parisiis, per regium in Graecis typographum*, MDXL, 27.6.27(1) qui pourrait avoir appartenu à Janus Cornarius, sous réserve de vérification. Signalons que le texte grec est absent de l'exemplaire de l'édition BEC 24 conservé à Montpellier BIUM Eb 366.

recteur de l'Université de Marburg en 1548, est l'auteur de deux traités d'anatomie parus en 1536 et 1537, et il est connu comme l'un des premiers professeurs d'Allemagne à avoir pratiqué la dissection du corps humain devant un public d'étudiants[5]. Rappelons que le terme φυσιογνωμονία apparaît pour la première fois dans le traité hippocratique *Épidémies* II, 5 (L V, 128 et 132) et que Galien attribue l'invention de la physiognomonie, ou art de juger quelqu'un d'après son apparence physique, à Hippocrate[6]. L'intérêt de Janus Cornarius pour ce texte est justifié, selon la lettre dédicace, par deux raisons : d'une part il éclaire les *Physiognomonica* d'Aristote, qui en retour ont été utilisés par le traducteur pour corriger de nombreux passages, et d'autre part il lui évoque les pronostics hippocratiques fondés sur le *facies* des malades et des mourants plutôt que des bien portants. Janus Cornarius invente alors par plaisanterie un verbe grec « valise » qui voudrait dire « connaître par le symptôme », συμπτωματογνωμονεῖν, révélateur de sa réflexion sur la valeur prédictive des symptômes, d'ailleurs développée dans ses propres traités médicaux, et plus largement sur les causes des affections et l'universalité de la relation entre le corps et l'âme ou l'esprit humains. Il traite en somme de la physiognomonie dans la stricte perspective de la philosophie naturelle et de la pensée rationnelle[7]. Et en quelques phrases le traducteur d'Hippocrate marque les limites exactes de cet art ancien mais à certains égards douteux, de sorte que l'on peut imaginer l'idée de cette publication née au hasard d'une discussion amicale et savante entre Cornarius et Dryander sur les grands principes devant guider la médecine moderne.

L'édition frobénienne du *De somniorum interpretatione* d'Artémidore, dont Freud se souviendra pour sa *Traumdeutung*, obéit en revanche à une logique commerciale simple et claire puisque le texte grec est disponible en aldine depuis 1518 et que la traduction latine de Janus Cornarius est la première imprimée. Ce texte est si recherché qu'il sera imprimé en allemand dès 1597 à Strasbourg et la lettre dédicace de Cornarius aux médecins personnels d'Albrecht von Brandenburg, archevêque de Mainz, et de Philipp von Hessen

---

5. P. G. Bietenholz, T. B. Deutscher (éds.), *Contemporaries of Erasmus. A biographical register of the Renaissance and Reformation*, Toronto, 1986, I 406-407.

6. K IV, 797.

7. *Nam quod mentes corpora sequantur, et non sint corporis motuum exortes, ex ebrietatibus ac infirmitatibus clarum esse dicit Aristoteles. Sicut etiam uice uersa, ad animae affectiones corpus coafficiatur, id quod in amoribus, timoribus tristitiaque ac uoluptate conspicue uidemus. Quin et in naturalibus rebus adhuc amplius animae ac corporis cognatio cernitur, quodque mutuo inter se sibi sint affectionum causae* : « Car Aristote dit qu'il est clair à partir des états d'ébriété et des infirmités que les esprits suivent le corps et qu'ils ne sont pas exempts de ses mouvements. De même qu'aussi inversement le corps est coaffecté suivant les affections de l'âme, ce que nous voyons très clairement dans les manifestations d'amour, de peur et dans la tristesse et le plaisir. Bien plus on voit aussi encore plus largement, dans les choses de la nature, une affinité de l'âme et du corps, et que les causes des affections pourraient mutuellement s'échanger entre elles » ; voir *Scriptores physiognomonici graeci et latini*, éd. Förster, Leipzig, 1893, vol. 1, 2-91, ainsi que la bibliographie donnée dans A. Ghersetti, *Il Kitab Aristâtâlis al-faylasûf fî l-firâsa*, Roma-Venezia, 1999, 117 et suivantes.

fait état d'une certaine parenté thématique avec les *Epistolae Hippocratis* longuement évoquées à cette occasion, et qui paraîtront en latin trois ans plus tard, si bien que toute cette publication semble avoir surtout pour objectif d'appeler la faveur des dédicataires sur le projet hippocratique du traducteur.

Quand Egenolphus, éditeur de pamphlets contre Fuchs dont il y aura à reparler, publie en 1540 à Francfort le poème latin *De lapidibus* composé par Marbode, évêque de Rennes en 1096, il en donne la sixième édition imprimée, signe que le texte trouve de nombreux acheteurs. Mais cette édition cornarienne témoigne en partie de l'utilisation d'un nouveau manuscrit, d'après John M. Riddle qui a relevé dans sa propre édition de 1977 l'existence de 125 manuscrits contenant, souvent en compagnie d'Hippocrate, Galien, Dioscoride, Avicenne, le *De lapidibus* de Marbode[8]. Ce *De lapidibus* est un poème de 732 vers consacré à la *virtus* médicale des pierres médicinales, que Riddle qualifie de *best-seller* au sein de ce genre des *Lapidaires*, lui aussi le plus populaire de la littérature scientifique médiévale. C'est encore une œuvre abondamment traduite en plusieurs langues nationales, dont elle offre même parfois le premier témoin conservé, parce qu'elle a été lue comme un véritable guide pharmaceutique populaire, souvent accompagnée comme dans l'édition de Janus Cornarius, et déjà dans les manuscrits, du *De plantis* mis sous le nom de Macer, représentant l'herbier médical le plus populaire de son temps, tandis que le lapidaire de Marbode poursuit la tradition antique des lapidaires grecs et/ou latins, au nombre desquels figure un texte pseudo-hippocratique dont Janus Cornarius pouvait avoir eu vent[9]. La publication par Hieronymus Froben en 1536 du *De medicamentis* de Marcellus Empiricus, texte suivi d'une première traduction cornarienne de six traités galéniques, BEC 10, représente quant à elle l'édition *princeps* d'un manuscrit bien identifié du IXe s., le *Parisinus lat.* 6880, en provenance de Fulda, qui porte des annotations manuscrites de Janus Cornarius[10].

Trois autres éditions frobéniennes reposent également sur une source manuscrite, toujours explicitée dans les dédicaces de traductions latines : d'abord, en 1531, celle de Parthénius dont il a déjà été question indirectement à propos du discours *In laudem peregrinationis* (BEC 7), puis celle d'Aetius en 1533 (BEC 8) et enfin celle donnée sous le titre de *Geoponica* en 1538 (BEC 13). Les *Graeca exemplaria* manuscrits ont été fournis par un possesseur

---

8. J. M. Riddle, *Marbode's of Rennes* De lapidibus, Wiesbaden, 1977 ; voir maintenant M. E. Herrera (éd.), Marbode de Rennes, *Liber lapidum*, Paris, 2006.

9. R. Halleux, « Damigéron, Evax et Marbode. L'héritage alexandrin dans les lapidaires médiévaux », *Studi medievali* ser. 3, vol. 13 (1974) 327-347 ; le lapidaire latin dit de Damigéron-Évax est publié dans *Les lapidaires grecs*, texte établi et traduit par R. Halleux et J. Schamp, Paris, 1985, 193-297.

10. C. Opsomer et R. Halleux, « Marcellus ou le mythe empirique » dans *Les écoles médicales à Rome. Actes du IIIème colloque international sur les textes médicaux latins antiques. Lausanne, septembre 1986*, P. Mudry et J. Pigeaud (éds.), Genève, 1991, 160-178.

célèbre, Matthaeus Aurogallus (Goldhahn), natif de Bohème, qui vécut de 1496 à 1543, aussi connu comme bibliophile héritier de la bibliothèque Hassenstein que pour sa collaboration en tant qu'hébraïsant à la traduction de la Bible par Luther. Professeur de latin, de grec et d'hébreu à l'Université de Wittenberg, il est en outre l'auteur d'ouvrages de grammaire hébraïque et d'une édition de Callimaque intitulée *Collectio gnomicorum cum Callimachi Hymnis Graecisque in illos scholis*, également parue chez Froben en 1532[11]. Jean-Marie Olivier, qui a identifié le manuscrit des *Geoponica* utilisé par Cornarius, *cod. Praha Statni Knihovna* VI Fc 37, estime à juste titre qu'« Aurogallus paraît avoir été, en quelque sorte, un intermédiaire entre la bibliothèque de Bohuslav Hasistejnsky z Lobkovic et l'Officina Frobeniana »[12]. Le regard d'ensemble sur l'activité éditoriale de Janus Cornarius aide à préciser quel fut son rôle.

La première de ces trois éditions a peut-être un temps assuré la survie jusqu'à nous du poète alexandrin Parthenios de Nicée, en qui la tradition voit le *grammaticus* de Virgile, lequel lui fait l'hommage d'une citation littérale translittérée au vers I, 437 des *Géorgiques*, connue depuis toujours, et ce dans un développement particulièrement intéressant sur le Soleil, portant sans doute quelques traces de pythagorisme, mais ajoutons que Parthénius fait aussi depuis peu l'objet d'une attention renouvelée par la découverte du système rythmique longtemps insoupçonné qui préside à sa poétique[13]. La courte dédicace de Janus Cornarius à Aurogallus datée du 1er avril 1530, rédigée à Zwickau dès son retour de Bâle, que l'on doit citer en entier, montre parfaitement l'enjeu de cette publication poétique :

> « Tout en sachant que notre siècle se détourne des petits livres de ce genre, et que très peu sont instruits de la poésie et des anciens écrivains grecs et latins, je n'ai pas voulu être responsable du fait que ce petit livre reste plus longtemps caché. Surtout quand c'est une pure occasion qui l'a offert, et que l'officine frobénienne, la plus noble de toute l'Allemagne pour l'impression des livres, est impatiente d'éditer ce genre de vieux auteurs, plus pour l'utilité publique qu'en considération de son propre intérêt. Et bien que j'eusse préféré donner à la foule uniquement dans sa langue cet auteur atticisant avec finesse et une grande précision, en raison du nombre de ceux qui ne sont pas encore aussi avancés dans les secrets de cette langue, il m'a semblé bon de l'éditer en même temps en version latine. Mais je sais combien j'en ai sué en plusieurs passages, tantôt parce

---

11. ADB I, 691, XXII, 793 ; Jöcher Bd. I, 1750.

12. J.-M. Olivier, « Le codex *Aurogalli* des *Geoponica* », *Revue d'Histoire des textes*, 10 (1980), 249-259.

13. E. Martini, « Virgil und Parthenios », dans *Studi Virgiliani*, Mantova, 1930, 149-159 ; Parthénios de Nicée, *Passions d'amour*, texte grec établi, trad. et comm. par M. Biraud, D. Voisin et A. Zucker, Grenoble, 2008 ; M. Biraud, « Les *Erotica pathémata* de Parthénios de Nicée : des esquisses de poétique accentuelle signées d'acrostiches numériques », *Revue des Études Grecques* 121 (2008), 65-98.

qu'on n'en peut trouver la plupart chez aucun autre auteur, tantôt parce qu'il fallait suivre un exemplaire unique. Et ce furent même les deux principales raisons d'entreprendre cette édition, pour que la mémoire de Parthénius fût conservée ou plutôt revive au moins dans ce livre, alors que rien de cet auteur, à ma connaissance, n'est parvenu jusqu'à notre époque. Et pourtant Suidas atteste qu'il a écrit de très nombreuses choses, et il écrit que pendant la guerre de Mithridate il avait été donné comme butin à Cinna, et qu'affranchi par ce dernier en raison de son érudition, il avait vécu jusqu'à l'époque de l'empereur Tibère. Combien ses poèmes faisaient autorité, cela est manifeste du fait que Virgile n'a pas rougi de l'imiter ou de lui emprunter certaines choses, d'après les auteurs Aulu-Gelle et Macrobe. Il a écrit ce poème au poète Cornelius Gallus, pour, d'après moi, l'apaiser et le consoler de la folie dans laquelle il était tombé par suite de l'excès de son amour pour son amie Lycoris, comme il en va chez Virgile et Tibulle. Aussi pourrait-on y trouver des exemples salutaires d'un genre similaire pour la jeunesse encline à la passion amoureuse, pour qu'elle fût encouragée à des amours à la fois patients et permis, si par humeur chagrine ou plutôt par sottise beaucoup ne condamnaient comme poisons des remèdes et médicaments salutaires. Il me semble quant à moi que les récits de ce genre et les θελκτήρια [enchantements magiques] peuvent s'employer utilement dans les troubles mentaux en général et en particulier dans la maladie que les médecins appellent maladie d' ἔρως qui pèse si lourdement sur certains qu'elle les conduit à la manie ou à la phtisie et à la fièvre ἑκτική. Telle est la raison pour laquelle je n'ai pas rougi, moi qui fais profession de médecine, d'éditer ces choses, sans crainte du jugement de la foule des médecins à mon sujet, eux qui semblent exulter de joie au seul nom de bon médecin, parce qu'ils sont de très hauts dignitaires, alors qu'ils ont très peu touché aux lettres. Cet auteur, la Muse Attique en personne, je te le dédicace, Aurogallus, en gage manifeste de notre amitié et de notre très étroite fréquentation des lettres et des bonnes études, et parce que je sais qu'il n'y en a guère d'autre que toi pour posséder, lire et aussi aimer davantage d'écrivains anciens. Mais à la condition que toi aussi tu publies, sans les laisser plus longtemps cachés chez toi, le médecin grec Aetius, 19 livres d'Histoire naturelle d'un auteur indéterminé, les hymnes de Callimaque, dix discours des orateurs Athéniens et quelques autres œuvres des meilleurs auteurs grecs, rapportées naguère de Grèce centrale et d'Asie mineure dans ta patrie par le très noble et très savant baron Bohuslas d'Hassenstein, et qui t'ont finalement été transmises par droit d'héritage au titre de la parenté et de l'érudition. Porte-toi bien. À Zwickau, le 1er avril 1530 »[14].

Il s'agit, comme on le voit, d'obtenir qu'Aurogallus mette sa bibliothèque privée à la disposition de Hieronymus Froben. La suite montre les bons effets de ces encouragements, car Aurogallus semble avoir publié lui-même son Callimaque chez cet éditeur et prêtera son exemplaire d'Aetius à Janus Cornarius[15]. La dédicace de la première édition d'Aetius à Charles Quint en personne, datée de septembre 1542, nous apprend que cet *exemplar* ne contenait que six livres, parce que les autres avaient brûlé dans l'incendie de la bibliothèque du baron Bohuslas, où furent détruits plus de deux mille livres grecs et latins rapportés de recherches expresses en Grèce, en Asie et dans les îles de Chypre et de la Crète[16]. Cette première traduction d'Aetius à partir du manuscrit de la collection Hassenstein est aussitôt concurrencée par une édition vénitienne complète de Johannes Baptistus Montanus contenant la traduction des livres manquants, si bien que Froben fabrique une édition comprenant les livres traduits par Montanus, et Janus Cornarius reprend l'ensemble dans une deuxième édition de 1542, BEC 19, en se félicitant de l'émulation ainsi provoquée. L'état actuel des études sur Aetius d'Amida ne permet pas d'évaluer correctement l'apport de Janus Cornarius à la connaissance de cet auteur, ni la valeur du manuscrit d'Aurogallus pour l'histoire du texte.

Une troisième publication frobénienne est le fruit des démarches de Janus Cornarius pour disposer des manuscrits d'Aurogallus, celle des *Geoponica* en vingt livres traduits du grec, une œuvre attribuée en 1537 par Cornarius à

---

14. Janus Cornarius Medicus D. Matthaeo Aurogallo Bohemo, trium linguarum doctissimo professori apud Vuitenbergenses salutem dat.

Quanquam sciam hoc seculum nostrum huius generis libellos auersari, paucissimos in poeticis literis, ac ueteribus tum Graecis tum Latinis scriptoribus erudiri : tamen nolui committere, ut hic libellus diutius lateret : maxime quum ipsissima occasio eum obtulisset, et hoc genus autorum ueterum magis in publicam utilitatem, quam proprii commodi respectu edere gestiat nobilissima totius Germaniae in excudendis libris OFFICINA FROBENIANA. Et quamuis maluissem ipsum autorem sua tantum lingua argute plane et breuiter atticissantem in uulgus exire : propter multos tamen, qui ad huius linguae penetralia nondum ita sunt progressi, uisum fuit hunc simul latine reditum edere : sed scio quam in plerisque locis a me sit sudatum, tum quod pleraque apud nullum alium temere reperias scriptorem, tum quod unicum tantum sequendum erat exemplar. Quae duae praecipuae etiam caussae fuerunt adsumptae editionis, ut uel in hoc libro Parthenii memoria seruaretur, aut reuiuiscet potius, quum nihil huius autoris, quod sciam, ad aetatem nostram peruenerit, et tamen plurima scripsisse testetur Suidas, qui eum in bello Mithridatico pro spolio obtigisse scribit Cinnae, et ab eodem ob eruditionem manumissam usque ad Tyberii Caesaris tempora peruenisse. Quantae uero autoritatis poemata eius fuerint, inde palam sit, quod Virgilius ex eo quaedam imitari ac mutuare non erubuerit, autoribus Gellio et Macrobio. Hunc autem libellum ad Cornelium Gallum poetam scripsit, ut suspicor, furoris eius leniendi ac consolandi gratia, in quem ex nimio amore Lycoridis amicae inciderat, ut est apud Virgilium et Tibullum. Quare poterant simili modo salubria exempla hinc peti iuuentuti ad libidinem procliui, ut et patienter et concessa amare pergeret, nisi prae morositate aut fatuitate potius, multi etiam remedia ac salutaria pharmaca instar uenenorum prohiberent. Mihi sane eiusmodi narrationes ac θελκτήρια, *utiliter adhiberi posse uidentur, quum in aliis mentium perturbationibus, tum praecipue in morbo quem* τοῦ ἔρωτος *medici uocant, qui tam grauiter quibusdam incumbit, ut in maniam, aut phtisin et febrem* ἑκτικήν *perducantur. Quae caussa fuit cur ego medicinam prosessus haec edere non erubuerim, nihil ueritus uulgi medicorum de me iudicium, qui hoc tantum nomine boni medici uideri gestiunt, quod sint egregie purpurati, et cumque minimum literarum attigerunt. Hunc autem autorem, ipsam Atticam Musam, tibi doctissime AVROGALLE dicatum inscribo, ut arrabo exter nostrae amicitiae, et arctissime in literis ac bonis studiis consuetudinis, et quod sciam uix alium esse qui ueterum scriptorum aut plus habeat, aut legat, et amet quoque. Sed ea conditione ut et tu publices, nec diutius apud te latere sinas, Aetium medicum Graecum, Naturalis historiae libros XIX incerti autoris, Callimachi hymnos, Orationes decem Rhetorum Atheniensium atque alia quaedam optimorum Graeciae autorum opera, ex media Graecia et Asia minori olim a nobilissimo ac eodem doctissimo Barone Bohuslao ab Hassensteyn in patriam tuam euecta, et tandem ad te cognationis et studiorum hereditario iure delata. Vale. Zuiccauii, Cal. April. 1530.* BEC 7.

15. L'édition des *Hymnes* de Callimaque par Froben en 1532 est signalée par Jean-Marie Olivier. Voir maintenant l'exemplaire 4 A.gr.a. 234 de München BSB, numérisé.

16. Sur Aetius d'Amida voir Nicandre, *Les Alexipharmaques. Lieux parallèles du Livre XIII des* Iatrica *d'Aetius*, texte établi et traduit par Jean-Marie Jacques, Paris, 2007.

Constantin Pogonat et parfois mise sous le nom de Cassianus Bassus[17]. Il dit alors avoir utilisé un « exemplaire grec », et « le seul que j'avais et que je tenais de mon vieil ami le très savant Matthaeus Aurogallus ». Mais l'intérêt purement médical de ce texte se justifie moins que ce nouvel appel à la publication de textes trop cachés qui fait tout le sel de cette dédicace à Wolfgang, Graf zu Stolberg-Wernigerode (1501-1552) :

> « Il ne fait pas de doute que les présents livres, extrêmement utiles, auront été d'autant plus précieux pour tous les studieux de la chose littéraire, que parmi tant d'écrivains grecs, qui sont à la fois loués dans ces livres et nommés par Varron et Columelle, aucun n'a subsisté jusqu'à nous, que j'aurais pu avoir l'occasion de voir ou dont j'aurais du moins pu entendre parler. Car je ne sais pas non plus ce que renferment les coffres de certaines personnes, ou ce que cachent les bibliothèques, disons plutôt les bibliotaphes de quelques unes, plus complaisantes aux blattes et aux mites qu'à l'intérêt public des études et des belles-lettres »[18].

On ne sait pas qui est visé dans une si violente et inhabituelle récrimination, qui démontre une pratique de la rétention des textes dont il y a lieu de tenir compte pour toute étude sur la circulation des manuscrits dans la première moitié du XVIe siècle, ni quels en furent les effets. En février 1537, l'édition grecque d'Hippocrate est sous presse et Janus Cornarius va se tourner vers Artémidore et Basile de Césarée. D'après les témoignages en notre possession, il faut attendre la traduction d'Epiphane en 1543, la dédicace à la ville d'Augsbourg de l'édition hippocratique latine de 1546 et la publication pos-

---

17. Mais Jean-Marie Olivier, dans « Le *codex Aurogalli...* » 249 n. 4, conteste cette attribution des *Geoponica* à Cassianus Bassus. Sur le succès des *Geoponica*, « vaste traité byzantin d'économie rurale achevé sous Constantin VII Porphyrogénète (912-959) », au premier siècle de l'imprimerie, voir R. Halleux, *Le savoir de la main. Savants et artisans dans l'Europe pré-industrielle*, Paris, 2009, 65-66, qui pour l'histoire du texte s'appuie en particulier sur J.-L. Gaulin, « Sur le vin au Moyen Âge. Pietro de' Crescenzi lecteur et utilisateur des *Géoponiques* traduites par Burgundio de Pise », *Mélanges de l'École française de Rome. Moyen Âge et Temps modernes* », 96 (1984) 1, 95-127. Gaulin p. 99 n. 17, à la suite semble-t-il d'une étude de Fehrle, corrige l'attribution à Cassianus Bassus qui remonte sans doute à l'édition Teubner de H. Beckh, 1895 (réimp. 1994). Et il précise p. 98 que la traduction de Janus Cornarius parue en 1538 est la deuxième traduction latine des *Geoponica* après celle de Burgundio de Pise, effectuée entre 1136 et 1193, mais la première du texte complet. Ce dernier, sous le titre Αἱ περὶ γεωργίας ἐκλογαί est bien l'œuvre d'un scribe anonyme du Xe siècle qui, sous l'autorité de Constantin VII (dit Porphyrogenète, empereur byzantin de 913 à 959), a refondu en XX livres une compilation en XII livres de divers textes agronomiques dont les plus anciens remontent aux IVe-Ve s., effectuée par Cassianus Bassus fin VIe-début VIIe s., mais seul le texte anonyme du Xe s. a été conservé. L'attribution par Janus Cornarius des *Geoponica* à Constantin IV (dit Pogonat, empereur byzantin de 668 à 685) fut rapidement corrigée par les bibliographes et les imprimeurs responsables des rééditions de sa traduction.

18. *Non dubium est quin hi utilissimi libri omnibus rei litterariae studiosis eo gratiores futuri sunt, quod ex tot scriptoribus Graecis, qui et his laudantur et a M. Varrone ac Columella nominantur, nullus ad nos extet, quem aut uidisse, aut de quo saltem audisse mihi contigisset. Neque enim scio quid arcae quorundam conclusum teneant, aut quid bibliothecae, seu potius bibliotaphia aliquorum condant, blattis ac tineis quam publicae bonorum studiorum utilitati benigniores.* BEC 13.

thume de Platon, qui repose à nouveau sur un manuscrit de la collection Hassenstein, pour trouver d'autres signes montrant que Janus Cornarius a travaillé à partir de sources manuscrites grecques. Les premières publications des manuscrits cédés par Aurogallus lui ont sans doute permis de disposer relativement tôt du manuscrit de Platon qu'elle contenait aussi[19].

Il ne semble pas que la dédicace des *Hippocratis opera omnia* de 1546 à la ville d'Augsbourg, qui est à bien des égards une simple demande de consultation de sa prestigieuse collection de manuscrits grecs, conservée depuis 1806 à la *Bayerische Staatsbibliothek* à Munich, ait été entendue. Un catalogue de Hieronymus Wolf (1516-1580) en fut publié en 1575 et son examen réserve quelques surprises par des silences dont il faut dire ici un mot[20]. L'auteur de ce catalogue, *Schwäbischer Socrates* selon le mot de Melanchthon, encore considéré comme un des fondateurs de la byzantinistique, fit des études à Tübingen de 1530 à 1535, puis à Wittenberg de 1537 à 1539 et fréquenta Luther, Bonifacius Amerbach ou Melanchthon, puis en 1547-1550 il fit aussi un passage à Strasbourg et à Bâle, où il aurait travaillé comme correcteur et traducteur de grec pour Oporinus. On le retrouve de 1550 à 1557 secrétaire et bibliothécaire de J. J. Fugger, et enfin bibliothécaire municipal d'Augsbourg de 1557 à sa mort[21]. Son catalogue peut représenter un état tardif de la liste évoquée par Janus Cornarius dans sa dédicace de 1545, et contient sans doute des titres qui avaient retenu son attention. Affichant dans son intitulé l'ambition de mettre à la disposition des érudits et des imprimeurs des manuscrits grecs en bon état d'entretien (*sartis tectis*), le catalogue de Wolf contient 126 entrées, et pour certaines d'entre elles, son auteur précise « *est editus* », et il donne même parfois un lieu d'édition ou le nom d'un traducteur. Mais celui de Janus

---

19. J.-M. Olivier et M.-A. Monégier du Sorbier, *Catalogue des manuscrits grecs de Tchécoslovaquie*, Paris, 1983. Ces auteurs ont établi que trois manuscrits d'Aurogallus utilisés par Janus Cornarius sont aujourd'hui conservés à la *Praha Statni Knihovna*, celui d'Aetius sous la cote PSK cod. VI Fc 37, celui des *Geoponica* qui est le PSK cod. VI Fe 4 et le PKS cod. VI Fa 1 qui représente le manuscrit utilisé pour la traduction de Platon. Ces manuscrits sont décrits pp. 109, 133 et 98 de leur *Catalogue* où l'on trouve confirmation des indications de Janus Cornarius. Ils appartenaient à une collection rassemblée par Bohuslav dans son château d'Hassenstein, puis déménagée au château de Chomutov lorsque Zikmund y Lobkovic, neveu de Bohuslav en hérita. Ce dernier, recteur de l'Université de Wittenberg, aurait bien mis certains de ces volumes à la disposition d'Aurogallus, à une date indéterminée. Un incendie se produisit à Chomutov le 2 août 1525, événement rapporté par Mitis, l'auteur en 1570 du seul inventaire connu de la collection Hassenstein. Elle subit encore un deuxième désastre en 1591 et c'est ce qu'il en reste qui se trouve aujourd'hui à Prague. Indiquons qu'il n'y a pas de Parthénius dans l'inventaire de Mitis.

20. *Catalogus Graecorum librorum, manuscriptorum, Augustanae bibliothecae : quem ea respublica, ideo edendum curauit : ut eos, uel uiris doctis interpretandos : uel diligentibus typographis conserendos (modo de iis sartis tectis suo tempore restituendis, caueant) ad augenda rei literariae commoda, communicaret. Augustae Vindelicorum, ex officina Michaëlis Manger. Anno MDLXXV.* Sur ce catalogue, voir J. M. M. Hermans, « Byzantinische Handschriften im 16. Jahrhundert. Bemerkungen zum ältesten gedruckten Handschriftenkatalog (Augsburg 1575) », dans *Polyphonia Byzantina, Studies in honour of Willem J. Aerts*, Groningen, 1993, 189-220.

21. ADB. Voir aussi H. G. Beck, *Der Vater der deutschen Byzantinistik. Das Leben des Hieronymus Wolf von ihm selbst erzählt*, München, 1984, où l'on apprend que le médecin de Wolf n'était autre que son compatriote Fuchs, 41 et n. 126, ce qui explique beaucoup de choses.

Cornarius n'apparaît nulle part, alors que de nombreux textes ont pourtant fait l'objet d'éditions cornariennes. On peut en effet citer rapidement sous les n° 13, 20, 21, 27, 29, 30, 72, 73, 78, 81, 89 et 95 les noms de Jean Chrysostome, Basile de Césarée, Platon, Galien, Paul d'Egine, Synésius, Dioscoride, tous présents dans la *Bibliographie des éditions cornariennes*, alors qu'un Conrad Gesner par exemple n'omet jamais de citer celles-ci dans sa propre *Bibliotheca uniuersalis* de 1545, car il est impossible d'ignorer les travaux du médecin de Zwickau dans ce domaine à cette date. On dira que Hieronymus Wolf, qui travaille à son catalogue à partir de 1557 pour le compte d'une ville protestante, et qui vient de Tübingen, le fief de Fuchs, n'a de toute façon pas eu à cataloguer des manuscrits grecs utilisés par Cornarius, et l'on peut en déduire que la dédicace de l'Hippocrate de 1546 n'a rapporté aucune réponse positive à la demande d'accès aux manuscrits grecs formulée par son auteur[22]. À la liste des travaux philologiques herculéens de Janus Cornarius, il faut ainsi joindre celui très ingrat d'obtenir des collectionneurs la matière première fragile et rare qu'il tranformait en vulgate avec la complicité de l'imprimeur de Bâle. Cette partie de son œuvre nous apparaît totalement soumise aux circonstances politiques et religieuses qui caractérisent cette période de l'histoire allemande.

2. Questions politiques et religieuses

Le retour de Johann Haynpol à Zwickau début 1530, après plus de douze années d'études et voyages, correspond à l'obtention d'un emploi de Physicus dont les archives municipales ont gardé la trace en mentionnant le versement d'un salaire annuel de 30 Gulden au Docteur Cornarius entre 1530 et 1535, pour ses services « en cas de pestilence ou autre maladie grave, ainsi qu'une assistance aux riches et aux pauvres et des prescriptions de pharmacie »[23]. Nous le retrouvons ensuite Physicus à Nordhausen de 1535 à 1537. Les textes écrits de cette ville, qui dédient les premières éditions de Galien et de Marcellus à Wilhelm Reiffenstein, Reinecke, Rinck et Michael Meienburg, ce dernier également dédicataire de la grande préface autobiographique de 1555, laissent l'impression d'une existence embellie par l'amitié et le jardinage[24].

---

22. Ce silence est peut-être l'effet d'une censure mystérieuse dont on connaît d'autres traces. À deux reprises en effet, au hasard des bibliothèques, j'ai trouvé des exemplaires d'éditions cornariennes dans lesquels le nom de Janus Cornarius avait été rendu illisible à la main (BEC 32 à la BIU Santé de Paris) et même progressivement laissé en blanc par l'imprimeur, apparemment italien en l'occurrence (BEC 28b à la HAB). Voir ci-dessous sur la polémique avec Fuchs, p. 72.
23. Clemen *op. cit.*, 48 et 75.
24. Personnages des cercles humanistes réformateurs (ADB-NDB). La famille Reiffenstein compte plusieurs membres étroitement liés d'abord à Érasme puis à Melanchthon et aux princes protestants de Saxe et du Mecklenburg. Rinck est inconnu et Reinecke est sans doute parent de Hans Reinecke donné comme ami d'enfance de Luther, dont la fille a épousé Michael Meienburg, maire de Nordhausen (1491-1555) très proche de Melanchthon qu'il héberge chez lui régulièrement et en particulier pendant la guerre de Schmalkalden.

Les fruits du travail sur Galien et Marcellus sont offerts à Meienburg *pro his quos superiori anno ex hortis ac vineis tuis decerpsis*, en échange de ceux de ses jardins et ses vignes qu'il lui offrit l'année précédente. Assurément, écrit-il plaisamment, ils sont moins frais, mais ils se conserveront *perpetuo*, à tout jamais[25]. De belles condoléances, datées du 17 avril 1536, à Reinecke qui vient de perdre son épouse, confirment la vocation amicale nouvelle de ces dédicaces, même quand elles font également office d'introduction à une doctrine, et qu'elles résument, comme c'est le cas de la préface à Marcellus, l'état d'un problème, ici celui de l'édition de Galien, dans une proximité idyllique et quasi virgilienne du savoir, de la nature et de l'amitié.

Les années 1538-1543 passées à Francfort semblent elles aussi avoir été heureuses et prospères, à lire les compliments adressés par Achates Cornarius en préface de l'édition de Platon publiée en 1561, qui indique que son père « fut accueilli avec une affection particulière par tous les notables, et même jusqu'à être admis (chose réservée à peu de gens) dans l'ordre des patriciens »[26]. Ce sont quatre ou cinq années au cours desquelles on assiste en effet à l'ascension de Janus Cornarius dans la hiérarchie des notables intellectuels et religieux. La dédicace d'Artémidore aux médecins du Prince Électeur Philipp von Hessen, les travaux dans le domaine de la théologie, qu'ils soient spontanés, comme la traduction de Basile destinée à remplacer celle de feu Érasme jugée incomplète, et dédiée au principal représentant du parti catholique, l'archevêque de Mainz Albrecht von Brandenburg, ou qu'ils soient commandés, comme celle d'Épiphane par Melanchthon, sont contemporains d'une brève mission diplomatico-religieuse qui amène l'érudit médecin à participer à la rédaction d'un catéchisme, sans doute le *Catechismus pro ecclesia Francofurtana ad Moenum* accompagné d'un *Consilium de articulis religionis ad rempublicam Francofurtanam* cité par Strieder[27]. L'intervention de Janus Cornarius à titre d'expert et de médiateur a lieu fin 1541 à la demande de son employeur, la municipalité de Francfort, c'est-à-dire pendant les neuf mois que l'on pouvait croire exclusivement consacrés à la traduction d'Epiphane. Peut-être s'agit-il alors d'effacer la réputation d'athéisme relayée sinon lancée par Riquinus en 1530, et vraisemblablement parvenue jusqu'aux oreilles de son ennemi juré le protestant Leonhardt Fuchs, auquel il représentera quelques années plus tard combien, par ses traductions d'Epiphane et des Pères de l'Église, et par sa rédaction d'un catéchisme en latin « approuvé par les plus grands théologiens allemands » il a travaillé *pro vera pietate*, « pour la vraie foi ».

---

25. BEC 10.
26. BEC 47.
27. Jöcher 2, 1750 ; Strieder 2, 1782. Nous n'avons pas intégré ce catéchisme, introuvable, à la *Bibliographie des éditions cornariennes* car il est présenté à plusieurs reprises par Janus Cornarius comme ayant seulement fait l'objet d'un travail de révision. Strieder écrit d'ailleurs exactement : « Es wird ihm noch zugeschrieben *Catechismus pro ecclesia Francof. ad Moenum* und *Consilium de articulis religionis ad rempublicam Francof.*, ich zweifele aber, daß es mit Recht geschiehet ».

Néanmoins il mène dans le même temps plusieurs démarches qui semblent avoir pour but de lui permettre de renouer avec l'activité de professeur de médecine hippocratique, si brièvement exercée à Rostock et au cours de ses voyages. Le 27 octobre 1542, Janus Cornarius est inscrit dans l'*album* de la *schola* de Marburg, réfugiée à une quarantaine de kilomètres, à Grünberg, pour cause de peste, et il prononce à cette époque deux discours d'un ton particulièrement véhément pour dénoncer le style des études médicales, *De rectis medicinae studiis amplectendis* à Grünberg, et *Hippocrates sive doctor verus* à Marburg. Le discours de Grünberg sera le texte personnel de Janus Cornarius le plus souvent réimprimé de son vivant. Il contient la formulation d'une méthode scientifique originale de style spéculatif et prône un retour à Hippocrate centré sur le *droit*, ou le *juste*, ou le *correct* selon la façon dont on comprend l'adjectif latin *rectus* qui évoque bien sûr un *orthos* visiblement inspiré par une lecture personnelle de Platon[28].

Dans ce discours *De rectis* de Grünberg, Janus Cornarius passe ensuite en revue l'histoire de la médecine ancienne et démontre que la secte des rationalistes fut la seule fidèle à la médecine d'Hippocrate, laquelle reposait d'après lui sur la recherche des causes des maladies, et non de leurs signes, une affirmation déjà présente dans le *vademecum* de 1529, et qu'il maintiendra jusque dans son dernier traité *Medicina sive Medicus*. La bibliographie médicale livrant les savoirs anciens sur les maladies qu'il recommande à son auditoire estudiantin contient évidemment la plupart de ses auteurs en cours de traduction, et ne condamne la médecine d'Avicenne et la science arabe en général qu'en raison de la mauvaise qualité des traductions latines qui la diffusent en Europe, car c'est bien l'abondance soudaine d'exemplaires grecs qui invite à lire les Anciens dans leur langue d'origine plutôt que transformés par la culture mahométane[29]. Les deux discours *De rectis* et *Hippocrates siue doctor uerus* sont contemporains des deux premières éditions partielles de l'*Hippocrates*

---

28. On y lit par exemple : *Rectum ac medium, siue moderatum, quod scilicet secundum naturam habet, uelut regula nobis propositum est, ut ex eius cognitione, id quod praeter naturam habet assequamur.* « Le droit et le médian ou modéré, qui évidemment se comporte selon la nature, nous a été proposé comme une règle, pour comprendre, à partir de la connaissance de celui-ci, ce qui se comporte contre nature ». BEC 21, 99.

29. *Ne expectetis, ut de Arabibus medicis, qui uulgo Latine leguntur, uelut in hunc locum recipiendis, uerba faciam. Demus, eos in sua lingua omnia quae scripserunt, recte prodidisse. Concedimus, male intellectos ipsorum libros, ad Latinos utcumque translatos esse. Hoc profecto inficias ire nemo potest, illos omnia de Graecis supra a me nominatis transcripsisse. Quum autem Graecorum autorum larga copia omnibus studiosis nostro saeculo suppetat, et extent Graeci illi medici ferme omnes exiguo pretio prostantes : et non solum sua lingua, sed multorum doctorum virorum industria plerique ex his etiam latine habeantur ...* « N'attendez pas que je parle des médecins arabes qu'on lit communément en latin comme des auteurs à accepter en ce lieu. Accordons qu'ils ont correctement transmis tout ce qu'ils ont écrit dans leur langue. Concédons que ce sont leurs livres mal compris qui en tout cas ont été traduits pour les Latins. Assurément personne ne peut contester qu'ils ont fait passer par écrit tout ce qui concerne les Grecs que j'ai nommés plus haut. Mais alors qu'à notre époque une large abondance d'auteurs grecs est à la disposition de tous les gens d'étude, que ces grands médecins grecs subsistent presque tous mis en vente à un prix modique, et qu'on a la plupart d'entre eux non seulement dans leur langue mais aussi en latin grâce à l'activité de nombreux savants ... » *ibid.* 116-117.

togatus, celle des très populaires *Lettres* pseudo-hippocratiques par Gymnicus à Cologne, et celle des sept premiers traités de sa prochaine édition complète chez Oporinus tout nouvellement installé[30]. À cette époque, apprend-on par les dédicaces, l'*Hippocrates togatus* est pratiquement achevé. Tous les textes contemporains indiquent que c'est le séjour à Marburg qui a rendu possible la réalisation complète du grand projet.

Janus Cornarius, dans son discours de Rostock, soutenait que la connaissance de la véritable science des astres était du devoir d'un chrétien, en général. Un autre discours de 1549, *Dum aliquot bonos ac doctos uiros*, prononcé à l'occasion d'une remise de titres doctoraux à Marburg, exprime une position plus prudente, en attente de jours favorables au plein épanouissement du savoir, induisant une habile neutralité légaliste, insensible aux enjeux de tel ou tel conflit[31]. « *Cede locum laeso, cedendo uicto abibis* : Cède la place à qui est blessé, ce faisant tu partiras en vainqueur » peut-on lire parmi les raisons d'espérer le retour de conditions propices au renouveau des arts et des sciences. Indiquons brièvement que Philipp von Hessen aurait mené une politique d'alliance entre les Luthériens et les partisans de Zwingli, et qu'après l'échec de celle-ci, ces derniers semblent s'être plutôt tournés du côté des catholiques réformateurs dont Janus Cornarius, comme Erasme, faisait plus ou moins partie, sans totalement renoncer à leurs positions ni à leur faculté à dialoguer avec le camp réformateur[32]. Mais l'histoire des relations entre Erasme, Luther et Zwingli et le Réformateur strasbourgeois Martin Bucer, le seul théologien vraiment présent dans ce que l'on sait actuellement de la correspondance de Janus Cornarius, donne une idée des enjeux de pouvoir à l'arrière-plan de la controverse religieuse et des incessants retournements d'alliances entre lesquels il pouvait être difficile de se constituer une position[33].

---

30. Sur l'intérêt porté à ces lettres pseudo-hippocratiques, T. Rütten, *Demokrit lachender Philosoph und sanguinischer Melancholiker : eine pseudohippokratische Geschichte*, Leiden, 1992, 116-168.

31. BEC 34. Ce discours cherche à soutenir le courage des membres de l'Université de Marburg au milieu des malheurs que subit son fondateur Philipp von Hessen : *Nec optimi semper habiti principis uestri, Philippi Hessiae Landegrauionis, aduerso casu ac infelicitate animos despondetis : sed Musarum illud benignum hospitium, scholam Marpurgensem illius magnifica liberalitate institutam, omni studio conseruare, imo augere ac ampliare annitimini... Redibit concordia et cum hac omnes bonae res nunc paruae, tunc in admirandum augmentum excrescent...* « Vous ne perdez pas courage à cause du malheur et de l'infortune du très bon prince que vous avez toujours eu, Philippe Landgrave de Hesse : mais vous vous efforcez de conserver et même d'accroître et de rehausser ce bienfaisant hôtel des Muses, l'Université de Marburg fondée par sa libéralité généreuse... La concorde reviendra et avec elle toutes les bonnes choses à présent petites grandiront alors d'une croissance admirable... ». Le titre de Landgrave ou de comte suppose sans doute l'exercice de la justice, en référence à l'abandon par l'archevêque de Mainz Albrecht de cette prérogative à Philipp comme une des premières conséquences politiques de la Réforme. Voir aussi J.-Y. Mariotte, *Philippe de Hesse (1504-1567), le premier prince protestant*, Paris, 2009.

32. Sur l'histoire du mouvement voir J. Pollet, *Huldrych Zwingli et le zwinglianisme. Essai de synthèse historique et théologique mis à jour d'après les recherches récentes*, Paris, 1988 ; W. J. Stephens, *Zwingli le théologien*, Genève, 1999.

33. N. Peremans, *Érasme et Bucer d'après leur correspondance*, Paris, 1970, en particulier 47 et 63, sur la position de force de Bucer à Strasbourg à la fin 1528, et sur la querelle contemporaine entre Eppendorf et Erasme, qui a pu être brièvement favorable à Janus Cornarius.

On possède encore, datant de cette époque de Marburg, où Janus Cornarius sera apparemment un temps Recteur de l'Université, l'*oratio* non datée sinon par la mention *In Rectoratu suo*, et imprimée, d'après la dédicace, un certain nombre d'années plus tard, intitulée *De obedientia*, littéralement « De l'obéissance », qui nous permet de préciser davantage l'appartenance religieuse du traducteur d'Hippocrate et de Basile de Césarée[34]. Ce discours, prononcé, dit l'orateur, pour obéir aux lois de sa charge de Recteur, expose que l'obéissance, comme vertu théologale, est soumission à Dieu et au Verbe, θέος καὶ λόγος, du Fils unique, *unigenitus,* du Dieu et Père Inengendré, *Ingenitus*, auquel il obéit car « il n'a pas cru que c'était quelque chose qu'il pouvait s'enlever à lui-même, puisqu'il était égal à Dieu (*filius unigenitus, Ingeniti dei et patris, non putauit hoc tale quid esse quod ipsi auferri posset, quod uidelicet esse aequalis Deo*) ». Cette conception de l'obéissance implique aussi une égalité entre les hommes, cohéritiers du Christ et à ce titre sujets d'aucun d'entre eux, et réconcilie donc en principe le dogme trinitaire catholique et, en sourdine, la contestation réformiste du dogme de l'infaillibilité pontificale. Les anciens philosophes, dit le discours, à savoir Platon et Aristote, ont eux aussi sans le savoir obéi au message divin en obéissant à la raison, *ratio* ou λόγος, « *cui subiectae sunt lege naturae* : à laquelle les hommes sont soumis par la loi de la nature »[35]. Il est intéressant de signaler que Janus Cornarius dit avoir accepté la publication du *De oboedientia*, prononcé dans sa jeunesse, à la demande d'un certain Reinhard Lorich, à qui il adresse sa courte dédicace. Or ce dédicataire, *Reinhardus Lorichius Hadamarius Optimus, Artium Decurio* est le frère de Gerhard Lorich, né en 1485 à Hadamar, prêtre marié dès 1525, puis propagandiste anti-luthérien, exerçant sa fonction pastorale à Wetzlar dans la région de Marburg[36]. Gerhard Lorich aurait tenté de faire aboutir en 1539 à Marburg une conférence œcuménique, semble très proche de Martin Bucer et

---

34. BEC 48. Le titre complet *De obedientia, oratio habita coram publica schola uniuersitatis Marpurgensis, Per Janum Cornarium Medicum, in Rectoratu suo, Marpurgi*, suggère que le discours fut prononcé vers 1543.

35. Le contexte reflète le credo rationaliste de l'auteur : ... *sed brutis appetitionibus nos tradimus, quae relinquunt et abiiciunt obedientiam, nec rationi parent, cui sunt subiectae lege naturae. Quum igitur naturae legem auersemur, quae rationem principem in nobis contituit : quum rationem non sequamur, quae et causas, et earum progressus, et antregressa et consequentia cernit, similia inter se comparat, futura praesentibus adiungit, et totius uitae cursum dirigit ac gubernat : frustra iactamus nos Deo obtemperare, quem nulla ratione apprehendere possumus, et quem sola fide tenemus etc.* : « mais nous nous livrons aux appétits brutaux, qui délaissent et rejettent l'obéissance, et n'obéissent pas à la raison, à laquelle ils sont soumis par la loi de la nature. Donc lorsque nous nous détournons de la loi de la nature, qui a fait de la raison le prince en nous, lorsque nous ne suivons pas la raison, qui discerne à la fois les causes et leurs développements, les antécédents et les conséquents, compare entre elles les choses semblables, relie le futur au présent, et dirige et gouverne tout le cours de la vie, c'est en vain que nous nous vantons d'obéir à Dieu, que nous ne pouvons pas appréhender par la raison et que nous ne comprenons que par la seule foi... ».

36. Je remercie le Dr. Bernhard Ebneth, de la *NDB, Historische Kommission bei der Bayerischen Akademie der Wissenschaften*, d'avoir bien voulu me communiquer les informations suivantes : « Der evangelische Theologe, Professor der Eloquenz und Rektor der Universät Marburg, Reinhard Lorich(ius) (um 1500-1564) ist ... ein Bruder des katholischen Theologen und Pfarrers in Worms bzw. Wetzlar, Gerhard Lorich (um 1485/90-vor 1553) (s. NDB 15, S. 183 ; Renkhoff, S. 476 f.) (Jöcher, Strieder, Adelung, Gundlach, Renkhoff) ».

apparaît comme une figure singulière de Réformateur érasmien hostile à la rupture avec Rome, partisan d'un retour aux Pères de l'Église et de certaines modifications liturgiques, dont les biobibliographes présentent les thèses comme une préfiguration de Vatican II[37]. La dédicace du *De obedientia* confirme donc ce que l'on pouvait pressentir à partir des principales données biographiques concernant la position religieuse de Janus Cornarius, qui appartenait bien au courant catholique réformateur, très minoritaire et dans une position fragile à l'égard des partisans des deux bords. Le discours *De obedientia*, d'une belle tenue stylistique, ne renie d'ailleurs rien des engagements hippocratiques de l'auteur et met en lumière l'activité d'un Janus Cornarius qui se fait théologien peut-être moins par calcul politicien que par conviction sincère. Ses traductions des Pères sont du reste très exactement dans la ligne des thèses de Gerhard Lorich, et il vaudrait certainement la peine d'élucider les circonstances de la publication du *De obedientia*, qui révèle une dimension encore cachée du traducteur d'Hippocrate[38].

Dans ses dédicaces de 1543 à 1546, Janus Cornarius se donne le titre de *Physicus* de la *schola Marpurgensis*. Depuis son obscure mission de médiateur, fin 1541, sans doute en rapport avec le catéchisme dont il a déjà été question, une mission commandée par la municipalité de Francfort qui l'employait alors, tous les efforts de Janus Cornarius semblent tendre à lui procurer une place de *Physicus* à Strasbourg, à en juger d'après ses lettres à Martin Bucer[39]. En effet, le 1er novembre 1542, date de la dédicace d'Epiphane à Johann Friedrich de Saxe (ernestine), autrement dit l'autorité ultime régnant à Zwickau, il signe toujours *medicus Physicus Francofordensium*. Le 9 décembre 1542, Janus Cornarius est membre du jury présidé par Martin Bucer qui signera l'accord entre les Luthériens et Melchior d'Ambach débouchant sur la révision du catéchisme qui lui fut confiée. Le 10 décembre, Martin Bucer écrit à Philippe de Hesse pour obtenir de lui que Janus Cornarius vienne à Strasbourg, décision qui pourrait sans doute le libérer de sa position de *Physicus* à Francfort. Mais Janus Cornarius s'installe ensuite à Marburg où il restera plus de trois ans, de

---

37. ADB-NDB, s. n. Lorich, Gerhard. Parmi les œuvres publiées de Reinhard Lorich, citons un *De inuentione dialectica* en collaboration avec Rudolf Agricola, Köln 1548, l'illustration des *Tabulae de Schematibus et Tropis* de Petrus Moselanus, Frankfurt 1540, et une compilation *De institutione principum loci communes*, Frankfurt 1538. Rappelons que Martin Bucer, né à Sélestat en Alsace en 1501 et mort à Cambridge en 1551, échoua finalement dans ses efforts pour réconcilier les Luthériens et les partisans de Zwingli, le Réformateur suisse, et se réfugia en Angleterre, refusant l'application du *Leipziger Interim*, formule de statu-quo décidée à la fin de la Diète d'Augsbourg le 15 mai 1548.

38. Indiquons cependant que l'ouvrage de I. Backus, *Lectures humanistes de Basile de Césarée. Traductions latines (1439-1618)*, Paris, 1990, émanant de l'Institut d'histoire de la Réformation de Genève, explique que l'édition BEC 17 de 1540 « fut condamnée comme hérétique par les éditeurs du Basile latin publié à Paris en 1547 », et relève également des indices de tentatives pour faire disparaître le nom de Cornarius, mais considère l'auteur comme un défenseur de l'unité de l'Église romaine et de la papauté contre les hérésies, 43-54, 49 en particulier.

39. Clemen *op. cit.* 54-59.

janvier 1543 à septembre 1546. En juin 1545, il écrit de nouveau une lettre à Martin Bucer montrant qu'il espérait toujours une place de *Stadtartz* à Strasbourg, ainsi qu'une autre lettre adressée à la ville de Zwickau exprimant ses regrets de ne pouvoir y travailler comme *Stadtarzt*. Sur quoi une lettre de la municipalité de Zwickau datée du 28 novembre 1545 lui propose la place, proposition qui se concrétisera à la Pentecôte 1546, signe possible de la bonne diplomatie exercée par le grand Réformateur strasbourgeois. Toutes ces menées restent à vrai dire obscures, mais s'éclairent quand même un peu au regard des évolutions politiques particulièrement complexes de cette époque, dont il faut rappeler brièvement les grandes lignes, dans la mesure où plusieurs textes de Janus Cornarius les évoquent.

De 1530 à 1546, la situation allemande évolue dans le sens d'une politisation, puis d'une militarisation de conflits longtemps idéologiques ou sociaux. Les résultats de l'attitude modérée de Charles Quint, dernier empereur de l'histoire allemande couronné par le pape, le 24 février 1530, sont d'abord plutôt positifs. Mais très pris par les questions française d'une part et ottomane de l'autre, il favorise en réalité peu à peu le nouveau pouvoir des Princes allemands, plus proches du pays qu'un souverain tellement absent que sa participation souvent racontée à la Diète d'Augsbourg de 1530 est la première depuis 9 ans. Le couronnement de Charles Quint trouve son parallèle sur la scène nationale germanique avec la constitution, le 21 février 1530, de la Ligue de Schmalkalden, par laquelle les Princes luthériens s'allient contre Rome et Charles Quint, sous la conduite de Johann Friedrich de Saxe et de Philippe de Hesse, respectivement dédicataires de traductions de Cornarius, le *De aere, aquis et locis* paru en 1529 pour le premier, et les textes d'Epiphane publiés en 1542 pour le second.

En dépit de diverses tentatives de conciliation de la part d'Erasme, de Melanchthon, de Charles Quint lui-même et d'autres, les antagonismes s'affirment peu à peu sous l'effet des guerres extérieures menées contre l'Empire par le royaume de France et l'Empire ottoman, et des renversements d'alliances qui accompagnent les différents épisodes militaires. En 1541, la très fameuse « trahison » de Philippe de Hesse, qui passe dans le camp catholique avec l'espoir, bientôt déçu, de faire reconnaître sa bigamie par Rome, puis la mort du duc de Saxe albertine, Henri le Pieux, luthérien, auquel succède Moritz, vont affaiblir la ligue protestante. Quatre mois après la mort de Luther, survenue le 18 février 1546, Moritz von Sachsen trahit à son tour les Luthériens, et conclut une alliance séparée avec Charles Quint dès le 19 juin suivant. Il ouvre ainsi la voie qui mènera les Princes luthériens à la capitulation de Wittenberg de mai 1547, au terme d'une bataille mettant aux prises les deux Saxes et à la suite de laquelle le Prince Johann Friedrich de Saxe (ernestine), fait prisonnier, ainsi d'ailleurs que Philippe de Hesse qui avait encore changé de camp dans l'intervalle, doit renoncer à la qualité de Prince électeur au bénéfice de son cousin de la Saxe albertine, le duc Moritz, que les historiens s'accordent à présenter comme un des maîtres du pragmatisme politique, et dont les coups précipitent effectivement l'issue des hostilités allemandes, sauf, par une exception essentielle à notre propos, à Zwickau, ville de Saxe ernestine, longtemps luthérienne, passée sous domination albertine à la suite de la capitulation de Wittenberg, et donc nouvellement catholique du fait de la volte-face du duc Moritz, en application du principe *cujus regio ejus religio*, et ce quoi qu'en pense la population[40].

Les requêtes de Janus Cornarius à Martin Bucer, pour gagner Strasbourg de préférence à Marburg en Hesse ou à Zwickau en Saxe ernestine, sont-elles sincères ? On ne sait. Veut-il échapper aux conflits qu'il pressent ? Ou bien a-t-il au contraire mal anticipé les retournements successifs des Princes dont il dépend ? C'est impossible à dire dans l'état actuel de notre documentation. Tard venu en théologie, Janus Cornarius, dont la carrière, comme l'expriment assez ses lettres dédicaces, est soumise au bon vouloir de divers ducs et princes souvent en guerre entre eux, apparaît d'abord sur la scène religieuse comme traducteur de Basile vers 1539-1540, une place laissée libre par la mort d'Erasme en 1536. Cette traduction de Basile valut sans doute à Janus Cornarius la confiance de Melanchthon, personnage porté aux conciliations, car celle-ci se concrétisa rapidement par la commande de la traduction d'Epiphane et la révision du catéchisme luthérien déjà évoquée.

Janus Cornarius aborda donc la matière religieuse à la demande d'un ami de Limburg, ville de la région de Marburg, un certain Matthias, en traduisant deux homélies de Basile, dont la très connue *Aux jeunes gens sur l'utilité des lettres grecques*, qui paraissent chez Egenolphus à Francfort en février 1539 (BEC 15). Mais il le fait, dit-il, sans conviction particulière et sans déguiser sa position. La dédicace de l'édition latine complète de Basile qui suit de peu cette première édition, adressée à Albert archevêque de Mayence, datée de Francfort le 20 mars 1540, précise que la théologie ne doit rien attendre d'un médecin, « de même que l'eau ne doit rien attendre de la pierre ponce, ou pour m'exprimer moins brutalement, l'architecture d'un boulanger » (BEC 17). Puis commence une apologie de la spécialisation qui paraît contredire totalement la grandiose vision encyclopédique exprimée une dizaine d'années auparavant dans les discours de Rostock. La traduction de Basile l'aide seulement, dit-il, à supporter son époque, en lui faisant connaître des temps encore plus sombres, et ce travail contribue à ses yeux à une meilleure connaissance des textes anciens, auxquels les traductions latines répétées arrachent leur vérité « comme le feu du caillou », image bizarre n'évoquant guère autre chose, *a priori*, qu'un quelconque silex primitif, ou qui recèle peut-être, par exception, une allusion discrète aux explorations minéralogiques paracelsiennes. La même distance vis-à-vis des questions religieuses, qu'il dit aborder seulement

---

40. Voir la préface de 1554 ci-dessous p. 380.

par amour des langues, est affichée dans la dédicace de sa traduction d'Epiphane, qui connaîtra d'ailleurs, par une intéressante ironie de l'Histoire, sa plus grande diffusion en France, où la Contre-Réforme n'aura pas de mal à retourner à son avantage la qualification d'hérésie qui fait le sujet de ces œuvres. Comme la dédicace précise que le manuscrit d'Epiphane fourni par Melanchthon était un *unicum exemplar* en très mauvais état, il est possible que le désir de sauver le texte ait joué dans la décision de le traduire et de le publier[41]. L'édition grecque complète ultérieure de Basile témoigne cependant aussi de l'intérêt que Janus Cornarius portait à cette matière, de même que sa dédicace à la traduction de Jean Chrysostome confirme un engagement personnel motivé par la situation de l'époque, mais que le *De oboedientia* montre adossé au rêve d'une religion rationnelle.

3. La polémique avec Fuchs et les dernières années

La plus bruyante bataille menée par Janus Cornarius fut toutefois celle qui l'opposa à son confrère Leonhart Fuchs, fameux botaniste dont les *fuchsias* perpétuent le nom, et donné comme un fervent partisan des Luthériens. Ce Souabe né en 1501, docteur en médecine en 1524, enseigna à Tübingen de 1535 à sa mort en 1566 et connut un immense succès de librairie y compris dans les langues vulgaires. Dès l'époque de Rostock, Janus Cornarius se répand contre lui en attaques véhémentes visant au premier chef son commentaire du livre VI des *Épidémies* et ce avant même sa publication, qui intervient en 1532 chez Secerius à Haguenau, précisément l'éditeur du premier titre BEC, les *Aphorismes* fournis par Melanchthon[42]. L'esquisse que l'on peut très rapidement proposer ici de la bibliographie de Fuchs montre à quel point les deux médecins hellénistes dépendaient à leurs débuts des mêmes réseaux vraisemblablement pilotés par Melanchthon, et plusieurs preuves du soutien apporté à Fuchs par le *praeceptor Germaniae* existent dans la correspondance

---

41. Excellente présentation dans H. von Campenhausen, *Les Pères grecs*, Paris, Seuil, 2001. Une relation avec Hippocrate peut apparaître à travers C. Opsomer et R. Halleux, *La lettre d'Hippocrate à Mécène et la lettre d'Hippocrate à Antiochus* [Milano], 1985.
42. ADB-NDB. Voir la somme récente de F. G. Meyer, E. E. Trueblood, J. L. Heller, *The great herbal of Leonhart Fuchs (De historia stirpium commentarii insignes, 1542) : notable commentaries on the history of plants*, Stanford Calif, 1999, qui retrace longuement la polémique avec Cornarius, soupçonné de pure jalousie, vol. 1, 801-815 ; B. Baumann, H. Baumann, S. Baumann-Schleihauf (éds.), *Der Kräuterbuchhandschrift des Leonhart Fuchs*, Stuttgart, 2001, ne comporte en revanche aucune allusion à cet épisode. L'article de G. Fichtner, « Neues zu Leben und Werk von Leonhart Fuchs aus seinen Briefen an Joachim Camerarius I. und II. in der Trew-Sammlung », *Gesnerus* 25 (1968), 65-82, appelait alors à la publication de ce manuscrit, plus complet que les dernières éditions imprimées, mais s'interrogeait aussi sur les motifs du prestige dont jouit le médecin de Tübingen et soulignait à quel point sa vie et son œuvre furent marquées par les luttes politico-religieuses dans lesquelles sa correspondance le montre très engagé. Une information intéressante émane de cette dernière concernant le prix d'une édition du *De historiam stirpium* en 1542 : 15 Gulden (*utcumque ornatus est...*) sachant que le salaire annuel de Stadtartz alloué en 1546 à Cornarius est de 100 Gulden, Clemen 59, Fichtner 78. Aucun de ces travaux ne permet d'étayer l'allusion à une publication d'*Épidémies* VI de Fuchs dès ca. 1527, ci-dessus p. 289 et n. 25.

de ce dernier, dont il suffit de citer l'exemple publié au verso de la réédition d'*Épidémies* VI parue à Bâle chez Bebelius en 1537, où Melanchthon écrit qu'il « brûle de passion et d'amour » pour Fuchs, et qu'il « connaît son livre sur le bout des doigts ». Voici les principales premières éditions de Fuchs dont on peut avoir connaissance, et dont les titres, les lieux d'édition et les dates sont en eux-mêmes assez parlants pour notre propos[43] :

Errata recentiorum medicorum, LX numero, adjectis eorundem confutationibus, in studiosorum gratiam, Hagenau, Secerius, mars 1530, BIU Santé 5832, BnF 4-T31-80, VD16-F3241.

Compendiaria ac succincta admodum in medendi artem seu introductio, Haguenau, Secerius, 1531, BnF 8-T20-1.

Epidemioon liber sextus a Leonh. Fuchsio latinitate donatus et enarratione illustratus, Großenhain, 1532, Dresden SLSUB (PPN 04691174X).

Hippocratis Epidemiorum Liber Sextus iam recens Latinitate donatus Leonhardo Fuchsio interprete. Addita est luculenta uniuersi eius libri expositio eodem Leonardo Fuchsio authore. Adiecta insuper sunt ad calcem Graeca, ut diligens lector haec ipsa cum Latinis conferre possit. Additus est & Index commentarii, Hagenau, Secerius, 1532 *mense Februario*, VD16-H3799 (PPN 03042819X).

Apologia Leonardi Fuchsii contra Hieremiam Thriverum Brachelium, medicum lovaniensem, qua monstratur quod in viscerum inflammationibus, pleuritide praesertim, sanguis e directo lateris affecti mitti debeat, Haguenau, Brubachius, 1534, BnF 4- TE77- 3.

Paradoxorum medicinae libri tres, Bâle, Bebelius, 1535, BIU Santé 385.

Hippocratis Epidemioon liber sextus, Basileae, Bebelius et Isingrin, 1537, BIU Santé 65 (2), BnF FOL- TD51- 2, VD16-H3800.

Apologiae tres cum aliquot paradoxorum explicationibus, Bâle, Winter, 1538, BnF 4- T5- 5 (BIS).

De medendis ... passionibus ac febribus, Bâle, Winter, 1539, BIU Santé 33400.

Compendium medicinae, Tübingen, 1540, BIU Santé 33575.

---

43. Voir aussi la bibliographie très complète, avec toutes les rééditions et toutes les localisations actuelles, dans Meyer, vol. 1, 633-759.

Claudii Galeni de Sanitate tuenda libri sex a Thoma Linacro latinitate donati et nunc recens annotationibus sane luculentis et quae commentarii vice esse possint a Leonharto Fuchsio illustrati, Tübingen, Morhard, 1541, BnF 8- TC9- 12 (B).

Methodus seu ratione compendiaria perveniendi ad veram solidamque medicinam, Bâle, Isingrin, 1541, BIU Santé 33403.

De historia stirpium Commentarii insignes, Bâle, Isingrin, 1542, BIU Santé 943, BnF RES- TE142- 30.

De Sanandis totius humani corporis ejusdemque partium tam internis quam externis malis libri quinque, accurata diligentia conscripti et nunc primum in lucem editi, Leonharto Fuchsio autore, Bâle, Oporinus, 1542 *mense Augusto*, BnF, 8-TD4-12, VD16-F3253.

In Dioscoridis historiam herbarum, certissima adaptatio, Strasbourg, 1543, BIU Santé 967.

Hippocratis Coi aphorismorum sectiones septem recens e Graeco in latinum sermonem conuersae commentariis illustratae & expositae per Leonhartum Fuchsium scholae medicae Tubingensis professorem publicum, [Bâle, Oporinus], 1544, VD16-H3756.

Primi De Stirpium historia commentariorum tomi viuae imagines in exiguam angustioremque formam contractae, ac quam fieri potest artificiosissime expressae, Bâle, [Isengrin], 1545, VD16-F3244.

Adversus mendaces et Christiano homine indignas Christiani Egenolphi, typographi Francofortani suique architecti, calumnias Leonharti Fuchsii medici responsio denuo in lucem edita, Bâle, Erasmus Xylotectus, [1545]. *Cornarrius* (sic) *furens*, [Tubingae], [1545], BnF Te 14239.

De humani corporis fabrica pars prima, Lyon, Frellon, 1551, BIU Santé 32 023.

De humani corporis fabrica, ex Galeni et Andreae Vesalii libris concinnatae, epitomes pars altera, Tübingen, Morhard, 1551, BIU Santé 32024 (1).

On le sait, Secerius à Haguenau, Bebelius et Oporinus à Bâle sont aussi les éditeurs de Janus Cornarius dans les mêmes années, et les publications de Fuchs semblent bien faire concurrence aux siennes. Les trois pamphlets de Janus Cornarius *Adversus mendaces*, ou *Contre les menteurs*, *Nitra ac brabyla*, autrement dit *Les nitres et la prune*, et *Vulpecula excoriata* qui signifie quelque chose comme *Renardeau sans son cuir*, furent rédigés par Haynpol entre 1545 et 1546, et publiés à Francfort pendant que Froben imprimait son *Hippocrates togatus*. Comme la réponse de Fuchs intitulée *Cornarrius furens*, nom écrit avec 2 r créant le calembour Cor*N*arrius, ou *Cornarius fou furieux*, ces pamphlets ne sont autre chose qu'un burlesque échange d'insultes véhémentes, dont la violence verbale est d'autant plus étonnante que ses motifs philologiques nous paraissent minces. Fuchs reproche par exemple longuement à Cornarius d'ignorer l'atticisme *litron* pour *nitron*, et Cornarius lui répond sur ce thème, mais il dénonce aussi franchement le plagiat de son *Epigraphè* de 1529 dans trois ouvrages de Fuchs d'un bon rapport commercial, à savoir selon les termes de Cornarius une *Isagogé*, une *Ars medendi* et une *Methodus* plus ou moins attestés par la liste qui précède, et il avertit aussi des méfaits potentiels de son *De historia stirpium* n'offrant que la représentation gravée, *pictura* trop imprécise, de chaque plante, et pouvant conduire par là à de dangereuses confusions. Les gravures de Fuchs sont en effet assorties de quelques rubriques également susceptibles de tromper le lecteur, *nomina, forma, locus, tempus, temperamentum, vires ex Dioscoride, ex Paulo, ex Plinio*[44]. À la suite de cette querelle, Fuchs aurait donné toute sa documentation botanique à Conrad Gesner pour se consacrer à l'anatomie de Vésale, qui aurait lui aussi à son tour dénoncé un travail de faussaire. Comme les accusations de plagiat reviennent donc assez souvent contre Fuchs, et que ses ouvrages dénotent en effet peu d'originalité sinon dans l'habileté à tirer profit du nouvel instrument qu'est encore l'imprimerie, on prend très volontiers parti pour l'auteur de la vulgate hippocratique. Mais cet épisode dans lequel Janus Cornarius semble quand même, à en juger par les textes accessibles, constituer le premier agresseur déclaré, attire l'attention sur un aspect peu remarqué de la toute nouvelle problématique du droit des auteurs, car il y défend d'une manière générale non pas tant ses bénéfices financiers que l'intégrité des textes livrés par l'imprimeur à un vaste public, les siens comme ceux des auteurs anciens. La dédicace des *Epistolae Hippocratis* à l'étudiant Cornelius Sittardus datée de 1542 dénonce diverses variétés d'atteintes au travail intellectuel et épingle déjà, entre autres plagiaires, un renardeau qui « s'est astucieusement sustenté de lar-

---

44. D'après l'exemplaire du *De historia stirpium commentarii*, Bâle, Ysingrin, 1542, de la BIUM Montpellier Dc 43-2°. A propos du jeu de mots sur Cor*N*arrius, longuement commenté dans l'ouvrage de Meyer, p. 812, on ne peut éviter de penser aux *Tischreden* étudiées par Lerner, dans lesquelles Luther qualifie le mystérieux copernicien de *Narr*, sans vouloir bien sûr tirer aucune conclusion absolue ou définitive de cette très étrange coïncidence, qui appelle une étude approfondie.

cins et rapines clandestins. Mais il entend rugir le lion … CorNarIus »[45]. Le jeu de mots que l'on trouve dans ce passage sur le *Cor* ou le cœur de Cornarius est typique du style déployé dans tous ses pamphlets contre Fuchs le Renard, publiés quelques mois plus tard, du même ton que celui du *Cornarrius furens* qui semble constituer la réplique de Fuchs à ces attaques, tandis que le médecin de Tübingen plaisante en retour sur le *nar* de Cornarius, homophone de *der Narr,* le fou. Janus Cornarius déclare en substance que les attaques visant sa personne, sa vanité de savant ou la valeur de son travail, lui paraissent inévitables et tolérables, et que ce sont les atteintes aux textes eux-mêmes, faciles à déformer ou à recopier avec la complicité de certains imprimeurs, qui excitent sa colère et lui font imaginer quelques parades au demeurant inefficaces, mais ayant pour nous le mérite d'anticiper la notion de propriété intellectuelle opposable à ce qu'il appelle très bien dans le même passage de la dédicace à Sittardus « un crime nouveau d'un nom inconnu ». Il suffit, pour notre propos, de savoir que l'incident à l'origine de la dispute entre les deux hommes est la disparition d'un stock d'imprimés chez l'imprimeur Egenophus, dont Fuchs se dit victime, incident peu vérifiable même si l'on a en main l'*Adversus mendaces* de Fuchs, et dont il prétend que le fou Cornarius serait le *patronus* ou le commanditaire. Ce qui est sûr en revanche, c'est en effet l'incompétence de l'helléniste Fuchs commentateur du livre VI des *Épidémies*, que l'on pourra bientôt constater.

Un mois après le retour de Janus Cornarius à Zwickau, les troupes de Maurice de Saxe assiègent la ville. La dédicace d'août 1553, au Sénat et au Peuple de Zwickau, de la deuxième édition latine d'Hippocrate raconte encore les souffrances infligées sept ans auparavant durant le siège par une armée à la charge des populations, qui incendie les faubourgs et provoque misère et famine, ainsi que deux épidémies de peste. L'auteur y évoque aussi les inconvénients de sa position de *Physicus,* soumis à la loi de l'occupant, ce prince auquel deux autres dédicaces écrites à l'époque du siège de Zwickau nous le montrent lié, sans qu'il renonce à formuler son jugement sur la cruauté de ce siège et sur les erreurs des princes dont le peuple est victime, avec une franchise rare. La traduction latine d'Hippocrate est achevée, mais il a promis de donner des commentaires reflétant vingt à vingt-cinq ans de travail. C'est aussi l'époque où il finit de traduire la totalité des dialogues platoniciens, qui seront publiés après sa mort par son fils Achate, qui dans sa préface indique comment son père a corrigé la traduction latine de Marsile Ficin, « avec quatre exem-

---

45. Voir ci-dessous p. 317 n. 6. Meyer confirme tout de même la validité de l'accusation de plagiat lancée par Cornarius contre Fuchs pour l'*epigraphè* de 1529, et reconnaît aussi qu'à travers des propos tels que *quum nemo fere sit qui te non* ἄθεον *et omni vitiorum genere conspurcatum esse clamitet*, « Fuch's opinion of Cornarius's character is nothing but abuse ». L'introduction au *Kräuterbuch* de Baumann admet une rivalité et des rapports qui sont *nicht besonders herzlich* avec Conrad Gesner, lequel serait le véritable auteur de la première description historique de *Nicotiana tabacum* (le vrai tabac), que Fuchs s'attribue un peu vite, et indique une situation semblable avec Vésale, après une rencontre en 1547 ou 1548 à Tübingen, suivie d'une rupture en 1551, quand Fuchs publie son propre *De humani corporis fabrica*, p. 161 et 106-107.

plaires grecs, trois imprimés et un manuscrit, ce dernier en provenance de la bibliothèque d'Hassenstein ».

Conformément aux termes du contrat passé avec la ville de Zwickau, Janus Cornarius exercera encore dix ans comme *Physicus* dans sa ville natale. Ses relations avec les instances municipales semblent avoir été assez mauvaises, peut-être en conséquence de la guerre de Saxe, car les habitants sont longtemps restés fidèles à Johann Friedrich, refusant de reconnaître leur nouveau souverain, le duc Moritz. Le mécontentement de la population vis-à-vis du savant s'explique aussi du fait que leur médecin les néglige, au point que la municipalité aura recours à un second médecin à partir de 1553. « *Das Cornarius gar nichts tut und auch nicht tun will, wy den dy Leute uber yne clageen zu dem auch dy Leute keine neigung zu yme haben noch tragen* », peut-on lire dans les actes du conseil municipal du 27 décembre 1555 : « Cornarius ne fait rien et ne veut rien faire, comme les gens se plaignent de lui, et en plus les gens n'ont plus envie de lui ni de le supporter »[46]. À l'arrivée de Janus Cornarius comme *Stadtarzt* à Zwickau, Melanchthon avait pourtant adressé une lettre, souvent citée, aux jeunes écoliers de cette ville qui semblent avoir bénéficié un temps de son enseignement. Cette lettre disait : « Janus Cornarius est à présent de loin la plus grande gloire non seulement de Zwickau mais de toute l'Allemagne » en raison de son œuvre de traducteur[47].

Ces dernières années sont d'ailleurs les plus fécondes de sa vie pour ce qui est du volume des publications. Il édite en effet, ou réédite, toujours chez Jérôme Froben, les œuvres complètes traduites résultant de travaux commencés pour certains en 1529. Ce sont, rappelons-le, Galien, Basile, Hippocrate, Paul d'Egine, Dioscoride et Platon publiés entre 1540 et 1561, et autant de monuments. Le 1er janvier 1557, Janus Cornarius est nommé *Professor publicus* de la toute nouvelle Université d'Iéna, où il meurt subitement le 16 mars 1558. Son ultime *Oratio in dictum Hippocratis Vita brevis ars longa* publiée dans cette ville la même année annonçait un cours sur *Régime des maladies aiguës* et malgré la conscience d'un fin proche, une nouveauté de taille, l'enseignement des huit livres de philosophie naturelle d'Aristote, *Graece*.

Les éditions posthumes de Janus Cornarius trahissent souvent une moindre sévérité de l'éditeur et parfois même de la complaisance commerciale : l'Hippocrate posthume (BEC 44) est augmenté d'un aberrant *De structura hominis*[48]. Les *Omnia* de Platon (BEC 47) reproduisent les arguments de Ficin,

---

46. P. Uhlig, « Artz und Apotheker in Altzwickau », *Sudhoffs Archiv* 30 (1937-1938), 301-306 ; 330-336.

47. Lettre datée du 1er mars 1548, citée par E. Giese et B. von Hagen, *Geschichte des medizinischen Fakultät der Friedrich-Schiller-Universität Jena*, Jena, 1958, 10-11, n. 7.

48. Ce *De structura hominis* est la traduction par Petreius de Corcyre, publiée à Venise en 1552, d'un texte d'un certain Meletios, voir I. Grimm-Stadelmann, Θεοφίλου περὶ τῆς τοῦ ἀνθρώπου κατασκευῆς. *Theophilos. Der Aufbau des Menschen*. Kritische Edition des Textes mit Einleitung, Übersetzung und Kommentar, Diss., München, 2008, p. 53-63, et en particulier 54, n. 275.

en contradiction manifeste avec tout ce que l'on peut comprendre des intentions profondes du traducteur. Seule la traduction du *De humoribus* de Galien (BEC 45), sobrement publié à Jena en 1558 sans aucune explication de quiconque, paraît libre de toute intervention *post mortem*. C'est pourtant l'Hippocrate posthume qui sera systématiquement réédité, avec le *De structura hominis*, jusqu'à la fin du XVIIIe siècle, en particulier comme support aux commentaires de Culman et de Marinelli, ainsi que l'explique l'éditeur Paitonus en 1737-1739 (BEC 44c). En 1595 paraît la volumineuse édition bilingue *cum notis* d'Anuce Foes, médecin érudit aussi régulièrement cité que Fuchs en illustration des travaux accomplis par l'Humanisme médical. Le Platon latin de Janus Cornarius ne connut qu'une seule édition et tomba rapidement dans l'oubli, écrasé entre celui de Ficin, qui datait de 1477 et avait été imprimé dès 1482, et l'édition grecque d'Henri Estienne publiée 17 ans plus tard, en 1578. Les quelques allusions à cet ouvrage, incomplètes ou fausses, que l'on peut lire ici ou là dans la littérature spécialisée, montrent seulement qu'il attend toujours un lecteur.

Chapitre III

Les éditions hippocratiques cornariennes

En arrivant chez Hieronymus Froben en septembre 1528, Janus Cornarius découvre donc le texte grec d'Hippocrate le plus complet qu'il ait jamais lu, ainsi qu'il le répète souvent, grâce à l'édition vénitienne publiée chez les successeurs d'Alde Manuce à Venise en 1526. Dès la parution de l'aldine, l'éditeur bâlois Cratander, comme on l'a vu, avait publié une seconde fois la traduction latine de Calvus, remplacée par celles de Guillaume Cop, Niccolo Leoniceno et Andreas Brenta pour les traités déjà traduits et imprimés isolément[1]. On sait que les vieilles traductions latines, les *veteres Latinae* des *Articelle* ou des manuscrits en circulation, offrant à cette époque la première approche de la littérature médicale antique, étaient bien entendu couramment utilisées pour établir le sens des textes, malgré le préjugé défavorable entretenu par la mode et la politique commerciale de certains imprimeurs qui firent de la nouveauté des traductions un argument publicitaire, mais il n'est pas toujours facile d'identifier les modèles ou les supports des dites *vet. Lat.*[2]. Les écrits de Janus Cornarius témoignent d'une ambition plus haute, qu'il partage avec d'autres comme Melanchthon. Le discours *De Hippocrate* de ce dernier, publié en 1544, dans lequel il expose que la connaissance de la nature de Platon et d'Aristote, leur doctrine des éléments et leur biologie proviennent en droite ligne de l'enseignement de la famille hippocratique en plein essor de leur temps, résonne alors comme un encouragement à dissiper l'*obscuritas* hippocratique et comme un soutien aux entreprises de Fuchs ou de Haynpol, lequel s'est déjà exprimé dans le même sens sur le même sujet[3]. Il n'a d'ailleurs pas attendu de publier sa traduction d'Hippocrate pour commencer celle de Platon, dont il cite en bonne place, dans sa lettre dédicace de l'édition de 1546, le

---

1. Ἅπαντα τὰ τοῦ Ἱπποκράτους. *Omnia opera Hippocratis*, Venise, Aldes, 1526 (MS 102) ; *Hippocratis opera nunc tandem per Marcum Fabium, Guilielmum Copum, Nicolaum Leonicenum et Andream Brentium, latinitate donata ac jamprimum in lucem aedita*, Bâle, Cratander, 1526, (MS 100) BnF Fol-T23-3(A).

2. Voir ci-dessus p. 8-13.

3. T. Rütten et U. Rütten, « Melanchthons Rede *De Hippocrate* », *Medizinhistorisches Journal*, 33 (1998), 19-55.

fameux passage 270c-e de *Phèdre* décrivant la méthode commune au médecin de Cos et à la « droite raison ». Les étapes de la vulgarisation d'Hippocrate ressemblent aux batailles d'une longue guerre à la fois éditoriale et intellectuelle, dont le but affirmé dès le discours de Rostock est de donner à la médecine un fondement rationnel et scientifique, déjà constitué, dit le discours de Marburg, avant Platon et Aristote[4].

1. Histoire des publications

Les éditions hippocratiques cornariennes commencent donc avec le texte grec des *Aphorismes* publiés à Haguenau vers 1527 (BEC 1), se poursuivent avec un volume bilingue comprenant *Airs, eaux, lieux* et *Vents* en 1529 chez Froben (BEC 4) et la collection grecque complète en 1538 chez le même imprimeur (BEC 12). Suivent, en 1542, une traduction des *Lettres* imprimée à Cologne (BEC 20), et encore les huit premiers traités de la collection complète en traduction latine à Bâle chez Oporinus en 1543 sous le titre *Hippocratis libelli aliquot* (BEC 23). La première édition complète latine, publiée par Jérôme Froben en 1546 (BEC 28), est immédiatement recopiée par trois éditions vénitiennes (BEC 28a, 28b, 28c) et une édition parisienne (BEC 28d). Elle connaîtra encore deux rééditions chez Froben, toutes les deux modifiées, l'une en 1554 (BEC 38) avec une nouvelle lettre dédicace, et l'autre qui est l'édition posthume de 1558 augmentée du *De structura hominis* (BEC 44). L'édition la plus aboutie que nous possédions est donc celle de 1554, mais c'est l'édition posthume avec le *De structura hominis* qui sera le plus souvent réimprimée, et rapidement munie d'*Indices* et autres éclaircissements, alors même que se perd la trace de ces commentaires cornariens joliment intitulés *Diurnalia* dont la publication est annoncée en 1546 et annulée en 1554, avec l'espoir explicite qu'un successeur s'acquitte de la promesse de 1546, autrement dit publie ces commentaires. Nous avons montré ailleurs que ce successeur serait Foes, dont l'excellente *Oeconomia Hippocratis* contient manifestement du matériel cornarien[5]. Dans sa *Praefatio ad Hippocratem Latinum* publiée en 1554, l'auteur affirme aussi, au même endroit, qu'il juge avoir exprimé en latin « la pensée réelle d'Hippocrate », *Hippocratis sententiam genuinam*. Mais a-t-on les moyens de savoir jusqu'à quel point il a pu s'en approcher ?

L'édition des *Aphorismes* par Johannes Secerius à Haguenau effectuée vraisemblablement à partir d'un texte de Melanchthon, sans doute manuscrit ou même copié par ses soins, dont Janus Cornarius fait état dans la dédicace de

---

4. Ci-dessous p. 280 et 341.
5. Ci-dessous p. 366 et 379-381. Voir M.-L. Monfort, « L'*Oeconomia Hippocratis* de Foes », dans *Lire les médecins grecs à la Renaissance*, V. Boudon-Millot et G. Cobolet (éds.), Paris, 2004, 27-41. Mais je ne dirais plus aujourd'hui que l'utilisation du terme *oeconomja* est une idée propre à Foes, à cause de l'importance accordée par Cornarius aux fragments d'*Épidémies* VI, où l'on trouve la seule attestation hippocratique du terme, et de certains traits du style de Cornarius.

1546, ne porte pas de date d'impression, un fait devenu relativement rare à ce moment de l'histoire des premiers imprimés[6]. L'imprimeur Secerius, également éditeur des livres II et VI des *Épidémies* de Fuchs, était le successeur d'un certain Anshelm, natif de Tübingen, qui avait quitté depuis 1516 cette ville où Melanchthon vécut lui aussi de 1512 à 1518, date à laquelle cet imprimeur Anshelm publia les *Institutiones graecae grammaticae* du *Praeceptor Germaniae*[7]. Dans la lettre du 15 mai 1527 publiée par Clemen, Janus Cornarius se plaint du mauvais travail du typographe à son ami Stephan Roth alors à Wittenberg, qui semble avoir favorisé la réalisation de cette impression. Comme il apparaît, après vérification, que la plupart des fautes relevées par Janus Cornarius dans sa lettre n'ont pas été corrigées dans l'exemplaire BEC 1 de la BnF, on peut considérer la date de la lettre comme une très bonne approximation de la date d'édition :

> « Je te suis en outre reconnaissant de ton action qui a permis que ma préface soit plantée devant les très saints aphorismes d'Hippocrate, bien que rien ne me plaise dans cette affaire, comme je l'ai aussi écrit auparavant, le fait qu'elle soit publiée ou non n'a aucune importance pour moi. Je voudrais cependant que celui qui l'a imprimée ne se soit pas endormi. Car par rapport au manuscrit on a changé les choses suivantes : Dans la lettre au Chancelier j'avais écrit : « du moins le bon loyer de mon cœur ». Mais on a imprimé « le bon penchant ». Dans la préface, lorsque je dis : « que chaque fois que j'entends son nom, je ne crois pas entendre le nom d'un homme », le mot « nom » n'a pas été imprimé. Ensuite on a imprimé « vraiment » pour « presque ». Et après « accroissements » pour « excréments ». Et en plus « mais » pour « vrais », là où j'avais écrit : « Eh bien la science des vrais astres est solide », enfin à peu près vers la fin on a imprimé « vendeurs » pour « vantards », à moins que le stylet ne se soit égaré loin de l'autographe qui est entre mes mains. Mais en vérité, comme je l'ai dit, cette affaire ne me tourmente pas »[8].

---

6. L'impression parisienne de 1529 signalée par Maloney et Savoie n° 115 sous les noms de Melanchthon et Cornarius correspond à une édition de Celse et Scribonius Largus, BnF Rés. T 28-7 (1), à laquelle aucun des deux ne semble avoir eu part, autant que l'on puisse en juger par la version numérique accessible par le site de la BIU Santé Paris. L'information selon laquelle le support de BEC 1 aurait été fourni par Melanchthon se déduit des propos ci-dessous p. 360-361. Une lettre du 15 mai 1527 à Stephan Roth désigne ce support par l'expression *ex αὐτογράφῳ* qui peut s'appliquer à un manuscrit éventuellement copié par Cornarius sur un texte fourni par Melanchthon, Clemen 65.

7. K. Hartfelder, *Philipp Melanchthon als* Praeceptor Germaniae, Berlin, 1889. Réimp. Nieuwkoop, 1964, 47 et 54-56. Il reste à contrôler la réalité de cette édition d'*Épidémies* II par Secerius.

8. *Porro gratum est mihi factum Tuum, quo effecisti, ut praefatio mea sacratissimis Hippocratis aphorismis praefigeretur, quanquam in ista re nihil mihi placeam, quem ad modum et prius scripsi, siue ederetur siue non, nihili apud me fieri. Vellem tamen hic non dormitasse eum, qui excudit. Sunt enim ex* αὐτογράφῳ *immutata illa :* In epistola ad Cancellarium : 'Animi saltem mei bonam pensiorem' <pensionem> scripseram. Sed expressum est : 'propensiorem' <propensionem>. In praefatione autem, ubi dixi : 'Ut quoties quidem hunc nominare audiam, non hominis nomen audire me putem' non est expressa dictio 'Nomen'. Deinde 'Vere' pro 'fere' excusum est. Ac mox 'Incrementis' pro 'Excrementis'. Amplius 'Verorum' expressit pro 'Vero', ubi scripseram : 'At uero Astrorum scientiam solidam esse' postremum ad finem fere 'Multi artis venditores' excusum est, ego 'Venditatores' scripseram, nisi aberrasset calamus ab* αὐτογράφῳ, *qui penes me est. Verum, ut dixi, in hac re nihil laboro.* Clemen, *op. cit.* 65. Parmi les fautes ici relevées, seules ont été corrigées les formes *fere* et *verorum* dans l'exemplaire BEC 1 de la BnF.

Cette édition, longtemps ignorée, est, comme nous allons le montrer, le modèle utilisé par Rabelais pour sa propre édition du texte grec des *Aphorismes*[9]. Nous y revenons un peu plus loin.

L'édition bilingue d'*Airs, eaux, lieux* et de *Vents* en août 1529, première édition hippocratique frobénienne, contient quant à elle une indication précieuse pour l'histoire du texte donnée par sa lettre dédicace. Janus Cornarius y écrit qu'il a établi le texte par la comparaison, *collatio*, entre d'une part un *Graecum exemplar*, expression ne désignant pas nécessairement un livre manuscrit mais le plus souvent un imprimé, qui ne peut être en l'occurrence que l'aldine donnée par Jérôme Froben, d'autre part toutes les traductions existantes, à savoir sans doute au moins celle de Calvus et peut-être la *vetus latina* que nous connaissons par l'édition parisienne de 1542, et enfin aussi un « un exemplaire grec écrit, qui contient un petit nombre de courts traités d'Hippocrate écrits à la main avec beaucoup d'application »[10]. Le choix de publier d'abord parmi tous les textes disponibles depuis la parution de l'aldine ces deux traités à caractère pneumatiste donne l'orientation générale de l'interprétation privilégiée pratiquement dès le départ, comme le suggère, quand on connaît la suite, la grande fresque naturaliste du discours de Rostock, qui propose de rechercher ce qu'Hippocrate pouvait avoir à dire de ces composants du corps humain que sont les « souffles et opérations qui en procèdent »[11].

La publication de l'édition complète grecque en 1538 chez Froben, favorisée par la pénurie d'exemplaires, autrement dit l'épuisement de l'aldine, a rencontré divers obstacles évoqués dans la dédicace à Reifenstein de l'édition de Marcellus (BEC 10 de 1536), où il est fait état d'un mécène disparu trop tôt mais dont le nom est passé sous silence :

> « Pour donner davantage de volume à la médecine latine, nous avions travaillé récemment à faire des médecins grecs eux-mêmes des auteurs latins, en nous attaquant en premier lieu à l'excellent auteur Hippocrate, mais en partie effrayés par la difficulté de la chose, en partie à la recherche de la faveur d'un Mécène pour mener correctement l'entreprise à bien, et délaissés par la générosité, et alors que la même personne était peu après enlevée par le destin, nous avons renoncé à ce travail, non pas cependant au point que j'engage notre siècle à désespérer totalement de lire notre Hippocrate latin. Car j'ai chez moi une bonne partie de ses œuvres traduites, mais ni ces dernières années ni le malheur de notre époque où de telles choses n'ont aucune valeur, ne suffisent pour ajouter ce qui reste »[12].

---

9. C. Magdelaine, « Rabelais éditeur d'Hippocrate », dans *Lire les médecins grecs à la Renaissance*, V. Boudon-Millot et G. Cobolet (éds.), Paris, 2004, 61-83, 77 n. 63, 79.

10. « *atque adhuc Graeci cujusdam scripti exemplaris, quod aliquot breves diligentissime exaratos Hippocratis libellos complectebatur* ». Ci-dessous p. 302.

11. Ci-dessous p. 284.

L'édition de 1538 est dédicacée à Matthias Held, Premier Chancelier de Charles Quint, lui-même dédicataire de la traduction d'Aetius en 1530. Ce juriste catholique né à Arlon dans les dernières années du XVe s. joua un rôle éminent auprès de Charles Quint dont il fut Premier Chancelier de 1531 à 1544, et fut tenu pour responsable de la rupture entre l'Empereur et les Luthériens. Il fut en effet à l'origine de la constitution, le 10 juin 1538, de la Ligue de Nürnberg réunissant les princes catholiques en face de la Ligue protestante de Schmalkalden, et parmi ces Princes catholiques on trouve Albrecht von Mainz, l'un des deux dédicataires de l'édition galénique de 1537 (BEC 11), puis dédicataire de celle de Basile (BEC 17) en 1540[13]. La publication de l'Hippocrate grec s'est donc apparemment effectuée grâce au soutien du parti catholique, dont on a vu qu'il avait pu servir de refuge aux partisans de Zwingli. Pour le texte, cette publication de 1538 n'est fondamentalement pas autre chose qu'une édition revue et corrigée de l'aldine, mais le correcteur se vante d'avoir utilisé trois nouveaux manuscrits fournis respectivement à ses imprimeurs Hieronymus Froben et Nicolaus Episcopius l'un par Adolph Occo d'Augsburg, un autre par Nicolaus Cop, fils de Guillaume Cop de Bâle par l'entremise de Gemusaeus, tandis que le dernier provient de la bibliothèque de Johann von Dalberg[14]. L'identification du manuscrit d'Adolphe Occo, *Monacensis graecus* 71 (Mo), est acquise grâce aux travaux de Brigitte Mondrain, mais les deux autres manuscrits cités ne sont pas identifiés[15]. Bien que la dédicace annonce plus de 4000 restitutions, rien ne dit qu'elles proviennent automatiquement des manuscrits collationnés. Nous possédons cependant un document de premier ordre pour l'évaluation de ces corrections, qui est l'exemplaire personnel de l'aldine d'Hippocrate annoté, entre autres, par Janus Cornarius, et aujourd'hui conservé à la Bibliothèque universitaire de Göttingen[16].

Les *Lettres* publiées par Gymnicus à Cologne en 1542 et les *Libelli aliquot* de 1543 chez Oporinus offrent en avant-première au public une sélection représentant respectivement la fin et le début de la traduction latine intégrale à

---

12. *quo etiam latina res medica auctior redderetur, annisi sumus nuper ipsos Graecos medicos latinos facere, aggressi imprimis optimum autorem Hippocratem, sed partim rei difficultate deterriti, partim quaesiti ad rem oportune conficiendam Moecenatis fauore et benignitate destituti, et eodem non longe post fato sublato, ab hoc opera destitimus, non tamen ut penitus hos seculum desperare iubeam ab Hippocrate nostro latino legendo. Est enim bona pars eius apud me conuersa, sed cui expoliendae, atque ei quae superest addendae, tum anni isti, tum temporum infelicitas, in quibus talia nullius precii existunt, non sufficiunt.* BEC 10.

13. ADB.

14. Ci-dessous p. 309.

15. B. Mondrain, « La collection des manuscrits grecs d'Adolphe Occo », *Scriptorium* 42 (1988), 156-175 ; « Un manuscrit d'Hippocrate : le *Monacensis graecus* 71 et son histoire aux XVe et XVIe siècles », *Revue d'Histoire des textes* 13 (1988), 201-204 ; « Étudier et traduire les médecins grecs au XVIe siècle. L'exemple de Janus Cornarius » dans *Les voies de la science grecque. Études sur la transmission des textes de l'Antiquité au XIXe siècle,* Danielle Jacquart (éd.), Genève, Droz, 1997, 391-417.

paraître en 1546 chez Froben. Ces deux éditions partielles sont instructives pour l'histoire du livre et de la diffusion imprimée en raison des remarquables analyses, déjà évoquées, des lettres dédicaces au sujet de la propriété intellectuelle et plus généralement de la probité philologique. Contemporaines de l'édition d'Épiphane et du catéchisme de Francfort ainsi que de l'installation à Marburg qui lui permet de finir son *Hippocrates togatus*, elles dénoncent avec force les publications purement commerciales, les premiers ravages de l'industrie culturelle et les dommages scientifiques consécutifs au vol du travail érudit. La définition du plagiat, « crime nouveau d'un nom inconnu » qui consiste à mettre sous le nom du plagiaire, sans en citer l'auteur, des pensées, des expressions ou des idées remarquables que l'imposteur n'aurait jamais pu trouver par lui-même, est assortie de deux motifs de condamnation peut-être trop fins pour la mentalité d'un escroc, le premier lié au préjudice porté à l'œuvre pillée, toujours déformée et défigurée, le second à celui qui atteint la réputation de la victime du plagiat à qui l'on attribuera les fautes qui caractérisent celui-ci. Nous devons à ce développement inspiré par une colère légitime l'une des toutes premières formulations du principe du copyright. Fuchs, *vulpecula*, étant ensuite clairement désigné comme l'un de ces « frelons » incapables de remercier les abeilles du miel dont ils profitent en silence, la dédicace de *Libelli aliquot* datée de 1542 annonce la polémique prête à éclater quatre ans plus tard. Il n'est pas possible, en l'état actuel de la documentation, de préciser l'impact réel de cette dernière sur la publication des *Hippocratis opera omnia*, mais il est permis de supposer une relation entre les deux faits, dans un marché un peu saturé d'éditions partielles de qualité inégale, débitant profitablement un Hippocrate que personne ne maîtrise dans sa totalité.

Cette édition latine de 1546 n'est pas, comme on le trouve parfois écrit, une édition vénitienne. Le témoignage de Janus Cornarius aurait pu suffire à établir

---

16. 4° Cod. ms. hist. nat. 3 de la *Niedersächsische Staats- und Universitätsbibliothek, Abteilung für Hanschriften und seltene Drucke*. Le catalogue de cette bibliothèque (*Verzeichnis der Handschriften im Preussischen Staate*) le décrit en ces termes : « Hippocratis opera omnia, 1526. Das Handexemplar des Janus Cornarius aus Zwickau, in dem er von 1529 als Vorarbeiten zu der Basler Ausgabe des Hippokrates (1538) gesammelt hat. Am Rande stehen Konjekturen, theils des Cornarius selbst, theils anderer, und viele Variantent, die sint, zu meist von der Hand des Cornarius, einige weniger von einer 2. Hand (vgl. Kühlewein im Hermes 27, 1892, p. 302, Anm. 3 ; dann Daremberg, Œuvres choisies d'Hippocrate, 1885, p. C. Anm. 2). Auf dem Titelblatt stehen die eigenhändigen Eintragungen : 1) Ἰανὸς Κορνάριος ὁ Ζουικκάβιευς ἰατρός 1529 Mense Aprili, Basileae accepi ex officina Frobeniana dono datum. 2) Johannes Schröter ... 1570. 3) Die verstümmelte Notiz : E. bibliotheca Schroeteriana Jenae per D. Joh. Nesterum med. Rochliciensem ». Sur les problèmes posés par l'identification de ces notes manuscrites, voir P. Canart, « Identification et différenciation de mains à l'époque de la Renaissance », dans *La paléographie grecque et byzantine*. Colloque international, Paris, 21-25 octobre 1974, Paris, 1977, 363-369 ; D. Harlfinger, « Zu griechischen Kopisten und Schriftstilen des 15. und 16. Jahrhunderts », *ibid.*, 328-341. Voir aussi les descriptions de H. Kühlewein, « Hippocratea », *Hermes* 27 (1892), 301-307, 302 n. 3 qui juge dans l'ensemble ces notes marginales peu intéressantes ; et au contraire H. Grensemann dans son édition d'Hippocrate, *Ueber Achtmonatskinder. Ueber das Siebenmonatskind (Unecht)*, CMG I 2,1, Berlin, 1968, 67-68, qui propose utilement de distinguer plusieurs 'mains de Cornarius', dont l'identification est cependant loin d'être aisée. Voir reproductions p. 479-484.

ce point, la dédicace des œuvres complètes de Galien de 1549 à Moritz von Sachsen (BEC 32) ne laissant guère de doute à ce sujet. L'auteur y rappelle sa fidélité aux ducs de Saxe et retrace l'histoire de l'*interpretatio* d'Hippocrate publiée chez Froben à partir de son édition bilingue d'*Airs, eaux, lieux* :

> « Ainsi donc, il y a déjà presque vingt ans, à mon retour dans ma patrie après un long voyage à travers une grande partie de l'Europe, j'ai publié les prémices de mes versions d'Hippocrate dédiées à l'illustre duc Électeur de Saxe Johann et imprimées par l'officine Froben, d'où sortit ensuite tout Hippocrate parlant latin par nos soins, et où a été édité le présent ouvrage des livres de Galien… »[17].

Puis il poursuit le récit de sa fidèle collaboration avec l'officine frobénienne, et sauf à supposer on ne sait quelle transmission clandestine du manuscrit de Cornarius aux Vénitiens, on se demande pourquoi il aurait soudain préféré faire paraître son *opus maximum* en Italie avant de le donner à Hieronymus Froben qu'il connaît depuis 18 ans. L'examen des catalogues de bibliothèques permet de recouper la bibliographie des éditions imprimées d'Hippocrate dressée par Johannes Paitonus pour sa réédition de l'Hippocrate latin de Janus Cornarius en 1737, très précieuse parce que plus proche de l'époque qui nous intéresse et susceptible de connaître des documents disparus depuis. Elle ne mentionne pas moins de quatre éditions de cette traduction pour l'année 1546, à savoir : Bâle, Froben, mars 1546, 2° (BEC 28) ; Venise, Hieronymus Scottus, 1546, 2° (28b) ; Paris, Carolus Guillard, 1546, 8° (28d) ; Venise, Joannes Gryphius, 1546, 8° (28c) et la liste n'est pas close car il existe encore au moins une cinquième édition, quatrième vénitienne la même année chez Vincent Valgris, 8°, qui paraît contenir la préface de 1545. Le bibliographe Paitonus ajoute ce commentaire à la dernière de ses notices :

> « Van der Linden et Fabricius disent que Gryphe a imprimé Hippocrate en 1545. Si cela était avéré, l'édition vénitienne aurait précédé celle de Bâle, dont Cornarius a pris soin, ce que d'autres tiennent pour impossible à dire. Je sais pour ma part que l'épître dédicatoire de l'édition de Bâle est donnée par Cornarius *de Marburg le 1er septembre 1545*, mais que l'édition est terminée en *mars 1546* »[18].

---

17. *Sic igitur annis iam fere uigintis, ex longa peregrinatione, et magnae Europae partis perlustratione, in patriam reuertens : Illustri Saxoniae duci Electori Joanni primitias uersionum mearum ex Hippocrate, ipsi inscriptas, et ex hac Frobeniana officina, unde postea totus per nos latine loquens Hippocrates prodiit, et praesens hoc Galeni librorum opus editum est, excusas obtuli…*

18. *Lindenius et Fabricius prodiisse typiis Gryphum Hippocratem aiunt, anno 1545. Id si constaret, praecessisset Veneta Basileensem editionem ab ipso Cornario procuratam, quod dicendum ne sit alii uideant. Ipse id scio, epistolam nuncupatoriam Basileensis editionis datam a Cornario* Marpurgi Hessorum Calend. Septem. Anno Christi MDXLV, *editionem uero tandem absolutam* Mense Martio MDXLVI.

Les six mois qui s'écoulent entre la date de la dédicace et la date d'impression représentent, sans anomalie par comparaison avec les autres ouvrages et compte tenu du volume de celui-ci, un délai tout à fait ordinaire d'impression. La date de la dédicace, souvent confondue avec la date d'impression, est une première et fréquente source d'erreur, et il suffit qu'un bibliographe décrivant une édition vénitienne l'ait confondue avec la date d'impression, pour que la faute commence à se répandre. Le premier libelle contre Fuchs, *Vulpecula excoriata*, publié en mars 1545, confirme la justesse de l'observation de Paitonus, qui tend à montrer que la date d'achèvement probable de la traduction interdit de supposer une première édition à Venise. On lit en effet dans *Vulpecula excoriata* que la traduction d'Hippocrate *ad praela aspirantem*, approchant de l'impression, est encore incomplète de 10 pages :

> *Hic furor Hippocratem totum iam ad decem restantes adhuc paginas absolutum, latinum exhibebit.* « Cette fureur < que Fuchs prête à Cornarius *furens* > fera paraître tout Hippocrate achevé en latin, y compris les 10 pages qui restent encore < à traduire ou à imprimer> »[19].

Sous réserve des nouveaux renseignements que pourrait fournir la comparaison livres en main des cinq ou six éditions de 1546 connues à ce jour, il est plus naturel de penser que la première édition de l'Hippocrate latin de Janus Cornarius est à l'évidence une édition frobénienne, et que l'abondance des éditions vénitiennes ainsi que l'impossibilité de réunir des exemplaires témoins de toutes les éditions de 1546 sont les deux circonstances qui ont encouragé les bibliographes à localiser sa première parution en Italie. On peut y ajouter une autre explication : les éditions de Froben n'ont pas été contrefaites en Allemagne, parce que le privilège impérial qui apparaît sur quelques unes ou même simplement la dédicace, dont c'était parfois explicitement la fonction, assuraient une protection suffisante, mais ces dispositions devenaient inopérantes à Venise et à Paris, où les imprimeurs ont donc pu les multiplier en toute légalité. Une étrange particularité de l'exemplaire de l'édition Scottus conservé à Wolfenbüttel nous rend attentif à d'autres causes possibles de la prolifération vénitienne de l'Hippocrate latin de Janus Cornarius : cette édition ne comporte pas la lettre dédicace, et le nom du traducteur, qui apparaît seulement dans les premières pages du livre où il est aussitôt supprimé par une large rature à la main, cesse d'être imprimé à des places où on l'attendrait et où il est remplacé par un blanc : cet *autor* vel *interpres candidus* a-t-il été cité pour un titre ou un autre dans l'*Index librorum prohibitorum* ? Nous ne saurions le dire. Mais la censure est bien là, dans l'absence du nom.

---

19. f. B5a et de l'exemplaire BnF Te 142.37 de BEC 26. On trouve un peu plus loin : *Hic furor lxiij diurnaliorum libros, in Hippocratem a me scribendos, Deo dante, et uita comite absoluet* : « Cette fureur achèvera 63 livres d'éclaircissements, que je dois écrire sur Hippocrate, si Dieu le veut et si la vie m'accompagne ». [B7b] d'où l'on déduit le nombre de 63 traités hippocratiques, que la préface de l'édition de 1546 dit égal à celui des commentaires, voir ci-dessous p. 366 et n. 19.

La dédicace de l'édition de 1546 n'est guère prolixe sur les sources et la méthode de l'*interpretatio*. Prévoyant d'éditer ultérieurement 63 livres de commentaires, soit un livre par traité de la collection, ainsi qu'il le précise dans *Vulpecula*, Janus Cornarius ne s'attarde pas sur ces sujets, mais s'exprime néanmoins de manière à faire penser qu'il n'a pas utilisé de nouvelle source manuscrite ou imprimée et que les nouvelles corrections résultent uniquement de nouveaux raisonnements. Les *multa manuscripta exemplaria* dont il parle seulement pour l'établissement de son édition grecque frobénienne corrigée en latin sont-ils seulement les trois mentionnés alors, et sont-ils même tous des manuscrits grecs d'Hippocrate, nous ne le saurons pas. Les innovations majeures de 1546 reçoivent d'ailleurs en général presque toutes, ainsi que le souligne l'auteur, et comme on le constate aussi ponctuellement, une explication suffisante par la conjecture, comme les transformations affectant conjointement *Airs, eaux, lieux* et *Plaies de tête* ou la disparition du *Mochlique* en tant que traité autonome. L'ajout du traité *De remediis purgantibus*, qui repose sur la publication du texte grec par Caius en 1542, est la seule nouveauté textuelle importante de ce volume, mais la lettre dédicace la passe sous silence[20].

La réédition de l'Hippocrate latin en 1554 est présentée par Janus Cornarius comme une façon de se dégager de sa promesse de commentaires. On ne sait s'il a obtenu, dans l'intervalle, l'accès à la bibliothèque d'Augsbourg sollicité auprès des dédicataires de 1546, mais il semble que de toute façon il ne pouvait a priori pas y trouver de manuscrit d'Hippocrate, si celui d'Occo, aujourd'hui à Munich, était dans sa bibliothèque privée[21]. Dans l'édition de 1558, que Paitonus date du mois de septembre, donc après la mort de Johann Haynpol, peut-être pour avoir disposé d'un exemplaire avec colophon donnant le mois de l'impression, apparaît donc, nous l'avons dit, le *De structura hominis* destiné à figurer dans toutes les rééditions ultérieures, favorisées par l'existence à partir de 1564 des commentaires de Culman, et en 1575 de ceux de Marinelli[22].

Parmi les questions que le matériel organisé autour de la transmission cornarienne de la Collection hippocratique permet d'aborder, figure en bonne place celle du nombre des traités la composant. Janus Cornarius avait fixé à 63 le nombre des traités constituant le corpus hippocratique, alors que les recherches actuelles tendent à évacuer ce sujet comme scientifiquement obso-

---

20. M.-L. Monfort, « L'histoire moderne du fragment hippocratique *Des remèdes* », *Revue des Études Anciennes* 102, 3-4 (2000), 361-377.

21. Consultable sur le site de la BSB, par exemple *via* le site IRHT Pinakes.

22. FH 78 : Ἐπιστολὴ πρὸς Πτολεμαῖον βασιλέα περὶ κατασκευῆς ἀνθρώπου éditée dans F. Z. Ermerins, *Anecdota medica Graeca,* Amsterdam, 1963, 278-297, 304 f.. Les rééditions BEC 44a et 44c précisent *Nicolaeo Petreio interprete*. Nicolaeus Petreius (1486-1522) est connu comme traducteur de cette *Epistola ad Ptolemeum* vel *De arte prolixa* vel *De corpore humano* vel *De microcosmo* d'après P. Kibre, *Hippocrates Latinus : repertorium of Hippocratic writings in the latin middle-ages*, New-York, 1985, 153, mais l'*incipit* donné n'est pas celui de l'édition cornarienne.

lète, et à le remplacer par celui de l'identité des auteurs ou des dates de rédaction, qui doit intégrer la problématique des couches rédactionnelles successives et des textes inachevés. On a vu que Haynpol prétendait avoir exprimé en latin une *Hippocratis sententiam genuinam* mais cela ne signifie pas qu'il ait attribué les 63 traités au Père de la médecine, ne serait-ce qu'à cause des témoignages de Galien l'interdisant, ni qu'il ait méconnu les difficultés qui viennent d'être mentionnées et qui arrêtent encore les spécialistes. La vulgate hippocratique de 1546 permet quelques observations utiles, fondées sur les interventions de l'éditeur qui sont facilement décelables par référence aux supports dont nous savons avec certitude qu'il les a utilisés, en premier lieu l'aldine et surtout l'aldine de Göttingen d'une part, et le manuscrit de Munich Mo (*Monacensis gr. 71*) mais aussi Calvus et les autres manuscrits en jeu[23].

Rappelons les données disponibles : nous avons dit au début de cette étude que 1538 reproduisait l'aldine dérivant elle-même de G complété par Ho, A et l'aldine de Galien. Nous savons aujourd'hui que les deux manuscrits grecs à la fois les plus anciens et les plus complets qui transmettent le corpus hippocratique, le *Marcianus gr. 269* (M) daté du milieu du Xe, apporté de Byzance par le cardinal Bessarion, et le *Vaticanus gr. 279* (V) du XIIe, présentent d'importantes différences malgré quelques constantes[24]. Une quinzaine de titres de la table de M sont absents de V, mais une longue lacune dans M amoindrit cet avantage. On trouve dans ces deux manuscrits de référence des groupes de traités cités soit dans un ordre identique, par exemple *Aphorismes, Pronostic, Régime dans les maladies aigües*, soit dans un ordre différent, ainsi *Affections, Affections internes, Régime, Maladies,* et des groupes éventuellement constitués autour d'une unité thématique ou méthodologique, par exemple *Nature de l'homme, Génération, Nature de l'enfant* ou les grandes collections aphoristiques.

Le seul manuscrit qui fut avec certitude à la disposition de Janus Cornarius, le *Monacensis gr. 71*, dérive également de M, les divergences s'expliquant par la perte ou l'interversion accidentelle de quelques feuillets, comme l'a montré Brigitte Mondrain. C'est très probablement la table de Mo que l'on retrouve écrite sur deux colonnes de la main de Janus Cornarius dans les premiers feuillets de l'aldine de Göttingen, et comme cette table, sauf erreur, n'a jamais été décrite, nous la reproduisons ci-dessous[25] :

---

23. Après tout ce qui vient d'être exposé sur l'histoire de la publication d'Hippocrate, démontrant que la meilleure édition est celle de 1554, on se demandera sans doute pourquoi nous ne l'utilisons pas de préférence à celle de 1546. La réponse est que malgré les immenses progrès de la numérisation, cette édition n'est pas encore accessible.

24. J. Irigoin, *Tradition et critique des textes grecs*, Paris, 1997, 191-236.

25. K. Schubring dans ses « Untersuchungen zur Überlieferungsgeschichte der hippokratischen Schrift *De locis in homine* », *Neue Deutsche Forschungen. Abt. Klassische Philologie*, 12 (1941), 38, mentionnait seulement l'existence et le titre de cette table manuscrite et se disait incapable de l'identifier, tout en affirmant qu'il ne pouvait s'agir de celle de Mo, mais nous ne savons pas dans quelles conditions il effectua cette comparaison, que les procédés de reproduction actuels améliorent nettement. Voir reproduction p. 480.

πίναξ καὶ τάγμα ἄλλού τινος πάνυ παλαιοῦ ἀντιγράφου

ὅρκος
νόμος
περὶ τέχνης
περὶ ἀρχαίης ἰητρικῆς
παραγγελίαι
περὶ εὐσχημοσύνης
περὶ φύσιος ἀνθρώπου
περὶ διαίτης ὑγιεινῆς
περὶ γονῆς
περὶ φύσιος παιδίου
περὶ ἄρθρων
περὶ χυμῶν
περὶ τροφῆς
περὶ ἑλκῶν
περὶ ἱερῆς νόσου
περὶ νούσων
περὶ παθῶν
περὶ τῶν ἐντὸς παθῶν
περὶ διαίτης
περὶ ἐνυπνίων
περὶ ὄψιος
περὶ κρισίμων
ἀφορισμοί
προγνωστικόν
περὶ ἰητροῦ
περὶ διαίτης ὀξέων
περὶ φυσῶν
μοχλικόν
περὶ ὀστέων φύσιος
περὶ ἀγμῶν *
κατ' ἰητρεῖον *
περὶ ἐγκατατομῆς ἐμβρύου
περὶ γυναικείων
περὶ ἀφόρων
περὶ ἐπικυήσιος

(deuxième colonne)
περὶ ἑπταμήνου
περὶ ὀκταμήνου

περὶ παρθενίων
περὶ γυναικείης φύσιος
προρρητικός *
περὶ συρίγγων
περὶ αἱμορροΐδων
κωακαὶ προγνώσεις
περὶ ἐπιδημιῶν
πρεσβευτικός
περὶ ἀνατομῆς
περὶ ὑδάτων, ἀέρων, τόπων (sic)
περὶ καρδίης
περὶ σαρκῶν
ἐπιβώμιος
περὶ ἀδένων
περὶ τόπων τῶν κατ᾽ ἄνθρωπον
περὶ κρίσεων
περὶ ὀφοντοφυΐας
περὶ τῶν ἐν κεφαλῇ τρωμάτων

Les titres des traités περὶ ἀγμῶν et κατ᾽ ἰητρεῖον ainsi que προρρητικος que nous avons affectés d'un signe * sont écrits nettement en dehors de la liste, comme s'ils avaient été ajoutés après coup, et ils sont reliés à elle par un trait d'encre rouge les insérant à la place que la reproduction ci-dessus leur attribue. Ils sont de la même main et de la même encre noire que ceux de la première liste, autrement dit paraissent en être tout à fait contemporains.

En bas de cette page, au centre, le chiffre .55. entre deux points est inscrit à l'encre rouge, tandis qu'en vis-à-vis, sur la page suivante, f. [*iiiii]a, où se trouve la table imprimée de l'aldine, on trouve écrit de la même encre rouge le chiffre .58.. Le chiffre 55 correspond au nombre de titres de la table manuscrite, mais la table imprimée est de plus affectée sur la gauche d'une numérotation de 1 à 56 qui s'arrête aux Ἱπποκράτους ἐπιστολαί, tandis qu'à partir du n° 40 on lit une seconde numérotation à droite des titres grecs[26]. Cette seconde numérotation manuscrite supprime le titre Νόθα τῇ τελευτῇ κτλ. en l'affectant d'un o manuscrit à l'encre rouge, puis mentionne « *lib. 7* » en face du titre Περὶ ἐπιδημιῶν et entame le nouveau comput (+ 6) au titre suivant Περὶ διαίτης ὀξέων numéroté 46 (en face de 40, soit 7 livres d'*Épidémies* au lieu

---

26. Les tables de 1538 et de 1546 sont reproduites ci-dessous p. 82-84.

d'un seul titre pour les 7 livres. De cette manière la numérotation + 6 se finit avec l'attribution du n° 63 aux Ἱπποκράτους ἐπιστολαί.

Le chiffre 58 correspond peut-être au nombre de titres imprimés dans l'aldine jusqu'aux Ἱπποκράτους ἐπιστολαί (56) auxquels s'ajouteraient 1 le titre Ἱπποκράτους γένος καὶ βίος *Hippocratis genus et uita* qui n'est pas imprimé dans la table aldine bien que le texte soit reproduit, et 2 le titre Περὶ μανίης *De insania* ajouté à la table imprimée, de la main de Cornarius, immédiatement après les Ἱπποκράτους ἐπιστολαί. Précisons encore, pour être complet, qu'outre la suppression possible de Νόθα τῇ τελευτῇ κτλ. signifiée par un o, 3 autres titres imprimés sont également signalés par un o, à savoir Περὶ ὑγρῶν χρήσιος *De usu humidorum* (n° 27/28 de 1538), ainsi que Ἱπποκράτους ἐπιστολαί *Hippocratis epistolae* et Δόγμα Ἀθηναίων *Decretum Atheniensium*. On constate alors que ces 4 titres sont absents de la table manuscrite, ce qui fait la différence de 55 à 59, sachant que ce dernier nombre correspond à celui des traités effectivement imprimés dans l'aldine. Janus Cornarius a donc comparé la table de son πάνυ παλαιοῦ ἀντιγράφου, de sa « copie très ancienne » et celle de l'aldine, et a cherché en s'aidant de cette comparaison, qui montre quand même au total de très nombreuses affinités, à retrouver les 60 + 3 titres de la tradition.

La table définitive de 1546 présente une distribution légèrement différente. Le classement de 1546 diffère de celui des éditions *princeps* et 1538 d'abord par l'ajout du traité *Remèdes* et la suppression du titre *Mochlique*, cette dernière justifiée dans la lettre dédicace, ce qui permet le maintien de 60 titres, mais en réalité de 57 parce que les 3 derniers sont compris dans les *Epistolae*. Même s'il n'est pas facile de dire avec certitude à quoi correspond le nombre de 63 annoncé comme celui des commentaires cornariens ajustés à celui des livres hippocratiques, on peut cependant suggérer l'explication suivante, inspirée par le décompte détaillé des 7 livres des *Épidémies* que l'on trouve sur la table imprimée de l'aldine de Göttingen. Comptées pour un seul livre dans les deux éditions 1538 (n° 40) et 1546 (n° 41), il suffit de voir que le décompte de chaque livre des *Épidémies* augmente le nombre 57 des titres imprimées en 1546 (en fait 60) de 6 = 63.

La comparaison de la table de 1538 et de celle de la « très ancienne copie » peut également expliquer trois des quatre déplacements de titres en 1546, 1) le passage de *Loi* immédiatement après *Serment*, 2) le déplacement de *Femmes stériles* immédiatement après *Maladies des femmes* et son supplément, ce qui rapproche les *Épidémies* de *Régime dans les maladies aigües*, et 3) la réorganisation des traités chirurgicaux avec la suppression de *Mochlique* situé juste après *Vents* dans la table manuscrite. Le quatrième déplacement de 1546, qui aboutit à la création du groupe *Airs, eaux, lieux, Vents, Remèdes*, correspond au déplacement de *Vents* derrière *Airs, eaux, lieux* conformément à l'intuition déjà matérialisée dans la première édition hippocratique frobénienne (BEC 4), mais on ne voit pas ce qui justifie la position du nouveau traité *Remèdes* dans la table de 1546, si ce n'est le fait que *le seul manuscrit transmettant ce traité* (Vat) contient aussi immédiatement avant un extrait du Περὶ φυσῶν, f. 102 ! Nous avons déjà montré ailleurs que la traduction cornarienne de *Remèdes* reposait sur l'édition imprimée frobénienne de John Caius, mais cela ne signifie pas pour autant que le manuscrit support de l'édition de Caius ait échappé aux regards de l'auteur de la vulgate, très proche de l'officine Froben.

On peut enfin observer dans 1546 l'évolution de la traduction de quelques titres, dont les plus significatives sont l'introduction du singulier *aqua* pour *aquis* dans *AEL*, des calques *popularibus* pour désigner les épidémies, maladies anciennement dites *passim grassantibus*, ainsi que de *praenotiones* pour *Pronostic* et notre *Prénotions coaques*, et l'emploi du mot grec *chirurgia*. Les anciennes attributions à Polybe sont supprimées pour 11 (*De semine*) et 33 (*Affections*), et celles à Hippocrate pour le groupe 44, 45, 46 (*Aphorismes, Pronostic, Prorrhétique*). Les interventions du traducteur sont donc en somme assez prudentes et peu nombreuses.

Ce nouvel ensemble offre enfin une incontestable cohérence avec des groupements thématiques désormais clairement identifiables, à savoir un début déontologique (1-8), un important ensemble physiologique (9-31), puis une longue séquence nosologique (32-47) suivie des traités chirurgicaux (48-56), que clôturent les *Lettres*. L'intégrité des traités eux-mêmes progresse, que cela ait été vu (*Airs, eaux, lieux*) ou non (*Vision*)[27]. Voici donc à quoi ressemble Hippocrate en 1546 :

Princeps grecque et 1538 60 traités	1546 (les n° (x) sont ceux de 1538) 57 traités	Concordance 1538 / Littré
1. Ἱπποκράτους γένος καὶ βίος *Hippocratis genus et uita*	1. *Hippocratis uita ex Sorano*	
2. Ὅρκος *Iusiurandum Hippocratis*	2. *Hippocratis iusjurandum*	Serment L IV, 628-633
3. Περὶ τέχνης *De arte*	3. *Lex Hippocratis* (8)	Art L VI, 2-27
4. Περὶ ἀρχαίης ἰητρικῆς *De prisca medicina*	4. *De arte liber* (3)	Ancienne médecine I, 570-637
5. Περὶ ἰητροῦ *De medico*	5. *De ueteri medicina* (4)	Médecin L IX, 198-221

---

27. Voir l'analyse de J. Jouanna dans son édition d'*Airs, eaux, lieux*. Mon édition du *De visu* tenant compte du texte de 1546 n'est pas publiée, mais les principales corrections sont indiquées dans M.-L. Monfort, « Le traité hippocratique *De videndi acie* est-il d'époque impériale ? », dans *Les cinq sens dans la médecine de l'époque impériale*, I. Boehm et P. Luccioni (éds.), Lyon, 2003, 39-54, remarques et corrections tacitement utilisées ou contestées, sans doute par malentendu, dans l'édition récente d'E. M. Craik, *Two Hippocratic treatises, On Sight and On Anatomy*, Leiden-Boston, 2006, 3, 5-6 et 100 n. 79.

6. Περὶ εὐσχημοσύνης De probitate	6. De medico (5)	Bienséance L IX, 222-245
7. Ἱπ. Παραγγελίαι Hippocratis praecepta	7. De decenti ornatu (6)	Préceptes L IX, 246-273
8. Νόμος Ἱπ. Lex Hippocratis	8. Praeceptiones (7)	Loi L IV, 638-643
9. Περὶ φύσιος ἀνθρώπου De natura hominis	9. De natura hominis	Nature de l'homme L VI, 32-69
10. Περὶ διαίτης ὑγιεινῆς. Πολ.. De ratione uictus salubris. Polybi discipuli Hippocratis	10. De salubri diaeta, Polybi	Régime salutaire L VI, 72-87
11. Περὶ γονῆς. Πολύδου De semine. Polybi	11. De genitura	Génération, L VII, 470-485
12. Περὶ φύσιος παιδίου De natura foetus	12. De natura pueri seu foetus	Nature de l'enfant L VII, 486-543
13. Περὶ σαρκῶν De carne	13. De carnibus	Chairs L VIII, 586-615
14. Περὶ ἑπταμήνου De septimestri partu	14. De septimestri partu	Fœtus de sept mois L VII, 436-452
15. Περὶ ὀκταμήνου De octomestri partu	15. De octimestri partu	Fœtus de huit mois L VII, 452-461
16. Περὶ ἐπικυήσεως De superfoetatione	16. De superfetatione	Superfétation L VIII, 476-509
17. Περὶ ἐγκατατομῆς ἐμβρύου De extractione foetus	17. De exsectione foetus	Excision du fœtus L VIII, 512-519
18. Περὶ ὀδοντοφυίας De dentitione	18. De dentitione	Dentition L VIII, 544-549
19. Περὶ ἀνατομῆς De dissectione	19. De corporum resectione	Anatomie L VIII, 538-541
20. Περὶ καρδίας De corde	20. De corde	Cœur L IX, 76-93
21. Περὶ ἀδένων De glandibus	21. De glandulis	Glandes L VIII, 556-575
22. Περὶ ὀστέων φύσιος De natura ossium	22. De ossium natura (+ 52)	Nature des os L IX, 162-197
23. Περὶ τόπων τῶν κατ' ἄνθρωπον De locis in homine	23. De locis in homine	Lieux dans l'homme L VI, 276-349
24. Περὶ ἀέρων, ὑδάτων, τόπων De aere, aqua, locis	24. De aere, aquis, et locis	Airs, eaux, lieux L II, 12-93
25. Περὶ διαίτης De uictus ratione	25. De flatibus (30)	Régime L VI, 466-637
26. Περὶ ἐνυπνίων De insomniis	26. De medicamentis purgantibus (nouveau)	Songes L VI, 640-663
27. Περὶ τροφῆς. ὃ μὴ εἶναι Ἱπποκράτους φησὶ Γαληνός. De alimento quem esse Hippocratis negat Galenus	27. De diaeta siue uictus ratione (25)	Aliment IX, 94-121
28. Περὶ ὑγρῶν χρήσιος De usu humidorum	28. De insomniis (26)	Usage des liquides L VI, 119-137

29. Περὶ χυμῶν *De humoribus*	29. *De alimento* (27)	*Humeurs* L V, 476-503
30. Περὶ φυσῶν *De flatibus*	30. *De humidorum usu* (28)	*Vents* L VI, 91-115
31. Περὶ ἱερῆς νούσου.ἀξιολόγου τινός *De sacro morbo. Docti cuiusdam*	31. *De humoribus* (29)	*Maladie sacrée* L VI, 352-397
32. Περὶ νούσων *De morbis*	32. *De morbo sacro* (31)	*Maladies I, II, III et IV,* L VI, 140-205 ; VII, 8-115 ; 118-161 ; 542-615
33. Περὶ παθῶν.τοῦ Πολύβου *De affectibus. Polybi*	33. *De morbis* (32)	*Affections* L VI, 208-271
34. Περὶ τῶν ἐντὸς παθῶν *De internarum partium affectibus*	34. *De affectionibus* (33)	*Affections internes* L VII, 166-303
35. Περὶ παρθενίων *De morbis uirginum*	35. *De internis affectionibus* (34)	*Maladies des jeunes filles* L VIII, 466-471
36. Περὶ γυναικείης φύσιος *De natura muliebri*	36. *De uirginum morbis* (35)	*Nature de la femme* L VII, 312-431
37. Περὶ γυναικείων *De morbis mulierum*	37. *De natura muliebri* (36)	*Maladies des femmes* L VIII, 10-407
38. Περὶ ἀφόρων *De sterilibus*	38. *De morbis mulierum* (37)	*Femmes stériles* L VIII, 408-463
39. Νόθα τῇ τελευτῇ τοῦ πρώτου περὶ γυναικείων προσκείμενα *Supposititia quaedam calci primi de morbis mulierum adscripta*	39. *Notha ad finem primi libri de morbis mulierum adiecta*	
40. Περὶ ἐπιδημιῶν *De morbis passim grassantibus*	40. *De sterilibus* (38)	*Epidémies I, II, III, IV, V, VI et VII,* L II, 598-717 ; V, 72-139 ; III, 24-149 ; V, 144-197 ; 204-259 ; 266-357 ; 364-469
41. Περὶ διαίτης ὀξέων *De ratione uictus acutorum*	41. *De morbis popularibus* (40)	*Régime dans les maladies aiguës* L II, 394-529
42. Περὶ κρίσεως *De iudiciis*	42. *De uictu ratione in morbis acutis* (41)	*Crises* IX, 274-295
43. Περὶ κρισίμων *De diebus iudicialibus*	43. *De iudicationibus* (42)	*Jours critiques* IV, 296-307
44. Ἱπποκράτους ἀφορισμοί. *Hippocratis definitae sententiae*	44. *De diebus iudicatoriis* (43)	*Aphorismes* L IV, 458-609
45. Ἱπποκράτους προγνωστικόν *Hippocratis praenotiones*	45. *Aphorismi* (44)	*Pronostic* L II, 110-191
46. Ἱπποκράτους προρρητικόν *Hippocratis praedictiones*	46. *Praenotiones* (45)	*Prorrhétique I et II* L V, 510-573 ; IX, 1-75
47. Κωακαὶ προγνώσεις *Coacae praecognitiones*	47. *Praedictionum libri II* (46)	*Prénotions coaques* L V, 588-733

48. Περὶ τῶν ἐν κεφαλῇ τρωμάτων *De vulneribus capitis*	48. *Coacae praenotiones* (47)	*Plaies de tête*, L III, 182-261
49. Περὶ ἀγμῶν *De fracturis*	49. *De uulneribus capitis* (48)	*Fractures* L III, 412-563
50. Περὶ ἄρθρων *De articulis*	50. *Chirurgiae officina* (51)	*Articulations* L IV, 78-327
51. Ἱπποκράτους κατ' ἰητρεῖον *Hippocratis de medici munere*	51. *De fracturis* (49)	*Officine du médecin* L III, 271-337
52. Ἱπποκράτους μοχλικόν *Hippocratis de curandis luxatis*	52. *De articulis* (50)	*Mochlique* L IV, 340-395
53. Περὶ ἑλκῶν *De ulceribus*	53. *De ulceribus*	*Ulcères* L VI, 400-433
54. Περὶ συρίγγων *De fistulis*	54. *De fistulis*	*Fistules* L VI, 448-461
55. Περὶ αἱμορροΐδων *De haemorrhoidibus*	55. *De haemorrhoidibus*	*Hémorrhoïdes* L VI, 436-445
56. Περὶ ὄψιος *De uisu*	56. *De uisu*	*Vision* L IX, 122-161
57. Ἱπποκράτους ἐπιστολαί *Hippocratis epistolae*	57. *Hippocratis epistolae* (contient aussi les 3 titres suivants)	*Lettres* L IX, 312-386
58. Δόγμα Ἀθηναίων *Decretum Atheniensium*	58.	*Décret des Athéniens* L IX, 400-402
59. Ἐπιβώμιος *Epibomios*	59.	*Discours à l'autel* L IX, 402
60. Πρεσβευτικὸς Θεσσαλοῦ υἱοῦ πρὸς τοὺς Ἀθηναίους *Oratio Thessali Hippocratis filii legati ad Athenienses*	60.	*Discours d'ambassade* L IX, 404

2. Les sources manuscrites

Les textes à l'origine des éditions hippocratiques cornariennes sont donc d'abord des imprimés. Que sait-on des manuscrits qu'il a utilisés ? Il n'y a, dans tous les écrits de Janus Cornarius auxquels nous avons eu accès, soit la quasi totalité, guère plus de deux indications sur l'emploi de manuscrits grecs hippocratiques, déjà signalées, celle de la dédicace d'*AEL-Vents*, qui fait état d'un manuscrit « très bien écrit contenant un petit nombre de traités », et celle de la dédicace de 1538 désignant trois manuscrits dont un (Mo) est identifié. Pour de multiples raisons, il paraît probable, à lire la *Praefatio in Hippocratem Latinum* de 1554, qui constitue le dernier témoignage imprimé de l'activité de Janus Cornarius traducteur d'Hippocrate, qu'il n'ait pas eu accès à de nouveaux manuscrits grecs d'Hippocrate après 1545-1546, de sorte que nous pouvons limiter notre recherche des sources manuscrites de la vulgate hippocratique aux deux autres mss. de 1538, en nous demandant si celui brièvement décrit dans la dédicace d'*Airs, eaux, lieux-Vents* est déjà l'un d'eux, celui de Guillaume Cop ou de la bibliothèque Dalberg.

Rappelons d'abord les données d'un problème qui a déjà été traité à plusieurs reprises. L'hypothèse, formulée par Rivier, selon laquelle le manuscrit prêté par Nicolas fils de Guillaume Cop pourrait être ED, c'est-à-dire les *Parisini gr.* 2255 et 2254, qu'il date du premier quart du XVe s., se heurte au fait que ces manuscrits sont très proches de U (*Urbinas gr.* 68), copié en 1375-1380 selon Jouanna, et dont ils peuvent passer pour une copie, de sorte que les collations ne permettent pas de trancher entre ED et U, du moins pour les textes transmis par la partie ancienne EaDa, tandis que la partie récente EbDb reflète 1538[28]. Mais alors que des savants comme Ilberg, Nachmanson et Diller évitaient de se prononcer sur la question de savoir si EaDa dérive directement de U, les travaux de Rivier ont non seulement accrédité cette dernière hypothèse chronologiquement plausible, mais aussi entériné les remarques de ses prédécesseurs sur la parenté entre EbDb et 1538, et conclu à l'antériorité de 1538 sur EbDb, sans imaginer la situation inverse[29]. Or on doit naturellement se demander si EbDb et même EDmg, qu'il n'y aurait pas lieu d'appeler F^3 au vu de l'écriture, ne seraient pas l'œuvre de Janus Cornarius lui-même, ce que nous croyons possible non seulement à partir de la comparaison des écritures avec celles des notes marginales de l'aldine de Göttingen, mais aussi du fait que la minutieuse précision de certaines infimes corrections EDmg, coïncidant soit avec le texte de 1538 soit avec des nuances de la traduction latine de 1546, suppose à l'évidence une connaissance exceptionnellement intime du texte hippocratique de la part du copiste de EDmg, et la familiarité la plus instruite des problèmes qu'il pose. En d'autres termes, quoi qu'il en soit des relations entre U et EaDa, la seule présence de EbDb et EDmg invite à penser que Janus Cornarius a bien utilisé EaDa pour son édition de 1538, et qu'il l'a complété et corrigé par la même occasion, créant ainsi EbDb et EDmg.

28. A. Rivier, *Recherche sur la tradition manuscrite du traité* De morbo sacro, Bern, 1962, 152-157, 154 n. 3, et 106 n. 1 pour la datation par le filigrane « lettre M avec croix, cf. Briquet n°s 8347 et 8353 », à la différence de Littré (I, 518) qui propose le début du XVè. S. ; pour la datation de U voir J. Jouanna, « L'analyse codicologique du *Parisinus gr.* 2140 et l'histoire du texte hippocratique », *Scriptorium* 38 (1984), 50-62, 60 n. 24 ; M.-L. Monfort, « Les notes de Cornarius dans l'aldine de Göttingen : une source manuscrite retrouvée », *I testi medici greci. Tradizione e ecdotica. Atti del III Convegno internazionale. Napoli 15-18 ottobre 1997,* Napoli, 1999, 419-427 ; S. Fortuna, dans « Wilhelm Kopp possessore dei Par. gr. 2254 e 2255 ? Ricerche sulla sua tradizione del *De victus ratione in Morbis acutis* di Ippocrate », *Medicina nei secoli*, N. S. 13 (1) (2001), 47-57, exclut l'idée que les mss. ED aient appartenu à Kopp parce qu'ils ne comportent pas de notes de la même main que celles présentes dans le *Voss. gr.* F 53, qu'elle attribue à Kopp.

29. J. Ilberg, « Zur Überlieferung des Hippokratischen Corpus », *Rheinisches Museum* 42 (1887), 436-461 ; « Prolegomena » dans *Hippocrates, Opera quae feruntur omnia. Volumen I,* Leipzig, 1894, XXII-XXXIII ; E. Nachmanson, *Erotianstudien*, Uppsala-Leipzig, 1917, 158 ; H. Diller, « Die Überlieferung des hippokratischen Schrift ΠΕΡΙ ΑΕΡΩΝ ΥΔΑΤΩΝ ΤΟΠΩΝ » *Philologus,* Suppl. 23, Heft 3, Leipzig, 1932 ; « Nochmals : Überlieferung und Text der Schrift von der Umwelt » dans *Festschrift Ernst Kapp*, Hamburg, 1958 ; *Hippokrates. Über die Umwelt,* éd. et trad. par H. Diller, Berlin, CMG I, 1, 2, 1999 (1970^1). Rivier distingue dans E 3 mains, comme si les corrections des textes de la première main ne pouvaient pas être de la seconde, et écrit bizarrement : « Il est peu vraisemblable que ce texte eût été révisé *d'après* (n. s.) Cornarius, si quelques années plus tôt Cornarius l'avait utilisé pour sa propre édition », *op. cit.* n. 3. 154-155.

Précisons que ces *Parisini gr.* 2254 (D) et 2255 (E) représentent en deux tomes, dont le premier (D) est la suite du second (E), le manuscrit hippocratique « le plus complet que la Bibliothèque Royale renferme » selon les mots de Littré[30]. En 1894, Ilberg signalait le caractère hétérogène des sources de cet ensemble ED qui est l'œuvre de deux copistes et contient dans E le début de la *collectio Marciana* dont la suite est dans D, qui transmet aussi des traités de la *collectio Vaticana*[31]. Les études de Diller ont montré pour la première fois l'étroite relation entre le texte de ED donné par le copiste de la partie la plus récente (EbDb), qui a également corrigé la partie ancienne (EDmg), et l'édition cornarienne de 1538, et Schubring le rejoint dans cette conclusion pour les traités *Lieux dans l'homme, Chairs* et *Usage des liquides*[32]. L'approche traité par traité de l'ensemble ED tend généralement à confirmer que la partie récente EbDb et EDmg dépend de 1538, avec une exception importante pour *Airs, eaux, lieux* transmis par Eb, étudiée par Jouanna. Pour ce traité, en effet, les textes de Eb et de 1538 diffèrent ici par le fait qu'un passage extrait de *Plaies de tête*, qui sera reconnu à juste titre et après quelques remaniements comme appartenant à *AEL* dans l'édition latine de 1546 mais ne l'est pas encore dans 1538, est édité à part dans Eb, aux ff. 393-395, sous le titre Ἱπποκράτους περὶ προγνώσεως ἐτῶν · οἱ δέ τινος ἄλλου παλαιοῦ : « D'Hippocrate sur le pronostic des saisons ; selon d'autres, d'un autre auteur ancien ». Il pourrait alors s'agir, pensons-nous, de la trace d'une élaboration du texte de Eb postérieure à 1538 et antérieure à 1546, ce qui constituerait le cas échéant une indication au moins sur le milieu où fut réalisée la copie, très très proche de celui où s'élaborait la version de 1546, autrement dit celui de Janus Cornarius et de Hieronymus Froben[33]. Enfin ajoutons que les traités transmis par Eb à partir du f. 366v le sont dans l'ordre qui est le leur dans l'aldine et dans 1538, si l'on excepte ceux déjà transmis par la partie ancienne EaDa, et sauf *Officine du médecin* transmis en double, à la fois par Eb puis par Da. à considérer seulement EaDa, et ce dans l'hypothèse d'une copie de EbDb par Janus Cornarius, on observe finalement que la partie ancienne du manuscrit offrait à peu près les mêmes traités que Mo et aussi presque dans le même ordre, et un hypothétique lecteur de ces deux manuscrits Mo et EaDa peut se fonder sur cette ressemblance pour se croire, comme l'écrit Janus Cornarius en 1554,

---

30. X, 518-521.
31. Ces appellations *collectio Marciana* et *collectio Vaticana* proposées, pour la première fois semble-t-il, dans l'édition d'Hippocrate préfacée par Ilberg en 1894, correspondent aux listes de deux principaux manuscrits hippocratiques M et V, données par J. Irigoin dans « L'Hippocrate du cardinal Bessarion (Marcianus graecus 269 [533]) », dans *Miscellanea Marciana di Studi Bessarionei*, Medioevo e Umanesimo, 24, Padova, 1976, 161-147, 165-166 pour la première, et dans *Tradition et critique des textes grecs*, Paris, 1997, 195 pour la seconde. Elles sont à situer dans la perspective générale tracée dans son article « Tradition manuscrite et histoire du texte. Quelques problèmes relatifs à la Collection hippocratique », dans *La collection hippocratique et son rôle dans l'histoire de la médecine. Colloque de Strasbourg (23-27 octobre 1972)*, Leiden, 1975, 3-18.
32. K. Schubring, « Untersuchungen zur Überlieferungsgeschichte der hippokratischen Schrift *De locis in homine* », Berlin, 1941, 39.

« sur la piste d'une leçon ancienne et originale, à partir des exemplaires d'ailleurs nombreux »[34].

On doit aussi tenir compte des données en notre possession sur la date à laquelle on peut situer l'entrée d'ED dans la collection royale parisienne, à savoir après 1545 et avant 1552[35]. Et il faudrait encore, pour résoudre les questions en suspens, examiner la tradition manuscrite des traités hippocratiques chirurgicaux, dont l'étroite interdépendance est bien décrite par Littré, et qui avait sans doute déjà été perçue par Janus Cornarius, ainsi que le suggèrent les déplacements affectant les quatre traités *Mochlique, Officine du médecin, Fractures* et *Articulations* en 1546, déplacements pouvant également dépendre de quelques motifs inscrits dans l'histoire du texte et de sa transmission manuscrite[36]. Nous dirons donc à ce stade de la recherche que EaDa est vrai-

---

33. J. Jouanna décrit ainsi les différences entre Eb, 1538 et 1546 : « D'une part la partie d'*Airs, eaux, lieux* insérée dans *Plaies de la tête* a été détachée et présentée sous forme d'un traité indépendant intitulé Ἱπποκράτους περὶ προγνώσεως ἐτῶν · οἱ δέ τινος ἄλλου παλαιοῦ : 'D'Hippocrate sur le pronostic des saisons ; selon d'autres, d'un autre auteur ancien' (ff. 393-395). D'autre part cette recomposition s'accompagne du déplacement heureux d'un développement qui supprime en partie les perturbations de son modèle imprimé (et de la tradition manuscrite). Enfin le copiste d'Eb a ajouté une phrase au c. 3, 1 après ψυχρά : ἅσσα πολέμια ἀνθρώποισιν ἐόντα νούσους ποικίλας ἐπιφορέει : 'ces eaux, étant ennemies des hommes, leur apportent des maladies variées' » *AEL Vents*, 89-90. Si le copiste d'Eb est Janus Cornarius, la phrase n'a pas été ajoutée au manuscrit mais enlevée à l'édition, ce qui est toujours plus facile, mais cela ne nous dit quand même pas d'où elle vient. La découverte par Klaus-Dietrich Fischer d'une traduction latine nouvelle dans *Monacensis* 23 535, f. 115 et 115v, datée du XIIe s. et dont le modèle grec ne dérive par de V mais qui présente une leçon en accord avec 1546 intéresse évidemment notre propos, mais nous n'avons pas pu étudier de près cette donnée importante, rapportée par Jouanna, *op. cit.* 114-119. La comparaison des écritures de l'aldine de Göttingen et de EbDbmg doit tenir compte des observations de D. Harlfinger, « Zu griechischen Kopisten und Schriftstilen des 15. und 16. Jahrhunderts », dans *La paléographie grecque et byzantine*, Paris, 1977, 328-341, du monumental répertoire des copistes grecs qu'il a réalisé mais qui, consulté, n'offre aucune entrée utile à notre sujet, ainsi que des divers documents rassemblés dans *Graecogermania. Griechischstudien deutscher Humanisten. Ausstellung im Zeughaus der Herzog August Bibliothek Wolfenbüttel vom 22. April bis 9. Juli 1989*, Harlfinger (Dieter) (éd.) et Barm (Reinhard) (éd.), Weinheim - New York, 1989, avec en particulier une reproduction de la page de titre de l'aldine de Göttingen sous le n° 119, p. 232.

34. Ci-dessous p. 379. La partie ancienne contient pour Ea : *Lexique de Galien* f. 27 – *Vie de Soranos* f. 53v. – *Serment* f. 55 – *Loi* f. 56 – *Art* f. 57 – *Ancienne médecine* f. 62v. – *Préceptes* f. 83v. – *Bienséance* f. 88v. – *Nature de l'homme* f. 90 – *Génération* f. 101 – *Nature de l'enfant* f. 104v. – *Articulations* f. 119v. – *Humeurs* f. 165 – *Aliment* f. 170v. – *Ulcères* f. 173v. – *Maladie sacrée* f. 181 – *Maladies* f. 191 – *Affections* f. 265v. – *Affections internes* f. 281v. – *Régime* f. 316 – *Songes* f. 356v. – *Vision* f. 361v. – *Jours critiques* f. 363. La partie Da se compose de : *Régime des maladies aiguës* f. 12 – *Vents* f. 35v. – *Mochlique* f. 41 – *Nature des os* f. 51 – *Fractures* f. 57 – *Officine du médecin* f. 78 – *Excision du fœtus* f. 82v. – *Maladies des femmes* f. 83 – *Femmes stériles* f. 158v. – *Superfétation* f. 170v. – *Fœtus de 7 mois* 177v. – *Fœtus de 8 mois* f. 180v. – *Maladies des jeunes filles* f. 182 – *Nature de la femme* f. 183 – *Excision du fœtus* (2) f. 206v. – *Prorrhétiques* I et II f. 207v. – *Fistules* f. 213v. – *Hémorrhoïdes* f. 234v – *Prénotions coaques* f. 236v. – *Épidémies* f. 256v. – *Lettres* f. 363. Les adjonctions récentes EbDb et EDmg, dont l'étude ne peut être menée ici, sont d'une écriture parfaitement homogène.

35. N° 295 (E) et 296 (D) dans H. Omont, *Catalogue des manuscrits grecs de Fontainebleau*, Paris, 1889, ces manuscrits sont absents du dénommé 'catalogue de Blois' de 1518, reproduit p. 347, ainsi que de l'inventaire de 1544 dressé à l'occasion du transfert de la bibliothèque de Blois à Fontainebleau, p. 351. Une liste de 1545 dressée par Ange Vergèce, conservée en tête du *Parisinus gr.* 3064, ne signale que deux livres d'Hippocrate, n° 187 qui est une aldine, et n° 188 qui représente l'actuel *Parisinus gr.* 2142 (H). Nous savons aussi par Omont que ces volumes avaient été empruntés par Goupil, mais nécessairement après 1552, et qu'à cette date ED possédaient déjà tous les traités transmis par la partie récente.

36. *Fractures* et *Officine du médecin* « se supposent l'un l'autre », comme l'explique Littré. Le déplacement du second traité avant le premier dans la table de 1546 correspond au fait que l'on trouve dans *Officine* des explications indispensables à la lecture de *Fractures* au sujet des dimensions des bandages, L III, 266-270.

semblablement un des textes manuscrits utilisés par Janus Cornarius pour corriger l'édition *princeps* aldine de la Collection hippocratique, car il faut ajouter en faveur de EaDa de préférence à U les nombreux indices étayant notre hypothèse d'une copie de EbDb EDmg par Janus Cornarius lui-même. Un dernier détail peut en effet avoir son importance : les termes exacts employés par Janus Cornarius au sujet du manuscrit de Cop sont : *exemplaria ... quorum ... postremum Hieronymus Gemusaeus, cujus etiam opera in eo conferendo Frobenii non parum fuerunt ajuti, Parisiis commodato acceptum ab excellenti medico Nicolae Copo Gulielmi illius Basiliensis, pridem Galliarum regis archiatri filio, exhibuere* : « des exemplaires ... dont ... Hieronymus Gemusaeus, grâce aussi à l'activité duquel les Froben ne furent pas peu aidés pour se le procurer, fournit le dernier, reçu en prêt à Paris (*Parisiis* locatif) venant de l'excellent médecin Nicolas Cop, fils de ce médecin bâlois jadis médecin personnel du roi de France », ce qui veut dire que ce manuscrit venait de Paris, et comme il était prêté, il y est probablement retourné, entrant, nous dit Omont, dans la collection royale après 1545, avant 1552, déjà pourvu des corrections et additions récentes[37].

La dispersion de la prestigieuse collection Dalberg eut sans doute lieu à la mort de son possesseur en 1503 et les témoignages anciens sur son devenir sont contradictoires. L'hypothèse de Rivier, qui proposait de voir dans *Vaticanus Palatinus* 192 (Pal) le manuscrit mentionné par Janus Cornarius, se fondait principalement sur l'ignorance où nous sommes aujourd'hui du destin de cette collection éparpillée, supposée finalement adjointe au fonds de la Bibliothèque Palatine[38]. Les relations de Dalberg avec la ville de Heidelberg pourraient en effet donner à penser qu'au moins une partie de sa collection alla grossir le fonds de la bibliothèque Palatine avant son transfert à Rome en 1623. Mais outre la fragilité des témoignages sur la collection Dalberg, l'examen du

---

37. Rivier, qui avait sans doute mal lu Omont, croyait que la partie récente avait été ajoutée par Goupil, *op. cit.* n. 3. 154-155.

38. Rivier 155 n. 4. Nous retrouvons dans un ouvrage du XVIIe s. l'idée que la bibliothèque Dalberg devint la bibliothèque palatine ainsi exprimée : « La Bibliothèque des Palatins du Rhin (...) estoit une des plus grandes qui ayent jamais esté, et c'est de quoy il ne faut pas s'étonner, puisque elle fut composée de toutes les Églises et des Monastères de la Province : car comme tout le monde scait, les Calvinistes et les Luthériens ont dépouillé de toutes choses les Prebstres et les Moines partout où ils se sont rendus les Maistres. Nous lisons que Rodolphe Agricola fut cause par ses conseils que Dalburgius, Evesque de Worms et Chancelier du Palatinat, commença cette bibliothèque. Mais le commencement en fut si grand qu'elle pouvait déjà passer pour une bibliothèque parfaite, ayant esté composée non seulement de tous les livres d'un certain monastère, qui estoit en réputation d'en avoir beaucoup plus que tous les autres, mais aussi de quantité d'autres Livres, qui furent recherchez par les soins et la liberalité de ce Prélat, qui y mit aussi un Quintilien décrit de sa propre main. Les Electeurs Palatins, en la puissance desquels elle est tombée, l'ont tellement augmentée depuis, qu'elle a passé pour une des plus amples et des plus belles du monde ». P. Le Gallois, *Traité des plus belles bibliothèques du monde*, Paris, 1680 (1617[1]), Lyon BM 808 477, 92-93. Mais on lit dans K. Morneweg, *Johann von Dalberg, ein Deutscher Humanist und Bischof*, Heidelberg, 1887, 345-346, que la collection Dalberg fut dispersée ou détruite et l'auteur pense qu'elle n'a pas rejoint de fonds de la bibliothèque d'Heidelberg ou *Bibliotheca Palatina*, transférée à Rome en 1623 en raison des mauvaises relations de l'évêque de Worms avec l'Université de Heidelberg. La mention qui est faite dans cet ouvrage de la présence d'un Hippocrate parmi les titres repose sur la lettre dédicace de Janus Cornarius en préface de l'édition de 1538.

contenu de ce manuscrit palatin n'offre aucun indice justifiant de voir là plutôt qu'ailleurs le troisième manuscrit de 1538. *Pal*, qui transmet une trentaine de traités ainsi que les *Lettres*, a été étudié pour les éditions récentes des *Aphorismes* et d'*Airs, eaux, lieux*, et les conclusions des éditeurs, si diverses soient-elles, ne présentent aucune caractéristique donnant à penser qu'il est celui que l'on cherche. Par exemple le texte des *Aphorismes* aurait été copié en 1537, soit bien après la dispersion de la collection Dalberg, et un sondage effectué à titre d'exemple sur le texte de *Lieux dans l'homme* n'offre toujours aucun indice permettant de déceler son emploi par Janus Cornarius[39]. Johannes von Dalberg vécut de 1455 à 1503 et fut évêque de Worms à partir de 1482[40]. Avant cela il fit trois séjours en Italie, à Pavie de 1473 à 1475, où il rencontra son compatriote Rudolf Agricola, puis à Padoue de 1476 à 1478, où il commença l'étude du grec, et enfin à Rome en juillet 1480. En compagnie de Rudolf Agricola il visita les bibliothèques religieuses de la région de Speyer (Spire) au cours de l'été 1479 et aurait fourni à cet ami des livres grecs en 1484. Les témoignages rassemblés par son biographe Morneweg semblent indiquer que le début de sa collection de livres grecs date de la fin des années 1470, et la première mention connue de celle-ci apparaît dans la lettre dédicace d'un certain Sebastian Murrho de Colmar, datée du 20 janvier 1494. Les autres témoignages connus confirment la haute réputation de cette bibliothèque constamment enrichie, au point de justifier la présence d'un directeur en la personne de Vigilius, qui sera plus tard recteur de l'Université de Heidelberg en 1495. Johann von Dalberg fut aussi directeur de la *soldalitas Celtica*, confrérie humaniste regroupée autour de Conrad Celtis, vouée à la diffusion des écrits humanistes. Morneweg suppose que cette bibliothèque se trouvait à Ladenburg, résidence de Dalberg à la fin de sa vie, et fait état d'un grave conflit entre ce dernier et l'Université de Heidelberg, sur lequel il fonde sans doute son hypothèse, qui nous semble par conséquent tout aussi fragile que pouvait l'être le témoignage de Pierre Le Gallois vers 1610[41]. La seule évaluation disponible de ses dimensions repose sur une comparaison avec le fonds de la bibliothèque de Heidelberg, censé compter 841 volumes en 1641, mais réputé largement dépassé par celle de Dalberg, ceci toutefois d'après un témoignage de 1494. La collection Dalberg est régulièrement présentée comme « le

---

39. C. Magdelaine se réfère à Vogel-Gardhausen, *Griechische Schreiber*, 179, *Histoire du texte* ..., 156 n. 3 et 160. Mais *Pal* est antérieur à 1457 et même à 1446, d'après Jouanna *AEL* 90-91 et n. 162, et H. M. Stevenson et J. B. Pitra, *Codices manuscripti Palatini graeci bibliothecae Vaticanae descripti*, Rome, Imprimerie Vaticane, 1885, 97.

40. Il existerait un discours du roi de France Louis XII en l'honneur de Dalberg, d'après ADB 7, 701. Le registre de ses œuvres apparaîtrait dans la *Bibliotheca uniuersalis* de C. Gesner (1545), I, 396 NDB 3, 488. Voir aussi E. Mittler et W. Werner, *Mit der Zeit : die Kurfürsten von der Pfalz und die Heidelberger Handschriften der Bibliotheca Palatina*, Wiesbaden, 1986.

41. Dalberg meurt plus de 15 ans avant le début de la Réforme, et si Morneweg mentionne en effet l'appropriation d'une bibliothèque religieuse par l'évêque de Worms, *op. cit.* 237, ce geste ne fut pas le fait d'un luthérien et encore moins d'un calviniste, comme le croyait Le Gallois.

trésor de l'Allemagne » et l'on ne peut croire qu'il ait disparu sans laisser de traces[42]. Mais on retiendra de ces quelques données que si le manuscrit de Dalberg n'est pas *Pal* et n'a pas nécessairement rejoint la collection palatine, il pourrait avoir été de provenance italienne.

La présence de *Remèdes* dans l'édition de 1546, autrement dit publié par Janus Cornarius en latin seulement, mais à partir de la récente édition frobénienne de John Caius, qui repose elle-même sur *Urbinas gr.* 64 (Vat.), peut donc tout à fait, malgré l'existence de cette dernière, faire de *Vat.* un des deux manuscrits que nous recherchons – ou trois si le manuscrit grec évoqué dans l'édition de 1529 est à distinguer des trois manuscrits grecs de 1538. Le principal indice en faveur d'une utilisation de Vat. en 1538 est donné, nous l'avons dit, par la position de *Remèdes* introduit juste après *Vents* dans la table de 1546, du fait que deux pages de ce manuscrit Vat. transmettent également un extrait de *Vents*, un des deux traités publiés en 1529[43]. Ce manuscrit se distingue par une écriture jugée typique de l'Italie du Sud, ce qui pourrait coïncider avec la remarque de Janus Cornarius à propos de la qualité de celle de son *exemplar* mentionné en 1529. Les marges de l'aldine de Göttingen pour le traité Περὶ φυσῶν, p. 51 et suivantes, ne nous sont d'aucun secours ici, la première note cornarienne consistant à souligner la définition de la médecine qui sera citée dans *Medicina siue Medicus* : ἰητρικὴ γάρ ἐστι πρόσθεσις καὶ ἀφαίρεσις, assortie de cette note marginale manuscrite : ὅρος ἰητρικῆς[44]. La leçon νοσήματος, pour le σώματος de l'aldine non corrigé dans Gömg et qui reflète A et Vat dans le passage Εἰ γάρ τις εἰδείη τὴν αἰτίην τοῦ νοσήματος : « De fait, si l'on connaissait la cause de la maladie » (104, 2 Jouanna), est cependant adoptée en 1538, et de surcroît inscrite comme correction Dmg dans les marges de Da. Mais cette leçon que le sens impose, et qui est d'un poids particulier dans la réflexion médicale, peut aussi résulter d'une rétroversion de

---

42. A. Labarre, « L'étude des bibliothèques privées anciennes », dans *Mélanges offerts à Albert Kolb*, E. Van der Vekene (éd.), Wiesbaden, 1969, 294-302.

43. Sur l'étude de Vat transmettant *Remèdes* voir M.-L. Monfort, « L'histoire moderne du fragment hippocratique *Des remèdes* », *Revue des Études Anciennes* 102, 3-4 (2000), 361-377. Description du manuscrit et références dans *Hippocrate* V, 1. *Des Vents. De l'art*, J. Jouanna (éd.), Paris, 1988, 52 et 58-59 : Vat. est un manuscrit daté du XIIe s., de la famille de A (*Parisin. gr.* 2253, XIe s.). Seulement trois formes distingueraient Vat. des familles de AM, mais elles ne sont pas probantes pour notre propos c'est-à-dire par comparaison avec le texte imprimé de l'aldine, qui donne aussi la forme αὖθις relevée par Jouanna comme typique de Vat., *ibid.* 59 ; voir aussi W. Wolska-Conus, « Stéphanos d'Athènes (d'Alexandrie) et Théophile le Prôtospathaire, commentateurs des *Aphorismes* d'Hippocrate sont-ils indépendants l'un de l'autre ? », *Revue des études byzantines* 47 (1989), 5-89, p. 9 n. 7 pour les débats sur la datation d'Urb. gr. 64.

44. Voir *Vents*, éd. Jouanna 50 pour les manuscrits en jeu. D'après cette édition les leçons propres à Vat et ses corrections Vat2 sont : c. 1, 102, 4 : τοιούτων Vat τοιουτέων Vat 2 ; c. 1, 102, 5 ἦν οἱ Vat καὶ ἦν Vat2 ; c. 1, 103, 4 ἀνθέστηκεν ; c. 1, 103, 10 διδασκάλιον ; c. 1, 104, 2 νοσήματος ; c. 1, 104, 5 ὁ λιμός ; c. 1, 104, 7-8 τούτῳ ἄρα ἐκεῖνο ἰητέον *om.* Vat. Notons que les deux corrections Vat2 correspondent, pour la première, à une leçon de MoDa présente dans les marges de l'aldine de Gö où elle est raturée, et pour la deuxième, à la leçon de Gö 1538, et que la leçon νοσήματος fut adoptée en 1538 et inscrite dans les marges de Gö au lieu de la leçon σώματος de Da, Mo, 1526 et 1529. Ce qui évidemment ne prouve rien.

Calvus. Cet indice fragile est cependant renforcé par deux autres, l'un dans *Art* V, 2, avec la leçon ἀλλ' ὥστε de Vat que l'on retrouve en 1538 mais pas dans EaUMo, pour ἄλλως τε non corrigé de l'aldine (208, 18 Jouanna) qui est également une leçon de A, l'autre dans *Pronostic* où une rature du texte de Gö, conservé en 1538, correspond d'assez près au texte de Vat comme on peut le voir :

L II, 116, 6-7 : ἢ τὰ λευκὰ ἐρυθρὰ ἴσχωσιν, ἢ πελιὰ, ἢ φλέβια μέλανα ἐν ἑωυτέοισιν ἔχωσιν : « (Si les yeux fuient la lumière, s'ils se remplissent involontairement de larmes, si l'un devient plus petit que l'autre) si le blanc se colore en rouge, s'il y paraît des veinules livides ou noires » (L 115-117)

Gö 172b, 48 : ἢ πελιὰ βλέφαρα ἢ φλέβια μέλανα ἐν αὐτέοισιν ἔχωσιν (« ont ou des paupières livides ou des veinules noires ») est le texte imprimé dans l'aldine et repris en 1538, mais dans Gö βλέφαρα est barré, alors qu'une ligne au-dessus de φλέβια suggère de transférer ce mot après μέλανα, de manière à ce qu'on lise : ἢ πελιὰ ἢ μέλανα φλέβια (« ont des veinules ou livides ou noires »). Or il se trouve que d'une part :

Vat. f. 96b, ligne 4 donne : ἢ πελιδνὰ ἢ μέλανα φλέβια ἐν ἑαυτοῖσι ἴσχωσιν (« s'ils ... contiennent en eux-mêmes des veinules ou livides ou noires »)

Et que d'autre part la traduction de 1546 donne aussi : *Si* (sc. *oculi*) ... *aut venulas liuidas aut nigras in ipsis habeant* (533, 35), ce qui est bien celle du texte raturé de l'aldine de Göttingen, mais encore davantage de Vat puisque *in ipsis* correspond à la forme réfléchie ἐν ἑαυτοῖσι que l'on y trouve aussi en toute cohérence. Bien entendu, ces signes ne constituent pas des preuves de l'utilisation de Vat par Janus Cornarius, du fait que l'histoire de la tradition manuscrite du *Pronostic* est toujours trop mal connue pour que ces observations soient concluantes, mais ils entrent néanmoins en convergence avec les autres éléments envisagés[45]. D'ailleurs les notes de Littré à ce passage nous sont encore utiles ici. Il y précise en effet que « presque tous les manuscrits et les imprimés ont βλέφαρα après πελία », que les Parisiens 2146 et 2228 ont le même texte que Vat., et qu'il suit le lemme de Galien qui n'a pas non plus le mot « paupières ». Ajoutons enfin, pour terminer, que l'on peut savoir que Vat. (*Urbinas gr.* 64) est présent dans la collection urbinate sous le n° 47 de l'*inventarium vetus* rédigé après 1543 et lui-même reproduit dans le catalogue de Stornajolo d'après *Codex Urbinas latinus* 1761, ce qui sauf erreur n'est pas le cas de U (*Urbinas gr.* 68)[46].

---

45. Ceci parce que d'une part il existe deux apographes de Vat. peu étudiés, et que d'autre part B. Alexanderson, *Die hippokratische Schrift Prognosticon*, Göteborg, 1963, 179-180, estime qu'il est impossible de déterminer les sources manuscrites de Janus Cornarius à partir du texte du *Pronostic*.

46. C. Stornajolo, *Codices Urbinates Graeci Bibliothecae Vaticanae*, Roma, 1895, CLXIV, XXVIII et LVI.

L'histoire des sources de la vulgate hippocratique montre donc, à ce stade de la recherche, la prudence avec laquelle le *textus receptus* de l'aldine a été conservé et corrigé. Les manuscrits grecs employés, – Mo (Occo) et très probablement EaDa (Cop) et Vat (Dalberg) –, auraient surtout servi à confirmer l'ordre et la composition des quelque 60 traités du corpus. Les autres documents utilisés pour la correction, à savoir Calvus, les *vet. Lat.*, les passages parallèles hippocratiques et les citations et commentaires de Galien intégralement relu et lui aussi corrigé ont certainement apporté numériquement davantage de corrections ponctuelles, plus ou moins inspirées des préoccupations scientifiques contemporaines, comme nous le verrons[47].

3. Les Aphorismes de Rabelais

L'édition BEC 1 des *Aphorismes* offre un texte très différent de celui de 1538, au point que l'on doit penser que dans son édition de 1538 Janus Cornarius a délibérément écarté son premier texte hippocratique grec imprimé à Haguenau vers 1527 (BEC 1) au profit de celui de l'aldine, en particulier pour le nombre et la place des aphorismes dans chaque section, et l'on ne retrouve que quelques leçons propres à BEC 1 inscrites de sa main dans les marges de son exemplaire de travail, l'aldine de Göttingen (Gömg), puis intégrées au texte de 1538[48]. L'étude de l'édition de Rabelais par Caroline Magdelaine dans sa thèse sur l'histoire du texte des *Aphorismes* montre que celui édité par Rabelais appartient à la famille de I (*Parisinus gr.* 2140), mais qu'il présente aussi des originalités absolues suggérant l'utilisation

---

47. A. Guardasole, « In margine alla tradizione a stampa del *De compositione medicamentorum secundum locos* di Galeni », dans *I testi medici greci. Tradizione e ecdotica*, Atti del III Convegno Internazionale, Napoli 15-18 ottobre 1997, A. Garzya et J. Jouanna (éds.), Napoli, 1999, 241-247. Il est dommage que dans son édition du *De semine* P. De Lacy ne tienne pas compte de la traduction latine de Janus Cornarius mais seulement des notes marginales de l'exemplaire de Jena comme il précise d'ailleurs : Ph. De Lacy, *Galen. On Semen*, edition, translation and commentary, (CMG V 3,1), Berlin, 1992, 18 I : « *Cornarius in Aldinae editionis exemplari suo nunc bibliothecae universitatis Ienensis proprio* ».

48. Par exemple l'addition manuscrite de τοῦ φθινοπώρου en Gömg 169a à l'aphorisme III 18, clairement attribuable à la main de Janus Cornarius, est reprise dans le texte de 1538, 393, 9. La note 18 de L IV, 494-495, qui dit : « *ante* καὶ *addit* τοῦ φθινοπώρου *vulg.* », désigne donc par *vulg.* l'édition de 1538 et non l'aldine, d'où ce τοῦ φθινοπώρου est absent (169, 19). La traduction de 1546, 521 *reliquo autumno et hyeme* repose sur 1538, mais le sens de l'aphorisme paraît peu modifié par l'addition émanant de BEC 1, car les traducteurs qui n'ont pas suivi « la vulgate (grecque de 1538) » et n'ont pas rétabli τοῦ φθινοπώρου, le considèrent apparemment comme sous-entendu, ainsi Littré : « pendant le reste de l'automne et l'hiver » pour τὸ δὲ λοιπὸν < τοῦ φθινοπώρου > καὶ τοῦ χειμῶνος, ou de même Jones « for the remainder of autumn and in winter », 128 et n. 2, si bien que ces traducteurs suivent donc en réalité le texte de la vulgate latine de 1546, sans reconnaître la qualité purement grammaticale ou linguistique de la restitution τοῦ φθινοπώρου, historiquement préservée *in fine* par BEC 1. Inversement, le texte donné par BEC 1 comme étant celui de l'aphorisme V 49 (Γυναικὶ ἐν γαστρὶ ἐχούσῃ τινεσμὸς ἐπιγενόμενος, ἔκτρωσιν ποιέει.) est reproduit en Gömg en bas de la p. 170b conformément à sa position dans BEC 1, mais accompagné d'un commentaire de Janus Cornarius l'identifiant avec raison comme texte de l'aphorisme VII 27, toutefois d'autres témoins que BEC 1 peuvent être à la source de cette correction.

d'un manuscrit perdu auquel sa préface semble faire allusion, et le relevé de ces leçons originales de Rabelais est ce qui nous a permis dans un premier temps de constater qu'elles étaient aussi celles de BEC 1, dont l'existence avait échappé à son enquête par ailleurs monumentale[49]. Revenant plus tard sur cette édition rabelaisienne de 1532 dans une étude publiée en 2004, Caroline Magdelaine prend en considération BEC 1, édition jugée par elle « très fautive » et exploitant « elle-même plusieurs sources », et elle confirme sa parenté avec l'édition de Rabelais, dont elle considère cependant le texte « au final, beaucoup plus proche des Aldines », et dans lequel elle ne relève que deux variantes, qu'elle qualifie de « brouilles »[50]. Rappelons d'une part que l'édition de Haguenau, bien que non datée, ne peut pas être considérée comme l'édition *princeps* des *Aphorismes* car elle est postérieure à l'aldine, que Janus Cornarius ne connaissait pas à l'époque où il collaborait à son impression par Secerius, et d'autre part que notre hypothèse d'un modèle manuscrit de BEC 1 fourni à Janus Cornarius par Melanchthon s'appuie sur un faisceau d'indices qui conduisent à la conclusion que BEC 1, si fautif en soit le texte – et même justement parce qu'il est très fautif – est à ce jour le seul témoin conservé connu de ce texte des *Aphorismes* sans doute manuscrit que lui avait communiqué Melanchthon[51]. Cette situation interdit à l'évidence toute spéculation sur les corrections que l'éditeur Janus Cornarius aurait fait subir au 'manuscrit' de Melanchthon, du seul fait qu'il est perdu, même s'il va de soi qu'elle en autorise d'autres touchant sa signification pour l'histoire du texte. Autrement dit, seule une collation systématique de ces deux éditions des *Aphorismes* par Janus Cornarius (Hag) et par Rabelais (Rab), et des aldines d'Hippocrate (AldHi) et de Galien (AldGal), toutes les deux disponibles en 1532, permet de vérifier s'il subsiste dans Hag des leçons d'une autre provenance, susceptibles d'émaner d'une autre source que ces trois éditions imprimées, les seules à cette

---

49. C. Magdelaine, *Histoire du texte et édition critique, traduite et commentée des* Aphorismes *d'Hippocrate*, Thèse Paris IV, 1994, 337-339. On trouve ces leçons de Rabelais dans l'édition de Haguenau en I, 13 : ἅπερ pour ἃ dans l'aldine, et en III, 11 : ἀνδράσι τοῖσι (Rabelais) pour ἀνδρᾶσι τοῖσι (Haguenau) et ἀνδρῶν τοῖσι dans l'aldine, et d'autres leçons rares communes à Rabelais et BEC 1, par comparaison entre BEC 1 (BnF T 21.17) et *Hippocratis ac Galeni libri aliquot, ex recognitione Francisci Rabelaesi*, Lyon, Sébastien Gryphe, 1532, BM Lyon Rés 813 827 ; F. Rabelais, Œuvres complètes, Paris, 1955, 957-962 pour l'édition de la lettre dédicace et sa traduction, à corriger sur plusieurs points.

50. C. Magdelaine, « Rabelais éditeur d'Hippocrate », dans *Lire les médecins grecs à la Renaissance*, V. Boudon-Millot et G. Cobolet (éds.), Paris, 2004, 61-83. C. Magdelaine indique une convergence originale entre BEC 1 et l'édition de Rabelais dans l'insertion de l'aphorisme VII 18bis entre VII 20 et 21, expliquée dans les notes de la traduction latine comme venant *ex Graeco codice vetustissimo*, et elle signale aussi dans la réédition Gryphe de 1543 les mentions *graecus Hagonensis contextus* ou *codex* comme des références à BEC 1, p. 78 et 82. Les deux variantes qu'elle qualifie de « brouilles » p. 78 (III, 14 ἕπονται Rab pour ἔσονται 'codd. edd.' ; et V, 24 l'addition par Rab du καὶ de χιὼν καὶ κρύσταλλος) ne sont pas originales : la leçon ἕπονται est bien celle BEC 1 au f. C4 de l'exemplaire BnF T 21.17 – rappelons que les éditions étaient parfois corrigées en cours d'impression – et le καὶ effectivement absent de BEC 1 est attesté par L IV, 541 n. 14 comme une leçon du manuscrit parisien W', dont il sera question plus loin.

51. Voir ci-dessus n. 6 p. 81 et p. 360-361.

date, une source qui serait donc nécessairement manuscrite. Voici les résultats de cette collation effectuée à partir de la reproduction de BEC 1 pour Hag et de l'exemplaire numérisé sur le site *Bibliothèques Virtuelles Humanistes* pour Rab, ainsi que de l'aldine de Galien numérisée sur le site de la BIU Santé de Paris pour AldGal, le texte de AldHi utilisé pour cette collation étant bien sûr celui de l'exemplaire de Göttingen, pourvu des notes manuscrites de Janus Cornarius (Gömg) :

I

Hag a 23 aphorismes pour 25 dans Rab, par ajout des aph. 12 et 17 d'après AldHi. Toutes les leçons de Rab qui ne viennent pas de Hag sont dans AldHi sauf 5 données par AldGal, à savoir : I 1 ποιέοντα ; I 5 (μᾶλλον) ἐν τῇσι λεπτῇσι ; I 8 (τότε) καὶ ; I 10 ἐς ἡ ἀκμὴ ὕστερον ; Rab I 21 (ῥέπῃ) ἡ φύσις. D'une manière générale, dans cette section comme dans les autres, la ponctuation que l'on peut supposer ajoutée à Hag par Rab est celle de AldHi, sensiblement différente de celle de AldGal, ce qui nous permet d'exclure l'hypothèse d'une utilisation par Rab de AldGal seulement, malgré le petit nombre de divergences entre ces deux aldines.

II

54 aph. dans Hag et Rab. Les formes propres à Rab et absentes de AldHi et de Hag viennent toutes d'AldGal à savoir : II 8 τὶς (μὴ ἰσχύῃ) ; II 12 en note de marge ὑποστροφώδεα ; II 15 (σκέψεσθαι) χρὴ ; II 18 en note de marge τρεφόντων ; II 30 ἀσθενέστερα et ἰσχυνότερα ; II 31 τὸ σῶμα ; II 34 τῆς φύσιος καὶ τῆς ἡλικίης, καὶ τῆς ἕξιος, καὶ τῆς ὥρης.

III

Hag a 28 aph. pour 31 dans Rab par ajout des aph. 3, 27 et 31 d'après AldHi. Toutes les formes de Rab absentes de Hag et de AldHi viennent de AldGal à savoir : III 12 εὔδιος ; III 25 ἀνάγωσιν dans Rab pour φέρωσιν dans Hag et ἄγωσιν dans AldHi ; III 28 πάθεα. Deux formes propres à Rab évoquent des fautes d'impression : III, 3 νούσουν pour νούσων dans Hag AldHi AldGal ; III 16 en note de marge φτινώδεες pour φθινώδεες dans AldHi AldGal.

IV

Hag a 84 aph. pour 83 dans Rab qui supprime l'aph. Hag IV 61 suivant AldGal. Toutes les divergences entre Hag et Rab correspondent à des leçons de AldHi sauf celles en provenance de AldGal à savoir : IV 1 δὲ ταύτας (suppression de παρὰ) ; IV 2 ὁκοῖα pour Hag AldHi ὁκόσα ; IV 3 Ἢν pour Hag AldHi Ἐὰν ; IV 18 en note de marge ὁκόσα καθάρσεως δέονται ; IV 21 πονηρόν pour Hag AldHi πονηρά ; IV 22 add. ἢν ; IV 23 ὑπέλθῃ pour Hag AldHi ἐπέλθῃ ; IV 30 add. ὁ πυρετὸς ; IV 76 παχεῖ ἐόντι σαρκία σμικρὰ, ἢ ὥσπερ pour Hag AldHi σαρκία μικρὰ παχεῖ ἐόντι ὥσπερ.

On relève 3 exceptions : IV 26 ὁκοῖον absent d'AldGal pour Hag AldHi ὁκοῖαι ἂν ; IV 52 Rab om. ἐν (τοῖσι) – οἱ ὀφθαλμοὶ dans Rab alors que οἱ est absent dans Hag et que (οἱ) ὀφθαλμοὶ est absent des deux aldines[52].

V

Hag a 71 aph. pour 72 dans Rab ; Hag et Rab sont identiques jusqu'à V 28 et de nouveau à partir de V 50 ; l'aph. V 30 est identique dans Hag et Rab ; suit un décalage Hag V 31 = Rab V 32 qui se perpétue jusqu'à Hag V 48 = Rab V 49, et s'explique d'une part du fait que Hag V 29 devient Rab V 31 alors que Rab V 29, absent dans Hag, peut avoir été ajouté d'après AldHi et AldGal ; et d'autre part du fait que Hag 49 est absent de Rab comme dans AldHi et AldGal ; et enfin parce que Rab V 67 est constitué par la dernière phrase de Hag V 66, comme dans AldHi. Toutes les corrections de Hag par Rab, portant notamment sur l'ordre et le nombre des aph., viennent de AldHi, sauf celles qui proviennent de AldGal, à savoir : V 12 Ὁκόσοισι φθισιῶσιν : absence de ἄν avant φθισιῶσιν ; V 16 ταῦτα τοῖσι πλειονάκις : addition de τοῖσι et χρεομένοισι pour χρεομένῳ ; V 18 en note de marge *aliis* φίλιον devant ὠφελιμόν ; V 19 Rab (ἐκθερμαίνειν) δεῖ ; V 25 νάρκη δὲ pour νάρκει γὰρ ; V 28 ἐνεποίει pour ἐνποίει ; V 29 ; V 48 θήλεα pour θήλεια dans Hag 47 et AldHi ; V 56 ἐπιγένηται pour Hag AldHi ἐπιγίνονται ; V 70 οὐ πάνυτοι ὑπὸ σπάσμου ἁλίσκονται pour Hag 69 ὑπὸ σπασμοῦ οὐκ ἁλίσκονται et AldHi ὑπὸ σπασμοῦ οὐ πανύ τι ἁλίσκονται.

Trois formes ne s'expliquent pas par le recours aux éditions imprimées : V, 24 καὶ dans χιὼν καὶ κρύσταλλος ; V 49 τοῦτο pour τοὺς dans Hag 48 AldHi et AldGal ; V 71 ἱδρώτως pour Hag 70 AldHi ἱδρώτων et AldGal ἱδρῶτος. Les deux formes V 49 τοῦτο et V 71 ἱδρώτως sont l'une et l'autre aberrantes, la première syntaxiquement, et la seconde comme barbarisme, et peuvent donc être considérées comme des fautes d'impression, si bien que la seule divergence significative de Rab par rapport aux éditions imprimées, indiquée par C. Magdelaine, est l'addition en V, 24 par Rab du καὶ de χιὼν

---

52. Voir Littré IV, 511 n. 32 pour la liste des mss. donnant ὁκοῖον ; Littré IV, 522 n. 1 sur οἱ ὀφθαλμοὶ.

καὶ κρύσταλλος, une leçon dont Littré signale la présence dans *Parisinus Graecus* 2219 (W')[53].

VI

60 aph. dans les deux éditions ; Hag VI 34 s'arrête après γίνονται tandis que Rab VI 34 correspond à Hag VI 34 et 35 selon le modèle de AldGal, ce qui produit un décalage Hag VI 36 = Rab VI 35 qui se répercute jusqu'à Hag VI 48, lequel à l'inverse réunit Rab VI 47 et 48, dont la séparation apparaît dans AldHi. Ici encore les divergences entre Hag et Rab correspondent toutes à des leçons de AldHi ou de AldGal, à savoir pour ces dernières : VI 8 ῥηϊδίως pour Hag AldHi ῥαδίως ; VI 18 καρδίην pour Hag AldHi καρδίαν ; VI 20 ἐκχυθῇ pour Hag AldHi χυθῇ ; VI 31 φαρμακείη pour Hag φαρμακία et AldHi φαρμακοποσίη ; VI 35 en note de marge *aliqui codices additum habent* τὸ δὲ προγεγονέναι, ἀγαθόν ; VI 54 en note de marge *aliis* κακαί comme dans Hag AldHi, pour κακὸν dans le texte de Rab comme dans AldGal ; VI 60 en note de marge *alii codices*, φθίνει comme dans AldGal.

On relève trois exceptions : VI 12 διαφυλαχθῇ pour Hag καταλειφθῇ mais AldiHi φυλαχθῇ et AldGal διαφυλαθῇ, de telle sorte que la forme διαφυλαχθῇ de Rab pourrait se comprendre comme une correction de Rabelais, si elle n'était attestée dans deux manuscrits signalés par Littré, W' déjà rencontré et le *Parisinus graecus* 2168 (O') ;

VI 14 ἐχομένῳ τὰς κατὰ τὰς pour Hag AldHi ἐχομένῳ τοῦ κατὰ τὰς et AldGal ἐχομένῳ κατὰ τὰς. Le τὰς (κατὰ) de Rab est syntaxiquement aberrant et peut être considéré comme une faute d'impression ;

VI 15 διαρρoίην pour Hag διαρροίαν et AldHi διάρροιαν et AldGal διάρροιαν et l'on trouve les mêmes variations distribuées à peu près de la même façon pour la forme διαρρoίη de VI 16 et *passim*, de sorte que l'on peut sans doute considérer qu'il s'agit d'une correction systématique de Rabelais.

VII

72 aph. dans Hag, 91 dans Rab et 87 dans AldHi, Littré, Jones, Magdelaine. Les 19 aphorismes supplémentaires de Rab par rapport à Hag se répartissent de la manière suivante : Rab VII 1 à 74 = Hag VII 1 à 72 et dans ce groupe Rab VII 32 = Hag VII 34, Rab VII 33 = Hag VII 32, Rab VII 34 = Hag VII 33, Hag VII 35 = Hag VII 35 ; Rab VII 42, 59 et 68 sont absents de Hag

---

53. Voir Littré IV, 542 n. 7 au sujet de V 29 ; Hag V 49 est en fait l'aphorisme Littré Jones VII, 27 (= Hag VII 28) mais avec quelques différences, à voir également dans Littré IV, 584 n. 1, et ici même note suivante pour la leçon τοῦτο.

tandis que Hag VII 64 est absent de Rab. Toutes les divergences de Rab par rapport à Hag sont données dans AldHi, et toutes les autres s'expliquent par AldGal sauf VII 84 ἡ (νοῦσος) absent de AldHi AldGal. Hag s'arrêtant à VII 72, la comparaison de Rab, AldHi et AldGal montre que les aph. VII 75 à 91 de Rab viennent de AldHi, avec les corrections suivantes données par AldGal : VII 75 en note de marge *aliis* νοῦσος ; VII 76 en note de marge *aliis* πυρετός ; VII 77 ἢ ὀφρὺς - ὅτι ἂν τουτέων γένηται, ἐγγὺς ὁ θάνατος. pour AldHi ὅ, τι ἂν ᾖ τουτέων τῶν σημείων, θανάσιμον ; VII 79 supprime ἐπιγίνεται après δυσεντερίη ; VII 80 ajoute ἐπιγίνηται après λειεντερίη ; VII 83 ajout de τὸ (σίαλον) ; VII 84 ὑποχώρη – πολὺ δὲ, πολλὴ. La seule leçon qui ne soit pas donnée par les éditions imprimées est donc ici, dans Rab VII 84 = Littré Jones VII 81, le ἡ ajouté devant νοῦσος, que L IV, 606 n. 2 signale dans O' ainsi que dans CK'C' (*Paris. gr.* 2146, 2145 et 446 Supp.).

On a donc vu que les formes propres à Rabelais ou leçons de Rabelais relevées ci-dessus, c'est-à-dire les leçons qui divergent de Hag et qui ne s'expliquent pas par l'utilisation des modèles AldHi et AldGal, étaient en général soit des formes aberrantes, soit des leçons manuscrites attestées dans plusieurs manuscrits. Hormis les coquilles manifestes III 3 νούσουν, III 16 φτινώδεες, V 71 ἰδρώτως, ou probables comme le τοῦτο de Rab V 49 = Hag 48, seules deux leçons de Rabelais au début de l'aphorisme IV 52 restent inexpliquées par le recours aux éditions imprimées et sans modèle manuscrit connu[54]. Mais un examen attentif montre que ces deux leçons n'en font qu'une et produisent un texte vraisemblablement retraduit à partir du latin de Calvus[55]. Les leçons attestées par Littré dans les manuscrits parisiens sont :

---

54. « Ὑστέρων ἐκπτώσιες, πταρμικὸν προσθεὶς, ἐπιλάμβανε τοὺς μυκτῆρας καὶ τὸ στόμα. Expulsion de l'arrière-faix : Après avoir donné un sternutatoire, comprimez les narines et la bouche. » V 49 de L IV, 550 (= Jones, 170). Toutes les éditions imprimées du XVIe à la disposition de l'éditeur de 1532 ont l'infinitif ἐπιλαμβάνειν, qu'il conserve et qui fait difficulté à cause de προσθεὶς, mais que 1546, 527 traduit par un impératif comme le faisait déjà Calvus, p. DXVI. Une faute de l'imprimeur de Rabelais serait d'ailleurs explicable par la ressemblance de certaines abréviations de τοῦτο et de τοὺς.

55. Alors que Hag IV 52 donne : Ὁκόσοι ἐν τοῖσι πυρετοῖσιν ἢ ἐν τῇσιν ἄλλῃσιν ἀρρωστίῃσι κατὰ προαίρεσιν ὀφθαλμοὶ δακρύουσιν οὐδὲν ἄτοπον κ.τ.λ., on lit dans Rab : Ὁκόσοισι τοῖσι πυρετοῖσιν ἢ ἐν τῇσιν ἄλλῃσιν ἀρρωστίῃσι κατὰ προαίρεσιν οἱ ὀφθαλμοὶ δακρύουσιν, οὐδὲν ἄτοπον κ.τ.λ., tandis qu'AldHi AldGal ont tout comme Littré IV, 522 : Ὁκόσοι ἐν τοῖσι πυρετοῖσιν ἢ ἐν τῇσιν ἄλλῃσιν ἀρρωστίῃσι κατὰ προαίρεσιν δακρύουσιν, οὐδὲν ἄτοπον κ.τ.λ., ce que ce dernier traduit par : « Dans les fièvres ou dans d'autres maladies des pleurs motivés n'ont rien d'inquiétant etc. », soit littéralement « Tous ceux qui dans les fièvres ou dans les autres maladies pleurent volontairement, il n'y a rien d'étrange ». Rab IV 52 écarte donc les aldines, transforme le ἐν de Hag en – σι final de Ὁκόσοι, ajoute l'article οἱ devant le ὀφθαλμοὶ de Hag qu'il conserve malgré les aldines, et fabrique ainsi quelque chose de très proche de la traduction de Calvus p. DXIII, où *oculi* est sujet (*Quibus per febrem malumue aliud oculi libenter lacrimant, nullum periculum est. sinautem non libenter, maius periculum est*) mais aussi de très éloigné de la traduction qu'il fait imprimer p. 45 du même ouvrage : « *Quicumque in febribus, vel in aliis morbis, sponte illacrimant, nihil absurdum est.* ». D'après L IV, 252 n. 1, seul C (*Parisinus gr.* 2146) donne un texte assez proche de celui de Rab mais sans ἐν après Ὁκόσοισι. La traduction latine donnée p. 45 de l'édition de Rabelais correspond d'ailleurs au texte de Hag et non au grec de Rab : « *Quicumque in febribus, vel in aliis morbis, sponte illacrimant, nihil absurdum etc* ».

IV 26 ὁκοῖον dans HOSYWC'D'H'M'O'U'W' d'après L IV, 511 n. 32

V, 24 καὶ (χιὼν καὶ κρύσταλλος) dans le seul W' d'après L IV, 541 n. 14

VI 12 διαφυλαχθῇ dans 0' et W' d'après L IV, 566 n. 8

Rab VII 84 = Littré Jones VII 81, ἡ devant νοῦσος, dans O'CK'C' d'après L IV, 606 n. 2

O' et W' sont donc désormais les deux seuls manuscrits en jeu dans cette étude, puisqu'ils comportent l'un et l'autre trois de quatre 'leçons de Rabelais' absentes des éditions imprimées et irréductibles à des fautes d'impression. O' désigne le *Parisinus graecus* 2168, qui contient les commentaires de Galien aux *Aphorismes* d'Hippocrate, et que Littré et Diels datent du XIVe s. mais qu'Omont situe au XVIe s., tandis que W' est le *Parisinus graecus* 2219 daté du XVe s. par Omont et Diels, sans datation chez Littré, et transmet une collection médicale et quelques écrits physiques de divers auteurs, ainsi que de larges fragments des *Aphorismes* d'Hippocrate[56].

Un rapide sondage portant sur la forme de VI 12 διαφυλαχθῇ attestée à la fois dans 0' et dans W' montre que W' a bien comme texte ἢν μὴ μία διαφυλαχθῇ, (f. 80v), mais que pour O' la forme διαφυλαχθῇ indiquée par Littré résulte d'une correction du texte principal qui est αἱμορροΐδας ἰηθέντϊ χρονίας ἂν μὴ φυλαχθῇ κίνδυνος (f. 129), accompagnée d'autres corrections de la même encre nettement plus noire que celle du texte principal, qui consistent en l'introduction d'un point après χρονίας, l'ajout en dessus de ligne de μῖα après μὴ, l'addition de δια avant φυλαχθῇ, et enfin l'introduction d'une virgule avant κίνδυνος, le tout rendant le texte de O'[corr] totalement semblable à celui publié par Rabelais, qui serait alors le modèle de O'[corr] dans le cadre d'une correction de O' au moment de son éventuelle utilisation. Les trois autres formes de IV 26 ὁκοῖον dans O' (f. 81v°) et dans W' (f. 76v°), de V 24 καὶ (κρύσταλλος) dans W' (f. 78 v°) et de VII 84 ἡ (νοῦσος) dans O' (f. 167) ne résultent pas de corrections. Faut-il en conclure que W', voire O', représentent l'un ou l'autre le *vetustissimus codex* évoqué dans la réédition Gryphe de 1543, ou ce *Graecinum exemplar* dont parle Rabelais en 1532, et supposer par conséquent que ces deux formulations ne désignent pas un seul et même livre, manuscrit et/ou imprimé ? La lettre dédicace souvent citée de Rab, adressée à Geoffroy d'Estissac le 15 juillet 1532 dit exactement ceci :

> *Cum anno superiore Monspessuli aphorismos Hippocratis et deinceps Galeni artem medicam frequenti auditorio publice enarrarem, Antistes clarissime, annotaueram loca aliquot, in quibus interpretes mihi non admodum*

---

56. O' = *Paris. gr.* 2168 : « *codex chart. In-f°. 14 saeculi. Galeni commentaria in Aphorismos Hippocratis* » L IV, 446 n. 4 ; W' = *Paris. gr.* 2219 : « *Codex chartaneus. Collectanea medica, et nonnulla physica ex variis autoribus.* Ἱπποκράτους Ἀφορισμοί f. 74. Mutilés » L I, 536 ; H. Diels, *Die Handschriften der antiken Ärzte.* Teil 1 *Hippokrates und Galenos*, Berlin, 1905, 13 ; H. Omont, *Inventaire sommaire des manuscrits grecs de la Bibliothèque nationale*, Paris, 1898, t. 2, 209 (2168) et 215 (2219).

> *satisfaciebant. Collatis enim eorum traductionibus cum exemplari Graecanico, quod, praeter ea quae uulgo circumferuntur, habebam uetustissimum literisque Ionicis elegantissime castigatissimeque exaratum, comperi illos quamplurima omisisse, quaedam exotica et notha adiecisse, quaedam minus expressisse, non pauca inuertisse uerius quam uertisse.*

> « Comme j'expliquais en public, très illustre prélat, l'an dernier à Montpellier les *Aphorismes* d'Hippocrate puis l'*Art médical* de Galien devant un auditoire nombreux, j'avais annoté plusieurs passages dans lesquels les traducteurs ne me satisfaisaient pas tout à fait. Ayant en effet comparé leurs traductions avec un exemplaire à la grecque que j'avais en plus de ceux qui circulent communément, très ancien et très correctement et régulièrement écrit en lettres ioniques, j'ai trouvé qu'ils avaient oublié un très grand nombre de choses, qu'ils en avaient ajouté certaines étrangères et bâtardes, en avaient moins rendu d'autres, et en avaient plus trahi que traduit un nombre non négligeable »[57].

On comprend ici que Rabelais avait rassemblé des remarques sur les traductions des *Aphorismes* et de l'*Art médical* à l'occasion de son enseignement médical à Montpellier, effectué à partir d'un exemplaire grec en sa possession. Est-ce que les mots *exemplari Graecanico ... exaratum* désignent BEC 1 ou O'W' ou autre chose, voire les deux aldines dont les lettres ioniques sont notoirement élégantes ? On dira avec raison que le participe *exaratum* suggère en général plutôt la qualification d'un texte manuscrit, mais on pourra aussi répondre que le très insolite *Graecanico* introduit au contraire une discrète et inexplicable nuance d'imitation. La suite du développement de Rabelais sur les interprètes des textes médicaux relève sans doute déjà du lieu commun, et la mention des exemplaires *quae uulgo circumferuntur* s'applique aussi bien aux traductions latines déjà imprimés qu'aux aldines ou même à ces fameuses copies estudiantines auxquelles font fortement penser les deux *Parisini* récents en jeu ici. Et d'ailleurs quelle utilisation fut faite du *Graecanicum exemplar* ? Le travail demandé par l'imprimeur lyonnais Sébastien Gryphe consistait en ceci, selon la même lettre dédicace :

> *Annotatiunculas itaque illas Sebastianus Gryphius, calchographus ad unguem consumatus, et perpolitus, cum nuper inter schedas meas uidisset, iamdiuque in animo haberet priscorum medicorum libros, ea qua in caeteris utitur diligentia, cui uix aequiperabilem reperias, typis excudere, contendit a me multis uerbis, ut eas sinerem in communem studiosorum utilitatem exire. Nec difficile fuit impetrare, quod ipse alioqui daturus eram. Id demum laboriosum fuit, quod quae privatim nullo unquam edendi consilio mihi excerpseram, ea sic describi flagitabat, ut libro adscribi, eoque in enchiridii formam redacto, possent. Minus enim laboris, nec plusculum fortasse negocii fuisset, omnia ab integro latine reddere. Sic quia libro ipso erant quae annotaveram altero tanto prolixiora, ne*

---

57. *Hippocratis ac Galeni libri aliquot, ex recognitione Francisci Rabelaesi*, Lugduni, apud Gryphium, 1532, Tours BM Fonds Raymond Marcel, Res 3924, (BVH), 3-4.

liber ipse deformiter excresceret, visum est loca dumtaxat, veluti per transennam, indicare, in quibus Graeci codices adeundi iure essent.

« Aussi lorsque l'imprimeur parfaitement consommé et cultivé Sébastien Gryphe a vu récemment ces petites remarques parmi mes feuillets, et comme il avait depuis longtemps en tête d'imprimer les livres des médecins antiques, avec le soin scrupuleux dont il use pour les autres livres, pour lequel on peut difficilement lui trouver un égal, il sollicita de moi par de nombreuses paroles, que je les fasse publier pour l'utilité commune des savants. Et il ne lui fut pas difficile d'obtenir ce que j'étais d'ailleurs moi-même disposé à donner. La seule chose demandant de la peine était le fait qu'il réclame que ce que j'avais recueilli à titre privé sans avoir jamais aucun projet de publication puisse être ajoutées au livre, et celui-ci étant réduit à la forme d'un manuel. Cela n'aurait en effet pas demandé plus de peine, ni peut-être beaucoup plus de travail de rendre à nouveau tout cela en latin. Ainsi parce que les choses que j'avais notées dans l'autre étaient tellement plus étendues que le livre même, pour éviter que ce livre ne s'accroisse disgracieusement, il a semblé bon d'indiquer seulement, comme par une trame, les passages dans lesquels il fallait à bon droit consulter les livres grecs »[58].

Les notes personnelles de Rabelais prises pendant les cours à Montpellier étaient trop abondantes pour figurer dans une édition au format d'un *enchiridion* soit d'un *in-16°*, et auraient pu fournir la matière d'un nouveau livre, à écrire en latin. C'est pourquoi il s'est contenté d'indiquer dans l'ensemble de son édition d'Hippocrate, constituée en majorité des traductions latines étudiées par C. Magdelaine, les passages où il fallait se reporter aux livres grecs, et pour le texte grec des *Aphorismes*, ces remarques se limitent à la mention de quelques variantes.

Enfin l'image *velut per transennam* par laquelle Rabelais semble vouloir expliquer sa méthode éditoriale reste énigmatique, malgré ce qu'en dit Erasme qui l'emploie dès son *Encomiun medicinae* publié à partir de 1518, dans un autre contexte sémantique mais toujours à propos de médecine, et qui souligne, semble-t-il, son caractère proverbial :

> *... experiar et ipse pro mea virili ... medicae facultatis dignitatem autoritatem vsum necessitatem non dicam explicare, quod prorsus infiniti fuerit negocii, sed summatim modo perstringere, ac veluti confertissimas locupletissimae cuiuspiam reginae opes per transennam, vt aiunt, studiosorum exhibere conspectibus.*

« ... je vais tenter moi aussi selon mes moyens ... je ne dirais pas d'expliquer la dignité, l'autorité, l'utilité, la nécessité de la faculté médicale, ce qui serait

---

58. *Ibid.* 5-6.

l'objet d'un travail tout à fait infini, mais seulement de les rassembler sommairement, et de les présenter aux regards des studieux, comme à travers un filet, comme on dit, les richesses très denses d'une reine très opulente »[59].

Si cette image est dite courante, *(ut aiunt)*, serait-ce parce qu'elle traduit ordinairement un usage savant ou *studieux* du résumé, du schéma, de l'abrégé ou de la somme, consistant à ramener à deux ou trois points essentiels une riche et immense matière ? Tel est du moins le sens que lui donne à deux reprises Janus Cornarius, qui emploie lui aussi dans la lettre dédicace datée de 1530 de sa réédition de l'*Enumeratio* en 1534 (BEC 9) l'image de la *transenna* pour décrire la facture de cette *Enumeratio* publiée peu après son arrivée à Bâle en 1529 (BEC 3), puis qui la retrouve dans son dernier discours *In dictum Hippocratis* de 1557 pour figurer la méthode appliquée dans son traité *Medicina siue medicus* de 1556 évoqué dans son préambule. Mais quoi qu'il en soit de la signification pour Rabelais ou Cornarius de cette image avec laquelle les lettrés ont d'ailleurs bien le droit de jouer, on peut considérer ce motif secret de la *transenna* qui court sous la plume de ces deux éminents humanistes émules d'Erasme, tout comme le fait que BEC 1 soit le modèle principal de l'édition grecque des *Aphorismes* par Rabelais, comme des indices supplémentaires de leur rencontre effective.

---

59. « *Declamatio in laudem artis medicae* », *Opera omnia Desiderii Erasmi Roterodami*, vol. I-4, Amsterdam, 1973, 164-165 et la n. 15 donnant l'explication des *Adages* pour l'expression *per transennam inspicere* : « *non propius neque singillatim, sed procul et summatim* ». Chez Cicéron, *De orator*e I, 35, 162, qui est probablement la source d'Erasme (*Quin tu igitur facis idem, inquit Scaevola, quod faceres, si in aliquam domum plenam ornamentorum villamve venisses ? Si ea seposita, ut dicis, essent, tu, qui valde spectandi cupidus esses, non dubitares rogare dominum, ut proferri iuberet, praesertim si esset familiaris : similiter nunc petes a Crasso, ut illam copiam ornamentorum suorum, quam constructam uno in loco quasi per transennam praetereuntes strictim aspeximus, in lucem proferat et suo quidque in loco conlocet*. Pourquoi ne fais-tu donc pas, dit Scaevola, ce que tu ferais en venant dans une maison ou une villa pleine d'ornements ? Si ces derniers étaient, comme tu dis, mis à l'écart, et que tu étais très désireux de les voir, tu n'hésiterais pas à demander au maître de maison de les faire exposer, surtout s'il est un familier : de façon semblable à présent, la richesse des ornements que nous avons aperçue à la volée empilée en un seul lieu en passant devant comme à travers une *transenna*, tâche d'obtenir de Crassus qu'il l'expose à la lumière et qu'il mette chacun d'eux à sa place.) *transenna* semble désigner une claire-voie, sens conservé dans l'emploi architectural du mot en italien, qui s'applique notamment aux barrières et cloisons ajourées séparant dans les églises l'espace religieux de l'espace laïc, détruites après le concile de Trente. Pour l'emploi de *transenna* par Janus Cornarius, également inspiré de Cicéron, voir ci-dessous p. 451 et 459 : *uelut in transitu et quasi per transennam ostendere*.

Deuxième partie

Hippocrate contre Galien

Chapitre I

Le courant anti-astrologique

La querelle astrologique, qui se développe avec une intensité particulière dans les premières années du XVIe siècle, est autre chose qu'un épisode pittoresque ou simplement réactionnaire. La pratique de l'astrologie divinatoire, *astrologia divinatrix*, dite aussi judiciaire, *judicatrix*, consistant à lire l'avenir dans les mouvements des astres, repose sur une technique déductive issue de la cosmologie de Ptolémée et de postulats physiques d'origine aristotélicienne, et comporte d'importantes applications médicales[1]. Jean Pic de la Mirandole laisse à sa mort en 1494 un traité contre l'astrologie pratiquement achevé, *In astrologiam divinatricem*, qui dénonce l'influence de Galien comme une des causes du succès de cette méthode en médecine, et par sa déconstruction du raisonnement galénique sur lequel s'appuie l'astrologie judiciaire, touche à la définition même de la maladie héritée de la médecine et de la physique antiques, en demandant à l'autorité d'Hippocrate d'appuyer sa critique astrologique[2]. Il faut rappeler que la médecine grecque interprète en effet la maladie à partir d'une série de signes utiles à l'établissement prioritaire du pronostic, qui permet de connaître, dit l'auteur hippocratique au début du traité du même nom, « le passé, le présent et l'avenir ». Ces signes sont à lire dans l'évolution de l'état d'un malade, observée jour après jour, semaine après semaine, suivant

---

1. Sur la théorie et la pratique de l'astrologie médicale, voir l'exposé très complet de Danielle Jacquart dans *La médecine médiévale dans le cadre parisien, XIVe-XVe siècles*, Paris, 1998, 448-465. Sur le théoricien de la médecine astrologique médicale le plus écouté, le Padouan Pierre d'Abano (fin du XIIIe. s.), voir G. Federici Vescovini, « La médecine, synthèse d'art et de science selon Pierre d'Abano », dans *Les doctrines de la science de l'Antiquité à l'âge classique*, R. Rashed et J. Biard (éds.), Leuven, 1999, 237-255. Sur l'ensemble de cette problématique à la Renaissance voir aussi maintenant C. Pennuto, « The debate on critical days in Renaissance Italy » dans *Astro-Medicine. Astrology and Medicine, East and West*, A. Akasoy, C. Burnett, R. Yoeli-Tlalim (éds.), Firenze, 2008, 75-98.

2. E. Garin, *Le Zodiaque de la vie. Polémiques antiastrologiques à la Renaissance*, trad. de J. Carlier, Paris, 1991. *Disputationum in Astrologiam libri XII* citées d'après *Joannis Pici Mirandulae ... opera quae extant omnia ... editio ultima...*, Bâle, Henricpetri, [1601], BM Lyon 107 764, t. 1, 278-496 : *Liber* IV, c. 16 intitulé *Galeni sententia de criticis diebus eos ad lunam referentis confutatur*, 332 et suivantes.

quelques règles numériques servant à déterminer les *jours critiques*, les jours de crise, ceux où se produit la *krisis*, le jugement, déterminant pour l'issue du processus morbide. On peut comprendre le raisonnement médical conduit autour de la notion de crise à partir de cet exemple, extrait du traité hippocratique *Maladies* II :

> « Maladie causode. Le malade est pris de fièvre et de soif intense ; sa langue est rugueuse, noire, verdâtre, sèche, fortement rouge ; les yeux sont verdâtres ; les selles sont rouges et verdâtres, et l'urine est d'une couleur analogue ; le malade crache beaucoup. Souvent aussi, la maladie se change en péripneumonie, et le malade délire. Voici le signe par lequel vous pouvez reconnaître qu'il y a péripneumonie (τούτῳ ἂν γνοίης ὅτι περιπλευμονίη γίνεται). Ce malade, s'il n'est pas atteint de péripneumonie, guérit s'il franchit le cap des quatorze jours ; mais s'il en est atteint, c'est au bout de dix-huit jours, à moins que, par suite d'une absence d'évacuation, il ne devienne empyématique »[3].

On voit ici que le savoir médical de cet auteur est le fruit d'observations répétées, suggérant empiriquement un diagnostic établi en quelque sorte à partir d'un pronostic, compris comme on vient de le dire, une démarche inverse de celle à laquelle nous sommes aujourd'hui habitués de la part des médecins. L'astrologie médicale procède de la même manière, mais en lisant les signes ou les causes des dérèglements morbides dans la marche des étoiles, ce que paraît permettre la doctrine des *jours critiques*.

Car la physiologie traditionnelle sur laquelle s'appuient les raisonnements médicaux prédictifs de ce temps enseigne que le corps humain est constitué, comme tout l'univers, de quatre éléments, la terre, l'eau, l'air et le feu, identifiables à travers leurs qualités perceptibles, le sec, l'humide, le froid et le chaud, en combinaison dans les quatre humeurs, le sang, la pituite, la bile jaune et la bile noire. Les relations entre ces entités ne sont ni claires ni stables, et même essentiellement sujettes à se transformer et à se dérégler. Le système physique aristotélicien, socle de la physiologie médicale, établit la grammaire de ces changements par lesquels on explique l'altération de la santé, elle-même conçue comme un équilibre des humeurs et des qualités. La mélancolie, par exemple, correspond à une surabondance de bile noire, de matière froide et sèche, qui obstrue progressivement les hypochondres, le foie puis la rate, ou même le cerveau, si elle se change en pituite, matière froide et humide. Comme le monde tout entier obéit aux mêmes règles de transformation, rien ne paraît pouvoir contredire l'idée qu'en dernier ressort ce sont les mouvements sidéraux qui déterminent ceux des humeurs dans un corps humain. En s'attaquant à l'astrologie médicale, Pic de la Mirandole enfonce donc un coin dans le système, qui finira par s'effondrer sous les coups de multiples *studieux* demandant « à la raison et à l'expérience » une explication nouvelle des phé-

---

3. Hippocrate, *Maladies II*, texte édité, traduit et annoté par J. Jouanna, Paris, 1983, 202.

nomènes observés dans le monde physique. C'est dans ce contexte que s'inscrit le retour à Hippocrate, étroitement lié aux derniers moments de la querelle anti-astrologique, comme nous voudrions le montrer. Il faut donc consacrer quelques pages au dernier livre du philosophe florentin et au courant médical anti-astrologique.

1. *Le traité de Pic* In astrologiam

L'œuvre de Jean Pic de la Mirandole, difficile, contradictoire, inachevée, nourrie d'allusions incessantes aux savoirs de la fin du *Quattrocento* réclamant du lecteur une vaste érudition, a été récemment réévaluée dans un ouvrage de Louis Valke, qui propose une explication historique de quelques apories nuisibles à l'intelligence du traité contre l'astrologie[4]. Les *Disputationes in astrologiam divinatricem* auraient été mises en chantier deux ou trois ans avant la mort de l'auteur en 1494, dans une Florence prête à se donner pour maître le bouillant Savonarole. Le texte publié est généralement considéré comme remanié par les éditeurs et peut-être altéré. Il a une réputation de manque de clarté et de confusion mises au compte des interventions personnelles des éditeurs, stylistiquement impossibles à détecter. Valke rend compte d'une singularité sur laquelle faisait fonds l'étude de Lynn Thorndyke pour décréter l'insignifiance des *Disputationes*, qui est le fait qu'elles contredisent la plupart de ses thèses antérieures, ce que Valke explique comme une conversion de l'auteur, d'abord adepte du néo-platonisme de l'Académie florentine, à un aristotélisme presque scolastique, manifeste selon lui dans le traité *De ente et uno*[5].

À vrai dire tous ses commentateurs ont mis en avant cet inachèvement pour excuser le manque de ligne générale de l'ouvrage. À première vue le traité de Pic serait pour le lecteur moderne un tissu, presque un fatras, de banalités, dénonçant facilement, croit-on, la doctrine astrologique, et les liens qu'elle établissait entre les signes ou les étoiles, *signa*, du Zodiaque et les événements terrestres collectifs ou individuels, sans qu'il soit possible de détecter la

---

4. L. Valke, *Pic de la Mirandole. Un itinéraire philosophique*, Paris, 2005. Parmi les nombreuses études sur le traité de Pic contre les astrologues, celle de S. A. Farmer, *Syncretism in the West : Pico's 900 Theses (1486). The Evolution of Traditional Religious and Philosophical Systems*, with Text, Translation and Commentary, Tempe, Medieval and Renaissance Texts and Studies, (Arizona), 1998, fait le point sur les dernières recherches historiques concernant les conditions de la publication des *Disputationes* en 1496, que l'auteur de cette étude, qui néglige l'argumentation médicale, estime révisées sous l'influence de Savonarole, 153-177. Voir aussi, pour une autre interprétation de cet épisode, P. Zambelli, *L'apprendista stregone. Astrologia, cabala e arte lulliana in Pico della Mirandola e seguaci*, Venise, 1995 ; *Astrologi hallucinati* : Stars and the End of the Word in *Luther's Time*, ed. by Paola Zambelli, Berlin-New York, 1986 ; de même que P. Rossi, « Sul declino dell'astrologia agli inizi dell' età moderna » in *Aspetti della rivoluzione scientifica*, Napoli, 1971, ou *Aux origines de la révolution scientifique moderne*, trad. de l'italien par P. Vighetti, Paris, 2004, 29-49.

5. L. Thorndike, *A History of Magic and Experimental Science*, New York, 1923-1958 (t. 3-4, 1934), 485 et suivantes.

moindre théorie physique ou métaphysique à l'arrière-plan des *Disputationes*. D'autres historiens, attentifs au contraire au jugement très élogieux d'un lecteur aussi averti que Kepler, sont cependant allés jusqu'à lire le livre posthume de Pic comme un texte précurseur de la révolution copernicienne. La dissertation d'Eric Weil, *Pic de la Mirandole et la critique de l'astrologie*, qui remonte à 1938, indique en filigrane le véritable problème que pose cet ouvrage dans l'histoire des sciences, celui de l'articulation entre le savoir médiéval et la révolution scientifique moderne. Cette étude porte sur le rapport entre la critique de l'astrologie par Pic et « celles qu'a faites la scolastique. Est-ce un renouvellement du stock d'arguments, est-ce une continuation ? » demande E. Weil, qui tente de concilier le néoplatonisme ficinien du premier Pic, ami de Laurent le Magnifique et membre de l'Académie florentine, et les propositions anti-astrologiques de son dernier ouvrage, et conclut que celui-ci ne recèle aucune autre originalité que « le mélange des deux systèmes : la métaphysique de l'homme du néoplatonisme avec la physique du nominalisme », une situation, concède-t-il, qui n'explique ni le succès du livre ni son caractère de « tournant dans l'histoire de l'influence de la pensée astrologique », à moins de caractériser cette dernière d'un point de vue essentiellement moral ou idéologique, qui se résumerait à l'avènement d'une « théorie de l'autonomie absolue de l'homme », en quelque sorte celui de l'humanisme libéral[6]. Mais l'étude des polémiques médicales contemporaines montre que la critique anti-astrologique de Pic a surtout une portée scientifique.

Il faut bien sûr, pour apprécier la portée des *Disputationes*, tenir compte de leur qualité de *dispute*, obéissant à une stratégie argumentative particulière, qu'éclairent d'autres textes de Pic comme sa lettre à Ermolao Barbaro, *De genere dicendi philosophorum*, de juin 1485, où il dénonce le style cicéronien et la « loquacité stupide » des Humanistes pétrarquisants, littéraires, néoplatoniciens, à laquelle il préfère « une sagesse peu éloquente », s'exprimant dans un style barbare, scolastique, parisien, car le seul but du philosophe est d'apprendre la vérité[7]. Le genre de la *disputatio* scolastique permet en effet de dénoncer l'erreur ou le mensonge en retournant un par un les arguments à détruire, comme il l'explique à plusieurs reprises, sans souci de faire paraître la vérité au sein d'un système ou d'une théorie autonomes, encore inimaginables, parce que le vrai avance d'abord par la réfutation du faux. C'est ce que l'on peut constater à la lecture du *De ente et uno*, consacré à la défense du *Parménide* contre les interprétations néo-platoniciennes, par simple retournement des arguments néo-platoniciens, comme le souligne explicitement la formule très claire de Pic : *Haec diximus sua objectantes*, « nous avons dit ces

---

6. E. Weil, *La philosophie de Pietro Pomponazzi. Pic et la critique de l'astrologie*, Paris, 1986, 68 et 171.

7. *De genere dicendi philosophorum* in Jean Pic de la Mirandole, Œuvres philosophiques, O. Boulnois et J. Tognon éd., Paris, 1993, 264. Ce thème est également traité par E. Weil, qui reconnaît l'existence d'un *stilus Parisianus* revendiqué et assumé, y compris par Pic, 141.

choses en leur renvoyant leurs propres arguments »[8]. L'étude des références à Hippocrate dans les *Disputationes* aide à répondre à ces questions entremêlées, à partir de l'usage un peu déroutant que fait Pic de la citation, dont la figure générale est donnée par le retournement de l'argument que Ptolémée tire des savoirs prédictifs des techniciens pour montrer que l'astrologie prédictive est en bonne compagnie[9]. Cet argument destiné à abuser le peuple est, dit Pic, facile à détruire :

> « ... nous voyons que chaque jour le vulgaire fait beaucoup de prédictions au sujet des pluies, des maladies, des troupeaux, de la récolte, avec l'assurance qu'elles se réalisent. Par conséquent pourquoi, disent-ils, ceux qui connaissent plus sûrement les causes célestes, ne pourraient-ils pas prédire ces choses plus justement, ainsi que d'autres plus cachées ? Tel est le discours que nous avons à défaire, ou plutôt, comme d'habitude, à leur retourner, ce que nous ferons rapidement, sans difficulté et de manière ouverte.
>
> Car si leurs prédictions sont vraies, sans tenir aucun compte des préceptes des astrologues, pourquoi ne pourrait-on pas dire aussi que leur conjecture est légère, que les choses qu'ils oublient, qu'ils ignorent, ne sont pas nécessaires, mais superflues, ne sont pas plus cachées, mais plus fausses, qu'elles ne sont pas des dogmes mais des fictions. Mais parfois, dit Ptolémée, ceux qui ignorent les questions astrologiques se trompent. Que dire alors des astrologues, qui se trompent davantage. Il est donc établi que les astrologues comprennent moins les questions astrologiques que ceux qui ne sont pas astrologues. Car on ne peut nier que ce que disent les médecins au sujet des malades, les cultivateurs au sujet de la récolte, les marins au sujet des tempêtes, les bergers au sujet des troupeaux, soit plus digne de foi que les prédictions des astrologues sur les mêmes sujets. La raison en est immédiatement à portée, puisque l'astrologue considère des signes qui ne sont pas des signes, observe des causes qui ne sont pas des causes, c'est pourquoi il se trompe. Il considère en effet la disposition du ciel, qui en tant que cause seulement universelle ne produit pas la diversité des choses inférieures, si ce n'est en fonction de la création de la matière et des causes produisant les choses inférieures »[10].

L'art conjectural et le pronostic des artisans, des techniciens et autres professionnels est « léger », ne s'encombre pas de faux savoirs sur des signes qui n'en sont pas et des causes mal identifiées, mais repose sur des observations

---

8. *Ibid.* 116. Voir aussi C. Wirszubski, *Pic de la Mirandole et la cabale*, Paris-Tel Aviv, 2007, en particulier 395-407 sur « La doctrine des trois mondes », compatible, à mon sens, avec la démonstration des *Disputationes*.

9. « les paysans et les bergers, par exemple, excellents observateurs, tirent des vents dominants qui soufflent au moment de la saillie ou du temps des semailles des indices révélateurs sur la qualité du produit à venir ... les marins par exemple connaissent les signes avant-coureurs des tempêtes ou des vents ... » cité d'après G. Aujac, *Claude Ptolémée astronome, astrologue, géographe. Connaissance et représentation du monde habité*, Paris, Éd. du CTHS, 1993, 269 = *Ptolemy. Tetrabiblos*, F. E. Robbins (éd.), Cambridge Mass., 1940, 8-9.

répétées, immédiates et sûres[11]. La dernière phrase du passage cité fait allusion aux relations que la physique aristotélicienne établit entre le ciel, c'est-à-dire ici le monde supra-lunaire, qui est une « cause seulement universelle », et le monde sublunaire où règne « la diversité des choses inférieures », et ce faisant situe très exactement l'enjeu de la polémique anti-astrologique. Le passage des *Disputationes* qui vient d'être cité est extrait du livre III, largement consacré à la doctrine physique et médicale, et construit autour de deux propositions liées, souvent répétées, reflétées par les titres des chapitres de ce livre, la première que l'on vient de voir, *caelum esse causam uniuersalem neque ad ipsam individuorum varietatem referendam* (le ciel est une cause universelle et qui ne doit pas être rapportée à la variété des individus) pour le c. 3 par exemple, et la deuxième sur l'influence des qualités premières, c. 20 ou 22 entre autres, plus réduite que ne le pensent les astrologues, qui semblent les confondre un peu avec les forces occultes, *vires occultae*, émanant des étoiles, c. 24-26 notamment. Le lien entre ces deux affirmations n'apparaît pas immédiatement dans ce livre, ni même dans l'ensemble des *Disputationes*, mais se dégage de l'architecture générale de la physique aristotélicienne, dont une proposition, comme cela fut déjà remarqué, est particulièrement mise en évidence dans le c. 24 intitulé *Occultas uires caelestibus non inesse, per quas occultas inferiorum rerum proprietates producant, sed calorem tantum lumenque uiuificum*, « Qu'il n'y a pas de forces cachées célestes produisant les propriétés des choses inférieures, mais seulement une chaleur et une lumière vivifiantes », ainsi que dans le c. 25, qui ramène la première proposition *caelum esse causam uniuersalem* sous une autre formulation : *Si sua cuique*

10. ... *multa de pluuiis, de aegritudinibus, de pecoribus, de annona quotidie praedici uulgo, cum euentus fide, uidemus. Cur non igitur, inquiunt, qui coelestes causas exploratius norunt, et illa rectius, et alia poterunt secretoria praedicere. Hoc est quod in praesentia nobis diluendum est, imo ut consueuimus reiiciendum in eos, quod aperte nullo negocio breuiter expediemus. Nam si uera praedicuntur ab illis, nulla habita tamen ratione praeceptorum Astrologiae, quid non dixeris aut leuem esse coniecturam, esse illa que omittunt, quae ignorant non necessaria, sed superflua, non secretoria, sed falsiora, non dogmata, sed figmenta. At falluntur aliquando, inquit Ptolemaeus, qui Astrologica nesciunt ? quid quod Astrologi saepius. Conficitur igitur ut Astrologi minus Astrologica teneant, quam qui Astrologi non sunt. Neque enim potest hoc denegari, magis ad fidem responderi quae dicunt medici de aegris, agricolae de annona, nautici de tempestatibus, pastores de pecoribus, quam quae de iisdem rebus ab Astrologis praedicuntur. Ratio statim in promptu est, quandoquidem Astrologus signa respicit, qui non sunt signa, causas speculatur quae non sunt causae, efficit uarietatem inferiorum, nisi pro materiae conditione causarumque efficientium inferiorum. Op. cit. ibid.*

11. Sur les antécédents problématiques voir J. Biard, *Logique et théorie du signe au XIVe siècle*, Paris, 1989, qui rappelle que « la médecine est un des plus anciens domaines où il fut question de signe. Le diagnostic, par la recherche des symptômes, repose sur un rapport du visible à l'invisible qui est aussi au centre de la définition augustinienne du signe (i. e. *res, praeter speciem quam ingerit sensibus, aliud aliquid ex se faciens in cognitionem venire*) » et que « l'analyse du signe en vient alors à rejoindre celle de la causalité ». Les doctrines logiques sémiologiques (Ockham, Buridan etc.) ont cependant aussi laissé leur empreinte dans la théorie médicale, comme on le devine par exemple chez Fernel, voir J. M. Forrester, *Jean Fernel's On the hidden causes of things. Forms, souls and occult diseases in Renaissace Medicine*, with an edition and translation of Fernel's *De abditis rerum causis*, Leiden, 2005, 321 n. 115.

sideri et propria uis concedatur, esse tamen illam uniuersalem, « Que si l'on concède à chaque étoile une puissance propre et lui appartenant, celle-ci est néanmoins universelle ». Cette affirmation découle d'une démonstration précédente qui distingue le pouvoir attribué au ciel, ou monde supra-lunaire, par les astrologues, à travers la notion de qualités occultes, de l'action des qualités dites primaires ou élémentaires, laquelle selon Pic ne s'exerce que depuis l'intérieur des corps du monde inférieur ou sublunaire du fait de leur constitution, tandis que le ciel, premier corps premier et matière une ou unique, n'agit sur le monde que par la chaleur et la lumière qu'il est et/ou produit[12]. John D. North a recherché les sources de ces allusions, qui sont d'abord Aristote, *De la génération et la corruption* II, 10, 336b et *Météorologiques* 339a, puis la théorie stoïcienne du *pneuma* transmise par Cicéron, elle-même à l'origine de la notion astrologique d'*influence*[13]. Pic affirme donc, lui, comme on l'a vu, que le ciel, cause seulement universelle, dans la théorie d'Aristote, n'est et ne produit dans le monde inférieur que chaleur et lumière, et n'a donc pas d'effet sur les qualités premières dont les échanges gouvernent la santé humaine.

L'autorité d'Hippocrate est peu sollicitée dans les *Disputationes*, sans doute d'abord parce qu'à la date de leur rédaction les traités hippocratiques sont encore dans leur grande majorité inédits, à l'exception des quelques-uns que diffusent des *Articelle* en version latine médiévale, et ne sont donc connus que par manuscrits. Il n'y a d'ailleurs pas grand chose d'Hippocrate dans la légendaire bibliothèque de Pico comptant 1190 volumes d'après l'inventaire réalisé en 1498, soit quatre ans après sa mort et un possible début d'éparpillement, bibliothèque aussi constituée de quelques copies de sa main, les textes collectionnés servant parfois, du vivant de Pic, de monnaie d'échange dans l'économie de leur circulation. L'inventaire de 1498 publié par P. Kibre, qui recense

---

12. Voir par exemple R. Taton (éd.), *La science antique et médiévale des origines à 1450*, Paris, 1994 (1966[1]), 607 à propos de l'influence de l'ouvrage de Petrus Peregrinus, *Epistola de magnete* (1269) ; pour une mise à jour des connaissances sur la critique physicienne d'Aristote au début du XVIe siècle, voir C. Pennuto, *Simpatia, fantasio e contagio. Il pensiero medico et il pensiero filosofico di Girolamo Fracastoro*, Roma, 2008, qui confirme nombre d'observations, également faites à partir de l'étude de la transmission d'Hippocrate, sur les fondements de la critique d'Aristote au début du XVIe s.. Je la remercie vivement de m'avoir permis de lire son ouvrage avant même sa publication ; la thèse anti-astrologique est exprimée à de multiples reprises dans les *Disputationes* comme ici par exemple : « *Sed neque nobilitas horum corporum, nec quod ab illis occultae mirabilesque terrenorum corporum uires esse dicantur, argumentum est, quo cogamur uirtutes tales, hoc est, esse aliquam praeter eam quam diximus cum calore uiuifico potestatem, in natura coelesti sitas opinari* : Mais ni la noblesse de ces corps <les étoiles>, ni le fait que les forces des corps terrestres soient dites occultes et admirables par ces philosophes ne constituent un argument qui nous contraigne à penser que de telles vertus, c'est-à-dire l'existence d'un pouvoir en dehors de celui dont nous avons dit qu'il accompagnait la chaleur créatrice de vie, se trouvent dans la nature du ciel » *op. cit.* III, 25, 344-345 et *passim.*

13. J. D. North, « Celestial influence – the major premiss of astrology », dans *Astrologi hallucinati* 45-121, 48-51. L'auteur attribue à Albumasar, qui cite Hippocrate, l'explication complète de la théorie combattue par Pic, p. 57. Mais il ne tient absolument pas compte de la critique des qualités premières. On sait, depuis, que l'interprétation combattue par Pic remonte sans doute au commentaire de Jean Philipon, d'après l'introduction d'*Aristote, Météorologiques*, P. Thillet (éd.) Paris, 2008, 14 et 474 n. 15 à 339a22.

1697 notices, dénombre 157 volumes en grec, dont quelque 85 liés à l'Antiquité classique, dont 6 notices décrivant des textes grecs d'Aristote et 3 d'Hippocrate, parmi lesquelles il a déjà été relevé que ne figuraient pas ceux qu'il a cités dans son œuvre, mais tout dépend de la façon dont la formulation est comprise, car le Kibre 1068 disant *Ypocratis opera ... partim ms* peut quand même y renvoyer[14]. Le contrôle passerait par une enquête sur le devenir de la collection du cardinal Grimaldi, nouveau possesseur jusqu'à sa mort en 1523, après quoi cette collection semble avoir rejoint la bibliothèque San Marco à Venise et diverses bibliothèques européennes.

N'est donc transmis en grec que sous forme manuscrite, à la date des *Disputationes*, le traité hippocratique *Du fœtus de huit mois* dont Pic cite un court passage à l'appui de son développement du livre III, c. 16 à 20, visant spécialement l'astrologie médicale, dont la réfutation repose sur l'idée que « les affections des corps ne dépendent pas des causes que les astrologues introduisent » mais qu'elles dépendent d'autres causes, qu'il faut identifier, en suivant l'exemple donné par Hippocrate à propos de la notion de « jours critiques »[15]. Faute de pouvoir déterminer exactement le support de la source de Pic dans cette *Dispute*, indiquons que le chapitre IX du traité hippocratique *Du fœtus de huit mois*, qui dans l'édition CUF actuelle précède immédiatement la citation et a pu être jugé comme interpolé, développe des considérations numériques sur les jours plus ou moins favorables aux fœtus et aux femmes enceintes, et ce sans aucune dimension astronomique ou cosmologique, ainsi que Pic le souligne avec raison[16]. Voici le chapitre 18 du livre III des *Disputationes in astrologiam divinatricem* :

> « Il ne faut pas attribuer à Saturne l'infortune du fœtus de huit mois.
>
> Pendant que nous traitons de ces sujets, il me vient à l'esprit que les astrologues attribuent habituellement à Saturne l'infortune du fœtus de huit mois, dont il faut parler ici, mais rapidement, de crainte que si nous ne la réfutons pas, nous ne paraissions contraint de concéder, malgré nous, que nous avons été attrapé par les rayons des étoiles les plus hostiles. Si je concède volontiers ce dernier

---

14. P. Kibre, *The Library of Pico della Mirandola*, New York, 1936, 12-34 et n. 36. Les notices d'Hippocrate en grec Kibre 433, 1068 et 600 décrivent 1) les *Aphorismes* avec le commentaire de Galien, ms. in pap. 2) des *Plutarchi et Ypocratis opera et plura alia partim impr. partim ms. simul ligata s. n.* et 3) *Ipocratis et democrati* (sic) *epistole et mecanica Aristotelis in greco, ms. in pap.*.

15. « *quae de criticis diebus vere sunt observata a medicina, non solum res Astrologica firmat, sed infirmat, ut sit maximo argumento, corporum affectiones a causis non dependere, quas Astrologi introducunt* : pour les observations vraiment faites par la médecine au sujet des jours critiques, non seulement l'astrologie confirme que les affections de corps ne dépendent pas des causes que les astrologues introduisent, mais elle infirme que cela fournisse le meilleur argument » *op. cit.* 337. Le *Proemium* des *Disputationes* atteste que l'emploi d'*astrologia* et *astronomia* est alors flottant.

16. Hippocrate t. XI, *De la génération, De la nature de l'enfant, Des maladies IV, Du fœtus de huit mois,* texte établi et traduit par R. Joly, Paris, 1970. Le traité *Du fœtus de huit mois* a suscité quelques hypothèses de R. Grensemann (CMG I, 2, 1, 1969), discutées par Joly p. 149-155 de son édition. Il ne suit pas Grensemann quand il propose de considérer le passage « le plus nettement arithmologique comme une interpolation ». Il reste à déterminer l'origine du texte cité par Pic.

point, je ne concède pas volontiers que ces rayons nous attrapent et nous retiennent, parce que je me sentirais tomber du ciel, sans penser qu'il puisse en provenir rien de nuisible. Par conséquent voici le résumé : les astrologues se trompent s'ils croient que les enfants nés le huitième mois ne vivent pas parce qu'à chaque mois de gestation dans le ventre présiderait une planète particulière, et que pour cette raison Saturne, qui dominerait le premier mois, une planète froide et sèche, c'est-à-dire contraire à la vie par ses qualités, dominerait aussi le huitième. Car d'abord ces tours de dominer passant de main en main d'une planète à l'autre sont sans raison, comme on le dira ailleurs en son lieu, et le fait que l'enfantement du huitième mois ne vive pas a une toute autre raison. Il y a des gens pour penser que le fœtus s'efforce de sortir au septième mois, et se blesse dans cet effort, et que s'il sort le huitième mois, étant donné qu'il ne s'est pas encore intégralement rétabli, d'ordinaire il ne peut pas vivre. Mais je me rapproche davantage d'Hippocrate, qui dans le traité qu'il écrit sur l'enfantement de huit mois dit que la cause pour laquelle la plupart du temps il ne vit pas est que la gestation est difficile pour l'utérus ce mois-ci. Car les femmes enceintes se portent alors plus mal, et souffrent dans la matrice je ne sais quelles lourdeurs et incommodités, et si elles accouchent, comme elles sont accablées de la double peine de l'accouchement et de l'indisposition, par suite nécessairement le fœtus, lui aussi devenu plus faible, ne vit pas longtemps. Il confirme cette opinion du fait que si l'on trouve quelques femmes plus disposes et plus fortes, elles accouchent même au huitième mois d'enfants qui vivront, comme ceux qu'Avicenne écrit avoir trouvés en Espagne et Aristote en Egypte. J'ai indiqué ci-dessous les propres mots d'Hippocrate sur cette matière, pour qu'on ne croie pas, puisque ce livre n'est pas disponible dans le public, que nous avons inventé cela : « Pour la naissance à huit mois, je dis qu'ils subissent coup sur coup ces deux choses que les enfants ne peuvent supporter, c'est pourquoi les fœtus de huit mois ne survivent pas, etc. »[17].

17. *Infelicitatem octimestris partus Saturno non esse adscribendum.*
Dum tractamus haec, venit in mentem solere Astrologos infelicitatem octimestris partus adscribere Saturno, de qua dicendum hoc loco, sed breviter est, ne non redarguata videatur nos cogere, ut vel inviti concedamus hostilissimorum siderum radiis nos apprehendi. Quod ut volens concedo, ita non illud volens, ideo apprehendi nos ab illis ut teneamur, quippe illabi de coelo ita sentiam, ut non putem ab eo noxium quicquam provenire. Summa igitur haec est : Falluntur Astrologi si credunt ideo natos octavo mense non vivere, quia singulis uteri gerendi mensibus, singuli planetae praesint, et propterea qui primo, idem octavo mensi Saturnus dominetur, planeta frigidus et siccus, hoc est, qualitatibus vitae contrarius. Primum enim et illae per manus traditae planetarum dominandi vices rationem non habent, ut alibi suo loco dicetur, et quod octimestris partus non vivat omnino rationem aliam habet. Sunt qui opinentur, foetum septimo mense conari ut egrediatur, et in conatu laedi, qui si octavo exit, utpote nondum restitutum suae incolumitati, vivacem esse non solere. Sed Hippocrati potius accedo, qui tractatu quem scribit de octomestri partu, causam cur plaerunque non vivat, hanc esse ait, quod eo mense difficilis sit uteri gestatio. Tunc enim gravius se habere praegnantes, et in matrice nescio quae gravia et incommoda, et si pariant duplici labore oppressas et partus et aegritudinis, infirmissimas fieri, unde necessario ipse quoque foetus imbecillior factus, raro diu vivat. Attestatur huic sententiae, quod si quae inveniuntur vegetiores validioresque foeminae, solent octavo etiam mense parere victuros, quales in Hispania inveniri scribit, Avicenna et Aristoteles in Aegypto. Verba ipsa Hippocratis super hac re subjeci, ne, quoniam liber hic vulgo non habetur, fictum crederetur a nobis. De octimestri vero generatione haec duo continua serie dico eos pati, quae pueri ferre nequeant, propterea octimestres non superesse, &c. quae sequuntur. Ibid. 338-339.

Après quelques fantaisies humoristiques assez fréquentes dans sa critique de l'astrologie, Pic expose son argument essentiel, qui consiste en cette citation finale d'un manuscrit d'Hippocrate, dont la portée tient à un très discret *propterea*, « c'est la raison pour laquelle », traduisant, si l'on se reporte au grec, un διὰ τοῦτο signifiant lui-même la recherche d'une cause physique ou physiologique ou anatomique etc., plutôt que d'un signe (astrologique), pour expliquer la fragilité des prématurés nés à huit mois[18]. Ce simple διὰ τοῦτο hippocratique ainsi que la référence conjointe à Aristote et à Avicenne qui accompagne de très près la citation d'Hippocrate dans cette *Disputatio* font entrer dans le jeu du pour et du contre une forme de rationalité médicale limitée ici à ce seul geste de la citation hippocratique, dont la valeur semblerait surtout tenir à sa rareté. Autre fait remarquable cependant dans cette citation d'Hippocrate, elle néglige les considérations numérologiques attendues sur les jours critiques, mais peut-être est-ce parce que le texte de référence ne les comporte pas, ce qu'il ne nous est pas possible de dire dans l'état de notre documentation. Car c'est sur Galien que se concentre la critique arithmétique de la théorie des jours critiques telle que l'applique l'astrologie médicale. La très longue *Disputatio* III, 16, intitulée *Galeni sententia de criticis diebus eos ad Lunam referentis confutatur*, « Réfutation de l'opinion de Galien sur les jours critiques, qui les rapporte à la Lune », dégage Hippocrate, que Pic semble dire avoir lu en entier, et disculpe aussi, notons-le au passage, Avicenne, de toute responsabilité dans la théorie lunaire fondée sur le livre 3 du traité *De diebus criticis* de Galien, excellent médecin mais piètre astronome. Les médecins, dit l'auteur de cette *Disputatio*, ont remarqué que les moments critiques des maladies ne se conformaient pas toujours aux phases lunaires retenues par l'astrologie médicale, car il faudrait d'abord que « les maladies nous assaillent toujours à la nouvelle lune », et ceux qui persistent à y croire ne sont « poussés par rien d'autre que l'amour de l'astrologie et l'autorité de Galien » :

> « Mais c'est à tort que certains parmi les auteurs récents rapportent qu'Avicenne et Hippocrate ont aussi pensé cela. Car Hippocrate ne parle *nulle part* de cette proposition. Mais il s'est plutôt efforcé de rapporter cet ordre à des nombres, parce que la nature a l'habitude de s'y conformer, ce que Celse et Asclépiade ont remarqué … Et si cela se produit parfois, l'on ne doit pas dire que cela vient du ciel, où ils cherchent la cause de ce qui se produit avec ordre et presque tou-

---

18. « Περὶ δὲ ὀκταμήνου γενέσιός φημι δισσὰς ἐφεξῆς κακοπαθείας γινομένας ἀδύνατον εἶναι [ποιέειν] φέρειν τὰ παιδία καὶ διὰ τοῦτο οὐ περιγίνεσθαι τὰ ὀκτάμηνα. Pour la naissance à huit mois, je dis qu'il est impossible que les petits enfants supportent les deux souffrances survenant coup sur coup, et c'est la raison pour laquelle ceux de huit mois ne survivent pas ». Cité d'après l'édition de R. Joly, 174. Même observation sur *dia ti* dans la Collection hippocratique de la part de M. Vegetti, « Le origini della teoria aristotelica delle cause », dans *La Fisica di Aristotele oggi. Problemi e prospettive*, R. L. Cardullo et G. R. Giardina (éds.), Catania, 2005, 21-31.

jours, mais on doit plutôt le ramener à la matière, et à une propriété particulière de l'homme qui souffre »[19].

La référence à Hippocrate, mais à un Hippocrate inconnu du public et à *tout Hippocrate*, c'est-à-dire non pas celui que divulguent les *Articelle* mais celui que recèlent seulement quelques manuscrits, est donc utilisée ici contre Galien, que l'auteur accuse d'avoir perverti la théorie des jours critiques, d'origine hippocratique, et elle témoigne ainsi de l'existence d'une déjà longue réflexion antérieure sur « l'homme qui souffre », les moyens de le soulager et les obstacles à surmonter pour y parvenir[20]. La dernière phrase de cette *disputatio* sonne alors comme un véritable programme scientifique, dont chaque mot est pesé.

2. La mélancolie selon Manardi

Dès le traité *In astrologiam diuinatricem*, la critique de l'astrologie médicale, qui met en jeu les qualités élémentaires et leurs relations, fait discrètement système avec un réexamen de la doctrine humorale, davantage présent chez Giovanni Manardi, inspirateur probable des parties médicales du traité de Pic, à travers la thématique non moins rebattue de la mélancolie, dont il faut rappeler aussi brièvement que possible les principaux termes pour en percevoir correctement les enjeux. On sait que la somme, à certains égards burlesque, de Burton, *Anatomy of the Melancholy*, parue en 1628, dénonce encore l'impuissance de la médecine ancienne à enrayer le développement infini des représentations successives liées à la mélancolie, dont le livre de Klibansky, Panofky et Saxl, *Saturn and Melancholy*, situe l'origine dans le *Problème* XXX, 1 longtemps attribué à tort à Aristote, et qui affirme que les hommes hors du commun sont souvent de tempérament mélancolique[21]. Car pour Burton, il manque d'abord une définition de la maladie en général, puisque « presque tous les

---

19. *nisi nos morbi semper in nouilunio aggrederentur ... Nec qui aliter prodiderunt, quicquam induxit, quam vel amor Astrologicarum rerum vel authoritas Galeni. ... Falso autem quidam ex neotericis hoc quoque Auicennam et Hippocratem opinatos tradunt. Nam Hippocrates quidem nusquam super hoc verbum. Sed hunc potius ordinem retulisse nixus ad numeros, quod libenter observare natura soleat, id quod Celsus Asclepiadesque notarunt. ... Quod si eueniat interdum non a caelo esse dici debet, ubi causam quaerunt eius, quod cum ordine, et fere semper contingit, sed in materiam potius redigi debet, particularemque aliquam laborantis hominis proprietatem. Op. cit.* 334, 335, 337. Sur l'attribution fallacieuse de théories astrologiques à Hippocrate, voir G. Strohmaier, « La tradition hippocratique en latin et en arabe », dans *Le latin médical. La constitution d'un langage scientifique*, G. Sabbah (éd.), Saint-Étienne, 1991, 27-39, 35-36.

20. Pour d'autres utilisations contemporaines des citations hippocratiques, voir H. Hirai, « Lecture néoplatonicienne d'Hippocrate chez Fernel, Cardan et Gemma », dans *Pratique et pensée médicales à la Renaissance. 51ᵉ Colloque international d'études humanistes, Tours 2-6 juillet 2007*, Paris, 2009, 241-256.

21. R. Burton, *Anatomie de la mélancolie*, trad. de B. Hoepffner, Paris, 2000 ; R. Klibansky, E. Panofsky et F. Saxl, *Saturne et la Mélancolie*, trad. de F. Durand-Bogaert et L. Evrard, Paris, 1989.

médecins ont donné leur propre définition de la maladie » et que « personne n'a encore réussi à déterminer le nombre des maladies », classées par les médecins en :

> « maladies aiguës et chroniques, primaires et secondaires, mortelles, salutaires, erratiques, chroniques, simples, complexes, connexes ou conséquentes, relevant du tout ou des parties, dues à notre constitution ou à nos tendances, etc. »[22].

Le *Problème* XXX, 1 si souvent commenté propose une explication de la coïncidence qu'il pose entre mélancolie et génie par le dérèglement d'un tempérament, le tempérament mélancolique, où domine l'humeur mélancolique, laquelle serait composée, selon cet auteur, d'un mélange de chaud et de froid, et non pas, soulignons-le, de froid et de sec comme le voudrait la stricte orthodoxie médicale et physiologique. L'auteur du *Problème* XXX, 1 considère ce tempérament comme naturel ou normal, mais susceptible de perdre l'équilibre facilement instable entre ces deux qualités, à savoir l'état dit proprement tempéré, typique de la mélancolie géniale, pour verser dans le trop chaud ou le trop froid qui transformeraient cette dernière en mélancolie pathologique. C'est ainsi que l'auteur du *Problème* XXX, 1 rend compte de la thèse paradoxale d'une « anomalie tempérée (εὔκρατον ἀνωμαλίαν) », une thèse dont la construction argumentative ne comporte guère d'éléments médicaux, si ce n'est toutefois une première et brève allusion à des symptômes mélancoliques bien attestés dans la littérature médicale, mais généralement occultés par l'intérêt porté à la tristesse morbide, au découragement et au délire éventuel du sujet mélancolique[23]. Car si l'on suit Galien, qui écrivit environ cinq siècles après Aristote, la bile noire, mélancolie en grec, atrabile en latin, est une substance acide noire se distinguant du sang « par le fait qu'elle ne coagule pas », tellement acide que comme le vinaigre elle fait fermenter la terre et que « ni les mouches ni aucun autre être vivant ne veulent la goûter ». Mais, dit Galien, ses relations avec une autre humeur « qui paraît toujours amère à ceux qui vomissent », la bile jaune, reposent sur une dénomination commune trompeuse. La présence de la bile noire s'accompagne d'affections bien distinctes des maladies de l'âme et décrites dans le traité galénique *De la bile noire*, comme le *causus*, l'éléphantiasis et le cancer, suivant un processus ainsi présenté par l'auteur de ce traité :

> « Il est évident que toutes les affections de ce type et surtout le cancer naissent par l'effet de l'humeur mélancolique ; en effet, les veines se dirigeant vers la partie affectée contiennent manifestement une humeur épaisse et noire. La

---

22. Burton, *op. cit.* p. 215 et suivantes.
23. ἐπεὶ δ' ἔστι καὶ εὔκρατον εἶναι τὴν ἀνωμαλίαν (puisqu'il est possible que l'anomalie soit bien tempérée) grec cité d'après *L'Homme de génie et la mélancolie, Problème XXX, 1*, traduction, présentation et notes par J. Pigeaud, Paris, 2006, (1988[1]), 82-127, repris de l'éd. Teubner *Aristotelis quae feruntur Problemata Physica*, 1922, 106.

nature tend à purger continuellement le sang, séparant de lui les matières nuisibles et les repoussant hors des parties principales, parfois vers l'estomac et les intestins, parfois vers la surface extérieure du corps. Celles qui sont d'une substance plus subtile traversent la peau, parfois par la transpiration imperceptible aux sens, quelquefois de façon sensible comme la sueur ; celles qui sont plus épaisses ne sont pas capables de traverser la densité de la peau et demeurant enfermées, produisent, si elles sont chaudes, les anthrax ou, sinon, les cancers. Lorsque l'humeur noire mélangée au sang possède des qualités modérées, elle produit des éléphantiasis rougeâtres, qui, s'ils perdurent, noircissent »[24].

La définition de la mélancolie antique que l'on pouvait connaître à la fin du *Quattrocento* oscillait donc entre ce vinaigre cancérigène dont parle Galien et le tiède mélange du tempérament d'exception envisagé dans le *Problème* XXX, 1. L'immense littérature actuellement suscitée par le sujet ne reflète cependant pas, sauf erreur, le caractère polémique attaché à ce nom de mélancolie au seuil de l'époque moderne, pourtant clairement mis en évidence par Giovanni Manardi dans une série de *Lettres médicales* qui formulent des propositions très audacieuses concernant l'étude des maladies en général et de la mélancolie en particulier, et semblent avoir été oubliées des spécialistes du sujet, sauf peut-être de Burton à qui rien n'échappait et qui le cite rapidement à trois reprises.

Dès les premières années 1500, et peut-être déjà à la fin des années 1490 quand paraissent les *Disputationes* de Pic auxquelles il a vraisemblablement mis la main, Manardi, nous le verrons, tente en effet de montrer que la mélancolie n'existe que de nom, et que les effets et les ravages qui lui sont attribués relèvent de causes inconnues[25]. Les principaux éléments de cette critique méritent d'être mis en évidence de même que leur arrière-plan systématique, car celui-ci est très proche de celui du traité de Pic contre l'astrologie, et en ce sens prépare, pensons-nous, une révolution médicale plus précoce et plus conséquente qu'on ne le croit. À cette date de l'histoire médicale, la première référence est encore Avicenne, et c'est donc à partir de sa doctrine que l'on doit suivre le raisonnement très audacieux de ces *Lettres médicales*. La mélancolie selon Avicenne (980-1037) est une maladie en deux phases. D'abord caractérisée par des conduites empreintes de crainte et de tristesse, elle peut évoluer vers des ulcères rapidement fatals, mais se soigne facilement à son premier stade, d'après ce que l'on peut lire dans son *Canon de la médecine*,

---

24. Cité d'après Galien, *De la bile noire*, introduction, traduction et notes par V. Barras, T. Birchler et A-F. Morand, Paris, 1998, 51 et *passim*. Pour l'identification des maladies anciennes, voir M. D. Grmek, *Les maladies à l'aube de la civilisation occidentale*, Paris, 1984.

25. Á. Herczeg, « Johannes Manardus, Hofarzt in Ungarn und Ferrara im Zeitalter der Renaissance », *Janus* 33 (1929), 52-78 et 85-130 ; *Atti del convegno Internazionale per la Celebrazione del V. centenario della nascita di Giovanni Manardo, 1462-1536*, Università degli Studi di Ferrara (éd.), Ferrara, 1963 ; J. Céard, « Rabelais, Tiraqueau et Manardo », dans *Les grands jours de Rabelais en Poitou*, M.-L. Demonet (éd.), Genève, 2006, 217-228.

ouvrage monumental écrit entre 1004 et 1023 dans le Nord et l'Ouest de l'actuel Iran, diffusé en Europe au XIIe siècle à travers la traduction latine de Gérard de Crémone, deuxième titre le plus diffusé après la Bible dans les premières années de l'imprimerie et fondement de l'enseignement médical à l'époque de Rabelais, que complètent quelques ouvrages de Galien dont il passe à juste titre pour un résumé[26].

Le chapitre 19 du *Canon* d'Avicenne, intitulé *De melancolia*, propose une définition puis une symptomatologie, dite *De signis specierum*, suivies du traitement au chapitre 20, *De cura*[27]. La définition de la mélancolie dans le *Canon* d'Avicenne comporte une étiologie rassemblant les opinions des divers auteurs de la tradition, qui ne sont pas nommés. La symptomatologie reflète sinon les observations personnelles d'Avicenne qui seraient avancées comme telles, du moins une expérience plus directe de la maladie décrite. L'ensemble met net-

---

26. Voir essentiellement N. G. Siraisi, *Avicenna in Renaissance Italy. The* Canon *and Medical Teaching in Italian Universities after 1500*, Princeton, 1987, 19-40 pour l'analyse générale, 69-88 pour l'anti-arabisme de Manardi, moins absolu que ne le dit l'auteur, et 361-376 pour les éditions imprimées post-incunables du *Canon* ; ainsi que D. Jacquart, « Lectures universitaires du *Canon* d'Avicenne », dans *Avicenna and his heritage. Acts of the international Colloquium Leuven-Louvain-La-Neuve, september 8-september 11, 1999*, J. Janssens et D. De Smet (éds.), Leuven, 2002, 313-324.

27. « c. 19 La mélancolie. On appelle mélancolie la modification des jugements et des pensées qui quittent leur cours naturel et s'altèrent, à cause du tempérament mélancolique qui dispose l'esprit à l'intérieur du cerveau à la fois à la peur et à la malignité, et le rend craintif à cause de ses propres ténèbres, de même que les ténèbres extérieures inquiètent et font peur, conformément au fait que le tempérament froid et sec est contraire à l'esprit, qu'il affaiblit, de même que le tempérament chaud et humide, comme le tempérament du vin, est harmonieux et fortifiant. Et quand la mélancolie est combinée à la querelle, à l'agitation et la tension, elle se transforme et s'appelle manie. Et l'on appelle manie seulement celle qui provient de la mélancolie aduste, et l'on appelle mélancolie seulement celle qui arrive par la bile noire, non aduste. La cause de la mélancolie est soit dans le cerveau soit en dehors du cerveau. Celle dont la cause est dans le cerveau, ou bien vient de la malignité du tempérament froid et sec, laquelle transforme sans matière la substance du cerveau et oriente vers les ténèbres le tempérament de l'esprit clair, ou bien se produit avec matière. Et celle qui est avec matière, ou bien c'est la matière qui est dans les veines venant d'un autre endroit, et dans les veines se transforme en bile noire à cause de l'adustion qui s'y trouve, ou bien elle devient un dépôt : et ceci de plusieurs manières : ou bien le dépôt se produit à partir de la matière qui est entrée dans le corps du cerveau ou bien il endommage le cerveau par sa qualité et sa substance et se répand dans les parties du ventre. Et de nombreuses fois cela se produit par suite d'une transformation qui vient de l'épilepsie. Pour cette transformation, dont la cause est à l'extérieur du cerveau, intervient une chose qui fait qu'une humeur s'élève au cerveau, ou une vapeur ténébreuse. Cette chose donc est ou dans tout le corps, lorsque le tempérament mélancolique domine en lui. Ou bien dans la rate, lorsque la mélancolie y est retenue, et qu'elle ne peut la purger. Ou bien la rate est affaiblie et ne peut retirer la bile noire du sang : ou parce que dans la rate se produit un apostème : ou bien il ne s'en produit pas et c'est un autre préjudice. Ou bien à cause de la violence de la chaleur du foie : ou bien cette chose est l'hypochondre lui-même, lorsque s'y rassemblent les surplus de nourriture et les vapeurs des intestins et que ses propres humeurs sont brûlées et se transforment en genres de la mélancolie, et font survenir un apostème : ou dans le cas contraire, il s'élève de ces humeurs une vapeur ténébreuse à la tête, et on la nomme *inflatio myrachia, melancholia inflativa* et *melancholia mirachia*. Cette dernière de nombreuses fois s'élève à partir d'un apostème des portions du foie, et le sang des hypochondres se consume : voilà ce que Galien a posé comme cause de la mélancolie *myrachia* » etc. Nous traduisons le texte d'après *Avicennae ... canonis libri V ex Gerardi Cremonensis versione...* Venise, Juntes, 1608, BM Lyon 22 737, t. 1, 488.

tement l'accent sur la maladie mentale, beaucoup plus que ne le fait Galien lui-même, un trait à rapprocher de la « biologie de l'âme » à laquelle Avicenne s'est intéressé, et il contiendrait aussi des aperçus originaux sur le rôle du cœur, qui mériteraient d'être pris en considération dans l'appréciation des débats anatomiques de la Renaissance[28]. La théorie humorale prend chez lui un caractère très systématique, qui semble de prime abord résulter d'une synthèse d'Aristote, de Galien et d'autres, et le traitement proposé tient compte de la pharmacie développée par la science arabe. Puis Avicenne envisage également une mélancolie « qui provient du froid et de la sécheresse sans matière (*quae fit a frigiditate et siccitate sine materia*) », dont la cause est « la malignité du tempérament mélancolique dans le cœur » (*causa est malitia complexionis melancholicae in corde*), qui se communique au cerveau et « corrompt le tempérament du cerveau et le transforme en mélancolie » (*corrumpit complexionem cerebri, et conuertit ad melancholiam*), mais il indique aussi qu'il peut exister d'autres causes refroidissantes et desséchantes. La diversité des causes produisant la bile noire, ou la multiplicité des organes, alors dits « membres », d'où elle émane, ou bien où elle se forme, sont donc particulièrement remarquables. Les chapitres consacrés aux « signes » et au traitement reviennent avec insistance sur les manifestations de crainte et de tristesse, et mentionnent d'autres signes précurseurs et annonciateurs dont les noms divers indiquent l'altération de telle ou telle humeur, si bien que se conçoivent une mélancolie phlegmatique, une mélancolie venteuse ou encore une mélancolie sanguine, la mélancolie pure devenant du coup la seule mélancolie vraiment mélancolique, dont la nature devient d'autant plus problématique que ces variétés sont toujours plus nombreuses et difficiles à distinguer les unes des autres, et encore plus à diagnostiquer et soigner, comme l'a parfaitement montré Burton.

On comprend donc pourquoi la question de la nature de la mélancolie méritait d'être posée comme elle le fut dans ces *Epistolae medicinales* qui circulèrent à partir de 1520-1530 dans les milieux savants européens. Giovanni Manardi ou Manardo ou Mainardi, né en 1462 à Ferrare, où il fréquenta l'école fondée en 1429 par l'helléniste Guarinus Veronensis, et mort en 1536 dans sa ville natale, fut un temps médecin personnel d'Alfonso d'Este, duc de Ferrare, et professeur de médecine à partir de 1525, comme successeur du traducteur de Galien Niccolò Leoniceno[29]. Outre les *Epistolae medicinales* rédigées tout au long de sa vie, et dont la plus anciennement datée remonte à 1508, Manardi a notamment publié une traduction de l'*Ars medica* de Galien (Rome, 1525) et des *Annotationes in Ioannis Mesue simplicia et composita* développées en

---

28. P. Mazliak, *Avicenne et Averroès. Médecine et biologie dans la civilisation de l'Islam*, Paris, 2004, 82 et 65 en particulier.

29. Voir Á. Herczeg, *op. cit. supra* n. 25 ; P. Zambelli, « Giovanni Manardi e la polemica sull'astrologia », *L'opera e il pensiero di Giovanni Pico della Mirandola nella storia dell'umanesimo. Convegno internazionale, Mirandola : 15-18 settembre 1963*, Firenze, 1965, t. 2, 205-279.

traité autonome à partir des *Epistolae medicinales* dans l'édition de 1535. Le genre épistolaire, original en médecine, permet de traiter des questions variées allant des conseils à un malade ou à un confrère à l'éclaircissement d'une difficulté scientifique ou textuelle à destination d'un lecteur choisi. Les lettres de Manardi se présentent comme des réponses à des questions diverses, purement érudites ou médicales, et dans ce dernier cas toujours posées à propos de cas réels. Elles ont été rassemblées tardivement pour la publication en plusieurs éditions, dont la dernière en donne une centaine, mais étaient destinées sans doute dès le départ à la lecture publique, et représentent à cet égard un genre de transition dans la tradition des journaux et gazettes, eux-mêmes lointains héritiers des grandes correspondances de la littérature romaine[30]. Les deux épisodes marquants dans la vie de Manardi semblent avoir été deux séjours hors de sa ville natale dont les *Lettres* ont gardé trace, le premier à La Mirandole près de Modène comme précepteur de Jean-François Pic, neveu de Jean, sans doute entre 1497 et 1502, épisode qui nous est connu par la correspondance de ce dernier et par deux *Lettres médicales*, le second à la cour du roi Wladislas VI de Hongrie puis de son fils Louis II, dont il fut le médecin personnel, de 1513 à 1518[31]. C'est du séjour en Hongrie, principalement à Buda, que datent la plupart des premières lettres publiées à son retour à Ferrare, mais il est possible de remonter à 1507 pour les plus anciennes lettres non datées et sans doute au tout début du siècle[32]. Les noms de leurs divers destinataires, parmi lesquels on relèvera seulement ceux du médecin français Symphorien Champier pour *EM* XV, 3 (1472-1539), du mathématicien et astronome Jacob Ziegler (ca. 1470-1549) pour *EM* VII, 1, du Ferrarais Calcagnini (1471-1541) pour *EM* VII, 4 et de l'évêque de Cracovie Peter Tomicki (1459-1535) pour *EM* XIV, 4, forment sans aucun doute les jalons d'un réseau savant européen encore mal cerné, mais apparemment plus ouvert que d'autres autorités aux

---

30. La 1ère édition des *Epistolae medicinales* parue à Ferrare en 1521 fut reprise à Paris en 1528, et comporte 25 lettres en 6 livres. Une 2ème fut publiée d'abord à Bologne en 1531 puis à Lyon en 1532, avec une lettre dédicace de Rabelais, sous le titre *Tomus secundus*, et contient 26 nouvelles lettres distribuées en 6 livres. Une 3ème édition reprenant les deux précédentes, publiée par Isingrin à Bâle en 1535, contient en outre 18 nouvelles lettres distribuées en 6 nouveaux livres. Et enfin une 4ème édition, posthume et inachevée, chez le même imprimeur en 1540, donne 103 lettres en 20 livres, et c'est elle qui, sauf indication contraire en raison de quelques variations dans la position des lettres, fournit la numérotation de référence. *EM* I, 1 évoque les modèles antiques de correspondance médicale et les rapproche des correspondances scientifiques modernes, visiblement répandues : « *Consilia etiam a recentioribus uocata non aliud certe sunt, quam epistolae* : ce que les modernes appellent des conseils ne sont assurément rien d'autre que des lettres ». Une première lettre, la future *EM* II, 1 fut d'abord publiée séparément sous le titre *De erroribus Symonis pistoris de Lypczk circa morbum gallicum*, écrit en 1500, d'après Herczeg 87-88.

31. Pour les témoignages sur Manardi du neveu de Jean Pic, *Ioannis Francisci Pici Mirandulae ... epistolarum libri IV ... Opera quae extant omnia*, Bâle, 1601, BM Lyon 107 764 t. 2, 839-840 et *passim*.

32. Le destinataire d'*EM* I, 4, le poète Petrus Crinitus ou Pietro Riccio, est mort en 1507.

nouveautés que Giovanni Manardi prétend introduire en médecine. C'est en effet la teneur des premières lignes d'*EM* I, 1 :

> « *Multos futuros esse arbitror, qui meam hanc epistolarum medicinalium editionem adeo non probent, ut etiam ualde reprehendant. Alii, quia in uniuersum eos damnent, qui noui aliquid post tot, tam celebresque autores moliri hoc tempore audent. Superfluum enim esse ea scribere, quae sint scripta : temerarium putare se uidere, quae illi non uiderint. Alii, ut in quibusdam hoc artibus tolerent, in medicina nullo pacto admittent : ut quae diuturnitati temporis, et antiquorum obseruationibus, longissimaeque experientiae innitatur : et quasi diuina beneficentia selectis quibusdam hominibus sunt condonata. Nec deerunt, qui me insolentiae insimulent, quod nouus homo, et uix intra proprios lares (ut dici solet) cognitus, audeam contra eos insurgere, qui autoritatem sibi multis annorum saeculis praescripserunt* : Je pense qu'il y aura beaucoup de gens pour approuver si peu cette édition que je donne des lettres médicales, qu'ils iront même jusqu'à la blâmer. Mais d'autres la blâmeront, parce que d'une façon générale ils condamnent ceux qui osent aujourd'hui après tant d'auteurs si célèbres bâtir quelque chose de nouveau. Car il est, pensent-ils, superflu d'écrire ce qui l'est déjà ; et téméraire de croire que l'on voit des choses que ces auteurs n'avaient pas vues. D'autres, bien qu'ils le supportent dans certains arts, ne l'admettent pas du tout en médecine : pensant qu'elle s'appuie sur la durée temporelle, sur les observations des anciens et sur une très longue expérience ; et ces choses sont octroyées, comme par une clémence divine, à certains hommes choisis. Et il ne manquera pas de gens pour m'accuser faussement d'insolence, parce que j'ose, en homme nouveau à peine connu parmi mes propres lares (comme on dit d'habitude), attaquer ceux qui, il y a de nombreux siècles, leur ont prescrit leur autorité »[33].

Ces *Lettres médicales*, confidentielles à plusieurs titres, contiennent donc une critique de la doctrine en cours à cette époque sur la mélancolie, qu'il est intéressant d'observer de près car elle contient, pensons-nous, les principaux éléments d'une critique précoce de la doctrine humorale, indissociable de la physique des qualités sur laquelle repose l'astrologie médicale, et nous offrent par là un moyen d'appréhender le niveau théorique d'un mouvement critique aux ramifications multiples. Après une première lettre non datée, adressée à un « ami agité par l'atrabile », *EM* IV, 5, dans laquelle Manardi dit considérer l'atrabile comme un mal exclusivement moral réclamant un traitement avant tout spirituel, on trouve encore deux séries de discussions portant l'une sur la mélancolie phlegmatique ou mélancolie du cerveau, *EM* IX, 2 et XVI, 5 datées de 1524 et de juin 1533, l'autre sur la mélancolie venteuse ou mélancolie de

---

33. Datée de 1518 et citée d'après *Epistolae medicinales, in quibus multa recentiorum errata et antiquorum decreta refutantur, autore Ioanne Manardo Ferrariensi Medico*, Paris, Christian Wechel, 1528, BM Grenoble F7610, p. 3. L'article d'Herczeg indique de nombreuses autres sources encore inexploitées à propos des relations qu'entretenaient ces personnalités d'Europe centrale, en particulier p. 62-65. Voir aussi *L'Europe des Humanistes*, répertoire établi par J. F. Maillard, J. Kecseméti et M. Portalier, Paris, 1995.

l'estomac, généralement appelée hypochondriaque, *EM* X, 4 et XVII, 1 de 1532 et d'avril 1533[34]. Dans tous les cas, comme il s'agit de *consilia*, de consultations à propos de l'état de santé d'un malade, Manardi infirme en partie ou en totalité le diagnostic de mélancolie posé par ses confrères avec lesquels il débat. Dans *EM* IX, 2 (1524), la mélancolie phlegmatique ou pituiteuse est envisagée par Manardi, qui suit en la matière le traité galénique *De locis affectis* de préférence au passage d'Avicenne évoqué précédemment, comme une mélancolie seulement cérébrale[35]. Mais qu'est-ce qu'une mélancolie cérébrale, demande-t-il alors, et quelle en serait la cause ? Tel est le problème scientifique général posé à l'occasion du diagnostic d'un cas concret. Après avoir rappelé les passages de Galien et de Paul d'Egine sur lesquels repose la distinction entre les mélancolies cérébrale et hypochondriaque, et identifié la souffrance qui lui a été décrite comme résultant d'une atteinte au cerveau en raison de la persistance d'une tristesse et d'une crainte sans relâche, mais sans autre atteinte du corps ou d'une de ses parties, Manardi s'interroge sur la nature de l'atrabile, et ceci à partir de « conjectures plutôt que de preuves certaines », car il n'a, dit-il, pas vu lui-même le patient :

> « Disons, en ne nous appuyant que sur des généralités, que la matière qui produit cette maladie chez quelque homme que ce soit, est ou bien le suc mélancolique ou bien la mélancolie proprement dite. Car, pour laisser de côté le fait que cette maladie a reçu le nom de mélancolie d'après la cause même qui la produit, comme en témoigne Galien au second livre de son *Ars curativa*, – en effet tout le monde l'appelle la mélancolie, nom indiquant, comme le dit le même Galien au troisième livre du *De locis affectis*, l'humeur qui en est la cause –, on comprend aussi cette maladie d'après les accidents qu'Hippocrate, comme l'a noté Galien, réunit dans les deux suivants, à savoir la crainte et la tristesse, qui comme l'a montré Galien dans le *De causis accidentium* livre 3 et le *De locis passis* (quels que soient les aboiements d'Avicenne là contre) se produisent pour la seule raison que l'humeur qui produit la maladie obscurcit par sa propre couleur noire le siège des forces principales, et le rend semblable aux ténèbres, qui conduisent à la terreur, d'après le témoignage d'Asclépiade avant celui de Galien, ce qui est assurément la propriété d'une seule chose, l'atrabile ou son suc. Car il y a une autre bile qui est jaune, le sang est rouge, et si l'on en trouve du noir, comme celui dont Hippocrate fait mention au livre IV des *Aphorismes*, il est plus épais, et s'est trop épaissi pour pouvoir être contenu dans les veines du cerveau. Par conséquent cette maladie ne peut être produite par aucune humeur naturelle outre l'humeur mélancolique. Mais elle n'est pas produite non plus par l'une des humeurs contre nature que l'on trouve dans le corps, sinon

---

34. Citées pour *EM* IV, 5 et IX, 2 d'après l'exemplaire de Grenoble p. 120-123 et *Tomus secundus* p. 346-364 ; et pour X, 4 (absente de l'édition de Rabelais), XVI, 5 et XVII, 1 d'après *Epistolae medicinales diuersorum authorum*, Lyon, Juntes, 1557, BM Lyon Rés. 107 449 (Baudrier III, 286), p. 110-111, 167-169, 169-172.

35. *De locis affectis* III, 10, C. Daremberg, *Œuvres anatomiques, physiologiques et médicales choisies de Galien*, vol. 2, Paris, 1856, 564-570 = K VIII, 179-193.

par celle que les Grecs appellent proprement mélancolie, et que nous appelons atrabile … »[36].

Après avoir ainsi rappelé les bases fragiles voire les contradictions du raisonnement médical traditionnel à l'origine de l'appellation usuelle de mélancolie, qui serait en somme à la fois une humeur naturelle et une maladie, Manardi se demande ensuite d'où vient ce que l'on appelle l'humeur mélancolique, qui, du moins dans le cas du patient considéré, ne peut pas résulter d'une transformation de la bile jaune ou du sang, et il examine alors l'opinion soutenue par certains, selon laquelle cette mélancolie résulterait d'une combustion de la pituite, idée qu'il repousse d'une manière générale, parce que la pituite est blanche et ne peut brûler au point de devenir totalement noire, et cet argument est appuyé, comme toujours, sur plusieurs références savantes mais également sur « la raison et l'expérience » :

> « En outre on peut montrer qu'il n'existe aucune autre pituite que celle que nous avons citée, parce qu'il ne peut se faire que le changement du blanc en noir se fasse autrement que par des couleurs intermédiaires. Ce que savent les chimistes, qui parviennent par l'intermédiaire d'une multitude de couleurs à ce qu'ils désirent, qu'ils nomment tête de corbeau, alors qu'ils ne travaillent pas dans une matière simplement blanche, mais à laquelle est mélangé un peu de jaune. Diverses couleurs devront donc nécessairement naître dans la pituite, avant qu'elle soit transformée en couleur noire par combustion complète, ou plutôt diverses substances. Quelques unes d'entre elles approchent assez près de la nature de la pituite, d'autres de la bile noire, selon que la combustion est plus ou moins grande, comme cela se produit aussi pour la bile jaune et pâle elle-même, qui se transforme premièrement en vitelline, deuxièmement en porracée, troisièmement en érugineuse, avant d'être transmuée en atrabile exacte. Mais il faudrait qu'il se produise dans la pituite plus de substances intermédiaires et plus de couleurs intermédiaires que dans la bile, tout comme il y davantage de distance au noir à partir du blanc qu'à partir du jaune. Or nous ne percevons pas

---

36. *Communibus quibusdam solis innitentes dicamus, materiam, quae hunc morbum in quocunque homine facit, esse uel melancholicum succum, uel melancholiam proprie dictam. Nam ut praetermittamus, quod hic morbus, Galeno secundo artis curatiuae libro attestante, melancholiae nomen a causa ipsum faciente accoepit (sic), ab omnibus enim melancholia uocatur, indicante nomine, ut idem Galenus inquit libro tertio de locis affectis, humorem qui ipsius causa est, Hoc ex accidentibus quoque colligitur ab Hippocrate, ut notauit Galenus, in dua haec collectis, metum scilicet et moestitiam, quae non alia ratione fiunt, ut Galenus iij. lib. de causis accidentium, et de locis passis ostendit, (quicquid oblatret Auicenna) quam quod qui morbum facit humor, atro suo colore principalium uirium sedem obscurat, et tenebris similem reddit, quae terrorem inducunt, Asclepiade ante Galenum teste, quod certe nulli alteri adest, praeterquam atrae bilis uel eius succo. Alia enim bilis flaua est, ruber sanguis, et si quis niger reperitur, ut is de quo lib. iiij Aphorismorum mentionem facit Hippocrates crassior et magis concretus est, quam ut in uenis cerebri ualeat comprehendi. Candida adeo est pituita, ut dixerit Galenus lib. iij de locis affectis, Epilepsiam a pituita factam non transire in melancholiam. A nullo igitur humore naturali praeter melancholicum fieri hic morbus potest. Sed neque ab aliquo eorum, qui praeter naturam in corpore reperiuntur, nisi ab eo qui proprie melancholia a Graecis, a nobis atra bilis uocatur …* p. 349-350 de l'édition de Rabelais, *Tomus secundus.*

> par les sens une telle diversité de pituites ou de biles noires, et nous ne la lisons pas chez les médecins qui écrivent sur les humeurs »[37].

Ce raisonnement énonce l'opinion selon laquelle il existerait une « nature de la pituite », *natura pituitae*, et cette formule ne doit pas passer inaperçue, parce qu'elle suppose bel et bien une interrogation sur l'identité des quatre humeurs traditionnelles, y compris et surtout sur celle de l'atrabile, dont le développement précédemment cité suggère en outre qu'elle est inobservable par les sens et qu'elle n'existe peut-être que de nom, interrogation relayée par la mention des substances diverses ou intermédiaires à concevoir entre les deux termes de la transformation. S'il y a une nature de la pituite, comment pourrait-elle changer au point de devenir une autre humeur, telle est la question nouvelle que pose cette lettre, qui souligne ainsi une aporie propre à l'univers physique aritotélicien, liée à l'aptitude des êtres physiques à la transformation, à leur corruption, génération, et autres mouvements. Manardi envisage alors toutes les possibilités correspondant aux opinions et croyances de ses contemporains sur le sujet, et ainsi après avoir éliminé l'idée d'une transformation de la pituite en bile noire par combustion, il s'intéresse également à la congélation d'une humeur chaude et à l'assèchement d'une humeur de qualité humide :

> « Mais ce qu'imaginent nos illustres confrères à la suite d'Avicenne, à savoir que la pituite se transforme en atrabile dans le cerveau par congélation, n'entre absolument pas dans mes capacités intellectuelles. Car le cerveau d'un homme vivant ne peut arriver à un si grand froid qu'il ait la force de geler, puisqu'il est plus chaud que l'air, même en été, ainsi que l'enseigne Galien au livre 8 du *De usu partium*. Du reste il n'est pas nécessaire non plus d'assécher la pituite congelée pour qu'elle se convertisse en mélancolie. Nous voyons l'eau transformée en glace conserver encore la force de mouiller. Et si l'on imagine qu'il se produit dans le corps humain une relative congélation, celle-ci ne produira assurément pas une relative sécheresse, telle qu'on la trouve dans la pituite appelée gipsée, qui n'a cependant perdu ni le nom ni la couleur de la pituite, donc quelque abaissement de l'humidité de la pituite que l'on comprenne, comme celle-ci sera intermédiaire entre la pituite aqueuse et la pituite gipsée, elle sera nécessairement contenue à l'intérieur des limites de la pituite. Si donc la pituite portée à la plus grande sécheresse est comptée parmi les pituites et non parmi

---

37. *Nullam praeterea esse ultra ea quae attulimus ex hoc probari potest, quod fieri nequit, ut ex albo in nigrum mutatio fiat, nisi per medios colores, imo et per medias substantias. Norunt hoc Chymici per multitudinem colorum ad desideratum illud, quod caput Corui caput uocant, peruenientes, quum tamen in rem simpliciter albam non operentur, sed cui sit croceum aliquod admixtum. Varios ergo nasci colores in pituita, erit necesse, priusquam in atrum colorem per exustionem permutetur, imo et uarias substantias. Quarum aliquae ad pituitae naturam, aliquae ad nigram bilem proximius accedant, iuxta minorem maioremue adustionem, sicuti et in ipsa flaua et palida bile contingit, quae primo in uitellinam, secundo in porraceam, tertio in aeruginosam transit, priusquam in exactam atram bilem transmutetur. Sed in pituitae (sc. pituita) tanto plures fieri medias substantias, mediosque colores quam in bile oporteret, quanto maior est distantia albi quam flaui coloris a nigro. Hanc autem pituitarum aut nigrarum bilium uarietatem, nec ad sensum percipimus, neque apud medicos legimus de humoribus scribentes.* Édition de Rabelais p. 353.

les atrabiles, comment considérer une chose qui a moins de sécheresse comme atrabile ? C'est pourquoi je ne craindrai pas, animé par de telles raisons et protégé par le bouclier de Galien, de m'écarter de l'opinion d'Avicenne et de l'opinion commune des modernes, et de reconnaître qu'aucune atrabile n'est produite à partir du phlegme, la plus blanche des humeurs, ni par combustion complète ni par congélation. Et je ne craindrai pas d'affirmer au contraire que la maladie que l'on appelle mélancolie aussi bien chez notre homme que chez les autres, est produite par l'humeur du même nom »[38].

Même s'il demeure pour les nécesssités du raisonnement une humeur mélancolique considérée comme la cause de la maladie appelée mélancolie, dont les symptômes sont la tristesse et la crainte, une étape importante est franchie par cette déclaration sur la stabilité de la pituite et de la mélancolie, ou sur le caractère improbable d'une transformation indiscernable de l'une en l'autre. Le diagnostic du cas envisagé s'énonce en effet de la manière suivante :

« Monsieur le Révérend souffre d'une maladie particulière du cerveau appelée mélancolie, qui est un mauvais tempérament froid et sec du cerveau, produit en partie dans le passé, en partie dans le présent, en partie dans le futur par l'humeur de l'atrabile, humeur qui assurément soit n'a pas été brûlée du tout, soit l'a été modérément. Les symptômes accompagnant la maladie sont la crainte, la pusillanimité, avec altération de certaines représentations »[39].

---

38. *Quod uero praeclari hi consultores Auicennam sequuti imaginantur : pituitam per congelationem in cerebro ad atram bilem conuerti, mihi in caput mentis haud quaquam uenit. Ad tantam enim frigiditatem uiuentis hominis cerebrum uenire non potest, ut congelandi uim habeat. Siquidem ut Galenus docet viij. libro de Vsu partium, calidius aëre est, etiam aestiuo. Alioqui necesse est pituitam congelatam ita exiccari, ut in melancholiam conuertatur. Videmus enim aquam in gelu conuersam, uirtutem adhuc humectandi retinere. At si maiorem in humano corpore fieri congelationem imaginentur, certe non maiorem faciet siccitatem, ea quae in gipsea uocata pituita reperitur, quae tamen et nomen et colorem pituitae non amittit, quaecunque igitur humiditatis remissio in pituita intelligatur, sicuti media inter aquosam, et gipsream erit, ita necessario intra pituitae limites continebitur. Sed nonne uidemus in omnibus pituitae speciebus ad extremam usque duritiem, qualis in Scirrho sentitur, peruenientibus, manifestam albedinem ac luciditatem, tetro melancholiae colore, et ut sequens est, his quae eam consequuntur accidentibus aduersantem ? Quod aduertens Galenus in commentario de tumoribus praeter naturam, Scirrhum a crassa et tenaci pituita factum, ab eo separauit qui a succo fit melancholico. Si igitur pituita ad summam siccitatem euecta, inter pituitas non inter atras biles numeratur, quo pacto res quae minorem habet siccitatem, debet atra bilis existimari ? His itaque et rationibus motus, et Galeni clipeo munitus non uerebor ab Auicennae et communi recentiorum sententia abscedere, nullamque atram bilem ex albissimo inter humores phlegmate, neque per exustionem, neque per congelationem factam agnoscere. Sed morbum qui melancholia uocatur ita in hoc uiro, sicuti in caeteris ab eiusdem nominis humore fieri affirmare. Ibid.* p. 353-355.

39. *Reuerendus hic uir aegritudine propria cerebri laborat melancholia uocata, quae est mala cerebri temperatura frigida et sicca, ab humore atrae bilis, partim facta, partim fiens, partim futura fieri, qui quidem humor uel nequaquam exustus es, uel modice. Symptomata morbum comitantia sunt timor, tristitia, pusillanimitas, cum corruptis quibusdam imaginationibus. Ibid.* p. 355-356.

Dans la lettre XVI, 5 de juin 1533 Manardi reprend sa démonstration en réponse à une demande de son destinataire, le médecin Jacobus Pharusius, personnage non identifié, un ami très cher qui a opposé deux arguments à sa thèse selon laquelle la bile noire ne résulte jamais d'une transformation de la pituite. Le premier argument du contradicteur est que l'on observe parfois des dépôts ou sédiments qui font du noir dans l'urine, mais Manardi affirme que « ce noir qui parfois se dépose dans l'urine ne tombe pas d'une altération de la pituite, mais vient d'autre chose qui est mêlé à l'urine »[40]. Le second argument de Pharusius repose sur les *Aphorismes* VI, 57 et 56 d'Hippocrate qui dans le texte alors disponible, l'aldine, et moyennant la correction d'un adverbe *maxime* en adjectif *maximae*, semblent lier l'apoplexie des vieillards, jugée par ailleurs d'origine phlegmatique, et la mélancolie[41]. Mais Manardi répond cette fois que c'est l'interprétation abusive de ce passage par Galien puis par son traducteur Leonicenus qui lui donne l'apparence d'un argument contre sa thèse, et montre très pertinemment d'où proviennent les erreurs de lecture successives liées à la mauvaise interprétation d'un μάλιστα et du mot grec *apoplexia* traduit par *stupor*[42]. Bien lus, ni Hippocrate ni Galien ne soutiennent dans le passage concerné que l'atrabile provient d'une transformation de la pituite, et l'atrabile n'est pas de la pituite brûlée ou congelée, tels sont les résultats qu'apporte l'étude clinique de la mélancolie dans les *Epistolae medicinales* de Giovanni Manardi, avec le soutien de l'*emendatio* humaniste.

De la même façon, pour les deux cas de mélancolie hypochondriaque ou venteuse évoqués dans les *Lettres médicales* XVI, 5 et XVII 1, Manardi

---

40. *Nigrum ergo illud quod urinae quandoque subsidet, non ab alterata pituita deciditur, sed ab alia re urinae commixta*, BM Lyon Rés. 107 449, p. 167 et suivantes.

41. Loeb t. 4, p. 192-193 : VI, 56 : Τοῖσι μελαγχολικοῖσι νοσήμασιν ἐς τάδε ἐπικίνδυνοι αἱ ἀποσκήψιες · ἀπόπληξιν τοῦ σώματος, ἢ σπασμόν, ἢ μανίην, ἢ τύφλωσιν σημαίνει. – 57 Ἀπόπληκτοι δὲ μάλιστα γίνονται οἱ ἀπὸ τεσσαράκοντα ἐτέων μέχρις ἑξήκοντα. In melancholic affections the melancoly humour is likely to be determined in the following ways : apoplexy of the whole body, convulsions, madness or blindness. – Apoplexy occurs chiefly between the ages of forty and sixty.

42. L'argument auquel Manardi réplique était le suivant : *Attonitum vero morbum in senibus a sola atra bile fieri, ex aphorismo sexti libri 57 probas : in quo dicente Hippocrate, apoplexias maxime fieri a quadragesimo anno ad sexagesimum, Galenus aphorismum enarrans, apoplexiam ex atra bile factam intellexit. Aphorismi tamen literam esse corruptam suspicaris, et pro adverbio maxime, legendum, maximae : ut sit sensus, maximas apoplexias ea aetate fieri, quia quae ab atra fiunt bile, maiores sint illis, quae fiunt a pituita*. Chez les vieillards, la maladie du délire n'est produite que par l'atrabile, prouves-tu d'après l'aphorisme 57 du livre VI, dans lequel Hippocrate dit que « les apoplexies se produisent surtout à partir de la quarantième année jusqu'à la soixantième », et c'est Galien qui dans son commentaire a compris que l'apoplexie était produite par l'atrabile. Cependant tu soupçonnes qu'une lettre de cet aphorisme est corrompue, et qu'au lieu de l'adverbe 'surtout' il faut lire 'les plus grandes', de telle sorte que le sens serait : 'les plus grandes apoplexies se produisent à cet âge' parce que celles qui sont produites par l'atrabile sont plus grandes que celles qui le sont par la pituite », p. 167. Le texte de Leonicenus était le suivant : *In morbis melancolicis ad haec periculosi decubitus, stuporem corporis, uel conuulsionem uel furorem uel caecitatem significant. Aphor. Lvij : Apoplexiae autem fiunt, maxime a quadragesimo anno usque ad sexagesimum, Hippocratis Choi Aphorismi Nicolao Leoniceno interprete*, Lyon, 1525, Lyon BM Rés. 813 317, f. 20.

démontre que ces malades ne souffrent pas de mélancolie, le premier parce qu'il ne présente ni tristesse ni crainte ni délire, et que ses embarras gastriques s'expliquent par une mauvaise *temperatura* de l'estomac, le second parce que les affections de tristesse et de crainte sont normales chez un homme atteint de vertiges et d'autres maux très inquiétants en eux-mêmes, dont l'explication est assurée, en dehors de l'hypothèse mélancolique, par la possibilité de dépôts d'origine sanguine dans le cerveau et pituiteuse dans l'estomac. Ces deux lettres confirment ainsi que la critique de la théorie humorale a commencé au début du XVIe siècle par la mise en doute prudente, discrète mais réelle, de l'existence de la bile noire comme humeur naturelle, une critique qui repose elle-même sur la contestation du dogme de la métamorphose des humeurs. La raison enseigne que la pituite ne brûle ni ne gèle, l'expérience montre que l'atrabile est inobservable, et par conséquent la maladie dite mélancolie décrite par toute la tradition médicale n'est plus autre chose que le simple nom ancien de la cause inconnue de quelques pathologies dont la description n'est de surcroît pas toujours comprise.

3. *La* temperatura *de l'équateur*

Dans d'autres lettres Manardi discute de la *temperatura* du petit-lait, de la *temperatura* du peuplier ou de celle du vin, et de la possibilité d'établir une échelle des mélanges des qualités élémentaires, le chaud, le froid, le sec et l'humide, dans chacun de ces corps, échelle apparemment inspirée de celle des latitudes dans la mesure géographique des climats[43]. L'état actuel des connaissances sur la notion de *temperatura*, dont l'emploi par Manardi préfigure parfois celui que nous faisons aujourd'hui du mot français température, ne permet pas de définir précisément l'arrière-plan des exposés de Manardi. Nous pouvons cependant rappeler que selon la doctrine ptoléméenne des trois climats chaud, froid et bien mélangé ou tempéré, les Ethiopiens, les Scythes et un peuple sans nom plus doué que les autres pour les mathématiques habitent de part et d'autre de latitudes délimitant des climats sous influence stellaire[44]. Deux lettres du médecin ferrarais écrites à 18 ans de distance, la première en

---

43. Le terme *temperatura* remplace progressivement dans l'usage néo-latin le médiéval *complexio*, étudié par D. Jacquart, « De *crasis* à *complexio* : note sur le vocabulaire du tempérament en latin médiéval », dans *Textes médicaux latins antiques*, G. Sabbah (éd.), Saint-Étienne, 1984, 71-76.

44. *Tetrabilos* livre II dans *Ptolemy. Tetrabiblos*, ed. and transl. by F. E. Robbins, Cambridge Mass.-London, 1940, 117-127. On sait que la *Géographie* de Ptolémée, dont l'édition *princeps*, due à Erasme, date de 1533, corrige heureusement cette vision ethno-climatique, à lire dans *Traité de géographie de Claude Ptolémée*, traduit pour la première fois du grec en français sur les manuscrits de la Bibliothèque du Roi par M. L'Abbé Halma, Paris, 1828 ; nouvelle édition augmentée de cartes par J. Peyroux, Paris, 1989, p. XXVI. Ces questions intéressent aussi entre autres Jean Fernel, *ibid.* p. XXX, et Janus Cornarius, voir en particulier ci-dessous p. 372 n. 35 sur les rhinocéros, emblématiques d'après *Géogr.* I, 9 des corrections (διόρθωσις) « d'après les détours des navigateurs ».

1514, la seconde en 1532, discutent aussi du meilleur climat et de la *temperatura* optimale, sujet remis en débat par les observations découlant des « navigations des Portugais » et de leurs découvertes de nouvelles zones habitées au Sud de l'Equateur le long des côtes africaines jusqu'au cap de Bonne Espérance, atteint dès 1488 par Bartholomeu Dias et doublé en 1497 par Vasco de Gama, alors que la zone équatoriale extrême comme l'extrême zone polaire étaient auparavant supposées inhabitées[45]. La lettre de 1532 revient d'abord sur « la fausseté de l'astrologie judiciaire », et renvoie naturellement au traité de Pic. Elle examine encore, mais beaucoup mieux que ne l'avait fait Pic, « l'astronomie approuvée par Platon, Hippocrate, Aristote, Galien, Augustin, Averroès » et montre qu'aucun d'eux ne contient quoi que ce soit en faveur de l'astrologie, ni n'attribue au ciel d'autre action sur la sphère terrestre que celle de la chaleur et du froid, à l'exception de Galien, dont la construction d'un « mois médical » utilisée pour déterminer les jours critiques est une nouvelle fois démontée, et qui représente en ce sens « la grande machine » à faire tomber sur ce chapitre de l'astrologie médicale[46]. En 1532, Hippocrate n'est toujours pas publié en latin autrement que dans la traduction de Calvus, mais ses œuvres sont diffusées en grec par l'aldine de 1526. Or, parmi les auteurs de la tradition médicale, Hippocrate est celui qui peut fournir des raisons contre les astrologues :

> « Je ne vois rien dans la doctrine hippocratique des jours critiques qui doive ou puisse être rapporté aux dogmes des astrologues : je vois plutôt que par les observations d'Hippocrate les décrets des astrologues concernant les maladies sont à supprimer totalement »[47].

En 1532, les références à Hippocrate font donc désormais office d'argument d'autorité à opposer aux tenants toujours nombreux de l'astrologie médicale,

---

45. Voir G. Bouchon, *Vasco de Gama*, Paris, 1997, en particulier sur la présence de documents nautiques portugais copiés par Alberto Cantino, un agent du duc Ercole d'Este informé du second voyage de Vasco de Gama en 1502, actuellement conservés à la Biblioteca Estense de Modène, et donnant la première image de l'Océan Indien en rupture avec les tracés ptoléméens, 275. Les premières relations imprimées de ces voyages émanant de témoins directs seraient deux lettres de Girolamo Sernigi écrites en 1499, mentionnant les populations noires de la côte est-africaine, dans un ouvrage de Francanzano da Montalboddo, *Paesi novamente ritrovati et Nuovo Mundo de Alberico Vesputio*, Vicenza, 1507, et un récit anonyme flamand peut-être imprimé à Anvers en 1504, d'après P. Teyssier et P. Valentin, *Voyages de Vasco de Gama. Relations des expéditions de 1497-1499 et 1502-1503. Récits et témoignages* traduits et annotés, Paris, 1995, 172, 388, 390.
46. Voir les principaux aspects dans l'article de C. Pennuto cité ci-dessus p. 115 n. 1.
47. *Nihil igitur ego in doctrina Hippocratis De iudicialibus diebus uideo, quod in astrologorum dogmata referri uel debeat uel possit : uideo potius per Hippocraticas obseruationes illorum decreta circa morbos funditus tolli*. 160. La position à l'égard de Galien est bien résumée en ces termes : « *Quod uero ad maiorem machinam, hoc est, ad Galenum attinet, non adeo ei adstricti sumus, ut non ueritati magis. Ab eo siquidem didicimus, nulli quantumuis summo plus credendum esse, quam quantum rationi et experientiae est consonum* : Pour ce qui concerne la plus grande machine, c'est-à-dire Galien, nous ne sommes pas à ce point attachés à lui que nous ne le soyons pas davantage à la vérité. Et assurément nous avons appris de lui qu'il ne faut croire personne, si grand soit-il, plus que ce qui est en harmonie avec la raison et l'expérience ». 157.

et plus largement d'un certain galénisme, de sorte que la publication et la traduction d'Hippocrate au début des années 1530 est clairement une composante de la stratégie anti-astrologique, apprend-on à la lecture des *Epistolae medicinales* de Giovanni Manardi. Mais au-delà de la polémique, nous rencontrons aussi dans ces lettres un argument théorique fondamental qui représente sans doute la plus importante objection soulevée à cette époque contre la cosmologie d'Aristote, et cet argument développe un thème déjà présent chez Pic en relation avec la critique de la physique qualitative relevée dans le traité *In astrologiam*. Manardi poursuit le raisonnement esquissé dans les années 1490 à travers un texte qui nous paraît absolument majeur pour l'histoire des sciences, écrit à Buda le 7ème jour des Ides de septembre 1514, publié pour la première fois, il faut le souligner, sous le titre *Epistola prima ad Iacobum Ciglerium, quod sub aequinoctiali est habitatio* ou « Lettre première, à Jacob Ziegler, Qu'il y a une zone habitée sous l'équateur » du livre VII des *Epistolae medicinales*, c'est-à-dire la première lettre du *Tomus secundus* édité en 1532 par Rabelais à Lyon à partir d'une édition parue l'année précédente en Italie, et dont voici l'extrait le plus important :

> « Nous savons par l'enseignement de l'expérience que les régions qui sont sous le ciel s'échauffent plus ou moins les unes que les autres, et qu'elles supportent de grandes chaleurs plus ou moins longues. La cause de ces effets dépend tantôt seulement de la terre, tantôt seulement du ciel. Laissons de côté à présent les causes purement terrestres. La cause céleste dépend soit du ciel soit des astres. Parmi les astres, ou bien elle dépend du soleil ou bien elle dépend d'un autre astre. Laissons à présent de côté les autres causes comme peu certaines ou de peu d'importance, et considérons seulement le mouvement du ciel et le soleil. Le ciel réchauffe par son mouvement, ainsi que le voulait Aristote, et si c'est vrai, il s'ensuit que la partie qui bouge le plus rapidement, réchauffe aussi le plus fortement, mais quoi qu'il en soit de la chaleur que le ciel nous envoie par son mouvement, elle est tellement infime en atteignant la terre, qu'elle peut difficilement produire une variation sensible en rapport avec notre propos. En effet le mouvement du ciel en lui-même n'augmente ou ne diminue nullement la chaleur elle-même du fait de quelque mouvement que ce soit. Bien plus, s'il faut trancher la chose dans le vif, ni le ciel, ni même non plus le soleil n'ont en eux en acte la chaleur qu'ils envoient vers les couches inférieures, mais ils l'ont seulement par leur pouvoir ou en puissance, ce qui fait que la région intermédiaire <la sphère de l'air> ne peut pas chauffer davantage là où elle se meut plus rapidement que là où elle se meut plus lentement, si ce n'est de l'une des deux façons suivantes : soit parce qu'elle envoie vers le bas cette force réchauffante d'une manière d'autant plus dense qu'elle se meut plus rapidement, soit parce qu'à cause de son mouvement très rapide elle emporte avec elle le feu contigu de la partie la plus proche d'elle, et que le feu lui-même fait également tourner l'air par contact, quelle que soit la manière, ce n'est pas une grande chaleur qui atteindra la terre : en effet, la faculté de diffuser de la chaleur, qui est présente dans l'ensemble du ciel, du fait que cette chaleur est douce et bienfaisante ainsi que nous l'avons dit plus haut, n'est pas assez élevée pour produire une chaleur

brûlante. Et pour ce qui concerne l'autre explication, à savoir que nous devrions concéder que toute la sphère du feu roule d'après le mouvement du ciel, d'abord on ne voit pas comment elle peut obtenir par ce mouvement une chaleur à ce point plus grande que celle qu'elle possède par elle-même, puisque par sa nature le feu est très chaud ; ensuite il ne semble pas très logique que toute la sphère de l'air suive le feu à la même vitesse. Et nous savons aussi que la sphère de l'air, quelle que soit la vitesse avec laquelle elle se déplace, ne se réchauffe jamais tout entière, puisqu'à la fois l'évidence de la chose et l'autorité d'Aristote montrent que sa région intermédiaire <l'air> reste toujours très froide, ce qu'Averroès confirme, et qu'il est étranger à la raison et à la sensation que notre air, dans lequel nous vivons, tourne autour de la terre à grande vitesse, autrement ni la puanteur, ni la maladie pestilentielle, ni non plus les brouillards ou les nuages n'assiègeraient longtemps la même cité. Et de même que nous sentons très bien le mouvement du vent, de même nous sentirions ce mouvement giratoire de l'air. Et comme cela ne se produit ni ici ni ailleurs, on peut en tirer l'enseignement que l'air autour de nous n'est pas violemment agité, et qu'il n'est pas possible qu'à partir de ce mouvement une chaleur remarquable soit ou bien recueillie ou bien dispensée sur les terres. Et si ces observations sont vraies, il ne reste que la chaleur de Phébus à laquelle on puisse rapporter ces différentes sortes de chaleur »[48].

48. *Experientia magistra scimus, regiones, quae sub coelo sunt, alias aliis magis minusue incalescere, longioresque aut breuiores aestus perpeti. Horum effectuum causa, alia e terra tantum, alia e coelo pendet, pure terrestres in praesentia dimittamus, coelestis uel ex coelo uel ex astris pendet. Ex astris uel sole uel aliquo aliorum. Reliqua, ut parum certa exiguique momenti, nunc praetermittamus, coeli tantum motum, Solemque consyderemus. Coelum motu calescere, uoluit Aristoteles, quod si uerum est, sequitur, ut qua parte uelotius mouetur, ea et uehementius calefaciat, uerum quicquid id est caloris, quod coelum suo motu nobis iaculatur, id adeo exile est, dum terram attingit, ut quantum ad nostrum propositum attinet, uix efficere sensilem uarietatem possit. Ipsum enim quod mouetur coelum, maiorem minoremue intra semetipsum calorem ex quocumque motu haudquaquam suscipit, imo si ad uiuum resecanda res est, nec coelum, sed nec sol ipse, calorem, quem in inferiora mittit, in se actu habet, sed potestate tantum ac ui, ex quo fit, ut non plus eo media regio incalescat, ubi uelocius, quam ubi tardius mouetur, nisi altero duorum modorum, uel quia scilicet uim illam excalfactoriam, quod uelocius mouetur, eo crebrius deorsum mittit, uel quia uelocissimo motu, contiguum citimae eius partis ignem secum rapit, ipseque ignis aëra pariter contactu secum circumrotat, utrumuis horum dicatur, non magnus deorsum attinget calor : uis enim illa influendi calorem, quae uniuerso adest coelo, quum mitis benignaque suapte sponte sit, ut superius est dictum, non tam eximia est, ut exurentem calorem hic ualeat generare, et quod ad alium modum attinet, ut concedamus totam ignis sphaeram ad coeli motum circumuolui primo non uidetur quomodo calorem ex hoc motu consequi ualeat eo maiorem quem ex se possidet, cum natura sua ignis sit calidissimus. Deinde non satis rationi consonum uidetur, ut simili uelocitate tota aëris sphaera eum consequatur. Quam etiam scimus quacumque agitetur uelocitate, nunquam totam incalescere, cum et euidentia ipsa rei, et Aristotelis autoritas ostendat, mediam eius regionem, ualde semper frigidam, ipsa etiam Auerroe confirmante, remanere, et a ratione alienum et sensu sit, aërem hunc nostrum in quo degimus, circa terram magna uelocitate circumuolui, alioqui neque foetor, neque pestilens aliqua affectio, sed neque nebulae aut nubes diutius eandem ciuitatem obsiderent. Et sicuti uenti motum persentimus, ita et aëream illam girationem sentiremus. Quod cum neque hic, neque alibi fiat, disci potest aërem circa nos non adeo uehementer exagitari, ut nota dignum calorem ex eo motu uel indipisci possit, uel terris elargiri. Quae si uera sunt, relinquitur unicus Phoebi calor in quem huiuscemodi referri caloris uarietas possit.* EM VII, 1, Grenoble BM, F 7619 Rés., p. 18-20.

La raison et l'expérience gouvernent cet exposé. L'expérience des navigateurs portugais a enseigné la diversité des climats du monde. Le raisonnement consiste à éliminer les explications possibles de ce phénomène suivant la méthode de la division, et distingue d'abord les causes terrestres et les causes célestes. L'auteur ne retient d'abord que ces dernières, qu'il divise en célestes pures et astrales, pour demander finalement si la théorie aristotélicienne voulant que la terre, notamment dans ses zones les plus chaudes, reçoive sa chaleur, parfois très forte, du mouvement du ciel, est acceptable, et pour conclure que cette chaleur ne provient que du soleil, sans quoi nous sentirions le mouvement du ciel. Or l'argument, apparemment fondé sur la seule sensation, autrement dit l'expérience, qui consiste à dire que si la sphère de l'air tournait vraiment autour de la terre, nous le sentirions, car il faudrait, pour produire la très grande chaleur terrestre que nous connaissons grâce aux navigateurs, qu'elle le fasse à une très grande vitesse, cet argument tout à fait précis figurera sous diverses formes dans la littérature astronomique parmi les principales raisons avancées en faveur de la théorie copernicienne, et correspond semble-t-il en dernière instance au fait que, pour reprendre par exemple les termes de Philippe Hamou et Marta Spranzi, « Ptolémée était obligé de supposer que la sphère des étoiles fixes <dont il est de fait pratiquement impossible de distinguer celle du ciel, nous y reviendrons> était animée d'un mouvement d'une vitesse insensée (1 tour en vingt-quatre heures) et de sens inverse à celui de tous les autres »[49]. Disons rapidement ici que les lieux, les dates et les idées exprimées dans cette lettre de Manardi sur l'équateur suggèrent évidemment l'hypothèse sinon d'une rencontre effective probable entre Manardi et Copernic, du moins d'une étroite communauté de pensée soudée autour de quelques questions cardinales dont fait partie cet argument de Manardi disant que si le ciel tournait autour de la terre nous le sentirions. On sait en effet que Copernic arrive à Bologne fin 1496, s'inscrit à Ferrare pour obtenir un diplôme universitaire de droit canon en 1503, et que la date de rédaction de son premier exposé héliocentriste habituellement désigné sous le titre de *Commentariolus* est encore en discussion[50]. Et l'on sait aussi que le *De revolutionibus* de 1543 contient en I, 8 un argument très proche de celui formulé par Manardi dans sa lettre sur l'équateur, exprimé de la manière suivante :

> « Ptolémée n'a donc pas besoin de craindre que la terre et toutes les choses terrestres soient détruites par la rotation, produite par l'action même de la nature, qui est celle de la nature, qui est très différente de celle de l'art ou de celle qui peut résulter de l'industrie humaine. Mais pourquoi ne le craint-il pas encore bien plus en ce qui concerne le monde, dont le mouvement doit être d'autant plus rapide que le ciel est plus grand que la terre ? Le ciel est-il devenu si grand (immense) parce que ce mouvement, par une véhémence indicible, l'éloigne du

---

49. Ph. Hamou et M. Spranzi, *Galilée. Lettre à Christine de Lorraine et autres écrits coperniciens*, Paris, 2004, 17-18 n. 1.

centre, et doit-il tomber s'il s'arrête ? Assurément si cette raison était valable, la dimension du ciel irait à l'infini ; en effet, plus par la force même du mouvement il serait emporté en haut, d'autant plus rapide deviendrait son mouvement, par suite de la circonférence toujours croissante qu'il lui faudrait parcourir en l'espace de vingt-quatre heures ; et inversement, l'immensité du ciel augmenterait avec la croissance du mouvement. Ainsi à l'infini, la vélocité ferait croître la grandeur et la grandeur, la vélocité ».

La mention que faisait Manardi de la puanteur et de la maladie pestilentielle parmi les phénomènes météorologiques communément perceptibles comme les nuages et le brouillard, tous susceptibles d'une perturbation extraordinaire dans le système ptoléméen, mais logiquement impossible et inobservable, prend à partir de ce rapprochement une teinte ironique qui révèle les préoccupations du médecin de Ferrare. Les maladies pestilentielles et les puanteurs qui nous en signalent quelques unes, suggère-t-il, ne se promènent pas agitées comme des folles dans la stratosphère, mais bien parmi les « causes terrestres » et parfois même, ainsi *morbus Gallicus*, au milieu des soldats, et enfin plus généralement des hommes et des êtres vivants. Hippocrate fournirait alors d'autres arguments en ce sens, si l'on pouvait comprendre ses écrits.

En général, les *Lettres médicales* nomment assez fréquemment Hippocrate, « le bon vieillard », auquel est empruntée la définition finale de la médecine dans un *compendium* que nous retrouverons bientôt. Ces lettres résument parfois le propos d'un passage de la collection hippocratique, mais ne citent pratiquement jamais le texte, à deux exceptions près, dont la lettre XVI, 1 datée de 1533, qui permet de comprendre à quoi tient, pour les savants de ce temps, l'obscurité du père de la médecine, dans la traduction latine de Calvus que

---

50. H. Hugonnard-Roche, E. Rosen, J.-P. Verdet, *Introductions à l'astronomie de Copernic. Le Commentariolus de Copernic. La Narration prima de Rheticus*, introduction, traduction française et commentaire, préface de R. Taton, Paris, Blanchard, 1975. Rappelons cet argument du *De revolutionibus orbium caelestium*, 1543, ici cité d'après la traduction du livre I donnée dans A. Koyré, *Nicolas Copernic. Des révolutions des orbes célestes*, traduction, introduction et notes, [Paris], 1998, c. 7 : *Pourquoi les anciens ont pensé que la Terre est immobile au milieu du monde* : « Si donc, dit Ptolémée d'Alexandrie, la terre tournait, du moins en une révolution quotidienne, le contraire de ce qui vient d'être dit <il s'agit de l'exposé des mouvements simples, circulaire et rectilignes dans la Physique d'Aristote> devrait arriver. En effet ce mouvement qui, en vingt-quatre heures franchit tout le circuit de la terre, devrait être extrêmement véhément et d'une vitesse insurpassable. Or les choses mues par une rotation violente semblent être totalement inaptes à se réunir, mais plutôt unies [devoir] se disperser, à moins qu'elles ne soient maintenues en liaison par quelque force. Et depuis longtemps déjà, dit-il, la terre dispersée aurait dépassé le ciel même (ce qui est parfaitement ridicule) ; à plus forte raison les êtres animés et toutes les autres masses séparées qui aucunement ne pourraient demeurer stables. Mais aussi les choses tombant librement n'arriveraient pas, non plus, en perpendiculaire, au lieu qui leur est destiné, entre temps retiré avec une telle rapidité de dessous [d'elles]. Et nous verrions également toujours se porter vers l'Occident les nuages, ainsi que toutes les choses flottant dans l'air », 61. Et p. 19 Koyré résume ce propos en disant : « À l'objection physique <de Ptolémée, *cf.* c. 8> que le mouvement rotationnel de la terre engendrerait une force centrifuge immense qui ferait voler la terre en éclats, etc., etc., Copernic répond que l'on pourrait appliquer ce même raisonnement au mouvement des cieux ».

Manardi critique ici, publiée à Rome en 1525, la seule vulgarisation disponible en 1533 en dehors de l'aldine.

> « Tu demandes ce qu'Hippocrate a voulu dire dans le livre *De l'aliment* avec les mots qui commencent par : « Les natures de toutes les choses ne sont pas comprises par la doctrine ou par la science. Sang propre et étranger utile. Sang propre et étranger non utile » et ce qui suit. Mais avant d'attaquer l'explication de ces mots, il faut faire attention à une chose : ces mots, qu'ils soient de Thessalos ou d'Hérophile (car beaucoup pensent qu'ils ne sont pas du grand Hippocrate, bien que Galien cite ce petit traité comme hippocratique dans les *Aphorismes* et dans le livre *De la meilleure secte*), n'ont pas été traduits correctement et fidèlement par Calvus. Car pour moi je pense que pour transcrire des sujets aussi sérieux, il ne faut absolument pas observer le précepte d'Horace, qui engage à ne pas rendre mot pour mot, en suivant le défaut de l'interprète fidèle ; alors que je vois ceux qui s'écartent des mots des auteurs, s'écarter aussi généralement du sens, et s'éloigner de la vérité en s'efforçant à l'élégance. Et sans y prendre garde, presque tous ceux qui à notre époque transcrivent des livres dans la langue latine, s'écartent en général tellement du sens des auteurs, qu'ils disent tout plutôt que ce que l'auteur lui-même a dit. Telle est entre tous la faute de Calvus, d'ailleurs totalement ignorant de la médecine, pour le dire à son honneur. Voici par conséquent ce qu'il faut lire : « Les natures de toutes les choses ne peuvent être enseignées. Sang étranger utile, sang personnel utile. Sang étranger nuisible, sang personnel nuisible. Humeurs personnelles nuisibles, humeurs étrangères nuisibles : humeurs étrangères (adaptées) humeurs personnelles (adaptées). Consonnant dissonant, dissonant consonnant. Lait étranger profitable, lait personnel nuisible, lait personnel utile ». Tout cela semble avoir été écrit par l'auteur pour expliquer ce qu'il a exposé au début, à savoir que les natures des hommes ne peuvent s'enseigner : l'argument le plus efficace sur ce sujet est que certains sont secourus par des semblables, certains le sont par des étrangers. Car pour les uns le sang personnel est tout à fait mauvais, pour les autres c'est le sang étranger, à savoir le sang qui par la qualité contraire est utile à celui pour lequel le sang personnel est affecté : de telle sorte qu'à celui qui a un sang chaud au-delà de la mesure, c'est le sang qui s'écarte de la moyenne par autant de froid que le sang personnel a de chaleur, qui sera utile et profitable. Mais pour ceux dont le sang ne s'écarte pas énormément ou pas du tout de la mesure, c'est le sang personnel qui sera utile. C'est pourquoi aussi les nourritures qui engendrent de telles qualités sont utiles : et celles qui sont aptes à engendrer le contraire, sont inutiles. Ce qu'il a insinué par ces mots : « Sang étranger nuisible ». Mais ceux qui sont d'un sang mal affecté, c'est le sang personnel et les nourritures qui l'engendrent, qui sont nuisibles.

> Il faut comprendre la même chose au sujet des autres humeurs à partir du sang. Car dans les corps dans lesquels la pituite surabonde outre mesure, ce sont les nourritures qui sont aptes à engendrer la pituite qui sont nuisibles. Tandis qu'à ceux qui en ont modérément, conviennent les aliments qui l'engendrent. Et les autres choses sont à comprendre de la même manière : et aussi ce qui est en quelque sorte la conclusion de tout cela, à savoir que ce qui est consonnant est

tantôt dissonant, lorsqu'il s'accorde mal, tandis que le dissonant consonne lorsqu'il supprime la dissonance contraire : car étant dissonant du mal il s'accorde au bien. Il montre enfin la même chose concernant les enfants à la mamelle, à qui le lait étranger est profitable précisément quand même le lait maternel étant mal affecté, il les affecte mal eux aussi. Car c'est ce qu'il appelle le lait personnel, et dont il dit qu'il est parfois nuisible. De même que, pendant que le lait bien affecté les affecte également bien, et quand c'est au contraire le lait étranger <qui est mal affecté>, alors il est nuisible. On enlève toute la contradiction qui apparaît dans ces mots à partir de ce qu'il ajoute à la fin, c'est pourquoi bien sûr toutes les choses sont dites à la fois bonnes et mauvaises à quelque chose.

Tu demandes en outre l'explication d'autres mots que l'on peut lire ensuite dans le même opuscule de la manière suivante : « Les enfants pourrissent la nourriture, les jeunes gens ne la changent en rien, les vieillards la changent complètement ». Pour ces mots, bien qu'une erreur subsiste encore, plus ou moins corrigée cependant d'après un livre grec, il reste encore des choses recouvertes d'une épaisse obscurité. Car voilà comment je traduirais : « La nourriture pour les jeunes hommes est peu macérée, pour les vieillards elle est complètement macérée, pour ceux qui ont la vigueur de résister elle est dépourvue de toute macération ». Par ces mots, comme le pense aussi Galien dans son livre *Sur la meilleure secte*, l'auteur a voulu enseigner la qualité de la nourriture. Il dit donc que pour les enfants on doit avoir un aliment bien macéré, qui puisse être facilement digéré et transformé, à savoir humide : puisque (comme il l'écrit plus bas dans le même commentaire) un aliment humide est plus transformable qu'un aliment sec. Pour les vieillards c'est un aliment macéré au plus haut point et le plus apte à être digéré, parce qu'à cause de la faiblesse de leur chaleur, ils ne sont pas capables d'une transformation difficile par la digestion. Tandis que pour ceux qui ont la vigueur de résister, il leur faut une nourriture qui soit dépourvue d'absolument toute macération, à savoir une nourriture très solide : car des vivres trop humides pour eux et faciles à digérer, sont facilement corrompus par l'immensité et la pénétration de leur chaleur, tandis que des plus solides se changent bien.

Tu discutes encore une fois d'autres mots que tu lis de la manière suivante : « Pour d'autres, pour la distinction 40, pour les transformations 80, pour la coupure 240, il n'est pas et il est ». Assurément ces mots ne sont pas difficiles à comprendre, une fois qu'on a compris ceux qu'il a écrits un peu avant, quand il dit : « 35 soleils » et le reste. Car il expose quatre opinions au sujet du temps dans lequel le fœtus se forme dans l'utérus. Et lorsqu'il les a exposées il ajoute : oui et non, voulant évidemment montrer que les jours de la formation, du mouvement et de l'accouchement ne sont pas sûrs et écrits d'avance, mais contiennent une si grande variété que n'importe laquelle de ces opinions peut être vraie un jour : opinion à laquelle souscrivent non seulement les philosophes et les médecins mais aussi les jurisconsultes »[51].

---

51. *Op. cit.*, p. 162 de l'exemplaire BM Lyon Rés. 107 449.

Les passages d'Hippocrate que traduit et commente ici Manardi restent aujourd'hui parfaitement obscurs[52]. Ce traité *De l'aliment* est en effet regardé comme une imitation tardive d'Héraclite, de date indécise, et Manardi préconise une traduction littérale du texte de l'édition *princeps* aldine[53]. Sa méthode correspond à ce que nous appelons la critique interne, puisque les énoncés nominaux paratactiques tirent leur syntaxe de la formule initiale qui les précède : « Les natures de toutes choses ne peuvent s'enseigner », et des règles d'harmonie formulées ensuite, qui d'après Manardi « enlèvent toute la contradiction » mais que nous suivons avec peine. On comprend tout juste que la doctrine générale exprimée à travers ces quelques mots très obscurs d'Hippocrate ou de l'un des siens pourrait être que la diversité biologique naturelle enseignée par l'expérience médicale ordinaire interdit en pratique la transmission de celle-ci, que ces lignes proposent néanmoins de fonder sur un modèle épistémique à caractère plus ou moins musical[54]. Ce texte *De l'aliment* est du reste un de ceux qui retiennent particulièrement l'attention des savants du XVIe siècle pour des motifs encore à éclaircir, et nous en retrouverons un passage significatif dans le dernier traité médical de Janus Cornarius *Medicina siue medicus*, comme si les savants recherchaient alors à l'appui de leurs dires dans les nouvelles « sources grecques » une autorité pré-aristotélicienne, voire

---

52. *Hippocrate. Du régime des maladies aiguës. Appendice. De l'aliment. De l'usage des liquides*, texte établi et traduit par R. Joly, Paris, 1972, 145 : « c. 39 : Φύσιες πάντων ἀδίδακτοι. c. 40 : Αἷμα ἀλλότριον ὠφέλιμον, αἷμα ἴδιον (1) βλαβερόν, αἷμα ἀλλότριον βλαβερόν (2), αἷμα ἴδιον συμφέρον (3), χυμοὶ ἀλλότριοι συμφέροντες, χυμοὶ ἴδιοι βλαβεροί, χυμοὶ ἀλλότριοι βλαβεροί (4), χυμοὶ ἴδιοι συμφέροντες, τὸ σύμφωνον διάφωνον, τὸ διάφωνον σύμφωνον, γάλα ἀλλότριον ἀστεῖον, γάλα ἴδιον φλαῦρον, γάλα ἀλλότριον βλαβερόν, γάλα ἴδιον ὠφέλιμον. c. 39 : Aucune nature n'a à recevoir d'enseignement. c. 40 : Sang d'un autre, utile ; sang personnel, nuisible ; sang d'un autre, nuisible ; sang personnel, utile ; humeurs d'un autre, utiles ; humeurs personnelles, nuisibles ; humeurs d'un autre, nuisibles ; humeurs personnelles, utiles ; ce qui concorde est discordant ; ce qui est discordant, concorde ; le lait d'un autre est bon ; le lait personnel est mauvais ; le lait d'un autre est nuisible ; le lait personnel est utile. Autres leçons mss et problèmes textuels signalés dans l'édition Joly : (1) ἴδιον M : οἰκεῖον A ∥ (2) βλαβερόν Joly : βλαπτικόν A ὠφέλιμον M ∥ (3) συμφέρον A : βλαβερόν M ∥ (4) χυμοὶ ἀλλ- σύμφ- A : post ἀλλότριοι βλαβεροί pos. M ».

53. Le texte de l'aldine donne, p. 48 l. 29 et suivantes : φύσιες πάντων ἀδίδακτοι. αἷμα ἀλλότριον, ὠφέλιμον. αἷμα ἴδιον, ὠφέλιμον. αἷμα ἀλλότριον, βλαβερόν. αἷμα ἴδιον, βλαβερόν. χυμοὶ ἴδιοι, βλαβεροί. χυμοὶ ἀλλότριοι βλαβεροί, χυμοί ἀλλότριοι ξυμφέροντες. χυμοὶ ἴδιοι, ξυμφέροντες. τὸ ξύμφωνον, διάφωνον. τὸ διάφωνον, ξύμφωνον. γάλα ἀλλότριον, ἀστεῖον. γάλα ἴδιον, βλαβερόν. γάλα ἀλλότριον, βλαβερόν. γάλα ἴδιον, ὠφέλιμον. Calvus, *De nutricatu, diaetaeue siue alimentis liber*, CCIII-CCVI, CCV l. 25 et suivantes : *Quorum omnium naturae, doctrina, scientiaue, non capiuntur, sanguis proprius et alienus, utilis, sanguis proprius, et alienus non utilis, succi proprii, et alieni utiles, succi propri, et alieni non utiles, consonum dissonum, dissonum consonum. Lac alienum bonum, lac proprium malum, lac alienum malum, lac proprium bonum.* La traduction de 1546, *De alimento* p. 163 l. 2-7 de l'édition BIU Santé dira : *Naturae omnium nullo doctore usae sunt. Sanguis alienus utilis. Sanguis proprius utilis. Sanguis alienus nociuus. Sanguis proprius nociuus. Humores proprii nociui. Humores alieni nociui. Humores alieni conducibiles. Humores proprii conducibiles. Consonans dissonans est. Dissonans consonans est. Lac alienum bonum. Lac proprium nociuum. Lac alienum nociuum. Lac proprium commodum.*

54. Notons, après R. Joly, *op. cit.* p. 136 et 137 n. 3, que Schubring et Diels considéraient le commentaire de Galien *In Hippocratis librum de alimento* (K XV, 224-417) comme un faux datant de la Renaissance, mais voir aussi FG 92.

pré-platonicienne, ou au moins très antérieure à la construction d'une physiologie des qualités[55]. En somme le retour à Hippocrate, pour tout un courant médical illustré par Pic de La Mirandole, Manardi, son éditeur Rabelais et d'autres érudits médecins contemporains, fait clairement fonction de *tabula rasa*, et le discours de Janus Cornarius *In dictum Hippocratis, Vita brevis, ars vero longa est*, un demi-siècle après l'offensive anti-astrologique du dernier Pic de La Mirandole, exprimera toujours la même idée.

---

55. Intuition encore formulée récemment par G.E.R. Lloyd, « Le pluralisme de la vie intellectuelle avant Platon », dans *Qu'est-ce que la philosophie présocratique ?* A. Laks et C. Louguet (éds.), Villeneuve d'Ascq, 2002, 39-53, 44-46.

Chapitre II

La physiologie des humeurs et des qualités

Malgré la complexité de cette matière, il faut rappeler schématiquement les principes qui gouvernent la physiologie mise en cause à travers la querelle astrologique, en particulier dans ces *Lettres* de Manardi, pour comprendre les enjeux théoriques et pratiques du retour à Hippocrate à cette date de l'histoire des sciences[1]. La théorie médicale a souvent été la grande oubliée de cette discipline, dont elle modifie les perspectives en introduisant la catégorie du *vivant* dans une grille de lecture toujours construite autour de la notion de révolution copernicienne, et de la rupture épistémologique que représente la nouvelle explication scientifique du mouvement et de son rapport à l'état naturel des corps, comme le montre par exemple Paolo Rossi, historien hostile à l'idée d'une continuité dans la pensée scientifique[2]. On peut dire en effet, pour reprendre ses formules utiles à notre repérage problématique, que dans la physique d'Aristote « on appelle mouvement, d'une manière générale, tout passage de l'être en puissance à l'être en acte » et que « le mouvement est une sorte de *qualité* qui affecte les corps », tandis que la physique moderne repose sur la reconnaissance newtonienne du principe d'*inertie* et par là se sépare de ce qui est maintenant notre biologie, une matière qu'Aristote au contraire intègre à sa physique qualitative[3]. C'est alors à la *physiologie*, prise dans son

---

1. Question inséparable de celle des lectures d'Aristote à la Renaissance, qui ont fait l'objet de très nombreuses études, en particulier C. Schmitt, *Aristote et la Renaissance*, Paris, 1992 (*Aristote and the Renaissance*, 1983) ; E. Kessler, « Metaphysics or Empirical Science ? Two Faces of Aristotelian Natural Philosophy in the Sixteenth Century », dans *Renaissance readings of the Corpus Aristotelicum. Proceedings of the conference held in Copenhagen 23-25 April 1998*, M. Pade (éd.), Copenhagen, 2001, 79-101 ; S. Perfetti, *Aristotle's zoology and its Renaissance commentators (1521-1601)*, Louvain, 2000.

2. P. Rossi, *Aux origines de la révolution scientifique moderne*, Paris, 2004, 25-36 et en particulier p. 30 ; et dans une autre perspective L. Couloubaritsis, *La Physique d'Aristote*, Bruxelles, 1997, 20.

3. Sur l'essor récent des études de biologie aristotélicienne, voir essentiellement P. Pellegrin, *La Classification des animaux chez Aristote. Statut de la biologie et unité de l'aristotélisme*, Paris, 1982 ; et du même, l'introduction à sa réédition de la traduction Le Blond d'Aristote, *Parties des animaux Livre I*, Paris, 1995.

sens moderne de science du fonctionnement des êtres vivants, qu'il revient d'expliquer le mouvement de ces corps que nous disons aujourd'hui vivants plutôt que naturels, mais qui à l'époque de Manardi sont encore les objets de l'histoire et de la philosophie dites *naturelles*, axées sur ce que l'on peut appeler une physiologie des qualités héritée d'Aristote, et plus immédiatement d'Avicenne résumant lui-même Galien[4].

1. La doctrine humorale héritée de Galien

Nous partirons du *compendium medicinae* de Manardi, non daté mais antérieur à 1528 et sans doute à 1522, publié dans le *Tomus secundus*, et qui représente un résumé globalement fidèle à la doctrine d'Avicenne et de Galien. Le médecin de Ferrare y rassemble l'essentiel de l'héritage antique et médiéval en matière de physiologie médicale, nous offrant ainsi sinon le dernier mot de la pathologie humorale et de la théorie des tempéraments ou du mélange des qualités et des humeurs qui commande la nosologie ancienne, du moins la base sur laquelle se construisent les nouveaux raisonnements médicaux suscités par l'invasion des nouveaux mondes, autrement dit le meilleur point de départ pour en saisir la portée critique. Ce résumé sera pratiquement repris mot pour mot dans les premiers écrits systématiques de Janus Cornarius, et facilite la compréhension de son dernier traité *Medicina siue medicus*, ce qui justifie que nous le citions intégralement[5] :

> « Tu m'as demandé instamment, Besutinus <personnage non identifié>, de te composer une figure et une sorte de schéma de la médecine, comme je l'avais fait autrefois pour la dialectique, en donnant de très courtes formules de tous ses chapitres dans leur ensemble plutôt que des explications. J'ai fait ce que tu m'as ordonné, comme je l'ai pu et peut-être pas comme tu l'aurais voulu. Reçois-le et lis-le en pensant à ceci : je m'efforce d'être bref et je deviens obscur.
>
> [§1] La médecine est la science du corps humain, science qui reconstitue la santé ou la conserve. Le corps humain se constitue de diverses parties organiques, qui se composent de parties simples : et la décomposition ne cesse pas, jusqu'à ce qu'on arrive aux éléments. Telles sont les premières parties du corps, au nombre de quatre : le feu chaud et sec, l'air chaud et humide, l'eau froide et humide, la terre froide et sèche. À partir de leur mélange résultent neuf températures : une température qui existe plutôt dans notre esprit qu'en réalité, dans laquelle aucune des qualités élémentaires ne l'emporte sur l'autre. Et huit

---

4. Pour une actualisation de la question des relations entre biologie et physiologie, en voie de fusion à travers les nouveaux concepts de *biologie fonctionnelle* et de *physiologie intégrative* élaborés par Gilbert Chauvet, et aussi pour une esquisse de l'histoire qui détermine ces concepts depuis les penseurs présocratiques, voir son ouvrage *La vie dans la matière. Le rôle de l'espace en biologie*, Paris, 1995, 7-21.

5. Voir ci-dessous p. 383-448.

distempératures, quatre simples, une température seulement chaude, une seulement froide, une seulement humide, une seulement sèche. Et encore quatre températures composites, répondant aux qualités des éléments que l'on trouve aussi dans les quatre humeurs : le sang, la pituite, la bile rousse et la noire : et ces humeurs font le corps humain à son commencement et en même temps le nourrissent. Car la nourriture transformée en suc par le ventricule est d'abord changée en ces humeurs par le foie, et pour finir reçoit dans les membres une troisième coction, par laquelle elle devient semblable au membre. Les humeurs répondent aux éléments de cette manière : la bile rousse au feu, la bile noire à la terre, le sang à l'air, la pituite à l'eau.

[§2] À partir de ces éléments sont composées les parties simples et les membres similaires (homéomères), c'est-à-dire ceux dans lesquels la partie se rapproche de la même raison que le tout, comme la chair, l'os, le nerf. De ces parties simples sont composées les parties dites organiques : la tête, la main, le pied et les autres de ce genre. Parmi ces dernières, trois parties principales sont nécessaires à la conservation de l'individu : le cerveau, le foie, le cœur. Dans chacune d'elles réside un des pouvoirs principaux. La quatrième partie principale est nécessaire à la perpétuation de l'espèce : ce sont les testicules. Le cerveau est le siège de la puissance vitale. Cette dernière est double, à savoir motrice et connaissante, double puissance diffusée par les nerfs à travers le corps. Le foie, par une force naturelle résidant en lui, engendre le sang et les autres humeurs. Il les distribue à l'ensemble du corps par l'intermédiaire des veines pour fournir la nourriture comme nous l'avons dit. Le cœur, source de la vie, donne largement la vie à chaque particule par l'intermédiaire du souffle vital qu'il produit et qui est transporté par les artères. Il y a aussi des membres qui, sans être des parties principales, sont d'une grande importance parce qu'ils servent des parties principales, comme le ventricule <estomac> pour le foie, les poumons pour le cœur, la moelle épinière pour le cerveau.

[§3] C'est pourquoi un corps sera sain lorsqu'il sera efficace par rapport à chaque petite partie pour sa propre fonction. Il sera malade tant qu'il n'aura pas la force de remplir ses fonctions habituelles. Celles-ci sont lésées par un mauvais état de santé, qui n'est rien d'autre que la disposition dans laquelle les opérations sont lésées. En effet la lésion des opérations est appelée symptôme et dépend de la maladie comme de sa cause. Cette dernière est double : *praeincipiens* c'est-à-dire qui vient de l'extérieur, et corporelle, qui survient de l'intérieur. La maladie est de trois espèces : à savoir la mauvaise température, qui endommage d'abord les membres simples ; la mauvaise composition, qui endommage les parties organiques ; la solution de continuité, qui est le fait de l'une et de l'autre et leur est commune. En outre la mauvaise température est de multiples espèces. Nous avons montré plus haut que la *distempérature* était quadruple. Elle peut en outre être avec matière ou sans matière.

[§4] Parmi les mauvaises températures, la principale est chaude et sèche, si après avoir été allumée dans le cœur elle peut être transportée dans tout le corps. Nous l'appelons fièvre, et si elle peut être allumée dans les souffles, nous l'appelons fièvre éphémère ; fièvre putride si elle est allumée dans les humeurs, fièvre hectique si elle peut l'être dans les membres. Tandis que la mauvaise composition consiste dans l'augmentation ou la diminution du nombre et de la quantité, ou bien dans la position et l'association, ou bien dans la formation, c'est-à-dire dans la superficie ou la voie ou la concavité ou la figure.

[§5] Le symptôme, qui, comme nous l'avons dit, suit la maladie de même que la maladie suit la cause, est triple : l'opération lésée, la qualité changée, l'excrétion changée. C'est par ces choses que nous connaissons la maladie, parce qu'elles sont plus faciles à connaître.

[§6] Nous appelons contre nature ces choses auparavant naturelles, et nous nous efforçons de conserver les choses naturelles par les semblables, et de soigner les choses contre nature par les dissemblables. Il y a outre ces dernières des choses que nous disons non naturelles : à savoir l'air, la nourriture, la boisson, le sommeil et la veille, le mouvement et le repos, l'excrétion et la rétention, et une sixième, l'affection de l'âme. Si l'on s'y emploie comme il faut, on conserve la santé et on chasse la maladie. Sinon, les maladies et enfin la mort suivent.

[§7] Donc la maladie, puisqu'elle est une chose contre nature, doit être enlevée par le contraire ; ce que nous ne pouvons exécuter correctement si nous n'avons pas bien reconnu la maladie elle-même, et les choses contraires qui doivent lui être apportées. La maladie est reconnue à des signes ; ceux-ci sont ou bien les pronostics, qui sont les signes des choses futures, ou bien les signes mémorables, qui sont les signes des choses passées. Or le contraire, en ce qui concerne la température de la maladie, si la matière elle-même manque, c'est la médecine, qui doit tendre à la qualité contraire autant que la mauvaise température s'éloigne de l'état naturel. Mais si la température est réchauffée par la matière, il faut évacuer cette dernière. Il existe une évacuation perceptible, qui se fait soit par les excrétions propres des superfluités soit par la peau, et ou bien par la nature ou bien par le médecin. Il existe une autre évacuation, invisible, à laquelle contribue beaucoup le régime.

[§8] La maladie de mauvaise composition est aussi écartée par son contraire, à savoir une figure congrue, et en introduisant la surface manquante, en augmentant les menues parties, et enfin en appliquant à chaque chose son contraire, comme l'on soigne la solution de continuité par l'union. Si bien que la médecine n'est rien d'autre que ce qu'a établi pour nous le bon vieillard [Hippocrate], à savoir ajouter et retrancher. Porte-toi bien »[6].

Ce résumé, qui se termine par une définition de la médecine empruntée à Hippocrate, est dans ses grandes lignes, avons-nous dit, fondé sur le *Canon* d'Avicenne, en particulier pour ce qui concerne la doctrine humorale, réduite en pratique à une physiologie des qualités, c'est-à-dire à une grammaire de leur fonctionnement ou de leurs échanges. Les quatre humeurs sang, pituite, bile rousse, bile noire n'y sont en effet envisagées d'abord que comme des *intempéries* 'composées', puis à travers leur relation aux quatre éléments air, eau, terre et feu (§1), et par là-même à leurs qualités, ce qui suppose, de manière à

6. « *Efflagisti a me, Besuti, ut quemadmodum olim Dialecticae, ita Medicinae typum quendam et veluti subfigurationem tibi conscriberem, universa eius capita brevissime innuentem potius quam explicantem. Feci quod jussisti, ut potui, non forte ut voluisses. Accipe et lege, illud cogitans : Brevis esse laboro, obscurus fio.*

[§1] *Medicina est scientia corporis humani, sanitatem vel reficiens, vel conservans. Corpus humanum ex variis partibus instrumentalibus constat, quae ex simplicibus componuntur. Simplices in alias simpliciores resolvuntur : nec cessat resolutio, donec ad elementa ventum sit. Haec sunt primae partes corporis, numero quatuor : Ignis calidus et siccus, Aër calidus et humidus, Aqua frigida et humida, Terra frigida et sicca. Ex horum commixtione novem resultant temperaturae : una temperatura quae potius intelligitur quam fit, in qua nulla qualitatum elementarium aliam vincit. Octo distemperatae. Simplices quatuor, calida tantum, frigida tantum, humidis tantum, et sicca tantum. Compositae rursus quatuor, elementorum qualitatibus respondentes, quae etiam in quatuor humoribus reperiuntur : sanguine, pituita, bile rufa, et atra : qui quidem humores et ab initio corpus humanum faciunt, et post nutriunt. Cibus enim a ventriculo in succum mutatus, in hos primo a jecore convertitur, et demum in membris tertiam recipit concoctionem, qua ei similis fit. Respondent elementis hoc pacto, Bilis rufa, igni ; atra, terrae : Sanguis aëri : Pituita, aquae.*

[§2] *Ex his primo simplicia et similaria membra componuntur, id est, in quibus pars eandem cum toto rationem subit : veluti caro, os, nervus. Ex simplicibus constituuntur, ut diximus, instrumentalia : caput, manus, pes et id genus caetera. Ex quibus tria principalia ad individui conservationem necessaria : cerebrum, jecur, cor. In quorum singulo una ex principibus potestatibus residet. Quartum ad speciei perpetuitatem, testes. Cerebrum sedes est potestatis animalis. Quae duplex est, motiva scilicet, et cognoscens, per nervos in universum corpus disseminatos diffusae. Jecur per vim naturalem in eo consistentem, sanguinem et alios humores gignit : quos per venas universo corpori ad alimentum praestandum, ut diximus, distribuit. Cor vitae fons, per vitalem spiritum a se genitum, et per arterias transmissum, singulis particulis vitam elargitur. Sunt et quaedam membra, quae principalia quidem non sunt, sed quia principalibus ministrant, etiam ipsa magni momenti sunt, veluti ventriculus jecoris, pulmones cordi, spinalis medulla cerebro.*

[§3] *Sanum itaque corpus erit, cum suo quaeque munere particula integre pollebit. Aegrum dum consuetas explere functiones non valebit. Laeduntur hae ab aegritudine : ea quippe nil aliud erit quam dispositio, ex qua operationes laeduntur. Ipsa enim operationum laesio symptoma dicitur, quod ita a morbo, sicut morbus a causa pendet. Quae quidem est duplex : praeincipiens, id est, quae extrinsecus occurrit : et corporea, quae intrinsecus. Morbus triplex in genere est, scilicet, mala temperatura, qui primo laedit simplicia membra : mala compositio, quae instrumentalia : continuitatis solutio, quae est utrique communis. Porro mala temperatura totuplex genere est : quadruplicem supra distemperantiam esse monstravimus. Quae praeterea et cum materia et absque ea esse potest.*

[§4] *Inter malas temperaturas praecipua est calida et sicca, si in corde accensa ad totum corpus feratur. Hanc febrem vocamus, quae si in spiritibus primo accendatur, Ephemera : Si in humoribus, putrida : Si in membris, hectica vocatur. Mala compositio autem, in quantitate numerove auctis aut diminutis, aut in positu ac societate, aut in formatione, id est, superficie, via, concavitate, figurave consistit.*

[§5] *Symptoma, quod, ut diximus, morbum sequitur, ut hic causam, est triplex : operatio laesa, qualitas mutata, exiens mutatum. Per quae veluti notiora, morbos cognoscimus.*

[§6] *Praeter naturam has res, priores naturales vocamus ; atque naturales quidem per similia conservare : praeter naturales per dissimilia curare laboramus. Sunt praeter has aliae quaedam res, quas non naturales dicimus : Aër videlicet, cibus et potus, somnus et vigilia, motus et quies, excretio et detentio, et sextum cum his, animi affectus : per quae si recte adhibeantur, et sanitas conservatur, et morbus pellitur. Si minus, et morbi et tandem mors sequitur.*

[§7] *Morbus ergo cum sit res praeter naturam, tollendus per contrarium est : quod praestare recte non valemus, nisi et morbum ipsum bene agnoverimus, et ea ipsa, quae adferenda sunt contraria. Morbus signis agnoscitur : haec sunt aut prognostica, quae futurorum : aut diognostica, quae praesentium, aut memorativa quae praeteritorum. Contrarium vero, morbi contrarium est temperatura, si ipsa materia vacat, est medicina, quae tantum debet ad contrariam qualitatem vergere, quantam mala ipsa temperatura a naturali habitu recessit. At si temperatura materia fovetur, hanc evacuare oportet. Est autem evacuatio alia sensibilis, quae vel per propria superfluorum excretoria fit, vel per cutem : et aut a natura, aut a medico. Alia caeca, ad quam nultum confert inedia.*

[§8] *Morbus malae compositionis per suum quoque contrarium amovetur, figuram videlicet congruam, superficiemque debitam inducendo, minuta augendo : et demum suum cuique contrarium adhibendo, sicut et soluta continuitas per unionem curatur, ita ut nihil aliud sit medicina, nisi quod bonus senex nobis definivit, adjectio et ablatio. Vale* ». EM IV, 1 dans BM Grenoble F 7619, 116-119 (Paris, 1528). Les § ont été introduits dans un souci de clarté.

première vue paradoxale, que ces quatre éléments eux-mêmes soient également envisagés comme composés ou mélangés, une subtilité d'ailleurs prise en compte dans le *De temperamentis* de Galien. La théorie des tempéraments ou 'températures' qui constitue alors l'essentiel de la doctrine humorale, dans sa remarquable sobriété schématique, n'offre pas autre chose que la base logique de quelques énoncés rudimentaires sur l'art d'appliquer la règle des contraires dans certains cas de maladies (§ 6 et 7), en premier lieu celles que l'on appelle alors les fièvres (§ 4).

Le chapitre d'Avicenne sur les tempéraments, intitulé *De complexionibus* dans la traduction de Gérard de Crémone, appartient au livre I, 1 lui-même considéré *as a manual of Galenic physiology* selon les termes de Nancy Siraisi, qui explique aussi comment tout l'ensemble du *Canon* est organisé comme un manuel médical destiné à l'application pratique immédiate. On sait qu'après ce livre I du *Canon* consacré à la physiologie, puis aux variétés des maladies, à leurs causes, aux milieux les suscitant, puis aux signes, aux pouls, aux urines, au régime et à la thérapie, le Livre II offre une liste alphabétique des simples, le Livre III une liste des affections particulières ou lésions organiques *a capite ad calcem*, le livre IV un exposé sur les maladies générales et le livre V une liste des médicaments composés[7]. Bien sûr l'appellation de physiologie, que conserve par commodité N. Siraisi, est anachronique et ne recouvre pas exactement les catégories arabo-latines des *res naturales, res non naturales* et *res contra naturam* véhiculées par le *Canon* et par toute la médecine arabo-médiévale, et que l'on a retrouvées ici dans le résumé de Manardi[8]. On doit en outre observer que ce *compendium* évacue les considérations sur l'évaluation quantitative des proportions du mélange adéquat qui interviennent dans la définition avicennienne, mais que l'on trouve ailleurs dans les *Epistolae medicinales*, sans doute parce qu'Avicenne à la suite de Galien expose là, avec les outils conceptuels et les moyens de calcul de son temps sur lesquels beaucoup reste à apprendre, pour quelles raisons l'appréciation de la *temperatura* humaine est techniquement impossible[9]. À cette réserve près, la conception d'ensemble est la même chez Manardi et Avicenne, et traduit strictement Galien.

L'enseignement de Galien sur les relations entre humeurs et qualités est surtout donné dans le traité *De temperamentis*, auquel nous nous limiterons ici pour indiquer ce que le *compendium* de Manardi en retient dans la perspective qui nous occupe[10]. Galien y expose d'abord, de manière à son tour assez

---

7. *Avicennae ... Canonis libri V ex Gerardi Cremonensis versione et Andreae Alpagi Belunensis castigatione ...* Venise, Juntes, 1608, BM Lyon 22 737, t. 1, 11-20 ; Siraisi *op. cit.* ci-dessus n. 26 p. 128, en particulier 33-36.

8. Sur les sources de la doctrine physiologique du *Canon*, à savoir Galien (*De temperamentis, Des facultés naturelles, De usu partium*), l'*Isagogè Johannitii* de Hunain ibn Isaac, le *Liber ad Almansorem* de Rasis, le *Pantegni* de Constantin l'Africain, le *Liber totius medicinae* d'Haly Abbas traduit par Stéphane d'Athènes, voir Siraisi *op. cit.* ci-dessus n. 26, en particulier 39 et n. 66 ; D. Jacquart et F. Micheau, *La médecine arabe et l'Occident médiéval*, Paris, 1996, 30-85.

conforme à ce qu'enseigne Aristote, que les qualités élémentaires, le chaud, le froid, le sec et l'humide, ne se trouvent pas à l'état pur dans les corps des êtres vivants, mais seulement dans les éléments premiers, στοιχεῖα, le feu, l'air, la terre et l'eau, mais Galien ajoute que ces qualités sont aussi à comprendre comme qualités prédominantes dans le mélange, κρᾶσις, de ces éléments ou qualités dont ces corps sont constitués[11]. Les combinaisons envisagées sont réduites chez Galien comme dans le *compendium* de Manardi à deux formules principales selon qu'une ou deux des quatre qualités prédominent dans le mélange mal tempéré, en obéissant pour le dire simplement à une loi combinatoire vérifiée par l'expérience, telle que le feu ne peut se transformer directement en eau, le chaud en humide, mais doit passer par l'air ou le froid, et l'air peut à son tour devenir de l'eau[12]. Il y a donc pour Galien, dont s'inspire Manardi *via* Avicenne, neuf tempéraments, quatre tempéraments simples (chaud ou humide ou froid ou sec), quatre tempéraments composés ou doubles, (chaud et humide ou chaud et sec ou froid et humide ou froid et sec), et un tempérament ni chaud ni froid ni humide ni sec, le tempérament optimal, le seul peut-être méritant l'appellation de κρᾶσις ou du moins celle de *temperatura* dans le latin de Manardi, et cette *temperatura* se distingue des huit autres tempéraments, dits plutôt *intempéries*, par le fait que d'une part elle n'existe pas dans la réalité mais seulement dans l'esprit, et que d'autre part c'est elle qui fournit, paradoxalement et tout irréelle qu'elle soit, le critère de

9. Voici le début du c. *De complexionibus*, p. 11 de l'édition citée : « *Complexio est qualitas, quae ex actione ad invicem et passione contrariarum qualitatum in elementis inventarum, quorum mentes ad tantam parvitatem redactae sunt, ut cuiusque earum plurimum contingat plurimum alterius, provenit* : le tempérament est la qualité qui provient tour à tour de l'action et de la passion (qui provient de l'action alternativement exercée et subie) des qualités que l'on trouve dans les éléments, dont les esprits ont été réduits à une telle petitesse que la plus grande part de chacune de ces qualités atteint la plus grande part de l'autre ... *Debes autem scire, quod aequale, de quo medici in suis inquisitionibus tractant, non est denominatum ab aequalitate in qua aequalitas cum pondere aequaliter existit, sed denominatur a justitia divisionis* : or l'on doit savoir que l'égal dont traitent les médecins dans leurs recherches n'est pas dénommé d'après l'égalité dans laquelle l'égalité apparaît telle avec un poids, mais est dénommée ainsi d'après la justesse de la division ».

10. Voir aussi l'article de D. Jacquart cité ci-dessus n. 30 ; *De temperamentis* K I, 509-694 ; G. Helmreich, *Galeni* De temperamentis libri III, Leipzig, 1904. Sur les noms du mélange, κρᾶσις et μίξις, chez Galien, V. Boudon-Millot, « La notion de mélange dans la pensée médicale de Galien : *mixis* ou *krasis* ? », *Revue des études grecques* 124 (2011/2), 261-279, 274.

11. La théorie galénique des éléments est exposée dans le *De elementis ex Hippocrate* ; voir Ph. de Lacy, *De elementis ex Hippocrate. On the elements according to Hippocrates. De elementis ex Hippocratis sententia*, Berlin, 1996 = K I, 413-508. Sur la base aristotélicienne de cette théorie et ses dimensions mathématiques voir *Aristote. De la génération et de la corruption*, texte établi et traduit par M. Rashed, Paris, 2005, 156-157, n. 1 et 3 à 330a12-330b7.

12. « parmi les éléments, ni l'eau n'est de nature à se transformer directement en feu, ni le feu en eau ; tous deux peuvent se transformer en air et celui-ci en l'un et l'autre, mais ces derniers ne peuvent en aucun cas se transformer l'un en l'autre. La transformation de l'eau en air est immédiate, de même que celle du feu ; celle de l'eau et du feu l'un en l'autre n'est pas immédiate : c'est qu'ils sont opposés et ennemis l'un de l'autre. (ἐναντία ἐστὶ καὶ πολέμια K I, 671) » trad. V. Barras, T. Birchler. Je remercie ces auteurs de m'avoir généreusement communiqué leur travail, et de m'avoir fait bénéficier de leur compétence sur ce texte. Notons que Galien simplifie ici la distinction de *GC* 330a21-28 sur le feu simple et le feu mélangé et admet par conséquent l'existence de corps non mélangés, inacceptable selon la perspective aristotélicienne, mais dont on retrouve l'expression jusque dans le *compendium* de Manardi.

la santé. Il semble qu'un des buts de la théorie développée dans le livre I du *De temperamentis* soit en réalité de rendre logiquement acceptable ou pensable la double signification des qualités, comprises à la fois comme propres à tel élément et comme prédominantes, ou bien ce que l'on pourrait appeler par référence au schéma de Manardi le niveau hiérarchique des tempéraments simples, autrement dit on peut penser que Galien s'efforce de simplifier la distinction aristotélicienne du feu simple et du feu mélangé, ou bien, dit encore d'une troisième manière, essaie en somme d'autoriser l'appréhension seulement intellectuelle ou imaginaire de corps non mélangés ou purs, plus ou moins interdite dans le système aristotélicien, mais dont on retrouve la préoccupation à travers les deux mentions des quatre humeurs dans le *compendium* de Manardi, qui se fait au prix de la simplification lexicale déjà signalée selon laquelle peut être dit chaud un corps dans lequel le chaud prédomine[13]. C'est exactement ce que permet la notion galénique de *crase* idéale, présentée comme le repère abstrait indispensable à tout raisonnement (K I, 519), et constituée si l'on peut dire par l'idée de milieu entre deux extrêmes (K I, 543-544). Car d'une part il n'y a « rien d'absurde en effet à ce qu'un corps soit en même temps chaud et froid, sauf s'il est comparé à lui-même » (K I, 537), et d'autre part « chez tous les êtres, le milieu entre les deux extrêmes constitue la bonne mesure et le bon mélange dans tel genre ou telle espèce (τὸ μέσον τῶν ἄκρων ἐστὶ τὸ σύμμετρον καὶ κατ' ἐκεῖνο τὸ γένος ἢ εἶδος εὔκρατον) » (K I, 543-544).

Or pour connaître ce juste milieu, dit Galien, on peut par exemple prendre l'eau à son stade le plus chaud ou bouillante, puis à son stade le plus froid ou sur le point de geler, et mélanger les deux à égalité, de manière à obtenir un point médian supposé à égale distance des deux extrêmes précédemment obtenus sur un mode expérimental. Mais il n'est pas possible de faire de même pour le corps humain ou l'un de ses constituants, qui ne laissent pas indiquer leur *temperatura* par un tel point médian, lequel devrait être selon l'image de Galien un équivalent médical du *canon* de Polyclète, et qui ne peut s'obtenir, dans le cas par exemple du sang, « avec la mesure et le poids », μέτρῳ μὲν οὐχ οἷόν τε μηνῦσαι καὶ σταθμῷ, λόγῳ δ' ἐγχωρεῖ διελθεῖν (K I, 608), une solution

---

13. « Le feu cependant, l'air et chacun des corps mentionnés ne sont pas simples mais mélangés. Les corps simples leur ressemblent, mais ils ne sont pas identiques : par exemple ce qui est semblable au feu a la forme du feu, mais il n'est pas le feu » et tout le passage *GC* 330a21-28, trad. M. Rashed 57, à comparer à Galien K I, 535. Le passage du *De temperamentis* K I, 536, disant « de tels sophismes se produisent lorsqu'on ne distingue pas correctement les significations et *qu'on croit* que le chaud se dit de deux façons, soit non tempéré, non mélangé et simple, soit comme prédominant dans le mélange avec son contraire » selon la trad. de V. Barras et T. Birchler – qui en signalent l'incohérence dans une note – est sans doute corrompu, et signifie, à mon avis, quelque chose comme, littéralement : « de tels sophismes se disent à cause du fait de ne pas distinguer... mais de *croire à tort* etc. ».

uniquement envisageable pour la *temperatura* de l'eau[14]. À défaut de cet instrument de mesure, c'est donc la peau de l'homme qui fournit le repère substantiel ou concret de la *temperatura* humaine. Sont ensuite abordées les combinaisons propres aux humeurs ou aux organes et aux autres composants identifiés de la physiologie humaine, car tous ont leur *temperatura* spécifique. L'os est le plus sec des *organes* que la peau recouvre, et le poil est le plus sec à l'extérieur de celle-ci, etc.. Le sang est la meilleure des humeurs, dit Galien, alors que la bile noire, qui est comme un sédiment ou une lie du sang, est plus froide et plus épaisse, autrement dit plus sèche, que celui-ci, tandis que la bile jaune est plus chaude que la bile noire. L'outil pour en juger est le toucher. Les mouvements des humeurs dans le corps sont cependant susceptibles de modifier la *temperatura* du cœur, chaud et humide, ou du cerveau, plus froid que le cœur, etc.. L'homme est de tous les êtres vivants celui qui a la meilleure *temperatura*.

Rappelons ici que tous les raisonnements conduits dans le *De temperamentis* se situent dans une perspective pharmaceutique, les remèdes n'ayant d'autre effet à provoquer que le rétablissement de la (bonne) *temperatura* ou santé. Le médecin de Pergame compare l'action de la nourriture et des remèdes et conclut en disant que les nourritures sont les substances

14. « Puisque, pour tous les genres, et surtout dans le cas des substances prises toutes ensemble, le milieu consiste dans le mélange (μίξεως) des extrêmes, il faut donc, pour se le représenter et le reconnaître, partir aussi de ces derniers. Pour qui est de se le représenter, cela est très facile. En effet, partant de ce qu'il y a de plus chaud parmi tout ce qui parvient à la sensation, comme le feu ou l'eau en pleine ébullition, pour arriver au plus froid de tout ce que nous connaissons, comme la glace ou la neige, nous nous représentons un intervalle, et le coupons exactement au milieu. C'est ainsi que, par la représentation, nous trouverons la bonne mesure (τὸ σύμμετρον), à égale distance des deux extrêmes. Mais nous pouvons en quelque sorte aussi la réaliser en mélangeant la même masse de glace et d'eau bouillante. Car ce qui a été mélangé à partir d'eux sera à égale distance des deux extrêmes, celui qui brûle et celui qui est mortellement froid. Il n'est donc plus difficile désormais, ayant ainsi touché ce qui est mélangé, d'obtenir le milieu de l'opposition selon le chaud et le froid, de s'en souvenir et de juger tout le reste comme si on le comparait à une sorte de canon. Et bien sûr, ayant mouillé de la terre sèche ou de la cendre ou quelque chose d'autre de desséché avec de l'eau en masse égale, on fera un corps moyen dans l'opposition selon le sec et l'humide. Ici non plus, il n'est nullement difficile, ayant reconnu un tel corps par la vue aussi bien que par le toucher, de la garder en mémoire et d'en faire un usage en tant que canon et critère pour reconnaître ce qu'il y a d'excessif ou d'insuffisant dans les corps humides et secs. Posons donc que le corps qui doit être jugé est chaud de façon bien mesurée. S'il est porté à l'extrême de la chaleur ou du refroidissement, ce corps moyen entre l'humide et le sec donnera parfois une fausse impression, et paraîtra tantôt plus humide, tantôt plus sec que la bonne mesure. S'il est chauffé plus qu'il ne convient et s'il se met à fondre ou à couler, il donnera de lui une impression plus humide. Si par contre il est refroidi au-delà de ce qu'il faut, il se figera, gèlera, deviendra immobile et paraîtra dur à celui qui le touche ; de ce fait, il fournira une fausse impression de sécheresse. Mais si un corps qui possède de l'humide et du sec à parts égales est aussi le milieu de la chaleur et du refroidissement, alors un tel corps ne paraîtra ni dur ni mou à qui le touche. Or <effectuer> le mélange total de toutes ces qualités, c'est-à-dire le chaud, le froid, le sec et l'humide, est impossible à l'homme ». = ἀδύνατον ἀνθρώπῳ qui peut aussi se comprendre comme signifiant 'est impossible pour l'homme' ou 'chez l'homme', une interprétation que je retiens pour ma part en raison de l'écho qu'on peut lui trouver chez Avicenne dans le passage cité ci-dessus n. 68, qui témoigne d'une évolution vers la recherche de ce juste milieu de la température humaine, pouvant être donné par la 'justesse de la division'. Mais il existe des arguments en faveur de l'autre interprétation, donnés par la suite qui dit : « effectuer le mélange total (...) est l'œuvre de Dieu et de la nature » Trad. V. Barras et T. Birchler = K I, 560-563 et 566.

rendues complètement semblables, c'est-à-dire assimilées, au sang, tandis que les remèdes sont les substances qui opèrent un changement total ou partiel de la *temperatura* totale ou partielle du corps, autrement dit affectant ce dernier mélange soit dans sa qualité soit dans sa substance, qui s'en trouve donc augmentée. On devine alors que le développement de la théorie humorale à mettre sans doute au compte du traité galénique *De temperamentis* se situe plus ou moins dans cette zone du *logos* galénique où l'on voit que la qualité produit en somme, et pour le dire sans doute un peu trop vite, de la quantité, par augmentation de substance[15]. C'est pourquoi la distribution et la combinaison des quatre qualités élémentaires traditionnelles en *huit intempéries morbides plus une température saine* propre à chaque être physique et à chaque partie le composant, aboutit dans *De temperamentis* à ce que la définition de la *physis* de chaque être ou partie d'être vivant se confonde insensiblement avec celle de la *température* de son mélange particulier, ce dont le sens ordinaire de *tempérament* porte encore aujourd'hui la trace dans quelques uns de ses emplois[16].

2. Le système des qualités dans la physique aristotélicienne

Dans la physique aristotélicienne, que Galien dit parfois mieux comprendre que certains, on sait que le rôle des qualités élémentaires est pour nous difficile à saisir parce que l'ancienne physique ne peut les quantifier, alors que nous savons mesurer le chaud et le froid, le sec et l'humide. La connaissance naturelle aristotélicienne est en effet dominée par l'interdiction d'appliquer la méthode mathématique aux êtres matériels[17]. Or le chaud, le froid, le sec et

---

15. Galien conclut l'analyse des aliments médicaments en ces termes : « Ainsi, c'est avec raison que de tels aliments sont doublement caractérisés, par le fait qu'ils influent sur nos corps en tant que médicaments et par le fait qu'ils nourrissent. Pendant tout le temps de la digestion, ils agissent comme médicaments ; mais aussitôt qu'ils ont commencé à nourrir et sont entièrement assimilés, alors, n'agissant plus du tout contre nous, ils augmentent la chaleur innée, comme on l'a déjà dit auparavant. Cela est commun à toutes les substances qui nourrissent ; et, gardant toujours en tête l'exemple du bois vert, on ne s'étonnera pas si, au cours de la digestion, l'une d'elles refroidit avant d'être assimilée et de nourrir, mais chauffe après avoir été assimilée et avoir nourri. Ainsi, l'utilisation aussi de ces substances par les médecins est double : en tant qu'aliment et que médicament. Supposons que, chez quelqu'un, le mélange le meilleur dans l'estomac ait changé vers le plus chaud. Aussi longtemps donc qu'il digère la laitue, il refroidira et acquerra l'équilibre du mélange ; mais dès qu'il commence à être nourri par elle, il augmente la substance de la chaleur naturelle. C'est bien sûr en cela surtout que la plupart des médecins plus récents me paraissent s'induire eux-mêmes en erreur : ils ignorent ce c'est tantôt la qualité de la chaleur en nous qui s'intensifie, tantôt la substance qui s'accroît (ἐνίοτε μὲν ἡ ποιότης ἐπιτείνεται τῆς ἐν ἡμῖν θερμασίας, ἐνίοτε δ' ἡ οὐσία παραύξεται), et que les Anciens disent que l'animal devient plus chaud dans ces deux sens » trad. V. Barras, T. Birchler = K I, 677-679.

16. Mêmes observations sur l'évolution du sens de *physis* chez Galien dans F. Kovacic, *Der Begriff der Physis bei Galen vor dem Hintergrund seiner Vorgänger*, Stuttgart, 2001, en particulier 89 n. 23.

17. « On ne doit pas notamment exiger en tout la rigueur mathématique, mais seulement quand il s'agit d'êtres immatériels. Aussi la méthode mathématique est-elle inapplicable à la Physique, car toute la nature contient vraisemblablement la matière ». *Métaphysique* α II 995a, trad. J. Tricot t. 1, 68. Sur les limites de la *mathesis universalis* voir l'étude de l'analogie dans J. Vuillemin, *De la logique à la théologie. Cinq études sur Aristote*, nouvelle version remaniée et augmentée, Louvain-la-Neuve, 2008, 6-33.

l'humide sont éminemment matériels puisqu'ils sont perçus par la sensation[18]. Bien que la physique aristotélicienne soit pour nous celle de la « Terre immobile » et des dogmes scolastiques les plus invétérés, elle apparaît toujours plus, à travers les travaux récents qui lui sont consacrés, comme une *dynamique* conséquente, d'autant plus vigoureuse qu'elle se formule à partir de notions à caractère évolutif, pour ne pas dire mouvant, souvent portées par plusieurs mots interchangeables et de sens instable ou mal compris, tous les lecteurs d'Aristote le savent. Ainsi les qualités élémentaires sont-elles, en tant que qualités, de la famille des attributs, des accidents, des propriétés « découlant de l'essence mais qui n'appartiennent pas à l'essence », presque indifféremment *pathē* ou *sumbebēkōta* de l'*ousia*, un terme qui désigne lui-même aussi bien la substance que l'essence, et dont la traduction ne peut pas non plus être uniforme[19]. Ces qualités sont élémentaires pour autant qu'elles appartiennent essentiellement aux éléments premiers de la tradition physiologique reprise par Aristote, l'eau de Thalès, l'air d'Anaximène, le feu d'Héraclite auquel Empédocle, d'après Aristote, ajoute un quatrième élément, la terre[20]. Aussi pour comprendre à quoi correspond la critique humaniste des qualités élémentaires héritées de la physique aristotélicienne devons-nous rappeler leurs définitions et les fonctions qu'elles remplissent dans l'explication philosophique naturelle, en suivant l'ordre probable de rédaction sur lequel s'accordent à peu près tous les commentateurs : *Physique, Du ciel, Génération et corruption, Météorologiques*[21]. Il s'agit ici pour nous uniquement d'apprécier la portée systématique de la critique humorale apparue dès le traité de Pic puis reprise par Manardi et ses émules, en négligeant volontairement dans ce raccourci d'une part le poids ajouté au texte au cours de sa transmission jusqu'à eux, et d'autre part la signification ontologique de la physique aristotélicienne au sens large[22].

---

18. Les « choses mathématiques » sont également disqualifiées par Aristote comme outils de la connaissance à travers sa critique des Pythagoriciens, jugés incapables d'expliquer le mouvement, si c'est comme ils le pensent le nombre qui est le principe de la nature. *Métaphysique* A, 989b-990a, trad. J. Tricot t. 1, 41.

19. Du moins d'après J. Tricot t. 1, 78 n. 1. Rappelons que le terme aristotélicien *ousia* serait mieux traduit par étance, selon L. Couloubaritsis, *Aux origines de la philosophie européenne*, Bruxelles, 2005, en particulier 35 et 411 pour l'histoire du problème. Sur ces différences et plus généralement sur la démonstration conduite dans la *Physique*, on ne peut que renvoyer à l'étude intitulée « La théologie d'Aristote » de J. Vuillemin, dans l'ouvrage déjà cité *De la logique à la théologie*, 175-226.

20. *Métaphysique* A, 983b-984a, J. Tricot t. 1, 12-16.

21. Aristote, *Physique*, texte établi et traduit par H. Carteron, Paris, 1926, 15. Nous citerons le texte grec et la traduction d'après cette édition.

22. La meilleure mise à jour bibliographique sur la transmission d'Aristote à la Renaissance nous paraît fournie par l'édition déjà citée des *Météorologiques* par P. Thillet, en particulier le chapitre sur les commentaires 12-23 et ses notes. Sur la place de la physique dans la philosophie aristotélicienne, en particulier sur le statut de la recherche des principes, l'essentiel nous semble dit dans E. Berti « La *Métaphysique* d'Aristote : onto-théologie ou philosophie première ? », *Revue de philosophie ancienne* 14 (1996), 61-85 ; et du même « Primato della fisica ? », dans *La Fisica di Aristotele oggi. Problemi e prospettive*, R. L. Cardullo et G.R. Giardina, Catania, 2005, 33-49. Voir aussi G. Freudenthal, « The Astrologization of the Aristotelian Cosmos : Celestial Influences on the Sublunar World in Aristotle, Alexander of Aphrodisias, and Averroes » dans *New Perspectives on Aristotle's* De caelo, A.C. Bowen et C. Wildberg (éds.), Leiden, 2009, 239-281.

La réfutation des théories antérieures dans les quatre premiers chapitres de la *Physique*, livre I, débouche sur l'affirmation d'une sorte d'équivalence entre les principes, ἀρχαί, et les éléments premiers, στοιχεῖα. Aristote ramène alors ces principes à « deux ou trois » pour rendre compte de la génération, il s'agit de la matière, ὕλη, et des contraires, τὰ ἐναντία[23]. La matière est le premier substrat ou sujet, τὸ πρῶτον ὑποκείμενον, un par le nombre ou deux par la forme si l'on tient compte du changement[24]. Partant de quoi la nature, φύσις, est « la matière qui sert de sujet immédiat à chacune des choses qui ont en elles-mêmes un principe de mouvement et de changement »[25]. Il y a évidemment d'autres définitions de la nature, mais elles incluent toujours mouvement et changement, car la nature est un principe et une cause du mouvement, et c'est pourquoi il faut distinguer le mathématicien du physicien. Le premier n'étudie que les attributs, mais séparés des substances, et comme tels abstraits, et donc séparés du mouvement[26]. Cependant le mathématicien et le physicien ont aussi à affaire à l'infini, ἄπειρον. Pour les Pythagoriciens, qu'Aristote ne range pas parmi les physiciens, l'infini est une substance, il est « dans les choses sensibles », et nous avons vu que les mathématiciens au sens d'Aristote ne s'occupaient pas des choses sensibles. Les physiciens ont cependant à se demander s'il existe une « grandeur sensible infinie », ce qui est la source de nombreuses difficultés[27]. La physique aristotélicienne aborde en effet la quantité, dont les contraires, envisagés d'une certaine manière, sont le fini et l'infini, sous l'angle de la grandeur, μέγεθος, qui est par ailleurs le seul élément de définition du lieu, τόπος. Le lieu aristotélicien est difficile à définir car il n'est ni élément, στοιχεῖον, ni formé d'éléments, ni corporel, ni tout à fait incorporel, parce qu'« il a une grandeur mais pas de corps »[28]. C'est en effet selon le lieu, que l'on peut aussi comprendre comme une modalité de la limite, c'est-à-dire le contraire de l'infini ou l'illimité, que la physique aristotélicienne combine les éléments premiers des physiologies antérieures, et de cette combinaison topique découle ensuite toute la cosmologie, car, dit Aristote, « si un corps a hors de lui un corps qui l'enveloppe, il est dans un

---

23. « οὔτε ἓν τὸ στοιχεῖον οὔτε πλείω δυοῖν ἢ τριῶν » 189b, Carteron 43 ; 192b, Carteron 50.
24. « δεῖ ὑποκεῖσθαί τι τοῖς ἐναντίοις καὶ τἀναντία δύο εἶναι. Τρόπον δέ τινα ἄλλον οὐκ ἀναγκαῖον · ἱκανὸν γὰρ ἔσται τὸ ἕτερον τῶν ἐναντίων ποιεῖν τῇ ἀπουσίᾳ καὶ παρουσίᾳ τὴν μεταβολήν : 'Il faut un sujet aux contraires et les contraires doivent être deux. D'une autre façon, ce n'est pas nécessaire ; car l'un des contraires suffira, par sa présence ou par son absence, pour effectuer le changement' ». 191a, Carteron 46.
25. « ἡ πρώτη ἑκάστῳ ὑποκειμένη ὕλη τῶν ἐχόντων ἐν αὑτοῖς ἀρχὴν κινήσεως καὶ μεταβολῆς » 193a, Carteron 61.
26. « Τὸ μὲν γὰρ περιττὸν ἔσται καὶ τὸ ἄρτιον καὶ τὸ εὐθὺ καὶ τὸ καμπύλον, ἔτι δὲ ἀριθμὸς καὶ γραμμὴ καὶ σχῆμα ἄνευ κινήσεως, σὰρξ δὲ καὶ ὀστοῦν καὶ ἄνθρωπος οὐκέτι : D'une part l'impair, le pair, le droit, le courbe, d'autre part le nombre, la ligne, la figure existeront sans le mouvement, mais non la chair, l'os, l'homme » 194a, Carteron 63.
27. « μέγεθος αἰσθητὸν ἄπειρον » 204a, Carteron 98.
28. « κατὰ τὸ ποσὸν τὸ μὲν τέλειον τὸ δ' ἀτελές » 201a p. 90 ; « μέγεθος μὲν γὰρ ἔχει, σῶμα δ' οὐδέν » 209a, Carteron 125.

lieu. Si non, non »[29]. Or ce dernier cas, on le sait, est celui de la sphère extrême ou du tout de l'Univers en dehors duquel il ne peut rien exister, ou encore de « l'extrémité du ciel qui est en contact avec le corps mobile <l'éther> comme limite immobile ; par suite la terre est dans l'eau, l'eau dans l'air, celui-ci dans l'éther, l'éther dans le ciel, mais celui-ci n'est plus dans autre chose »[30].

La mesure que nous rechercherions n'est pas tout à fait donnée par le temps, qui, étant illimité, est également conçu comme une grandeur et considéré comme « le nombre du mouvement », non pas le mouvement lui-même mais « une espèce de nombre », et une « chose nombrée » plutôt qu'« un moyen de nombrer »[31]. Mais le temps de la physique aristotélicienne est tout de même la notion la plus proche de ce que les modernes ont ensuite conçu sous le nom de mesure pour leur quantification des qualités. Il faut d'abord se souvenir que le nom de la mesure en grec, μέτρον, ne s'applique qu'aux longueurs, aux poids des solides et volumes des liquides, ainsi qu'aux rythmes musicaux, dont la justesse est celle de la division d'une séquence temporelle en parties égales ou équivalentes. Le temps pour Aristote n'existe pas, seules existent les choses passées et les choses futures, qui sont en relation avec les choses sensibles. Le temps actuel ou le moment présent, nommé τὸ νῦν, est une limite, πέρας, entre l'avant et l'après, l'antérieur et le postérieur, et ce qui permet de « mesurer ou rythmer le temps selon l'avant et l'après »[32]. C'est ainsi que le temps mesure, ou même rythme, le mouvement, comme à l'inverse le mouvement mesure le temps. Les qualités, élémentaires ou non, ainsi que toutes les affections, sont des mouvements, explique Aristote au livre V de la *Physique*, et nous pouvons comprendre leur caractère cinétique à partir de l'assimilation souvent possible, jusqu'à un certain point, du changement, μεταβολή, au mouvement, κίνησις[33]. Relèvent évidemment du changement les processus de génération, γένεσις, et de destruction dite plus couramment corruption, φθορά, tandis que les affections selon la qualité, la quantité et le lieu se conçoivent respectivement comme des mouvements d'altération, ἀλλοίωσις, d'augmentation ou diminution, αὔξησις /φθίσις, et de transport, φορά[34]. C'est pourquoi, selon cet

---

29. « Ὧι μὲν οὖν σώματι ἔστι τι ἐκτὸς σῶμα περιέχον αὐτό, τοῦτό ἐστιν ἐν τόπῳ, ᾧ δὲ μή, οὔ ». 212a, Carteron 133.

30. « Ἔστι δ' ὁ τόπος οὐχ ὁ οὐρανός, ἀλλὰ τοῦ οὐρανοῦ τι τὸ ἔσχατον καὶ ἡπτόμενον τοῦ κινητοῦ σώματος πέρας ἠρεμοῦν · καὶ διὰ τοῦτο ἡ μὲν γῆ ἐν τῷ ὕδατι, τοῦτο δ' ἐν τῷ ἀέρι, οὗτος δ' ἐν τῷ αἰθέρι, ὁ δ' αἰθὴρ ἐν τῷ οὐρανῷ, ὁ δ' οὐρανὸς οὐκέτι ἐν ἄλλῳ. Litt. : Le lieu n'est pas le ciel, mais en quelque sorte la dernière limite du ciel, et qui touche le corps mobile, immobile : et c'est pourquoi la terre est dans l'eau, celle-ci dans l'air etc. ».

31. « ἀριθμὸς ἄρα τις ὁ χρόνος » 219b, Carteron 151 ; « ὁ χρόνος ἀριθμός ἐστι κινήσεως ... Ὁ δὲ χρόνος ἀριθμός ἐστιν οὐχ ᾧ ἀριθμοῦμεν ἀλλ' ὁ ἀριθμούμενος. Littéralement : Le temps est le nombre non par lequel nous comptons mais qui est compté » 220a, Carteron 153. Sur ce sujet voir U. Coope, *Time for Aristote*. Physics IV. 10-14, Oxford, 2005, 96-98.

32. 220a, Carteron 152.

33. Par exemple on peut lire que « tout ce qui change, change dans le temps » et « tout ce qui se meut, se meut dans le temps » en 236b et 239a, Carteron 53 et 59.

34. 225a-226b, Carteron 13-18.

ἀνάλογον, un terme généralement traduit soit par *ressemblance* soit par *proportion*, entre les différents mouvements évoqués à l'instant, la physique aristotélicienne peut tout de même compter ἐν ποσῷ χρόνῳ, « en combien de temps », se font le passage du chaud au froid, ou mouvement d'altération, de même que l'augmentation et le transport, autrement dit et pour reprendre la traduction de H. Carteron, peut les mesurer selon des « quantités de temps »[35].

La cosmologie du *De caelo* est notoirement réduite. L'organisation des couches successives de matière dans l'univers, depuis la terre jusqu'au ciel, apparaît davantage dans les *Météorologiques*, dont le plan suit l'ordre de bas en haut qu'Aristote assigne à ces couches, car il s'agit dans ce dernier traité d'expliquer les mouvements verticaux, par opposition aux mouvements circulaires, traités dans le *De caelo*. Ce traité *Du ciel* est donc, comme on le sait, consacré tout entier à la définition du ciel, οὐρανός, terme qui comme souvent chez Aristote peut s'entendre de plusieurs façons complémentaires, mais qui dans toutes ses acceptions est sphérique et doué de « translation, φορά, circulaire », une détermination qui conditionne tous les autres mouvements de l'univers[36]. Les arguments d'Aristote en faveur de cette circularité sont nombreux et variés, et engagent en général d'autres définitions sur lesquelles il ne sera pas nécessaire à notre propos de nous attarder, comme par exemple celles des notions de grandeur, de corps ou de figure. Le premier de ces arguments démontrant la circularité du mouvement céleste associe d'une manière immédiate, nous semble-t-il, la sphéricité du ciel et celle de la terre, et permet de comprendre qu'il n'y a pas à faire de différence entre la sphère céleste ultime et le fameux premier moteur, si ce n'est que le premier moteur est réputé immobile, une incontestable aporie intrinsèque au système aristotélicien, que nous laissons également de côté pour aller à cette partie du système qui a retenu l'attention des Humanistes[37]. La sphéricité du premier corps donne la mesure de tous les mouvements, et Aristote dira plus loin pourquoi ce premier corps est le feu. Sa démonstration sur ce point commence quand il est question du mouvement des astres, dans une page clairement visée par les démonstrations anti-astrologiques de Pic et Manardi, et qu'il faut citer entièrement :

---

35. « Τὶ μὲν γὰρ τὸ αὖξον, τὶ δὲ τὸ αὐξανόμενον, ἐν ποσῷ δὲ χρόνῳ καὶ ποσὸν τὸ μὲν αὔξει τὸ δὲ αὐξάνεται, κ.τ.λ.. : Il y a quelque chose qui accroît, quelque chose qui est accru, une quantité de temps et une quantité d'accroissement dont cela accroît et ceci est accru, etc. » 250a, Carteron 89.

36. 278b ; 286b cité d'après Aristote *Du ciel,* texte établi et traduit par P. Moraux, Paris, 1965, 35 et 64, comme dans ce qui suit pour le texte grec du *De caelo* et sa traduction française.

37. Rappelons que les deux mondes sub-lunaire et supra-lunaire sont en contact : « Puisque la première figure appartient au premier corps et que le premier corps est celui qui se trouve dans le dernier orbe, le corps doué de translation circulaire est sphérique. Par conséquent celui qui lui est contigu l'est aussi, car ce qui est contigu au sphérique est sphérique. Il en va de même des corps que l'on rencontre en allant vers le centre des précédents, car les corps qui sont enveloppés par le sphérique et se trouvent en contact avec lui doivent être sphériques dans leur totalité. Or les corps situés sous la sphère des planètes sont en contact avec la sphère qui est au-dessus d'eux. Par conséquent cette région centrale est tout entière sphérique, car tous les corps qu'elle contient sont en contact et continus avec les sphères » 286b *ibid.*

LA PHYSIOLOGIE DES HUMEURS ET DES QUALITÉS 161

« L'exposé relatif aux êtres appelés astres doit normalement prendre place après le précédent <établissant qu'il n'existe qu'un ciel, inengendré, éternel et mû d'un mouvement régulier> et indiquer de quoi ils sont constitués, sous quelles formes ils se présentent et quels sont leurs mouvements.

L'opinion la plus rationnelle et la plus conséquente avec nos exposés antérieurs, c'est de dire que chaque astre est fait du corps au sein duquel il se trouve avoir sa translation, puisque aussi bien, disions-nous, il existe un corps naturellement doué du mouvement circulaire. Ceux qui prétendent que les astres sont ignés tiennent, en effet, ce langage parce qu'ils professent que le corps d'en haut est constitué de feu et que, dans leur pensée, il est logique que chaque être soit fait des éléments qui composent le milieu où il se trouve. C'est dans le même esprit qu'est conçue notre explication.

La chaleur (θερμότης) que répandent les astres, ainsi que leur lumière (φῶς), naissent du frottement violent de l'air par le mouvement de translation de ces corps-là. En effet, le mouvement porte naturellement à incandescence le bois, les pierres et le fer ; à plus forte raison y portera-t-il un corps plus proche du feu ; or l'air est justement plus proche du feu. Il en va de même, par exemple, des projectiles lancés par l'artillerie : ils deviennent brûlants au point que les balles de plomb fondent ; puisqu'ils deviennent eux-mêmes brûlants, l'air qui les environne doit nécessairement subir, lui aussi, la même modification. Ainsi ces corps s'échauffent du fait qu'ils sont transportés dans l'air, et celui-ci se transforme en feu sous l'action du mouvement, par suite du choc qu'il subit (ἐν ἀέρι ... ὃς διὰ τὴν πληγὴν τῇ κινήσει γίγνεται πῦρ).

Quant aux corps d'en haut, chacun d'eux est transporté dans sa sphère ; il en résulte qu'ils ne s'enflamment pas eux-mêmes, mais que l'air qui se trouve sous la sphère du corps mû circulairement doit nécessairement s'échauffer, par suite du transport de cette sphère. Ce phénomène se produit principalement à l'endroit où le soleil se trouve attaché ; c'est pourquoi la chaleur naît lorsque le soleil s'approche, qu'il s'élève et se trouve au-dessus de nous.

Les astres ne sont donc pas ignés ni transportés dans du feu. (289a, p. 71-72) »[38].

La sphère ultime, à ce stade du raisonnement déployé dans le traité *Du ciel*, n'a pas encore été définie autrement que comme il a été rappelé, et donc principalement par sa sphéricité. Le développement sur les astres tend alors à préciser la nature de ce « premier corps », qui est donc à la fois un peu du feu, mais sera dans la suite du développement identifié comme le premier élément premier. L'intérêt de l'explication aristotélicienne, qui cherche à distinguer la sphère ultime et celle des astres ou sphère des fixes, eux-mêmes ordinairement assimilés à la sphère du feu bien qu'ils ne soient pas du feu, est de trouver,

---

38. 289a, Moraux 71-72.

pour cette sphère du feu uniquement traditionnelle, autrement dit issue des physiologies antérieures, une justification de son existence non plus par le feu mais par le mouvement, cohérente avec les autres données physiques aristotéliciennes. C'est pourquoi ce passage est remarquable. Il est en effet le premier à évoquer de quoi est constituée la sphère ultime, si difficile à concevoir qu'elle se démultipliera sans cesse au cours des âges, jusqu'à l'interrogation sur la 9ème sphère dont Pic n'hésitera plus à se moquer ouvertement. Le feu du ciel, pour lequel il manque définitivement un nom, et qui est, comme l'avait noté Pic, répété par Manardi, uniquement « chaleur » et « lumière », est donc, dit en somme Aristote dans le passage qui vient d'être cité, à concevoir comme le produit ou le résultat de l'échauffement de l'air sous l'effet du mouvement circulaire de translation de la sphère ultime.

Les corps premiers se combinent entre eux en fonction de leurs mouvements propres, telle est la suite du propos dans le traité *Du ciel*, qui ne s'intéresse aux astres que marginalement, une fois entendu que les astres ne sont pas du feu, élément ou principe ou στοιχεῖον précédemment réfuté comme tel, mais qu'ils sont néanmoins « vivants », suivant la conception du vivant exposée dans le *De anima* et anticipée pour eux dans ces lignes étonnantes :

> « Nous raisonnons sur les astres comme s'il s'agissait uniquement de corps et de monades, ordonnées sans doute mais tout à fait dépourvues d'âme (ἀψύχων). Or il faut se mettre dans l'esprit qu'ils ont en partage l'action et la vie (πράξεως καὶ ζωῆς) »[39].

Cette mise au point nous paraît indispensable pour comprendre au début du livre III le rôle des qualités élémentaires dans l'ancienne physique, car elle signifie que le mouvement de la sphère des fixes se confond, pour toute la physique aristotélicienne, avec celui, combien mystérieux et ce y compris pour les médecins, de la vie, laquelle n'est pas à chercher dans un quelconque échange des qualités élémentaires entre elles, dont les relations sont d'un autre ordre, sub-lunaire :

> « Nous avons traité plus haut du premier ciel et de ses parties, puis des astres qui s'y trouvent transportés ; nous avons exposé de quoi ils sont constitués et quels ils sont relativement à la nature. Nous avons vu en outre qu'ils sont inengendrés et incorruptibles.
>
> Puisque parmi les choses appelées naturelles, les unes sont des substances, et les autres des opérations et affections de ces dernières substances (ἔργα καὶ πάθη τούτων) (je nomme substances les corps simples comme le feu, la terre et les corps de la même série (τὰ σύστοιχα τούτοις), ensuite les êtres qui en sont constitués, tels que le ciel tout entier et ses parties, et encore les animaux, les

---

39. 292a, Moraux 81-82.

plantes et leurs parties ; je nomme affections et opérations les mouvements de chacun des êtres précités, les mouvements des autres êtres dont les premiers sont causes grâce à leur puissance propre et en outre leurs altérations et leurs changements l'un dans l'autre), il est manifeste que la plus grande partie de la recherche sur la nature se trouve porter sur les corps, car toutes les substances naturelles sont des corps ou accompagnent des corps et des grandeurs. Ce fait est bien mis en lumière par la définition où l'on établit quels êtres sont des êtres naturels et par l'étude consacrée en particulier à chacun d'eux.

Du premier des éléments (τοῦ πρώτου τῶν στοιχείων), nous avons dit ce qu'il est quant à sa nature, et avons prouvé qu'il est incorruptible et inengendré. Il nous reste donc à parler des deux autres (τοῖν δυοῖν). En le faisant nous serons amenés à parler en même temps de la génération et de la corruption »[40].

Le premier élément, répète Aristote, échappe à la génération et à la corruption par son mouvement circulaire, qui est parfait. Du fait que le premier élément est sinon du feu, du moins et ne serait-ce que par le poids des traditions, facilement assimilable au feu, le premier geste intellectuel du lecteur de ce passage aurait pu être de chercher « les deux : τοῖν δυοῖν » dont il va parler ensuite parmi les trois autres premiers corps évoqués ailleurs, la terre, l'eau et l'air, qui cependant sont trois ! Ce serait oublier la définition aristotélicienne des principes, qui comme nous l'avons rappelé, en distingue « deux ou trois », un sujet et deux contraires. Donc, il faut comprendre, pensons-nous, que les « deux autres » dont il est question ici sont, conformément à la position prise dans la *Physique* en 189b, « deux contraires ». Et ce sont ces contraires qui, eux, rendent compte de la génération et de la corruption dans le monde sublunaire, soumis au mouvement vertical, par quoi il se distingue du monde supra-lunaire, de mouvement circulaire, une différence ou bi-polarité qui explique pourquoi le feu du ciel, de mouvement circulaire, n'est pas celui de la terre, de mouvement vertical. Aristote arrive en effet à la conclusion décisive que « chaque corps comporte un mouvement naturel » une fois seulement qu'a été introduit le mouvement rectiligne, qui est vertical, autrement dit le couple de qualités contraires lourd/léger[41]. Le mouvement naturel du feu (sublunaire), par exemple, le porte vers le haut, celui de la terre la porte vers le bas, l'air est ensuite « proche du feu » et l'eau « proche de la terre », et nous retrouvons ainsi les quatre sphères concentriques esquissées et programmées dès la *Physique* (la terre est dans l'eau, etc.), mais nous voyons aussi pourquoi Pic peut dire que d'après Aristote il n'y a pas de mélange des éléments dans la sphère ultime ni dans la sphère des fixes, et que pour cette raison l'on ne peut donc, même en suivant rigoureusement la perspective aristolicienne, envisager aucune influence des astres sur les qualités élémentaires du monde sub-

---

40. 298b, Moraux 103-104, traduction modifiée.
41. 301a, Moraux 112.

lunaire. À quoi nous ajouterons que les substances aristotéliciennes changent de nature en raison du mouvement des qualités contraires. Or cette conception, dit en somme Manardi, est contredite par l'observation, la raison et l'expérience en ce sens que la pituite ne devient pas de la bile noire, que l'on n'a d'ailleurs jamais observée, car le galénisme semble bien avoir ajouté un enseignement nouveau, selon lequel les substances physiques auraient finalement une nature ou une température propres, indépendantes de leur qualité, puisque l'eau bouillante ou gelée est toujours de l'eau, dont la température se détermine comme on l'a vu précédemment.

Le sujet même du traité *De la génération et de la corruption* est de tous ceux abordés dans les traités physiques aristotéliciens celui qui concerne le plus directement la médecine. La question initiale posée ici par Aristote, qui est de savoir si la génération et l'altération sont un seul et même processus, vise à définir les conditions qui rendraient possible une compréhension unifiée des phénomènes naturels, tous caractérisés par le mouvement. Une première réponse à cette question est rapidement donnée quand Aristote réunit la génération et l'altération sous la notion de changement, en distinguant le changement selon le sujet ou encore selon la matière, qui est une génération/corruption, et le changement selon l'accident ou encore selon les affections, qui est une altération. Il y a génération quand, pour le dire de manière très simplifiée, le sujet, le substrat, change, altération quand il demeure et que la qualité change. Se pose alors la question de savoir comment on passe de l'altération à la génération, par exemple pourquoi l'eau chaude devient de l'air ou l'eau froide de la glace ou même, croit-on, de la terre, et la réponse consiste en une étude du changement selon la quantité, à savoir de l'augmentation et de la diminution, introduisant le problème de la grandeur, et susceptible d'offrir un moyen terme entre l'altération et la génération. Cependant si quelque chose vient s'ajouter à quelque chose, l'augmentation d'une substance, qui subsiste identiquement, n'est toujours pas la génération d'une autre substance, et l'analyse s'arrête ici au phénomène de la nutrition ou plus largement du mélange (μίξις), finalement défini comme « l'unification de deux corps miscibles qui ont été altérés »[42]. L'augmentation, qui pourtant touche à la substance, reste donc une modalité du processus plus général de l'altération, c'est-à-dire du changement de qualité. À partir de là, Aristote revient aux relations entre les éléments premiers de la matière et leurs qualités premières, données par le toucher, pour admettre quand même d'abord les quatre éléments des physiologies antérieures comme constituants premiers de la matière ou corps simples, puis pour affirmer aussitôt que ces corps simples se transforment les uns dans les autres, et qu'il n'y a donc parmi eux aucun principe ou commencement ou pre-

---

42. 328b cité d'après Aristote, *De la génération et de la corruption*, texte établi et traduit par Marwan Rashed, Paris, 2005, 50, édition de référence dans ce qui suit, et dont l'introduction développe largement les implications techniques et philosophiques très simplifiées ici.

mier corps premier[43]. Mais cela ne suffit toujours pas pour expliquer la génération, qui nous apparaît en fin de compte comme une sorte de saut qualitatif mystérieux[44]. La suite du traité indique que pour Aristote le phénomène relève en dernière instance du transport, φορά, ou d'un mouvement modifié selon l'inclinaison de l'écliptique, et dont la continuité est assurée par celle du mouvement circulaire du premier corps, lequel produit le temps, et le nombre, mais seulement pour « les choses dont la substance mue est incorruptible », qui sont de mouvement circulaire, et identiques par le nombre, à la différence des choses de substance corruptible, qui ne reviennent pas à leur point de départ et par conséquent se transforment, autrement dit se corrompent et en principe s'engendrent[45]. La dernière phrase du traité, qui conclut la discussion avec Empédocle et les atomistes structurant la totalité du traité, et s'interprète dans cette perspective, sonne aussi a posteriori comme un aveu d'impuissance :

> « C'est la raison pour laquelle l'eau qui provient de l'air et l'air qui provient de l'eau sont spécifiquement identiques, mais non pas numériquement. Et même si ceux-ci l'étaient numériquement, les êtres dont la substance est engendrée ne le seraient pas, puisque cette substance est telle qu'elle pourrait ne pas être ».

Un volume d'eau n'est pas égal à un volume d'air mais seulement à un volume d'eau[46]. Le détour par l'augmentation pour ramener la génération et l'altération à une seule explication générale s'est explicitement heurté à ce que nous analysons aujourd'hui comme l'impossibilité de quantifier l'appréciation des qualités élémentaires d'un corps. Telle est aussi une des conclusions du commentaire de Marwan Rashed, qui comprend par ailleurs, c'est-à-dire en dehors de cette problématique, la théorie des quatre causes, matérielle, formelle, finale et motrice, comme le seul outil conceptuel unificateur du sujet traité[47]. Mais puisque, ceci dit de manière assurément très sommaire, la génération dans le traité aristotélicien du même nom n'est expliquée en dernière instance que par référence au mouvement circulaire du monde supralunaire, on comprend pourquoi le traité *De la génération et la corruption* a pu être en effet, comme le rappelle son dernier éditeur, le « fondement naturaliste » de

---

43. 330a-30, Rashed 56 ; 332b 6-9, Rashed 63. Ce dernier passage est celui sur lequel repose l'analyse de M. Rashed démontant le mythe d'une *prima materia*.

44. Telle est aussi la question que cherche à résoudre l'étude de G. R. Giardina, *La Chimica Fisica di Aristotele. Teoria degli elementi e delle loro proprietà. Analisi critica del* De generatione et corruptione, Roma, 2008.

45. 336b-3, Rashed 77 ; 338b-14, Rashed 84.

46. *Météorologiques* I, 340a, cité d'après Aristote, *Météorologiques* I-IV, texte établi et traduit par Pierre Louis, Paris, 1982, t. 1, 6.

47. « Les opérations (i.e. transport, altération, augmentation etc) décrites abstraitement dans le GC (…) ne peuvent jouer le rôle de la Quantité générale en mathématiques (…) La quantité est un attribut en soi de toute proposition mathématique, alors que les opérations ne font que caractériser certains types d'êtres (…) chacune des quatre causes a contrario se déploie à tous les niveaux du sensible » M. Rashed, *op. cit.* Introduction, CLXV.

l'astrologie, plus difficile à contredire que la théorie de la production de chaleur par frottement de la sphère de l'air évoquée précédemment, sauf sur ce thème, rencontré dans les *Epistolae medicinales*, de l'instabilité des éléments premiers, qui apparaît donc ici, à travers la lecture de Manardi, comme le dogme central de la physique qualitative aristotélicienne, fondant pour les médecins la croyance selon laquelle la pituite peut se transformer en bile noire. Si l'état de nos sources ne nous permet toujours pas de bien distinguer, parmi les écrits hippocratiques, toutes les influences philosophiques adverses, et autorise ainsi Marwan Rashed à dire que la doctrine élémentariste exposée dans *De la génération et la corruption* récupère et absorbe complètement l'enseignement médical antérieur, on doit cependant souligner d'une part que ce traité pose malgré tout d'une certaine façon, et d'ailleurs tout à fait dans la continuité de la *Physique*, le problème de la mesure en général, et notamment de celle des qualités, même s'il ne peut le résoudre avec les outils mathématiques disponibles[48]. Et d'autre part il est important de rappeler dès maintenant que déjà dans les premiers textes médicaux, mais même longtemps après Aristote, et par excellence dans le *De temperamentis*, le premier problème à résoudre pour un médecin est toujours, justement, de doser, mesurer, quantifier, les remèdes les plus divers nécessaires à toutes les variétés de maladies et de malades. On retrouve d'ailleurs la doctrine médicale dans les *Météorologiques*, qui abordent peu la question des qualités, mais le font de façon assez décisive pour notre propos. Le livre I nous donne en effet la description la plus complète du monde supra-lunaire, le contenant de Ptolémée, le cinquième élément de toute la tradition, et le livre IV, dont l'authenticité est discutée, établit la distribution des qualités élémentaires en qualités actives et qualités passives qui sera utilisée ultérieurement par Galien[49]. Ces deux points paraissent déterminants pour l'évolution humaniste de la notion de température.

Le cinquième élément, de mouvement circulaire, incorruptible, est dans les *Météorologiques* précisé quant à sa composition. Aristote dit reprendre à ses prédécesseurs l'appellation d'éther pour le désigner, et explique pourquoi il ne peut être tout à fait confondu avec le feu, la principale raison étant comme on l'a vu cinétique, puisque le feu (sublunaire) s'élevant naturellement est soumis à un mouvement rectiligne de bas en haut. L'éther n'est donc pas du feu pur, constituant sublunaire, imparfait, mais il est la première source de chaleur des planètes, par le frottement qu'engendre son mouvement circulaire au contact de la sphère inférieure[50]. L'étude particulière annoncée par Aristote sur la production de chaleur par le Soleil n'ayant pas été écrite, le physicien aristoté-

---

48. Telle est aussi *grosso modo*, nous semble-t-il, l'orientation générale de la lecture de L. Couloubaritsis sur la question de la mesure dans la physique aristotélicienne, d'après l'ensemble de son livre La Physique *d'Aristote* précédemment cité.
49. Sur l'authenticité du livre IV, voir P. Thillet, *op. cit.* 25-37.
50. 339b, Louis t. 1, 7.

cien doit se contenter de quelques phrases qui entretiennent une indiscutable ambiguïté sur « ce que traditionnellement nous appelons du feu mais qui n'est pas du feu », mais qui est néanmoins la source de toute chaleur venant du ciel, produite comme on l'a déjà vu, dans le traité *Du ciel* :

> « Comme le premier élément <celui qui a été appelé le cinquième élément>, avec les corps qu'il renferme <les planètes>, est animé d'un mouvement circulaire, ce qui, du monde inférieur et du corps qui le compose <Aristote vient de montrer qu'il s'agit de l'air>, se trouve en permanence au contact du premier élément, dissous par le mouvement s'enflamme et produit la chaleur »[51].

C'est la leçon que retiendront Pic et certains de ses contemporains, pour qui le cinquième élément n'existe pas autrement que comme la conception imaginaire d'un mouvement circulaire dans lequel seraient pris le Soleil et tous les corps inscrits au firmament. La relation entre ce « premier corps » et la Terre, entre le contenant et le contenu ptoléméens, est établie par le mécanisme dit « de la double exhalaison », celle des « effluves » des astrologues, auxquelles répondent toutes sortes d'exhalaisons humides ou ignées s'élevant jusqu'aux cieux, de mouvement rectiligne. Le livre IV introduit alors une distinction entre le chaud et le froid, qualités actives, ποιητικά, et l'humide et le sec, qualités passives, παθητικά, qui retiendra éminemment l'attention de la tradition médicale, en particulier parce qu'elle s'accompagne d'une définition de la coction, πέψις, mais aussi parce qu'elle stabilise l'univers physique aristotélicien d'une manière un peu inattendue, ce qui explique peut-être qu'il ait été parfois considéré comme inauthentique ou déplacé, ou que certains commentateurs lui aient trouvé plus d'affinités avec *De la génération et la corruption*[52]. Les qualités élémentaires y sont donc maintenant distribuées comme suit :

> « Il est manifeste en effet qu'en toutes choses le chaud et le froid déterminent, combinent et transforment les corps homogènes et ceux qui ne le sont pas, les humidifient et les dessèchent, les durcissent et les amollissent, tandis que le sec et l'humide sont déterminés par les autres causes et subissent les différents traitements dont on vient de parler, soit en eux-mêmes, soit dans les corps qui sont formés conjointement par les deux »[53].

---

51. « Φερομένου δὲ τοῦ πρώτου στοιχείου κύκλῳ καὶ τῶν ἐν αὐτῷ σωμάτων, τὸ προσεχὲς ἀεὶ τοῦ κάτω κόσμου καὶ σώματος τῇ κινήσει διακρινόμενον ἐκπυροῦται καὶ ποιεῖ τὴν θερμότητα » 340b 10, Louis t. 1, 8, etc..

52. Auquel il apporte une solution, peut-être trop simple, mais lue comme telle à travers les âges : « ἡ ἁπλῆ γένεσις καὶ ἡ φυσικὴ μεταβολὴ τούτων τῶν δυνάμεών ἐστιν ἔργον, καὶ ἡ ἀντικειμένη φθορὰ κατὰ φύσιν : la génération pure et simple et le changement naturel sont l'œuvre de ces puissances (actives) ainsi que la destruction qui s'oppose naturellement à la génération ». 378b, Louis t. 2, 33. Rappelons que la relation de la génération au changement est le point de départ de Couloubaritsis, *La Physique d'Aristote...*, 52 et suivantes.

53. 378b 14, Louis t. 2, 32.

C'est ainsi que le chaud et le froid « ont un pouvoir générateur », produisent, pour le dire vite, la génération, quand « ils maîtrisent la matière », quand la coction est parfaite. On peut donc comprendre qu'on ait vu là ce que nous avons appelé le saut qualitatif introuvable dans *De la génération*. Ce que l'augmentation n'explique pas est pris en charge par la coction. Et complémentairement la corruption et la diminution le sont par la putréfaction, σῆψις. Un peu plus loin il apparaît en effet que le sec et l'humide sont à considérer comme un équivalent de la matière, et que le chaud et le froid restent les deux qualités dominantes. La coction est à la fois un processus et son état achevé, également décrit à plusieurs stades différents, nommés maturation, ébullition etc. :

> « La coction est l'action menée à son terme par la chaleur naturelle et intrinsèque sur les qualités passives opposées : ces qualités constituent la matière propre à chaque chose. Car une fois la coction accomplie, la chose est achevée et devenue ce qu'elle doit être »[54].

C'est pourquoi Aristote, si c'est lui, ce dont on peut éventuellement douter, écrit ensuite que « les corps se constituent sous l'action du chaud et du froid »[55]. Suit une étonnante théorie plastique censée fournir les bases de la grammaire qualitative l'on retrouvera généralement appliquée dans la médecine galénique et ce jusqu'au seuil de la modernité[56].

L'argument formulé dans la lettre sur l'équateur de Manardi, consistant à contester la théorie aristotélicienne du contact entre sphère de l'air et sphère ultime comme le fait physique producteur de chaleur et de lumière, théorie exposée dans le *De caelo* et dans *Météorologiques*, fait donc absolument système avec toute la problématique des qualités élémentaires, qui sont elles-mêmes en jeu au premier chef dans la thèse de la transformation des éléments et la théorie des contraires. Les obstacles épistémologiques internes propres à la physique aristotélicienne, parfaitement perçus depuis fort longtemps comme tels, sont donc bien la difficulté de mesurer, posée et non résolue dès l'aristotélisme et contournée dans le galénisme, et l'instabilité essentielle des corps naturels, insaisissables. Il n'est pas surprenant de retrouver ces motifs parmi les premiers arguments de la contestation anti-astrologique. La théorie de la transformation des humeurs critiquée dans les lettres de Manardi sur la mélancolie est déjà un peu fragilisée par la doctrine galénique des tempéraments et par son concept de *temperatura* ou de température (idéale) propre à chaque

---

54. « Πέψις μὲν οὖν ἐστι τελείωσις ὑπὸ τοῦ φυσικοῦ καὶ οἰκείου θερμοῦ ἐκ τῶν ἀντικειμένων παθητικῶν · ταῦτα δ' ἐστὶν ἡ οἰκεία ἑκάστῳ ὕλη. Ὅταν γὰρ πεφθῇ, τετελείωταί τε καὶ γέγονεν ». 379b, Louis t. 2, 35.

55. « ὑπὸ θερμοῦ καὶ ψυχροῦ συνίσταται τὰ σώματα » 384b, Louis 53.

56. Sur la question de la quantification au Moyen Âge voir J. Biard, « La conception cartésienne de l'étendue et les débats médiévaux sur la quantité », dans *Descartes et le Moyen Âge*, J. Biard et R. Rashed (éds.), Paris, 1997, 349-361.

être naturel ou à ses composants. Dans le corpus hippocratique encore à peine connu en 1520, les *studiosi* vont aussi trouver de quoi alimenter la critique constructive, positive, de la physiologie qualitative dont dérive l'aberration astrologique, sous la forme de propositions physiologiques étayées par des siècles de raison et d'expérience, sur lesquelles peut s'édifier une nouvelle théorie médicale ou physiologique autonome. En dénonçant la proposition artistotélicienne d'une production calorique consécutive au mouvement circulaire céleste, la lettre sur l'équateur de Manardi n'annonce pas seulement les calculs plus aboutis de la révolution copernicienne, elle libère aussi et avant tout la théorie médicale du carcan logique que représente alors la mécanique physiologique des qualités contraires, schématisée pour ne pas dire caricaturée dans le *compendium* de Manardi. Tel est, sommairement esquissé, le contexte théorique dans lequel il faut situer le retour à Hippocrate, que Janus Cornarius s'est fait le devoir de porter.

3. Hippocrate vers 1525

La publication intégrale d'Hippocrate en grec et en latin en 1525-1526 ouvre en effet aux *studiosi* du courant médical anti-astrologique la possibilité de poursuivre la critique de la physiologie qualitative aristotélicienne et galénique esquissée dès la fin du *Quattrocento*. Dans leur ensemble la cinquantaine de traités hippocratiques relativement « nouveaux » à partir de 1525, c'est-à-dire auparavant inconnus de la plupart des savants, représentent des textes très inégalement rédigés ou achevés, soit d'une écriture très maîtrisée, comme *L'ancienne médecine* qui témoigne d'un haut niveau de culture rhétorique, soit au contraire marqués par le disparate et les accidents de transmission, tel *Régime* dont le livre IV fut longtemps séparé sous le titre *Des songes*. Il peut sembler globalement juste de voir en ces textes, ainsi qu'on le fait aujourd'hui, les premières traces écrites conservées de ce que nous considérons maintenant comme une approche rationnelle et non magique de l'art de guérir, mais ce n'est bien entendu pas sous cet angle qu'ils furent redécouverts à la Renaissance. Aussi devons-nous essayer d'imaginer ce qui a pu paraître « nouveau » lors de la redécouverte des écrits hippocratiques à partir de 1525, et c'est que nous allons tenter de décrire à grands traits[57]. La portée scientifique de la découverte progressive, depuis les premières *Articelle*, du plus ancien corpus médical grec conservé, pré-aristotélicien, tient au fait qu'un bon nombre d'écrits attribués au Père de la médecine contredisent ouvertement la doctrine aristotélo-galénique des humeurs et des qualités dont les grandes lignes

---

57. *L'ancienne médecine*, texte établi et traduit par J. Jouanna, Paris, 1990 ; *La Nature de l'homme*, édition, traduction et commentaire par J. Jouanna, Berlin, 1975 ; *Du régime*, texte établi et traduit par R. Joly, Paris, 1967 ; G.E.R Lloyd, *Magie, raison et expérience. Origines et développement de la science grecque*, Paris, 1990.

viennent d'être rappelées, et par conséquent remettent radicalement en cause le dogme médical véhiculé par Avicenne, concevant la maladie comme une altération dans l'équilibre des humeurs, et supposant par exemple que la pituite se transforme en bile noire. Les traités transmis par les *Articelle*, à savoir, rappelons-le, *Aphorismes, Pronostic, Régime dans les maladies aigües* puis *Loi, Serment, Nature de l'enfant* et *Épidémies VI* – dans la mesure où l'on parvenait à les lire, pouvaient à vrai dire déjà permettre à des esprits suffisamment critiques d'entrevoir que les médecins hippocratiques n'avaient pas nécessairement envisagé la santé et la maladie conformément à ce qu'enseignait le *Canon* d'Avicenne.

On ne trouve en effet dans les *Aphorismes* que quelques très rares mentions de la bile noire, dont celle corrigée par Manardi (IV 9, 22-28 ou VI, 56)[58]. On pourra vérifier en parcourant le traité que la mention de la bile noire y a en outre la même valeur que celle du sang, par exemple, dont il est question uniquement à titre de symptôme pathologique s'il est présent dans l'urine (IV, 75), ou d'ailleurs que celle du pus (πῦον ou πύον) dans une grande partie du livre VII, plutôt que du phlegme ou de la pituite dont le pus peut éventuellement être regardé comme une variété. Le chaud, le froid, le sec et l'humide caractérisant les âges de la vie (I, 14), les saisons (I, 15), les régimes (I, 16) ou les « cavités » du corps (II, 20) n'y sont pas non plus autre chose que les simples données sensibles caractérisant la perception des phénomènes naturels les plus communs, qu'ils soient physiologiques, pathologiques ou météorologiques au sens ordinaire et banal du terme. De même le court traité *Pronostic*, bien qu'il mentionne le vomissement de phlegme et de bile, évoque aussi la bile et le pus, et s'intéresse en outre aux « maladies qui surviennent à chaque fois de façon épidémique », comme le fait également *Régime dans les maladies aigües* dans un passage très corrompu, où l'auteur justifie son propos d'ensemble par le fait que les maladies aiguës sont « les plus mortelles en l'absence de maladie épidémique », dont elles sont par conséquent distinguées, l'auteur offrant par là-même un embryon de nosologie[59]. Ce traité *Régime dans les maladies aiguës* est principalement consacré à l'exposé d'une série de recommandations sur la pratique des évacuations, avec une prédilection pour un remède particulier, la *ptisane* ou décoction d'orge, et le fait sans marquer la moindre curiosité pour les qualités élémentaires qui orienteront toute la pharmacie galénique[60]. Le matériel susceptible de refléter la théorie humorale ou la médecine qualitative que l'on peut trouver dans *Épidémies VI* se réduit également à peu de choses. La « mélancolie » selon la traduction Littré (V, 273) y est peut-être

---

58. Voir ci-dessus p. 136.

59. *Pronostic* c. 25, Jones 54, l. 9 ; *Régime dans les maladies aigües* c. 5, Joly 38.

60. Les traductions de ces passages peuvent égarer un non helléniste, comme par exemple quand l'auteur du traité oppose ce qui en grec est dit simplement « les choses crues » et « les choses bilieuses » (ὠμά et χολώδεα), qui ne sont pas nécessairement des « humeurs crues » ou des « humeurs bilieuses », *Régime dans les maladies aigües* c. 42, Joly 54.

évoquée à travers τὸ μελαγχολικόν, et les humeurs y sont peut-être désignées à travers le terme générique χυμούς, sans que soit détaillé ce que le mot recouvre[61]. Mais il est vrai que le traité en 5, 8-9 contient un des très rares passages les plus anciens mentionnant simultanément les quatre humeurs traditionnelles, comme l'explique parfaitement la note de l'édition Manetti Roselli. On trouve aussi certes pour 6, 2 en L V, 325 l'expression ὁ ἐμψυχρότερος, qu'il est sans doute abusif de traduire comme le fait Littré par « l'individu à tempérament froid », et il y est une fois question des mélancoliques, οἱ μελαγχολικοί, dits souvent épileptiques (VI, 8, 31 - L V, 355). Quant au traité alors désigné sous le titre *De natura fœtus*, il fait assurément une large place au *pneuma* et au sang, et si l'on peut quand même y lire que « les chauves sont pituiteux (φλεγματώδεις) », les lecteurs remarqueront que ce que nous appelons « humeur » se dit en grec dans ce traité ἡ ἰκμάς, tandis que l'équilibre du chaud et du froid n'est sollicité que dans un développement rapprochant la croissance des foetus et celle des plantes[62]. Voilà le peu que l'on trouve en rapport avec la doctrine humorale dans les premiers traités diffusés par les *Articelle*.

Avec les traductions néo-latines d'Andreas Brenta, d'abord de *Régime* puis de *Nature de l'homme*, la contradiction entre la doctrine galénique et l'enseignement d'Hippocrate devient devient de plus en plus évidente, car ce sont deux des cinq traités hippocratiques qui témoignent le mieux de la grande diversité des doctrines mises sous le nom d'Hippocrate, mais en réalité hétéroclites ou incompatibles entre elles, à savoir outre *Régime* et *Nature de l'homme*, les trois traités *Ancienne médecine*, *Airs, eaux, lieux* et *Vents*, dont les premières éditions imprimées intégrales – celle très peu lisible de Calvus, puis l'aldine grecque, puis l'édition de 1538 et enfin la traduction latine de 1546 –, dévoilent la teneur. Mais alors que *Nature de l'homme*, et *Régime* ne paraissent contredire que certains points du dogme médical médiéval, *Ancienne médecine* apporte en revanche une véritable divergence en critiquant vigoureusement, en même temps que toutes les physiologies antérieures, la théorie médicale des qualités élémentaires encore reflétée dans le traité *Nature de l'homme*, attribué par Aristote au gendre d'Hippocrate dénommé Polybe, et probablement postérieur aux précédents, datés aujourd'hui de la fin du Ve et du début du IVe s., c'est-à-dire considérés comme antérieurs d'une ou deux générations aux *Météorologiques*, le traité aristotélicien dont la date, c. 330, est la plus sûre. *Ancienne médecine* reprend l'idée déjà présente dans *Régime* que le problème auquel le médecin doit faire face est celui de la précision, ἀκρίβεια, qu'il est possible d'atteindre dans le traitement des malades, tandis que *Vents* ramène à l'air que l'on respire ou *pneuma* la cause principale de

---

61. τὸ μελαγχολικόν : « le affezioni derivanti da bile nera », Manetti Roselli 12-13 ; L V 277, Manetti Roselli 20 ; voir aussi L V 285 : ἢν μὴ ᾖ δεῖ ῥέπτῃ, Manetti Roselli 38-39.
62. *De la nature de l'enfant*, c. 20, 5 ; c. 27 : L VII 510, 1-2 ; 528-529 = Joly 66 ; 76-77.

nombreuses maladies, et qu'*Airs, eaux, lieux* offre une explication de la propagation des fièvres épidémiques par l'air respiré en commun dans un lieu donné. Bref, la vulgarisation d'Hippocrate à partir de 1525 induit *ipso facto* un changement de modèle, déjà suggéré ou pressenti à travers les textes hippocratiques antérieurement connus.

Le traité *Du régime* conçoit la précision ou *acribie* en termes de justesse ou de correction (τὰ ὀρθῶς εἰρημένα) et recherche en particulier les moyens d'une mesure du mélange, indiqués par la comparaison avec la musique[63]. Son auteur s'efforce de trouver l'équilibre entre nourriture et exercices physiques qui préserve la santé, le nombre et la mesure permettant d'éviter les excès en tout genre, car ce qui est exact ne peut pas être faux, mais cette voie est impraticable et c'est pourquoi l'auteur en propose une autre. Il accepte en revanche quelques-unes des doctrines physiologiques condamnées dans *Ancienne médecine*, car il juge quant à lui que la connaissance de la nature humaine en général est nécessaire pour un médecin. Sa découverte particulière, dit-il, est celle de l'équilibre entre la nourriture et les exercices physiques ou régime, qui permet de prévenir au lieu de guérir et remplace la méthode de mesure introuvable :

> « Si en effet il était possible, en sus de tout cela, de trouver dans chaque cas individuel une proportion exacte des aliments et des exercices, sans excès ni défaut, on aurait trouvé alors très exactement la santé pour tout le monde. Mais en réalité... »[64].

L'auteur de *Régime* affirme alors avoir découvert un régime qui remplace même les remèdes, fondé sur l'alternance des saisons et l'évolution naturelle de l'homme, dont l'âme est un composé de feu et d'eau variable selon les sexes et les âges de la vie. Parfois qualifié d'héraclitéen en raison du rôle dévolu au feu et à l'eau, ce traité propage une doctrine physiologique enseignant que la nature humaine obéit à des règles de combinaison empruntées à la musique et mises en œuvre dès la formation de l'embryon, d'après un modèle peut-être d'origine pythagoricienne[65].

Malgré d'autres allusions présentes ici ou là, *Nature de l'homme* est le seul traité de la collection qui aborde vraiment la question des constituants physiques du corps humain. C'est lui qui livre le matériel le plus connu de la doctrine hippocratique, la théorie des humeurs, la thérapie des contraires, la théorie aériste de l'épidémie, les grands principes de la saignée, la bile noire et la fièvre quarte, et les qualités élémentaires y sont des notions cruciales, mais

---

63. 8, 2 *op. cit.* 10.
64. « εἰ μὲν γὰρ ἦν εὑρετὸν ἐπὶ τούτοισι πρὸς ἑκάστου φύσιν σίτου μέτρον καὶ πόνων ἀριθμὸς σύμμετρος μὴ ἔχων ὑπερβολὴν μήτε ἐπὶ τὸ πλέον μήτε ἐπὶ τὸ ἔλασσον, εὕρητο ἂν ὑγιείη τοῖσιν ἀνθρώποισιν ἀκριβῶς. Νῦν δὲ... » *op. cit.* 3.
65. *Ibid.* 71, 9 et 111-114.

elles apparaissent toujours comme les premières perceptions et sensations de l'orientation animale ou humaine, autrement dit le tout premier stade de la mesure. Néanmoins *Nature de l'homme* partage avec *L'Ancienne médecine* la méfiance à l'égard des théories physiologiques qui prétendent ramener l'homme à un seul élément premier, et à l'égard des théories médicales qui le croient constitué d'une seule humeur. L'auteur pense que l'homme est nécessairement composé d'au moins deux éléments, sans quoi il ne pourrait y avoir génération. La théorie des quatre humeurs y est exposée en ces termes :

> « IV. Le corps humain a en lui du sang, du phlegme, de la bile jaune et noire, et telle est la nature de son corps et c'est par cela qu'il souffre et qu'il est en bonne santé. Il est en bonne santé surtout quand ces constituants réciproques du mélange, de la puissance (qualité) et de la quantité sont mesurés, et surtout quand ils ont été mixés. Et il souffre quand l'un d'eux est en moins ou en plus ou qu'il s'est séparé dans le corps et qu'il n'a pas été bien mixé avec tous les autres. Car il est nécessaire que lorsque l'un d'eux s'est séparé et qu'il se tient sur lui-même, non seulement que cette petite place d'où il s'est écarté devienne maladive, mais aussi que là où il se tient et s'est répandu, remplissant l'endroit outre mesure, il produit de la douleur et de la peine. Et de fait, lorsque l'un d'eux se répand à l'extérieur du corps plus que ce n'est devenu habituel, le vide produit une douleur. Mais inversement s'il produit au-dedans un vide, un déplacement et un détachement loin des autres, il est vraiment nécessaire qu'il produise une double douleur selon ce qui a été dit, à l'endroit d'où il s'est détaché et là où il est venu en plus » trad. Jouanna.

Mais à la différence notable d'Aristote, comme on l'a montré, l'auteur de *Nature de l'homme* a observé la stabilité et la permanence des humeurs, refuse explicitement de les concevoir à partir d'un mélange de qualités élémentaires ou autres et les considère comme des entités naturelles « nées avec » le malade :

> « le phlegme ne ressemble en rien au sang, ni le sang à la bile, ni la bile au phlegme. Car comment seraient-ils semblables les uns aux autres, alors que les couleurs ne semblent pas semblables quand on les regarde, et qu'ils ne sont pas semblables pour la main qui les touche ? Car ils ne sont ni semblablement chauds, ni semblablement froids, ni secs, ni humides. Il est donc nécessaire qu'alors qu'elles sont tellement séparées les unes des autres relativement à la forme (l'idée) et à la puissance (qualité), elles ne soient pas un, puisque le feu et l'eau ne sont pas un. On peut donc savoir par là que toutes ces choses ne sont pas un mais que chacune d'elle a sa propre puissance (qualité) et sa propre nature. Car si l'on donne à un homme un remède qui tire le phlegme, c'est du phlegme qui t'est vomi, et si on lui donne un remède qui tire la bile, c'est la bile qui t'est vomie. Selon les mêmes raisons aussi c'est la bile noire qui est purifiée, si l'on donne un remède qui tire la bile noire. Et si tu blesses un point de son corps de telle sorte qu'il se produise une blessure, le sang coulera pour lui. Il fera toutes ces choses durant chaque jour et chaque nuit, en hiver et en

été, jusqu'à ce qu'il soit capable d'attirer le souffle à lui et de le laisser repartir, ou jusqu'à ce qu'il soit privé d'une des choses nées avec lui. Ce qui a été dit est né avec lui » trad. Jouanna.

Le critère pour juger de la nature des constituants humains est ici fourni par ce qui se passe dans les prises de remèdes, ce qui peut indiquer que l'auteur de ces lignes n'est pas un médecin-physiologue mais un pur praticien. En raison de sa signification pour l'histoire de la médecine, le texte de *Nature de l'homme* a été sollicité de multiples manières au point qu'il devient difficile d'en dire quoi que ce soit, mais on relève quelques incohérences qu'il est tentant d'expliquer par des réécritures ou des interpolations, car après ce qui vient d'être établi pour la constitution de la nature humaine, l'auteur adopte la théorie saisonnière déjà rencontrée dans le traité du *Régime*, puis ajoute les développements bien connus sur les contraires, les épidémies, la saignée, les fièvres, et semble en fin de compte hésiter à identifier trois ou quatre humeurs du fait que la bile noire n'est pas systématiquement distinguée de la bile jaune, et alors même que comme quatrième humeur la bile noire paraît indispensable à la cohérence du schéma saisonnier, ainsi qu'aux développements sur le pus et sur les fièvres, puisqu'elle en est présentée comme la cause.

Le traité *Ancienne médecine* est construit en deux parties sensiblement différentes par le matériel conceptuel, la deuxième nommant explicitement l'adversaire Empédocle au c. 20 et développant une théorie originale du σχῆμα et de la δύναμις peu présente dans la première partie et peu cohérente avec elle. Mais quoi qu'il en soit, dès la première phrase, sont dénoncés ceux qui prennent pour ὑπόθεσις le chaud, le froid, le sec et l'humide :

« Tous ceux qui ayant entrepris de traiter de la médecine, oralement ou par écrit, se sont donné comme fondement à leur thèse un postulat tel que le chaud, le froid, l'humide et le sec, ou tout autre postulat de leur choix, simplifiant la cause originelle des maladies et de la mort chez les hommes et postulant dans tous les cas la même cause, un ou deux principes, commettent des erreurs manifeste sur bien des points de leur thèse, mais sont surtout blâmables parce que ces erreurs portent sur un art existant réellement, auquel tout le monde a recours en vue des choses les plus importantes, et dont tout le monde honore au plus haut point les bons praticiens et les bons professionnels »[66].

La réfutation de la médecine qualitative commence au chapitre 13 avec l'argument général selon lequel le chaud, le froid, le sec et l'humide ne sont pas la cause des maladies, qui viennent d'une mauvaise alimentation, que l'on corrige par la connaissance de la cuisine. Le pain est meilleur pour la santé que « les grains de blé ramassés sur l'aire », mais personne ne peut dire si c'est parce qu'il est chaud ou froid, ou si c'est à cause de la qualité de la farine. On peut tout au plus dire que ce qui cause du dommage est l'excès d'une qualité, le plus chaud du chaud, le plus froid du froid, ce qui la rend trop forte ou quand elle est à son ἀκμή. Inversement le bien-être et la santé résultent d'un bon mélange de toutes les qualités, substances ou puissances, mais le médecin serait embarrassé pour indiquer un remède qui serait seulement chaud ou froid, car le malade lui demanderait quand même toujours « quelle chose » prendre[67]. Enfin le froid et le chaud sont les qualités les moins faciles à connaître du fait qu'elles s'équilibrent en permanence et ne se mélangent qu'entre elles, comme on le voit quand on a pris en hiver un bain froid qui réchauffe, ou quand on frissonne au coin du feu, ou par la brûlure que causent les engelures et même par l'impression de froid qui saisit les malades atteints de fortes fièvres. La santé correspond d'ailleurs à un mélange harmonieux de toutes les qualités et substances, et pas seulement à un mélange imperceptible de chaud et de froid, et il faut rechercher des instruments permettant d'apprécier le mélange lui-même, et poursuivre les découvertes déjà accomplies. C'est dans l'exactitude des mélanges ou des proportions que résident la science et la technique de l'homme de l'art, qui dose les quantités en tâtonnant :

> « Ceux qui ont cherché et découvert la médecine, tenant le même raisonnement <sur le régime> que ceux dont il a été question dans mon développement précédent, commencèrent, à mon avis, par retrancher sur la masse de ces aliments eux-mêmes et à réduire la quantité de beaucoup à très peu (ὑφεῖλον τοῦ πλήθεος τῶν σιτίων αὐτῶν τούτων καὶ ἀντὶ πλεόνων ὀλίγιστα ἐποίησαν) »[68].

Il s'agit donc bien de trouver la mesure exacte, découverte d'abord par une série d'approximations successives, et en ce domaine il y a déjà beaucoup à faire pour réparer ne seraient-ce que la faim et la mauvaise digestion :

> « Bien d'autres maux, différents de ceux qui proviennent de la réplétion mais nullement moins redoutables, proviennent aussi de la vacuité. C'est pourquoi les tâches (du médecin) sont bien plus diversifiées et requièrent une exactitude

---

66. « Ὁκόσοι μὲν ἐπεχείρησαν περὶ ἰητρικῆς λέγειν ἢ γράφειν ὑπόθεσιν αὐτοὶ ἑωυτοῖσιν ὑποθέμενοι τῷ λόγῳ θερμὸν ἢ ψυχρὸν ἢ ὑγρὸν ἢ ξηρὸν ἢ ἄλλο τι ὃ ἂν θέλωσιν, ἐς βραχὺ ἄγοντες τὴν ἀρχὴν τῆς αἰτίης τοῖσιν ἀνθρώποισι τῶν νούσων τε καὶ τοῦ θανάτου καὶ πᾶσι τὴν αὐτὴν ἓν ἢ δύο ὑποθέμενοι, ἐν πολλοῖσι μὲν καὶ οἷσι λέγουσι καταφανεῖς εἰσιν ἁμαρτάνοντες, μάλιστα δὲ ἄξιον μέμψασθαι, ὅτι ἀμφὶ τέχνης ἐούσης ᾗ χρέωνταί τε πάντες ἐπὶ τοῖσι μεγίστοισι καὶ τιμῶσι μάλιστα τοὺς ἀγαθοὺς χειροτέχνας καὶ δημιουργούς ». *Op. cit.* p. 118 = L I, 570. La traduction d'*hypothesis* est naturellement source de difficultés abondamment commentées, et l'on doit par ailleurs tenir compte de l'analyse que propose André Lacks de la mention d'Empédocle au c. 20 de *L'Ancienne médecine* dans « Remarks on the Differentiation of Early Greek Philosophy », dans *Philosophy and the Sciences in Antiquity*, R. W. Sharples (éd.), Aldershot, 2005, 8-22, en particulier quand il écrit : « the medical author does not aim at attacking Empedocles in his own right, but as representative of a genetic kind of approach … » p. 12.

67. « οὐ γάρ ἐστιν αὐτοῖσιν, οἶμαι, ἐξευρημένον αὐτό τι ἐφ' ἑωυτοῦ θερμὸν ἢ ψυχρὸν ἢ ξηρὸν ἢ ὑγρὸν μηδενὶ ἄλλῳ εἴδει κοινωνέον … ἐπεὶ ἐκεῖνό γε ἄπορον προστάξαι τῷ κάμνοντι θερμόν τι προσενέγκασθαι · εὐθὺς γὰρ ἐρωτήσει · τί ; car il n'a pas été découvert par eux quelque chose de chaud ou froid ou sec ou humide par soi, qui ne serait associé à aucune autre espèce … puisqu'il est impossible de prescrire à un malade de prendre quelque chose de chaud, car il demandera immédiatement : quoi ? » trad. modifiée, p. 136-137.

68. P. 124.

bien plus grande. Il faut en effet viser à une mesure. Mais comme mesure, on ne trouverait pas non plus de nombre, ni d'autre balance par laquelle faire remonter et connaître l'exactitude, que la sensation du corps »[69].

L'ancienne médecine, dit cet auteur visionnaire, ne doit pas être rejetée pour son manque de précision mais perfectionnée par la recherche d'une précision plus grande. L'auteur hippocratique s'oppose sans aucune ambiguïté aux physiologues comme Empédocle qui ont écrit sur la nature et disent ce qu'est l'homme en général. L'expérience médicale enseigne au contraire la diversité des natures, que le médecin peut connaître à travers celle des réactions alimentaires et des genres de vie. Tout le monde n'aime pas le fromage, qui rend malades certaines personnes et pas d'autres. C'est donc la diversité des mélanges des humeurs qu'il doit connaître, leurs σχήματα et leurs δυνάμεις, car ces humeurs sont douces, amères, salées, et non chaudes, froides, humides ou sèches[70].

Telles sont quelques unes des propositions hippocratiques qui font du Père de la médecine un très précieux auxiliaire des médecins rénovateurs de la fin du *Quattrocento* et de la première moitié du XVIe siècle. Mais parmi les nombreux obstacles épistémologiques à franchir, il leur faut d'abord affronter l'*obscuritas* des écrits du Père de la médecine, souvent figurée, à en croire la *Vie* de Soranos, par sa représentation *velato capite*, la tête couverte, et qui n'est pas seulement un lieu commun de la tradition antique, mais avant tout une réalité[71]. Et ce d'autant plus que le chapitre *De qualitatibus corporum* d'une *Ysagoge iohannici ad tegni galieni* imprimée par exemple dans une *Articella* de *ca.* 1500 enseigne alors[72] :

« *Corporis qualitates sunt tres scilicet sanitas : egritudo et neutralitas. Sanitas est temperamentum perficiens vel custodiens res naturales secundum cursum nature. Infirmitas est intemperantia extra cursum nature : naturam ledens : unde fit lesionis effectus sensibilis. Neutrum quidem est quod nec sanum nec infirmum dicitur. Sed neutralis qualitas tribus modis constat : ut si in uno corpore simul conueniant infirmitas et sanita. In diuersis membris : ut est in corpore ceci et claudi : siue in corpore senis : cui nec unum membrum remanet quod non malum fiat et patiatur et si corpus hominis aliquibus horis sanum fuerit : aliis uero infirmum : ut eorum qui estate infirmantur : hyeme sani sunt. qui autem frigidioris nature fuerint : hyeme infirmantur : estate sani sunt. et qui*

---

69. « Πολλὰ δὲ καὶ ἄλλα κακὰ ἑτεροῖα μὲν τῶν ἀπὸ πληρώσιος, οὐχ ἧσσον δὲ ἀμὰ δεινά, καὶ ἀπὸ κενώσιος. Διότι πολλὸν ποικιλώτερά τε καὶ διὰ πλείονος ἀκριβείης ἐστί. Δεῖ γὰρ μέτρου τινὸς στοχάσασθαι · μέτρον δὲ οὐδὲ ἀριθμὸν οὔτε σταθμὸν ἄλλον πρὸς ὃ ἀναφέρων εἴσῃ τὸ ἀκριβές, οὐκ ἂν εὕροις ἀλλ᾽ ἢ τοῦ σώματος τὴν αἴσθησιν » (trad. modifiée), p. 128 et n. 8 p. 173.

70. Chap. 23-24, p. 152-153.

71. D. Manetti, « Il Proemio di Erotiano e l'oscurità intentionale di Ippocrate », dans *I testi medici greci. Tradizione e ecdotica*, Atti del III Convegno Internazionale, Napoli 15-18 ottobre 1997, A. Garzya e J. Jouanna (éds.), Napoli, 1999, 363-377.

72. Exemplaire numérisé Paris BIU Santé 75169, pages 17 et 18 en format pdf.

humidam naturam habuerint : in pueritia infirmantur : in iuuentute et in senectute sanantur. Qui vero siccam habuerint naturam in puericia sani sunt : in iuuentute autem et senectute infirmantur. In tribus inuenitur rebus sanitas et infirmitas et neutrum : aut in corpore in quo trium qualitatum unaquequum <lego *unacumque*> *reperitur : aut in causa faciente illas : et regente : et conservante : aut in significationibus eas significantibus.*

Les qualités du corps sont trois à savoir la santé, la maladie et la neutralité. La santé est le tempérament amenant ou conservant les choses naturelles selon le cours de la nature. L'infirmité est l'*intemperantia* hors du cours de la nature : lésant l'action : d'où provient l'effet sensible de la lésion. Tandis que neutre est ce qui n'est dit ni sain ni infirme. Mais la qualité neutre existe selon trois modes : comme si dans un seul corps se rejoignaient l'infirmité et la santé. Dans les divers membres : comme c'est dans le corps d'un aveugle et d'un boiteux : ou dans le corps du vieillard : à qui il ne reste pas même un seul membre qui ne devienne mal et ne souffre, même si à certaines heures le corps de l'homme aura été sain : mais à d'autres infirme : comme celui de ceux qui sont infirmes en été mais sont sains en hiver. Mais ceux qui sont en général d'une nature plus froide, sont infirmes en hiver et sont sains en été. Et ceux qui ont en général une nature humide sont malades dans l'enfance et sont sains dans la jeunesse et la vieillesse. On trouve la santé, l'infirmité et le neutre dans trois choses : ou bien dans le corps dans lequel se trouve une des trois qualités : ou bien la cause qui les fait, les règle et les conserve : ou bien dans les significations les signifiant ».

On reconnaît au bout de quelques lignes les trois catégories corps, signe, cause structurant l'analyse du corps malade depuis l'*Art médical* de Galien, mais déjà passées sous silence dans le *compendium* humaniste de Manardi, et qui seront méthodiquement défaites comme inopérantes et obsolètes dans le *Medicina siue medicus* de Janus Cornarius en 1556.

TROISIÈME PARTIE

LA DOCTRINE HIPPOCRATIQUE DE JANUS CORNARIUS

Chapitre I

Le *De peste* de 1551 et la question épidémique[1]

Il faut commencer par montrer que l'opposition véhiculée par l'histoire médicale entre les deux systèmes explicatifs du phénomène épidémique que seraient la théorie aériste et la théorie de la contagion, n'est pas pertinente au XVIe siècle, et qu'au contraire la théorie de la contagion se construit au sein de la théorie aériste, à partir d'une lecture de la médecine grecque sans doute plus pertinente que celle que nous en faisons à la suite des positivistes. C'est l'observation que l'on peut faire en lisant le traité *De peste* de 1551. Ce *De peste*, qui peut passer inaperçu dans une littérature secondaire pléthorique répétant sans fin quelques recommandations naïves et inefficaces, se distingue d'abord par le fait que l'auteur y revendique une approche spécifiquement hippocratique du sujet, puisqu'il annonce *Hippocratis et Platonis methodum sequemur*[2]. Avant d'en venir à la présentation de ce qui fait l'originalité de cet ouvrage, il est utile de préciser quelques notions déjà connues se rapportant aux épidémies en général et à la peste en particulier. Commençons par la peste.

Nos plus récentes informations sur la peste émanent de l'ouvrage de Norbert Gualde paru en 2006, *Comprendre les épidémies,* qui étudie « la co-évolution des microbes et des hommes » et donc « l'influence des conditions environnementales sur les épidémies », une banalité en médecine hippocratique. Cet immunologiste indique qu'entre 1980 et 1994 on a encore dénombré par an dans le monde un millier de cas de peste, maladie que « sa conservation dans le sol » rend impossible à éradiquer, et que le bacille responsable, *Yersinia pestis*, identifié en 1894, est aujourd'hui un « candidat sérieux aux

---

1. Ce chapitre reprend le texte légèrement remanié d'une communication faite à l'invitation de Vincent Barras au *Séminaire de médecine et biologie antique* de l'Institut universitaire d'histoire de la médecine et de la santé publique (IUHMSP), Université de Lausanne, le 31 mai 2007, publiée sous le titre « La question épidémique dans le traité *De peste* de Janus Cornarius (1551) : un aspect de la vulgate hippocratique », dans *Archives internationales d'Histoire des sciences*, vol. 59 n° 162 (juin 2009), 53-72.

2. « Nous allons suivre la méthode d'Hippocrate et de Platon », BEC 35, 7.

applications militaires » dans le cadre d'une guerre bactériologique[3]. On connaît bien sûr l'enquête magistrale de Jean-Noël Biraben, qui raconte comment la peste a disparu d'Europe avant que l'on ne comprenne son mode d'action, ce que Gualde explique par l'apparition d'une « population immune sélectionnée par la pression démographique du germe virulent ». Les mesures prophylactiques, pas toujours absurdes comme on le voit à la lecture du *Journal de l'Année de la Peste* (année 1665) de Daniel Defoe, diffusées par les innombrables petits livres déjà évoqués, ont peut-être aussi joué un rôle dans la disparition de la peste d'Europe[4]. Les recherches médicales sur cette immunité acquise à l'échelle historique portent finalement sur un matériel qui est en partie entre nos mains. Je pense à une enquête intitulée *Les chemins de la peste. Le rat, la puce et l'homme*, qui retrace l'histoire des idées sur la peste et reproduit le schéma selon lequel, jusqu'à la découverte par Yersin, élève de Pasteur, du bacille en cause, deux théories s'affrontaient en vain, la théorie de l'air, rendant l'air porteur de miasmes responsable de la propagation de la maladie, et la théorie de la contagion présupposant un contact à l'origine de la maladie, théories réconciliées par l'identification de la puce comme vecteur du bacille[5]. Un tel schématisme non seulement ne facilite pas l'exploitation des nombreux témoignages anciens ou récents susceptibles d'aider à la compréhension de la co-évolution épidémique, mais interdit d'observer la réelle avancée que représente le *De peste* de Janus Cornarius dans la compréhension de ce fléau. Il n'est pas inutile de relever que la rédaction longtemps différée de l'ouvrage répond, dit l'auteur, à la demande d'un confrère en rapport avec les progrès d'une pestilence récente apparue en Ruthénie et qui toucha successivement la Livonie, la Lituanie, La Borusie, la Pologne et la Silésie, y faisant « d'innombrables milliers » de morts[6].

1. *Sur la contagion magique*

Les notions désormais communes sur l'histoire ancienne du terme et du concept d'épidémie ont par ailleurs été exposées à de nombreuses reprises et l'on va s'efforcer de les résumer. On ne peut pas traduire systématiquement *infectio* par « infection », le sens moderne de ce terme étant « pénétration de

---

3. N. Gualde, *Comprendre les épidémies. La co-évolution des microbes et des hommes*. Paris, 2006, 84-88.
4. D. Defoe, *Journal de l'Année de la Peste*, traduction et notes de F. Ledoux, préface d'H. Mollaret, Paris, 2003 (1982). Voir aussi J. Delumeau, *La Peur en Occident (XVIe-XVIIe siècles)*, Paris, 1978, rééd. 2003, 132-187.
5. J. N. Biraben, *Les hommes et la peste en France et dans les pays européens et méditerranéens*. Paris, 1975-1976 ; F. Audouin-Rouzeau, *Les chemins de la peste. Le rat, la puce et l'homme*, Rennes, 2003.
6. L'inspirateur du traité, un certain Ioannes Trogerus, *Gordelicensium Medicus Physicus*, décédé au moment de sa publication, n'a pas été identifié.

l'organisme par des entités étrangères qui se multiplient et sont pathogènes » alors que le mot latin signifie « teinture, imprégnation d'un tissu, souillure » et traduit quant à lui très bien le grec μίασμα[7]. Les maladies dites infectieuses sont celles qui sont causées par un agent pathogène assez virulent pour donner lieu à des épidémies, phénomène incluant d'une manière ou d'une autre son caractère transmissible. Pour nous entendre sur le sens moderne d'épidémie, empruntons quelques définitions à l'ouvrage de Ruffié et Sournia, qui indiquent que le concept de maladie « rassemble des symptômes observés chez tous les malades 'attaqués' par un même germe » et considèrent « les maladies infectieuses, virales, parasitaires » comme « l'agression sélective » la plus puissante à laquelle l'humanité ait eu à faire face dans sa période historique, émanant du milieu soit sous forme « endémique » c'est-à-dire permanente, soit sous forme explosive et s'étendant à une partie importante de la population[8]. C'est cette dernière forme qui est dite « épidémique », puis « pandémique » quand elle atteint toute une population sur une grande zone géographique. L'épidémie est donc une agression momentanée du milieu, identifiée à la fois par une symptomatologie et par un « agent pathogène » principal, virus ou parasite, bactérie, bacille ou champignon, à l'identification duquel se consacre prioritairement la médecine, dans le but de supprimer la cause des symptômes observés. L'épidémie, maladie étendue à une partie importante de la population, est aussi, dans la plupart des cas, considérée comme « transmissible », soit par « contagion directe », d'homme à homme, comme la tuberculose ou le sida, soit par « contagion indirecte », nécessitant « la participation d'un hôte vecteur » tel que la puce pour la peste. Notons que les deux situations sont envisagées comme une transmission par contagion, et que le *contage* est l'agent agresseur, ou infectieux, auquel échappent certains organismes immunisés dans des conditions sur lesquelles se penchent plus particulièrement Ruffié et Sournia, qui se placent dans une perspective néo-darwiniste. On voit ici que l'infection et la contagion sont des notions jumelles dérivées de celle d'agent pathogène, essentiellement extérieur à l'individu et donc transmissible, nonobstant la résistance de ce dernier, qui intéresse la génétique. Le passage de l'idée de maladie infectieuse à celle d'épidémie est une question d'échelle. Ces approches sont selon nous rationnelles et scientifiques. Elles ignorent l'étymologie magico-religieuse des notions de μίασμα, d'infection et de contagion.

L'histoire médicale reconnaît donc l'existence d'un paradoxe dans le fait que les concepts d'infection et de contagion sont tous deux considérés comme d'origine magico-religieuse, tandis que les premiers témoins conservés de la médecine rationnelle privilégient l'idée d'une transmission des maladies par

---

7. D. Gourevitch, « Peut-on employer le mot d'*infection* dans les traductions françaises de textes latins ? » dans *Textes médicaux latins antiques*, G. Sabbah (éd.), Saint-Étienne, 1984, 49-52.
8. J. Ruffié, J.-C. Sournia, *Les épidémies dans l'histoire de l'homme*, Paris, 1995, 9-82.

l'air et plus largement par le milieu environnant, longtemps seuls candidats au rôle de l'agent pathogène. La dichotomie entre transmission par l'air et transmission par contact, qui soutient une opposition entre doctrine savante et instinct populaire, aurait ralenti et empêché la compréhension des processus infectieux et épidémiques jusqu'à Louis Pasteur, puisque les médecins ne croyaient pas à la contagion. Toutefois le bon sens populaire, supposé reproduire instinctivement les schèmes de la mentalité magique, a assez bien identifié le caractère contagieux de la peste, par exemple, pour appliquer une prophylaxie partiellement efficace. Il est donc paradoxal que le peuple et les non médecins aient été plus près de la vérité scientifique que les savants. Cette bizarrerie appelle examen.

Une première ambiguïté s'attache à l'emploi indistinct des locutions « théorie miasmatique » et « théorie aériste » pour désigner la doctrine médicale, savante, qui enseigne que la peste, présente dans l'air, se transmet par voie respiratoire, situation d'ailleurs réellement envisageable pour la forme pulmonaire de la peste, qui se transmet par les postillons. L'attribution de cette théorie aéro-miasmatique à Hippocrate repose en réalité sur des bases textuelles très minces, comme l'a bien montré Jacques Jouanna, qui conteste cette idée dans un article très souvent cité, en reliant les rares emplois de μίασμα à la nosologie hippocratique[9]. Le traité *Airs, eaux, lieux* distingue, explique Jouanna, les maladies particulières dues à un mauvais régime et les maladies générales endémiques, liées aux airs, eaux et lieux, et enfin les maladies générales épidémiques, déterminées par le changement des saisons, « c'est-à-dire par les variations des qualités élémentaires de l'air (chaud, froid, sec et humide) » et non par les miasmes. Ces derniers, conçus comme des émanations morbifiques des eaux et des lieux (νοσηρὴ ἀπόκρισις chez Hippocrate, ou ἀναθυμίασις chez Galien, qui reprend ici un concept aristotélicien) pénètrent dans l'homme par la respiration, autrement dit par l'air. Les deux voies de transmission par respiration et par contact seraient, dit Jouanna, incompatibles dans la médecine hippocratico-galénique, comme sont incompatibles l'esprit scientifique et l'esprit magique, mais la médecine moderne et contemporaine aurait curieusement inversé cette loi. En réalité, montre Jouanna, d'après la typologie d'*Airs, eaux, lieux*, seules les maladies endémiques relèveraient du modèle miasmatique, seules les maladies épidémiques relèveraient du modèle aériste, deux modèles finalement confondus du fait que l'air passe indistinctement pour le vecteur du miasme et pour l'un des quatre principes physiques de la matière, à la fois ἀήρ et πνεῦμα. C'est pourquoi, me semble-t-il, la théorie dite miasmatique, étymologiquement magico-religieuse, semble parfois se confondre avec la théorie dite aériste, réputée scientifique à l'époque de Galien.

---

9. J. Jouanna, « Miasme, maladie et semence de la maladie. Galien lecteur d'Hippocrate », dans *Studi su Galeno. Scienza, filosofia, retorica e filologia*, D. Manetti (éd.), Firenze, 2000, 59-92.

D'où vient donc l'idée de cette relation que l'étymologie et la littérature conservée suggèrent d'établir entre *contagion* et *magie* ou croyances populaires ? Le récit laissé par Thucydide de la peste d'Athènes de 430 avant JC passe pour admettre implicitement l'idée de transmission par contagion d'une épidémie identifiée comme une forme de typhus. Bien qu'il ait été très souvent commenté, il faut revenir à la lettre de ce texte fondateur. Il y est dit que « les médecins ... étaient les plus nombreux à mourir dans la mesure où ils approchaient ou fréquentaient (προσῇσαν de προσέρχομαι) le plus de malades » (47, 4). Thucydide ne dit pas « touchaient ». Rappelons que l'auteur refuse de se prononcer sur les causes (αἰτίας) du mal (48, 3) et que « rien ne lui fournissait de point de départ (ἀπ᾽ οὐδεμίας προφάσεως) » (49, 1). Le terme de « contagion » a été utilisé en 51,4 par Jacqueline de Romilly dans sa traduction française pour rendre une idée qui s'énonce mot à mot de la façon suivante : « Le plus terrible était ... aussi que d'autres, imprégnés *ou* souillés (ἀναπιμπλάμενοι) à partir du soin d'un autre *ou* qu'ils prodiguaient à un autre, mouraient comme le petit bétail »[10]. Faut-il classer ce passage de Thucydide du côté de la pensée médicale antique magico-religieuse ou rationnelle[11] ?

L'ancrage de la contagion dans la pensée magique a également son histoire particulière, que je crois utile de rapporter en quelques mots. Freud a étudié « le pouvoir contagieux » du tabou, c'est-à-dire le fait que le caractère tabou se transmet à celui qui transgresse la prohibition qui le frappe, ainsi qu'aux objets entrés en contact avec le tabou, par comparaison avec certains aspects des névroses obsessionnelles, et comme un phénomène susceptible d'expliquer le curieux mécanisme de l'ambivalence, par exemple l'attrait et la répulsion qu'un même objet peut exercer simultanément sur l'obsessionnel. Bien que les exemples de névroses choisis par Freud portent sur des phobies de contact et mettent donc en jeu le fait de toucher, l'idée de contagion n'a dans son raisonnement qu'une valeur métaphorique ou illustrative. Mais le « pouvoir conta-

---

10. Thucydide, *La guerre du Péloponnèse*, Livre II, texte établi et traduit par Jacqueline de Romilly, Paris, 1962 : « Rien n'y faisait, ni les médecins qui, soignant le mal pour la première fois, se trouvaient devant l'inconnu (et qui étaient même les plus nombreux à mourir, dans la mesure où ils approchaient le plus de malades), ni aucun autre moyen humain. De même, les supplications dans les sanctuaires, ou le recours aux oracles et autres possibilités de ce genre, tout restait inefficace », p. 34, et « Mais le pire, dans ce mal (...) c'était aussi la contagion, qui se communiquait au cours des soins mutuels et semait la mort comme dans un troupeau », p. 37.

11. Voir M.D. Grmek, « Les vicissitudes des notions d'infection, de contagion et de germe dans la médecine antique » dans *Textes médicaux latins antiques*... 53-70. Par exemple p. 55 : « Ancrée dans la compréhension magique du monde et dans la tradition populaire, la notion d'infection fut bannie de la médecine scientifique gréco-romaine. Les raisons de ce rejet, pour ne pas dire de cet aveuglement de la pensée médicale, méritent une analyse historique et épistémologique », ou bien encore *ibid.* : « la médecine rationaliste grecque du ve s. ... a désacralisé la maladie et, du coup, condamné la possibilité d'une étiologie infectieuse... la notion même de contagion est complètement absente de l'ensemble des traités médicaux que la tradition attribue à Hippocrate... Les phénomènes cliniques, dont l'observation et la description auraient suggéré l'infection à un médecin moderne, sont expliqués par des notions qui font appel à des facteurs endogènes ou à des conditions particulières du milieu ».

gieux du tabou » fait aussi système avec les pratiques de purification voisines de certaines conduites d'expiation signifiant la renonciation au tabou, qui d'après son analyse mettent fin au processus contagieux, lequel est de l'ordre de l'imitation. La contagion magique ressemble donc à la contagion infectieuse sur les trois points de la transmission, du contact et de la purification, qui expliquent suffisamment la puissance suggestive de cette métaphore[12]. Mais Freud, dont l'objectif est de comparer la pensée inconsciente et la pensée primitive, tient sans doute cette image de ses lectures de Frazer, auquel il emprunte de nombreux exemples, y compris celui qui illustre la « magie contagieuse » telle que la concevait l'auteur du *Rameau d'or*. Frazer, quant à lui, utilise l'expression de « magie contagieuse » pour signifier un déplacement selon la contiguïté, opération obéissant plus ou moins à la structure linguistique de la métonymie, et pour signaler ou décrire cette logique à l'œuvre dans la pensée magique. L'exemple le plus connu et le plus clair est celui des soins apportés à l'arme qui a causé la blessure plutôt qu'à la blessure elle-même[13]. Ici encore, nous ne constatons rien d'autre qu'un usage strictement métaphorique de la notion de contagion. Sauf à admettre sans discussion le thème, cher à Lloyd, du « Grand Partage » entre sociétés « primitives » et « civilisées »[14]. Mais ce n'est pas selon ce partage que les médecins lisaient Hippocrate avant la découverte du bacille de Yersin.

Le monde antique connaît assurément une étiologie non magique de la contagion entendue dans son sens ordinaire actuel comme la « communication d'une maladie par contact médiat ou immédiat » avec un malade selon la définition du dictionnaire Littré. La doctrine physiologique qui lui fait la plus large place est sans aucun doute l'épicurisme de Lucrèce, dont le *De natura rerum* se clôt sur une description de la peste d'Athènes et de divers phénomènes reliés à des exhalaisons putrides, morbides, mortifères, malodorantes, pour ne pas dire miasmatiques, comme celles qui provoquent la mort les oiseaux des Avernes, sans que soient employées d'autres expressions que *vis mortifera, aurae* ou *semina rerum* pour désigner leur éventuelle substance matérielle[15]. Les causes de la peste d'Athènes avancées par Lucrèce, qui à la fois reprend la théorie de l'air véhicule de l'infection et utilise, lui, le terme de *contagium*,

---

12. « La force magique, attribuée au tabou, se réduit au pouvoir qu'il possède d'induire l'homme en tentation ; elle se comporte comme une contagion parce que l'exemple est toujours contagieux et que le désir défendu se déplace dans l'inconscient sur un autre objet. L'expiation de la violation d'un tabou par une renonciation prouve que c'est une renonciation qui est à la base du tabou ». S. Freud, *Totem et tabou,* trad. par S. Jankélévitch, Paris, 2001, 57 (*Totem und Tabou*, 1912-1913).

13. J. G. Frazer, *Le Rameau d'Or. Le roi magicien dans la société primitive* (trad. de Pierre Sayn). *Tabou et les périls de l'âme* (trad. de Henri Peyre), Paris, 1998, 129 et suivantes.

14. G.E.R. Lloyd, *Magie, raison et expérience. Origines et développement de la science grecque,* trad. par Jeannie Carlier et Franz Regnot, Paris, 1990 (*Magic, Reason and Experience. Studies in the Origin and Development of Greek Science*, 1979), p. 16. L'expression 'Grand partage' est reprise à Jack Goody, dont Lloyd applique le programme.

15. *DNR* VI, 738-839.

sont dans leurs grandes lignes conformes à celles formulées dans les traités hippocratiques et passent même pour directement inspirées par la lecture du traité *Airs, eaux, lieux*[16]. L'atomisme latin donne toutefois à ces causes de la peste le nom particulier de *semina rerum*, qui traduit le terme grec d'atome et, comme l'a bien noté J. Jouanna, ne doit pas être senti comme incluant une idée quelconque de vie ou d'organisme vivant en préfiguration des microbes et des germes. L'explication de Lucrèce tient en quelques vers que je rappelle :

> *Nunc ratio quae sit morbis, aut unde repente*
> *mortiferam possit cladem conflare coorta*
> *morbida uis hominum generi pecudumque cateruis,*
> *expediam. Primum multarum semina rerum*
> *esse supra docui quae sint uitalia nobis,*
> *et contra quae sint morbo mortique necessest*
> *multa uolare. Ea cum casu sunt forte coorta*
> *et perturbarunt caelum, fit morbidus aer.* VI, 1090-1097[17]

Ce que l'on peut résumer en disant qu'à l'origine des maladies touchant un grand nombre d'hommes et d'animaux, il y a l'air vecteur de particules nocives. Nous avons ici la meilleure combinaison possible de la théorie miasmatique et de la théorie aériste, autrement dit, et pour simplifier, d'une théorie de la contagion et d'une théorie physique, soit une théorie scientifique de la contagion. L'étude des agronomes latins a également montré que l'hypothèse d'une communication des maladies touchant un grand nombre de personnes par l'intermédiaire non pas de particules indéfinies mais d'organismes vivants avait été formulée relativement tôt, puisque les spécialistes l'identifient sinon chez Varron, *Res rusticæ* I, 1, 12, 2 et 3, quand il écrit :

> « *crescunt animalia quædam minuta, quæ non possunt oculi consequi, et per æra intus in corpus per os ac nares perueniunt atque efficiunt difficile/is morbos* : il s'y développe certains animaux minuscules, invisibles à l'œil, qui pénètrent avec l'air qu'on respire à l'intérieur du corps, à travers la bouche et les narines, et qui y créent de périlleuses maladies » (trad. Jean Trinquier).

du moins chez Columelle, *De re rustica* I, 5, 6 décrivant sans doute un nuage de moustiques porteurs du paludisme, nés d'un marécage :

---

16. J. Kany-Turpin dans sa traduction richement annotée du *DNR*, édition bilingue GF Flammarion 1998, renvoie pour le commentaire de ce passage à l'étude de M. Bollack, *La Raison de Lucrèce*, Paris, 1978.

17. Littéralement : « A présent je vais expliquer quelle raison ont les maladies et d'où naît la force morbide pouvant soudain susciter un désastre mortifère pour le genre humain et les troupes de petit bétail. D'abord j'ai enseigné plus haut qu'il existe des germes de nombreuses choses qui sont vitaux pour nous, et inversement il est nécessaire que ceux qui sont cause de maladie et de mort volent en grand nombre. Lorsque ces derniers naissent par hasard et troublent le ciel, l'air devient morbide ».

« *infestis aculeis armata gignit animalia, quæ in nos demissis examinibus inuolant... ex quibus sæpe contrahuntur cæci morbi, quorum causas ne medici quidem perspicere queunt* : (le marécage) engendre des animaux armés d'aiguillons acérés qui fondent sur nous en nuages épais... ces animaux font souvent contracter des maladies mystérieuses, dont même les médecins ne peuvent identifier les causes » (trad. Jean Trinquier)[18].

Voilà donc les principaux témoignages antiques dont disposaient les médecins humanistes en faveur d'une théorie scientifique de la contagion, conçue encore une fois comme la communication directe ou indirecte d'une maladie par l'intermédiaire des particules indéterminées elles-mêmes transportées par l'air à l'intérieur des corps, et pourquoi pas par de petits animaux invisibles[19].

2. *La contagion infectieuse au XVIe siècle*

Quelle est la situation vers 1550 ? Les épidémies les plus sévères perturbent régulièrement l'existence des savants comme Janus Cornarius, qui a fait l'expérience de l'exil à la campagne pour cause de peste, comme nous l'apprenons par ses discours et préfaces. Outre le petit ouvrage de Manardi suggérant l'étiologie sexuelle de *morbus Gallicus*[20], le monde médical connaît déjà le très charmant poème didactique paru à Vérone en 1530, *Syphilidis siue morbi Gallici libri tres* de Fracastoro, qui suppose la nouvelle maladie liée à la découverte de l'Amérique, et surtout avance les tout premiers éléments de la théorie qu'il développera dans son célèbre *De contagione* publié en 1546, tout en usant ici ou là de la terminologie ou de tournures lucrétiennes typiques,

---

18. Je remercie Jean Trinquier de m'avoir permis d'utiliser le texte de sa communication « La hantise de l'invasion pestilentielle : le rôle de la faune des marais dans l'étiologie des maladies épidémiques d'après les sources latines », dans I. Boehm et P. Luccioni (éds.), *Le médecin initié par l'animal. Animaux et médecine dans l'Antiquité grecque et latine*, Lyon, Maison de l'Orient et de la Méditerranée, 2008, 149-192. Nous renvoyons à cet article pour la discussion du *ex quibus* chez Columelle, dont dépend l'hypothèse d'une intuition précoce de l'existence des microbes. Le vocabulaire des épizooties indique du reste que les agronomes et vétérinaires latins avaient une connaissance positive de la contagion et refusaient son explication magico-religieuse, d'après L. Bodson, « Le vocabulaire latin des maladies pestilentielles et épizootiques », dans *Le latin médical. La constitution d'un langage scientifique*, G. Sabbah (éd.), Saint-Étienne, 1991, 215-241.

19. Pour l'influence de l'hippocratisme sur les descriptions des épidémies laissées par la littérature latine antique, voir J.-M. André, *La médecine à Rome*, Paris, 2006, 58 à 145, et du même : « La notion de *pestilentia* à Rome : du tabou religieux à l'interprétation préscientifique », *Latomus* 39 (1980), 3-16.

20. *De erroribus S. Pistoris circa morbum gallicum* [Nürnberg 1500], H 11011, Krebs 645.1, dont la teneur a été reprise dans *Epistolarum medicinalium tomus secundus*, Lugduni apud Seb. Gryphium, 1532, BM Grenoble F. 7619 Rés., *Epistola* VII, 2, 91-92 : « *contrahitur morbus hic pessimus raro aliter quam per contagium, nec quaruncumque partium, sed fere obscoenarum* : cette très mauvaise maladie se contracte rarement autrement que par contact, et pas de n'importe quelles parties mais des parties honteuses ». Sur la contribution de Manardi à la connaissance de la syphilis, voir Á. Herczeg, « Johannes Manardus, Hofarzt in Ungarn und Ferrara im Zeitalter der Renaissance », *Janus* 33 (1929), 52-78 et 85-130 (112-114).

dont j'ai relevé comme exemple : *usque adeo varia affecti sunt semina cæli* (si nombreux sont les germes du ciel affecté) p. 47 :

> « Les principes et le siège du mal sont dans l'air, cet Élément qui embrasse notre globe tout entier, qui s'insinue dans tous les corps, et qui est le véhicule ordinaire de ces pestes mortelles dont la Nature humaine est affligée. L'air est le père et la source des choses. C'est lui qui produit parmi les Hommes les plus grandes Maladies, étant d'une nature propre à se corrompre en cent manières ; étant également prompt à recevoir toutes sortes d'impressions, et à les communiquer lorsqu'il les a reçues. Disons à présent comment il a contracté la funeste contagion dont il s'agit. Aprenés les changemens que peut apporter le laps des siécles »[21].

Quelques précisions sur la théorie développée dans le traité, d'une toute autre tenue linguistique et spéculative, *De contagione* sont indispensables pour suivre le propos du traité *De peste* de Janus Cornarius. Dans sa dédicace au Cardinal Alexandre Farnèse, Fracastoro déplore l'ignorance de ses contemporains au sujet de la contagion. Il estime qu'Hippocrate semble avoir un peu observé le phénomène dans ses ouvrages sur les épidémies, sans toutefois expliquer sa nature, que Galien, Paul d'Egine et Aetius d'Amida ont laissé des indications sans doute utiles sur le sujet, mais que ses propres contemporains s'en tiennent aux « causes occultes », trop universelles et trop lointaines. Lui-même définit la contagion comme une infection (*infectio*) passant d'une chose à l'autre. Il nous apprend alors que ce terme d'*infectio* est employé à cette époque pour l'empoisonnement, et rapproche également la contagion de la putréfaction, conçue comme semblable à une corruption des mélanges, de telle sorte que la première définition de la contagion que son raisonnement lui permet d'établir est la suivante :

> « *dicemus contagionem esse consimilem quandam misti secundum substantiam corruptionem de uno in alium transeuntem, infectione in particulis*

---

21. *Syphilis ou le Mal vénérien. Poème latin de Jérôme Fracastor* avec la traduction en français et des notes, Paris, JF Guillau, 1753, Lyon BM 808 645, p. 28.

Principium, sedemque mali consistere in ipso
Aëre, qui terras circum diffunditur omnes,
Qui nobis sese insinuat per corpora ubique,
Suetus et has generi viuentum immitere pestes
Aër quippe pater rerum est, et originis auctor.
Idem saepe graues morbos mortalibus affert,
Multimode natus tabescere corpore molli,
Et facile affectus capere, atque inferre receptos.
Nunc vero, quonam ille modo contagia traxit,
Accipe : quid mutare queant labentia saecla.

Voir maintenant J. Fracastro, *La syphilis ou Le mal français*, texte établi, traduit et annoté sous la dir. de J. Vons, Paris, 2011.

insensibilibus primo facta : nous dirons que la contagion est une corruption semblable du mélange selon la substance (= une putréfaction, *putrefactio*), passant d'un individu à un autre, quand une infection s'est d'abord produite dans des particules imperceptibles »[22].

De cette définition nous retiendrons d'abord l'introduction du terme d'*infectio* dans la définition de la contagion, puis le fait que cette forme d'empoisonnement atteint les particules imperceptibles qui vont propager la corruption ou putréfaction d'un individu à l'autre. Fracastoro envisage ensuite trois sortes de contagion, 1. par contact, 2. à partir d'un foyer (*fomes*) et 3. à distance. À l'occasion de la description de ces trois formes de contagion, il introduira successivement la notion de « germe » (*seminarium*) de la putréfaction qui passe, par exemple, d'un fruit à un autre pour la contagion par contact, puis la notion de « venin » (*virus*) conservé plusieurs années dans un foyer, comme la laine ou les étoffes, dont il démontre qu'il agit comme dans le cas de la contagion par contact. La contagion à distance, semblable aux deux autres, est caractéristique, dit-il ensuite, des fièvres pestilentielles (*pestiferae febres*) ou des ophtalmies, et les germes en cause, *seminaria* toujours, sont portés par l'air, autant par l'air qui nous entoure que par celui de la sphère de l'air, qu'il considère comme identique au précédent, puisque la totalité du raisonnement obéit rigoureusement aux définitions et aux catégories de la physique aristotélicienne[23].

On voit que le *De contagione* de Fracastoro, que nous ne pouvons examiner plus longuement ici, tient compte, à travers l'idée d'une contagion par foyer, de l'expérience, prétendument populaire, acquise face aux fièvres pestilentielles, et ne limite pas la contagion à un processus supposant nécessairement un contact. La théorie de la contagion de Fracastoro respecte le principe hippocratico-galénique bien connu qui fonde la théorie aériste, selon lequel les maladies identiques touchant simultanément un grand nombre de personnes sont causées par l'air qu'elles ont respiré en commun[24]. En réalité la grande nouveauté de ce traité vient de sa théorie de l'infection, du poison et du *virus*, qui se propage par l'intermédiaire de particules clairement empruntées à l'ato-

---

22. *Hieronymii Fracastorii Veronensis De sympathia et antipathia rerum liber unus, De contagione et contagiosis morbis et curatione libri III, Venetiis*, 1546, BM Lyon FA 341 242, 28b = *De contagione* I, 1.

23. Pour les nuances qu'il convient d'introduire, voir H. Hirai, « Ficin, Fernel et Fracastor autour du concept de semence : Aspects platoniciens des *seminaria* » in *Girolamo Fracastoro fra medicina, filosofia e scienze della natura : atti del convegno internazionale di studi in occasione del 450 anniversario della morte*, Alessandro Pastore & Enrico Peruzzi éd., Florence, 2006, 245-260.

24. Principe formulé dès le traité hippocratique *Des vents* VI, 2 : « La fièvre commune à tous doit un tel caractère au fait que le souffle inspiré par tous est identique ; or comme le souffle, qui est semblable, se mêle de façon semblable au corps, les fièvres aussi sont semblables », cité d'après Hippocrate, tome V, 1ère partie, *Des vents, De l'art*, texte établi et traduit par J. Jouanna, Paris, 1988, 109.

misme ancien, doctrine essentiellement incompatible, on le sait, avec la physique aristotélicienne[25]. Les *seminaria* de Fracastoro ne sont pas plus que les *semina rerum* de Lucrèce des êtres vivants. Mais ils sont déjà des agents infectieux. C'est en cela que le traité *De contagione* fait progresser la connaissance du phénomène épidémique[26].

Une deuxième étape, tout aussi décisive mais nettement moins connue, est franchie par Janus Cornarius dans son traité *De peste* quand il définit la peste comme une maladie contagieuse épidémique. Cette étape représente le passage du modèle des *pestilences, fièvres pestilentielles* ou épidémiques au modèle moderne des maladies infectieuses, entièrement sous-tendu par la réorganisation de la matière médicale esquissée dès l'*Universae rei medicae* ἐπιγραφή *seu enumeratio* de 1529, dont l'objectif premier est de simplifier la pharmacie par l'élimination des *pharmaca composita* au profit du « simple secours des simples », *simplicium simplex juvamentum*, et l'introduction d'une rubrique *De cognitione morbi* suivie d'une autre *De cognitione causae morbi*, totalement révolutionnaires. La raison qu'il en donne est que si la pharmacie est très compliquée, c'est parce que la maladie est très compliquée à comprendre, *quod in eodem morbo diuersae sunt affectiones* : parce que dans la même maladie il y a diverses affections. La formulation montre que l'auteur entend distinguer les deux entités *morbus* et *affectio* que la médecine arabo-médiévale, et d'ailleurs aussi la médecine ancienne, semblent confondre, respectivement νόσος et πάθος. Janus Cornarius attend d'Hippocrate qu'il permette de ramener la connaissance des maladies à la connaissance de leurs causes, ce qui devrait simplifier l'exercice de la pharmacie. C'est dans ce contexte qu'il dresse ensuite une liste alphabétique, et non *a capite ad calcem*, des noms, en majorité grecs, de maladies, assortis des descriptions livrées par la littérature médicale ancienne. Or on ne trouve dans cette liste ni *pestis*, ni λοιμός, ni ἐπιδημίη. Mais on trouve à la fin du très long article *febris* / πυρετός une variété de fièvre dite pestilentielle ou épidémique, « *febris ...* ἐπιδημική (sic) *pestilentialis, cuius generatio ab omnibus prouenire potest humoribus* : la fièvre ἐπιδημική pestilentielle, dont la génération peut provenir de toutes les humeurs »[27]. Donc, en 1530, la peste n'est pas une maladie. La matière médicale ne connaît alors que la fièvre pestilentielle.

---

25. La coexistence de ces doctrines chez Fracastoro correspond à cette évolution bien décrite par L. Verlet, quand il dit, dans *La malle de Newton,* Paris, 1993, 13 : « Les grandes révolutions scientifiques se manifestent d'abord comme des mutations du cadre de la pensée ; elles conservent les faits scientifiques précédemment établis, ne touchent pas à la lettre des lois qui les relient, mais introduisent un système de principes fondamentaux incompatibles avec le système précédent, de sorte que c'est tout le cadre interprétatif de la théorie qui subit une rupture ».

26. Cet aperçu néglige la très importante doctrine de la *sympathia rerum* dans le cadre de laquelle Fracastoro construit sa théorie de la contagion, doctrine exposée dans l'ouvrage déjà cité de Concetta Pennuto, *Simpatia, fantasia e contagio. Il pensiero medico e il pensiero filosofico di Girolamo Fracastoro*, Roma, 2008.

27. BEC 9, 75. Voir notamment *In Hippocratis librum de officina medici commentarii III*, K XVIII B, 629-925, 634, les remarques sur l'emploi de νόσος et πάθος.

Le traité *De peste libri duo* est consacré à la définition et à l'identification de *pestis* dans le 1er livre, puis à l'exposé des remèdes à ce fléau dans le 2ème livre. Les 4 premiers chapitres du livre I distinguent la peste des autres manifestations avec lesquelles on pourrait la confondre et proposent une définition. Suivent 3 chapitres sur les causes et les signes de la peste, et 8 chapitres enseignant les principales mesures prophylactiques, la fuite *cito longe tarde* suivant le dicton populaire, et diverses fumigations[28]. Le livre II sur les remèdes est essentiellement diététique. La définition de *pestis* commence par l'étude des emplois anciens et figurés du mot latin, distingue *pestis* de *pestilentia* et mentionne l'usage de ces mots appliqués à de plantes ou des animaux. Cette étape de l'analyse lui permet de restreindre son propos à la peste touchant les hommes. Ensuite Janus Cornarius distingue la peste des autres maladies qui se répandent dans la population, autrement dit des épidémies, comme par exemple la dysenterie qui sévit en 1540 à l'époque de la guerre de Saxe, et qui, précise-t-il, a fait périr plusieurs milliers d'hommes en Allemagne, ou la danse de Saint-Guy, qui sont bien, écrit-il, des épidémies au sens d'Hippocrate :

> « il faut aussi distinguer de la peste ce genre de maladies populaires, ou maladies se répandant populairement, c'est-à-dire des ἐπιδημίαι comme les appelle Hippocrate, et il en a embrassé de nombreux genres en 7 livres, dans lesquels il ne décrit pas seulement les maladies populaires elles-mêmes, la façon dont elles se répandent et progressent, mais il passe également en revue un certain nombre de malades, et montre clairement leurs affections du début jusqu'à la fin, laissant d'ailleurs à la postérité un exemple particulier de malades pris un par un »[29].

Suit un développement sur les dénominations des maladies communes chez Hippocrate, qui fait référence à *Airs, eaux, lieux*. Toutes ces maladies communes, τὰ κοινά, sont, dit-il, également appelées πάγκοινα et πάνδημα νουσήματα ou ἔνδημα pour les maladies communes dans des régions particu-

---

28. « *Quapropter non temere est quod uulgo dicitur, fugiendum esse cito, longe, tarde. Cito enim fugiendum est, priusquam malum ingruat : longe, quum ad propinquum, quo quis se conferat, facile sequi possit : tarde uero, de reditu accipiendum est, quamdiu ulla aliqua mali suspicio adesset : et non antea tres menses...* : C'est pourquoi ce n'est pas par hasard que l'on dit communément qu'il faut fuit vite, loin et tard. Il faut en effet fuir vite, avant que le mal n'attaque : loin, parce qu'il peut facilement nous suivre au lieu voisin où l'on se réfugie : tandis que tard se comprend au sujet du retour, aussi longtemps qu'une suspicion de mal est présente » écrit Janus Cornarius p. 35, et non pas Pline, comme je l'ai dit par erreur, *op. cit. AIHS*, 64.

29. « *distinguendum est a peste et hoc genus morborum popularium, siue populariter grassantium, id est* ἐπιδημιῶν, *ut Hippocrates uocat, et multa eorum genera septem libri complexus est, in quibus non solum ipsos populares morbos, quomodo uagati ac grassati sunt describit : sed etiam aegrotos aliquot recenset, ipsorumque affectiones ab initio ad finem usque diligenter declarat, particulari exemplo singulorum adeo aegrorum posteritati relicto* ». *Op. cit.* p. 9. Sur l'emploi ancien de *pestis* et *pestilentia*, voir l'article de L. Bodson cité ci-dessus n. 20, qui confirme que le terme *pestis* en latin classique se spécialise rapidement avec le seul sens de *fléau*, tandis que *pestilentia* s'applique à toutes les maladies épidémiques humaines, 220 et 230.

lières, comme par exemple la suette anglaise, qui, note-t-il, n'est ni une maladie mortelle ni une maladie aiguë, par allusion au principe de classement traditionnel qui repose sur la distinction entre maladies aiguës et maladies chroniques. Les noms grecs de la peste, précise-t-il ensuite, sont λοιμός, λοιμικὴ νοῦσος, λοιμώδης διάθεσις, et ce fléau est bien de nature épidémique, les maladies épidémiques pouvant avoir des aspects très différents, différents noms parmi lesquels il privilégie et choisit expressément λοιμός comme le nom grec de *pestis*, sans justifier particulièrement ce choix[30]. Il s'agit en somme de reconnaître que *pestis* est une maladie épidémique, c'est-à-dire commune à toute une population, mais qu'elle n'est pas la seule maladie épidémique. Il rompt ainsi avec la dénomination néologisante *febris* ἐπιδημική (sic) *pestilentialis* de l' Ἐπιγραφή qui assimilait manifestement les fièvres pestilentielles et *toutes* les épidémies. Cela veut dire qu'il considère que si la peste est bien une épidémie au sens d'Hippocrate, ce caractère ne suffit pas à sa définition ou à son identification. Et voici finalement la définition que propose Janus Cornarius après examen des acceptions antérieures, définition ou description proposée *ex his velut ex communi quadam consensione*, « d'après ce qui vient d'être dit comme d'après une sorte de sens commun » :

> « *Pestis est affectio morbosa, contagiosa, populariter grassans, aliquando cum tumore aut abscessu inflammato, aut pustulis, aut ruboribus, semper cum febre acutissima inuadens, et breui interimens, aut de affecto corpore decedens. In hac descriptione si quis pro affectione morbosa, pestem morbum esse dicere mauult, non repugno. Mihi ad morbi genus respicienti, morbosam affectionem potius, quam morbum dicere libuit. Definit autem morbum Galenus, affectionem praeter naturam, quae actionem laedit : quod totum etiam de peste uel maxime accipi potest.*
>
> La peste est une affection morbide contagieuse se répandant populairement, parfois avec une tumeur ou un abcès enflammé, ou des pustules, ou des rougeurs, faisant toujours invasion avec une fièvre très aiguë, et tuant rapidement ou quittant le corps affecté. Dans cette description, si l'on préfère au lieu d'affection morbide dire que la peste est une maladie je ne m'y oppose pas. C'est en considération du genre de la maladie qu'il m'a plu de dire affection morbide plutôt que maladie. Galien a défini la maladie comme une affection contre nature, qui lèse l'action : ce qui peut dans l'ensemble s'admettre de la peste, et même au plus au point », p. 11.

Les précautions oratoires de Janus Cornarius pour désigner la peste comme une affection, *affectio*, ou « si l'on veut » une maladie, *morbus*, se comprennent par rapport à un débat sur la différence à observer entre ces deux

---

30. Sur le nom grec de la pestilence, voir l'étude récente de J. Jouanna, « Famine et pestilence dans l'antiquité grecque : un jeu de mots sur *LIMOS / LOIMOS* », *Actes du colloque L'homme face aux calamités naturelles dans l'Antiquité et au Moyen Âge*, J. Jouanna, J. Leclant et M. Zink éds., *Cahiers de la villa « Kérylos »*, n° 17, 2006, 197-219.

concepts. La question perçait déjà ici ou là dans l''Επιγραφή, elle sera reprise de manière très systématique dans son dernier traité *Medicina siue Medicus*, et représente par ailleurs un sujet récurrent chez les auteurs médicaux de cette époque, comme on le constate par exemple à la lecture de Jean Fernel. On doit sans doute comprendre ici que Janus Cornarius entend bien identifier la peste comme une maladie *morbus*, mais qu'il aurait quelques réserves vis-à-vis de la définition galénique de la maladie, nommée aussi bien πάθος que διάθεσις[31]. Retenons surtout que la peste est maintenant définie comme une maladie épidémique et contagieuse. Les autres explications de Janus Cornarius confirment qu'il entend *contagion* de la même manière que Fracastoro, malgré les petites variations lexicales que l'on observe d'un auteur à l'autre. La peste, d'après Janus Cornarius, est en effet, dit-il un peu plus loin, provoquée par un *uenenum*, un poison, mot synonyme de *uirus*, transporté par l'air, et la mort s'explique par le fait que les *spicula*, les petites aiguilles ou épines, terme plus ou moins équivalent de *seminaria*, qui le transportent pénètrent jusqu'au cœur, ce en quoi il reprend une explication que l'on trouve aussi déjà chez Lucrèce. Donc de quelque côté que l'on se tourne, la théorie de la contagion et la théorie aériste vont ensemble. Au XVIe siècle la théorie de la contagion n'est pas une théorie populaire ou magique, même si elle tient compte de l'expérience commune, combien douloureuse, de la peste et des autres épidémies traversées au cours des âges.

L'idée principale, vers 1550, est donc que cette maladie identifiée par un nom et une description qui permettent de ne pas la confondre avec d'autres épidémies, est *causée* non directement par l'air, ou par une mauvaise qualité, au sens galénique, de l'air, mais bien par des *agents infectieux* transportés par l'air. Les auteurs du XVIe s. qui reflètent cette conception, Girolamo Fracastoro et Janus Cornarius, ont certainement aménagé la doctrine médicale ancienne en fonction de leur propre expérience clinique, notamment pour Fracastoro avec l'introduction du mot *infectio* dont Janus Cornarius conserve l'idée en parlant de *uenenum* et qu'il a d'ailleurs déjà introduit dans l'*Enumeratio* de 1529, comme on le verra un peu plus loin. Mais ces nouveautés restent aussi dans la continuité d'une pensée médicale rationaliste qui conçoit comme parfaitement possible la coexistence de la théorie aériste et de celle de la contagion. L'air infecté y est nommé miasmatique ou miasme sans concession aucune à la pensée magique, ainsi qu'on en trouve cet écho remarquable dans l'*Encyclopédie* de Diderot et d'Alembert

> CONTAGION : qualité d'une maladie, par laquelle elle peut passe du sujet affecté à un sujet sain, et produire chez le dernier une maladie de la même espèce. Les maladies contagieuses se communiquent soit par le contact immé-

---

[31]. M.-L. Monfort, « Le *Medicina siue Medicus* de Janus Cornarius (1556) : une réplique à la *Medicina* de Fernel », dans *Pratique et pensée médicales à la Renaissance*, J. Vons (éd.), Paris, 2009, 223-240.

diat, soit par celui des habits ou de quelques meubles ou autres corps infectés, soit même par le moyen de l'air qui peut transmettre à des distances assez considérables certains myasmes (sic) ou semences morbifiques (...) c'est précisément par la peste et les maladies pestilentielles qu'a commencé l'incrédulité des médecins sur la contagion, Voyez PESTE.

PESTE : maladie épidémique, contagieuse, très-aiguë, causée par un venin subtil répandu dans l'air, qui pénètre dans nos corps et y produit des bubons (...) causes (...) nous n'avons rien de certain (...) la cause véritable est la réception d'exhalaisons putrides dans l'air, qui viennent des pays chauds, et qui est aidée et fomentée par la disposition de nos corps. Leur mauvais effet se fait surtout sentir quand un vent chaud et humide souffle (...) cause dispositive (...) la disposition à la pourriture est une cause qui aide l'effet de la contagion... [32].

Donc, vers 1550, l'on constate bien dans la littérature médicale l'émergence du concept de maladie infectieuse, à partir du modèle épidémique, c'est-à-dire d'une seule et même affection touchant toute une population, c'est-à-dire ayant une seule et même cause. L'originalité du traité de Janus Cornarius sur la peste est d'avoir défini et dans une certaine mesure identifié, au moins de nom, la peste, la vraie, la peste bubonique, comme une maladie contagieuse épidémique, et c'est cette définition que l'on retrouve jusque dans l'*Encyclopédie* de Diderot et d'Alembert, ni plus, ni moins. Cette très importante avancée du savoir médical, qu'il est tout de même avantageux de pouvoir localiser, doit beaucoup au travail consacré à l'édification de la vulgate hippocratique, qui donnait à lire un matériel déjà très clair.

3. L'épidémie chez Hippocrate

Car que trouve-t-on chez Hippocrate sous le vocable épidémie en dehors des titres de sept traités constitués de brèves notations cliniques, remarquables par la précision des observations qu'elles rapportent, mais pratiquement inorganisées sinon autour de la notion de constitution ? Nous devons à Mirko D. Grmek une confrontation célèbre et décisive des significations que recouvre la notion d'épidémie selon Hippocrate et telle que nous la concevons actuellement, dans deux chapitres de son ouvrage de 1983, *Les maladies à l'aube de la civilisation occidentale,* qui portent sur les traités hippocratiques *Épidémies* I et III pour l'analyse du cas de Philiscos, identifié comme un cas très probable de paludisme, et sur *Épidémies* VI à propos de la « toux de Périnthe » qui pourrait être un cas de diphtérie. Dans l'analyse du cas de Philiscos, Grmek met en évidence le processus logique par lequel l'auteur hippocratique, si ce n'est Hippocrate lui-même, passe de l'observation clinique d'un cas individuel au tableau clinique général si utile pour la connaissance

---

32. P. 230-232, t. IX et p. 525-537 t. XXV, ce dernier signé Jaucourt.

des maladies, sur lequel il s'appuie en partie pour peser le pour et le contre de son diagnostic rétrospectif. Il montre aussi que le mal dont souffre et meurt Philiscos, identifié à l'époque ancienne comme un *causus*, n'est pas « une maladie *sui generis* mais un syndrome non spécifique ... à étiologie multiple », et indique ainsi le chemin qu'il y avait à parcourir depuis l'immense variété des syndromes jusqu'à l'identification du microbe en cause dans ce cas particulier. Dans le chapitre consacré à la « toux de Périnthe », Grmek précise clairement, à propos d'un anachronisme commis par Littré dans son commentaire du passage :

> « Somme toute, Littré prit le chapitre VI, 7, 1 pour la description générale d'une épidémie au sens que cette désignation avait dans le langage médical du XIXe siècle (et qui est essentiellement encore celui de notre temps) et non pas dans l'acception qui était propre aux écrits hippocratiques. Dans le *Corpus hippocraticum*, le mot épidémie désigne l'ensemble des maladies que l'on peut observer en un endroit donné pendant une période donnée. Une maladie épidémique, par exemple la toux épidémique, est une affection qui visite un pays de temps en temps et dont l'apparition est liée étroitement au changement des saisons et aux variations de climat d'année en année »[33].

Cette définition très prudente de l'épidémie hippocratique est à préciser, car les auteurs de la *Collection* se sont aussi intéressés aux maladies semblables, en tant que telles. Mais Grmek tient justement compte de la variété des pathologies décrites dans les *Épidémies*, dont les auteurs non seulement ne font aucune distinction entre maladies générales et particulières, et même tendent, au contraire, à extraire ou dégager le général du particulier, le tableau clinique de l'observation des individus. À l'inverse du cas précédent, la toux de Périnthe offre un tableau médical aujourd'hui incertain, qui pourrait correspondre à une forme de diphtérie, ou bien à une combinaison de maladies, ou bien à plus rien du tout si l'on a affaire à une maladie éteinte. Janus Cornarius, qui avait noté qu'on ne trouvait pratiquement rien chez Hippocrate sur la peste telle que lui-même la définit, avait quand même recours à son enseignement pour avancer sa propre définition. Deux textes systématiques de la *Collection*, également très connus des spécialistes et étudiés par Jouanna dans son article sur les miasmes précédemment cité, textes qui ne présentent chacun qu'une seule occurrence du vocable épidémie, soit comme verbe soit comme nom, paraissent offrir les éléments utilisés au XVIe siècle, *Airs, eaux, lieux* et *Nature de l'homme*. Il faut leur ajouter le traité *Des vents* pour l'occurrence de λοίμος et μίασμα[34].

---

33. M. D. Grmek, *Les maladies à l'aube de la civilisation occidentale*, Paris, 1983, 418-419 et 456.

34. Hippocrate, tome II, 2ème partie, *Airs, eaux, lieux*, texte établi et traduit par Jacques Jouanna, Paris, 1996 ; Hippocrate, *La nature de l'homme*, édité, traduit et commenté par Jacques Jouanna, Berlin, 1975.

Le plan général d'*Airs, eaux, lieux* est très net. L'auteur considère quatre types de cités, réparties selon leur orientation aux quatre grands ensemble de vents (qui apportent l'air que l'on respire πνεύματα) correspondant aux futurs points cardinaux, c. I à VI ; puis il décrit l'influence des eaux sur la santé en fonction de leur provenance, c. VII à IX ; puis il consacre deux chapitres aux saisons, c. X, et aux changements de saisons, c. XI, avant d'en venir à la fameuse ethnographie comparée de l'Asie et de l'Europe. Les perturbations du texte à la Renaissance, décrites en introduction de l'édition Jouanna, n'affectent pas la lecture de ce plan. Chaque cité est sujette à des maladies locales, νοσήματα ἐπιχώρια, et à des maladies communes ou générales, νοσήματα πάγκοινα qui se produisent ἐκ μεταβολῆς τῶν ὡρέων, « à la suite du changement des saisons », comme le comprend aussi Jouanna[35]. L'auteur hippocratique propose ici une médecine météorologique, fondée d'abord sur la rose des vents puis sur les saisons, car « en même temps que les saisons, l'état des cavités change chez les hommes »[36]. Mais rappelons que c'est à propos des maladies locales, ἐπιχώρια, des cités exposées aux vents froids que l'auteur emploie le verbe ἐπιδημεῖ et non des maladies communes[37]. Il semble en effet que les maladies dites πάγκοινα soient plus communes ou universelles que les maladies dites ἐπιχώρια en ce qu'elles dépendent d'une détermination plus large que l'orientation, qui est la saison. Donc d'après *AEL*, les maladies communes au sens étroit et au sens large, ἐπιχώρια ou πάγκοινα, que l'on peut sans doute assimiler les unes et les autres aux épidémies, peuvent être liées soit à l'orientation et l'exposition aux vents, πνεύματα, soit aux saisons et par elles aux variations de chaleur et d'humidité. Ce traité expose donc finalement que les changements de saisons dans les cités dont l'orientation est mauvaise sont plus particulièrement nocifs. Point. Notons ici que le nom ἄνεμος n'est utilisé que deux fois dans tout le traité, au chapitre VIII, 7 sur les eaux, où il semble réservé aux vents des hautes sphères qui contribuent à la transformation des nuages en pluie, tandis que les vents qui soufflent sur les cités sont toujours dénommés πνεύματα. Je ne vois finalement pas de raison, dans ce texte, de limiter la notion d'épidémie aux πάγκοινα. Il s'agit toujours de maladies liées à l'environnement et au climat. Les hommes subissent ensemble le même environnement.

La courte phrase de *Nature de l'homme* consacrée aux épidémies est également des plus célèbres. Elle appartient au c. 9 d'où émane pour l'essentiel la théorie aériste entendue comme théorie de l'air vecteur des agents pathogènes :

« ὅταν δὲ νοσήματος ἑνὸς ἐπιδημίη καθεστήκῃ, δῆλον ὅτι οὐ τὰ διαιτήματα αἴτιά ἐστιν, ἀλλ' ὃ ἀναπνέομεν, τοῦτο νοσερὴν ἀπόκρισιν ἔχον ἀνιᾷ : Mais

---

[35]. P. 65 de son article sur les miasmes, où il renvoie à son *Airs, eaux, lieux*, 192.
[36]. ἅμα γὰρ τῇσιν ὥρῃσι καὶ αἱ κοιλίαι μεταβάλλουσιν τοῖσιν ἀνθρώποισιν, *op. cit.* II, 3, 189.
[37]. Νοσεύματα δὲ αὐτοῖσιν ἐπιδημεῖ τάδε : « Quant aux affections qui sont à demeure chez eux, les voici ». *Airs, eaux, lieux* IV, 3, Jouanna 193.

quand il s'agit d'une seule maladie établie sous forme d'épidémie, il est évident que la cause n'en est pas le régime ; c'est l'air que nous respirons qui en est la cause ; et il est évident que c'est parce qu'il contient le germe pathogène que l'air est nocif »[38].

L'épidémie y est, et cette fois nommément, conçue comme « une seule (et même) maladie » qui atteint un grand nombre de personnes au même moment, et qui doit donc avoir une cause commune à tous, à savoir « ce que nous respirons » dit bien le grec. Dans le segment νοσερὴν ἀπόκρισιν ἔχον la νοσερὴ ἀπόκρισις ἔχον est bien 'portée par' ou 'contenue dans' (ἔχον) ce que nous respirons, comme l'avait bien vu Jouanna. On relèvera au passage que πνεῦμα, le substantif désignant 'ce que nous respirons', n'est employé que 4 fois dans le traité, dont 3 fois dans ce chapitre 9 et dans un développement tendant à prouver que cet air est un des constituants de l'homme (178, l. 4), tandis que ἀήρ est employé une seule fois dès la 3ème ligne du texte (p. 164, l. 5) pour désigner l'élément unique des théories monistes que l'auteur hippocratique combat[39]. Le texte du chapitre 9 de *Nature de l'homme* me paraît donc absolument suffisant pour fonder une théorie 'aériste' de la contagion, dans le sens qui a été indiqué à partir des conceptions humanistes de Fracastoro ou de Janus Cornarius, qui ne lui ont ajouté *que* le caractère infectieux. Et même cette idée d'infection est, si j'ose dire, en germe dans νοσερὴ ἀπόκρισις, qui ne peut pas ici, dans ce traité, renvoyer à l'influence néfaste ou pathogène d'une des quatre qualités élémentaires de l'air ἀήρ ou de l'air qu'on respire πνεῦμα, théorie inséparable d'une physique et d'une cosmologie beaucoup plus tardives, et cette idée d'agent sinon infectieux du moins nocif ou morbifique est bel et bien amenée ici par le participe ἔχον, qui doit avoir à mon avis un sens plein[40]. Et partant, l'épidémie hippocratique, d'après *Nature de l'homme,* est donc une maladie unique frappant une population multiple d'une seule et même cause qui vient de l'air que l'on respire, qui 'porte' ou même 'contient' ladite cause de la maladie ou ledit agent morbifique. Enfin l'on a retenu que

---

38. *Op. cit.* 190-191. Traduction de Janus Cornarius : « *At vero quum unius morbi popularis grassatio consistit, manifestum est diaetam non esse culpabilem, sed quem trahimus spiritum in caussa esse : palamque est insuper eum ipsum spiritum siue aerem morbosam aliquam exhalationem **habere*** » BM Lyon FA 805 224 p. 27. Traduction de Calvus : « *cum uero morbus unus peruagatur, tunc certe uictitamenta causa non sunt, sed illud, quo spiramus, si quidem clarum est, morbosam quandam exhalationem spirare, in seseque habere* », Hippocrate, *Opera omnia*, 1525, BIUM Montpellier Ea 10, p. CC, l. 33-35.

39. Rappelons que l'air en tant que l'un des quatre éléments de la théorie aristotélicienne, nettement postérieure, se dit ἀήρ et non πνεῦμα.

40. C'est pourquoi je cesse de suivre l'analyse de J. Jouanna dans l'article cité, et l'on voit ici qu'il se contredit lui-même à quelques années de distance, en particulier quand il écrit p. 65 à propos d'*AEL* c. 3, p. 192, 7 : « l'auteur dit expressément que ces maladies tout à fait générales sont celles qui sont déterminées par le changement des saisons – ce que l'on appellerait le climat – c'est-à-dire par les variations des qualités élémentaires de l'air (chaud, froid, sec, humide). Ce n'est donc pas par l'intermédiaire de miasmes que l'air agit sur l'homme dans ce cas-là, mais directement par l'influence des qualités élémentaires ».

Janus Cornarius, dans sa définition de la peste, *pestis*, comme maladie contagieuse épidémique portée par l'air, choisissait comme correspondant du latin *pestis* le grec λοίμος, et donc dans les deux langues un nom unique pour nommer une seule maladie, ainsi déjà identifiée au moins par son nom, assorti pour *pestis* de sa description ou symptomatologie, même si les caractères ou symptômes du λοίμος de Thucydide par exemple ne sont pas ceux de sa description de *pestis*. Janus Cornarius ne se prononce pas sur la nature de la peste d'Athènes, une sorte de typhus dit-on aujourd'hui.

Le traité *Des vents*, malgré les fortes divergences doctrinales qui l'opposent à *AEL* et à *Nature de l'homme*, aide également à reconstruire la représentation antique de l'épidémie telle que l'ont recueillie et adoptée les médecins humanistes. On sait qu'il s'agit cette fois d'un traité plus ou moins moniste qui développe l'idée selon laquelle l'air πνεῦμα est la cause non seulement des maladies générales mais aussi des maladies particulières, et c'est ce qui distingue *Vents* d'*AEL* et de *Nature de l'homme*. Néanmoins, ce traité confirme en partie la distribution du vocabulaire de l'air observée en dans *Nature de l'homme*, grâce à la précision donnée en III, 1 : « Le πνεῦμα dans les corps est appelé φῦσα, le πνεῦμα à l'extérieur des corps est appelé ἀήρ »[41]. Λοίμος est le nom que donne l'auteur de *Vents* à la fièvre commune et semblable, causée par un seul et même πνεῦμα imprégné des miasmes ennemis de telle ou telle espèce vivante, et dans le contexte des chapitres VI et VII de ce traité, ce mot λοίμος n'est pas autre chose qu'un équivalent de notre 'épidémie' au sens de maladie générale ou commune causée ou apportée par l'air que l'on respire ou qui nous environne selon les saisons, des sens que l'on a relevés dans les deux traités précédemment cités, mais le contexte comporte en plus, exprimée plus clairement encore que par le νοσερὴν ἀπόκρισιν ἔχον de *Nature de l'homme*, l'idée d'agent pathogène distinct, dénommé *miasme* !

> « Tout d'abord je vais commencer par la maladie la plus commune, la fièvre ; en effet, cette maladie se tient aux aguets pour s'associer à toutes les autres maladies. Il y a deux espèces de fièvres, pour orienter l'exposé suivant dans cette voie, l'une commune à tous appelée pestilence (ὁ καλεόμενος λοίμος), l'autre particulière qui survient chez ceux qui ont un mauvais régime. **De ces deux fièvres, l'air est la cause.** La fièvre commune à tous doit un tel caractère au fait que le souffle inspiré par tous est identique ; or, comme le souffle, qui est semblable, se mêle de façon semblable au corps, les fièvres aussi sont semblables (…) Quand donc l'air est imprégné de miasmes (ὅταν μὲν οὖν ὁ ἀὴρ τοιούτοισι χρωσθῇ τότε μιάσμασι) qui ont pour propriété d'être ennemis de la nature humaine, ce sont alors les hommes qui sont malades »[42].

---

41. *Op. cit.* p. 105-106.
42. *Op. cit.* p. 109-110 (n.s.).

Peut-on sérieusement déduire de ce passage du traité hippocratique *Vents* que dans la pensée médicale rationnelle antique la notion de contagion est d'origine magique ? Ni chez les médecins humanistes, ni au XVIIIe siècle, ni même chez Hippocrate, la théorie dite aériste n'est incompatible avec la théorie de la contagion. Et comme l'ont bien compris les lecteurs humanistes d'Hippocrate, on peut affirmer que c'est même exactement le contraire : la théorie aériste, la théorie de l'air porteur, vecteur, des 'agents pathogènes', si l'on met de côté la tradition arabo-médiévale, est visiblement le premier état d'une théorie scientifique ou rationnelle de la contagion. La contagion ne doit pas être comprise comme une transmission seulement par contact, même dans l'emploi métaphorique du terme que l'on rencontre chez les ethnologues, ou pour mieux dire dans son emploi nécessairement métaphorique en vertu du principe d'incommensurabilité mis en avant par certains épistémologues, mais comme une sorte d'agression multiple et incontrôlable, comme l'est du reste pour l'anthropologue la reproduction à l'infini de la violence que le principe du tabou a pour fonction d'endiguer, ni non plus chez les auteurs médicaux ou naturalistes antiques. Le concept scientifique d'infection est introduit à la Renaissance pour consolider celui de contagion, et correspond à une sorte de rupture avec la médecine humorale arabo-galénique qui rapporte toutes les pathologies à un déséquilibre des humeurs et des qualités. L'intuition d'un agent pathogène extérieur, qui ne doit rien aux jeux compliqués des qualités élémentaires, intuition réactivée par Fracastoro, remonte à mon avis aux premiers textes médicaux conservés, à savoir Hippocrate, où les médecins humanistes n'eurent pas trop de mal à la recueillir. Enfin la contagion, comprise comme la transmission directe ou indirecte d'une infection, est une composante essentielle de la définition moderne de la maladie élaborée à partir du XVIe siècle, notamment dans le traité *De peste* de Janus Cornarius, précisément dans la mesure où elle se construit à partir du modèle épidémique, qui implique l'idée d'une cause unique ou semblable pour une population donnée, une cause dont la recherche est plus facile, plus économique, que s'il faut en trouver plusieurs, le fameux 'agent pathogène', dénommé anciennement en grec μίασμα. De l'idée d'une cause unique pour toute une population dans l'épidémie hippocratique, on a pu passer par étapes à celle d'une cause unique pour toute une série de signes morbides ou de pathologies, au moment de la première construction moderne de la maladie. Et c'est justement cette approche-là qui a trouvé aujourd'hui ses limites, ce qui paradoxalement ramène encore une fois les médecins modernes, aujourd'hui les épidémiologistes, aux grandes leçons d'Hippocrate.

peu aussi pour Hérodote, et les *res praeter naturam* pour le morbide, lesquelles *res praeter naturam* se disent tout aussi bien *res contra naturam*, alors que la distinction entre ces deux formules, artificielle au regard de l'usage néo-latin, est une idée propre à Fernel, § 10-12. Vient alors une cinquième définition de la médecine qui paraît consister uniquement en un remplacement des appellations 'sain', 'morbide' et 'neutre' dans la définition d'Hérophile par celles de 'choses naturelles', 'choses non naturelles' et 'choses contre nature', § 13. Mais le lecteur attentif relève une subtile modification de l'ordre des deux séries, qui conduit finalement, comme le révèle lentement la suite du traité, d'une division tripartite (naturel, non naturel, contre nature) galénique, à une division bipartite (naturel, non naturel ou contre nature) attribuée à Hérodote pour qui les neutres sont des secours c'est-à-dire hors jeu, et cette binarisation, pourrait-on dire, est confortée par une citation du *Second Alcibiade* de Platon qui rejette lui aussi la catégorie du neutre, § 13-18. Janus Cornarius a au passage justifié philologiquement son attribution de l'*Introductio* à Hérodote, et en même temps mis en évidence une opposition entre Hérodote et Galien pour ce qui concerne la définition (des parties) de la médecine, mais aussi bousculé ou réinterprété les appellations médiévales dont se servent encore ses contemporains. Cette série de définitions annonce donc ce que l'on peut appeler 'le rejet du neutre', appuyé sur 'Hérodote', et destiné à critiquer les définitions et surtout la division de la médecine héritée de l'*Art médical* de Galien, laquelle implique, comme on essaiera de le montrer, cette conception de l'étiologie et de la séméiologie que Janus Cornarius précisément combat, et qui à la même époque semble fonder la logique des causes cachées caractérisant notamment la médecine de Fernel et des galénistes en général. On n'en retire finalement, il faut bien le dire, aucune concordance stable entre la série des *res* du lexique médiéval et les trois adjectifs canoniques de Galien, ni même aucune définition positive de la médecine de nature à trancher un tant soit peu la question purement scolaire de savoir si la médecine est un art ou une science. Mais tout ce que Janus Cornarius demande en réalité à la médecine, c'est de ne pas échouer.

La série des divisions de la médecine qui suit cette première partie de définitions, § 19-22, obéit à la même stratégie de confrontation des traditions destinée à faire éclater le cadre ancien, et représente en un certain sens le deuxième volet de l'opération menée sur les définitions, puisque le rejet du neutre y est confirmé et justifié par une critique philologique et rationnelle de l'étiologie et de la séméiologie galéniques, ou mieux, d'inspiration galénique, si l'on considère que l'adversaire agonique de Janus Cornarius est ici bien entendu Fernel plutôt que Galien, dont l'enseignement ne sera d'ailleurs pas rejeté en bloc dans la suite de l'ouvrage. Trois séries de divisions de la matière médicale se succèdent des § 19 à 22. Une première division de la médecine en 5 parties reproduit explicitement celle d'*Introductio siue Medicus* c. 7, qui donne 1) Physiologie, 2) Étiologie ou Pathologie, 3) Hygiène, 4) Séméiologie, 5) Thérapeutique, et ces 5 parties contiennent à leur tour, toujours d'après la même source : 1) (Physiologie) les constituants de l'homme, l'embryologie, l'anatomie ; 2) (Etiologie ou Pathologie) les choses contre nature, les causes, les symptômes, les affections ; 3) (Santé) l'hygiène, la prophylaxie, le traitement des maladies ; 4) (Séméiologie) le diagnostic, le pronostic, l'anamnèse ; 5) (Thérapeutique) le régime, la pharmacie, la chirurgie, § 19-20[4]. Au § 21 Janus Cornarius propose une seconde division de la médecine entre théorie et pratique, la théorie comprenant de ce qui précède 1) Physiologie + 2) Étiologie ou Pathologie + 4) Séméiologie, et la pratique comprenant 3) Santé + 5) Thérapeutique. Cette division, uniquement attribuée à « certains », *quidam*, est considérée comme la bonne[5].

Herodotus (§ 19-20)	Quidam (§ 21)
1. τὸ φυσιολογικόν. *Natura hominis*	Pars speculatiua 1 + 2 + 4
2. τὸ αἰτιολογικόν ἢ παθολογικόν. *Causae et affectus*	
3. τὸ ὑγιεινόν. *Sanitas*	
4. τὸ σημειοτικόν. *Signa*	Pars actiua 3 + 5
5. τὸ θεραπευτικόν. *Curatio*	

Tableau III : Division des §§ 19-20 et 21.

Le § 22 donne une troisième division de la médecine mise en rapport avec la définition des § 12 et 13 dans laquelle les choses non naturelles sont assimilées aux neutres ou aux secours suivant la perspective d'Hérodote, autrement dit d'*Introductio siue medicus*. Cette division reprend donc les concordances établies dans le § 13 et les ajuste à la division de l'*Art médical* K I, 307, tirée de la définition d'Hérophile sur laquelle se fonde Hérodote mais que ce dernier interprète autrement que Galien[6]. À partir de la définition d'Hérophile, Galien analyse en effet le sain, le morbide et le neutre en *corps*, *cause* et *signe*, tandis que Janus Cornarius redistribue la matière médicale énumérée dans les deux divisions précédentes, à savoir celle d'*Introductio* (§ 19-20) et celle de *quidam* (§ 21), en trois parties qui correspondent à la perspective d'Hérodote pour qui les neutres ne sont pas autre chose que les secours, ou encore, si l'on veut bien suivre, comme l'a établi la cinquième définition, selon laquelle les neutres ne

---

4. *Introductio* c. 7, K XIV, 689, 3-6.
5. K XIX, 351.

sont pas autre chose que les *res non naturales*. Le signe neutre de Galien disparaît donc, et la séméiologie des signes sains et morbides est répartie entre les *res naturales* et les *res praeter naturam*, et les secours, *auxilia*, réunissent finalement les parties comprises dans la *pars actiua* de *quidam*.

Ars medica Galeni	*Divisionis partes in definitione contentae* § 22	
Sain / corps, cause, signe	RES NATURALES = *Natura hominis*	1) τὸ φυσιολογικόν + 4) τὸ σημειοτικόν (signes sains)
Morbide / corps, cause, signe	RES PRAETER NATURAM = *Causae et affectus*	2) τὸ αἰτιολογικόν (ἢ παθολογικόν) + 4) τὸ σημειοτικόν (signes morbides)
Neutre / corps, cause, signe	*Auxilia*	3) τὸ ὑγιεινόν + 5) τὸ θεραπευτικόν

Tableau IV : Le rejet du (signe) neutre.

C'est cette dernière division en deux *ou* trois parties, *pars speculativa* et *pars activa* d'une part *ou* Physiologie, Étiologie-Pathologie et Thérapeutique d'autre part, qui sera utilisée dans la suite de *Medicina siue medicus* pour l'ordre d'énumération ou l'index des matières médicales à connaître. Soulignons que la division tripartite est celle de Fernel, à ceci près que l'étiologie est pour Janus Cornarius une composante de la pathologie, et que sa division bipartite s'inspire apparemment de la 10ème de *Definitiones medicae*[7]. Voici en

6. Rappelons pour la clarté l'interprétation par Galien de la définition d'Hérophile au début de l'*Art médical* : « Le sain, le malsain et le neutre s'entendent chacun de trois façons : d'une part en tant que corps, d'autre part en tant que cause, et enfin en tant que signe. Et de fait, le corps qui accueille la santé, la cause qui la produit et la conserve, et le signe qui l'indique, tout cela les Grecs l'appellent sains. De la même façon ils appellent aussi malsains les corps qui accueillent les maladies, les causes qui produisent et conservent les maladies et les signes qui les indiquent ; et tout naturellement, ce qui est neutre, ce sont de la même façon des corps, les causes et les signes. Selon la première acception, la médecine est la science des causes saines, et de ce fait également du même coup des autres causes ; selon la deuxième acception, de celles qui sont malsaines et selon la troisième, de celles qui sont neutres. Et naturellement, après cela, elle est la science des corps, en premier lieu là aussi de ceux qui sont sains, ensuite de ceux qui sont maladifs, puis de ceux qui sont neutres. Et il en va de même pour les signes », trad. Boudon, 276-277.

7. Une très discrète critique du signe neutre serait déjà en germe dans le *Canon* d'Avicenne, où elle serait cependant restée inaperçue selon D. Jacquart, « Lectures universitaires du *Canon* d'Avicenne », dans *Avicenna and his heritage*, J. Janssens (Jules) et D. De Smet (éds.), Leuven, 2002, 313-324. Voir aussi l'importante étude de T. Joutsivuo, *Scholastic tradition and humanist innovation. The concept of neutrum in Renaissance medicine*, Helsinki, 1999, qui permet d'apprécier l'originalité des propositions de Janus Cornarius.

effet selon quel plan se déroule la suite de l'exposé de la matière médicale dans *Medicina siue medicus* :

Res naturales ou PHYSIOLOGIE (Sain) :

§ 23-30 : Résumé de la théorie humorale hippocratique comprenant une critique de la doctrine galénique des qualités.

§ 31-38 : les constituants de l'homme, y compris la nouvelle anatomie de Vésale.

§ 39-54 : les facultés et leur siège, avec une critique de la position aristotélicienne désignant le cœur comme siège unique des facultés.

§ 55-56 : les signes sains et la critique de la théorie galénique des signes.

Res praeter naturam ou PATHOLOGIE (Morbide) :

§ 57-60 : *affectus*

§ 61-70 : *causae morbi*, réduction à une seule des causes présentées dans l'*Art médical*

§ 71-92 : les symptômes et les signes morbides

§ 93-102 : théorie de l'indication et théorie des signes

§ 103-119 : théorie de la crise

§ 120-126 : sphygmologie

§ 127-137 : critique du neutre chez Galien

Res non naturales ou THERAPEUTIQUE (Secours) :

§ 138-150 : régime, pharmacie, chirurgie

§ 151-152 : la matière des secours exposée d'après le traité *De methodo medendi* avec un guide des *indications*, et d'après les autres ouvrages médicaux traduits par l'auteur.

2. Définition et division de la médecine

Toute la matière médicale antique est maintenant réunie et organisée dans un cadre qui n'est plus galéniste mais en somme, selon toute apparence et pour l'essentiel, disons provisoirement, hérodotien. Or cette nouvelle structure résulte, d'après l'intention affichée par l'auteur, de l'application de la méthode dite de la définition et de la division, sur laquelle il faut revenir à présent. Janus Cornarius a explicitement indiqué qu'il emploierait cette méthode, quand il écrit dans son préambule à Diomède :

> « J'ai écrit une explication de la médecine suivant la méthode d'une part de l'analyse ou explication de la définition et d'autre part de la division (*partim*

iuxta definitionis dissoluendae, siue explicandae, partim iuxta diuisionis methodum, medicinae explicationem conscripsi) ».

Les termes que l'on peut lire ici semblent choisis avec soin, mais ne permettent cependant pas d'identifier immédiatement, ni surtout de retrouver dans les pages suivantes la logique de raisonnement ou d'exposition suivie, car la définition et la division ont ensemble et séparément une très longue et lourde histoire dans la philosophie antique comme dans la tradition scolaire médiévale, qui connaît aussi bien *l'arbre de Porphyre* que la *Division de la nature* de Jean Scot Érigène pour ne citer que ses avatars les plus fameux[8]. La division, dont les relations avec la définition sont évidemment différentes selon les doctrines, connaît également une formule dérivée de sa version aristotélicienne, et demeure encore sous cette forme, et l'on peut dire quasiment jusqu'à nos jours, le principal instrument de classification par lequel les scientifiques rangent les individus en espèces et en genres, non moins qu'une méthode de raisonnement universelle, explicitement écartée par Descartes mais toujours appliquée, par exemple, moyennant quelques aménagements, par Giambattista Vico[9]. On se demande donc à quelle définition et à quelle division se réfère Janus Cornarius au début du *Medicina siue medicus*, et surtout comment il en comprend le mécanisme, aux si puissants résultats dans son œuvre.

Un premier indice est donné dans l'introduction du *De peste* où, sans parler de définition ni de division, il indiquait déjà qu'il allait suivre une méthode que l'on connaît depuis toujours pour être celle de la division, telle qu'elle fut inventée par Hippocrate et perfectionnée par Platon : « *Hippocratis et Platonis methodum sequemur* : nous suivrons la méthode d'Hippocrate et Platon », ajoutant en guise de référence marginale les cinq mots *De natura humana in Phaedro*[10]. L'introduction du *De peste* précise très bien la démarche que

---

8. Boèce (480-525), découvert au XIIe siècle seulement, et par lui le néo-platonicien Porphyre (~234-305), dont le fameux *arbre* reflète un type de raisonnement, que l'on trouve également, par une autre voie, à travers l'interprétation qu'en donne Jean Scot Érigène (~800-877) quand il présente, dans sa *Division de la nature*, tout l'univers selon le double mouvement de la division platonicienne.

9. R. Blanchette, *Le problème de la classification en zoologie*, Thèse Université Laval Canada, 2002, 116 et suivantes ; *Regula VI* dans R. Descartes, *Règles pour la direction de l'esprit*, Paris, 1951, 53-54 ; G. Vico, *Réponses aux objections faites à la métaphysique. De antiquissima Italorum sapientia, Liber metaphysicus* 1711-1712, Paris, 2006, 124 et 221. W. F. Edwards a montré que l'abandon de la méthode diérétique au profit d'une méthode incluant une théorie de la preuve scientifique remonte à Leonicenus, *De tribus doctrinis ordinatis*, Venise, 1508, relayé par Zabarella, *De methodis* III, 7, 9 et 11 dans ses *Opera logica*, Venise, 1578, voir « Nicolo Leoniceno and the Origins of the Humanist Discussion of Method », *Philosophy and Humanism, Renaissance Essays in Honor of Paul Oskar Kristeller*, ed. by E. P. Maloney, Leiden, 1976, 283-305, en particulier 295 et suivantes.

10. L'origine hippocratique de la méthode diérétique platonicienne est rappelée dans *Platon, Œuvres complètes* VIII, 3, *Le Sophiste*, texte établi et traduit par A. Diès, Paris, 1925, 273. Voir entre autres P. Kucharscki, « La 'méthode d'Hippocrate' dans le *Phèdre* », *Revue des études grecques* 52 (1939), 301-357. Edwards observe que Leonicenus considérait Galien comme un platonicien, *op. cit.* 291 n. 16.

suppose cette appellation pour l'auteur, dont l'objectif est en effet de construire une définition scientifiquement ou rationnellement valide de la peste, et l'on sait maintenant comment et à quel point il a effectivement atteint son but :

> « D'abord nous considérerons si la peste est une chose simple ou de nombreuses espèces. Ensuite, nous rassemblerons sa définition. *Et primum quidem, simplex ne res sit pestis an multarum specierum, considerabimus. Deinde definitionem ipsius colligemus....* », op. cit. p. 7.

La référence marginale de Janus Cornarius à *Phèdre* dans le *De peste* nous renvoie à l'actuel 270 a-d, où Socrate compare la rhétorique et la médecine, qui doivent toutes les deux « analyser (ou plutôt *diviser*) la nature, de l'âme pour l'une et du corps pour l'autre : Ἐν ἀμφοτέραις δεῖ διελέσθαι φύσιν, σώματος μὲν ἐν τῇ ἑτέρᾳ, ψυχῆς δὲ ἐν τῇ ἑτέρᾳ » 270b. Puis Phèdre dit un peu plus loin la phrase suivante, objet d'immenses commentaires : « S'il faut en croire Hippocrate, ce descendant d'Asclépios, on ne peut même pas traiter du corps en dehors de cette méthode », une méthode dont il faut rappeler le procédé, que Socrate développe très clairement aussitôt après comme étant celui d'« Hippocrate et la juste raison »[11] :

> « Ne faut-il pas, pour se faire une idée de la nature d'une chose quelle qu'elle soit, procéder comme je vais dire ? Premièrement se demander si l'objet dont nous voulons acquérir nous-même la maîtrise technique, ou pouvoir donner la maîtrise à autrui, est simple ou multiple (ἁπλοῦν ἢ πολυειδές ἐστι). Puis dans le cas où il est simple, examiner quelle propriété la nature lui a donnée et à quelle fin dans l'ordre de l'action, quelle propriété dans l'ordre de la passivité et sous l'effet de quel agent. Si au contraire, l'objet comporte plusieurs formes (πλείω εἴδη), les dénombrer et procéder pour chacune au même examen etc... (trad. P. Vicaire, CUF 76) ».

La méthode d'Hippocrate et de la vraie raison, consiste donc, d'après Socrate, à distinguer entre le simple et ce qui a plusieurs εἴδη, à savoir en latin *species* ou en français *espèces*, selon le lexique diérétique scolaire, qui certes

---

11. τί ποτε λέγει Ἱπποκράτης τε καὶ ὁ ἀληθὴς λόγος, *Phèdre* 270d. Voici la traduction de l'ensemble de ce passage du *Phèdre* par Janus Cornarius : « *In utrisque naturam diuidere oportet, in altera corporis, in altera animae : si non solum exercitatione et experimento, sed arte, illi quidem medicamenta ac alimenta exhibens, sanitatem ac robur inducere uelis, huic uero sermonibus ac institutionibus legitimis persuasae, quamcunque libeat uirtutem tradere.* PHAE. *Sic equidem ô Socrates, uerisimile est.* SOC. *Animae igitur putas intelligi posse, non cognita totius natura ?* PHAE. *Siquidem Hippocrati ex Asclepiadarum genere fides habenda est, ne corporis quidem naturam absque hac methodo.* SOC. *Recte ô amice, dicit. Oportet tamen insuper ad Hippocratem, etiam rationem expendere, et an consona sit, uidere.* PHAE. *Sane quidem.* SOC. *De natura igitur considerare, quid est quod Hippocrates, et recta ratio dicit ? Num ad hunc modum ? De cuius rei natura considerare oportet, primum* **simplex ne sit, an multarum specierum**, *id in quo artifices esse uolumus, et alios ut tales sint facere. Deinde si simplex est, uim ipsius considerare, quam a natura habet, ad hoc ut in aliud faciat quid, aut quam ut ab alio patiatur. Si uero plures species habuerit, his enumeratis, id quod in una, hoc in singulis considerare, quidnam a natura facere solet, aut quid ab alio pati* ». BEC 45, 327 = CUF, 75-76.

n'est pas encore fixé à l'époque du *Phèdre* mais qui est néanmoins employé par Janus Cornarius par recours au vocabulaire scolaire traditionnel en son temps. Puis la méthode d'Hippocrate examine, nous dit-on, les propriétés du simple ou des espèces etc.. On constate alors que Janus Cornarius, dans son traité *De peste*, se contente de citer littéralement puis d'appliquer au pied de la lettre le passage de Platon qu'il a signalé en marge et tel qu'il l'a traduit, ce qu'il fait d'abord en traduisant et appliquant ἁπλοῦν ἢ πολυειδές en *simplex ne res sit pestis an multarum specierum*, puis en organisant la suite de son traité sur la peste selon la méthode dont le Phèdre et le Socrate de Platon nous disent qu'elle était celle d'Hippocrate et de la vraie raison. La définition de la peste qui en résulte, et que l'on retrouvera jusque dans *L'Encyclopédie* des Lumières, n'est donc bien entendu pas strictement et rigoureusement platonicienne, quoi que l'on mette sous cette appellation, mais s'efforce d'être méthodologiquement hippocratique et rationnelle, du moins selon le *Platon* de Janus Cornarius[12]. Que l'on juge cette définition de la division naïve, ou au contraire lumineuse dans sa radicalité, n'est bien sûr pas ce qui compte ici.

La méthode affichée et appliquée dans *Medicina siue medicus* est quelque peu différente. Le texte ne comporte pas cette fois de référence explicite à Platon ou à quiconque et l'auteur insiste sur la dimension analytique et explicative du processus, ce qui nous évoque davantage la méthode diérétique galénique, mais l'articulation des définitions aboutit à une distribution de la matière médicale assez semblable à une classification de type zoologique ou autre, si ce n'est par le sujet auquel elle s'applique, autrement dit suggérerait un modèle plus ou moins vaguement d'origine aristotélicienne[13]. La méthode dite par Janus Cornarius *partim iuxta definitionis dissoluendae, siue explicandae, partim iuxta diuisionis*, qui lui permet d'écrire une *explicatio* de la médecine, – car le contexte de sa phrase invite ici à comprendre *explicatio* comme un équivalent, peut-être provisoire, de *dissolutio* – se présente en deux temps, et ces termes *explicatio* et *diuisio* renvoient sans aucun doute, en raison du débat mené dans les paragraphes suivants du *Medicina siue medicus* sur les catégories de l'*Art médical* de Galien, au prologue méthodologique de cet

---

12. Pour l'usage platonicien de la définition et son rapport à la division, W. A. de Pater S.C.J., *Les Topiques d'Aristote et la dialectique platonicienne. La méthodologie de la définition*, Fribourg Suisse, 1965.

13. Sur la méthode démonstrative galénique, voir essentiellement J. Barnes et J. Jouanna (éds.), *Galien et la philosophie : huit exposés suivis de discussions*, Genève, 2003. Les interprétations données dans cet ouvrage sont tributaires des approches de la logique aristotélicienne proposées notamment par J. Barnes, « Aristotle's Theory of Demonstration », *Phronesis* 14 (1969), 123-152 et antérieurement par A. Mansion, « L'origine du syllogisme et la théorie de la science chez Aristote », dans *Aristote et les problèmes de méthode*, S. Mansion (éd.), Louvain, 1961, 59-81, et partiellement contestées par L. Couloubaritsis par exemple dans « Dialectique et philosophie chez Aristote », Φιλοσοφία 8-9 (1978-79), 229-255, plus attentif à la division. Une synthèse de la problématique est apportée par l'*Introduction* de P. Pellegrin à *Galien, Traités philosophiques et logiques*, trad. de C. Dalimier et d'autres, Paris, 1998, 9-62, et dans celle du même auteur à *Aristote, Parties des animaux Livre I*, trad. de J. M. Le Blond, introduction de P. Pellegrin, Paris, 1995 (1945[1]), 5-33.

ouvrage dont la discussion a déjà une longue tradition, et dans lequel l'auteur désigne en effet trois enseignements, par ἀνάλυσις (analyse), par σύνθεσις (synthèse) et le troisième par ὅρου διάλυσις (par décomposition, ou dissolution, à partir de la définition). Ajoutons que ce dernier enseignement par ὅρου διάλυσις, méthode qu'il applique dans *l'Art médical*, est également, dit Galien, appelé par certains « ou bien analyse ou bien division », ἢ ἀνάλυσιν ἢ διαίρεσιν[14]. Le *partim* de Janus Cornarius devrait donc, suivant le prologue de *l'Art médical*, se comprendre comme un « ou bien, autrement dit », puisque la dissolution de la définition (ὅρου διάλυσις) se dit également, d'après l'*Art médical*, analyse ou division (ἀνάλυσις ἢ διαίρεσις), ce qui donne pour *partim iuxta definitionis dissoluendae, siue explicandae, partim iuxta diuisionis methodum* la traduction « selon la méthode ou bien de la dissolution ou bien de l'analyse de la définition, ou bien de la division ». Bref la division se comprend alors, quand on donne à *partim* le sens de 'ou bien, autrement dit' en raison des termes employés par Galien, comme une dissolution ou une analyse de la définition.

La méthode galénique de la division conçue comme dissolution de la définition part donc d'une définition et la décompose, et dans une certaine mesure c'est bien la démarche de Janus Cornarius dans *Medicina siue medicus*, puisqu'il construit son nouveau plan de la matière médicale à partir de sa cinquième définition de la médecine dans laquelle, on l'a vu, il opère une sorte de synthèse des définitions d'Hippocrate, d'Hérophile, d'Hérodote et des *Arabes translati*, (*Medicina est scientia salubrium, et morbosorum, et neutrorum : uelut si quis dicat, Medicina est scientia rerum naturalium, non naturalium et praeter naturam*, § 13), une définition relativement synthétique dont il utilise ensuite les parties pour dessiner le cadre de la nouvelle répartition de la matière médicale qu'il propose à son fils Diomède (§ 22 *Diuisionis partes in definitione contentae*). Mais le sens ordinaire de *partim* est pourtant bien « en partie » et surtout il s'accorde mieux à ce qui vient d'être décrit, une explication de la médecine en deux temps ou deux moments d'une même démarche, qui consiste en 1) une *dissolutio siue explicatio* puis 2) une *diuisio*, en ce sens que la définition de la médecine du § 13 qui sert de point de départ à la division générale de l'exposé de la matière médicale est quand même déjà plutôt le résultat d'une dissolution, pour ne pas dire une critique, des définitions traditionnellement reçues, et principalement de celle de Galien dans l'*Art médical*, dissolution ou critique qui tendent explicitement à ce que nous avons appelé le 'rejet du neutre'. Quelle est donc la conception ou la méthode de la définition division finalement mise en œuvre ici ? Ce n'est apparemment plus celle du *Phèdre* de Platon, mais ce n'est pas non plus tout à fait celle de Galien

---

14. Galien, *Exhortation à l'étude de la médecine. Art médical*, texte établi et traduit par V. Boudon, Paris, 2002, 164-176 et 274 (= K I, 305).

puisque la définition de la médecine du § 13 est autant déjà le produit d'une dissolution (une division) qu'une synthèse (une définition).

On s'aperçoit alors, grâce à l'édition de l'*Art médical* de Galien par Véronique Boudon, que l'expression *definitionis dissoluendae* employée par Janus Cornarius correspond pratiquement aux termes *dissolutio diffinitionis* de la traduction latine par Gérard de Crémone du commentaire d'Ali ibn Ridwan au passage précédemment cité de l'*Ars medica*, mais que *dissolutio* désigne toutefois également dans ce même commentaire d'Ali ibn Ridwan la notion d'analyse conçue comme premier moment d'une démarche globale :

> « *Una earum quidem fit secundum uiam **conuersionis et solutionis** ... Et secunda est secundum uiam **compositionis** (et contrarietatem semitae primae et est ut incipias a re ad quam tu peruenisti per uiam **dissolutionis et conuersionis**, deinde redi in illis rebus et compone eas adinuiciem usquequo peruenias ad postremum). Et tertia fit per uiam **dissolutionis diffinitionis** ...* : la première procède selon le mode de la conversion et de la résolution ... ; la deuxième procède selon le mode de composition (qui est contraire à la première démarche, c'est-à-dire quand tu commences par la chose à laquelle tu étais parvenu selon le mode de résolution et de conversion, ensuite il faut faire un retour sur ces choses et les combiner les unes avec les autres jusqu'à ce que l'on parvienne à une fin) ; la troisième procède selon le mode de dissolution de la définition... »[15].

Dissolutio diffinitionis est la traduction d'Ali ibn Ridwan *via* Gérard de Crémone pour cette ὅρου διάλυσις correspondant au *partim iuxta definitionis dissoluendae* de Janus Cornarius[16]. Or cette approche du commentateur arabolatin, dont Janus Cornarius reprend d'ailleurs volontiers les interprétations, ne reflète pas tant comme on a pu le dire parfois l'Aristote des *Seconds analytiques* également cité dans son commentaire, que cette autre référence « attendue » mais absente, ainsi que le souligne à juste titre l'éditrice de Galien, que représenterait dans ce discours de la méthode médicale d'Ali ibn Ridwan la fameuse citation du *Phèdre* utilisée par le même Galien dans le *De placitis Hippocratis et Platonis* à l'appui de sa présentation de la méthode diérétique[17].

Tandis que Janus Cornarius semble bien avoir, lui, opéré ce rapprochement entre le commentaire arabo-médiéval d'Ali ibn Ridwan et le passage du *Phèdre* cité par Galien dans le *De placitis*. Voici les éléments textuels qui permettent de l'affirmer, et qui éclairent du même coup complètement d'une part

---

15. V. Boudon, *op. cit.* 179-180 et n. 70, qui traduit *dissolutio* par 'résolution', et cite le texte du commentateur arabe d'après une *Articella* de 1523.

16. Sur Ali ibn Ridwan, médecin égyptien du XIe s., voir Edwards, *op. cit.* 280-285, ainsi que G. Strohmaier, « La tradition hippocratique en latin et en arabe », dans *Le latin médical. La constitution d'un langage scientifique*, G. Sabbah (éd.), Saint-Étienne, 1991, 27-39, 32.

17. Voir *Medicina siue medicus* § 64 et la note, ci-dessous p. 427.

le sens des déclarations méthodologiques liminaires de Janus Cornarius et d'autre part celui qu'il donne à sa conception originale de la définition division. Nous citons le passage du *De placitis* contenant la citation du *Phèdre* un peu longuement, et dans une traduction très littérale pour la commodité et la clarté d'un raisonnement en lui-même touffu qui est celui sur lequel Janus Cornarius fonde son application de la division :

> « Est aussi voisin / de cet examen celui selon la méthode appelée diérétique, dont Platon a fait l'exercice dans *Le Sophiste* et *Le Politique*, et dont il a montré non seulement l'usage à partir d'elle dans ces dialogues, mais également des choses très claires et parfaites d'après *Philèbe* et *Phèdre* et également dans *La République* et dans d'autres de ses écrits. Il enseigne dans *Le Sophiste* et *Le Politique* comment au lieu de la profération d'un discours on peut faire connaître par un raisonnement clair et court en une fois le signifié de ce qui est proféré, que les successeurs de Platon ont appelé raisonnement défini et spécialement définition (ὅρος). Il montre dans *Le Philèbe* et dans *Le Phèdre* que la théorie diérétique et synthétique est très nécessaire pour l'organisation des arts, et il ordonne de s'exercer doublement selon elle, d'abord en descendant à partir du premier <élément> et du plus générique jusqu'à ceux qui ne peuvent plus recevoir de coupe, en passant par les différences intermédiaires, par lesquelles il a aussi montré dans *Le Sophiste* et *Le Politique* les définitions constituées à partir des espèces, puis en remontant en sens contraire à partir des nombreux étants les plus spécifiques jusqu'au premier genre selon / la synthèse ; car il y a une seule route pour les deux (*sc.* la division et la synthèse), mais un double chemin à parcourir, en allant à tour de rôle de l'un des premiers à l'autre. Voici ses mots dans le *Phèdre* à ce sujet : « Le reste me semble en réalité avoir été joué comme un jeu d'enfant. Mais si l'on prenait pour l'art la puissance des deux espèces des choses qui ont été dites par hasard, ce ne serait pas sans agrément. – Desquelles espèces ? – Prendre les choses éparses en tous sens en embrassant du regard une seule idée, afin qu'en définissant chacune on rende évident ce au sujet de quoi on voudrait apprendre toujours, comme on a dit les choses d'à présent au sujet de l'amour, qui a été défini soit bien soit mal. Le discours pouvait dire ce qui est clair et ce en quoi il est d'accord avec lui-même. – Mais la seconde espèce, Socrate, que dis-tu qu'elle est ? – Le fait de pouvoir à nouveau couper selon les espèces de manière naturelle selon les membres, et de ne pas entreprendre de casser une seule partie en employant la manière d'un mauvais boucher ». Voici dans l'ensemble ce qui a été dit par Platon au sujet de la méthode diérétique et synthétique »[18].

Nous lisons ici sous la plume de Galien que la définition *horos* est un terme technique donné à une démarche particulière par les successeurs de Platon. Qu'il s'agit d'un raisonnement dont la diérèse n'est qu'un versant, dont l'autre est la synthèse, autrement dit que selon Galien la définition dans l'Académie post-platonicienne produit un raisonnement court et clair dont la première étape est une division des 'genres' en 'espèces' et individus par l'intermédiaire des 'différences', démarche que l'on retrouve d'ailleurs régulièrement appliquée sous cette forme dans plusieurs grands traités galéniques comme le *De temperamentis* par exemple[19]. La seconde étape est une synthèse opérant un rassemblement en sens inverse à partir des « nombreux étants les plus spécifiques » et jusqu'aux genres. Cette méthode est considérée comme utile pour l'organisation des arts. Ces deux versants se distinguent par le sens dans lequel on passe du genre à l'espèce et vice-versa. La division, selon Galien, ici dans le *De placitis*, est donc la phase *descendante* qui va du genre aux espèces et jusqu'aux individus en passant par les différences, et elle est suivie de la synthèse qui *remonte* et semble devoir normalement aboutir au résultat d'une définition formulée, autrement dit l'ensemble de l'exercice permettant d'établir des définitions académiciennes selon Galien *commence* par une division descendante et *finit* par une synthèse remontante, qui n'est pas autre chose que la fabrication, si l'on peut dire, de la définition elle-même[20]. Et il est sûr cette fois que ce n'est pas la méthode appliquée dans *Medicina siue medicus*, qui commence au contraire par une série de définitions, et continue avec la division de la définition de la médecine. Mais il faut toutefois noter que Galien s'appuie d'abord, dans son exposé du *De placitis*, sur les dialogues platoniciens dits aujourd'hui de vieillesse, dans lesquels on reconnaît en général une

---

18. « γειτνιᾷ δέ πως / 753 τούτῳ τῷ σκέμματι καὶ τὸ κατὰ τὴν διαιρετικὴν ὀνομαζομένην μέθοδον, ἧς τὴν μὲν γυμνασίαν ὁ Πλάτων ἐν Σοφιστῇ καὶ Πολιτικῷ πεποίηται, τὴν δὲ ἐξ αὐτῆς χρείαν ἐπέδειξεν οὐκ ἐν τούτοις μόνον, ἀλλὰ σαφέστατα μὲν ἅμα καὶ τελεώτατα κατά τε Φίληβον καὶ Φαῖδρον, οὐ μὴν καὶ κατὰ τὴν Πολιτείαν τε καὶ ἄλλα ἄττα συγγραμμάτων. ἐν μὲν οὖν τῷ Σοφιστῇ καὶ Πολιτικῷ διδάσκει, πῶς ἄν τις ἀντὶ τῆς προσηγορίας ἑρμηνεύοι λόγῳ σαφεῖ τε ἅμα καὶ συντόμῳ τὸ σημαινόμενον αὐτῆς, ὅντινα λόγον ὡρισμένον τε καὶ ὅρον ἐξαιρέτως ἐκάλεσαν οἱ μετὰ Πλάτωνα · ἐν δὲ τῷ Φιλήβῳ καὶ τῷ Φαίδρῳ δείκνυσιν, εἰς τεχνῶν σύστασιν ἀναγκαιοτάτην εἶναι τὴν διαιρετικὴν καὶ συνθετικὴν θεωρίαν, γεγυμνάσθαι τε κελεύει διττῶς κατ' αὐτήν, ἀπὸ μὲν τοῦ πρώτου καὶ γενικωτάτου καταβαίνοντας ἐπὶ τὰ μηκέτι τομὴν δεχόμενα διὰ τῶν ἐν τῷ μεταξὺ διαφορῶν, δι' ὧν καὶ τοὺς ὁρισμοὺς τῶν εἰδῶν ἐδεδείχει συνισταμένους ἐν Σοφιστῇ καὶ Πολιτικῷ, ἔμπαλιν δ' ἀπὸ τῶν εἰδικωτάτων πολλῶν ὄντων ἀναβαίνοντας ἐπὶ τὸ πρῶτον γένος κατὰ / 754 σύνθεσιν · ὁδὸν μὲν γὰρ εἶναι μίαν ἀμφοῖν, ὁδοιπορίαν δὲ διττήν, ἀπὸ θατέρου τῶν πρώτων ἐπὶ θάτερον ἐναλλὰξ ἰόντι. Λέγει δὲ περὶ αὐτῶν ἐν μὲν τῷ Φαίδρῳ κατὰ τήνδε τὴν λέξιν. Ἐμοὶ δὲ φαίνεται τὰ μὲν ἄλλα τῷ ὄντι παιδιᾷ πεπαῖχθαι. Τούτων δὲ τινων ἐκ τύχης ῥηθέντων δυοῖν εἰδῶν, εἰ αὐτὴν τὴν δύναμιν τέχνῃ λαβεῖν δύναιτό τις, οὐκ ἄχαρι. Τίνων δή ; εἰς μίαν τε ἰδέαν συνορῶντα ἄγειν τὰ πολλαχῇ διεσπαρμένα, ἵν' ἕκαστον ὁριζόμενος δῆλον ποιῇ, περὶ οὗ ἂν ἀεὶ διδάσκων ἐθέλῃ, ὥσπερ τὰ νῦν δὴ περὶ ἔρωτος ὅ ἐστιν ὁρισθὲν, εἴτε εὖ, εἴτε κακῶς ἐλέχθη. Τὸ γοῦν σαφὲς καὶ τὸ αὐτὸ αὑτῷ ὁμολογούμενον διὰ ταῦτα ἔσχεν εἰπεῖν ὁ λόγος. Τὸ δ' ἕτερον δὴ εἶδος τί λέγεις, ὦ Σώκρατες ; τὸ πάλιν κατ' εἴδη δύνασθαι διατέμνειν κατὰ ἄρθρα, ᾗ πέφυκε, καὶ μὴ ἐπιχειρεῖν καταγνύναι μέρος μηδέν, κακοῦ μαγείρου τρόπῳ χρώμενον. Ταῦτα μὲν οὖν καθόλου περὶ τῆς διαιρετικῆς τε καὶ συνθετικῆς μεθόδου λέλεκται τῷ Πλάτωνι.» *De placitis Hipp. et Gal.* IX (citant *Phèdre* 265c-e) K V, 752-754 = De Lacy 566-568.

19. Mais on trouve aussi chez Galien d'autres analyses de la méthode diérétique hippocratico-platonicienne, comme par exemple celle du *De differentiis febrium* I, K XVII, 274 qui porte sur les divisions d'Hippocrate dans *Épidémies VI*. Il est certain que d'une manière générale la méthode diérétique de Galien lui-même, dont l'emploi est perceptible à travers d'autres titres comme *De differentiis morborum* ou *De differentia pulsuum*, visible dans de très nombreux traités, appelle une étude d'ensemble, qui doit notamment prendre en compte la question du modèle mathématique sous-jacent, ainsi que le suggère par exemple l'article de G.E.R. Lloyd, « Mathematics as a Model of Metho in Galen », dans *Philosophy and the Sciences in Antiquity*, R.W. Sharples (éd.), Ashgate, 2005, 110-130, en particulier p. 124 ; A. Pietrobelli, « Le modèle des démonstrations géométriques dans la médecine de Galien », *Bulletin de l'Association Guillaume Budé* 2009, 2, 110-130.

évolution majeure voire une rupture de la méthode platonicienne par rapport à la période du *Phèdre* notamment. Et c'est pourquoi, pense rapidement le platonicien d'aujourd'hui, la citation du *Phèdre* qui vient ensuite dans le texte du *De placitis* de Galien est, sauf le respect dû au médecin de Pergame, très mal adaptée au résumé de la méthode diériétique platonicienne qui la précède sans vraiment l'éclairer ni tout à fait lui correspondre, car Galien reflète alors sans doute davantage, et presque de son propre aveu, les exercices en vigueur chez les successeurs, sous-entendu immédiats, de Platon.

En effet, la citation de Platon que Galien donne à l'appui de son exposé de la méthode diérétique dans le *De placitis* décrit une démarche qui part d'abord du divers et du particulier épars pour le ramener à une seule *idea*, et s'apparente par conséquent davantage à ce que Galien nommait précédemment la synthèse, laquelle doit aboutir à une définition, à partir de laquelle il faut ensuite diviser sinon selon les articulations naturelles comme le fait un bon boucher, du moins selon celles qui ont été présentées dans la définition et qui sont donc, du moins dans le raisonnement du *Platon* de Janus Cornarius, des *espèces*[21]. Et nous retrouvons bien cette fois, en négligeant naturellement ici tout le débat sur l'idée et la forme ou *idea* et *eidos* chez Platon et à plus forte raison sur les sens et traductions d'*eidos* au cours des siècles, exactement le processus suivi dans le *Medicina siue medicus*. Les quatre premières définitions de la médecine que l'on trouve d'abord dans *Medicina siue medicus*, qui sont ici traitées comme des objets divers quelconques multiples et épars, et non bien entendu comme des définitions logiques ou méthodologiques, forment en effet une collection, évidemment orientée par d'autres considérations stratégiques globales, des multiples définitions de la médecine, variées et mal compatibles, tandis que la cinquième définition les rassemble en une seule, et comme définition de synthèse qu'elle est effectivement, cette cinquième définition fournit ensuite à l'auteur les articulations ou parties ou divisions et sub-

---

20. Rappelons que l'exercice académique des *Definitiones* et autres *Diuisiones* a été conservé à travers un certain nombre de traces souvent difficiles à analyser, à commencer par les *Definitiones* pseudo-platoniciennes. Pour une analyse récente de cette problématique très dense, qui porte en grande partie sur ce qui s'est passé dans l'intervalle entre Platon et Aristote, on peut se reporter à M. Wilson, « Speusippus on knowledge and division », dans *Aristotelische Biologie. Intentionen, Methoden, Ergebnisse*, W. Kullmann et S. Föllinger (éds.), Stuttgart, 1997, 13-25, ainsi qu'à l'article de Ph. Van der Eijk, « Between the Hippocratics and the Alexandrians : Medicine, Philosophy and Science in the Fourth Century BCE », dans *Philosophy and the Sciences in Antiquity*, R. W. Sharples (éd.), Ashgate, 2005, 72-109.

21. « *Mihi quidem uidentur alia reuera per lusum dicta esse. Verum duarum harum **specierum** forte fortuna relaturum, si quis ipsam uim arte capere posset, non iniucundum id esset.* PHAE. *Quarum uero ?* SOC. *Vt ad unam ideam respiciens, colligat ea quae multifariam dispersa sunt, qui singula definiens, manifestum faciat semper id de quo docere uelit : quemadmodum sane in praesentia de Amore quid sit definitio, siue bene, siue male, dicta est, claritatem tamen, et ut ipsa in sibiipsi in dicendo consona esset oratio hinc habuit.* PHAE. *Alteram autem **speciem**, ô Socrates, quam dicis ?* SOC. *Vt possis rursus in **species** articulatim, prout natura rei postulat, **diuidere**, et non aggrediantur mali coci more, ullam partem confringere : sed quemadmodum antea duae orationes mentis desipientis, unam quandam communem **speciem** acceperunt* ». BEC 45, 325 = CUF, 68.

divisions de l'art médical, dont les *espèces* seraient, à l'époque de Janus Cornarius, les *res naturales, non naturales* etc. alias physiologie, pathologie et thérapeutique. Autrement dit Janus Cornarius, qui a tiré parti de l'obscurité régnant sur le prologue de l'*Ars medica* en raison des vains efforts des commentateurs passés pour trouver une cohérence entre la méthodologie diérétique donnée par le résumé de Galien dans le *De placitis* et celle qui se dégage de sa citation de Platon dans le même passage, est encore une fois quant à lui retourné directement à la source platonicienne de la méthode diérétique galénique, elle-même si manifestement éloignée, dans ce passage du *De placitis*, de ces anciens préceptes du *Phèdre*, qu'elle en inverse tout bonnement l'ordre d'application[22]. Et l'on comprend sans peine que, dans ces conditions, Janus Cornarius privilégie la méthodologie de ce dialogue platonicien au détriment de la méthode diérétique galénique, en raison de l'autorité à accorder prioritairement à l'autre fameuse citation de *Phèdre* portant plus précisément sur la méthode d'Hippocrate, qu'il a déjà appliquée dans le *De peste*.

L'opération ici menée par Janus Cornarius est donc particulièrement sophistiquée, puisqu'il combine et concile finalement au moins deux pratiques qui passent encore aujourd'hui pour les deux opposés extrêmes, l'emploi du vocabulaire de la tradition arabo-médiévale la plus divulguée de son temps et l'application rigoureuse du texte platonicien qu'il connaît d'autant mieux qu'il l'a lui-même entièrement retraduit. Ce fait constaté jette de surcroît un jour nouveau sur l'appréciation que l'on peut porter sur les travaux du commentateur arabe, mais aussi sur la valeur et la signification historique de la traduction cornarienne de Platon, tellement méconnue, et enfin, bien entendu, sur la place de la division ou des divisions dans la démonstration scientifique antique et moderne[23]. C'est la raison pour laquelle le point apparemment de détail, qui consiste à savoir comment traduire *partim* dans les premières lignes de la dédicace du *Medicina siue medicus* méritait, pensons-nous, cette étude un peu longue, dont la conclusion est finalement que la méthode appliquée par Janus Cornarius dans son *Medicina siue medicus* est bien 'en partie' celle de la définition – au sens d'Ali ibn Ridwan, c'est-à-dire d'une dissolution – 'en partie' celle de la division platonicienne telle qu'elle est exposée dans le passage du

---

22. Il va de soi que l'exposé de Galien reflète non pas sa propre incompréhension de Platon mais plutôt la méthode diérétique enseignée de son temps.

23. Par rapport aux conclusions de l'étude déjà citée d'Edwards démontrant l'avènement d'une méthode scientifique médicale moderne à partir du *De tribus doctrinis ordinatis* de 1508, mais qui ne mentionne pas *Medicina siue medicus*, on peut penser que Janus Cornarius suggère une autre lecture des questions méthodologiques que celle du maître ferrarais, dont les trois doctrines (*doctrina resolutiua, doctrina composita* et *doctrina definitiva*) représenteraient une modernisation des méthodes analytiques définies au début de l'*Ars parva* : « (L.) wrenched the prologue of the *Ars* out of the hands of the Averroist-Aristotelicians (whose prototyp was Pietro d'Abano) and converted it (so to speak) into a platform on method for the medical humanists who followed him ». D'une manière générale, la qualité de l'interprétation cornarienne a été récemment soulignée dans Ph. Hoffmann et M. Rashed, « *Phèdre* 249 b8-c1 : une faute d'onciale », *Revue des Études Grecques* 121 (2008), 43-64 et en particulier p. 54.

Phèdre cité par Galien dans le *De placitis*, mais interprétée autrement que Galien, et sans doute plus correctement, avec en particulier le redressement essentiel que représente le renversement de l'ordre galénique division définition en ordre 'platonicien' définition division : « *partim iuxta definitionis dissoluendae, siue explicandae, partim iuxta diuisionis methodum, medicinae explicationem conscripsi* : j'ai écrit une explication de la médecine suivant la méthode en partie de l'analyse ou explication de la définition et en partie de la division ». Cette méthode lui est probablement personnelle.

3. Hérodote *et alii*

C'est le galénisme officiel d'un Fernel qui freinera longtemps, comme on l'a beaucoup dit à juste titre, la connaissance effective et spectaculaire des maladies infectieuses, destinée à devenir le symbole de la révolution médicale que les historiens situent en général au XVIIIe ou au XIXe siècle. La première partie de *Medicina siue medicus* §§ 1-23 contient donc, comme on vient de le voir, une critique très construite de ce galénisme des causes cachées, critique fondée sur le retour systématique aux sources textuelles disponibles, sur l'interprétation des autorités les plus anciennes et la restauration des principes élémentaires de la doctrine hippocratique à partir de témoignages plus tardifs, et telle est encore ici la fonction des citations du traité pseudo-galénique *Introductio siue medicus*, que Janus Cornarius attribue à un certain Hérodote, et dont il oppose la doctrine à celle de l'*Ars medica* de Galien, en particulier pour ce qui concerne l'interprétation de la définition de la médecine d'Hérophile, présente dans ces deux traités galéniques, entre autres[24].

Introductio siue Medicus pose aujourd'hui encore un certain nombre de problèmes d'attribution et de doctrine. L'histoire de ces attributions est liée aux recherches menées depuis la fin du XIXe siècle sur l'école pneumatiste, et les auteurs de ces recherches ignoraient apparemment le petit livre de Janus Cornarius, dont ils ont recommencé le travail à peu près sur les mêmes bases textuelles. Dès sa première définition de la médecine au §1, Janus Cornarius nomme donc immédiatement 'Hérodote' comme l'auteur d'*Introductio siue Medicus*[25]. Il s'en explique un peu plus loin au § 15 quand il oppose la doctrine d'Hérodote à celle de Galien, en indiquant qu'il estime pour sa part qu'Hérodote a été réfuté par Galien, qui a établi, nous dit-il, sa méthode de la définition analytique, dite aussi de dissolution ou d'explication de la définition, contre lui (*Et mihi sane videtur Galenus contra Herodoti sententiam,*

---

24. Sur cette définition attribuée à Hérophile, *Art médical*, Boudon 276 et 396-398 n. 4.
25. Il s'agit de l'*Herodotos (3)* du *Neue Pauly* : médecin grec pratiquant à Rome selon Galien (K VIII, 750-751), du I[e]-IIe s. après JC, peut-être le maître de Sextus Empiricus, identifié comme un personnage critiquant systématiquement toutes les écoles y compris celle des pneumatistes (K XI, 432).

definitionis illius explicandae methodum instituisse). Cette affirmation, malheureusement non étayée, sur les divergences méthodiques entre Galien et l'auteur de l'*Introductio* mériterait une enquête approfondie, que l'on ne peut mener ici. Les trois sources sur lesquelles Janus Cornarius s'appuie pour son attribution sont le début de *De ses propres livres*, le second commentaire de Galien au livre VI des *Épidémies* d'Hippocrate et le livre 4 du traité *Sur la différence des pouls* (§7)[26]. Il reste aujourd'hui à déterminer si le contenu de cet ouvrage connu sous le titre *Introductio siue medicus*, Εἰσαγωγὴ ἢ ἰατρός, correspond aux descriptions que Galien donne du livre d'Hérodote, pour évaluer la pertinence de cette attribution par Janus Cornarius, une question que nous laissons également de côté pour nous intéresser à l'histoire de la problématique philologique, et à place qu'y tient la thématique du pneumatisme.

Le *De Propriis libris* de Galien commence en effet par une anecdote sur l'attribution erronée à Galien d'un livre intitulé *Le Médecin*, qui se complique d'une erreur dans le texte grec des manuscrits portant un Γαληνός ἰατρός que Janus Cornarius aurait été le premier à corriger, dans les marges de son exemplaire personnel, l'aldine d'Iéna, en Γαληνοῦ ἰατρός[27]. Quel est l'état de la question ? Max Wellmann en 1903 avait, en se fondant lui aussi sur le commentaire de Galien aux *Épidémies VI*, suggéré qu'un Hérodote pneumatiste, élève d'Agathinos et contemporain d'Archigenes, pourrait être l'auteur du Ps. Gal. ἰατρός mais en précisant que les datations reçues s'y opposaient, et il renvoyait sur ce point à son livre *Die pneumatische Schule*, où il présentait Hérodote comme un médecin en vue à Rome, tout en invitant à ne pas le reconnaître pour l'auteur de l'*Introductio* dont le rédacteur lui paraissait plus tardif[28]. En 1917, Emil Issel, qui s'intéresse à la mention de Sextus Empiricus dans l'*Introductio siue medicus* en K 14, 683, s'efforce de montrer que ce traité a été écrit du vivant de Galien, et que par conséquent Sextus ne peut pas lui

---

26. Galien, t. I. *Introduction générale. Sur l'ordre de ses propres livres. Sur ses propres livres. Que l'excellent médecin est aussi philosophe*, texte établi, traduit et annoté par V. Boudon-Millot, Paris, 2007, 134 ; Le texte du *Commentaire aux Épidémies VI* est le suivant : « 47 (οἰκονομίη : Τούτων δ' ἔξωθέν ἐστιν εἰς τὴν οἰκονομίαν τε καὶ χρῆσιν ὠφελοῦντα καὶ τῶν ὑφ' Ἡροδότου γραφέντων ἔνια κατὰ τὸ βιβλίον ὃ ἐπέγραψεν αὐτὸς ἰατρόν : En-dehors de ces choses, il y en a quelques unes d'utiles pour l'économie et la pratique parmi celles écrites par Hérodote dans le livre qu'il a lui-même intitulé *Médecin* ». K XVII, 999. *Sur la différence des pouls* : K VIII 751.

27. « Un fait vient de confirmer clairement le conseil que tu m'as donné, mon excellent Bassus, de dresser la liste des livres que j'ai composés. J'ai vu en effet, dans le Sandalarium où se trouve justement le plus grand nombre de libraires de Rome, des gens qui discutaient pour savoir si le livre vendu là était de moi ou de quelqu'un d'autre. De fait, il portait comme titre, « De Galien, *Le Médecin* ». Tandis que quelqu'un l'achetait comme étant de moi, un de ces hommes amoureux des lettres, intrigué par l'étrangeté du titre, voulut en connaître le sujet. Et à peine en eut-il lu les deux premières lignes qu'il rejeta aussitôt l'écrit en question, se contentant d'ajouter ces mots : « Ce n'est pas là le style de Galien et le titre que porte ce livre est faux » », trad. Boudon-Millot, 134 et 176 n. 3. Pour l'éditrice rien ne permet aujourd'hui d'identifier ce traité *Le Médecin* de Galien à l'*Introductio siue medicus*.

28. M. Wellmann, « Demosthenes Περὶ ὀφθαλμῶν », *Hermes* 38 (1903), 546-566 ; *Die pneumatische Schule bis auf Archigenes in ihrer Entwicklung dargestellt*, Berlin, 1895, 15 et n. 6.

être postérieur, puis rassemble des informations utiles à notre sujet dans un chapitre de sa dissertation intitulé *De libello qui inscribitur* Εἰσαγωγὴ ἢ ἰατρός *Galeno addicto*[29]. Il y relève que l'aldine de 1525 et la *Basiliensis* de 1538 sont les premières éditions imprimées à placer ce traité parmi les νόθοις en se fondant sur *De ses propres livres*, suivies par Jacobus Sylvius, *Ordo et ordinis ratio in legendis Hippocratis et Galeni libris* Paris, 1539 p. 11, qui de son côté utilise pour l'attribuer à Hérodote le passage du commentaire aux *Épidémies VI* précédemment cité. En revanche Chartier, rappelle Issel, attribue l'*Introductio* à Galien et la considère comme un résumé de toute la médecine. Le débat sera donc relancé par les affirmations de Wellmann et l'on voit combien ses bases restent minces. Issel a comparé le style de Galien dans des passages choisis et celui de l'Εἰσαγωγή qui diffèrent par certains aspects du vocabulaire technique et par la pratique du hiatus, pour éliminer l'attribution à Galien revenue dans la tradition par Chartier, puis a essayé de déterminer sa date et son auteur à partir de corrections des manuscrits, de comparaisons avec Aetius et Rufus d'Ephèse entre autres sur la question des tuniques de l'œil, pour conclure que si l'ouvrage a été écrit peu avant Galien il n'est pas étonnant qu'on le trouve sur les marchés selon l'anecdote de *Sur ses propres livres* et il revient aussi sur la correction par le génitif qu'il attribue quant à lui à Schoene, sans mentionner ni l'aldine d'Iéna de Janus Cornarius ni à plus forte raison l'attribution à Hérodote de son traité *Medicina siue medicus,* qui pourrait d'ailleurs peut-être plutôt dépendre, compte tenu des dates de publication rappelées à l'instant, d'une hypothèse formulée en tout premier lieu par Jacques Dubois[30]. Mais en revanche Issel signale des leçons manuscrites, dans *Vaticanus gr.* 1845 du XIIIe, *Dresdensis gr.* Da 1 du XVe et *Lipsiensis gr.* 52 du XVIe, qui correspondraient à la traduction latine *Galeni medicus* de Janus Cornarius au § 16 de notre traité, supposant elle-même le texte Γαληνοῦ ἰατρὸς εἰσαγωγή, et Issel relève d'autres indices d'où il conclut que le titre initial était tout simplement Ἰατρός, mais la difficulté revient avec le Γαληνοῦ que l'étude de style sur les hiatus avait éliminé ! Issel ne retient cependant pas lui non plus l'attribution à Hérodote de l'*Introductio*, et remarquant que l'Egypte y est souvent mentionnée, suggère que de telles références pourraient remonter à Plutarque[31]. L'appréciation change avec une étude de Kudlien en 1963, qui propose de situer Sextus vers 100 ap. et détruit ce faisant une partie de l'argumentation d'Issel[32]. Dans son étude des *Definitiones medicae*, Jutta Kollesch

---

29. E. Issel, *Quaestiones Sextinae et Galenianae*, Diss. Marburg, 1917, 16-52 pour le chapitre consacré à l'*Introductio*.

30. La correction serait proposée dans *Schedae philologae Hermann Usener a sodalibus seminarii regii Bonnensis oblatae* Bonnae 1891, 88, d'après Issel, référence non vérifiée.

31. L'intérêt porté par Janus Cornarius à Plutarque est manifeste à travers son édition d'une traduction des *Opera moralia*, dont il traduit 5 traités, BEC 39. Voir aussi BEC 24.

32. F. Kudlien, « Die Datierung des Sextus Empiricus und des Diogenes Laertius », *Rheinisches Museum für Philologie*, 106 (1963), 251-254.

met finalement en doute l'idée remontant plus ou moins à Wellmann d'un auteur pneumatiste de l'*Introductio*, et souligne plutôt le fait que ce traité représente surtout et avant tout, comme les *Definitiones Medicae*, une mine d'informations doxographiques[33]. L'attribution du traité à Hérodote, que Janus Cornarius reprend peut-être soit à Dubois soit éventuellement à des manuscrits signalés par Issel ou qui peut aussi être le fruit d'une conjecture personnelle, n'est donc pas vérifiable dans l'état actuel de la recherche, et devrait s'appuyer sur des éléments de doctrine, comme semble justement avoir voulu le faire le médecin de Zwickau, quand il fait état, comme on l'a déjà vu, mais de manière assurément sibylline, de la technique de la définition division de Galien. La recherche contemporaine a cependant fait porter, depuis la fin du XIXe siècle, toute la discussion sur la doctrine du *pneuma* et non sur la méthode de la division comme le suggérait Janus Cornarius.

La première division de Janus Cornarius, § 19, reproduit comme on l'a vu celle d'*Introductio* c. 7, et la suite de ce chapitre du traité pseudo-galénique, consacrée aux variations des dénominations selon les sectes médicales, n'est pas reprise dans *Medicina siue medicus*. La seconde division en deux parties de *Medicina* au § 21 attribuée à *quidam* reprend, on l'a déjà indiqué, vraisemblablement la 10ème des *Definitiones medicinae* qui dit :

> « Τὰ ἀνωτάτω μέρη τῆς ἰατρικῆς ἐστι δύο, θεωρία καὶ πρᾶξις. Προηγεῖται δὲ τῆς πράξεως ἡ θεωρία. Θεωρῆσαι γάρ τι πρότερον χρή, ἔπειτα οὕτως πρᾶξαι. Ἀρχὴ γὰρ τῆς ἐπὶ τῶν ἔργων τριβῆς ἡ διὰ τοῦ λόγου διδασκαλία. Il y a deux parties tout en haut de la médecine, la théorie et la pratique. La théorie guide la pratique. Car l'enseignement par le raisonnement est le principe de l'exercice des actions ». K XIX, 351, 8-11.

On reconnaît sans peine ici, dans ce texte qui accompagne ordinairement *Introductio* dans les éditions complètes de Galien, les deux *pars speculatiua* et *pars actiua*, et là s'arrête aussi finalement l'utilisation tacite de cet ouvrage par le médecin de Zwickau, car *Medicina siue medicus* redistribue ensuite, comme on l'a vu, les articulations traditionnelles d'une manière qui pourrait à première vue paraître originale[34]. Mais en réalité il existe peut-être une autre source à l'origine de la réorganisation de Janus Cornarius, dont nous avons eu connaissance à partir d'une indication d'Issel. Sans justifier vraiment son affirmation selon laquelle la division de *l'Introductio* en ces 5 parties *physiologique, étiologique* ou *pathologique, hygiénique, sémiotique* et *thérapeutique* serait parfaitement en accord avec l'enseignement des dogmatiques ou rationa-

---

33. Voir la présentation de C. Petit dans Galien, *Le médecin, introduction*, Paris, 2009, et J. Kollesch, *Untersuchungen zu den pseudogalenischen* Definitiones medicae, Berlin, 1973, p. 139.

34. Tableau IV : Le rejet du (signe) neutre, ci-dessus p. 223.

listes, Issel signale sa ressemblance avec un fragment publié par Dietz[35]. Il s'agit d'une scholie au 1er aphorisme d'Hippocrate *L'art est long* attribuée à un certain Théophile, publiée par F. R. Dietz d'après le manuscrit du XIVe s., *Vindobonensis graecus medicus* XLIX, contenant une préface d'un auteur anonyme puis un commentaire suivant le nom ΘΕΟΦΙΛΟΥ[36]. Dans ce qui précède, le commentateur Théophile indique les cinq sens à donner à βίος, le 5ème étant « le temps de notre vie » : λέγεται βίος καὶ ὁ χρόνος τῆς ζωῆς ἡμῶν. Voici le passage, tel qu'on le trouve chez Dietz, qui évoque en effet un peu celui de l'*Introductio* comme l'avait vu Issel, mais encore bien davantage et jusque dans ses détails le § 21 du *Medicina siue medicus* de Janus Cornarius :

« οὗτος οὖν ὁ βίος ὁ κατὰ τὸ πέμπτον σημαινόμενος βραχύς ἐστι καθ' Ἱπποκράτην τῇ τέχνῃ παραβαλλόμενος, ἡ τέχνη δὲ μακρά, διότι ὁ βίος βραχὺς ἢ διότι πολλά εἰσι τὰ οἰκεῖα αὐτῆς μέρη καὶ οὐδέποτε εἰς πέρας ἄγεται. Εἰσὶ μὲν οὖν τὰ πρῶτα μέρη τῆς ἰατρικῆς δύο, τό τε θεωρητικὸν καὶ τὸ πρακτικόν. ἑκάτερον δὲ τούτων εἰς πλείονα διαιρεῖται. Τὸ μὲν γὰρ θεωρητικὸν εἰς φυσιολογικὸν, αἰτιολογικὸν, σημειωτικόν · αὐτὸ δὲ τὸ φυσιολογικόν, εἰς στοιχεῖα, κράσεις, χυμοὺς, μόρια, δυνάμεις, ἐνειργείας. ταῦτα δὲ τὰ σκέλη, καθὼς ἀλλαχοῦ εἴρηται, διαιρεῖται εἰς πλείονα. τὸ δὲ αἰτιολογικὸν διαιρέσεως εἰς προκαταρκτικὰ αἴτια, εἰς προηγούμενα καὶ εἰς συνεκτικά. Τὸ δὲ σημειωτικὸν εἰς τὴν τοῦ παρόντος διάγνωσιν καὶ < εἰς τὴν *secl. Dietz* > τῶν μελλόντων πρόγνωσιν καὶ τῶν παρεληλυθότων ἀνάμνησιν. Πάλιν τὸ πρακτικὸν διαιρεῖται εἰς ὑγιεινὸν, θεραπευτικόν · τὸ δὲ θεραπευτικὸν εἰς διαιτητικὸν, φαρμακευτικὸν, χειρουργικόν · τὸ δὲ διαιτητικὸν εἰς γηροκομικὸν καὶ ἀναληπτικὸν καὶ προφυλακτικόν · καὶ ἁπλῶς πολλαὶ ζητήσεις περὶ τούτων. Μακρὰ τοίνυν ἐστὶν ἡ τέχνη διὰ τὴν εὕρεσιν, διὰ τὴν μάθησιν, διὰ τὴν τελείωσιν τῶν μερῶν. Πῶς γὰρ δύναται εἷς ἄνθρωπος καὶ εὑρεῖν πάντα καὶ μαθεῖν καὶ τελειῶσαι ; καὶ μάρτυς αὐτὸς Ἱπποκράτης εἰπών, ὅτι τὸ τῆς ἰατρικῆς τέχνης μάθημα μέγα ἐστὶ καὶ πολύ, οὐδὲ εἰς πέρας φέρομαι ταύτης, καίπερ γηραλέος καθεστηκώς.

---

35. « *Hanc partitionem cum dogmaticorum doctrina prorsus convenire nemo negabit, quamquam nullum afferre possumus testimonium* 1) : *Invenitur eadem partitio apud solum Theophilum, medicum Byzantinum in schol. In Hipp. et Galen. ed.* F. R. Dietz, II p. 246 ». E. Issel, *op. cit.* p. 44 et n. 1.

36. Sur ce commentaire attribué à Théophile dit le Protospathaire, uniquement publié par Dietz à ce jour, voir W. Wolska-Conus, « Stéphanos d'Athènes (d'Alexandrie) et Théophile le Prôtospathaire, commentateurs des *Aphorismes* d'Hippocrate sont-ils indépendants l'un de l'autre ? », *Revue des études byzantines* 47 (1989), 5-89 et « Les sources des commentaires de Stéphanos d'Athènes et de Théophile le Prôtospathaire aux *Aphorismes* d'Hippocrate », *Revue des études byzantines* 54 (1996), 5-66. Sa thèse générale est que les deux commentateurs n'ont eu accès séparément à une même source. Sur Théophile voir maintenant la thèse d'I. Grimm-Stadelmann, Θεοφίλου περὶ τῆς τοῦ ἀνθρώπου κατασκευῆς. *Theophilos. Der Aufbau des Menschen. Kritische Édition des Textes mit Einleitung, Übersetzung und Kommentar*, München, 2008, en ligne.

Donc cette vie signifiée selon le 5ème sens est courte selon Hippocrate comparée à l'art, alors que l'art est long, parce que la vie est courte ou parce que nombreuses sont les parties qui lui sont propres et jamais elle n'est conduite à la fin. Les premières parties de la médecine sont donc deux, la partie théorique et la partie pratique. Chacune des deux se divise en un plus grand nombre. La partie théorique en physiologie, étiologie, séméiotique : la partie physiologique elle-même en éléments, mélanges, humeurs, particules, facultés, actions. Mais ces branches, comme il a été dit ailleurs, se divisent en un plus grand nombre. La partie étiologique de la division (envisagée plus haut), se divise en causes procatarctiques, proégoumènes, et synectiques. La séméiotique se divise en diagnostic du présent, prognostic du futur et anamnèse du passé. À son tour la partie pratique se divise en hygiène et thérapeutique. La thérapeutique en diététique, pharmaceutique et chirurgique. La diététique est géronomique, analeptique et prophylactique. Et les recherches sur ces sujets sont tout à fait nombreuses. Par conséquent l'art est long à cause de la découverte, de l'apprentissage et de l'application des parties. Car comment un homme seul peut-il tout trouver, apprendre et appliquer ? Témoin Hippocrate lui-même disant : la connaissance de l'art médical est grande et abondante, et je n'arrive pas à son terme, bien que je sois devenu vieux ».

THÉOPHILE : L'art est long…		
Θεωρία	φυσιολογικὸν	Eléments, mélanges, humeurs, particules, facultés, actions.
	αἰτιολογικὸν	Causes procatarctiques, prohégoumènes, synectiques.
	σημειωτικόν	Diagnostic, pronostic, anamnèse.
Πρᾶξις	ὑγιεινὸν	
	θεραπευτικόν	Partie diététique, pharmaceutique, chirurgicale.

Tableau V : La division de Théophile.

La division de Théophile est pratiquement la division retenue au § 22 par l'auteur du *Medicina siue medicus,* où seule diffère la place réservée à la *séméiotique*, cependant déjà passée chez Théophile dans la *pars speculatiua* et cette sorte de nouveauté, qui pourrait le cas échéant porter la signature de Cornarius et justifier l'appellation *quidam* déjà rencontrée, est primordiale dans la perspective critique qui est la sienne. Le rapprochement entre la structure cornarienne et le commentaire de Théophile, beaucoup plus simple que celui de Stéphanos d'Athènes auquel il est apparenté, invite à envisager la possibilité de son utilisation par Janus Cornarius, auquel cas il pouvait croire avoir trouvé là un témoignage hippocratiste, et donc livrer par cette construction quelque chose d'une organisation hippocratisante de la médecine[37]. Il vaut alors sans doute la peine de souligner le fait que, bien qu'il soit transmis par de très nombreux manuscrits, ce commentaire de Théophile, dont l'originalité est discutée, l'est notamment par cet *Urbinas graecus* 64 qui donne aussi *Remèdes* et *Vents*[38].

37. Pour le commentaire correspondant de Stéphanos d'Athènes et ses relations avec celui de Théophile, voir L. G. Westerink, *Stephanus of Athens. Commentary on Hippocrates' Aphorisms, sections I-II*, text and translation. Second edition, CMG XI, 1, 3, 1, Berlin, 1998, 34-38. Westerink, à la différence de Wolska-Conus, considère 'Théophile' comme un compilateur ayant utilisé en partie le commentaire de Galien, en partie celui de Stéphanos « with some additions which may come from a third written source, or, more probably, from his own stock of medical knowledge ». p. 19. Pour le passage qui nous intéresse, si la division entre théorie et pratique et la répartition des branches sont les mêmes dans les deux commentaires, celui de Stéphanos est infiniment plus prolixe, mais surtout il fait place, dans l'étiologie, à la catégorie galénique du neutre rejetée par Cornarius, 36, l. 28.

38. Voir ci-dessus p. 101.

CHAPITRE IV

VERS UN HIPPOCRATE PNEUMATISTE

La physiologie de *Medicina siue medicus* reproduit la description du *compendium* de Giovanni Manardi, puis cite un passage du traité hippocratique *Nature de l'homme* sur les humeurs (« Le corps humain a en lui du sang, de la pituite et une double bile, à savoir une jaune et une noire ») par lesquelles il est soit malade soit en bonne santé (« *per hæc et ægrotat et sanus est* ») § 23-28. Suit une théorie des souffles combinant Hippocrate et Galien, qui repose sur l'interprétation des quelques mots d'*Epidémies* VI, 8, 7 désignant les constituants du corps humain par les termes τὰ ἴσχοντα, ἢ ἰσχόμενα, ἢ ἐνορμῶντα σώματα : *continentia, aut contenta, aut intus permeantia corpora*, « les corps qui contiennent, ou qui sont contenus, ou qui circulent à l'intérieur », à savoir « les parties solides, les humeurs et les souffles », § 29-30, formule également présente à plusieurs reprises chez Galien dans les traités sur les fièvres. Cornarius expose alors la théorie des facultés du traité galénique *De naturalibus facultatibus*, qui en distingue trois principales, dites *animalis, uitalis* et *naturalis*, associées chacune à une des parties principales que sont le cerveau, le cœur et le foie, et véhiculées par les trois souffles correspondants, circulant respectivement par les nerfs, les artères et les veines, et il souligne enfin l'originalité des positions de Galien sur la substance de l'âme par rapport à la doctrine cardiocentrique aristotélicienne et stoïcienne, § 39-54. Ce dispositif ne permet pas de comprendre immédiatement les corrections que Cornarius fait subir, comme nous le verrons, à la formule d'Épidémies VI, 8, 7 résumant finalement pour lui tout l'hippocratisme, ainsi qu'on peut le constater à la lecture de son dernier discours *In dictum Hippocratis* (BEC 43).

1. Les trois souffles galéniques

La doctrine galénique des souffles supposerait, selon les termes employés par A. J. Brock dans son édition du *De naturalibus facultatibus*, une première distinction entre un *pneuma* 1, qui n'est autre chose que l'air inspiré conduit dans la partie gauche du cœur où il rencontre la chaleur innée qui le réchauffe, et d'où il est transporté par les artères à travers tout le corps, et un *pneuma* 2 considéré comme le principe vital par excellence, et lui-même subdivisé en un πνεῦμα φυσικόν, *spiritus naturalis* ou souffle naturel véhiculé par les veines et qui se confondrait pratiquement avec la φύσις elle-même, puis un πνεῦμα ζωτικόν, *spiritus vitalis* ou souffle vital charrié par les artères, et enfin un πνεῦμα ψυχικόν, *spiritus animalis*, souffle psychique ou de la ψυχή dite *anima*, distribué par les nerfs. Cette présentation a l'avantage de refléter, d'après Brock, une anticipation non seulement de nos explications des processus vitaux par les pouvoirs de l'oxygène, par le système végétatif ou le système vasomoteur, mais aussi de la plupart des développements pneumatistes puis vitalistes ultérieurs, et ce jusqu'à Bergson inclus[1]. Les trois composantes du *pneuma* 2, qui représenteraient donc les souffles constituants du corps humain, les ἐνορμῶντα σώματα dans la leçon de Cornarius, correspondent aux trois actions et facultés galéniques naturelle, liée au foie et aux veines, vitale, liée au cœur et aux artères, et psychique, liée au cerveau et aux nerfs. Mais si selon Galien le siège de la faculté *animalis* ou psychique est bien le cerveau, et non le cœur comme le voulaient Aristote et certains Stoïciens, la substance de l'âme, dit bien Cornarius, n'a pas été définie par Galien, § 54 de *Medicina siue medicus*.

L'étude récente de F. Kovacic sur la compréhension du concept de *physis* chez Galien depuis le XIXe s. éclaire l'arrière-plan philosophique de la doctrine galénique des trois souffles dont *Medicina siue medicus* fait en quelque sorte le support concret des actions et des facultés[2]. Toutefois, si Kovacic, comme l'ont fait avant lui G. Verbeke, O. Temkin et d'autres, relève bien dans les écrits du médecin de Pergame une distinction entre πνεῦμα ζωτικόν, souffle vital, et πνεῦμα ψυχικόν, souffle psychique, il n'y trouve quant à lui, aucun πνεῦμα φυσικόν, aucun souffle naturel qui soit nettement distinct d'un πνεῦμα ἔμφυτον ou d'un ἔμφυτον θερμόν, d'un pneuma inné ou d'une chaleur innée, deux notions très voisines héritées des médecins et philosophes prédécesseurs de Galien, et l'on sait que la relative confusion qui règne entre ce pneuma inné, à ne pas confondre avec le pneuma naturel, et la chaleur innée porte la trace de l'influence stoïcienne[3]. La tripartition des souffles naturel, vital et psychique décrite par Janus Cornarius, que l'on trouve encore régulièrement expo-

---

1. A. J. Brock, *Galen. On the Natural Faculties*, London - Cambridge, 2000 (1916[1]), Introduction XXX-XXXV.
2. F. Kovacic, *Der Begriff der Physis bei Galen vor dem Hintergrund seiner Vorgänger*, Stuttgart, 2001, 36-52, où l'on trouve une riche bibliographie raisonnée du *pneuma* chez Galien. Dans l'index de son édition de Galien, Janus Cornarius n'a pas d'entrée à *spiritus naturalis* mais propose cette glose à *spiritus* : « *spiritus et sanguis sunt materia in qua habitat calor naturalis, collige a Galeno to. 7.1.2 ubi inquit spiritus et sanguinis atque caloris habitantis in eis : quamuis aliquis posset dicere loqui tantum de calore in eis et non in aliis partibus ut in neruis* : le souffle et le sang sont la matière dans laquelle loge la chaleur naturelle, d'après Galien tome 7, 1, 2 (référence muette) où il dit : du souffle et du sang et de la chaleur logeant en eux : bien que l'on puisse dire qu'il parle seulement de la chaleur qui est en eux et non dans les autres parties comme dans les nerfs ».

sée de nos jours dans la littérature scientifique, où elle est présentée comme une sorte de synthèse de la pensée galénique, mais sans jamais une seule référence solide au texte de Galien, et ainsi qu'on la lit par exemple sous la plume de A. Brock, provient en dernière instance d'une systématisation de la doctrine du *Timée* par un commentateur, qui n'est autre que Galien lui-même[4]. La tripartition psychique, vital, naturel serait en effet, d'après la plupart des études consacrées à ce sujet, exposée dans *Timée* 44d-45b et 69e-72d, suivant l'approche de type mythologique qui caractérise ce dialogue, comme le souligne V. Nutton, dont la parfaite connaissance de Galien nous sert de garantie pour cette référence par ailleurs introuvable dans les écrits du médecin de Pergame, ce qu'avait déjà souligné Temkin[5].

Il s'agit pour *Timée* 44d-45b, de la description de la tête « qui est la partie la plus divine et qui commande à toutes celles qui sont en nous », et pour 69e-72d des localisations « vraisemblables » de la partie mortelle de l'âme dans le thorax ou le cœur et dans le foie[6]. Et c'est en effet dans les fragments du commentaire de Galien au *Timée* que nous trouvons finalement l'exposé systématique le plus proche de la distribution proposée par *Medicina siue medicus* §39-54[7]. Le passage en question est déjà disponible dans la traduction latine de Gadaldini quand paraît *Medicina siue medicus* en 1556, sinon dans le *Galien* de Gesner et Cornarius à en croire Durling, du moins à travers l'édition juntine de 1550[8]. Ce fragment correspond au commentaire de *Timée* 76e-77c, un passage consacré au vivant mortel et aux végétaux, et Galien y résume la

---

3. G. Verbeke, *L'évolution de la notion de pneuma du Stoïcisme à Saint-Augustin*, Paris, 1945 ; O. Temkin, « On Galen Pneumatology », *Gesnerus* 8 (1951), 180-189, signalait comme seule référence, non significative, *Methodus medendi* XII, 5 et concluait à une systématisation ultérieure de la doctrine galénique ; A. Long et D. N. Sedley, *Les philosophes hellénistiques*, Paris, 2001, t. 2, 264-285 et 335-357.

4. A. Pichot, *Galien. Œuvres médicales choisies*, Paris, 1994, t. 1, XXXVIII-XLII.

5. « In the *Timaeus*, a mythic account of reality, this tripartition is extended further by locating each part of the soul in a specific part of the body », V. Nutton, *Ancient Medicine*, London – New York, 2004, 117 ; V. Barras, T. Birchler et A.-F. Morand, *Galien. L'âme et ses passions*, Paris, 1995, XLV.

6. *Platon. Timée, Critias*, texte établi et trad. par A. Rivaud, Paris, 1925, 161 et 195-200.

7. Texte grec du ms. *Paris*. 2383 et traduction française de Ch. Daremberg dans *Fragments du Commentaire de Galien sur le Timée de Platon*, Paris, 1848, 9 ; FG 395 ; H. O. Schröder, *Galeni in Platonis Timaeum commentarii fragmenta*, Leipzig Berlin 1934, 1-35 ; C. J. Larrain, *Galens Kommentar zu Platons Timaios*, Stuttgart 1992, 10-16 pour l'histoire des éditions de ces fragments, dont la première est bien la traduction latine de Gadaldini parue dans *Omnia quae extant opera Galeni ... versio latina altera ... ex secunda Iuntarum editione, Venetiis, [apud heredes Luceaeantonii Iuntae]*, 1550, vol. II (Prima classis) ff. 286v-290r, sous le titre *Galeni Fragmentum ex quattuor commentariis, quos ipse inscripsit De iis quae medice dicta sunt in Platonis Timaeo*. Mais la traduction a été corrigée à partir de l'édition juntine de 1576-1577, vol. III f. 23r-27v, reprise dans l'édition Chartier, vol. II, tomus V (1579), p. 275-284.

8. R. J. Durling, « A chronological census of Renaissance editions and translations of Galen », *Journal of the Wartburg and Courtauld Institutes* 24 (1961), 230-305, n° 132, p. 293 et 280. Sur cette traduction de Gadaldini et sa publication voir A. Garofalo, « Agostino Gadaldini et le Galien latin » dans *Lire les médecins grecs à la Renaissance*, V. Boudon-Millot et G. Cobolet (éds.), Paris, 2004, 283-322.

différence entre Aristote et Platon pour ce qui concerne la définition du vivant en particulier chez les plantes, la question de l'âme des plantes étant également abordée dans le *De naturalibus facultatibus*[9]. La position de Galien par rapport à la question de savoir si les plantes font partie du vivant est plus proche de celle de Platon que de celle d'Aristote, qui leur refuse la sensibilité, tandis que Galien, selon le résumé qu'il donne de la doctrine platonicienne dans son commentaire du *Timée*, leur accorde cette sensibilité parce que les plantes ont la faculté de reconnaître ce qui leur est propre ou familier et ce qui leur est étranger, une capacité que Platon d'après Galien semblerait également admettre dans le passage du *Timée* qu'il commente[10]. La différence entre ces deux positions de Platon et d'Aristote est rapportée par Galien à la question de la substance de l'âme, qu'il développe alors comme suit :

> « Mais il reste à faire mention de ceux qui affirment que la substance de notre âme, qui a trois facultés, rationnelle, irascible et concupiscente, est une : alors que Platon lui-même a dit aussi souvent ailleurs et tout autant dans le présent discours, que c'était l'espèce elle-même de l'âme ; qui n'est pas de nature différente chez les plantes et chez nous mais elle a la même nature : qui était concupiscente et qu'elle avait son siège dans le foie, mais pas au même lieu que celui où logent l'irascible et la rationnelle : ce qui serait en accord avec la raison s'il y avait trois facultés d'une seule substance, comme l'affirment ceux qui supposent que le cœur est de ce type. Car c'est à bon droit qu'ils disent, en posant l'unité de la substance de l'âme, que ses facultés sont par le genre essentiellement trois. Mais Platon n'affirme pas que la substance de la partie rationnelle de l'âme est la même que celle de sa partie irascible et celle de sa partie concupiscente, mais il affirme que leurs substances sont différentes les unes des autres : et qu'assez souvent la rationnelle se bat contre l'irascible, et que quelquefois l'irascible apporte de l'aide à la rationnelle contre la concupiscente logeant dans le corps. Il rapporte alors à des animaux fabuleux la représentation et l'image de notre âme tout entière, telle que l'image de la chimère, de Scylla et de Cerbère que forgent les poètes. Car il n'a rien trouvé d'autre parmi les

---

9. Rappelons la teneur de *Timée* 76e-77c : « Ainsi donc furent formés et assemblés toutes les parties et tous les membres du Vivant mortel. Or, il est arrivé nécessairement que ce Vivant a dû vivre à la chaleur et dans l'air. Mais comme il y eût sans doute péri, dissous ou réduit à rien par eux, les Dieux ont alors imaginé un moyen de le secourir. Mêlant à d'autres formes et à d'autres qualités une substance semblable à celle de l'homme, ils donnent naissance à une autre sorte de vivants. Ce sont les arbres, les plantes et les graines, aujourd'hui domestiqués et éduqués par la culture et qui, par suite, se comportent en amis à notre égard. Mais primitivement, les espèces sauvages, plus anciennes que les espèces cultivées, existaient seules. Or, tout ce qui participe à la vie, nous pouvons proprement l'appeler Vivant. Et ce dont nous parlons en ce moment participe à la troisième espèce d'âme, qui, nous l'avons dit, siège entre le diaphragme et le nombril. Cette âme n'a en elle ni opinion, ni raisonnement, ni intellection : mais elle a des sensations agréables et douloureuses et des désirs. Toujours passive, elle doit tout subir. Tourner en elle-même, par elle-même, sur elle-même, repousser le mouvement extérieur et n'user que du sien propre, contempler ses propres états et en raisonner, l'ordre de sa naissance ne le lui a pas permis. Ainsi, le végétal vit et n'est pas autre chose qu'un vivant, mais il est fixé au sol, immobile, et il a des racines parce qu'il est privé de la faculté de se mouvoir lui-même », trad. Rivaud, *Timée op. cit.* 206-207 ; Galien, *De nat. fac.* I, 1, éd. Pichot *op. cit.* t. 2, 3 et *passim*.

choses qui sont à présent dans le monde à quoi assimiler notre âme de manière plus propre et plus appropriée. Et la comparaison qui est faite avec l'aurige et les chevaux n'est pas très différente non plus : mais elle est surpassée par celle qu'il rapporte dans le livre 9 de la *République* (588c ; Daremberg traduit par *Politique*), où il dit que notre âme se compare aux animaux composites tels que la chimère de la fable. J'ai mis un peu plus haut les mots où il raconte lui-même cela. Et ils peuvent bien médire, comme à leur habitude, en riant et en flagor-

---

10. Ce passage du commentaire de Galien au *Timée* pourrait sembler contredire le début du *De facultatibus naturalibus* (K II, 1-2 ; éd. Pichot t. II, 3), qui exclut que les plantes aient une âme sensitive, c'est pourquoi nous citons la traduction de Gadaldini, dont le texte est, sauf erreur, absent de BEC 32 d'après l'exemplaire numérisé de la BIU Santé Paris 2118, mais pourrait néanmoins se trouver dans l'un des exemplaires utilisés par Durling n° 132. Nous le citons d'après *Galeni librorum prima classis*, Venise, Juntes, 1565, BIU Santé Paris 42, vol. 2, 286v°-290, 287, une édition qui selon Larrain donne le même texte que celui de l'édition princeps de 1550 dont Janus Cornarius pouvait disposer :

« *Sed iam nos potius videamus, quae de rebus ipsis disputat Plato, ubi ait vitam nostram in igne et spiritu ex necessitate esse. Nam cum quatuor sint elementa ex quibus singula quae generantur ortum habent, ignis, terra, aqua, et aer : ex his materialiora quidem, terram et aquam : efficaciora vero praecipueque in animalibus, ignem et spiritum esse, ab omnibus fere concessum est. Id autem quod ab iis gubernatur corpus, multas non solum vacuationes manifestas, sed et sensu ignotas perspirationes et effluxiones habere esse necesse. Ob haec igitur nutrimento indiget, a quo id quod ex eius substantia digeritur, repleatur : atque huius nutrimenti causa Dei stirpes fabricarunt : quas etiam superius probabili ratione ab ipso animalia fuisse appellatas ostendimus. Cum enim prius supponatur, animam esse principium motus, stirpesque principium motus in se ipsis habere concedatur animatae illae merito nominabuntur. Animatum vero corpus ab omnibus vocatur animal. Quod si etiam Aristoteles velit corpus ipsum non ob id solum, quoniam animatum sit, merito appellari animal, sed sibi opus esse ut sensibile addatur : ne hoc certe etiam ipso stirpes destituuntur. Ostensum enim a nobis est in commentariis de substantia facultatum naturalium stirpes facultatem eam possidere, qua tum familiares substantias a quibus nutriuntur, tum alienas a quibus laeduntur, agnoscunt : ideoque familiares quidem attrahere, alienas vero avertere atque propulsare. Ob id ergo et ipse Plato stirpes peculiaris generis sensus participes esse dixit, nam et familiare et alienum agnoscunt. Haec igitur in Platonis orationem satis abunde brevibus a me dicta sint*. Mais voyons plutôt maintenant ce dont dispute Platon au sujet des choses elles-mêmes, quand il dit que notre vie est nécessairement dans le feu et le souffle. Car comme il y a quatre éléments à partir desquels chacune des choses qui sont générées prend naissance, le feu, la terre, l'eau et l'air : le fait que parmi celles-ci, les plus matérielles soient assurément la terre et l'eau, tandis que les plus efficaces, et principalement chez les animaux, sont le feu et le souffle, est admis par presque tous. Or ce corps qui est gouverné par ces derniers, a nécessairement non seulement de nombreuses évacuations manifestes, mais aussi des *perspirations* et des écoulements que le sens (la sensation) ignore. Pour ces raisons par conséquent il a besoin d'une nourriture à partir de laquelle il puisse se remplir de ce qui est réparti à partir de la substance de celle-ci : et c'est à cause de cette nourriture que les Dieux ont fabriqué les plantes : et nous avons aussi montré plus haut que c'est pour une raison plausible qu'elles ont été appelées animaux par lui (Platon). Car comme on a supposé précédemment que l'âme était le principe du mouvement, et que l'on concède que les plantes ont en elles-mêmes le principe du mouvement, c'est à bon droit qu'elles seront nommées animées. Mais un corps animé est nommé animal par tous. Et si Aristote veut que le corps soit justement appelé animal non pour la seule raison qu'il est animé, mais ajoute qu'il a besoin qu'on l'appelle sensible : ce n'est assurément pas non plus à cause de cela que les plantes sont mises à part. Il a en effet été montré par nous dans les commentaires sur la substance des facultés naturelles que les plantes possédaient une faculté par laquelle elles reconnaissent tantôt les substances familières par lesquelles elles se nourrissent, tantôt les substances étrangères par lesquelles elles sont lésées : et que c'est pourquoi elles attirent les familières mais détournent et repoussent les étrangères. Pour cette raison par conséquent Platon lui-même dit aussi que les plantes ont une part du sens (de sensation) d'un genre particulier, car elles reconnaissent à la fois le familier et l'étranger. Voilà donc le discours de Platon suffisamment résumé ».

nant, et en rabaissant notre discours, comme si nous racontions des blagues si nous disons que les trois choses que nous avons démontrées sont trois âmes (abs. chez Daremberg). Et j'ajoute que dans le cerveau se trouve le principe des nerfs et des mouvements volontaires, et en outre des cinq sens : dans le foie, celui du sang et des veines, et du fait de nourrir le corps et de reconnaître la substance qui lui est familière : dans le cœur, le principe des artères, et de la chaleur innée, et du pouls, et de la colère. Mais Platon n'appelle ces principes qu'espèces des âmes, et non pas facultés d'une substance unique. C'est pourquoi comme leurs substances sont différentes, et que leur siège à chacune se trouve dans chacun des viscères respectifs nommés ci-dessus, qu'il soit permis à celui qui veut que nous ayons trois facultés, de les appeler des principes et non des âmes. Car nous ne ferons nullement obstacle à la médecine et à la philosophie, si nous disons que l'être vivant est gouverné par trois principes, dont l'un a son siège dans le cerveau, le second dans le cœur et le troisième dans le foie. Mais en voilà assez sur ce sujet »[11].

Ceux qui affirment l'unité de la substance de l'âme et qui lui attribuent trois facultés, rationnelle, irascible et concupiscente selon les termes de Gadaldini, lesquelles ne sont pas tout à fait les trois facultés de l'âme énoncées au § 40

---

11. Nous traduisons encore une fois, bien entendu, la traduction latine de Gadaldini, *op. cit.* 287, en soulignant que la traduction de ce passage dans *Paris. gr.* 2383 par Daremberg, *op. cit.* p. 9-10, loin d'être littérale, présente des différences qu'il n'est pas possible d'analyser ici, mais dont la plus notable est l'absence d'équivalent pour *animas* (« je me soucie peu qu'ils me traitent de radoteur quand je prétends que des trois principes dont j'ai démontré l'existence, l'un a son siège dans le cerveau etc... » écrit Daremberg, contre Gadaldini : *dicamus esse animas*) : « *Superest autem, ut eorum mentionem faciamus, qui unam asserunt esse animae nostrae substantiam, quae tres facultates, rationalem, irascibilem, et concupiscibilem habeat : cum et ipse etiam Plato tum saepe alias (ut ostensum est) tum nihilo secius in praesenti quoque oratione speciem animae ipsam concupiscibilem esse dixerit : quae haud aliam quidem in stirpibus, aliam uero in nobis, sed eandem naturam habeat : atque in iecore sedem obtinere, non in eodem profecto loco ubi irascibilis et rationalis habitant : quod tamen rationi consentaneus erat, si unius substantiae tres illae essent facultates, quemadmodum illi asserunt, qui cor eiusmodi esse supponunt. Iure enim illi unam statuentes substantiam animae, tres ipsius esse maxime generales facultates dicunt. Plato uero non eamdem esse rationalis partis animae substantiam quae est ipsius irascibilis et concupiscibilis, sed inter sese diuersas asserit : ac saepius quidem rationalem cum irascibili pugnare : non nunquam uero irascibilem rationali aduersus concupiscibilem in corpore habitantem opitulari. Ipse igitur totius nostrae animae similitudinem atque imaginem ad fabulosa animalia reduxit : Qualem sane esse chimaerae, scyllae, cerberique imaginem poetae fingunt. Nullum enim aliud ex iis quae in mundo nunc sunt, inuenit, cui magis proprie magisque accommodate animam nostram assimilaret. Haud absimilis quoque quae ad aurigam equosque fit comparatio est : ab ea tamen quam in nono de Republica libro tradit, superatur, in qua animam nostram compositis animalibus qualis esse chimaera fabulatur, assimilari ait. Superius autem eius uerba, ubi haec ipsa narrat, apposui. Maledicant igitur ut sui moris est, ridentes simul, ac scurrantes, detrahentesque sermoni nostro, quasi nos nugemur, si tres quas demonstrauimus, dicamus esse **animas**. Atque in cerebro quidem neruorum, uoluntariorumque motuum, ac quinque praeterea sensuum, principium esse : in iecore, sanguinis et uenarum, nutriendi que corpus, ac familiarem sibi substantiam agnoscendi : in corde, arteriarum, et innatae caliditatis, pulsusque, ac irae. Plato uero haec ipsa principia, species animarum appellat, non unius substantiae facultates dumtaxat. Itaque cum diuersae sint earum substantiae, ac singularum in singulis praedictis uisceribus sit habitatio, ei qui facultates tres nos habere uult, principia non animas appellare liceat. Nequaquam enim medicinae uel philosophiae officiemus, si animal a tribus principiis gubernari dixerimus, quorum alterum in cerebro, in corde alterum, tertium in iecore, sedem obtineat. Sed de his satis* ».

de *Medicina siue medicus*, à savoir *ratio, pars sensitiua* et *pars motiua*, n'auraient pas compris que Platon ne disait pas que c'est l'âme qui a son siège dans le foie, mais que c'est seulement sa *species concupiscibilis*. Autrement dit Platon, selon le commentaire de Galien traduit par Gadaldini, n'a pas parlé d'une substance unique de l'âme, ni non plus de trois âmes, et Galien préfère clore le débat en parlant de trois principes, *principia* selon Gadaldini, qui se trouvent dans le cerveau, le cœur et le foie. Mais nous avons peut-être quand même là l'autorité sur laquelle repose la schématisation des § 39-54 de *Medicina siue medicus*, qui associe quant à elle les facultés, les actions et des souffles en quelque sorte anatomiquement situés, c'est du moins ce que paraît dire la leçon ἐνορμῶντα σώματα.

S'il n'est pas question d'évaluer la justesse du schéma, de la *transenna* de Cornarius distribuant les notions cardinales traditionnelles associées à la physiologie des souffles dans *Medicina siue medicus*, par rapport à l'ensemble des textes de médecine et de philosophie antiques conservés et transmis jusqu'à nous, on peut en revanche observer les glissements que cette *transenna* opère dans la représentation des processus morbides, et plus particulièrement de ceux qui sont alors réunis sous l'appellation de fièvres, pour la compréhension desquelles ce ne sont pas tant les humeurs que les souffles qui sont en jeu, dans la doctrine hippocratique cornarienne du moins[12].

Pneuma 2 de Brock	Galien	Commentaire du Timée (n. 121)	Medicina s. medicus § 40	
π. φυσικόν *naturalis* foie veines	π. ἔμφυτον ou ἔμφ. θερμόν	*species concupiscibilis* foie	*spiritus naturalis* foie veines	
π. ζωτικόν *uitalis* cœur artères	π. ζωτικόν	[*facultas motiua vel principium motiuum* cœur]	*spiritus uitalis* cœur artères	
π. ψυχικόν *anima* cerveau nerfs	π. ψυχικόν	[*ratio* cerveau]	*spiritus animalis* cerveau nerfs	*facultas sensitiua*
				facultas motiua
				ratio

Tableau VI : Souffles et facultés de l'âme selon *Medicina siue medicus*.

---

12. À titre de comparaison, il conviendrait d'examiner le destin éditorial de la traduction par Giorgio Valla du *De febribus* du Ps.-Alexandre d'Aphrodise parue en 1498 (GW M26156) et rééditée en 1542 (BIU Santé Paris 33741). Sur ce texte voir P. Tassinari, *Ps. Alessandro d'Afrodisia. Trattato sulla febbre*, Alessandria, 1994.

2. La problématique pneumatiste

La thèse d'un Hippocrate pneumatiste a été encore soutenue récemment par Volker Langholf pour qui « la doctrine pneumatiste est en principe et en pratique compatible avec les théories humorales » dans les traités hippocratiques *Vents* et *Maladie sacrée* ainsi que dans les *Épidémies*[13]. V. Langholf a relevé dans les traités hippocratiques les notations susceptibles de décrire une pathologie pneumatique, à savoir causée par l'accumulation du pneuma dans le corps s'il n'y trouve pas d'issue, et a repris l'idée que la doctrine physiologique de *Maladie sacrée* pouvait remonter à Diogène d'Apollonie, jugeant cette opinion confirmée par l'*Anonyme de Londres*[14]. Mais son article n'aborde pas la question des rapports entre la physiologie et la pathologie pneumatistes, et s'en tient au pneuma qui entre et qui sort, qui vient de l'extérieur, l'air respiré, et qui une fois dans le corps doit trouver l'issue pour y retourner. Actuellement, les Pneumatistes sont toujours plus ou moins considérés, depuis la parution en 1895 de l'ouvrage de Wellmann, *Die pneumatische Schule*, comme une école médicale grecque fondée dans la deuxième moitié du Ier siècle avant JC par Athénaios d'Attalée sous l'influence du stoïcisme, école active pendant environ un siècle et demi, représentée par Agathinos, Herodotos, Archigenes, tout ceci sur la base du passage d'*Introductio* c. IX disant :

> « οἱ δὲ ἐκ τῶν τριῶν καὶ συνθέτων τὸν ἤδη γενώμενον ἄνθρωπον ἐκ τῶνδέ φασι συγκεῖσθαι, ἔκ τε τῶν ὑγρῶν καὶ ξηρῶν καὶ πνευμάτων : Ils (*sc.* les physiciens qui suivent Hippocrate) disent que l'homme une fois engendré est composé des trois choses réunies suivantes, les choses humides, les choses sèches et les souffles » K XIV, 696.

L'influence pneumatiste dont les principales thèses remonteraient au traité hippocratique *Des vents* aurait donc été identifiée, entre autres, dans les *Definitiones medicae* et l'*Introductio siue medicus*[15]. Des travaux de synthèse les plus récents sur les doctrines médico-philosophiques dans la médecine

---

13. V. Langholf, « L'air (pneuma) et les maladies », dans *La maladie et les maladies dans la collection hippocratique. Actes du VIe Colloque international hippocratique*, P. Potter, G. Maloney, J. Desautels (éds), Québec, 1990, 339-359, 341. Le pneumatisme d'Hippocrate est bien attesté par Galien, par exemple en ces termes : « Hippocrate soutient – et il a raison – que la totalité du corps est animée d'un même *pneuma* et d'un même flux et que toutes les parties des êtres vivants sont solidaires », *Méthode de traitement*, traduction intégrale du grec et annotations par J. Boulogne, Paris, 2009, 55.

14. « La théorie sous-jacente est celle des effets pathologiques de l'air : si le pneuma s'accumule dans le corps et n'a pas d'issue, il cause des souffrances », *ibid.* 346. V. Langholf renvoie à son « Kallimachos, Komödie und Hippokratische Frage », *Medizinhist. Journal* 21 (1986), 3-30 et à F. Sterkel, « Hippocrates, Plato and the Menon Papyrus », *Classical Philology* XL (1945), 166-180. Sur l'*Anonyme de Londres* voir maintenant D. Manetti, *De medicina. Anonymus Londiniensis*, Berlin, De Gruyter, 2011 ; A. Ricciardetto, *L'Anonyme de Londres (P.Lit.Lond. 165, Brit.Libr. inv. 137)*, Liège, 2014.

antique en général, et en particulier sur la doctrine pneumatique, se dégage en effet désormais un certain consensus par-delà les débats suscités par les difficultés de datation et d'attribution des différents traités composant le corpus médical grec. La théorie physique des quatre éléments apparaît avec Empédocle (*fl.* 460) et Alcméon de Crotone (fin VIe ou milieu Ve), mais c'est Diogène d'Apollonie (fin Ve) qui propose de voir dans l'air l'élément primordial d'où toute vie dérive, y compris la pensée et la sensation, et sa théorie semble déjà supposer une relation entre le cerveau, l'âme et l'embryon. Aristote, *Histoire des animaux* 3, 2, 511b, nous a transmis sa description des vaisseaux sanguins qui est considérée comme la plus ancienne conservée en grec. Démocrite vers la même époque considère le pneuma comme le véhicule de la vie, transmis dans le *semen*. L'attribution traditionnelle de la théorie des quatre humeurs à Hippocrate lui-même résulte d'un ancien amalgame du père de la médecine avec l'auteur présumé du traité *Nature de l'homme* pourtant désigné par Aristote comme son gendre Polybe. On suppose aussi l'influence de Philistion de Locres et des pneumatistes sur Platon, et notamment sur la doctrine des trois âmes esquissée dans le *Timée*, non moins que sur la théorie aristotélicienne de la respiration[16]. Retenons de cet aperçu que notre interprétation actuelle de la médecine pneumatiste repose finalement toujours sur une représentation réputée stoïcienne du pneuma, généralement associé comme le montrent par exemple les travaux de Long et Sedley à la chaleur ou au feu[17]. Or c'est précisément cette association de la chaleur et de l'air que critique un Giovanni Manardi suivi par Janus Cornarius, dans le contexte épistémologique qui est le leur au début du XVIe s.

Il est clair que les changements de perspective qu'entraînent les diverses réévaluations des doctrines physiologiques antiques résultant des travaux philologiques récents bousculent aussi une interprétation de l'école pneumatiste désormais pratiquement dépassée, même si elle a en son temps rendu le service de clarifier un peu les choses, comme ce fut le cas pour celle que l'on avait pu trouver sous la plume de G. Verbecke sur la base des premiers travaux qui lui furent consacrés. Il s'agissait alors pour Verbecke d'étudier dans l'histoire phi-

---

15. M. Vegetti, « Entre le savoir et la pratique : la médecine hellénistique », dans *Histoire de la pensée médicale en Occident*, t. 1 Antiquité et Moyen Age, Mirko G. Grmek (éd.), Paris, 1995, 66-94 pour l'exposé du problème et la bibliographie générale, et 72 pour la problématique du *pneuma*. À compléter par Kudlien, RE Suppl. 11, 1097-1108 pour les autres références principales sur les pneumatistes.

16. P. J. van der Eijk, *Medicine and philosophy in classical antiquity : doctors and philosophers on nature, soul, health and diseases*, Cambridge, 2005, *passim* ; V. Nutton, *Ancient Medicine*, London – New York, 2004, 119-131, 51-71, 113-127 et les notes bibliographiques. L'*Anonyme de Londres* confirme l'hypothèse d'un Hippocrate pneumatiste selon Nutton 58 n. 18 à sa traduction de 5, 35-6, 44 : « This is what Hippocrates said, influenced by the following conviction. Breath is the most necessary and the most important component in us, since health is the result of its free, and disease the result of its impeded, passage ».

17. A. Long et D. Sedley, *Les philosophes hellénistiques*, Paris, 2001, t. 2, 264-294 et 335-357, et en particulier 270 (47H et I).

losophique stoïcienne et post-stoïcienne les étapes du processus de spiritualisation du concept de pneuma élaboré par les plus anciennes écoles médicales, un pneuma que les médecins jusqu'à Galien n'auraient jamais envisagé que dans sa dimension matérielle. Considérée alors comme la clef de voûte de la pensée stoïcienne, la conception d'un double pneuma – « externe » d'une part, écrivait Verbeke, et psychique d'autre part – est héritée de Dioclès de Caryste qui fut un contemporain du fondateur du Portique Zénon de Cittium. Elle doit à l'influence d'Aristote la localisation cardiaque du pneuma psychique, tandis que les auteurs hippocratiques et Platon auraient déjà identifié le cerveau comme siège de ce même pneuma. Les Stoïciens dans l'ensemble auraient alors à la fois défendu pour la plupart d'entre eux la thèse de la matérialité du pneuma, comme on peut le lire par exemple dans Hermann Diels, *Doxographi graeci*, 310 : οἱ δὲ Στωικοὶ πάντα τὰ αἴτια σωματικά · πνεύματα γάρ, et aussi supposé son identification au feu[18]. À Alexandrie dans la première moitié du IIIe s. Hérophile découvre les nerfs et Erasistrate distingue le πνεῦμα ζωτικόν ou pneuma vital du cœur, localisé et produit dans le ventricule gauche, et le πνεῦμα ψυχικόν ou pneuma psychique du cerveau, une conception en partie reprise, beaucoup plus tard, par Galien[19]. Verbeke gardait de Wellmann l'idée d'une opposition entre les écoles hippocratique et sicilienne, cette dernière empédocléenne et pneumatiste, sur la nature du pneuma : pour l'école hippocratique le pneuma est l'air aspiré du dehors et transformé en pneuma psychique à partir du cerveau, pour l'école sicilienne un σύμφυτον πνεῦμα ou souffle inné s'exhale du sang suivant une représentation cardiocentrique, qui est en réalité d'origine stoïcienne et aristotélicienne, tandis que les hippocratiques seraient platoniciens et encéphalocentristes.

Mais cette représentation de l'école pneumatiste appelait de nombreuses corrections, puisque par exemple le rapprochement entre la physiologie du *Timée* et celle de *Maladie sacrée* à partir de la localisation de l'âme dans le cerveau chez Platon selon Jaeger, qui repose sur *Timée* 73d, suppose de confondre déjà le pneuma et l'âme, seule cette dernière ou plus exactement la semence divine, τὸ θεῖον σπέρμα, étant localisée dans le cerveau, tandis que « le reste de l'âme, qui est mortel : τὸ λοιπὸν καὶ θνητὸν τῆς ψυχῆς » est logé dans la moelle épinière et la colonne vertébrale. On pourrait donc tout aussi bien lire dans ce passage du *Timée* une préfiguration du système nerveux réputé découvert par Hérophile, et ne voir comme seul point commun avec le

---

18. « Les Stoïciens <pensent que> toutes les causes sont corporelles, car ce sont les souffles ». G. Verbeke, *L'évolution de la doctrine du pneuma du Stoïcisme à Saint-Augustin*, Paris, 1945, p. 17 n. 28 en particulier ; W. Jaeger, *Diokles von Karystos. Die griechische Medizin und die Schule des Aristoteles*, Berlin, 1963², 214-215 ; A. Debru, *Le corps respirant. La pensée physiologique de Galien*, Leiden, 1996.

19. Verbeke 207, citant Galien *De placitis Hippocratis et Platonis* VII, éd. Müller 604 : τὸ μὲν γὰρ οὖν κατὰ τὰς ἀρτηρίας καὶ τὴν καρδίαν πνεῦμα ζωτικόν ἐστί τε καὶ προσαγορεύεται, τὸ δὲ κατὰ τὸν ἐγκέφαλον ψυχικόν. Mais d'après K VII, 760, pour Erasistrate le pneuma psychique prend aussi sa source dans le cœur.

c. 16 de *Maladie sacrée*, cité par Jaeger pour son rapprochement, qu'un très vague encéphalocentrisme. Platon dans ce passage du *Timée* ne dit pas un instant que le pneuma arrive directement au cerveau comme le fait l'auteur de *Maladie sacrée*, qui écrit quant à lui clairement « ὅταν γὰρ σπάσῃ τὸ πνεῦμα ὥνθρωπος ἐς ἑωτόν, ἐς τὸν ἐγκέφαλον πρῶτον ἀφικνεῖται : lorsque l'homme attire en lui le pneuma, il arrive d'abord dans l'encéphale », et cet auteur donne un argument original, qui est que si ce n'était pas le cas, il y arriverait chaud[20]. L'attribution traditionnelle des premières notions de neuroanatomie à Hérophile ne repose sur aucun texte conservé, et c'est encore Galien qui nous fournit les rares témoignages sur la pneumatologie d'Erasistrate qu'il combat sur bien des points, et dont l'un des plus importants provient du *De usu respirationis* et doit être un peu sollicité pour autoriser une distinction entre un pneuma psychique plus ou moins intérieur ou inné et un pneuma vital qui serait cette fois externe ou donné par l'air respiré[21]. Enfin les fragments de Dioclès de Caryste sur le pneuma, tous transmis par Galien, tendent seulement à dire au contraire que le but de la respiration est pour lui comme pour Galien de modérer la chaleur intérieure, et que son pneuma sert lui aussi à « the preservation of innate heat (not for generating it) »[22].

Cornarius envisageait quant à lui la doctrine galénique du pneuma probablement à partir des premiers traités qu'il avait traduit, *De causis respirationis* et *De usu respirationis* (BEC 10). Le traité *De causis respirationis* semble bien admettre deux respirations, une qui conduit l'air dans l'encéphale par les narines et produit ou rencontre le pneuma psychique, l'autre qui passe par le poumon et régule la chaleur innée, mais cette distribution n'est pas toujours claire car la formulation τηροῦσα μὲν τὴν συμμετρίαν τῆς ἐμφύτου θερμασίας, τρέφουσα δὲ τὴν οὐσίαν τοῦ ψυχικοῦ πνεύματος peut aussi décrire un processus unique qui aurait deux fonctions, ainsi que semblent l'avoir compris les derniers éditeurs de ce court traité principalement consacré à la respiration pulmonaire et à l'anatomie de la cage thoracique[23]. Le *De usu respirationis* associe très vite la question de l'utilité de la respiration à celle de la substance de

---

20. « Lorsque l'homme attire le pneuma en lui, il arrive d'abord dans l'encéphale » d'après Hippocrate II, 3. *La maladie sacrée*, texte établi et traduit par J. Jouanna, Paris, 2003, 29.

21. H. von Staden, *Herophilus. The Art of Medicine in Early Alexandria. Edition, translation and essays.* Cambridge, 1989, 157 n. 6 ; I. Garofalo, *Erasistrati fragmenta*, Pisa, 1988, fgt. 112, 104, 203, 230 ; voir aussi L. G. Wilson, « Erasistratus, Galen and the Pneuma », *Bulletin of the History of Medicine* 33 (1959), 293-314.

22. P. J. van der Eijk, *Dioscles of Carystus : a collection of the fragments with translatio and commentary*, Leiden Boston Köln, 2000-2001, 64-65 (vol. 1) et 63-66 (vol. 2).

23. *De causis respirationis* c. 2 : « veillant d'une part à la juste proportion de la chaleur innée, nourrissant d'autre part la substance du pneuma psychique » ; c. 3 : « l'air attiré par la bouche et les narines (...) partagé en deux parties, pour l'une, la plus petite, apporté à l'encéphale par les narines, pour l'autre, la plus grande, emporté dans le poumon par la trachée artère » cité et traduit en français d'après le texte grec de D. J. Furley et J. S. Wilkie, *Galen. On respiration and the arteries. An edition with English translation and commentary of* De usu respirationis, An arteriis natura sanguis contineatur, De usu pulsuum *and* De causis respirationis, Princeton, 1984, 240-245.

l'âme, demande si dans l'air que nous respirons nous utilisons sa substance ou sa qualité, répond que l'air respiré utilisé par le pneuma psychique sert à modérer la chaleur innée dont le siège est dans le cœur, et situe l'âme dans le cerveau, sans se prononcer formellement sur la substance de cette dernière, à la différence des Stoïciens[24]. Ce traité maintient aussi, semble-t-il, une distinction entre le pneuma respiré et le pneuma psychique déjà présente dans les *Parua naturalia* d'Aristote[25]. Puisque l'on peut lire par ailleurs chez Galien que le pneuma reste assimilable soit à la chaleur innée soit à l'âme soit aux deux, on ne sait s'il faut ou non imaginer que Galien ait pu envisager un pneuma inné qui ne devrait en somme plus rien à l'air respiré, et sur la nature duquel tous s'interrogent, et qui serait donc à assimiler au σύμφυτον πνεῦμα aristotélicien[26]. C'est une question que le traité *De usu respirationis* pose lui aussi assez nettement mais sans y apporter de réponse[27]. Si le σύμφυτον πνεῦμα émane pour Aristote de la chaleur innée cardiaque, le pneuma psychique dépend pour Galien du cerveau, tandis qu'Aristote assimile souffle psychique et souffle inné produit par la chaleur innée, πνεῦμα ψυχικόν et σύμφυτον πνεῦμα. C'est pourquoi la clarification du fragment de commentaire galénique du *Timée* est tellement utile à la compréhension de la conception galénique du pneuma, en décrivant trois pneumata innés bien distincts de l'air respiré, et c'est donc cette dernière distribution que l'on retrouve dans *Medicina siue medicus* et finalement jusque chez Brock.

Pour en revenir à Hippocrate, le témoignage de Galien que Janus Cornarius pouvait trouver sur un éventuel pneumatisme du Père de la médecine dans le *De usu respirationis* se limite à quelques phrases. Au début du traité, Galien rapporte parmi d'autres l'opinion d'Hippocrate sur l'utilité de la respiration, qui serait donc à la fois de nourrir et de refroidir la chaleur innée[28]. Plus loin

---

24. *Ibid.* 73-133 ; 122-132.

25. *Aristote. Petits traités d'histoire naturelle*, texte établi et trad. par René Mugnier, Paris, 1953, 102-134, où il est question de la chaleur vitale qui vient du *pneuma* contenu dans le cœur. L'échauffement du sang dans le cœur, selon la théorie d'Aristote exposée par D. J. Furley dans l'introduction de *On respiration*, produit du pneuma comme le fait tout liquide en bouillant, l'augmentation de volume entraîne le cœur à battre ainsi que les vaisseaux qui sont connectés à lui. « This pneuma is not to be confused with the breath drawn in from outside in the breathing process. It is natural pneuma (συμφυτὸν πνεῦμα), which is continually created and renewed inside the body so long as there is heat and life. It is the vehicle of soul, and as such is reponsible for reproduction and movement » *op. cit.* 19. L'auteur renvoie pour cette explication à un article de Werner Jaeger, « Das Pneuma in Lykeion », *Hermes* 48, 1913, 30-74 et à D. M. Balme, *Aristotle's* De partibus animalium I *and* De generatione animalium I, Oxford, Clarendon Press, 1972, 160-165.

26. D'après *De simplicium medicamentorum temperamentis* K XI 730-731 et *De placitis Hippocratis et Platonis* VIII, 3, K V, 667-671 cités par Furley et Wilkie à l'appui de leur démonstration sur le σύμφυτον πνεῦμα chez Galien.

27. « Ἴδωμεν δ' ἐφεξῆς, εἰ δύναται τρέφεσθαι τὸ ψυχικὸν πνεῦμα πρὸς τῆς ἀναπνοῆς. Εἴπωμεν δὲ πρότερον, πῶς καλοῦμέν τι ψυχικὸν πνεῦμα, ἀγνοεῖν ὁμολογοῦντες οὐσίαν ψυχῆς. Voyons maintenant si le pneuma psychique peut être nourri par la respiration. Disons d'abord comment nous appelons quelque chose pneuma psychique, alors que nous reconnaissons ignorer la substance de l'âme ». V 1, *op. cit.* 120 = K IV, 501.

28. *De usu resp.* I, 1 Furley Wilkie 80 = K IV, 471.

il rapporte un passage du *Pronostic* disant qu'il est parfois très mauvais de respirer de l'air froid par les narines et par la bouche, pour montrer l'ambivalence de certains arguments d'école dans le cadre d'une argumentation visant à dénier toute portée aux théories de la respiration fondées sur la seule qualité de l'air. Ensuite il rappelle, sans doute en évoquant le passage de *Maladie sacrée* déjà cité, que les hippocratistes, à la différence des partisans d'Erasistrate, pensent que l'air arrive directement dans l'encéphale par les narines, mais le contexte désigne bien ici l'air respiré comme la nourriture du pneuma psychique. On trouve aussi une citation de *De alimento* 30 reprise et traduite dans *Medicina siue medicus* § 50, qui dans l'interprétation donnée par Janus Cornarius suggère cette fois une respiration par l'ensemble du corps, interprétation confirmée un peu plus loin dans le *De usu respirationis* :

« ἀρχὴ τροφῆς πνεύματος στόμα ῥῖνες βρόγχος πνεύμων καὶ ἡ ἄλλη ἀναπνοή. *Principium alimenti spiritus, nares, os, guttur, pulmo et reliqua respiratio*. Le principe de l'aliment du souffle c'est les narines, la bouche, la gorge et le reste de la respiration »[29].

Et le contexte du traité galénique éclairé par l'interprétation cornarienne nous permet de mieux comprendre l'intérêt porté à cette date au *De alimento* dès l'époque de Manardi[30]. On relève enfin dans le *De usu respirationis* une citation d'Hippocrate, *Épidémies* VI, 6, 1 également présente dans le *De usu pulsuum* et qui est au centre d'une correction engageant de manière décisive la compréhension globale de la doctrine hippocratique des souffles transmise par Janus Cornarius[31]. Dans sa traduction de *De usu respirationis* parue en 1536 (BEC 10), fondée sur l'aldine, Janus Cornarius donne du passage le texte suivant :

« *Demonstratum enim est, impossibile esse saluam esse caliditatem citra respirationem. Inspirans namque expirans est totum corpus, iuxta Hippocratis sententiam. Verum et nos alibi id demonstrauimus* : Car il a été démontré qu'il est impossible que la chaleur soit conservée sans la respiration. En effet le corps dans sa totalité est inspirant et expirant, selon l'opinion d'Hippocrate. Et nous avons nous aussi montré cela ailleurs »[32].

---

29. *Hippocrate. Du régime des maladis aiguës. Appendice. De l'aliment. De l'usage des liquides*, texte établi et traduit par R. Joly, Paris, 1972, 144 = L IX, 108-109 : « καὶ ἡ ἄλλη διαπνοή : et le reste de la perspiration (L) / et la transpiration (J) ».

30. Furley Wilkie 100, 122, 124 = K IV, 486, 502, 504. « ἀναγκαῖον <οὖν> ἐκ τῆς διὰ τῶν ῥινῶν εἰσπνοῆς τὴν πλείστην εἶναι τροφὴν τῷ ψυχικῷ πνεύματι. τοῦτ' ἔστι τὸ παρ' Ἱπποκράτους λεγόμενον. « ἀρχὴ τροφῆς πνεύματος στόμα ῥῖνες βρόγχος πνεύμων καὶ ἡ ἄλλη ἀναπνοή. The source of the food of the pneuma is the mouth, the nostrils, the windpipe, the lung, and the other breathing ». Notons que καὶ ἡ ἄλλη ἀναπνοή se comprend comme « et le reste de la respiration », et peut donc aussi faire allusion à une respiration par tout le corps. Telle était du reste la lecture de Janus Cornarius, *Medicina siue medicus* § 50.

31. *Ibid*. 126.

C'est la traduction du texte de l'aldine t. V, 87v° l. 24-26 :

« ἐδείχθη γὰρ ἀδύνατος ἡ σωτηρία τῆς θερμασίας χωρὶς τῆς ἀναπνοῆς. ἔκπνουν μὲν δὴ καὶ εἴσπνουν ἐστὶ ὅλον τὸ σῶμα κατὰ τὸν Ἱπποκράτους λόγος, ἀλλὰ καὶ πρὸς ἡμῶν ἑτέρωθι δέδεικται ».

La citation d'Hippocrate ἔκπνουν [μὲν δὴ] καὶ εἴσπνουν ἐστὶ ὅλον τὸ σῶμα est identifiée dans *Épidémies* VI, 6, 1, qui est un *locus desperatus*[33]. L'aldine d'Hippocrate donnait Σάρκες ὁλκοὶ καὶ κοιλίης καὶ ἔξωθεν. Δῆλον ἡ αἴσθησις ἔμπνοον καὶ εὔπνοον. Cinq corrections de Janus Cornarius dans l'exemplaire de Göttingen, p. 149v°, ajoutent 1) en marge ὡς à insérer après αἴσθησις et 2) ὁλκή pour ὁλκοὶ puis au-dessus de la ligne 3) ἐκ en correction de ἔμπνοον et 4) ἐσ pour εὔπνοον, et l'on trouve enfin après ce mot l'ajout des mots ὅλον τὸ σῶμα. Le texte imprimé en 1538, p. 348 l. 1, est bien finalement :

« Σάρκες ὁλκή. καὶ ἐκ κοιλίης καὶ ἔξωθεν δῆλον ἡ αἴσθησις ὡς ἔκπνοον καὶ εἴσπνοον ὅλον τὸ σῶμα. En 1546, sa traduction latine donne : « *Carnes attractices, et ex uentre, et extrinsecus. Indicio est sensus ipse, quod expirabile ac inspirabile est totum corpus.* Les chairs sont attractives, à la fois à partir du ventre et à l'extérieur. Pour preuve il y a la sensation que le corps tout entier est capable d'expirer et d'inspirer »[34].

Et dit sous cette forme, le texte d'*Épidémies* VI, 6, 1 peut effectivement sembler étayer l'allusion de Galien à l'existence d'une théorie hippocratique de la respiration par l'ensemble du corps, une perspiration ou une transpiration, également suggérée dans le *De usu respirationis* à travers la citation de *De alimento* 30. Les corrections de l'aldine de Göttingen qui apparaissent pour ce passage dans le texte de la vulgate dès 1538 sont vraisemblablement inspirées par la quasi citation du *De usu respirationis* et confirment l'interprétation pneumatiste originale de Janus Cornarius, pour qui Hippocrate aurait bel et

---

32. Nous citons le texte latin d'après l'édition de 1549, vol. I, 862 C 2, du site de la BIU Santé Paris. Ailleurs, par exemple dans *Meth. med.* K X, 16 : « *Cum recte Hippocratis affirmet totum corpus esse conspirabile et confluxile* ».

33. « Σάρκες ὁλκοὶ καὶ ἐκ κοιλίης καὶ ἔξωθεν · δηλοῖ δ'αἴσθησις <ὡς> ἔκπνουν καὶ ἔσπνουν. Le carni attirano sia dal ventre che dall'esterno : ed è chiaro dalla sensazione che c'è espirazione e inspirazione. (…) Tutto il passo è stato interpretato come un'eco della teoria empedoclea della respirazione 'porale', cioè attraverso il corpo (Wellmann, *Fragmente*, p. 82 ss. ; 109 ss. ; Deichgräber, *Epidemien*, p. 56) che ha avuto larga fortuna nella medicina. Ricondurre tutto alla respirazione 'porale' lascia però inspiegata la presenza e la funzione della κοιλίη … etc. » éd. Manetti Roselli 120-122, avec les éléments d'apparat critique = L V, 322-323 : « Les chairs attirent du ventre et du dehors ; évident, les sens, que le corps expire et aspire ».

34. Cité d'après l'exemplaire de BM Lyon, BEC 28d, où le texte se trouve à la page 359. Dans l'édition Froben, BEC 28a, le texte se trouve aux pages 462-463. Le texte de Galien publié par Kühn IV, 506 est pour le grec le même que celui de l'aldine, mais l'éditeur maintient néanmoins le latin de Janus Cornarius dans sa traduction latine, et non comme on pourrait le croire celui de Chartier qui est ici profondément différent, et ce au prix tout de même d'une importante distorsion entre le grec et le latin.

bien conçu une inspiration-expiration par tout le corps, peut-être celle qui est parfois dite *porale* ou empédocléenne[35].

Concernant les pneumata constituants de l'homme, il faut rappeler qu'outre les traités pneumatiques *Vents* et *Maladie sacrée*, le corpus hippocratique aborde aussi les questions connexes de ce que nous appelons aujourd'hui la circulation sanguine, qui intéressent plus particulièrement les derniers éditeurs du *De usu respirationis*, étudié par eux dans la perspective de la découverte de la circulation sanguine par Harvey, publiée pour la première fois en 1628 dans son *De motu cordis*, mais davantage préfigurée selon eux par Erasistrate, dont Galien combat les théories. Dans la collection hippocratique l'anatomie du cœur est abordée dans les trois traités *De corde, De alimento* et *De internis affectionibus*[36]. Le *De corde* est aujourd'hui considéré comme légèrement antérieur à Erasistrate et daté de la première moitié du IIIe s. en raison de connaissances anatomiques supposant la pratique de la vivisection, et qui sont en tout état de cause supérieures à celles d'Aristote. Deux mouvements sont décrits dans l'artère pulmonaire, l'un en direction des poumons par lequel le sang transporte la nourriture dans le corps, et l'autre en direction du cœur, correspondant à un flux d'air destiné à son refroidissement, le feu inné étant déjà situé dans le ventricule gauche[37]. Ces trois traités ont d'abord été rattachés à l'influence sicilienne et pneumatiste dans les études des années 30 évoquées plus haut, puis ont donné lieu à une polémique aujourd'hui éteinte sur une possible intuition de la circulation sanguine chez Hippocrate, notamment parce que le *De corde* témoigne d'une reconnaissance de l'unité organique du cœur et des vaisseaux sanguins[38]. Le *Medicina siue medicus*, qui suppose bien sûr aussi la lecture et la traduction du *De corde*, n'aborde pas une fois ces sujets. Il cite rapidement la doctrine humorale de *Nature de l'homme* et enchaîne aussitôt sur sa citation corrigée d'*Épidémies* VI, 8, 7, suivie d'un exposé de la

---

35. Autrement dit fondée sur la citation d'Empédocle dans le traité aristotélicien *De respiratione* 473a15, (disponible par exemple dans *Aristotelis Stagiritae Parva quae vocant naturalia* ... Paris, 1530, BM Lyon Rés. 106067) = 91(100) dans M. R. Wright, *Empedocles. The extant fragments*, London, 1995, 128 et 245 : « ὧδε δ'ἀναπνεῖ πάντα καὶ ἐκπνεῖ · πᾶσι λίφαιμοι / σαρκῶν σύριγγες πύματον κατὰ σῶμα τέτανται, / καί σφιν ἐπὶ στομίοις πυκναῖς τέτρηνται ἄλοξιν / ῥινῶν ἔσχατα τέρθρα διαμπερές, ὥστε φόνον μέν / κεύθειν, αἰθέρι δ'εὐπορίην διόδοισι τετμῆσθαι : This is the way in which all things breathe in and out : they all have channels of flesh, which the blood leaves, stretched over the surface of the body, and at the mouth of these the outside of the skin is pierced right through with close-set holes, so that blood is contained, but a passage is cut for air to pass through freely ». Voir l'actualité toute récente de ce fragment dans M. Rashed, « De qui la clepsydre est-elle le nom ? Une interprétation du fragment 100 d'Empédocle », *Revue des Études grecques* 121 (2008), 443-468.

36. *Plaies, nature des os, cœur, anatomie*, texte établi et trad. par Marie-Paule Duminil, Paris, 1998, 159-209 ; M.-P. Duminil, *Le sang, les vaisseaux, le cœur dans la collection hippocratique : anatomie et physiologie*, Paris, 1983.

37. Duminil 193, 11-13 = L IX 87, 7-10.

38. C. Oser-Grote, *Aristoteles und das Corpus Hippocraticum. Die Anatomie und Physiologie des Menschen*, Stuttgart, 2004, 82-96 ; G. Leboucq, J. Bidez, « Une anatomie antique du cœur humain. Philistion de Locres et le *Timée* de Platon », *Revue des études grecques* 57 (1944), 7-40.

doctrine aristotélicienne des parties simples, composées et des homéomères, avant de recommander directement la lecture de Vésale et l'expérience visuelle personnelle, §§ 28-38. Sa doctrine du cœur et des vaisseaux transportant le pneuma vital, à savoir les artères dont le mouvement est noté comme involontaire et perçu à travers le pouls, est réduite aux §§ 41-42, et fait partie intégrante de la description des souffles. Les corrections d'*Epidémies* VI, 6, 1 fondées sur la citation du *De usu respirationis* suggèrent donc dans le contexte de *Medicina siue medicus* une doctrine hippocratique qui ne paraît pas concernée par la thématique sans doute anachronique de la circulation sanguine, mais que Janus Cornarius voulait plutôt tributaire d'Empédocle pour se conformer à ce qu'en dit Celse, et naturellement aussi Galien.

3. Histoire des ἐνορμῶντα

Le médecin français François Broussais (1772-1838), qui fut longtemps une référence dans les lectures hippocratistes modernes et contemporaines, présentait l'enseignement du Père de la médecine en disant :

> « Hippocrate admettait un *consensus* entre les organes, mais il l'attribuait à un principe intérieur, *enormon* (sic), qu'un médecin moderne traduit par *impetum faciens* : c'est par cette force occulte qu'il expliquait les phénomènes de la santé et ceux des maladies »[39].

Le terme *enormon* est absent de tout le corpus hippocratique conservé. La citation d'*Épidémies* VI, 8, 7 dans le dernier discours de Cornarius, *In dictum Hippocratis* : « τὰ ἴσχοντα, ἢ ἰσχόμενα, ἢ ἐνορμῶντα σώματα : *aut continentia, aut contenta, aut intus permeantia corpora* », également présente aux § 29-30 de *Medicina siue medicus*, n'apparaît pas sous cette forme dans l'édition de 1538, si bien que c'est finalement *Medicina siue medicus* qui offre en réalité la première attestation grecque imprimée sinon de l'*enormon* de Broussais, du moins d'un emploi du participe ἐνορμῶν dans le corpus hippocratique, mais au pluriel. Et ce n'est donc pas Janus Cornarius qui a traduit ce soi-disant *enormon* par *impetum faciens*, ce qui voudrait dire quelque chose comme « faisant assaut ». Les six ou sept mots qui constituent aujourd'hui *Épidémies* VI, 8, 7 ont en effet été édités et traduits de la manière suivante dans les éditions imprimées intéressant notre propos :

> Calvus, 1525, 447, 30 : *per ualida prorumpentia corpora, per intus ualida, foris non item*[40]
> Aldine, 1526, 150v°, 40 : τὰ ἴσχοντα. ἢ ὁρμῶντα. ἢ ἐνισχόμενα σώματα.

---

39. F. J. V. Broussais, *De l'irritation et de la folie*, Paris, 1839, réimp. 1986, 27 ; J.-F. Braunstein, *Broussais et le matérialisme. Médecine et philosophie au XIXe siècle*, Paris, 1986 ; N. Tsouyopoulos, « La philosophie et la médecine romantiques », dans *Histoire de la pensée médicale en Occident* t. 3, M. D. Grmek (éd.), Paris, 1999, 7-27.

Fuchs, 1537, s. p. et 169v-170 : τὰ ἴσχοντα, ἢ ἐνισχόμενα, ἢ ὁρμῶντα σώματα. *Corpus nostrum constituunt continentia, contenta, et impetum facientia.*
Cornarius, 1538, 350, 24 : τὰ ἴσχοντα. ἢ ὁρμῶντα. ἢ ἐνισχόμενα σώματα.
Cornarius, 1546, 465 : *continentia, aut contenta, aut intus permeantia corpora.*
Medicina siue medicus, 1556, § 30 : τὰ ἴσχοντα, ἢ ἰσχόμενα, ἢ ἐνορμῶντα σώματα.
Foes, 1595, 295 : τὰ ἴσχοντα. ἢ ὁρμῶντα. ἢ ἐνισχόμενα σώματα. *Quae continent corpora, aut intus continentur, aut in nobis cum impetu mouentur, contemplanda sunt.*
Littré, 1846, V, 346-347 : Τὰ ἴσχοντα, ἢ ὁρμῶντα, ἢ ἐνισχόμενα. Le contenant, le mouvant, le contenu[41].
Manetti Roselli, 1982, 170-172 : Τὰ ἴσχοντα, ἢ ἐνορμῶντα, ἢ ἐνισχόμενα [σώματα]. *Quello che trattiene, quello che spinge, quello che è trattenuto.*
Smith, 1994, 281-282 : τὰ ἴσχοντα, ἢ ὁρμῶντα, ἢ ἐνισχόμενα σώματα. *Bodies that restrain or stimulate, or are restrained.*

On ne sait sur quoi repose ici le latin de Calvus, tandis que la dernière édition, celle de Smith, reprend le texte de l'aldine et de 1538, dont Littré avait quant à lui simplement supprimé σώματα en se fondant apparemment sur le c. IX d'*Introductio siue medicus* à savoir καλεῖ δὲ αὐτὰ Ἱπποκράτης ἴσχοντα, ἰσχόμενα καὶ ἐνορμῶντα, K XIV, 696, 17. Fuchs intervertit les deux derniers participes par rapport au texte de l'aldine, peut-être sur la base de citations de Galien, et trouve *impetum facientia* qui traduit un texte grec portant ὁρμῶντα. La forme ἐνορμῶντα a donc été créée dans le texte d'Hippocrate par Janus Cornarius tout d'abord dans les marges de l'aldine de Göttingen, où elle peut d'ailleurs refléter la leçon de Da, f. 333. Sa traduction *continentia, aut contenta, aut intus permeantia corpora* parue pour la première fois en 1546 correspond à la correction de l'aldine de Göttingen, et à un texte grec qu'il imprime donc pour la première fois au § 30 de *Medicina siue medicus*. Ce texte n'est pas celui d'*Introductio*, car il conserve le σώματα de l'aldine tout en modifiant son ordre des participes, et transforme le groupe de l'aldine ἢ ὁρμῶντα ἢ ἐνισχόμενα en un groupe ἢ ἰσχόμενα ἢ ἐνορμῶντα. Les annotations marginales de l'aldine de Göttingen portent les traces exactes de ces deux cor-

---

40. Ces mots appartiennent à une longue phrase incompréhensible disant, l. 21-31 : *quae depicta tabella considerato. Per haec autem uiuitur uistusue creatur, cibariorum potuumque plenitate uel uacuitate horumque mutatione prout habent, de qualibus in qualia. per odores iucundos molestosque complentes placitos et contra, mutationeque pro cuiusque qualitate prorumpentis intrantis exeuntis spiritus sit corpusue. per auditus placitos, meliores molestosue, per linguae qualitatem per spiritum calidum frigidumue, complentem diminuentemue, maiorem minoremue, mutationemque horum prout quisque habet, per ualida prorumpentia corpora, per intus ualida, foris non item, per uerba silentiumque, siqua dicit, magna, multa, uera, ficta ne sint.*

41. Et Littré ajoute dans sa note 9 : « ἐνορμῶντα D, Gal. in cit., Introd., IX - καὶ τὰ ἐνισχόμενα ἐνορμῶντα ἢ ἐνορμῶντα Pall. - Post ἐνισχ. addit σώματα vulg. - σώματα est nuisible au sens ; il n'existait pas dans le texte que Jean avait sous les yeux, ni dans la citation de Galien ». La leçon de D est une leçon de Da, qui donne f. 333 ligne 1-2 : τὰ ἴσχοντα. ἢ ἐνορμῶντα. ἢ ἐνισχόμενα σώματα, qui correspond à la leçon de Manetti Roselli, sauf pour la ponctuation et la suppression de σώματα. Voir les reproductions du ms Bnf Da.

rections sur l'ordre des mots et sur le lexique[42]. Foes revient au texte de l'aldine et de 1538, mais de manière tout à fait bizarre traduit quant même le grec imprimé par Cornarius en 1556 dans *Medicina siue medicus*. D. Manetti et A. Roselli suivent à la fois l'avis de Littré en supprimant σώματα et celui de Janus Cornarius, ou plutôt sans doute la leçon de Da, en adoptant ἐνορμῶντα. En 1994, Smith traduit ὁρμῶντα par « stimulate », un sens non attesté en grec ancien. L'édition bilingue et commentée de Fuchs, qui fait à plusieurs reprises l'objet de véhémentes critiques de la part du médecin de Zwickau, donne les explications suivantes :

« *Hac dictione* τὰ ἴσχοντα, ἢ ἐνισχόμενα, ἢ ὁρμῶντα σώματα *miro quodam compendio ac laconismo corporis nostri constitutionem describit Hippocrates, hoc ipsum ex tribus potissimum constare dicens, continentibus nimirum, contentis, et impetum facientibus, seu cum impetu motis. Per continentia autem solida, contenta uero humida, impetumque facientia spiritus intelligit, ut uniuersa corporis constitutio sit ex solidis partibus, humoribus et spiritibus.* Par cette expression τὰ ἴσχοντα, ἢ ἐνισχόμενα, ἢ ὁρμῶντα σώματα, un admirable résumé et un laconisme, Hippocrate décrit la constitution de notre corps, en disant qu'il est constitué principalement de trois choses, à savoir les contenants, les contenus, et les *impetum facientia* soit mus avec élan. Il comprend par contenants les solides, par contenus les humides, et par *impetum facientia* les souffles, de telle sorte que l'ensemble de la constitution de notre corps est faite de parties solides, d'humeurs et de souffles »[43].

On reconnaît ici les explications données dans *Introductio siue medicus*, effectivement cité ensuite par Fuchs qui ajoute deux autres références à Galien, l'une au *De differentiis febrium* I et l'autre au *De tremore*[44]. Dans ces deux passages en effet, nous trouvons également un commentaire des termes d'*Épidémies* VI, 8, 7 et en particulier du sens du participe ἐνορμῶντα, qui est

---

42. 150v°.
43. *Hippocratis EpidemiΩn liber sextus, a Leonardo Fuchsio medico latinitate donatus, et luculentissima enarratione illustratus*, Bâle, Bebel et Isingrin, 1537, Paris BIU Santé 65(2), 169v.
44. *De differentiis febrium* I, 2, K VII, 278 ; *De tremore, palpitatione, conuulsione et rigore* c. 5, K VII, 597 : « ἔστι μὲν γὰρ τὰ συντιθέντα τὸν ἄνθρωπον, ὡς Ἱπποκράτης ἐδίδασκεν ἡμᾶς, στερεά, ὑγρά, καὶ πνεύματα. μέμνηται δέ πως αὐτῶν ὧδε, τὰ ἴσχοντα λέγων, καὶ τὰ ἐνισχόμενα, καὶ τὰ ἐνορμῶντα · ἴσχοντα μὲν τὰ στερεὰ καλῶν, περιέχει γὰρ καὶ ἀποστέχει τὰ ὑγρά · ἐνισχόμενα δὲ, τὰ ὑγρά, περιέχεται γὰρ ὑπὸ τῶν στερεῶν · ἐνορμῶντα δὲ τὰ πνεύματα, πάντη γὰρ ἐξικνεῖται τοῦ σώματος ἐν ἀκαρεῖ χρόνῳ ῥᾳδίως τε καὶ ἀκωλύτως. *Et enim quae hominem constituunt, ut Hippocrates nos docebat, sunt solida, humida et spiritus. Meminit autem ipsorum his uerbis,* Continentia *dicens,* contenta et impetu ruentia. *Continentia quidem solida nuncupans, ut quae comprehendant tegantque humida : contenta autem, humores, ut qui a solidis comprehendantur : quae impetu feruntur, spiritus, si quidem in omnem corporis partem momento temporis et facile et citra impedimentum perueniunt ».* Corn. 1549, 199 D : *« Sunt enim quae hominem constituunt, uelut Hippocrates nos docuit, solida, humida, spiritus. Meminit autem ipsorum sic. continentia dicens, et contenta, et impetentia. continentia quidem appellans solida. continent enim ac coercent humores. contenta uero, humores. continentur enim a solidis. Impetentia autem, spiritus. per totum enim corpus in momento temporis facile ac expedite peruagantur ».*

la forme toujours donnée par Galien dans les trois cas. Seul *De tremore* en donne une explication plus détaillée que Fuchs reproduit et traduit ainsi :

> « ἐνορμῶντα δὲ τὰ πνεύματα, πάντῃ γὰρ ἐξικνεῖται τοῦ σώματος ἐν ἀκαρεῖ τοῦ χρόνου ῥαδίως τε καὶ ἀκωλύτως : *Impetum uero facientia spiritus, undiquaque enim temporis momento corpus facile et citra impedimentu* **penetrant** (Traduction de la traduction : *Impetum facientia* ce sont les souffles, et en effet ils pénètrent le corps de toutes parts en un instant, facilement et sans empêchement) ».

Les marges de l'aldine de Göttingen portent en face d'*Épidémies* VI, 8, 7, les chiffres 90.10 qui correspondent à la page et à la ligne de l'aldine de Galien où l'on peut lire le texte grec du *De tremore* cité et traduit par Fuchs. Cornarius est aussi l'auteur d'une traduction du *De tremore* publiée pour la première fois en 1549 dans son édition complète de Galien (BEC 32), où il écrit *impetentia* et non *impetum facientia* comme l'avait fait Fuchs, et surtout *peruagantur* là où Fuchs disait *penetrant* :

> « *Impetentia autem spiritus. Per totum enim corpus in momento temporis facile ac expedite* **peruagantur**. Les *impetentia* sont les souffles. En effet ils **parcourent** le corps en un instant facilement et sans empêchement ».

Le choix de *peruagantur* par Cornarius reflète la divergence qui existe entre les deux médecins traducteurs de Galien dans la manière de comprendre les maladies. Pour Fuchs, comme le confirme ensuite son commentaire, ces souffles entrent dans le corps, pour Cornarius ils y sont déjà, si l'on peut dire, et comme l'indique probablement le préfixe ἐν- bien attesté chez Galien, puisque qu'ils en sont des constituants. Fuchs voit la cause des maladies ayant pour principe les constituants du corps que sont les souffles dans leur empêchement à y trouver une issue pour repartir comme ils étaient venus :

> « Pour le reste, comme notre corps a été constitué des trois choses déjà rappelées, le médecin doit prendre d'eux un soin exact, et peser attentivement si les parties solides du corps sont disposées selon la figure, le nombre, la quantité et la situation convenables. Et les humeurs, si elles ont une puissance et une abondance moyennement tempérées et très mélangées ou si l'une s'est accrue dans le corps plus ou moins que le juste, ou s'est mise à part dans une partie particulière et si elle ne s'est pas confondue avec les autres. Et pour les souffles enfin, si par hasard un accès aux parties du corps prises une à une est ouvert, ou s'ils (*sc.* les souffles) ne sont pas quelque peu enfermés. Car ainsi il supprimera facilement la cause des maladies et veillera à ce que les maladies ne fassent pas facilement invasion ensuite »[45].

Foes retient cette interprétation de Fuchs mais il a un peu de mal à conjuguer ce pneuma, qui ressemble pour nous au pneuma 1 de Brock, avec celui de mouvements seulement internes de ce pneuma, plutôt le pneuma 2, suggérés par la traduction de Janus Cornarius. Le commentaire de l'*Œconomia Hippocratis* est selon toute apparence le texte auquel se référait Broussais pour donner la traduction par *impetum faciens* du mystérieux principe hippocratique dénommé par lui *enormon*. On y trouve aussi une théorie originale et anonyme de l'*impetus* senti dans son sens premier d'assaut guerrier :

> « τὰ ὁρμῶντα ἢ ἐνορμῶντα σώματα sont dits par Hippocrate des choses qui se meuvent en nous avec violence, et font assaut, d'après l'aphorisme 19 du livre 6 des *Épidémies*, section 8. Par ces mots il désigne la troisième substance des souffles en nous, dont notre corps est constitué. Mais par cette appellation des souffles en nous, sont exprimés les assauts et les mouvements, et leur puissance et le caractère ténu de leur nature, par quoi ils sont portés très rapidement de tous côtés, et s'insinuent soudain autant que l'on veut dans toutes les choses denses et épaisses. C'est aussi ce que Galien semble indiquer dans le livre περὶ ῥίγους (p. 366.26.) ἐνορμῶντα δὲ τὰ πνεύματα. πάντῃ γὰρ ἐξικνεῖται τοῦ σώματος ἐν ἀκαρεῖ χρόνῳ, ῥᾳδίως τε καὶ ἀκωλύτως. (Les souffles faisant assaut. Car ils parviennent en tout endroit du corps en un instant, facilement et sans être empêchés). Certains en effet rapportent cette appellation, non sans raison, davantage à la puissance et à la violence ou à l'incursion plutôt qu'à la ténuité de leur nature »[46].

Les *quidam* qui développent la thématique de la puissance et de la violence des souffles qui feraient incursion, image militaire, dans notre corps ne sont pas identifiés, mais les notes de l'édition de 1595 semblent désigner comme source le commentaire de Sylvius au livre de Galien *Sur la différence des fièvres de Galien*. Ces notes de Foes en 1595 rappellent deux propriétés des souffles en question, d'une part la ténuité indiquée par Galien dans le *De tremore* où le texte insiste sur la rapidité du mouvement des souffles à l'intérieur du corps, et d'autre part une mystérieuse violence pathologique. Foes

---

45. « *Caeterum cum ex tribus iam commemoratis corpus nostrum constitutum sit, debet medicus illorum exactam habere curam, ac diligenter expendere num solidae corporis partes in figura, numero, quantitate, et situ conuenienti dispositae sint. Humores autem, an inter se uim et copiam mediocriter temperatas, maximeque permixtas habeant, aut aliquis plus minusque iusto in corpore auctus sit, aut in peculiarem aliquam partem secretus, nec cum aliis confusus. Spiritibus denique num ad singulas corporis partes aditus pateat, aut nonnihil obstructi sint. Nam sic facile morborum causas auferet, et ne posthac inuadant morbi facile cauebit* ».

46. *Oeconomia Hippocratis*, 462 : « τὰ ὁρμῶντα ἢ ἐνορμῶντα σώματα *dicuntur Hippocrati, quae cum impetu in nobis mouentur, et impetum faciunt, aph. 19. lib. 6 Epidem. sect. 8. Quibus tertia in nobis spirituum substantia significatur, ex qua corpus nostrum constituitur. Hac autem appellatione spirituum in nobis impetus et motus, eorumque vis ac naturae tenuitas exprimitur, qua celerrime quaquauersum feruntur, in omniaque quantumuis densa et crassa repente se insinuant. Quod etiam his uerbis innuere videtur Galenus libro* περὶ ῥίγους *(p. 366. 26.)* ἐνορμῶντα δὲ τὰ πνεύματα. πάντῃ γὰρ ἐξικνεῖται τοῦ σώματος ἐν ἀκαρεῖ χρόνῳ, ῥᾳδίως τε καὶ ἀκωλύτως. *Quae vero impetum faciunt, sunt spiritus, quaquauersum enim temporis momento facile et citra impedimentum corpus* **peruadunt**. *Quidam etiam non temere istam appellationem, ad vim potius et vehementiam aut incursionem quam naturae tenuitatem referunt* ». La numérotation 19 est celle de sa traduction publiée en 1595. L'*Œconomia Hippocratis* publiée sous le nom de Foes recèle fréquemment un matériel typiquement cornarien, comme je l'ai montré ailleurs.

essaie donc en vain de réconcilier les points de vue antagonistes de Leonhart Fuchs et de Janus Cornarius, et prend finalement le parti de Sylvius pour conclure sa note sur « cette phrase très célèbre et Galien rabâche (*sic*) » :

> « Et assurément ce n'est pas sans raison que certains rapportent cette même appellation à la puissance du souffle, à sa violence et à son incursion plutôt qu'à la ténuité de sa substance. Mais bien que toutes ces choses aient une relation entre elles, et où qu'elles aient trouvé ce genre d'appellation de ce genre, même si Galien l'indique très clairement, cela est cependant expliqué de la manière la plus développée et la plus savante par le professeur Sylvius dans son Commentaire sur le livre I de *Sur la différence des fièvres*. Et il semble aussi qu'il faille avertir ici que tous les exemplaires manuscrits sont en accord avec les exemplaire publiés »[47].

La traduction de Janus Cornarius pour ἐνορμῶντα est *intus permeantia*. Elle retient l'idée principale d'une circulation intérieure des souffles, plutôt que celle d'un échange, violent quand il est pathologique, avec l'extérieur, comme le veulent Fuchs et son successeur Foes, et l'on retrouve cette idée dans sa traduction du *De tremore* à travers *peruagantur*. Par comparaison, on relève que le verbe relativement peu fréquent *permeare* est celui choisi par Gadaldini dans sa traduction du passage 78a du *Timée* qui décrit le système d'irrigation des jardins dans une image montrant comment se fait la communication entre l'air respiré et le sang, après avoir dit que les particules de feu sont les plus petites de toutes :

> (*ignis*) *per aquam et terram et aerem et quae ex eis constituuntur, permeat* (éd. Juntes, 288) : (le feu) passe à travers l'eau, la terre, l'air et les choses qui les constituent = (πῦρ) δι' ὕδατος καὶ γῆς ἀέρος τε καὶ ὅσα ἐκ τούτων συνίσταται διαχωρεῖ : (le feu) filtre au travers de l'eau, de la terre et de l'air (éd. Rivaud, 208) = (*ignis*) *per aquam et terram et aerem et ea quae ex his constituuntur, secedit* : (le feu) se sépare en passant à travers l'eau, la terre et les choses qui en sont constituées (Cornarius BEC 47, 756).

Le passage du *Timée* latin de Janus Cornarius doit donc ici beaucoup à celui de Gadaldini, sauf pour la traduction de διαχωρεῖ, qui peut lui avoir fourni *permeantia* comme équivalent du très difficile *hormaō* dans l'énoncé des constituants physiologiques. Du moins cette comparaison des textes et des traductions nous aide-t-elle à voir que pour Janus Cornarius les souffles hippo-

---

47. Foes 1595, 298, fin de la note 19 à τὰ ἴσχοντα : « *Multum est celebris et Gal. decantat ista sententia* (sic) (…). *Et sane non inepte quidam hanc ipsam appellationem ad spiritus vim, vehementiam et incursionem, potius quam ad substantiae tenuitatem referunt. quam autem ista omnia inter se relationem habeant, et unde eiusmodi appellationem sint sortita, etsi apertissime gal ; innuit, fussissime tamen et doctissime a Sylvio praeceptore Com. in lib. de diff. feb. est explicatum. Monendum hic quoque uidetur omnia exemplaria manu scripta cum publicatis consentire* ».

cratiques constituants de l'homme, décrits chez Galien comme *enormonta* matériels ou corporels, avaient quelque chose de plus petit que l'air dans les particules qui les composent, et préfiguraient en somme la découverte de constituants biologiques infiniment plus petits, ce dont les savants se souviendront confusément plus tard quand ils auront à baptiser les *hormones,* sans savoir ce qu'ils devaient à Hippocrate, à Platon et à la lignée des médecins philosophes qui nous ont tant bien que mal transmis leur enseignement[48].

Mais l'histoire des corrections humanistes qui ont affecté le texte d'*Épidémies* VI, 8, 7 sur les constituants du corps humain, un texte cité par Galien dans ses traités sur les fièvres, *De differentiis febrium* et *De tremore* notamment, reflète d'abord une controverse sur la représentation des processus fébriles et de leur étiologie. Cornarius se démarque des autres interprètes par une conception matérialiste des souffles circulant dans tout le corps, où ils peuvent aussi bien transporter des agents pathogènes externes introduits par la respiration et la perspiration porale, et ce sont donc ces agents externes qui sont à considérer comme les causes de certaines maladies, dont le déséquilibre des humeurs également observé depuis des millénaires n'est finalement plus qu'une conséquence.

---

48. Voir Y. Combarnous, *Les hormones*, Paris, 1998, 1 : « La branche de la biologie qui s'intéresse aux hormones animales est l'*Endocrinologie*, la « science des sécrétions internes », car les hormones sont déversées dans la circulation sanguine (chez les vertébrés) ou dans l'hémolymphe (chez les invertébrés). Le nom *hormone* a été formé sur une racine grecque (ορμαω) (*sic*) signifiant « j'excite » (*sic*) et a été utilisé pour la première fois en 1905 par Starling pour définir une molécule duodénale (la *sécrétine*) stimulant la sécrétion de suc pancréatique. (…) si les « sécrétions internes » n'avaient pas encore reçu le nom d'hormones à la fin du 19ème siècle, leur étude avait été entreprise de manière très active par les « savants » de nombreux pays. En 1914, Starling définissait ainsi les hormones : « Par le terme d'hormone, je comprends toute substance produite normalement dans les cellules de n'importe quelle partie du corps et transportée par le courant sanguin dans les régions éloignées, sur lesquelles elle agit pour le bien de l'organisme entier ». (…) il y a lieu, à l'heure actuelle, de donner une définition plus restrictive des hormones pour les distinguer des facteurs de croissance ou des cytokines. Par contre, il faut élargir cette définition pour prendre en compte d'une part, les animaux ne possédant pas une circulation sanguine au sens strict (invertébrés) et d'autre part, les végétaux ». La traduction *stimulate* de Smith suggère cette évolution formidable de l'étymon.

CONCLUSION

La redécouverte d'Hippocrate à la Renaissance permise par les travaux de Janus Cornarius, qui en fait l'autorité principale de sa théorie des souffles, fut donc bien une étape importante de la rénovation médicale, dans la mesure où elle visait à faire progresser la compréhension de ce que nous appelons aujourd'hui les maladies infectieuses, lesquelles n'étaient alors pas autrement identifiées que sous le nom de fièvres. On savait la rénovation médicale obscurément liée à la fin du géocentrisme, dont découle la critique de la théorie humorale, pour laquelle le corpus hippocratique fournit des arguments d'autorité, mais on découvre maintenant dans les écrits si méconnus du médecin de Zwickau une très conséquente réorganisation de la matière médicale héritée de la tradition, préservant les connaissances utiles sur la santé et la maladie, tout en opérant leur transfert aux générations futures, dans l'espoir de voir naître une médecine capable d'atténuer les souffrances et de prolonger la vie. Cette immense entreprise, qui fut aussi patiente, parfois héroïque, mais également discrète et humble, a emprunté les voies sans prestige de la traduction et du résumé. Elle mérite néanmoins toute sa place dans l'histoire des sciences.

Les traductions proposées en Annexe tiennent compte des observations que l'on peut lire dans la dédicace de 1546, où l'auteur se moque des singes de Cicéron, et où il met en avant la difficulté des textes qu'il traduit, pour se justifier de ne pas avoir recherché à tout prix l'élégance, *quia mihi non placet* dit-il, mais d'avoir préféré la justesse et la fidélité à Hippocrate, un auteur très obscur et parfois même incompréhensible[1]. La lecture de la quasi totalité des écrits de Janus Cornarius sur leur support d'origine, nécessaire à cette étude, sans parler des textes jamais traduits de Pic de La Mirandole, Giovanni Manardi, Fracastoro et d'autres, que j'ai eu la chance de découvrir parfois sur un exemplaire de leur première édition, est un bon apprentissage des subtilités de la langue néo-latine, idiome en partie restauré dans les écoles à partir des grands textes classiques et de préférence poétiques, à tel point qu'à plusieurs reprises la solution d'une solide énigme n'apparaît qu'à travers l'emploi que tel poète augustéen semble avoir fait de telle préposition. Le néo-latin des savants, on le sent pleinement par sa caricature chez Foes, n'était pas leur langue d'usage, et il faut dire : heureusement ! Qu'on regarde seulement *Pantagruel* dans le texte original, ou plutôt les meilleures pages de la correspondance Amerbach rédigées en dialecte suisse alémanique du début du

---

1. P. 371.

XVIe s., et l'on admettra que pour rendre en français du XXIe siècle le style latin précis et fin d'un érudit saxon contemporain de Luther, fût-il aussi polyglotte que Panurge, il n'y avait rien d'autre à faire, je crois, que de suivre au plus près son texte, aussi littéralement que possible, au détriment de la clarté immédiate d'une pensée pourtant lumineuse.

ANNEXE I

TEXTES DE JANUS CORNARIUS ÉDITÉS ET TRADUITS

I. *Quarum artium ac linguarum cognitione medico opus sit*
   (*ca*. 1527)[1]

Clarissimo viro Domino Caspari Callodryo, Megalopyrgensium ducum Cancellario supremo, Janus Cornarius salutem dat.

Quam nuper hic habui ante Hippocratis aphorismorum initium, praefationem, demitto ad te Clarissime vir, ut videas animi saltem mei bonam propensionem, erga bona studia, maxime medica, si quid unquam mihi ab illis concreditum est tamen. Hanc autem cum legeris tu, ostendes quoque Illustrissimis Principibus tuis, a quibus cum ad restaurationis collapsae scholae Rostochiensis auxilia accitus sum, vix credas quantum animo angar meo, ut vel leviter quicquam designem, quod tantorum Heroum de me opinionem confirmet. Porro hac opera mea obiter animum addere volui, ad linguae graecae penetralia progressurae studiosae adolescentiae. Mirum enim cum omnes artes frigeant, atque ipsa adeo lingua latina, citra illius cognitionem. Vale, Rostochii. *Aii* |

Qui autores interpretandos suscipiunt, principio solent encomia quaedam praefari, ut rei susceptae amplitudine ac dignitate cognita, audituri majore animo ad rem amplexandam ferantur : siquidem incognitarum rerum ut nullus est usus, sic certe nimium quam exiguus amor animis nostris inhaeret, nisi sint qui eo ardentius amant, quod nesciant quantam rem animo conceperint, spe bona ducti, eam ut aliquando integre consequantur. Id ego Magnifice D. Rector, Rostochiensis Gymnasii viri ornatissimi, ante assumptam a me

---

1. BEC 1, d'après Paris BnF T 21.17. La transcription du latin tient compte, pour l'orthographe, des observations de P. Bourgain, « Sur l'édition des textes littéraires latins médiévaux », *Bibliothèque de l'École des Chartes* 150, 1 (1992), 13, n. 7. Les lettres *i/j* et *u/v*, la diphtongue *ae* ou *oe* pour *e* et les consonnes *c/t* devant *i* et *u*, qui représentent des signes mal différenciés au XVIe siècle, et utilisés différemment d'un imprimeur à l'autre, sont employées suivant l'usage scolaire français actuel. La graphie *quum* pour *cum* a été conservée dans la mesure où elle permet de distinguer entre nos *cum* et *tum*. De même quelques graphies typiques du latin de Cornarius ont été conservées, surtout quand il pouvait s'agir de néologismes, alors que les rares coquilles évidentes ont été tacitement corrigées. La ponctuation interprète également parfois les usages flottants du XVIe siècle, qui ne connaît généralement pas les guillemets pour introduire une citation et utilise parfois une majuscule pour marquer le début du texte cité, ce que nous avons conservé en général. Nous avons supprimé les majuscules qui représentaient notre point-virgule, et nous les avons introduites après un point, c'est-à-dire en début de phrase. Les autres éclaircissements et les corrections nécessaires figurent dans les notes de traduction.

Hippocraticorum Aphorismorum interpretationem nequaquam negligerem, quin digno praeconio, artem nunquam satis laudatam Medicam veherem, deinde ad Hippocratis divi concrediti privatas laudes descenderem, ostendens nihil aeque perfectum, ac constans in universa re Medica esse, quam illius sanctissima scripta, propter quorum gloriam vivus adhuc auream statuam Athen- *[Aii_b]* |is emeruerit, nisi non solum gentium ac barbararum linguarum autores, verumetiam sacra Biblia Medicinam ubique praedicarent, ac tanquam solam hanc divinitus homini concessam jactarent, ut tantae ejus fragilitati, per hanc consilium exhiberetur, Hippocrates vero in eam opinionem abiisset, ut quoties quidem hunc nominare audiam, non hominis audire me putem, sed omnino universae artis. Quanquam, quod nolim hunc locum amplius tractare, fecit unicum hujus seculi decus Erasmus Roterodamus, cujus ego authoritatem nulli veterum posthabendam semper in animo duxi meo : hic elegantissima et bene longa oratione Medica sic extulit, ut qui post hunc hoc argumentum tentet, videatur mihi sanae mentis minus, audaciae vero longe plurimum habere. Ut fert haec aetas ingenia irritabilia, ex desperatis fere rebus ac doctiorum, si non contingat, ad se comparatione, aemulatione saltem, ac reprehensione laudem quaerentia, quam tandem non aliter adsequuntur quam apud fabulatorem Aesopum rana amplitudinem bovis. Quare Viri Ro- *Aiii* |stochienses, dum breviter attigero, quibus artibus, quibusque linguis Medico futuro opus sit, parumper benignas aures mihi praebere quaeso, nam Deum immortalium gloriam, quis patienter ferat tam speciosam artem adeo vulgo prostitutam, ut et indoctissus et infantissimus quisque illotis, quod aiunt, et manibus et pedibus ad hanc se ingerat, paulo mox hanc sibi vendicet, se palam pro Medico et gerat, et habeatur quoque : siquidem contigerint similes labris lactucae, maxime si adcesserit pileus Puniceus, unusque et alter inauratus orbis, digitulos circundet mobiles. Is enim ornatus valde prodest apud Cumanos, quos utinam insula sua conclusos, non videremus ita universum fere orbem occupasse, procul dubio verorum leonum plus, asinorum leonina pelle contectorum minus ubique esset, quibus postremum in ipsis etiam Cumis vix salus speranda foret, modo si enascantur in dies plures, qui utrumque animal probe norint, prominent enim aures, quae utcunque speciose texeris, produnt Lampsacenum rudentem. Porro quum ejusmodi ubique terrarum indocti ac infantes etiam, se *[Aiiii_b]* | pro Medicis gesserint, multis retro seculis ac maxime nostro quoque aevo se efferant : non sane inique a Romanis factum est, qui eis aliquamdiu urbe sua interdixerunt. Nec malum virum egit in Republica Cato, qui saepe splendidis orationibus scelestum hoc hominum genus insectatus est. Quod exemplum optarim imitari omnes, quotquot undique sunt eruditi viri, ac eloquentes homines : nimirum ut eorum diligenti cohortatione intelligerent principes, persentiscerent publici magistratus : ut sicut nihil in Republica utilius bono ac docto Medico esse potest, siquidem nihil cuipiam charius sanitate corporis sui extat in vita, sic nihil esse pestilentius, ipsa etiam peste non excepta, quam malus et inexpertus Medicus, nomine indignus quo eum adpellavi. Recte mihi videtur Magnus Alexander sensisse, qui inexperta remedia, haud injuria, habuit suspecta. At hodie videas multos ejusmodi miscere potiones, ac pharmaca componere. Dispeream, si fiat vel cum levi aliquo rationis judicio, nedum exemplum habeant potentis naturae ipsius pharmatiae. *Aiiii* | At vero dum malos insector, nimirum eos qui quum artis medendi sunt ignari, tum quoque reliquarum artium, citra quarum cognitionem vix rem Medicam recte quis consequatur, plane rudes, intelligitis puto qualem oporteat esse Medicum bonum, nimirum omnis generis philosophiae doctum, quod nomen etiam si tam amplum sit, ut non solum, quae ingenio constant artes, sed et manibus quae fiant, operas sedentarias ac statarias omnes comprehendat, tamen video fere trimembri divisione dispartitum esse. Et quanquam ea quae naturas rerum tractat pars, proxime ad Medicum spectet, tamen nunquam illam perfecte assequeris, nisi arguta ac ingeniosa collatione facta ratiocinatus fueris, naturam sibi in omnibus constare, utcunque discrepans sit in his censura Medicorum. Nec vero in tanta haberetur Galenus hodie gloria, nisi priores Medicos, tam apertis rationibus ac argumentis convicisset. Cujus rei exemplum ante eum ediderat in acutorum regimine Hippocrates. Quae vero ad mores pertinet, eam si a Medico aufers : *[Aiiii_b]* | cur non tollis una eademque opera Medicum e Republica quae si per hanc unicam constat et conservatur, num Medicus qui in medio ejus vivere debet eam nesciet ? Jam, contingat corpus male habere ex tristato animo, angustiis, cogitationibus gravioribus, invidia, ira, timore, gaudio, et si quae sunt aliae mentium affectiones, quae corpus pariter adfligunt : putasne egregiam praestiturum operam Medicum, qui earum originem, causas, signa, effectus, ab ipsis philosophis petenda omnia ignoret ? Quod si his animi affectionibus non longe graviora antidota parantur, quam ullis corpus saltem laedentibus morbis, frustra apud Homerum Helena pharmacum poculo injicit. Νήπενθες τ' ἄχολόν τε κακῶν ἐπίληθον ἁπάντων. At vero si constat ex doctissimis Hippocratis ac Galeni scriptis, quod ipsi mihi his oculis videre contigit supra, saepe corpus morbo alleviatum, animi mala habitatione rursus adfligi, palam est potiorem partem omnis Medicinae esse αἰεὶ τοῖς μαλακοῖσι, καὶ αἰμυλίοισι λόγοισι θέλγειν. Blandis demulcere sonis, sermoneque dulci. Et neget post *Av* |ea Celsus eloquentia curari morbos, cum aegroto animo nihil sit ad salutem, quam ejusmodi θελκτήρια praesentius. Et elingui ac muto Medico vix tristius quidquam accidere aegro possit, qui neque morbi inclementiam, neque Medicinae benignitatem ostendere verbis queat priusquam remedium adhibeatur. Porro ea quae naturas rerum tractat philosophiae pars, tota in Medici consideratione consistit, ut vere ad nullos alios spectare videatur. Hic vero latissimus campus se aperit omni genere frugiferae eruditionis refertus. Hic herbae, flores, semina, fructus, folia, ligna, cortices, radices, liquores, succi, gummi, resinae, lachrymae quae omnia futuro Medico diligenti cura decerpenda, colligenda ac conservanda sunt. Non procul hinc densissimus se objicit saltus, in quo acri indagatione, pervestiganda veniunt, omnis generis quadrupeda animantia, quibus captis ac evisceratis, quod prudentes venatores facere solent, inspicienda membra singula, reponendaque sunt usui futura aliquando maximo. Adipes, pinguedines, aruinae, ossa etiam ipsa cute sua denudata, ac in eis contentae medullae : *[Av_b]* | non relictis postremum etiam incrementis ipsis. Nec longe hinc amplo ore hians, ater tenebricosusque se offert specus, asperis montibus ac horrenda sylva contectus, circum quam strepitans audisque videsque vario cantu sonorum volucrium genus, quarum non voces quidem, sed membratim singularum partium naturas innumerato habendas necessarium puto. Post vero specus ipse ingrediendus, lustranda ac eruanda quoque Mineralia omnia, metallica, gemmae, lapides preciosi, ac variarum species terrarum : quibus diligenter perspectis ac collectis, domum redeundum est. Agri, horti, vineae curam expectantes tuam, non negligendi sunt : mox numerandum pecus, armenta, jumenta, vigilem quae omnia heri animadversionem deposcunt. Nec praetereunda stagna, lacus, maria, flumina : ipsae quoque piscinae opposam curam medico futuro exhibent, ut velit etiam vilissimus quisque pisciculus, ab hoc recte ac pro dignitate tractari. Ostendi puto quam potui brevissime orbe ob oculos fere universo posito, quum nihil sit in eo, cujus cognitio in medico non requiratur. Jam sursum ad corpora sublimiora et caelestia respiciendum est, ex quorum mutuis aspectibus, *[Avi]* | concursibus societate ac contrarietate haec inferiora omnia adficiuntur. Quae si nesciat Medicus, quid praestiturus est quaeso in morbis, qui secundum lunae in signis zodiaci cursum, Planetarum nunc hoc, nunc altero accedente aspectu, aut lethaliter incrudescunt, aut mitescunt suaviter ? Sunt fortasse qui superstitiosam hanc syderum observationem dictitant, atque ad hominem Christianum minime pertinentem : at ego cupiam istos tam vere ac pure Christianos esse, quam non solum Astrorum scientiae, verum omnium bonorum studiorum superbi contemptores. Nostri seculi φιλοδόξοις hominibus loquor, qui quam pie sacra ac profana omnia misceant, libertatem afferant quotidie novis commentariis alius alium superare, ac veteres omnes ἁγιογράφους damnare contendant, penes alios judicium esto, prudentiam sane video in plerisque desyderari, cujus tamen utpote rei humanae ac vilis, in gloria habent se esse negligentes. Verum quis admiretur penes aliquot eorum despectam Astronomiam, apud alios neglectas omnes literas, praeter sacras, *[Avi_b]* | apud alios etiam sacras, qui jactant scilicet quotidianum divini spiritus colloquium, ex cujus viva voce pendere, ac edoceri omnes non volunt : quum sint, et hi inter principes hujus temporis reputati, qui περὶ τῆς εὐχαριστίας e vulgatis libris non dico ambigant sed plane quod hactenus concreditum de illa est, apertissime negant. At verorum astrorum scientiam solidam esse, ac perpetuo constantem a tot probatissimis ejus artis autoribus ostentum est, quotidianoque experimento cognoscitur, ut res longiori saltem mea praedicatione non egeat. Hoc autem asserere ausim, summopere hanc omni homini Christiano suspiciendam ac suscipiendam esse, nedum Medico, qui, ut Hippocrates inquit, cujusmodi Medicus est, si Astronomiam ignorat ? At

Christianus homo nequaquam hanc improbabit, nisi tam lucidam ac caelatam machinam frustra tot splendidissimis syderibus ornatam ab opifice omnium rerum Deo Optimo Maximo putabit, ac non potius in immensae ejus potentiae, ac summae bonitatis certum indicium. Puto ego si tam docti artis es-*[Avii]*sent, qui eam profitentur, quam ars ipsa Astrologiae, et vera est et certa : multis millibus carituros nos homines malis, quibus nos nostro errore incauti involvimur, accusantes postea Deos malorum autores ; super qua re conqueritur apud Homerum Juppiter.

ὢ πόποι οἷον δή νυ θεοὺς βρότοι αἰτιάωνται

ἐξ ἡμέων γὰρ φάσι κάκ᾽ ἔμμεναι, οἱ δὲ καὶ αὐτοὶ

σφῇσιν ἀτασθαλίῃσιν ὑπὲρ μόρον ἄλγε᾽ ἔχουσιν.

Sed haec ἀτοπότερον, et longius etiam, qui Medici studia prolaturum me sum pollicitus. Pergo itaque proxime regionum terrae cognitionem, quae Geometriae pars est, subjungere : ut enim hae distantiis viarum ac locorum intercapedine dissitae sunt, sic rerum omnium, corporumque longe diversissima est natura, his quae infertilissima Asiae regione proveniunt, atque illis quae ex desertissimis Africae locis originem trahunt. At inter haec medium quiddam producit Europa, quae omnia nisi diligenter scrutatus fuerit Medicus, frustra ad ullius corporis curam adhibetur. Amplius vero nisi propter malignitatem aeris, qualitatem ventorum cujusque regionis, secundumque caeli, maris ac *[Avii$_b$]* | montium situm ac vicinitatem noverit corpora compati nostra, satis temere ea illi subjecerimus. Postremo nisi etiam τῶν μετεώρων rationes ac causas reddere aptas didicit, quid medicaminis adhibebit corporibus istorum subita aliquando apparitione, aliquando repentino impetu, consternatis, quae vix aliud auxilium sustinent, quam credibilem aliquam, propter quam eveniunt causae, narrationem. Numerorum vero scientiam praetereamne tandem, ac ponderum rationem ? Quae adeo observationem Medici curiosam requirunt, ut ex illis solis aliquando vel optatam contingat ferre salutem, vel triste pati exitium. Atque ut in sacris numerus impar Diis, ita in Medicis idem corporibus semper gratissimus reputatus est : siquidem ejus numeri dies, pro criticis in acutis aegritudinibus habentur. Pondera vero ita a Medicis negligi nolunt, ut granum interdum unum, vel supra quam decebat additum, aut minus justo relictum, universae Medicinae opusculum destruat. *[Aviii]* | Verum ego jamdudum videor vobis nimium multa congerere, quorum omnium doctrinam in Medico expetam. At ego plane pauca ea putarem, si intra unius mundi cognitionem consisterent, et non adhuc alter restaret Minor mundus Philosophis dictus, homo ipse, in quem conferendum est omne illud studium, quod hactenus recensui : quem nisi totum non in specie, sed singulis adeo individuis cognitum habueris, nunquam ulla ista studia tua profutura, futurus illi Medicus, senseris. Atque ut hujus constitutionem per res, quas Medici naturales vocant, primo noscas, pervestiganda sunt elementa ipsa, eorumque in humoribus corporeis permixtiones : deinde membra omnia, quique ab illis procedunt spiritus ac operationes. Quibus omnibus salvis, ac virtute sua constantibus, nihil prius curandum est, quam ut ejusmodi semper maneant, justa rerum non naturalium, ab iisdem nuncupatarum, exhibitione. Nimirum ut neque aeris malitia, neque ciborum onere, aut deteriore adhuc indigentia, amplius autem neque exercitii nimii molestiis, neque somni *[Aviii_b]* | mala affectione, aut motuum animi, quos πάθη Graeci vocant, pejore habitione laedantur. Quod si contingat autem ab his male habere corpus, variis morborum generibus adfligi, ut nomina vix quorundam nota sint, tum demum usus erit istarum omnium artium, quas diximus Medico necessarias, tum si quam probe locasti rerum Medicarum scriptoribus operam gloriosissimam licebit ostendas exemplo. Quid enim aliud coelo atque immortalitate donavit Apollines, Aesculapios, Machaonas, Chironas, ὑγείανque et πανακὴν, quam ostensa, ac collata male affectis corporibus prospera valetudo ? Quem honorem amplius adhuc promeruere Medicarum rerum scriptores, qui non uni alicui seculo, verum universae posteritati saluberrimis praescriptis morborum remediis commodarunt : hi sunt quos nocturna versandos manu, versandos diurna, Medico futuro censemus. Sed expectas, ut enumerem quos inter illos maxime probem ? Ego vero, si fieri possit, omnes perspectos tibi velim, nam quod Plinius dixit, nullum librum esse tam malum, quin *B* | aliqua parte prosit : id in scriptoribus Medicis maxime usu venit, ut ex ineptissimis libellulis certissima petant corporibus nostris remedia. Quare tametsi principes tantum artis autores, Hippocratem et Galenum valde probem, utpote in quibus rem omnem medicam consistere existimem, ut nullus alius neque priorum, neque posteriorum, nec Graecorum, nec Latinorum aut barbarorum Medicorum dixerit, aut scripserit quidquam, quod non videatur ex mediis istorum scriptis eluscecere, tamen nolim doctissimos etiam ac diligentissimos in re medica tradenda Arabes negligi, modo ejusmodi contingat illis lector, qui quid album, quid nigrum, quod aiunt, in illis sit cum integrae rationis judicio queat pensitare. Proinde Medicinae nomina daturus, in primis linguas discat Graecam et Latinam, atque si contingere possit, Arabum quoque. Nam ut Graeca lingua Hippocrates et Galenus opera sua ediderunt, sic in nullam aliam linguam ea translata rectius intelliges, ut eorum aliqua latinitate donata, hi qui utramque linguam probe no-*[B_b]* |rint, vix titulo tenus agnoscant, ac ad conditores suos referant. Utinam mentiar tam corruptum ubique Hippocratem, ut hi qui vertendi laborem sunt aggressi, nunc sententiam non sunt assecuti, nunc quod male intellexerunt pejus etiam nobis expressum tradiderunt, et tamen hunc in scholis, in pulpitis, publicis ac privatis contionibus ac praelectionibus prae se ferunt Medici doctores, nunc sententias, nunc verba Hippocrate digna omnia jactantes, cum sint plerique eorum, qui semetipsos loquentes non intelligant. His auribus audivi ego quendam Hippocraticorum scriptorum gloriosum ostentatorem Thrasonem, qui se nihil in his nescire ferebat : mirum quam stulta omnia, quam inania ex illius obscurissimis ἐπιδημιῶν libris, pleno gutture eructabat, quum tamen vix a limine salutasset literas Graecorum, et in Latinis non multo longius esset progressus. Quare necesse est omnino linguae Graecae Medico cognitio, non solum ad hos scriptores intelligendos, verum ad simplicium rerum etiam notitiam habendam, quarum *[Bii]* | maxima pars in Medicorum libris, Graecis nominibus est usurpata. Deinde morbos quoque ipsos non recte intellexeris, nisi Graeci nominis, quo omnes ferme nuncupantur, rationem tenueris : sic ut in illis unicis plenior significantia est, quam aliquando ut exprimere pluribus latinis vocibus valeas. Porro in eundem usum Arabica discenda diligentius cohortarer, nisi essent hodie tam multi artis venditores, qui ne Latinam quidem linguam sint edocti. Ita ad hanc speciosissimam matronam multi Penelopes proci accedunt, et divinatricem ac circulatoriam faciunt hanc tandem, tot lenones ubique ac circunforanei scurrae. Caeterum ut semel finiam, neutiquam Medicum censebo, qui non omnia ista artium, quas indicavimus genera, philosophiam omnem, astra, caelum, sidera, terras, sylvas, maria, quaeque in his contenta sunt, omnia in promptu habeat, et ad manum reposita omnia. Accedente insuper linguarum Graecae et Latinae cognitione, si non consumata saltem tanta, ut tantis intelligendis autoribus sufficiat, doctissimo maxime Hippocrati *[Bii$_b$]* | dico. Quem dum vobis studiosi adolescentes praelego, ad tantae artis fastigium nulla difficultate deterriti anhelantes properate. Neque quemquam avertat multitudo studiorum, quod longo repetita principio proposui. Quin potius vulpeculam Aesopicam imitantes, huc frequentes adeste. Leo rex est animantium, praeter famae ac nominis magnitudinem, specie quoque corporis insigniter horrenda, hunc quum primum vidisset vulpes, subito consternata, moribunda procidit : post vero revocato animo, quum iterum leonem conspexisset, inhorruit quidem universo corpore, verum non ut antea semianimis jacuit. At postea tertio quum vidisset neque inhorruit, neque extimuit leonem, sed blanda adgrediens voce, salutavit. Sic vos multa et frequenti aditione ad ardua Medicarum rerum studia adsuescite. Dixi. *Biii*

I. Quels sont les arts et les langues que le médecin a besoin de connaître ?

Janus Cornarius à Casparus Callodryus, Chancelier Suprême des ducs de Mecklenburg, salut[1].

Très Illlustre Casparus Callodryus, je te remets l'*Introduction au début des* Aphorismes *d'Hippocrate* que j'ai prononcée récemment, pour que tu voies la bonne disposition, du moins de mon cœur, à l'égard des bonnes études, surtout médicales, si jamais l'on m'en confie un jour. Quand tu l'auras lue, tu la montreras aussi à tes Princes Très Illustres, qui m'ont fait venir en renfort pour la restauration de l'Université de Rostock alors en chute, et tu peux difficilement imaginer combien je me tourmente pour eux. C'est pourquoi j'y indique, si peu soit-il, de quoi corroborer l'opinion que tant de Héros ont de moi. J'ai aussi voulu donner chemin faisant, à l'occasion de mon discours, plus de courage à cette jeunesse studieuse qui s'apprête à progresser dans les arcanes de la langue grecque. Car il est étonnant de voir comme tous les arts languissent, et jusqu'à la langue latine elle-même, sans la connaissance du grec. Porte-toi bien. À Rostock.

Quels sont les arts et les langues que le médecin a besoin de connaître ? Préface au début des *Aphorismes* d'Hippocrate.

Ceux qui entreprennent d'interpréter les auteurs ont coutume de prononcer d'abord quelques éloges, pour que l'auditoire, après avoir appris la grandeur et la dignité du sujet, mette plus de courage à l'embrasser : car de même qu'il n'y a pas d'usage des choses inconnues, de même l'amour qui s'installe dans nos cœurs est extrêmement faible s'il n'y a pas des amoureux d'autant plus ardents, parce que nous ignorons l'importance du sujet qu'ils ont en tête, tout en étant conduits par le ferme espoir d'y accéder un jour complètement. Quant

---

1. Casparus Callodryus ou Kaspar von Schöneich fut ambassadeur des ducs de Mecklenburg de 1503 à 1507, puis devint Premier Chancelier de ces ducs, et conserva cette fonction auprès du duc Heinrich de 1522 à sa mort en 1547. Partisan du catholicisme, notamment lors de la crise de l'Université de Rostock en 1530-1531, et ce malgré les sympathies évangélistes du duc Heinrich, Schöneich fut un administrateur mémorable du Mecklenburg. On signalera son soutien aux recherches du médecin Rembert Giltzheim sur la suette (ADB).

à moi, Monsieur le Recteur et Messieurs du Gymnase de Rostock, avant d'interpréter les *Aphorismes* hippocratiques, je ne manquerai nullement à cette coutume, et je ferai même un digne éloge de l'art de guérir, que l'on ne louera jamais assez. J'en viendrai ensuite aux louanges personnelles d'Hippocrate, que l'on croit divin, et je montrerai que rien dans la totalité de la médecine n'est aussi parfait et achevé que les très saints écrits de ce grand homme, à qui son renom valut de son vivant déjà une statue d'or à Athènes, sauf que non seulement les auteurs des gentils et des langues barbares, mais même les Livres sacrés prêchent partout la médecine, et la vantent comme le seul art accordé à l'homme par un effet de la volonté divine, pour manifester par elle son dessein à la grande faiblesse humaine, tandis qu'Hippocrate a accédé à une telle renommée que chaque fois que j'entends son nom, je ne crois pas entendre celui d'un homme, mais bien celui de l'art tout entier[2]. D'ailleurs, parce que je ne voudrais pas traiter trop amplement ce thème, Érasme de Rotterdam, dont j'ai toujours pensé quant à moi qu'on ne devait pas juger l'autorité inférieure à celle d'aucun auteur ancien, a fait l'unique gloire de notre siècle : dans un discours très élégant et vraiment long, il a exalté la médecine de telle manière que quelqu'un qui s'essayerait à cet argument après lui me semblerait avoir moins de santé mentale, mais infiniment plus de témérité. Vu que notre époque produit des esprits irritables, qui en désespoir de cause recherchent les éloges des hommes les plus savants en essayant de se les concilier, ou en cas d'échec en les comparant à eux-mêmes ou au moins par l'émulation, des éloges qu'ils obtiennent finalement tout à fait comme la grenouille chez le fabuliste Esope parvient à la taille du bœuf[3]. C'est pourquoi, Messieurs de Rostock, pendant que je traiterai brièvement de la question des arts et des langues dont le futur médecin a besoin, je vous prie de me prêter une oreille assez bienveillante, car, ô Dieux immortels, qui supporterait avec patience de voir un art si brillant ouvertement prostitué, au point que tous hommes les plus ignorants et les plus incapables d'en parler se jettent sur lui,

---

2. L'origine de cette affirmation reste inconnue, et peut-être s'agit-il d'une invention ou d'une adaptation de l'orateur. Dans *Décret des Athéniens*, L IX, 400-403, traité pseudo-hippocratique de l'époque hellénistique, on lit que les Athéniens décernèrent à Hippocrate non pas une statue mais une couronne d'or. Le *Parisinus latinus* 7028 mentionne une statue de fer élevée à la gloire d'Hippocrate pour son action contre la peste, d'après L I, 40-41, mais ces sources ne semblent pas pouvoir être en possession de Janus Cornarius à cette date. Des sources médiévales évoqueraient une statue d'or mais à Rome, d'après J. Jouanna, *Hippocrate*, Paris, 1992, 63. Et enfin dans Pline, *HN* VII, 37, 123, alors disponible par exemple dans l'édition de Parme, 1481, Paris BIU Santé 863, p. [116] ou dans celle de Venise, 1507, Paris BIU Santé 1575, p. [129], on lit : « ... *astrologia Berosus, cui ob divinas praedictiones Athenienses publice in gymnasio statuam inauratam lingua statuere (...) Hippocrates medicina pollens, qui venientem ab Illyriis pestilentiam praedixit discipulosque ad auxiliandum circa urbes dimisit. Cui ob meritum honores illos quos Herculi decrevit Graecia* : ... en astrologie Berosus, à qui les Athéniens pour ses prédictions divines érigèrent publiquement, dans le Gymnase, une statue à la langue dorée (...) Hippocrate tenant sa valeur de la médecine, qui prédit la pestilence venant d'Illyrie, et envoya ses élèves pour aider les villes alentour. Pour son mérite, la Grèce lui décerna les mêmes honneurs qu'à Hercule ». On peut être tenté de supprimer *lingua* et de corriger *statuam inaurata* en ... *statuam inauratam*, et puis de substituer Hippocrate à Berosus, l'un et l'autre devins !

comme on dit, avec leurs pieds et leurs mains sales, le vendent ensuite à leur bénéfice, se font passer publiquement pour des médecins et sont également tenus pour tels, autant que les vessies passent pour des lanternes, surtout s'il y a, non loin de là, un bonnet rouge phrygien, et que deux cercles dorés entourent des petits doigts qui bougent[4]. Cet attirail est en effet très utile chez les habitants de Cumes, et s'il plaisait au Ciel qu'ils fussent enfermés sur leur île, nous ne les verrions pas occuper ainsi presque toute la terre ; il y aurait sans doute partout davantage de lions authentiques et moins d'ânes dissimulés sous leur peau, qui, même à Cumes, laissent peu d'espoir de salut, à moins qu'il ne naisse chaque jour davantage de gens connaissant bien l'un et l'autre animal. Car les oreilles dépassent, de quelque éclat qu'on les recouvre, et trahissent la brute de Lampsaque[5].

---

3. Le texte de la *Declamatio in laudem artis medicae* d'Erasme, peut-être rédigé en 1499, est publié dans *Opera omnia Desiderii Erasmi Roterodami*, I-4, Amsterdam, 1973, 164-186. Cet éloge qui a connu trois éditions antérieures à 1527, deux en 1518 et une en 1525, ne mentionne Hippocrate qu'une fois pour évoquer son *Serment*, et puise la plupart de ses références à la médecine chez Pline. Il développe l'idée que le médecin est proche de Dieu (*Deo proximum*), parce qu'il conserve la vie donnée par lui et accomplit des miracles non seulement pour le corps mais aussi pour l'âme, et en ce sens se révèle plus utile que le théologien. Esope, *Fabellae tres et quadraginta*, Bâle, J. Froben, 1517, BNF Yb 2482, non communiqué. Esope, *Fables*, éd. et trad. d'E. Chambry, 1960 ne contient pas *La grenouille et le boeuf*, reprise par La Fontaine, *Fables* I, 3. Cette fable figure sous le n° XXXIII, p. 104, t. 1 de l'édition parisienne de Billois parue en 1801, réimp. Plan de la Tour, Éditions d'Aujourd'hui, 1985. A l'époque de la Renaissance, le recueil le plus répandu est celui de Maxime Planude dans la version latine de Bonus Accursius (*ca.* 1450), qui fut imprimée par Alde Manuce en 1505, d'après G. Corrozet, *Second livre des Fables d'Esope*, Genève, 1992, renvoyant à L. Hervieux, *Les fabulistes latins depuis le siècle d'Auguste jusqu'à la fin du Moyen Age*, Paris, 1893-1899, et à P. Thoen, « Les grands recueils ésopiques latins des XVe et XVIe siècles et leur importance pour les littératures des temps modernes », *Acta conventus neolatini Lovaniensis. Louvain, 28-29 août 1971*, München, 1973.

4. Transposition libre de la formule énigmatique *si quidem contigerint similes labris lactucae* signifiant littéralement : « si du moins les laitues ressemblent par hasard à des lèvres *ou* à des baignoires ». L'allusion qui suit cette expression vraisemblablement proverbiale n'est pas élucidée non plus.

5. Trois fables d'Esope utilisent le thème de l'âne déguisé en lion, avec trois moralités légèrement différentes. Ce sont les fables 208, 267 et 279 de l'édition d'E. Chambry, respectivement : « Le lion et l'âne chassant de compagnie », « L'âne revêtu de la peau de lion et le renard » et « L'âne qui veut se faire passer pour un lion ». L'allusion aux habitants de Cumes et à l'âne de cette cité revient de manière obsessionnelle dans les écrits de Janus Cornarius. Elle est parfaitement éclairée par trois articles de la Souda rapportant diverses anecdotes visiblement combinées entre elles comme le sont les fables d'Esope : « L'âne chez les habitants de Cumes : à propos de choses bizarres et rares. Parce l'âne chez les habitants de Cumes semblait être une chose effrayante. Dans ces circonstances, tous étaient des habitants de Cumes, qui jugeaient l'âne plus à craindre qu'un tremblement de terre ou que la grêle. Parce que le fait de faire porter par un âne quelqu'un d'un nu était considéré comme la plus grande marque de mépris par les Parthes ». « Un âne une lyre : Ménandre dans Le Poltron : voici le proverbe en entier : un âne écoutait une lyre et un porc une trompette. On le dit à propos de ceux qui n'approuvent ni ne louent. Parce qu'il arriva que le grammairien Ammonianos fit l'acquisition d'un âne, comme disciple de sa science. Voir aussi à l'article Ammonianos ». « Ammonianos, grammairien. En se vantant de sa parenté avec Syrianos et de leur ressemblance naturelle, morale et physique, par l'apparence, la taille et la nature, comme dit Homère, il lui ressemblait de très près. car pour le corps, ils l'avaient, l'un et l'autre, grand et beau. S'y ajoutaient de surcroît une santé et une force nullement inférieures à l'heureuse nature de l'ensemble et des détails. Leur âme aimait semblablement ce qu'il y a de meilleur. Mais l'un était plus aimé des dieux, c'était Syrianos, et il était réellement philosophe. L'autre chérissait l'art bien établi de l'exégèse des poètes et du redressement de la langue grecque. Tel fut Ammonianos, qui fit l'acquisition d'un âne comme disciple de sa science ». *Suidae lexicon*, A. Adler éd., Leipzig, Teubner, 1928-1938, O 390-391, A 1639. L'ensemble renvoie à la polémique avec Fuchs.

Quand partout sur la terre, dans les nombreux siècles passés et surtout aussi à notre époque, les ignorants de ce genre, qui sont même incapables de s'exprimer, se font passer pour des médecins, ils prennent un air farouche : les Romains n'eurent pas entièrement tort de leur interdire leur ville un certain temps. Et Caton n'a pas joué un mauvais rôle dans la république en s'attaquant souvent, dans des discours splendides, à cette race impie[6]. Voilà l'exemple que je souhaiterais voir imité de tous, partout où il y a des hommes instruits et éloquents : oui, pour que par leurs justes exhortations les princes comprennent, et que les magistrats publics perçoivent bien ceci : autant il n'y a rien dans un État qui soit plus utile qu'un bon et savant médecin, puisque personne n'a rien de plus cher que sa santé physique, autant il n'y a pire pestilence, y compris la peste elle-même, qu'un mauvais médecin sans expérience, indigne du nom que je lui ai donné. Le grand Alexandre l'avait bien compris, je crois, qui tenait à juste titre pour suspects les remèdes non éprouvés[7]. Alors qu'aujourd'hui on peut en voir beaucoup de ce genre mélanger des potions et confectionner des remèdes. Que je meure s'ils le font avec le moindre discernement rationnel, ou même en prenant exemple sur la nature, souveraine en pharmacie.

Mais quand je m'en prends aux mauvais médecins, ignorants de l'art de soigner comme des autres arts, sans la connaissance desquels on accède difficilement à la médecine, et parfaitement incultes, vous comprenez, je pense, quel genre d'homme doit être le bon médecin, un savant en tout genre de philosophie. Et même si ce nom de philosophie est assez large pour inclure non seulement les arts qui reposent sur l'intellect, mais aussi toutes les activités sédentaires et statiques qui se pratiquent avec les mains, je le vois cependant distribué selon une divison en trois membres. Et bien que la partie qui traite des choses naturelles concerne le médecin de très près, on ne la comprendra jamais parfaitement, si le raisonnement n'a pas abouti par une comparaison fine et intelligente à la conclusion que la nature se trouvait partout, quel que soit le désaccord entre les opinions des médecins sur ce sujet. Galien ne serait pas aujourd'hui tenu en si grande gloire, s'il n'avait pas dénoncé les médecins qui l'ont précédé avec des raisons et des arguments aussi patents. Hippocrate en avait donné l'exemple avant lui dans le *Régime des maladies aiguës*[8].

Et si l'on enlève au médecin la partie relative aux mœurs, pourquoi ne pas du même coup supprimer le médecin de la république, puisque celle-ci n'existe et ne dure que par elle, si par hasard le médecin qui doit vivre en son sein ne

---

6. Sur l'hostilité aux médecins manifestée par les Romains en général et plus spécialement par Caton, voir *Histoire de la pensée médicale en Occident* I, M.vcD. Grmek (éd.), Paris, p. 100, 109.

7. Plutarque, *Vie d'Alexandre* 8, 1 ou 19, 2-10, montre au contraire la grande confiance qu'avait Alexandre à la fois dans la médecine et dans sa propre santé, quand il avala tranquillement, peu avant la bataille d'Issos, un remède accompagné d'un message l'avertissant que l'on cherchait à attenter à sa vie. Le texte dont disposait Cornarius, s'il utilise bien une référence à Plutarque pour cette allusion, était peut-être corrompu. Les 13 volumes de l'édition *princeps* grecque de Plutarque par Henri Etienne paraissent à Genève en 1572. De nombreuses éditions latines partielles l'avaient précédée. La source de cette allusion reste donc mal connue. Voir aussi BEC 24 et BEC 39.

8. L II, 224 sqq.

la connaissait pas ? Et qu'un malaise physique survienne par suite d'une tristesse de l'esprit, d'angoisses, de pensées trop graves, de la jalousie, de la colère, de la peur, de la joie, et d'autres affections mentales éventuelles qui affectent également le corps : croit-on qu'un médecin qui ignorerait leur origine, leurs causes, leurs symptômes, leurs conséquences, toutes choses à rechercher par les philosophes, ferait un bon travail ? Car si l'on ne prépare pas pour ces affections de l'âme des antidotes beaucoup plus puissants que pour aucune maladie ne lésant que le corps, c'est en vain qu'Hélène, chez Homère, versa dans une coupe un remède νηπενθές τ' ἄχολόν τε κακῶν ἐπίληθον ἁπάντων[9]. Mais s'il est établi, par les très savants écrits d'Hippocrate et de Galien, que souvent un corps affaibli par la maladie est en plus affligé de mauvaises préoccupations mentales, ce qu'il m'est arrivé de voir auparavant de mes propres yeux : il est clair que la partie la plus importante de toute la médecine c'est d'αἰεὶ τοῖς μαλακοῖσι, καὶ αἱμυλίοισι λόγοισι θέλγειν, de charmer par des sons caressants et de douces paroles[10]. Et Celse a beau dire ensuite que l'éloquence ne peut pas soigner les maladies, rien ne peut être plus immédiatement efficace pour la guérison d'un esprit malade que des θελκτήρια de ce genre[11]. Et il peut difficilement arriver chose plus triste à un malade qu'un médecin privé de langue et muet, qui ne saurait pas, avant d'appliquer le remède, montrer avec des mots la dureté de la maladie et la douceur de la médecine.

La partie de la philosophie qui traite de la nature des choses tombe aussi tout entière sous la considération du médecin, au point qu'il semble même qu'elle ne concerne vraiment que lui. C'est un champ très large qui s'ouvre alors, rempli d'un fécond savoir en tout genre : herbes, fleurs, graines, fruits, feuilles, bois, écorces, racines, liqueurs, sucs, gommes, résines, sèves, le futur médecin a tout à cueillir, à collectionner et à conserver avec un soin diligent. Non loin de là se dresse une forêt très dense, où des animaux quadrupèdes de toute espèce viennent pour suivre avec acharnement des traces, et dont il faut, une fois qu'ils ont été capturés et mis en pièces, ce que font d'ordinaire les chasseurs compétents, examiner les membres un à un, et qu'il faut rendre propres un jour au meilleur usage : graisses, matières adipeuses, saindoux, et même les os déshabillés de leur peau et les moelles qu'ils contiennent, sans oublier non plus pour finir leurs excroissances. Non loin de là, béant de sa vaste gueule, s'offre une grotte noire et ténébreuse, que protègent de rudes montagnes et un bois redoutable, et autour d'elle on peut voir et entendre retentir l'espèce sonore des oiseaux aux chants divers, dont je crois nécessaire

---

9. *Od.* IV, 221 : « dissipant la douleur, calmant la bile, et faisant oublier absolument tous les maux ».

10. *Od.* I, 56-57.

11. « *morbos autem non eloquentia sed remediis curari* : les maladies ne se soignent pas par l'éloquence mais par les remèdes » *De medicina*, Préface c. 39, éd. Mudry, 26-27 ; θελκτήρια : *charmes magiques, adoucissements.*

de connaître non pas les voix, mais les natures en nombre infini membre par membre dans chacune de leurs parties. Puis il faut entrer dans la grotte, la visiter et extraire tous les minéraux, métaux, gemmes, pierres précieuses et variétés des diverses terres : et rentrer la maison pour les examiner et les collectionner soigneusement. Il ne faut pas délaisser les champs, les jardins et les vignes qui attendent nos soins. Ensuite il faudra compter les troupeaux, le bétail, les bêtes de somme et tous les animaux qui réclament l'attention vigilante du maître. Il ne faut pas négliger non plus les eaux dormantes, les lacs, les mers et les rivières : et les bassins eux-mêmes suscitent aussi la sollicitude laborieuse du futur médecin, au cas où un petit poisson très commun voudrait être bien traité de lui et en rapport avec sa dignité[12].

J'ai montré, je crois, aussi brièvement que j'ai pu, en donnant à voir un cercle presque complet, combien ce cercle ne comporte rien dont la connaissance ne soit requise chez un médecin[13]. Il faut maintenant tourner ses regards vers le haut, en direction de corps plus élevés et des corps célestes, dont les aspects réciproques et les courses affectent toutes les choses inférieures par association et par opposition. Si le médecin ne connaît pas ces choses, que va-t-il répondre, dites-moi, sur les maladies qui s'aggravent de manière létale ou s'affaiblissent en douceur selon le cours de la lune dans les signes du zodiaque, par suite de l'entrée dans tantôt l'un tantôt l'autre aspect des Planètes ? Il y a peut-être des gens qui vont répétant que cette observation des astres est superstitieuse, et qu'elle ne concerne absolument pas le Chrétien : mais moi j'aimerais que ces gens-là fussent aussi vraiment et purement Chrétiens qu'orgueilleux contempteurs non seulement de la science des Astres, mais en vérité de toutes les bonnes études. Je parle aux hommes φιλοδόξοις de notre siècle, qui mêlent combien pieusement toutes les choses sacrées et profanes, défendent la liberté, prétendent chaque jour dans de nouveaux commentaires se surpasser les uns des autres et condamner tous les anciens ἁγιογράφους, à d'autres d'en juger, mais je vois bien que chez la plupart on désire la sagesse, dont ils se font pourtant une gloire de ne pas s'occuper, en tant que chose humaine et vile[14]. Mais en vérité qui peut s'étonner qu'entre les mains d'un certain nombre d'entre eux l'Astronomie ait été dédaignée, que chez les uns toutes les lettres aient été négligées à l'exception des lettres sacrées, que chez les autres l'aient été même les lettres sacrées, à savoir chez ceux qui font parade d'une conversation journalière avec l'esprit de Dieu, de la vivante voix duquel aucun ne veut faire cas, ni recevoir d'enseignement : alors qu'il y en a, et ils sont comptés parmi les princes de leur temps, qui περὶ τῆς εὐχαριστίας d'après les livres

---

12. *opposam* : je lis *operosam*.
13. *quum* pour *quantum*.
14. φιλοδόξοις : *attachés à l'opinion du plus grand nombre* ; ἁγιογράφους : *hagiographes* ou plutôt *écrivains sacrés* (terme non attesté) ; je propose la ponctuation suivante : *libertatem asserant, quotidie novis etc.*

imprimés, je ne dis pas discutent mais bien réfutent tout à fait ouvertement ce à quoi l'on a ajouté foi jusqu'à présent à son sujet[15]. Tandis qu'il a été montré, et qu'il est enseigné par l'expérience quotidienne, que la science des astres véritables était solide, et établie de façon inébranlable, par tant d'auteurs très considérés de cet art que ce sujet n'a pas besoin d'une plus longue proclamation, de ma part du moins.

Mais je me permettrais d'affirmer qu'elle doit être examinée et abordée avec le plus grand soin par tout Chrétien, à plus forte raison par le Médecin qui, comme le dit Hippocrate, est quel genre de médecin, s'il ignore l'Astronomie ?[16] Tandis que le Chrétien ne la condamnera en aucune façon, sauf s'il pense que c'est en vain qu'une machine si brillante et ciselée a été ornée de tant d'étoiles très splendides par l'artisan de toutes choses, Dieu Très bon et Très grand, et non plutôt en signe certain de son immense pouvoir et de sa suprême bonté. Pour moi je pense que, s'il y avait dans cet art autant de savants professant qu'il est certain et véritable qu'il y en a professant cela de l'Astrologie, nous autres les hommes, nous serions sur le point d'être débarrassés de plusieurs milliers de maux qui nous enveloppent par suite de nos erreurs, sans que nous y prenions garde, puis en accusant les Dieux d'être les auteurs de nos maux ; c'est ce dont chez Homère Jupiter se plaint :

ὦ πόποι οἷον δή νυ θεοὺς βροτοὶ αἰτιάωνται
ἐξ ἡμέων γὰρ φάσι κάκ᾽ ἔμμεναι, οἱ δὲ καὶ αὐτοὶ
σφῇσιν ἀτασθαλίῃσιν ὑπὲρ μόρον ἄλγε᾽ ἔχουσιν[17].

Mais voilà qui est ἀτοπότερον[18] et même trop long, alors que j'ai promis de présenter les études du Médecin. Je continue donc immédiatement à y joindre la connaissance des régions de la terre, qui est une partie de la Géométrie : comme en effet elles sont disséminées à cause de la distance des routes et des intervalles entre les lieux, ainsi la nature de toutes les choses et des corps est extrêmement diverse selon qu'ils viennent dans la région très peu fertile de l'Asie ou qu'ils tirent leur origine des endroits les plus déserts de l'Afrique. L'Europe au contraire représente un certain milieu entre ces derniers, et le Médecin, s'il ne les a pas soigneusement observés, les emploiera inutilement dans son traitement. Et en plus, s'il ne sait pas que nos corps sont aussi affectés à cause de la malignité de l'air, de la qualité des vents de chaque région, et selon la situation et le voisinage du ciel, de la mer et des montagnes, c'est avec

---

15. Le texte περὶ τοὺς εὐχαριστίας qui pourrait se comprendre littéralement comme « autour de ceux de l'Eucharistie » a été corrigé en *lectio facilior*.

16. Allusion probable à *AEL* L II, 14, 15-19, seule occurrence du terme ἀστρονομίη dans le corpus hippocratique.

17. *Od.* I, 32-34 : [Zeus dit aux Immortels :] « Hélas, comme les mortels accusent à présent les dieux ! Car ils disent que les maux viennent de nous, alors qu'eux-mêmes souffrent plus que leur part à cause de leur propre orgueil ».

18. *Un peu déplacé, hors sujet*.

une certaine témérité que nous nous en remettrons à lui. Enfin, s'il n'a pas appris non plus à lier les calculs et les causes τῶν μετεώρων, quel remède appliquera-t-il aux corps de ces pauvres hommes frappés un jour d'une manifestation soudaine, un jour d'une attaque imprévue, et qui supportent difficilement d'autre secours qu'une explication crédible de la raison pour laquelle de telles causes se produisent ?[19] Mais puis-je enfin laisser de côté la science des nombres et le calcul des poids ?[20] Ces questions requièrent tellement l'attention scrupuleuse du médecin, qu'il arrive parfois qu'elles seules apportent la guérison souhaitée ou fassent subir une triste fin. Et de même que dans le domaine sacré c'est le nombre impair qui est réputé être toujours le plus agréable aux Dieux, de même dans le domaine médical c'est le nombre identique qui l'est aux corps[21]. Les médecins doivent si peu négliger les poids que parfois un seul grain ajouté plus qu'il ne convenait, ou laissé de côté moins qu'il n'est juste, peut démolir le petit ouvrage la médecine tout entière.

Mais en vérité il peut vous sembler depuis un moment que j'accumule en trop grand nombre les connaissances que j'exige toutes d'un médecin. Eh bien, je les trouverais au contraire en petit nombre, si elles s'arrêtaient aux limites d'un seul monde, et s'il n'y avait pas encore, aux dires des philosophes, un second Petit monde, l'homme lui-même : et si tu ne le connais pas tout entier non seulement dans son espèce mais même dans chacun de ses atomes, jamais tu ne comprendras aucune de ces études, qui te seront utiles si tu te destines à être son Médecin. Et pour connaître sa constitution à travers premièrement ce que les Médecins appellent les choses naturelles, il faut rechercher les éléments et leurs mélanges dans les humeurs corporelles : ensuite tous les membres et les souffles et les opérations qui en procèdent. Si ces derniers sont tous en bonne santé et bien établis par leur vertu propre, il ne faut rien traiter sans avoir fait préalablement en sorte qu'ils demeurent toujours de cette manière, par un entretien exact des choses non naturelles, comme ces mêmes médecins les dénomment. À savoir de faire en sorte que ni la malignité de l'air, ni la charge des nourritures, ou encore pire la disette, ni en outre les peines d'un exercice excessif, ni une mauvaise affection du sommeil, ou des mouvements de l'âme, lesquels sont appelés πάθη par les Grecs, ne les lèsent par de mauvaises conduites. Or s'il arrivait que le corps soit en mauvais état, soit affligé de divers genres de maladies, comme les noms de certaines de ces maladies sont à peine connus, alors enfin l'on aura l'usage de tous ces arts dont nous avons dit qu'ils étaient nécessaires au Médecin, tandis que si l'on a établi aussi bien que possible la très glorieuse œuvre des écrivains de la matière

---

19. Des régions élevées, des phénomènes célestes ; le sens de « manifestation » pour *apparitio* n'est pas attesté.

20. Voir BEC 8.

21. Allusion au célèbre *numero Deus impare gaudet* de Virgile, « le nombre impair plaît à Dieu », *Bucoliques* VIII, 76.

médicale, il sera possible de montrer cela par un exemple. Car qu'est-ce qui a accordé le ciel et l'immortalité aux Apollon, Esculape, Machaon, Chiron, ὑγεία et πανακή, sinon le spectacle que donne une santé prospère par comparaison avec le mauvais état physique ?[22] Quel honneur ont mérité les auteurs médicaux pour avoir mis de très salutaires remèdes prescrits contre les maladies à la disposition non pas d'un seul siècle mais bien davantage de toute la postérité ! Ce sont eux que le futur Médecin doit à notre avis fréquenter en tournant leurs pages jour et nuit. Mais attend-on que j'énumère ceux d'entre eux que j'approuve le plus ? En vérité je voudrais si possible qu'on les voie tous à fond, car ce que dit Pline, à savoir « Aucun livre n'est si mauvais qu'il ne soit utile par quelque aspect », doit s'appliquer tout particulièrement aux auteurs médicaux, pour que l'on aille tirer pour notre corps les plus sûrs remèdes des bouquins les plus sots[23]. C'est pourquoi, bien que je n'approuve vraiment que les Princes de l'art, Hippocrate et Galien, car c'est chez eux à mon sens que se trouve toute la médecine, au point qu'aucun autre médecin ni chez les Anciens, ni chez leurs successeurs, ni chez les Grecs, ni chez les Latins, ni chez les Arabes, n'a rien dit ou écrit qui ne commence à luire déjà dans leurs écrits, néanmoins je ne voudrais pas que l'on néglige les Arabes, très savants aussi et très attentifs à transmettre la médecine, mais seulement de telle manière qu'il existe un lecteur qui sache peser chez eux, comme ils disent, ce qui est blanc et ce qui est noir, avec le jugement de la pleine raison[24].

Par conséquent que celui qui se destine à utiliser les termes médicaux apprenne les langues grecque et latine, et aussi, s'il en a la possibilité, la langue des Arabes. Car comme Hippocrate et Galien ont publié leurs œuvres en grec, on ne les comprendra pas plus correctement une fois qu'elles sont traduites dans une autre langue, parce que leur latinité ayant été quelque peu sacrifiée, ceux qui connaissent bien les deux langues les reconnaissent à peine, et ce jusqu'au titre, et se reportent aux fondateurs. J'aimerais mentir en disant qu'Hippocrate est si corrompu partout que ceux qui ont entrepris la tâche de le traduire soit n'ont pas retrouvé sa pensée, soit nous ont transmis ce qu'ils avaient mal compris en l'exprimant encore plus mal, et pourtant des docteurs Médecins font étalage de lui dans les écoles, sur les estrades, dans les conférences et les cours publics et privés, en lançant soit des pensées soit des phrases toutes dignes d'Hippocrate, alors qu'il y en a une majorité qui ne se comprennent pas eux-mêmes en parlant. J'ai entendu de mes oreilles un vaniteux Thrason paradant, qui soutenait qu'il n'ignorait rien des écrits

---

22. Divinités invoquées dans le *Serment d'Hippocrate*, L IV, 628.
23. Citation exacte de Pline l'Ancien, rapportée par Pline le Jeune, *Lettres* III, 5, 10.
24. Ces déclarations de Janus Cornarius sur la valeur de la médecine arabe en contredisent d'autres plus ambiguës mais se retrouvent dans la préface de l'édition latine de Dioscoride de 1557, BEC 42, où il juge que l'apprentissage de l'arabe ne demande pas plus de six mois (à un hébraïsant) et regrette d'être lui-même trop âgé pour l'entreprendre.

hippocratiques : c'est étonnant combien de sottises, combien d'inanités il éructait à plein gosier à partir de ses livres ἐπιδημιῶν parfaitement obscurs, alors qu'il avait à peine salué les lettres grecques depuis le seuil, et dans les latines n'était guère plus avancé[25]. Voilà pourquoi la connaissance de la langue grecque est une chose tout à fait indispensable au Médecin, non seulement pour comprendre ces auteurs, mais aussi pour avoir connaissance des simples choses dont la plus grande partie, dans les livres médicaux, est évoquée sous un nom grec. Ensuite on ne comprendra pas bien non plus les maladies elles-mêmes, si l'on ne connaît la raison du nom grec par lequel elles sont presque toutes nommées : ainsi la signification de ces noms uniques est trop pleine pour que l'on arrive toujours à l'exprimer par plusieurs mots latins. Et c'est pour le même usage que j'exhorterais à apprendre la matière arabe, s'il n'y avait pas aujourd'hui autant de charlatans qui ne sont même pas instruits de la langue latine.

Beaucoup de prétendants de Pénélope abordent cette brillantissime matrone, et partout tant de proxénètes et de bouffons de foire en font finalement une pythonisse et un charlatan. Du reste pour en terminer une bonne fois, je ne tiendrai en rien pour Médecin celui qui n'aurait pas à sa disposition tous les genres d'arts que nous avons indiqués, toute la philosophie, les astres, le ciel, les étoiles, les terres, les bois, les mers et ce qu'ils contiennent, ramenés dans sa main. En y ajoutant en outre la connaissance des langues grecque et latine, sinon consommée, du moins suffisante pour comprendre de si grands auteurs, et surtout le plus savant, je veux dire Hippocrate. Pendant mes leçons sur Hippocrate, courez à perdre haleine, Messieurs les étudiants, au faîte de ce grand art, sans avoir peur de la difficulté. Que la multiplicité des études ne détourne personne sous prétexte que j'ai proposé de les reprendre par un long commencement. Soyez au contraire souvent présents, en imitant le renardeau d'Ésope[26]. Le lion est le roi des animaux, à cause de la grandeur de son nom et de sa gloire, et aussi par son aspect physique singulièrement effrayant ; la première fois que le renardeau le vit, soudain épouvanté, il s'effondra presque mort : mais ensuite, rappelant son courage, après avoir vu le lion une seconde fois, il trembla certes de tous ses membres, mais ne tomba pas à moitié évanoui comme avant. Et ensuite, quand il l'eut vu une troisième fois, il ne fut plus terrorisé ni terrifié par le lion, et au contraire il le salua en l'approchant d'une voix douce. Habituez-vous ainsi aux études ardues de Médecine, en venant souvent et en grand nombre.

---

25. Personnage de soldat fanfaron dans *L'Eunuque* de Térence, et allusion à Fuchs.

26. *Le renard qui n'avait jamais vu de lion*, fable 22 Chambry. L'encyclopédisme prôné dans cette première préface doit sans doute quelque chose au célèbre début du *De architectura* de Vitruve.

II. *In Hippocratis laudem praefatio ante ejusdem Prognostica (ca. 1528)*[1]

| *p. 2* Doctissimo ac eloquentissimo jurisconsulto Domino Bonifacio Amorbacchio Janus Cornarius salutem dat.

En legendam tibi quoque orationem nostram, cujus tu audiendae frequenti adeo doctissimorum Gymnasii vestri hominum multitudine autor fuisti : non dubito autem prudentius postea te tibi cauturum, ubi videris tibi pariter, tam saepe cum amicis tam novis etiam rubescendum esse. Expectabas autem ampliora, rogo te mi Amorbacchi, ab homine longa jam peregrinatione apud barbarissimas Livoniorum ac Ruttenorum gentes a litteris omnibus abalienato ? Ego mea nulla esse scio, sed tamen quidvis potius committam, quam ut in amicorum, et maxime tuam gratiam videri queam segnius voluntatem animi mei declarasse, etiamsi ineptiendum sit mihi, cujus rei egregium exemplum hic designavi, sed non omnino, ut puto, inepte. Vale.

| *p. 3* In Domini Hippocratis laudem praefatio ante ejusdem Prognostica, per Janum Cornarium Zuiccaviensem habita Basileae.

Scio equidem nomen nostrum in bonis studiis obscurius esse, ornatissimi viri, ac studiosi juvenes, quam ut ejus splendore exercitatos vos putem, quo ejus agnoscendi gratia huc prodieritis. Quum autem et studiorum, et morum admiranda plane turba Christianum maxime orbem exagitet, ita ut et hi qui ad insignem aliquam studiorum, integritatis, ac religionis famam pervenerunt, de nomine hodie periclitentur, fiatque fere, ut propius metam meliorum studiorum putentur attigisse, qui ita absunt, ut ne a limine quidem unquam adgressos esse constet : Longe fallimini si tale quicquam animis vestris de me concepistis, tanquam qui cornicum oculos configere aut velim, aut possim. Non est enim ea eruditio, neque compar eloquentia, neque etiam unquam istos studiorum motus ac jactationes amavi : adeo autem ab omni semper ostentatione abhorrui, ut libenter passurus sim longe infra dignitatem (cujus optimo cuique semper magnus respectus fuit) | *p. 4* omnia mea poni, modo vobis persuadeam, me ex hoc loco, quo apud vos dicturus satis confidenter ac temere prodii, nihil

---

1. BEC 2, d'après BSB 4 A. lat. b. 457 # Beibd. 2, en ligne *via* VD16 C 5135.

aliud spectasse, quam ut celeberrimo gymnasio vestro, ac studiosae adolescentiae, proposito aliquo studiorum medicorum exemplo, publice sim et ornamento et utilitati. Quod si mihi creditis, nihil opus habeo apud purgatissimas aures vestras amplius me excusare, tantum si a vobis impetrem, ut patienter me feratis, planius ac rudius interim consilii mei rationem vobis expositurum. Medicinae ut saluberrimum, sic longe gratissimum studium, omnibus seculis, apud omnes etiam nationes, omnibus hominibus semper fuit, ex eo tempore, quo primum coepit, maxime ubi artem omnium nobilissimam non impudentes ac ignari homines venditarent : nam si talium nomine aliquando male audiit, id adeo arti derogare non debet, ut nec aliis studiis rite imputatur, si qui sint qui ad ea perdiscenda ineptiores se conferant, aut impudentius prostituant postea. Quae autem ars omnino est, quae non ineptissimos multos semper habuerit sectatores ? ac pejores deinde artifices ? Quos propter si quis velit artem ipsam minoris facere, non video quae possit facile reliquis praeferri. Quare nihil proferam eorum, quae alii magnificis ac splendidis orationibus in medicinae laudem protulerunt : hoc unum in votis habeo, non temerarium videri me vobis, qui ejus studiosos qualicunque ratione, certe excellen-| *p. 5* tis alicujus rerum medicarum scriptoris professione, a me publice exhibita, velim fieri instructiores. Adsumpsi autem Hippocratem, talem autorem, ut dubitem laudibus ullis vehendam medicinam, si ejus viri (si vir modo et non numen potius credendus est) scripta non extarent. Quod si velim oratione mediocri saltem, qua satis tenuiter etiam polleo, palam facere, multorum dierum spatio, quantumvis etiam cupidum ea audiendi auditorium delassarem, ita ex singulis ejus scriptorum verbis elucent insignia quaedam dogmata, quae postea plerisque non ignobilibus quoque medicis singulos libros conscribendi ansam dederunt. Quae si e medio sublata essent, fortasse non immerito in calumniam medicina incideret, quum plerique extent hodie medicorum libri, propter quos non tantum vilescere ars medica possit, verum etiam ex omnibus theatris, publicis ac privatis conventionibus explodi ac ejici. Quanquam quantum reliqui fuit nobis, multis jam seculis, ex doctissimi Hippocratis scriptis, quum constet plurima ex corruptissimis Graecis exemplaribus longe corruptius latine nobis reddita, non infideliter plane, sed tamen minus latine, ac propterea etiam obscurius. A qua culpa tamen temporum ratio veteres interpretes facile defendit. Quid autem recentioribus ac coaevis nobis gratiae debere nos fatebimur ? Quorum quidam adeo nuper Hippocratem ita nobis latine exhibuit, ut longe amplior venia anti-| *p. 6* quioribus translatoribus pateat, postquam hic videtur in totum ab αὐτογράφῳ et Graeco exemplari delyrare. Quod ne cui penitus fingere videar, cupiam conferri a doctioribus, quae in universo ἐπιδημιῶν opere, (ut in reliquis nihil requiram) is praestiterit. Videbunt nimirum non cujusvis esse, tam excellentem autorem intellectu adsequi, nedum jactare audeat quis, se id praestitisse, quo latinis hominibus pristina exuta barbarie, Hippocrates eorum lingua pure loqueretur. Quanquam venia quoque et hunc dignum putarem, si vel breviter lecturos commonuisset fidei suae, et ordinis, neque in vertendo novo adeo et inaudito divinationis genere esset usus. Illud ipsum enim ἐπιδημιῶν opus, aut temporum injuria vitiatum esse, aut admirando plane consilio ab Hippocrate conscriptum esse necesse est, quum mera aenigmata, Oedipioniis etiam obscuriora omnia esse videantur. Quod nisi praemoneat interpres, non scio cur fidem translationis vere reperire debeat, aut cur tandem interpretis nomen mereatur. Verum Hippocrati suum quoddam judicium in his libris fuisse demus, quod neque ex doctissimi Galeni scriptis nobis satis manifestum est, quale id fuerit: nobis sane apud studiosam rei medicae adolescentiam, mentionem ejus aliquam facere placuit, ut ad hujus scriptoris sacratissimos libros cautius ac reverentius accedant, utcumque eorum usus confidenter ac | *p. 7* satis temere etiam in publicis scholis traducatur. Quae reverentia debetur vel in primis, plenis bonae frugis hujus autoris Prognosticon libris, in quibus talia quaedam insunt, quae nisi accurate introspicias singula, possint videri anicularum delyramentis non dissimilia. Sed absit ut in hoc viro aliquid citra summam impudentiae suae notam cuiquam suboleat. Ejusmodi enim in his libris tractatio est, ut ullum aliquem medicum esse non crediderim, qui ulli corpori ex acutis morbis infestato possit mederi, nisi singulorum tractatorum, in singulas adeo horas, ac temporum etiam momenta habeat respectum, ac diligentissimus sit observator. Quare potissimam omnium causam videri vobis velim, cur Prognosticon libros ex omnibus selegerim vobis praelegendos. Quod sine horum cognitione omnem medici operam frustratam ac cassam judicem, quorumcumque tandem scriptorum doctrina fulcitus aegrum accedat. Atque ob id auscultare diligentius, vos rerum medicarum studiosi juvenes hortor, quae de toto opere sim pronunciaturus. Nam ea talia erunt, ut ad futuram praelectionem, non solum animum studiosis augere debeant, sed etiam viam praestruere, qua facilius ad rem omnem possit perveniri. Vos vero ornatissimi viri rogo : ne quid molestiarum concipiatis, dum vestra benignitate diutius abutor, atque interim ejus, qui in studiosorum commodum institutus est, sermonis taedia benigni nobis devorate, atque | *p. 8* ut hinc ordiar : Non malus putandus est artis suae magister, qui et breviter, et lucide, et apte, ac interim nihil necessariorum relinquens artem suam tradit. Id vero si totum Hippocratem in his libris fecisse cognoscitur, dignum omnibus modis judicamus, qui solus in hoc negotio ac argumento tradendo ab omnibus studiosis legatur, et cujus dicta instar oraculorum et reverenter petantur, et studiose ab omnibus expleantur, quum adeo humani corporis ex morbis languefactati, universa salus ex his solis dependere videatur. Atque hic vide mihi mox a principio diligentis artificis curam, qui circa opus suum, nimirum corpus aegrum, tractandum curiose adeo de temporibus, et quod praecessit, et quod jam adest, quodque secuturum sit, omnia profert, quae debeant animadverti, ut nihil relinquat, sive ex evidenti et terrena causa, sive caelitus traxerit originem morbus. Mox deinde ad corpus ipsum progrediens omnia in ipso praescribit signa, unde praejudicare possis, quid circa infirmum sit postea futurum : hic faciem atque singulas ejus partes, oculos, nares, dentes, frontem, palpebras, tempora, aures, ordine digesta omnia habes, secundum singula tempora, sive vigilet, sive dormiat aeger, ut certo possis praegnoscere, quid de infirmo sit sperandum. Subdit deinde universi corporis habitum ac decubitum, cervicem, ventrem, manus, pedes, ex quorum consyderatione praedicere liceat morbi ipsius malignitatem. Post vero ad accidentia transit, quaeque ex illis praesagiri | *p. 9* queant, pertractat, hic spiritus sive anhelitus rationem, sudorem, iliorum dolorem, animi angustiam, ac mentis alienationem, abscessus, fluxus sanguinis undecumque manantis, et saniei sive puris consyderationem videre est, quae omnia nisi diligenter plane observet medicus, haud dubie falletur, seipsumque ac gloriam artis faciet viliorem. Audistis fere ea quae primo libro traduntur, non dissimilia his in secundo refert : quanquam ut plane diligentissimi hominis φιλανθρωπισμὸν amplius cognoscamus, non solum externorum signorum diligens est spectator, verum ad ipsa etiam excrementa corporis omnia, adque ipsius vesicae ac alvi egestiones se demittit : qua certe re ut nihil sordidius vulgo judicatur, sic non scio artem, quae melius de humano genere mereatur quam medicina ipsa, quae nihil eorum sordidum putat, quae ad hominis conservationem plurimum valere censet : ea autem sunt inprimis urina ac alvi retrimenta, quorum indicium quum ad singulos morbos cognoscendos minime pertingat (siquidem alterius inprimis super hepatis et venarum, alterorum super stomachi et intestinorum dispositionem judicatio existit) non cunctanter mox adhibet sputi ac vomitus indicia et praesagia, quum morbi qui circa os stomachi, in thorace, pulmone, ac costis existant, ex nullis aliis indiciis aut cognoscantur, aut finiantur. His autem adponit de extremarum corporis partium pertimescenda ac lethali frigiditate, maxime ubi pudibun-| *p. 10* da incipiant frigore contrahi ac imminui, ut ea quae alias natura ac homini ingenitus pudor, ab oculis longe remota voluit, non tamen medicum laterent, ut inde universi corporis praescientiam salutarem colligere posset. Et jam post multa alia, quae circa aegrum ac virtutis constantiam tradit animadvertenda, ad tertium transsilit librum, in quo ut longe difficillimam dierum criticorum observationem perscribit, ita nihil in universa fere re medica existit, quod tam admirandos, et quasi divinos medicos videri efficiat, quam ex diebus, quibus se criseos morbi signa promunt, justa computatione facta, vel salutis, vel mortis praedictio. Sed quotus ah quisque est hodie qui talia curet. Non medicorum saltem incuria in hac parte plurimum delinquitur, sed et aegrorum oscitante negligentia peccatur, qui nulla observata morborum accessione, serius fere, et ad jam desperatum malum, medicum accersunt, ut vere stupendum ac dolendum sit, cuiquam esse tam vilem sanitatis suae ac vitae rationem. Verum Hippocrates quum circuituum ac accessionum ipsorum morborum certos dies enumeret, ex quibus aliis quidem sanitas, aliis interitus praedici queat, quaternarii tamen dierum numeri intuitionem ut sacram penitus religiose spectandam proponit. Non relinquit deinde quae in singulis febrium generibus debeant prospici, maxime ubi apostemata et abscessus quidam externi vel interni adpareant, ex quorum indica- | *p. 11* tione morbi saevitiam liceat aestimare ac praescire. Eaque omnia quum diligentissime persequutus est, ne fides autori derogetur, adponit et in Africa, et in Europa ac Asia quoque, universo videlicet terrarum orbe, sibi omnia illa esse cognita et experta, ne quis tanquam vana explodere praesumat. Hunc ego autorem tanta fide, ac experientia rerum, tam commoda, tamque necessaria dogmata nobis tradentem, ecquid non reverenter suspicimus ? Cur non obviis ulnis ac extentis manibus amplectimur ? Cur non totam, vel saltem plurimam aetatis partem in eo perlegendo conterimus ? Ego sane persuasi mihi, unum esse Hippocratem, cujus scripta certa, vera, ac sancta a medicis amplecti ac reverenter coli deceat, quum nihil majori commodo, aut ampliori jucunditate unquam attigerim, a quo primum me huic studio concredidi, nec etiam in ullo autore spero suavius mihi fore consenescere. Cujus rei testimonium jam sit mihi, quod juvandi vos studio, vobis studiosi adolescentes, hunc tanquam perfectum et absolutum rei medicae exemplar, praelegendum proposui. Vestrum igitur erit benignitatem meam, alacritate quadam audiendi, ac discendi cupiditate, deinde semper amplius provocare ac augere. Dixi.

II. ÉLOGE D'HIPPOCRATE EN PRÉFACE À SES *PRONOSTICS*

Janus Cornarius à Boniface Amerbach, très savant et très éloquent jurisconsulte, salut[1].

Voici que tu dois aussi lire mon discours, étant à l'origine de son audition par la foule si nombreuse des plus grands savants de votre Gymnase : je ne doute pas que tu prendras garde à toi avec davantage de prudence par la suite, lorsqu'il t'apparaîtra aussi qu'il y a également si souvent à rougir en compagnie de si nouveaux amis. Mais attendais-tu mieux, mon cher Amerbach, je te le demande, de la part d'un homme qu'un long voyage chez les peuples très barbares des Livons et des Ruthènes a rendu étranger à toutes les lettres ?[2] Je sais, moi, que les miennes sont inexistantes, et pourtant je commettrais n'importe quoi plutôt que de pouvoir paraître avoir exprimé trop mollement les bonnes dispositions de mon cœur vis-à-vis de la faveur que me font tes amis, et surtout vis-à-vis de la tienne, dussé-je dire des inepties, ce dont j'ai donné ici un remarquable exemple, mais pas entièrement inepte je crois. Porte-toi bien.

Éloge d'Hippocrate en préface à ses *Prognostics*, prononcé à Bâle par Janus Cornarius de Zwickau.

Je sais bien que mon nom, Très distingués Messieurs et jeunes gens étudiants, est trop obscur dans les bonnes études pour que je vous croie habitués à son éclat, qui vous aurait amenés ici pour l'avoir reconnu. Alors que de très étonnants troubles dans les études et dans les mœurs agitent la sphère chrétienne, au point que même ceux qui sont parvenus à une éminente réputation en raison de leurs études, de leur vertu et de leur religion, voient leur renom en danger, et alors qu'il arrive d'ordinaire que pensent avoir touché d'assez près le terme des meilleures études des hommes qui en sont si éloignés qu'il est évident qu'ils n'en ont jamais abordé même le seuil : vous vous êtes

---

1. Boniface Amerbach (1495-1562) fit des études de droit à Fribourg-en-Brisgau puis à Avignon auprès d'André Alciat. *Doctor legum* à Avignon en 1525, il enseigna le droit romain à l'Université de Bâle de 1524 à 1548, ne publia rien mais servit d'intermédiaire entre les imprimeurs bâlois et les érudits étrangers et contribua ainsi à la découverte de nouvelles sources dans le domaine juridique (NDB). Voir aussi ci-dessus p. 50-51.

2. Voir ci-dessus p. 32 et suivantes.

entièrement trompés si vous m'avez imaginé comme quelqu'un qui voudrait ou qui pourrait crever les yeux des corneilles[3]. Car tels ne sont pas le savoir et l'éloquence qui l'accompagne, et je n'ai jamais aimé ces grands gestes ni l'étalage des études : j'ai toujours éprouvé tant d'aversion pour toute ostentation, que je serais prêt à supporter de dépouiller toute mon activité de tout prestige (pour lequel tous les hommes de bien ont toujours eu un grand respect), pourvu que je vous persuade de ce que je n'ai rien d'autre en vue que d'être à titre officiel, en proposant un échantillon des études médicales dans ce lieu où j'ai l'audace et la témérité de venir vous parler, une source à la fois de distinction et de profit pour votre très célèbre gymnase et pour les jeunes gens qui y étudient. Croyez-moi, je n'ai nullement besoin de m'excuser davantage à vos oreilles très châtiées, si du moins j'obtiens de vous que vous supportiez patiemment que je vous expose assez clairement, mais encore grossièrement, la raison de mon projet.

L'étude de la médecine fut toujours pour tous les hommes, dans tous les siècles et chez tous les peuples à la fois la plus salutaire et la plus précieuse depuis l'époque où elle commença, surtout quand des hommes non dépourvus de délicatesse et de savoir essayèrent de vendre l'art le plus noble de tous : car si elle fut un jour décriée au motif de telles pratiques, ceci ne doit pas ôter tout crédit à cet art au point qu'on ne le mette pas aussi à bon droit au compte des autres études, s'il y a des gens assez ineptes qui s'y consacrent ou qui le prostituent ensuite avec assez d'impudeur. Quel est l'art, en général, qui n'a jamais eu de nombreux adeptes tout à fait incapables ? Et ensuite d'assez mauvais praticiens ? Et si à cause d'eux l'on voulait accorder moins de prix à l'art lui-même, je ne vois pas quel est celui que l'on pourrait aisément préférer aux autres. C'est pourquoi je ne parlerai pas des sujets que d'autres ont traités dans d'imposants et brillants discours à la gloire de la médecine[4] : la seule chose pour laquelle je fasse des vœux, c'est que vous ne me jugiez pas téméraire de vouloir rendre ses étudiants plus instruits quelle que soit la méthode, en tout cas professée par un excellent écrivain en matière médicale, et que j'ai montrée publiquement. J'ai choisi Hippocrate, un auteur tel que je doute s'il y aurait à porter le moindre éloge à la médecine, si l'on n'avait pas conservé les écrits de cet homme (si du moins il faut croire qu'il fut un homme et non plutôt une divinité). Et si je voulais le rendre manifeste par un discours même de moyenne longueur, par lequel j'ai aussi assez peu de puissance, en l'espace de plusieurs jours, je lasserai mon auditoire si désireux soit-il de l'écouter, tellement la plupart des mots de ses écrits font briller certains dogmes remarquables, qui ont ensuite donné même à des médecins loin d'être inconnus matière à écrire chacun leur livre. S'ils avaient été supprimés, la médecine mériterait peut-être de tomber sous le coup de la calomnie,

---

3. L'expression signifie *tromper les plus clairvoyants*, d'après Cicéron, *Pro L. Murena* 25.
4. Allusion probable à Erasme, voir ci-dessus p. 48 et suivantes et p. 279 n. 3.

puisqu'aujourd'hui émergent en général des livres médicaux, qui font que l'art médical peut non seulement s'avilir, mais même se faire huer et chasser de tous les théâtres, lieux de réunions publics et privés. D'ailleurs combien de restes avons-nous, en de nombreux siècles maintenant, des écrits du très savant Hippocrate, quand il est reconnu que le plus grand nombre nous en a été transmis en latin à partir d'exemplaires grecs très corrompus, de manière beaucoup plus corrompue sans être tout à fait infidèle, mais néanmoins peu latine et par conséquent encore plus obscure.

De cette faute, cependant, le nombre des années excuse sans peine les anciens traducteurs. Mais quelle gratitude reconnaîtrons-nous devoir aux traducteurs modernes ou contemporains ? Un d'entre eux nous a récemment exhibé Hippocrate en latin, au point qu'un pardon beaucoup plus large s'étend aux traducteurs plus anciens, quand on le voit intégralement délirer à partir d'un αὐτογραφόν et d'un exemplaire grec[5]. Pour que personne ne croie que je l'invente, j'aimerais que de plus savants le comparent à ses affirmations dans l'ensemble de son ouvrage ἐπιδημιῶν (pour ne rien dire des autres ouvrages). Ils verront sans doute qu'il n'est pas donné à tout le monde de comprendre un auteur aussi éminent, loin d'oser se vanter d'avoir affirmé qu'une fois rejetée l'ancienne barbarie des Latins, Hippocrate parlerait correctement leur langue[6]. Mais je le trouverais lui aussi digne de pardon, s'il avait averti ses lecteurs, même brièvement, de sa bonne foi et de son ordre, et n'avait pas employé en traduisant un genre encore nouveau et inouï de divination. Ce grand ouvrage des ἐπιδημιῶν a nécessairement été ou bien lui-même vicié par l'injure des temps, ou bien écrit par Hippocrate selon un dessein parfaitement singulier, puisque tout y semble de pures énigmes, encore plus obscures que celles d'Œdipe. Mais si le traducteur n'en avertit pas à l'avance, je ne sais pas pourquoi l'on devrait ajouter foi à sa traduction, ou pourquoi il mériterait enfin le nom de traducteur.

Mais admettons qu'Hippocrate ait eu dans ces livres une opinion propre, du fait que même d'après les écrits du très savant Galien sa nature n'est pas assez manifeste pour nous : voilà ce dont nous avons voulu faire mention auprès de la jeunesse qui étudie l'art médical, pour qu'elle aborde avec plus de prudence et de respect les livres très saints de cet auteur, quel que soit l'usage que l'on enseigne d'en faire, sans crainte et même avec témérité, dans les écoles publiques. Cette révérence est due peut-être avant tout aux livres des *Pronostics*, pleins du bon fruit de leur auteur, qui contiennent certaines choses

---

5. Même allusion à Fuchs que dans le discours précédent, ci-dessus p. 286. Un *autographe*, c'est-à-dire un manuscrit, mais sans qu'il soit possible de dire si l'on croyait avoir affaire à des écrits de la main même de l'auteur, et si une telle croyance pouvait aussi être jugée ridicule dans le cas d'Hippocrate. Janus Cornarius a lui-même écrit ce mot *autographe* dans les marges de l'aldine de Göttingen, ci-dessus p. 136, et l'on rappelle que le terme *exemplar* désigne couramment aussi bien des manuscrits que des imprimés.

6. Je lis *quod* pour *quo*.

qui, si l'on ne regardait pas soigneusement à l'intérieur de chacune d'elles, pourraient paraître tout à fait semblables à des délires de vieilles femmes. Mais on serait loin de subodorer quelque chose chez cet homme, sans aller jusqu'au plus grand signe de son impudence. Dans ces livres en effet, le geste est conçu de telle manière que je ne croirais pas médecin quelqu'un qui ne pourrait soigner un corps infesté de maladies aiguës sans avoir égard, pour chaque patient, à chaque heure et même à chaque moment des saisons, et en être l'observateur le plus attentif. Voilà pourquoi je voudrais que vous accordiez la plus grande importance à la raison pour laquelle j'ai choisi les livres des *Pronostics* comme les premiers que vous ayez à lire de tous. Car je jugerais l'oeuvre de tout médecin illusoire et vaine s'il n'a pas connaissance de ces livres, quels que soient d'ailleurs les écrits dont il soutient sa doctrine en abordant un malade. Et c'est pour cela, jeunes étudiants en médecine, que je vous engage à écouter très attentivement ce que je vais exposer au sujet de l'ensemble de cet ouvrage. Car cela sera de nature non seulement à accroître l'ardeur des étudiants vis-à-vis de l'explication de texte à venir, mais aussi à préparer la voie qui permet d'arriver à l'ensemble de la matière. Mais je vous le demande, Très distingués Messieurs : ne concevez aucun chagrin pendant que j'use de votre complaisance, et ravalez-moi pendant ce temps, en toute bienveillance, votre aversion à l'égard d'un discours entrepris pour le bien des études ; et pour commencer immédiatement :

Il faut penser qu'un maître n'est pas mauvais dans son art, s'il le transmet à la fois rapidement, clairement et convenablement, et sans omettre les choses indispensables. Si l'on apprend qu'Hippocrate a fait tout cela dans ses livres, nous le jugerons digne en tous points d'être le seul dans la tradition pratique et théorique à être lu par tous les étudiants, et dont les paroles soient à rechercher avec respect à l'instar des oracles, et à appliquer par tous avec ardeur, surtout quand tout le salut du corps humain affaibli par les maladies ne semble dépendre que de ces paroles. Et voyez-moi bien ici dès le début le soin de l'homme de métier scrupuleux qui, à propos de son ouvrage, à savoir un corps malade qu'il faut traiter attentivement même pour ce qui concerne les saisons, indique à la fois ce qui a précédé, ce qui se produit alors et ce qui va suivre, toutes les choses auxquelles il faut faire attention, sans rien laisser de côté, que la maladie tire son origine d'une cause évidente et terrestre ou du ciel. Passant ensuite au corps lui-même, il mentionne tous les signes que celui-ci présente, d'où l'on peut préjuger ce qui arrivera concernant le patient : vous avez là le visage et chacune de ses parties, les yeux, les narines, les dents, le front, les paupières, les tempes, les oreilles, tout cela distribué dans l'ordre, selon chaque époque, que le malade soit éveillé ou qu'il dorme, de façon que l'on puisse connaître par avance avec certitude ce qu'il faut espérer au sujet du patient. Il fait suivre ensuite le maintien de l'ensemble du corps, debout et couché, la nuque, le ventre, les mains, les pieds, par l'observation desquels il est possible de prédire la malignité de la maladie elle-même. Et puis il passe aux accidents et traite à fond ce qui peut en être présagé, il s'agit là de voir la raison d'un souffle ou d'une respiration pénible, la sueur, la douleur des entrailles, l'oppression de l'âme et l'aliénation de l'esprit, les abcès, les écoulements sanguins d'où qu'ils viennent, et de regarder la sanie ou le pus, toutes choses que le médecin observera très soigneusement, sans quoi indubitablement il se trompera, et se dépréciera lui-même comme il le fera de la réputation de son art.

Vous venez d'entendre à peu près ce qui est dit dans le premier livre, et dans le second il ne rapporte pas des choses différentes : mais pour que nous apprenions à connaître davantage le φιλανθρωπισμός[7] de cet homme extrêmement scrupuleux, c'est non seulement un observateur attentif des signes externes, mais il s'abaisse aussi à toutes les excrétions du corps, et même aux déjections de la vessie et des intestins : c'est bien pourquoi, autant la foule juge qu'il n'y a rien de plus sale, autant je ne connais pas d'art qui mérite mieux du genre humain que la médecine, qui ne voit rien de sale dans ces choses qu'elle estime de la plus grande valeur pour la conservation de l'homme : ce sont au premier chef l'urine et les résidus de l'intestin, dont l'indication, alors qu'elle touche très peu à la connaissance des maladies particulières, (puisque l'examen de la première montre l'état du foie et des veines et celui des seconds l'état de l'estomac et des intestins) emploie bientôt sans hésiter les indications et les présages du crachat et du vomi, alors que les maladies qui naissent vers l'entrée de l'estomac, dans le thorax, les poumons et les côtes ne sont connues ou déterminées par aucun autre indice[8]. Il ajoute à cela <des remarques> sur le froid très redoutable et mortel des parties extrêmes du corps, surtout lorsque les parties honteuses commencent à se contracter et à diminuer à cause du froid, de sorte que ce que la nature et la pudeur humaine innée veulent tenir loin des yeux en d'autres circonstances, ne doit pas être caché au médecin, pour qu'il puisse en retirer une prescience salutaire à l'ensemble du corps. Puis après beaucoup d'autres choses qu'il rapporte comme remarquables concernant le malade et la permanence de son énergie, il passe au troisième livre, dans lequel il décrit en détail l'observation vraiment très difficile des jours critiques, ainsi n'existe-t-il rien, dans presque toute la médecine, qui fasse paraître les médecins aussi admirables et quasi divins que leurs prédictions de santé ou de mort, après un calcul exact à partir des jours où s'expriment les signes de la crise de la maladie.

---

7. On ne connaît que φιλανθρωπία : *sentiments d'humanité*.

8. Le sens d'*adhibet* n'est pas clair et il est possible que le texte imprimé soit corrompu, ou contienne une omission que nous ne pouvons restituer, de même que dans la phrase suivante le COD d'*adponit* est au moins sous-entendu. La construction retenue pour la traduction donne à *adhibet* le sujet *indicium* et le COD *indicia*. L'idée serait alors que les indications fournies par l'urine et les matières fécales rejoignent celles données par les diverses régurgitations, sachant que ce passage du discours résume et commente les c. 11-15 du *Pronostic*, qui distinguent assez nettement tous les indices ici cités, dans la traduction de J. Jouanna et C. Magdelaine, 195-199.

Mais hélas, quel est aujourd'hui le nombre de ceux qui se soucient de ces choses ? Ce n'est pas seulement à cause de l'incurie des médecins que l'on est en défaut dans ce domaine, mais l'on pèche aussi par la nonchalante indifférence des malades, qui sans accès constaté de la maladie font venir le médecin presque trop tard et pour un mal alors désespéré, de sorte qu'il est stupéfiant et déplorable que l'on ait une si vile opinion de sa santé et de sa vie. En réalité Hippocrate, quand il énumère les jours précis des cycles et des accès des maladies par lesquels on peut prédire pour les uns la santé pour les autres la mort, propose cependant de regarder tout à fait religieusement comme sacrée l'image du nombre quaternaire de jours. Ensuite il ne néglige pas ce que l'on doit avoir en vue dans chaque genre de fièvres, surtout lorsqu'apparaissent certains apostèmes et abcès externes ou internes d'après l'indication desquels il est possible d'estimer et de savoir à l'avance la violence de la maladie. Une fois qu'il a exposé toutes ces choses avec le plus grand soin, pour ne pas ôter tout crédit à l'auteur, il ajoute qu'il les a toutes connues et éprouvées à la fois en Afrique, et en Europe, et aussi en Asie, apparemment sur toute la terre, pour que personne ne présume de les rejeter comme vaines. N'élevons-nous pas les yeux avec respect vers cet auteur qui, pour moi, nous livre avec tant de confiance et d'expérience des choses des dogmes si utiles et si nécessaires ? Pourquoi ne l'embrassons-nous pas bras et mains tendus en avant ? Pourquoi ne passons-nous pas la totalité, ou du moins la plus grande partie de notre vie à le lire en entier ? Oui, je suis persuadé pour ma part qu'Hippocrate est le seul dont les médecins devraient embrasser et pratiquer respectueusement les écrits incontestables, vrais et saints – alors que je ne me mettrai jamais à rien avec plus de profit ou avec un plus grand plaisir –, et celui par lequel d'abord je me suis voué à cette étude <de la médecine>, et il n'y a aucun autre auteur avec lequel j'espère vieillir plus agréablement. Qu'en témoigne le fait que, par désir de vous aider, Messieurs les jeunes étudiants, je vous aie proposé de l'expliquer comme le modèle parfait et absolu de la médecine. À vous donc de susciter et d'accroître ensuite toujours davantage ma bienveillance par votre ardeur à écouter et votre désir d'apprendre. J'ai fini de parler.

III. DE AËRE, AQUIS ET LOCIS. DE FLATIBUS.
EPISTOLA NUNCUPATORIA (1529)[1]

| *p. 3* Illustrissimo Principi ac domino D. Joanni Saxoniae duci, sacri Romani imperii principi Electori ac Archimarscalo, provinciali Thuringiae Comiti, Misniae Marchioni, domino suo clementissimo Janus Cornarius Zuiccaviensis salutem dat.

Nihil magis velim illustrissime princeps ac domine, quam ut vere hunc laborem temere suscepisse videar, quo Hippocratis Coi, inter medicos semper primi nominis habiti, de re medica, qui adhunc[2] supersunt libros, latinos facere institui. Non deerunt enim qui actum me agere dicent, qui post tot veteres translationes, quasdamque etiam recentes, atque post totam illam nuper adeo invulgatam, et jam tertio excusam, ita enim magno vulgi medicorum ad plausum excepta est : Calvi Rhavennatis interpretationem tale quiddam audeam. Verum res ipsa clamat quam in hoc autore nihil praestitum sit, neque ab his, quibus veterem versionem debemus, neque ab ipso Calvo. Quanquam illis ignoscendum erat, quod qualia cumque sui seculi ratio permittebat, nobis legenda dederunt, nominibus suis etiam celatis, nullum gloriae respectum, | *p. 4* sed publici commodi curam habentes. Hic vero, ut nihil gravius dicam, plenis opinionum velis, vanaque sciendi persuasione inflatus eo una cum Hippocrate impegit, ut nescias alicubi, sit ne Calvus Hippocratis servator et interpres, an Hippocrate submerso, reliquias quasdam ejus ex naufragio servatas protulerit, aut pro Hippocraticis aliena adprehenderit, sicut sit quum fracta nave quisque sibi oblatum vehiculum in quo enatet, amplectitur. Cui enim alii rei, quam naufragio, comparare debeo, tot optimorum utriusque linguae autorum internecionem, quam partim ad ingruentem barbarorum hominum tempestatem, partim ad quorundam perverse piorum tyrannidem referimus, neque in hunc usque diem integre quietam. Quare mihi quidem videtur nulla ars minus bene instructa esse quam medicina, quamdiu quidem non omnia in ea ipsa ad exactissima Hippocratis scripta, tanquam ad amussim exaequentur. Quod fieri non potest, nisi ille ipse autor in sua lingua qua temporum injuria mutilus in plerisque locis adparet, quam integerrime curatus

---

1. BEC 4, d'après Zwickau RSB 22.11.3(2b).
2. *Sic.*

prodeat et legatur. Requirat autem res ista plane Herculem alterum vindicem, qui a tot monstris, quibus est in multis locis obsessus, sacratissimum autorem liberaret. Ego hoc anno quo Basileae vixi, nihil fere aliud feci magis sedulo, quam ut si possim, aliquam opem adferrem, inhortantibus ad hoc amicis quibusdam plane doctis, auxiliantibus | *p.* 5 etiam aliquibus, maxime autem Hieronymo Frobenio, qui in hoc paternas virtutes egregie aemulatur, ut quosque optimos utriusque linguae autores, tum sacros, tum prophanos, quam emendatissime in lucem producat. Quid vero ex translationum omnium quae extant cum Graeco exemplari collatione, atque adhuc Graeci cujusdam scripti exemplaris, quod aliquot breves diligentissime exaratos Hippocratis libellos complectebatur, auxilio effecerim, dicetur ubi opus ipsum in publicum prodibit, Celsitudini tuae jamdudum a me dicatum. Jam vero ejus operae gustum quendam exhibeo, duos nimirum Hippocratis libellos, quantum fieri potuit emendatissimos, eosdemque simul a me versos. Ex quibus aestimationem quemque linguae utriusque studiose doctum facere volo, quantum praestat unum aliquem atque alterum insignem artis libellum legi integrum, quam ita multos temere, numeroque sine omni compactos, titulo tenus tantum autores suos referentes : deinde etiam ab indoctis fere artis venum propositos, nullo studiorum sed solius quaestus habito respectu. Quanquam vehementer optarim quosvis optimos Graeciae autores nobis vel adhuc Hippocrate magis corruptos, vel ex Orco transmitti, ut aliquando eorum, qui quondam soli sapientes habiti sunt auxilio, optimae quaeque artes suam integritatem, et respublicae quietum aliquem tandem statum reciperent. Sed nolo ista longius apud Celsitudinem Tuam tractare, quam Deus | *p.* 6 optimus maximus in potentissimo totius Germaniae principatu constituit, ubi et literae, et mores, et pietatis studium, invidia etiam diu contra nitente, et tandem adprobante, plane triumphant. Cui quum hujus vitae initia debeam, cupiam ista Celsitudini Tuae non displicere, quae publico ut spero commodo sumus adgressi. Id enim solum spectamus, quod si adsequor Celsitudinis Tuae amplius clementi benignitate accedente. Jam vehor, et venti tendunt mihi vela secundi. Valeat Celsitudo Tua, Basileae Calendis Julii Anno MDXXIX.

III. LETTRE DÉDICACE D'*AIRS, EAUX, LIEUX* ET *VENTS*

Janus Cornarius de Zwickau à Johann, duc de Saxe, Prince Électeur et Archimaréchal du Saint Empire romain, Comte de la province de Thuringe, Marquis de Meissen, son Seigneur très clément, salut[1].

Je n'aimerais rien tant, Très illustre Prince et Seigneur, que de paraître avoir entrepris à la légère ce travail par lequel j'ai décidé de rendre en latin les livres de médecine qui subsistent à ce jour d'Hippocrate de Cos, toujours considéré parmi les médecins comme le premier d'entre eux. Car il ne manquera pas de gens pour dire que je fais quelque chose qui a déjà été fait, moi qui ose une telle entreprise après tant de vieilles traductions et même quelques traductions modernes, et après la traduction complète encore publiée récemment, et imprimée pour la troisième fois déjà, tant est grande la foule des médecins qui ont accueilli avec applaudissements l'interprétation de Calvus de Ravenne[2]. Mais les faits montrent à quel point chez cet auteur rien n'est établi, ni par ceux à qui nous devons la vieille version, ni par Calvus lui-même. Il fallait d'ailleurs leur pardonner, parce qu'ils nous ont donné matière à lire en dépit de ce que permettaient les moyens de leur temps, et même en cachant leur nom, sans aucune considération de la gloire, mais avec le souci du bien public. Mais Calvus, lui, les voiles pleines du vent des réputations et enflé par la vaine conviction de savoir, pour ne rien dire de plus accablant, s'est fracassé en même temps qu'Hippocrate, au point qu'on ne sait nulle part s'il est le sauveur et l'interprète d'Hippocrate, ou s'il a révélé, après qu'Hippocrate eut coulé, certains de ses débris sauvés du naufrage, ou s'il n'a pas attrapé des œuvres étrangères au lieu de celles d'Hippocrate, comme cela se passe quand, une fois le navire brisé, chacun s'empare de n'importe quel véhicule pour se sauver à la nage[3]. À quelle situation en effet, sinon à un naufrage, dois-je comparer l'anéantissement de tant d'excellents auteurs latins et grecs, que nous attribuons pour une part à l'époque des invasions barbares, pour une autre à la

---

1. Le titre honorifique d'archimaréchal (*Erzmarschall*) est propre au Saint Empire romain germanique. Johann de Saxe, dit Le Constant (*der Beständige*), né en 1468, Prince électeur en 1525, fut un solide partisan de la Réforme. Son fils Johann Friedrich (1503-1554), qui lui succéda comme Prince électeur de la Saxe à sa mort le 16 août 1532, perdit cette dignité en 1547, au profit de son cousin de Saxe albertine, le duc Maurice. ADB.

2. Voir ci-dessus p. 12.

3. Construction intransitive d'*impegit*, non attestée. Il faut sans doute sous-entendre un *se*.

tyrannie de certains croyants pervers, pas encore apaisée à ce jour ? C'est pourquoi aucun art, à mon avis du moins, n'est moins bien armé que la médecine, aussi longtemps du moins que tout n'a pas été en elle mis au niveau des écrits très précis d'Hippocrate, comme au cordeau. Et ceci ne peut se faire si ce grand auteur n'est pas publié et lu, aussi parfaitement soigné que possible, dans sa propre langue, dans laquelle il apparaît mutilé par l'injure des temps dans de très nombreux passages. Or cette tâche réclamerait la protection d'un second Hercule pour délivrer le très vénérable auteur de tant de monstres dont il est assailli en de nombreux endroits. Pour moi, cette année où j'ai vécu à Bâle, je n'ai presque rien fait d'autre, de tout coeur, que d'y contribuer si je le pouvais, avec les encouragements à le faire de la part de très savants amis, et même avec l'aide de certains, et surtout de Jérôme Froben, qui cherche d'une manière remarquable à égaler les vertus paternelles, en produisant au jour tous les meilleurs auteurs latins et grecs sacrés ou profanes le plus correctement possible. Quelle aide j'aurai apportée par la collation de toutes les traductions conservées et d'un exemplaire grec, et en plus celle d'un exemplaire grec écrit qui contient un petit nombre de courts traités d'Hippocrate écrits à la main avec beaucoup d'application, on le dira lorsque sortira en public l'ouvrage déjà dédié à Votre Excellence. Je donne déjà un avant-goût de son œuvre, à savoir deux traités d'Hippocrate aussi bien corrigés que possible, et les mêmes traduits par moi en même temps. Je veux qu'ils permettent à toute personne connaissant l'une et l'autre langue d'apprécier combien il vaut mieux lire ces deux remarquables traités médicaux en entier, plutôt que ces nombreux livres composés à la légère et sans aucun ordre, qui se rapportent à leurs auteurs par le titre seulement : mis en vente ensuite par des gens presque ignorants de l'art, n'ayant pas de considération pour les études mais pour leur seul profit. Je souhaiterais fortement du reste que n'importe quels très grands auteurs de la Grèce, même encore plus corrompus qu'Hippocrate, nous soient transmis même de chez Orcus, pour qu'un jour, avec le secours de ceux qui furent jadis considérés comme les seuls sages, chacun des très grands arts recouvre son intégrité, et les États une situation enfin paisible. Mais je ne veux pas développer plus longuement ce sujet devant Votre Excellence, que Dieu Très bon et Très grand a établie dans la plus puissante principauté de toute l'Allemagne, où à la fois les lettres, les bonnes moeurs et la ferveur de la piété triomphent totalement, en dépit des efforts contraires de la jalousie finalement soumise. Comme je Lui dois les commencements de ma vie, je souhaiterais que ne déplût pas à Votre Excellence ce que nous avons entrepris, je l'espère, en vue du bien public. Car nous n'avons rien d'autre en vue que d'y parvenir avec la très clémente bienveillance de Votre Excellence. Et maintenant je pars, et des vents favorables tendent mes voiles. Que Votre Excellence se porte bien, de Bâle aux Calendes de Juillet de l'année 1529.

IV. *Hippocratis libri omnes restaurati.*
Epistola nuncupatoria (1538)[1]

Clarissimo ac magnifico viro D. Matthiae Helto sacratissimae Caesareae ac Imperatoriae Majestatis Cancellario summo, Janus Cornarius Medicus Northusensis salutem dat.

Virgilius Maro poëtarum Latinorum longe princeps, et Graecorum in ipsorum etiam arena victor, aut certe nulli ex istis, quos aemulatus videtur, inferior, quum audiret in se reprehendi, quod eminentissimum Graeciae poetam Homerum nimio studio aemularetur, adeo ut non parum multos illius versus pro suis usurparet : respondit praeclarum omnino factum esse, si quis Jovi fulmen eripiat, vel Herculi clavam extorqueat, subindicans nimirum per horum facinorum difficultatem, non minus rem factu arduam esse Homero subtrahere versum, cumque vel Jovi omnipotenti a poetis praedicato, et qui solo vertice dum annuit totum concutit Olympum, fulmen eripere, vel Herculi monstrorum omnium domatori victricem clavam de manu extorquere. Ego vero Hippocratis Coi, Medicorum omnium citra controversiam principis, tam arduo loco sita esse video scripta, ut non solum magnificum facinus putandum sit, et cum quovis praedictorum conserendum, si quis praeclaram inde subtractam sententiam pro sua usurpet, sed si sublissima dicta ejus viri vel intellectu saltem quis adsequatur, gloriosum etiam factum jactari debeat. Imo tantae doctrinae viri admiratorem solum esse et studiosum, digna laude non caret. Atque Jovi quidem impotentes amores, uxorque zelotypa Juno, non semel fulmen eripuerunt. Herculem vero Omphale Lydium famosissimum scortum et clava privavit, leonicaque insuper exuit. Homerum autem suis versibus Maro adeo potenter spoliavit, eique ablatos suos fecit, ut non parvo discrimine praestantissimi Graeciae poetarum, fontisque omnis doctrinae, victor in Latio appareat, et a doctissimis quibusque viris sit judicatus. At vero tantum abest ut Hippocratem usque in hunc diem quisquam suis donis ac eminentissimis virtutibus spoliarit, aut ejus summae doctrinae victor evaserit, ut pleraque ejus scripta ne intellecta quidem ad plenum ab ullo aliquo sint, quum tamen tot praeclarissima ingenia huc omnibus viribus incubuerint, atque ex hoc uno solidam laudem speraverint, si aliquam summi illius viri scriptorum partem

---

1. BEC 12, d'après Montpellier BIUM Ea2.

intelligentia saltem adsequerentur, et ex his omnibus unus haud dubie omnium doctissimus Galenus, toto pectore velut adjuratus assecla, Hippocratem magistrum et imitari, et defendere annisus, nihilominus in ejus sententiis ac obscurissimis dictis explicandis subinde haereat. Quo minus mirandum, neminem extitisse hactenus, qui difficilima gravissimi autoris scripta, latina facere se posse speraverit, aut feliciter tentaverit, quae mihi ille vir partim dedita opera obscurasse videtur, quo videlicet oraculorum quadam similitudine edita, divinitatis aliquem fulgorem mortalium oculis offunderent : partim vero nos ipsi hanc difficultatem afferimus, qui imbellicitatem virium nostrarum allegamus, et desidiam nostram difficultatis praetextu velamus. Quandocumque, si omnino verum fateri volumus, non temere de difficultate conqueruntur qui etiam omni virium molimine, totaque mentis acie doctissima Hippocratis scripta persequi contendunt, quum ab hominum sane memoria nullius Graeci aut Latini scriptoris opera extent, quae sic ex aequo omnium oculos animosque perstringant, maxime vero hujus seculi, quo dictionis desuetudo et vetustas amplior cumque ullo aliquo antea seculo, ad reliquam operositatem accessit. Ceterum etiam ut sic se res habeat, tamen citra summum obprobrium | hic segnibus esse non licet, praesertim his qui sacratissimae arti Medicae nomina dederunt. Si enim in magnis et voluisse sat est, ut ille inquit, certe qui se ad Hippocratis aemulationem contulerint, pro pulcherrimo conatu laudem non exiguam consequentur, etiam si successus rei non pro voto contingat. Quare Hippocratis studiosi Ciceronis illud dictum, quo oratorem suum sibi instigandum putavit, semper animo suo secum versent. Par est omnes, inquit, omnia experiri, quod si quem illa ingenii felicitas deficiat, honestum est in secundis tertiisque consistere, cui prima negata sunt. Equidem non video quomodo impetrari possit, ut quis pro medico habeatur, qui non se totum Hippocrati formandum concredidit. Quo magis mirum est, esse qui asini non lyrae, quod est in proverbio, sed Hippocratis scriptorum, tamen leonina induti se pro medicis gerere audeant, et habeantur quoque, maxime apud Cumanos, et si qui alii leonem verum non noverunt, ut in his verissimum illud ab Hippocrate ipso dictum appareat, ἀγνοέουσιν οἱ πολλοὶ, καὶ κερδαίνουσιν ὅτι ἀγνοέουσιν. πείθουσιν γὰρ τοὺς πέλας. Porro quum aliquot retro annis, non solum obscuritas et difficultas obstiterit, quo minus Hippocrates studiorum manibus tereretur, sed etiam penuria exemplarium, eorundemque corruptio temporum injuria invecta : visum est mihi hac parte rei medicae studiosos juvare, quo Hippocratis copiam uberem, eamque quam castigatissimam expositam haberent. Atque hic non tam meum beneficium apud studiosos jactare volo, quam Hieronymi Frobenii et Nicolai Episcopii studium et sedulitatem, imo incomparabilem erga bona studia juvanda animi propensionem, qui nulla impensae parsimonia, curarunt ut Hippocrates ad tria vetustissima exemplaria (quorum unum insignis medicus Adolphus Occo Augustanus, alterum Jo. Dalburgii bibliotheca, postremum Hieronymus Gemusaeus, cujus etiam opera in eo conferendo Frobenii non parum fuerunt ajuti, Parisiis commodato acceptum ab excellenti medico Nicolao Copo Gulielmi illius Basiliensis, pridem Galliarum regis archiatri filio, exhibuere) a nobis correctus, adhibito ad hoc etiam Galeno, ex ipsorum officina quam castigatissimus prodiret, pluribus quater mille locis redintegratis, qui in priore Veneta aeditione aut defuerunt ex toto, aut vitiati habebantur. Atque hoc ea tamen religione a me factum est, ut nihil temere sit mutatum, nisi palam mendosum, ita ut in ambiguis quoque lectionibus, eas potissimum sequutus sim, quas ipsum Galenum recepisse deprehendi. Id ipsum opus et illorum, et meo nomine, tibi clarissime Helte dedicandum putavi, tum quod illustri tua doctrina, qua in juris prudentia consultissimus haberis, non parvum ornamentum Hippocrati es additurus, quo studiosos magis ad se invitet, tum quia splendidissimo loco, et summi Cancellarii officio in Imperatoria Caesaris Caroli aula fungens, non parum potens es id ipsum opus asserere ac defendere, si quis tamen tantum facinus ausus fuerit, ut tam sanctum opus impetere non erubescat, cui praeterea generosissimae familiae tuae nomen merito terrorem incutiet, quo profiteris et bonorum patronum, et malorum acerrimum hostem, oppressorem, ac plane Herculem ἀλεξίκακον. Me vero plane beatum, si beneficio tuo, Imperatoriae majestati dedicato et inscripto illi Aetio medico graeco a nobis converso, et aliis eidem a me destinatis, commendatior fiam. Bene vale vir magnifice. Northusae XXVI Martii MDXXXVI.

IV. Lettre dédicace de l'édition complète grecque d'Hippocrate

Janus Cornarius, médecin à Nordhausen, à Matthias Held, Chancelier Suprême de Sa Majesté Impériale, salut[1].

Virgile, de loin le premier des poètes latins et le vainqueur des Grecs sur leur terrain même, ou du moins ne le cédant à aucun de ceux dont il semble être l'émule, comme il entendait dire qu'on lui reprochait d'avoir mis trop de zèle à rivaliser avec Homère, le plus éminent poète de la Grèce, au point d'avoir fait siens un nombre non négligeable de vers de ce grand homme, répondit que si quelqu'un arrachait « sa foudre à Jupiter » ou ôtait « sa massue à Hercule », c'était pour tout dire une action d'éclat, donnant sans doute à entendre par la difficulté de ces exploits qu'il n'était pas moins difficile de « dérober un vers à Homère » que d'arracher sa foudre à Jupiter, réputé tout puissant par les poètes et qui peut secouer tout l'Olympe d'un seul signe de la tête, ou que d'ôter de la main d'Hercule, dompteur de tous les monstres, sa massue victorieuse[2]. Pour moi, les écrits d'Hippocrate de Cos, sans conteste le premier de tous les Médecins, se trouvent en un lieu si abrupt que non seulement l'on doit juger comme un exploit grandiose, à assimiler à l'un de ceux évoqués ci-dessus, le fait d'adopter une opinion remarquable qui en est

---

1. Matthias Held, né à Arlon, aujourd'hui en Belgique, dans les dernières années du XVe siècle, joua un rôle éminent auprès de Charles Quint, d'abord comme Vice-chancelier puis comme Premier chancelier, de 1531 à 1544. Catholique fervent et juriste expérimenté, Held est généralement tenu pour responsable de la rupture entre l'Empereur et les Luthériens, en particulier pour avoir été à l'origine de la constitution, le 10 juin 1538, de la Ligue de Nürnberg, réplique catholique à celle de la Ligue de Schmalkalden, et qui réunissait le roi Ferdinand, Albrecht von Mainz, les ducs de Bavière, Georg von Sachsen et les ducs Erich et Heinrich von Braunschweig autour de Charles Quint. Les protestants vouaient, dit-on, une haine notoire à ce défenseur d'une Réformation catholique, qui fut peu à peu écarté de l'entourage de l'Empereur au profit de Granvelle, et se retira à Cologne, où il mourut en 1563. ADB.

2. Présentation inexacte d'un passage de Macrobe, *Saturnales*, 5, 3, 16, dont Janus Cornarius cite pourtant littéralement les mots importants, et dont voici le contexte : « *Quia cum tria haec ex aequo impossibilia judicentur, vel Jovi fulmen, vel Herculi clavam, vel versum Homero subtrahere, quod, etsi fieri possent, alium tamen nullum deceret vel fulmen praeter Jovem jacere, vel certare praeter Herculem robore, vel canere quod cecinit Homerus, hic opportune in opus suum, quae prior vates dixerat, transferendo fecit ut sua esse credantur* : Il y a trois choses jugées également impossibles : ravir sa foudre à Jupiter, sa massue à Hercule, son vers à Homère. Si pourtant on y réussissait, il conviendrait que nul, hormis Jupiter, ne pût lancer sa foudre, que nul, hormis Hercule, ne pût lutter avec sa massue, que nul, hormis Homère, ne pût faire entendre ses chants. Et pourtant, Virgile a, avec tant d'à-propos, transporté dans son œuvre ce qu'avait dit le vieux poète, qu'on a pu l'en croire lui-même l'auteur », éd. et trad. Bornecque, Paris, s. d.

extraite, mais qu'arriver à saisir, même en esprit seulement, les mots tout à fait sublimes de cet homme, doit aussi être réputé une action glorieuse. Le fait d'être en outre le seul admirateur et zélateur d'une si grande doctrine ne manque pas d'un juste mérite. Pas une fois ses amours immodérés et Junon sa jalouse épouse n'ont arraché sa foudre à Jupiter. C'est Omphale, la très fameuse courtisane lydienne, qui a privé Hercule de sa massue et l'a en plus déshabillé de sa peau de lion. Virgile a si puissamment dépouillé Homère de ses vers et adopté ceux qu'il lui avait soutirés, qu'à la grande différence du poète le plus éminent de la Grèce il apparaît dans le Latium en vainqueur, et qu'il est jugé tel par tous les plus savants[3]. Mais l'on est si loin jusqu'à présent de voir quelqu'un qui aurait dépouillé Hippocrate de ses talents et de ses très éminentes vertus, ou se serait posé en vainqueur de sa très haute doctrine, que la plupart de ses écrits ne sont même pleinement compris de personne, en dépit du nombre d'esprits très remarquables qui s'y sont employés de toutes leurs forces et ont espéré tirer de lui seul une gloire importante, s'ils atteignaient une partie des écrits de ce très grand homme au moins par la pensée, et parmi tous ceux-là sans doute le seul très savant de tous, Galien, qui s'est efforcé de toute son âme, en disciple juré, d'imiter son maître Hippocrate et de le défendre, peut néanmoins être arrêté de temps en temps dans l'explication de ses pensées et de ses propos très obscurs. Et il faut d'autant moins s'étonner du fait qu'il ne soit apparu personne jusqu'à présent pour avoir espéré rendre en latin les très difficiles écrits de cet auteur d'un très grand poids, ou pour avoir tenté avec succès de le faire, des écrits qu'il semble avoir pour une part rendus volontairement obscurs, pour que publiés avec une certaine ressemblance aux oracles ils répandent ainsi à l'évidence aux yeux des mortels une lueur divine : mais pour une autre part nous contribuons nous-mêmes à cette difficulté, en alléguant la faiblesse de nos forces et en voilant notre paresse du prétexte de la difficulté. D'ailleurs pour tout dire, ce n'est pas par hasard que ceux qui tentent aussi avec tout le poids de leurs forces et toute la pénétration de leur esprit de comprendre les très savants écrits d'Hippocrate se plaignent de la difficulté, alors qu'assurément de mémoire d'homme il ne reste pas d'œuvre d'un écrivain grec ou latin qui agace autant les yeux et le cœur de chacun, surtout dans ce siècle où la désuétude et la vétusté des modes d'expression, plus grandes qu'en aucun siècle antérieur, ajoutent aux autres peines. Mais quoi qu'il en soit, il n'est pas permis ici aux paresseux d'échapper au plus grand opprobre, surtout pour ceux qui ont donné leur nom au très saint art de guérir. Car si, comme le dit l'auteur, « dans les grandes choses aussi il suffit d'avoir voulu », ceux qui s'emploient à rivaliser avec Hippocrate parviendront assurément à une gloire non négligeable pour leur très belle tentative, même si

---

3. Rappelons qu'au XVIe siècle, Virgile est jugé plus parfait qu'Homère, comme en témoigne encore longtemps après la fameuse *Dissertation sur l'Iliade* de l'abbé d'Aubignac publiée en 1715.

l'entreprise ne se réussit pas conformément à leurs vœux. C'est pourquoi ceux qui étudient Hippocrate doivent méditer souvent ce mot de Cicéron par lequel il a cru devoir stimuler son orateur : à tous « il convient, dit-il, de tout essayer », parce que s'il se trouve que l'on n'a pas le bonheur du génie, pour qui s'est vu refuser le premier rang « il est bon de se placer au second et au troisième »[4]. Pour ma part, je ne vois pas comment on peut arriver à considérer comme médecin quelqu'un qui ne s'est pas confié entièrement à Hippocrate pour sa formation. Et ce qui est plus étonnant c'est qu'il y a des gens qui, en étant des ânes non pas de la lyre comme dans le proverbe, mais des écrits d'Hippocrate, revêtus cependant d'une peau de lion, osent se comporter comme des médecins, et soient aussi tenus pour tel, surtout par les habitants de Cumes, et par d'autres pour peu qu'ils ne connaissent pas de vrai lion, de sorte que se révèle très véritable pour eux ce mot d'Hippocrate en personne : ἀγνοέουσιν οἱ πολλοί, καὶ κερδαίνουσιν ὅτι ἀγνοέουσιν. πείθουσιν γὰρ τοὺς πέλας[5].

En outre, comme, il y a quelques années, non seulement son obscurité et sa difficulté s'opposaient à ce qu'Hippocrate fût usé par les mains des étudiants, mais aussi la pénurie d'exemplaires et leur corruption causée par l'injure des temps, il m'a paru bon d'aider dans cette partie les étudiants en médecine, pour qu'ils aient par là une riche abondance d'écrits hippocratiques, et celle-ci transmise la plus corrigée possible. Et je veux ici vanter auprès des étudiants non pas tant mes bienfaits que le zèle et l'empressement de Jérôme Froben et de Nicolas Episcopius, et surtout leur propension incomparable à aider les bonnes études, eux qui, sans aucune épargne de la dépense, ont veillé à ce qu'Hippocrate sorte de leur officine le mieux corrigé possible, une fois révisé par nous à partir de trois exemplaires très anciens (dont le remarquable médecin Adolphe Occo d'Augsbourg a fourni l'un, la bibliothèque de Johann von Dalberg le deuxième, et le troisième Hieronymus Gemusaeus, grâce à l'activité duquel les Froben ont pas été bien aidés pour se le procurer, l'ayant obtenu en prêt à Paris par l'excellent médecin Nicolas Cop, fils du célèbre Guillaume de Bâle, autrefois premier médecin du roi de France), en y employant aussi Galien, avec la restitution de plus de quatre mille passages, qui dans l'édition vénitienne antérieure ou bien manquaient totalement ou bien étaient considérés

---

4. Cicéron, *Orator* I, 4 : « *Sed par est omnia experiri, qui res magnas et magno opere expetendas concupiverunt. Quod si quem [aut natura sua] aut illa praestantis ingenii vis forte deficiet aut minus instructus erit magnarum artium disciplinis, teneat tamen eum cursum quem poterit ; prima enim sequentem honestum est in secundis tertiisque consistere.* Mais à tous ceux qui ambitionnent des choses grandes et hautement désirables, il convient de tout essayer. Et si à quelqu'un il se trouve que fasse défaut la puissance d'un génie supérieur, ou s'il est moins instruit dans les grandes disciplines, qu'il fasse néanmoins la course dont il sera capable : quand on vise au premier rang, il est honorable de se placer au second ou au troisième », texte et trad. d'Albert Yon, Paris, 1964, 184, 18-20.

5. Même allusion proverbiale que ci-dessus, voir p. 279 n. 5, suivie d'une citation d'*Articulations* c. 46 : « Beaucoup sont ignorants, et leur ignorance leur profite, car ils en font accroire aux autres », texte et trad. L IV, 198-199.

comme corrompus[6]. Et j'ai fait cela avec tant de religion que rien n'a été changé à la légère, sinon ce qui était manifestement défectueux, de telle manière que même pour les leçons douteuses, j'ai suivi de préférence celles dont j'avais découvert que Galien lui-même les avait retenues. Cet ouvrage, je crois qu'il fallait te le dédier, Illustre Held, à la fois en leur nom et au mien, d'une part parce que tu apporteras un ornement supplémentaire à Hippocrate, qui attirera ainsi davantage les étudiants, à cause de tes leçons fameuses qui font que l'on te considère comme l'homme le plus profondément versé en jurisprudence, d'autre part parce qu'en remplissant à la cour impériale du César Charles la très brillante fonction et charge de Chancelier suprême, tu ne manques pas de pouvoir pour soutenir et défendre ce même ouvrage, si toutefois quelqu'un osait commettre le crime d'attaquer sans rougir un ouvrage aussi saint. Il ne manquerait pas de ressentir en outre la terreur qu'inspire le nom de ta très noble famille, qui te proclame à la fois le protecteur des gens de bien, l'ennemi très acharné et l'exterminateur des méchants, exactement l'Hercule ἀλεξίκακος[7]. Quel serait mon bonheur, si par tes bienfaits, ayant dédié à Sa Majesté Impériale et mis sous sa protexion le médecin grec Aetius traduit par nos soins, et ayant d'autres projets pour lui, je lui devenais plus agréable ! Porte-toi bien, généreux Matthias Held. De Nordhausen, le 26 mars 1536[8].

---

6. Voir ci-dessus p. 95 et suivantes.

7. *qui écarte les maux.* Allusion possible à Aristophane, *Guêpes*, v. 1043.

8. BEC 8 dédicacée à Charles Quint le 1er septembre 1532. Nous ne connaissons pas d'autres relations entre Janus Cornarius et l'Empereur.

V. *HIPPOCRATIS EPISTOLAE. EPISTOLA NUNCUPATORIA* (1542)[1]

Janus Cornarius Medicus Physicus Francofordensium, Cornelio Andrio Sittardo juveni rei medicae ac reliquarum optimarum artium egregie docto, salutem dat.

Tametsi hoc convertendi Graeca in Latinam linguam studium merito odisse debeam : tamen tibi Corneli Sittarde, Hippocratis aliquid de multis, quae apud me conversa vidisti, expetere viso, negare nolui : ut pro illo animo, quem erga recta studia, praesertim medica, et meipsum habes, voluntatis in te meae publicum aliquod testimonium ederem. Quid enim tam can- *A2* | dido ac liberali ingenio negaverim, nisi penitus a Musis ac Gratiis sim alienus ? Quo vero ne putes temere a me dictum esse, merito me hoc convertendi Graeca ad Latinos studium odio habere debere : paucis accipe rei causas. Primum omnium sunt qui nullius ingenii, nec eruditionis, aut industriae insignioris esse putant ejusmodi conversiones : quum interpreti alienum ingenium, alienum judicium, pro fide sua sit sequendum. Ego vero hos non omnino nihil dicere puto. Sed tamen tales interpretes aliquanto modestius aliena, publicae utilitatis causa, proferre arbitror (quum ingenui pectoris sit, profiteri per quem profeceris, et unde acceperis) quam eos, qui pro suis edunt aliis detracta, fuco aliquo eloquentiae oblita, quo plagium celetur. Et profecto pium est, *[A2$_b$]* | veterum bonorum authorum memoriam et authoritatem nobis esse sacrosanctam. Quod haud scio an rectius praestiterimus, quam si scripta illorum reverenter, et juxta illorum penitus sententiam transferamus, neque quicquam prolixius in eos nobis permittamus. Itaque hac de causa in hunc diem huc maxime incubui, ut optimos quosque Graecos scriptores Latinos facerem : ita ut nemo unus ab hominum memoria (absit invidia verbo) plura de Graecis in Latinam linguam transtulerit. Et, ut nihil dicam de his, quae ex Hippocrate Latine conscripsi, donec aliquando, Deo dante, totum scriptorum ejus opus invulgavero : nihil de Galeno, ex quo aliquot insignes libros a me conversos edidi : nihil de Aëtio, qui totus noster Latine legitur : nihil de Artemidoro : *A3* | nihil de Constantino Caesare : nihil de Plutarcho : nihil de Parthenio : ex quibus conversiones a nobis factae publice extant : nuper pietatis imprimis gratia, a peculiari mea professione medica, ad Theologos

---

1. BEC 20, d'après München BSB A.gr.b. 296*.

Graecos transivi, et sanctissimum pariter ac eloquentissimum Graeciae Theologum Basilium Magnum appellatum, in Latinum transtuli sermonem. Et mox ad Epiphanium ejus contemporaneum transgressus, opus ejus Panarium inscriptum, contra omnes haereses usque ad sua tempora, itidem Latinum feci. Atque in his omnibus praestandis, neque ingenii, neque eruditionis aut industriae opinionem aliquam venari, propositum fuit. Si studiosis studium hoc meum profuit, et Latinae linguae aliquid ex me accessit, satis bene cessit : neque est quod vel expetam, *[A3b]* | vel formidem, quid quisque pro suo judicio sentiat. Et intelligis charissime mi Corneli, etiam si dicant illi aliquid, me nihil adeo commoveri. Sunt autem alii, qui sibi jus quoddam sumunt, aliena scripta, praesertim de Graecis translata, annotandi, jam melius aliud exemplar producentes, jam melius aut aliter debuisse sententiam exprimi jactantes. Quod ipsorum factum quam patienter ferendum sit, alii viderint : mihi certe melius facere viderentur, si suas integras conversiones publicarent, et liberum facerent lectori judicium, vel illas quas improbant, vel ipsorum amplectendi translationes. Nam si nihil aliud vicii subest, tamen maligni et invidi ingenii notam vix effugerit, qui in alieno libro, ut ille dixit, ingeniosus est. Post hos porro sequuntur tertii, quorum flagitium *A4* | quomodo appellandum sit, nondum statui, quia recens est : ex quo Macchellus quidam Mutinensis, versionem meam librorum Galeni de compositione medicamentorum secundum locos, apud Venetos impressam, nomine suo adscripto, castigasse ad vetera Graeca exemplaria jactat, me vivo, neque requisito : et hoc, quum meam eorundem librorum editionem ex Frobeniana officina, justis totidem librorum commentariis muniverim, lectionisque integrae Graecae, et conversionis meae rationem reddiderim. Quale quid si ab illo praestitum esset, non ita graviter ferrem. Jam novi criminis incogniti nominis, nullam aliam poenam ille mihi dabit, quam quod studiosos commonefacere volo ac rogare, ut tum illam Venetam Galeni librorum de compositione medica- *[A4b]* | mentorum secundum locos editionem, tum si quis alius typographus eamdem fuerit aemulatus : mihi non adscribant : neque etiam aliud quicquam a me conversum putent, quod non est meis praefationibus, aut scholiis, aut commentariis insignitum. Quae talia sunt, nostra putent : quae vero Macchelli castigant, depravant volebam dicere, liberum sit ipsis per me, ut sequantur, vel non : modo mea non putent, quae pro meis in aeternum non sum agniturus. Quid vero adjiciam de illis, qui perfricta fronte alienis laboribus, velut fuci apum mellificio, fruuntur, interim nec cellarum, nec favorum structuram adjuvantes ? Quanquam et sic tolerandi erant isti, si non totum mellificium, velut suum, ostentarent : et si api benignae volucri suam gratiam esse sinerent. Et hactenus *A5* | quidem furto et rapinis clandestinis Vulpecula se subdole sustentavit. Jam vero etiam obgannire audet leoni, qui et Cor habet de illa ulciscendi : et Naribus minime obesis praeditus, illam indagare potest : et Juste, male de ipso meritam, conficere. Et profecto ipsa sibiipsi, Germanico facto proverbio, vates fuit, cum se apud pellificem in aqua excoriatoria reperiendam dixit, Marsiae videlicet illius fatum subituram. His rebus ita habentibus, mi Sittarde, nonne merito me odio habere debere putas studium illud meum, Graeca in Latinam linguam convertendi ? Imo etiam in totum aliquid ex meis edendi ? Nolo addere laborum et aerumnarum miseriam, quam perferre necesse talia conantes : neque dicere volo, quam nullus est horum laborum apud principes viros respe- *[A5ᵦ]* | ctus : quorum tamen intererat, opinor, hanc quoque partem ad Rempublicam pertinentem non sinere neglectam. Quin et si quid aliud est, sicut est, quod odium hujus laboris augere possit : eo toto in praesens contempto, in tuam imprimis gratiam, et aliorum, qui candido pectore voluntatem meam amplexantur, has Hippocratis Coi medicinae principis epistolas, admiranda sapientia, gravissimo judicio, argutissimo dicendi genere conscriptas, integritatem viri optimi, amorem erga patriam, erga Athenas, erga totam Graeciam prae se ferentes : et vicissim honorem, praemia, ac gloriam illi oblatam continentes : edere volui : quo et animum meum erga te vicissim declararem, et tum sibi, tum reliquis nostra amantibus, longae exspectationis de totius Hippocratis aliquando, *[A6]* | Deo volente, futura editione taedium mitigarem. Vale, et parentem tuum clarissimum apud Colonienses Medicum, itemque D. Joannem Caesarium virum doctissimum, ex me reverenter salutato. Francofordae, Nonis Aprilibus anno Christi MDXLII.

V. Lettre dédicace des *Lettres d'Hippocrate*

Janus Cornarius, médecin municipal de Francfort, à Cornélius Andreas Sittard, jeune homme remarquablement savant en matière médicale et en d'autres arts éminents, salut[1].

Je ferais bien de prendre en haine mon goût pour la traduction des textes grecs en latin, mais je n'ai pas voulu, Cornélius Sittard, te refuser une des nombreuses traductions d'Hippocrate que tu as vues chez moi, et que tu sembles désirer vivement : je publie donc, au nom des sentiments que tu portes aux justes études, principalement médicales, et à moi-même, un témoignage officiel de mes dispositions à ton égard. Car que pourrais-je refuser à un esprit si éblouissant et si noble, à moins que je ne sois totalement étranger aux Grâces et aux Muses ? Mais pour que tu ne croies pas que j'aie parlé à la légère, quand j'ai dit que je ferais bien de prendre en haine mon goût pour la traduction des textes grecs en latin, sache en quelques mots les raisons de la chose.

La première de toutes, c'est qu'il y a des gens qui pensent que les traductions de ce genre ne sont pas le fait d'une intelligence, d'une érudition ou d'un travail extraordinaires : puisqu'il faut que les traducteurs suivent l'esprit d'un autre, le jugement d'un autre, au lieu de leur conscience personnelle. Mais je ne crois pas que les traducteurs n'aient absolument rien à dire. Je pense au contraire que c'est dans l'intérêt public que ces interprètes dévoilent les biens d'autrui, (alors que reconnaître par qui l'on a progressé, et d'où on le tient, est le fait d'un esprit noble) et qu'ils le font avec parfois plus de modestie que ceux qui publient comme leur appartenant des choses qu'ils ont prises à autrui, escamotées par une certaine teinture d'éloquence, sous laquelle ils dissimulent leur plagiat. La piété veut sans aucun doute que la mémoire et l'autorité des vieux et bons auteurs soient pour nous sacro-saintes. Et j'ignore si nous pourrions mieux y exceller qu'en transposant respectueusement leurs écrits tout à fait selon leur pensée, et sans nous permettre chez eux aucune prolixité supplémentaire. C'est pourquoi, pour l'affaire qui nous occupe aujourd'hui, j'ai mis

---

1. Cornelius Sittard ou Zittard, également dédicataire du *De fossilibus* de Conrad Gesner, fut médecin à Nürnberg de 1546 à sa mort en 1550. Cité de façon élogieuse dans la biographie de Melanchthon par Camerarius, Sittard avait fait un voyage à Rome et passait pour un bon connaisseur des plantes. ADB.

ici toute mon application à rendre en latin chacun des auteurs grecs les meilleurs : pour que plus personne (ceci soit dit sans malveillance) n'enlève à la mémoire des hommes davantage de choses chez les Grecs en langue latine. Et sans parler des écrits d'Hippocrate que j'ai transcrits en latin, jusqu'à ce qu'un jour, si Dieu le veut, je fasse imprimer son œuvre intégrale : sans parler de Galien, dont j'ai publié un certain nombre de livres remarquables que j'ai traduits : ni d'Aetius, qu'on lit tout entier dans notre version latine : ni d'Artémidore : ni de l'Empereur Constantin : ni de Plutarque : ni de Parthénius : dont les traductions que nous avons faites sont disponibles de manière publique[2] : je suis récemment passé aux théologiens grecs, par conviction religieuse en premier lieu, à côté de ma profession médicale personnelle, et j'ai traduit en latin un discours du très saint ainsi que très éloquent théologien grec nommé Basile le Grand. Et passant aussitôt après à son contemporain Epiphane, j'ai de même mis en latin son ouvrage contre toutes les hérésies jusqu'à son temps, intitulé *Panarius*[3]. Or pour toutes ces traductions dont je réponds, mon dessein n'a pas été de rechercher une réputation d'intelligence, d'érudition et de travail. Si mon étude a été utile aux *studieux* et que quelque chose est entré par moi dans la langue latine, c'est bien suffisant : il n'y a pas de raison que je recherche ou que je redoute une chose que chacun apprécie en fonction de son jugement personnel. Tu comprends, mon très cher Cornélius, que même s'ils y trouvent à redire, cela ne me touche pas tellement. Mais il y en a d'autres qui s'arrogent le droit d'annoter les écrits d'autrui, surtout traduits du grec, soit en produisant un autre exemplaire meilleur, soit en soutenant que la pensée aurait dû être exprimée d'une meilleure ou d'une autre façon. D'autres auront vu avec quelle patience il faut supporter leur ouvrage : pour moi, ces gens auraient certainement mieux agi, semble-t-il, en publiant leurs traductions complètes, et en laissant le lecteur libre de juger s'il adopte ou bien les traductions qu'ils désapprouvent ou bien les leurs[4]. Car quand il n'y a foncièrement aucun autre défaut, celui qui, comme il l'a dit, fait preuve d'intelligence dans un livre d'autrui, aura du mal à échapper aux remarques d'un esprit malin et jaloux.

Après ces gens-là, il en est d'une troisième sorte, dont je n'ai pas encore décidé comment il fallait appeler leur turpitude, parce qu'elle est récente : relève de celle-ci un certain Macchellus de Modène qui se vante d'avoir corrigé ma version des livres de Galien *De compositione medicamentorum secundum locos*, imprimée à Venise en lui attribuant son nom, moi vivant, et sans me consulter : et ceci alors que j'ai muni de commentaires mon édition de

---

2. BEC 10, 11, 19, 14, 13, 24 et 7. Voir ci-dessus p. 54, 58-63.
3. BEC 15 ou 17, et 22. Voir ci-dessus *ibid*.
4. Allusion probable à l'édition bilingue commentée des *Épidémies* d'Hippocrate publiée par Fuchs, qui conserve le texte de l'aldine ou de 1538 mais traduit parfois autre chose, voir ci-dessus p. 73 et 257.

ces mêmes livres chez Froben, en même nombre exactement que celui des livres, et que j'ai entièrement rendu compte de la leçon grecque et de ma traduction[5]. S'il avait montré quelque chose de ce genre, je ne le prendrais pas aussi mal. Maintenant je ne demanderai aucun autre châtiment pour un nouveau crime au nom inconnu, si ce n'est que je veux avertir et prier les *studieux* de ne pas m'attribuer cette édition vénitienne des livres de Galien *De compositione medicamentorum secundum locos*, au cas où un autre imprimeur imiterait la même édition : ni de penser que j'ai traduit autre chose, si ce n'est pas signalé dans mes préfaces, mes scholies ou mes commentaires. Si c'est le cas, ils peuvent penser que c'est de moi : mais ce que les Machellus corrigent, je voulais dire abîment, libre à eux de dire que cela vient de moi, qu'ils le suivent ou non : mais au moins qu'ils ne m'attribuent pas ce que je ne suis pas prêt à reconnaître comme mien pour l'éternité. Que puis-je ajouter à propos de ceux qui, toute honte bue, profitent des travaux des autres comme les frelons profitent du miel fabriqué par les abeilles, sans les aider pour construire leurs alvéoles et leurs rayons ? Il faudrait pourtant tolérer ces gens-là, s'ils ne présentaient pas toute la production de miel comme la leur : et s'ils voulaient bien remercier la vive et brave abeille. Voilà qu'un renardeau s'est astucieusement susténté de larcins et rapines clandestins. Mais il entend rugir le lion, qui a aussi le Cœur de se venger de lui : et comme il est pourvu de fines Narines, il peut le dépister : et achever Justement ce vaurien[6]. Et il a bien prophétisé son sort, en mettant le proverbe en allemand, lorsqu'il a dit qu'il fallait aller le chercher chez le tanneur dans de l'eau excoriante, prêt à subir le destin du célèbre Marsyas[7].

Les choses étant ce qu'elles sont, ne crois-tu pas, mon cher Sittard, que je ferais bien de prendre en haine mon zèle à traduire des textes grecs en latin ? Et même en général mon zèle à publier des textes ? Je ne veux pas y ajouter la misère des labeurs et des ennuis que doivent nécessairement supporter ceux qui se lancent dans de telles entreprises : ni dire le manque de respect pour ces travaux de la part des princes : à qui cependant il importerait beaucoup, je pense, de ne pas tolérer que l'on néglige cette part qui revient à l'État. Ni non plus de tolérer, comme c'est le cas, rien qui puisse accroître la haine de ce labeur : mais ceci est à présent sans importance, et c'est en premier lieu pour te faire plaisir, à toi et à aux autres qui partagent mon sentiment le cœur pur,

---

5. BEC 11. Signalons une réédition lyonnaise de l'ouvrage sans doute ici incriminé par Janus Cornarius *Claudii Galeni aliquot opuscula nunc primum Venetorum opera inventa et excusa (...) Principium commentarii primi in primum librum Hippocratis Epidemiorum, quod in aliis impressionibus desiderabatur, nunc primum a Nicolae Machello (...), Lugduni, apud G. Rovilium*, 1550, BnF Rés. T23.119.

6. Le texte latin imprimé met en évidence, par l'emploi de majuscules, les syllabes *Cor* puis *Nar* puis *Ius*, pour un acrostiche que l'on n'a pas tout à fait réussi à conserver dans la traduction.

7. Cette plaisanterie fournira le titre du pamphlet *Vulpecula excoriata* (BEC 26). Elle fait allusion à un proverbe allemand non identifié, et au supplice de Marsyas d'après Ovide, *Métam*. VI, 385-391.

que j'ai voulu publier ces lettres d'Hippocrate de Cos, le prince de la médecine, écrites avec une sagesse admirable, un jugement très profond et une très fine éloquence, et qui montrent l'intégrité d'un homme excellent, son amour de la patrie, d'Athènes et de toute la Grèce : et l'honneur, les récompenses et la gloire qui lui ont été offerts en retour : pour déclarer ainsi à mon tour mes sentiments à ton égard, et atténuer l'ennui d'une longue attente, aussi bien pour soi-même que pour ceux qui aiment nos travaux, concernant l'édition complète d'Hippocrate, à venir un jour. Porte-toi bien, et salue respectueusement de ma part ton père, le très illustre médecin de Cologne, ainsi que le grand savant Johannes Caesar[8]. À Francfort, aux Nones d'avril 1542.

---

8. Le père de Cornelius Sittard ne paraît pas avoir retenu l'attention des biographes allemands. L'humaniste Johannes Caesarius (1468-1550), professeur réputé de grec et de latin, édita à Cologne en 1537 un *Bertrucci Bononiensis compendium siue collectorium artis medicae*. ADB.

VI. *HIPPOCRATIS LIBELLI ALIQUOT. EPISTOLA NUNCUPATORIA* (1543)[1]

Clarissimo viro docto Joanni Ferrario Montano, Jurisconsulto eximio, ac scholae Marpurgensis Vicecancellario, Janus Cornarius Medicus Physicus salutem dat.

Et antea me scripsisse memini, et nunc idem affirmo, quum quondam Vergilius Maro arduam rem esse pronunciarit, Homero subtrahere versum, non minus quam Jovi fulmen eripere, aut Herculi clavam extorquere : his omnibus longe difficilius factu esse, Hippocratis Coi scripta in ipsius lingua intelligere, nedum tanquam ipsorum plenam intelligentiam quis assequutus sit, in aliam linguam transferre. Itaque quum in hunc diem nemo difficilima doctissimi Hippocratis scripta, Latina facere se posse speraverit, aut feliciter tentaverit, paucis quibusdam libellis in scholis medicorum fere omnibus tritis, exceptis, qui interpretes satis commodos repererunt : saepe mecum dubitare soleo, utris potior laus debetur, illisne qui α2 | difficultate deterriti, in totum ab hoc praestando abstinuerunt : an his qui fiducia quadam sui hoc opus aggressi, viribus impares oneri succubuerunt. Et qui quidem abstinuerunt, etiamsi nihil praestiterunt, ut aestimari ex ipsorum factis oborta utilitas non possit : tamen hoc suo exemplo praejuverunt, ut circa tam graves scriptores tractandos cautiores simus. Qui vero rem aggressi, quod sibi praestitisse visi sunt, non praestiterunt : sed dum Hippocratem nobis dedisse se jactant, ac videri volunt, et verba et sententias optimi scriptoris non modo corruperunt, verum alia pro aliis reddentes supposuerunt, ne voluntatis quidem bonae laudem auferre possunt, quum ipsi facultatis ac rei effectae opinionem temere sibi ipsis arrogent. Revera enim quod de testudinis carnibus dicitur, oportere eas edere, aut non edere : hoc de ineptis illis ac Calvis Hippocratis interpretibus dici potest. Magis enim et nomini suo, et studiosorum utilitati consuluissent, si Hippocratem penitus non attigissent. Jam vero quum hoc aggressi *[α2_b]* | sint, et modice aut potius incommode tractaverint, imo optima quaeque perverterint, merito et ipsi ob temeritatem impudentem illam torquentur, et ad studiosos eadem tormina transmittunt, si qui sunt qui adversus hujusmodi translationum pestes non satis muniti sunt. Profecto quintus jam supra decimum agitur annus, quando et ego quantumvis difficile opus, Hippocratem ad Latinos transscribere

[1]. BEC 23, d'après Paris BnF T 23.121.

tentavi, editis aliquot libellis, in quibus et Hippocratis difficultatem, et interpretum priorum aliquot perniciosam lectionem studiosis cognoscendam proponere volui. Hoc enim tunc mihi vel maxime ad reipublicae medicae utilitatem conducere videbatur. Et si postea vel tantum fuisset otii, vel operaepretium alicubi affulsisset, fortassis totus Hippocrates latinus a me factus publice legeretur, et utilitas illa, quam in primis illis libellis docti aliquot viri commendabant, longe amplior, imo ad plenum absoluta, ex toto opere studiosis emersisset. Verum nec ocio suppetente, nec praemiis propositis, In steriles cam- α3 | pos nolunt juga ferre juvenci : Et tamen neque sic spem omnem eximere volo studiosis, de Hippocrate nostro latino aliquando legendo, si Deus hoc voluerit, et annos ac facultatem, ad voluntatem meam addiderit. Certe voluntatis meae declarandae gratia, superiori anno ejusdem Hippocratis epistolas emisi : et jam ejus amplius confirmandae causa, hos primos inter Hippocratis scripta libellos septem numero, in lucem dare volui, tibi tamen doctissime Ferrari, in veteris amicitiae nostrae renovationem, privatim a me dicatos. Nam quum sine Hippocrate res medica consistere non possit, et id quod de pecuniarum ad bellum gerendum necessitate Demosthenes dixit, longe rectius in Medicina de Hippocrate dici possit, δεῖ δὴ Ἱπποκράτους, καὶ ἄνευ τούτου οὐδέν ἐστι γενέσθαι τῶν δεόντων, ea necessitas mihi jam incumbit, ut quando bonis et doctis aliquot scholae vestrae viris curantibus (inter quos tu, et Justus Studaeus Jurisconsultus egregius, et tibi gener charissimus, vel imprimis nominari debetis) factum est, ut operam meam docendi Medicinam ad- *[α3_b]* | dixerim : Hippocratem in gymnasium Marpurgense producam, quem et rei medicae studiosis graece praelegam, et facto indies ampliore progressu, pedetentim (ut spero) ad latinos transferam. Atque hujus propositi mei testes hos Hippocratis libellos praeparatorios, ac ad veram medicinam invitatorios, apud te depono. Tu vero et pro loci opportunitate, et pro temporis occasione, voluntatem meam illustrissimo Principi nostro declarabis : et clarissimo viro Celsitudinis ejus Cancellario Joanni Ficino, cujus vices in hac schola geris, insinuabis : quo et illius Illustrissimae Celsitudinis magnificae erga hanc scholam liberalitatis gloriam aliquatenus sentiat, et hic rectis studiis favere non interquiescat : ut et hinc, et ex his Hippocratis libellis studiosi excitentur, ac praeparentur, ad reliquorum ejus viri scriptorum cognitionem. Vale, Marpurgi IX Aprilis, Anno Christi MDXLIII. *[α4]* |

VI. Lettre dédicace de *Quelques livres d'Hippocrate*

Janus Cornarius médecin municipal, au très illustre savant Johannes Ferrarius Montanus, éminent jurisconsulte et vice-chancelier de l'Université de Marbourg, salut[1].

Je me souviens l'avoir écrit précédemment, et j'affirme la même chose aujourd'hui, Virgile ayant déclaré un jour que soustraire un vers à Homère n'était pas chose moins difficile qu'arracher la foudre à Jupiter ou sa massue à Hercule : en comparaison de cela comprendre les écrits d'Hippocrate dans sa langue est beaucoup plus difficile à faire, à plus forte raison transposer ces écrits dans une autre langue en pensant que l'on est parvenu à leur pleine intelligence. C'est pourquoi, alors que personne à ce jour n'a espéré pouvoir mettre en latin les écrits très difficiles écrits du grand savant Hippocrate, ou ne l'a tenté avec succès, excepté certains petits livres très usités dans presque toutes les écoles médicales, qui ont trouvé des interprètes assez convenables : je doute souvent en moi-même si l'on doit un éloge supérieur à ceux qui, effrayés par la difficulté, se sont totalement abstenus d'y répondre : ou à ceux qui, abordant cette œuvre avec une certaine confiance en eux, et n'étant pas de force, ont succombé sous son poids. Certes, ceux qui se sont abstenus, même s'ils n'ont rien montré, de sorte que l'on ne peut évaluer le profit de leur action, ont cependant apporté par leur exemple une aide préalable, qui fait que nous sommes plus prudents pour traiter des écrivains aussi imposants. Mais ceux qui, ayant abordé le sujet, n'ont pas montré ce qu'ils croyaient : eh bien, tout en se vantant de nous avoir donné Hippocrate, en voulant paraître l'avoir fait, ils ont non seulement corrompu les mots et les pensées d'un très grand auteur, mais en rendant des choses pour d'autres, les ont faussées, sans pouvoir obtenir d'éloge, même pour leur bonne volonté, quand ils s'arrogent à la légère la réputation de capacité et de résultat.

---

1. Johannes Ferrarius Montanus ou Lifermann, juriste originaire d'Amelburg, ville de Hesse, mort le 20 juin 1558, avait fait des études de théologie, droit et médecine. Il fut recteur de l'école de médecine à Wittenberg jusqu'en 1523 puis professeur de droit à Marburg, où il occupa de nombreuses fonctions. Il fut notamment le premier recteur de la nouvelle Université fondée en 1527 et son vice-chancelier en 1536. Il est connu comme auteur de nombreux écrits à caractère juridique. Jöcher 2, 1750. Strieder 4, 1784.

Car en vérité, ce que l'on dit des chairs de la tortue, à savoir qu'il faut ou bien les manger ou bien ne pas les manger[2] : on peut le dire de tous ces sots traducteurs d'Hippocrate et autres Calvus. Car ils auraient mieux pourvu à leur propre renom et à l'intérêt des savants s'ils n'avaient pas touché du tout à Hippocrate. Mais comme ils ont déjà abordé cela et l'ont traité médiocrement ou plutôt de manière fâcheuse, et qu'ils ont même perverti toutes les meilleures, ils ont raison de s'affliger de leur impudente témérité, et ils font partager leurs tourments aux savants, s'il y en a qui ne sont pas assez protégés contre le fléau des traductions de cette espèce.

Cela fait assurément déjà plus de quinze ans que j'ai tenté moi aussi de transcrire en latin cette œuvre combien difficile d'Hippocrate, en publiant quelques traités par lesquels j'ai voulu porter à la connaissance des savants la difficulté d'Hippocrate et la funeste leçon de quelques traducteurs antérieurs[3]. Car cela me semblait être la meilleure contribution possible à l'utilité de la république médicale. Et si j'avais eu ensuite assez de loisir, ou si la récompense du travail était apparue quelque part, on lirait peut-être publiquement tout Hippocrate dans ma traduction latine, et l'utilité que quelques savants faisaient d'abord valoir pour ces traités se serait, avec l'œuvre complète, révélée aux *studieux* pleinement complète. Mais comme mon loisir était insuffisant, et que la récompense du travail n'apparaissait pas, « Sur des plaines stériles, les taurillons refusent de porter le joug »[4].

Je ne veux pourtant pas ôter même ainsi aux *studieux* tout espoir de lire un jour notre Hippocrate latin, si Dieu le veut, et s'il ajoute aussi des années et des ressources à notre bonne volonté. En tout cas, pour faire voir clairement la mienne, j'ai fait sortir l'an dernier des *Lettres* du même Hippocrate : et pour affirmer davantage cette volonté maintenant, j'ai voulu faire paraître ces sept premiers livres des écrits d'Hippocrate, que je te dédie tout particulièrement, très savant Ferrarius, pour entretenir notre vieille amitié. Car comme la matière médicale ne peut exister sans Hippocrate, et que l'on peut dire beaucoup plus justement à propos d'Hippocrate pour la médecine, ce que dit Démosthène à propos de la nécessité d'avoir de l'argent pour faire la guerre, δεῖ δὴ Ἱπποκράτους, καὶ ἄνευ τούτου οὐδέν ἐστι γενέσθαι τῶν δεόντων[5] : cette

---

2. Erasme, *Adages* LX : « *Oportet testudinis carnes aut edere aut non edere* » signifiant qu'il ne faut pas faire les choses à moitié, d'après *Adagiorum chiliades Desiderii Erasmi Roterodami*, Bâle, Froben, 1551, BM Lyon 23467, p. 337. Proverbe attribué à Terpsion par Athénée, *Deipnosophistes* VIII, (17) 337.

3. Seules publications antérieures : BEC 4 et 4a. Allusion aux traités de cette édition, qui peuvent avoir circulé longtemps avant impression, ce que pourrait corroborer l'emploi de *publice* un peu plus loin. Ils reprennent les textes des *Articelle* visées précédemment.

4. Citation légèrement modifiée de Martial, peut-être transcrite de mémoire, *Epigrammes* I, 107, 7 : *In steriles nolunt campos iuga ferre iuuenci*.

5. Citation détournée de Démosthène, *Ière Olynthienne*, c. 20 : « δεῖ δὴ χρημάτων, καὶ ἄνευ τούτων κτλ. : De toute façon il faut de l'argent ; sans argent, rien de ce qui est indispensable ne peut se faire », éd. M. Croiset, Paris, 1924, 100-101.

nécessité me presse désormais tant, que par les soins de quelques hommes de bien et savants de votre école (au premier rang desquels il faut te nommer, ainsi que l'éminent jurisconsulte Justus Studaeus, ton gendre très cher[6]) il s'est enfin produit que je puisse consacrer mon travail à enseigner la Médecine : j'exposerai Hippocrate au Gymnase de Marbourg, et je l'expliquerai dans le texte grec aux étudiants de médecine, et progressant davantage chaque jour, je le transposerai pas à pas en latin, ainsi que je l'espère. Et je te remets comme témoins de mon projet ces traités préparatoires, qui invitent à la vraie médecine. De ton côté, en fonction des opportunités locales, des occasions temporelles, tu feras part de mes intentions à notre Très illustre Prince : et tu les introduiras auprès de l'illustre Johannes Ficin, Chancelier de Son Excellence, dont tu assumes les fonctions dans cette école : pour que lui aussi sente un peu l'éclat de la magnifique générosité de Son Illustrissime Excellence à l'égard de cette école, et qu'il ne cesse pas d'y favoriser les justes études : et qu'ainsi, et avec ces petits livres d'Hippocrate, les *studieux* soient incités et préparés à connaître ses autres écrits[7]. Porte-toi bien, de Marbourg, le 9 avril de l'an du Christ 1543.

---

6. Justus Studaeus, dédicataire du discours *De rectis medicinae studis amplectendis* imprimé dans le même ouvrage que les *Libelli*, fut professeur à Marburg en 1536, recteur de l'Université en 1538 et 1543, chancelier à Fulda de 1545 à 1562, puis se retira à Francfort-sur-le-Main où il mourut en 1570. ADB.

7. Johannes Ficin, personnage non identifié.

VII. *Hippocratis sive Doctor verus, Oratio habita Marpurgi* (1543)[1]

| *p. 67* Janus Cornarius Medicus Physicus, Joanni Oporino, viro docto, ac typographo industrio salutem dat.

Orationem meam, quam nuper in hac schola Marpurgensi primam habui, et Hippocratem, sive Doctorem verum inscripsi, tibi Joannes Oporine nunc mittere volui. Quum enim noverim te ab adolescentia in virum crevisse, qui rectorum studiorum cultu, eorumque propagandorum amore mirifice flagret, et ac omni vanae doctrinae fuco, jactationeque ac ostentatione alienus sit, scio fore ut et hanc orationem contra personatos illos Doctores in primis a me institutam : eos videlicet quibus si haec larva adempta sit, nihil amplius adest, quo ab idiotis distent, et non palam ὄνοι κυμαῖοι, καὶ λύρας conspiciantur : libenter legas, et ad praeparatorios Hippocratis libellos, quibus ille vir studiosos ad medicinam sinceram discendam quasi praeparat ac in- | *p. 68* vitat, adjicias. Nam quum ego rursus ad docendum in scholas revocatus sim, hos Hippocratis libellos a me latine scriptos, tibi excudendos nuper tradidi, quo sint studiosae juventutis illices, ad veram Hippocraticae doctrinae methodum investigandam, ac consequendam. His itaque et hanc Orationem nostram, et alteram de Rectis medicinae studiis amplectendis, superioribus mensibus Gronibergae habitam, adjicies, idem conantes quod illi, sed longo interposito intervallo, et praeterea ad ipsos Hippocratis libellos melius alicubi intelligendos, non incommodas futuras. Vale, et virum doctissimum Andream Vesalium publicum Medicinae Patavii professorem, ex me diligenter saluta. Iterum vale : Marpurgi Hessorum, IX. Aprilis die, qua hanc orationem habui : Anno Christi MDXLIII.

| *p. 69* Hippocrates, sive doctor verus, Oratio, per Janum Cornarium Medicum Marpurgi habita

Dicam de Hippocrate. Et profecto statim, ut viri nomen audivistis, sentio concitatos omnium vestrum animos, tanquam ad rem insignem, et admiratione dignam. Itaque et haec vestra, Magnifice D. Rector, ac ornatissimi viri, ad audiendum me alacritas, animum addit mihi, ut et confidentius, et felicius de

---

1. BEC 23, d'après Paris BnF T 23.121.

hoc viro me dicturum esse sperem, et studiosam juventutem cohortaturum, quo tanti viri virtutibus cognitis, ipsum sibi ex toto imitandum proponat. Dicam autem non de patria ejus Co, hodieque Hippocratis maxime nomine clara : non de parentibus, ex quorum altero ab Aesculapio genus ducit, ab altera ad Herculem refert : non de nominis celebritate, ex medicandi gloria comparata : non de honoribus et vivo et vita functo habitis, in patria Co, apud Athenas, apud plerasque omnes Graeciae urbes, apud multos reges ac principes, non modo Graecos, sed externos etiam et barbaros, Persas, Paeonas, Illyrios : Haec enim omnia plerisque omnibus aut jam nota sunt, aut ex Epistolis illius nu- | *p. 70* per a me in Latinam linguam conversis ac editis, facile cognosci possunt. Verum dicam de excellenti viri doctrina, cujus admiratione et ejus aevi homines obstupuerunt, et difficultate posteriores plerique deterriti sunt : et quam Galeni aetate, et postea aliquandiu, rursus multi amplexi sunt, cum hic et arduae illius doctrinae obscuritatem illustrasset, et accessum per demonstratam methodi rationem ad eam perfecisset : quae tamen et sic postea rursus ad nongentos plus minus annos penitus relicta jacuit, barbaris hominibus Saracenis Arabe Maomethe duce per Syriam ac Graeciam, et Constantinopolitanam regionem, et totam ferme Asiam : Gotthis, Hunnis et Vandalis, per Italiam et Romae, omnemque adeo Europam, optimorum autorum Graecae ac Latinae linguae vastitatem facientibus, et meram barbariem inducentibus, et rectorum studiorum vix umbram tandem relinquentibus. Atque haec vastitas fere ad nostram usque aetatem duravit : qua oppressa, optima utriusque linguae studia rursus respirare coeperunt, atque utinam penitus ad vitam durabilem revocaverunt, bonorum ac piorum principum auxilio asserta.

Quanquam proh dolor, quantum tandem nobis Hippocraticae doctrinae restitutum est, quum ineluibilis macula, prava illa de Arabum medicorum, qui interim irrepserunt, praestantia, opinio, plerisque omnium mentibus inhaereat : et quum felicissima etiam studiorum medicorum gymnasia, ultra quinque vel sex Hippocratis libellos Latinos, in usu non habeant : et hoc Graecis exemplaribus extantibus, et exiguo | *p. 71* pretio prostantibus, quae omnia illius viri scripta, quae ad nos extant, in se continent. Sed demus hic, recte studiosos causari, se Graecis assequendis impares esse : et valeat ille praetextus ad excusandum eos, qui prae aetate ad Graecam linguam discendam non sunt idonei : nos tamen hac parte nullum juventutis ad Medicinae studium se conferentis praetextum esse volumus, ut non utriusque linguae intelligentiam huc asserat, quum ne possit quidem Hippocrates etiam Latinus factus, per omnia intelligi, a Graecae linguae penitus rudi. Illos autem quos aetas excusat, hoc precibus a Deo primum, mox a principibus ac magistratibus contendere oportebat, ut doctorum hominum ingenia ac operae, et benignis admonitionibus excitarentur, et praemiis invitarentur, et honoribus alerentur, quo id quod deest Latinae linguae, temporis progressu accederet : et praesertim Hippocratis doctissima scripta, talis viri, ut semel dicam, qui quoties a me nominatur, vel ab aliis nominari auditur, ego non hominis nomen audire me putem, sed omnino totius artis. Et revera si magna artis pars est, veluti ipse Hippocrates in libro de Diebus judicatoriis praefatus est, de his quae recte scripta sunt posse judicare (Mens enim quae his utitur, inquit, non videtur mihi valde in arte aberrare posse) id ipsum quomodo nobis contingere possit non video, qui partim Graeca non assequentes, partim Latine loquentem non habentes tam insignem autorem, quantus tandem sit, judicare nequimus. Ut ne dicam, quod etiamsi utrumque contingat, adhuc tamen non facile sit vete- | *p. 72* rum libros intelligere, si non sit qui praevius nobis illos exponat, teste multis in locis ipso quoque Galeno. Proinde quum in hanc scholam ad Medicinam pro meo judicio docendam accersitus sim, vobis studiosi juvenes hoc primum propositum esse volo : quem Hippocrati praeferam, esse neminem medicum scriptorem. Hic et fons est, unde artis cognitio universa emanat : et fundamentum, supra quod omnia alia hujus artis sunt extruenda : et sane ego totos jam viginti annos, hujus senis ac optimi Imperatoris castra, et miles et dux ipse sector : nec puduit me aliquoties praedam ac spolia ostentare, ac orbis doctorum hominum censurae proponere : nec poenitebit spero, quod reliquum est vitae, huc impendere, quo aliquando sub tanto Imperatore, ipse mihi dux ac miles, militaria munia obiisse, ac stipendia meruisse conspici possim. Jam vero quod magnopere jactem non est, nisi quod vobis inde intellectum velim, quanta vobis et felicitas contigit et facilitas parata est, qui me duce, qualicunque tandem certe veterano jam milite, invictissimi Imperatoris Hippocratis castra sequi potestis, ac debetis, si modo artis medicae rectam cognitionem expetitis, et veros locatae operae honores, ac studiorum praemia ambitis. Nihil enim stolidius est, quam inanibus titulis se jactare : quum interim nihil sanae ac rectae doctrinae teneant, qui se vulgo emptitio, velut fieri solet, Doctoris titulo venditant. Atque haec a me dicta non ita accipi volo, quasi receptos in publicis scholis doctrinarum titulos omnino damnem : aut quod ego penitus sine doctoribus | *p. 73* ac ducibus ad medicinae studia progressus sim. Audivi equidem adolescens medicinae professores, et antea quam me ad hanc artem discendam in totum contulissem, et postea cum inito jam consilio, ad doctrinarum titulos illos aspirarem, eosque admitterem. Verum hi quos audivi, neque ipsi sibi nomen ex doctrina pepererunt, neque velut a quibus aliquid didicerim, a me nominari possunt, neque expetunt credo qui vivunt, quum illorum penitus nihil unquam probarim : et mea talia sint, quae sane in lucem scripta emisi, ut nihil inde sibi vendicare possint. Et tamen, sicut Plinius dixit, nullum librum esse tam malum, ut non aliqua parte prosit : ita nullus est tam malus Doctor, quin prosit auditori non penitus stupido : ut vel illius virtutes sequatur, vel vitia vitet. Itaque et ego quos fugerem habebam Doctores, quos sequerer non reperiebam : quum non modo Hippocratis et Galeni scriptorum extrema esset apud ipsos inopia, et verae methodi ignorantia : sed etiam Arabica illa ac barbara, nec admodum intellecta, nec ullam certam rationem sequentes traderent, et summas quasdam excerptas privatis discipulis saltem communicarent. De quorum numero nullus unquam esse volui, eo quod certo scirem ac judicarem talia lucem et hominum conspectum ferre non posse, quae intra domesticorum parietum umbram traderentur : quum optimus quisque et liberaliter, et publice, sua omnibus cognoscenda proponere gestiat, nullum occultae Musicae respectum esse gnarus. Et haud dubie illorum doctrina illa privata talis fuit, qualis | *p. 74* Chrysippaea illa, in quam Galenus proverbium hoc aptissime dici posse asserit, Cape nihil, et serva bene. Et supersunt adhuc qui una mecum in illis tunc publicis auditoriis risus saltem gratia consederunt, cujus occasionem ineptissimi illi doctorculi abunde nobis exhibebant. Et est unus atque alter ex his non longe remotus, qui ea de causa relictis medicinae studiis, in quibus jam non parum profecerant, ad Theologiam, ac Jura civilia se contulerunt. Mihi vero quum in proposito semel perseverandum esse persuasum esset, nihil aliud faciendum visum fuit, quam ut ad optimos autores Graecos medicos, in primisque Hippocratem ac Galenum, me conferrem, putidis illis magisterculis cum ineptiis suis relictis. Et hoc institutum jam viginti totos, velut dixi, annos sequor : quibus peregrinatus, fortunae fluctibus variis, Deo ita volente, jactor : primis quidem ex his, per multas praeclaras Germaniae ac Galliae, Livoniae item ac Rutenorum urbes, ac principum aulas medicatus : sequentibus vero, in publicis aliquot scholis professus : et mox rursus relictis scholis, ad medicinam exercendam conversus, donec jam schola haec me rursus ad docendi munus accivit.

   Audivistis de doctoribus meis : adjiciam, quid sentiam de receptis in scholis doctrinarum titulis. Ego profecto nullum titulum, nullam nominis dignitatem, (si qua tamen omnino nominis dignitas est) tantam esse puto, ut homini studioso, et optimarum artium studiis exculto, sufficiens putari debeat, nisi et res, et honor, vera virtutis praemia accedant. Jam vero videas bonos et | *p. 75* vere doctos viros, nullum studiorum suorum praemium ferre, in nullo honore esse, nisi aut ex Doctoris nomine aliquo loco habeantur, aut ex perpetuis studiorum aerumnis rem faciant, ac se sustentent. Itaque et ipsis optimis doctrinis, et in iisdem eruditis doctis hominibus injuriam fieri si quis non videt, quorum non alia quam dixi ratio habetur ? At longe majore injuria afficiuntur, si contingat, sicut contingit, ut homines indocti, ineruditi, aliquando etiam ipsarum literarum lectionis ignari, eosdem titulos ambiant, consequantur, atque inde ad honores, dignitates ac census evehantur. Huc enim accurrunt ignobiles, ut hac pelle intecti, pro veris leonibus se gerant, et imposturas suas cum autoritate exerceant. Huc nobiles, ut ad dignitates et redditus ac proventus, infelicium hac parte vel maxime Ecclesiarum, deligantur. Plato dixit, extremum injustitiae terminum esse, si justus quis putetur, qui talis non sit. Scipio Nasica in primis laudatur, quod vir bonus esse quam videri maluerit : et propterea a Senatus Romano vir optimus judicatus est. Et nos non improbos et injurios homines esse putabimus eos, qui hac contumelia et doctrinas, et doctos viros aspergunt, dum illorum ignorantia in causa est, ut vulgo omnia bona studia male audiant, et Doctoris appellatio fere in risum abierit ? Ne Solomon quidem omnium sapientissimus de talibus dicere omisit : Est improbitas, inquit, cui sub sole nihil simile vidi, esse virum qui sibi ipsi sapiens videtur. Et hac improbitate major adhuc illa est, si is cui docendi munus delegatum | *p. 76* est, ne propriam quidem imperitiam intelligit : malum revera lachrymis ac suspiriis dignum, et cujus ego saepe sum misertus, inquit Gregorius Theologus. Quapropter bonorum Doctorum erat, adolescentiam erudire, ut ad recta studia recto rationis judicio se converteret, et longe aliam mercedem quam ea est quae ex inani titulo paratur, spectaret. Non improbo aliquem Doctorem appellari, qui hoc virtute assecutus est : misereor magis, non rem et honorem dignum accedere. At indoctos Cumanis adjudico, et dum se pro doctis ostentant, non modo velut in optimas doctrinas contumeliosos ad horum ipsorum molitorem fugitivos reduco, et ad saccos perpetuo gestandos in molendinum condemno : sed velut extreme injurios, etiam supplicio intento, vel arcendos, vel facta jam ab ipsis irruptione puniendos censeo. Neque enim alii quam huic hominum generi debemus, verae pietatis corruptelam, sincerae Evangelii Christi doctrinae pessundationem, inductas falsas non solum in religione, verum et in omnibus artibus ac bonis studiis opiniones, perturbatum hujus seculi statum, in quo omnes fere veteres haereses repullularunt, fides periit, simulatio ubique, pax nusquam est, omne in praecipiti vitium stat, omnia bona studia ruinam haud facile reparandam minantur : nisi Deus per bonos principes ac magistratus opem benignus ferat. Haec mala, inquam, indoctis illis ac titulotenus Doctoribus falsis debemus. Quanto vero veteres illi Graeci philosophi modestius se gesserunt, quibus suis nominibus appellari satis fuit, aut a- | *p. 77* liis a locis, aut rebus, aut docendi modo, appellationibus adjectis ? Quanto simplicius doctissimi Romani, qui tribus illis suis solitis nominibus contenti, ex dictis et scriptis ac factis solidam gloriam sibi pepererunt ? Sed non possum mihi temperare, quin insignis modestiae exemplum proferam. C. Plinius junior, quum Plinii avunculi sui studia, incredibilia illa (velut ait, ad Macrum scribens) recensuisset, ad finem epistolae haec verba addit : Itaque soleo ridere, quum me quidam studiosum vocant : qui si comparer illi, sum desidiosissimus. Auditis virum, regum nostri seculi opes possidentem, prae quo multi principes inopes videri possint, in variis doctrinis eruditum, ac eloquentem adeo, ut post eum nemo vixerit eloquentia ipsi comparandus, in studiosi appellatione acquiescere, ac sibi placere : quum nostri seculi hominibus, ex nulla parte illi conferendis, nulli satis speciosi tituli excogitari possint : ignaris, quod ipsa opinio multum a rei veritate abest, et aufert : et quod gloriae studium, magnum sit ad veram virtutem hominibus impedimentum. Quo igitur vestros, studiosi juvenes, animos ab opinione ac sciendi persuasione abstraham, et ad hoc ut vere sitis quod videri expeditis, adducam, Hippocratem in primis vobis propositum esse volo, virum sanae doctrinae principem, et sine quo medicinae studia, per ipsum aucta, et ad rectam methodum redacta, neque propagari potuissent, neque conservari, si non fuissent ejus scriptorum studiosi homines, qui ipsa ad nostram usque aetatem, haud dubie propitio Divino numi- | *p. 78* ne, conservassent : ita nihil est neque a prioribus illo, neque posterioribus traditum, quod non in hujus divini viri scriptis habeatur, legatur, et veritatis robore nitens duret. Hic est, qui medicorum Deus appellatus est, velut M. Cicero dixit. Hic est qui Platonem et Aristotelem summos philosophos, et aetate praecessit, et superavit : quique illis et recte sentiendi, et vera dogmata tradendi in multis occasio atque autor fuit, etiam si illi habeant quaedam non ita plene constantia. Nam quod principalem animae partem, ipsam rationem, in capite sitam esse Plato dixit, et irascentem in corde, concupiscentem vero in hepate : hoc Hippocratem sequutus dixit. Aristoteles autem tres quidem animae partes, sive facultates relatas agnovit, sed omnium horum principium cor esse statuit. Stoici vero, et praesertim Chrysippus, in hoc quidem Aristotelis errorem sequuti sunt, quod animae facultates illas in corde locant. Verum in hoc amplius errarunt, quod facultates illas confundunt, et modo neque inter se differre docent, neque esse aliam facultatem qua animal irascatur, aliam qua concupiscat, aliam qua ratiocinetur, sed ejusdem facultatis opera et ratiocinari, et irasci, et cibos ac potus et rem veneream cupere asserunt : modo rursus tres distantes facultates juxta Hippocratem et Platonem faciunt : in hoc tamen ab illis dissentientes, quod juxta Aristotelis decretum omnibus illis cordis sedem attribuunt. Jam sicut nulla adeo desperata opinio unquam fuit, ut non suos repererit asseclas et assertores : ita Methodici, novae et falsae appellationis medicorum se- | *p. 79* cta, Stoicorum, aut potius Aristotelis, dogma approbavit : quanta id vanitate, et sui ignoratione, vel ex hoc clarum est, quod phrenitide laborantibus, etiam ipsi illitiones ac irrigationes tum aliarum rerum, tum aceti rosacei, capiti adhibent. Atqui ad cordis regionem talia adhibuisse oportebat, si in ipso rationis sedes per phrenitidis ac delyrii morbum affecta aegrotaret. Longum facerem, si singulis Hippocraticae doctrinae decretis productis, et doctrinae ipsius rectitudinem, et veri doctoris Hippocratis virtutes, vobis declarare vellem. Et neque temporis hujus, neque loci ratio id patitur : et ad haec supervacaneum videri possit, quum Galenum habeatis, qui subinde in libris suis, reverendi hujus senis (sic enim appellare ipsum solet) decreta producit, sectatur, ac confirmat. Non omittam tamen quod ille de causarum ratione astruxit, et quod praetantissimi quique philosophi sequuti sunt, Nihil sine causa esse : et quod id quod causam non habeat, omnino non extet. Etiamsi et hic Stoicis visum sit, multa temere ferri, ac obscura esse, et quorum causa cognosci non possit. At longe prudentius Hippocrates, nihil casu et sponte fieri dixit, sed omnibus causam subesse, etiamsi eo homines lateat. ἡμῖν μὲν, inquit, αὐτόματον, αἰτίᾳ δὲ οὐκ αὐτόματον. Quod enim casu sit, id nihil esse apparet, inquit, ac deprehenditur. Quicquid enim fit, propter aliquid fieri comperitur, et in singulis adeo propter quid fieri videtur. Quod vero sponte fit, id nullam substantiam habere comperitur, sed nudum tantum nomen est. His addere nunc libet etiam reli- | *p. 80* qua Rationalium medicorum dogmata. Nam et his principium Hippocrates dedit, et illorum idem princeps fuit. Horum summa haec est :

supra causarum vires perspectas, etiam naturam corporis curandi, et partis affectae, a nobis cognosci vult. Deinde naturam quoque aëris, aquarum, regionum, vitae studiorum ac functionum, ciborum, potuum cognitionem a nobis exigit, ad morborum videlicet causas, et medelarum vires inveniendas. His addit et virium, et aetatis temporum anni considerationem. Intellexisti opinor ex his aliquatenus, doctrinae viri praestantiam. Verum si et hoc addidero, quomodo artium essentiam, sive artes substantivas esse demonstravit : et quomodo medicinam artem esse quae et extet, et in substantia consistat, probavit : haud parum id amplius cognoscetis. Nulla, inquit, mihi videtur ars esse, quae non existat. Absurdum enim est, aliquid esse putare, quod non est : quoniam eorum quae non sunt, qua nam substantia conspecta aliquis denunciare possit quod sint ? Si enim non existentia videre non datur, quemadmodum existentia, haud equidem scio, quomodo quis mente concipere queat, ea quae non sunt, quemadmodum ea quae sunt, quae certe oculis videre est, menteque intelligere quod sunt : verum ut ea nec videas, nec intelligas, non similiter contingere potest. Sed existentia semper videntur, ac cognoscuntur. Non existentia vero, neque videntur, neque cognoscuntur. Atque hoc quidem modo artium aliarum substantiam demonstravit. At vero medicinae his verbis : | *p. 81* videtur autem mihi fieri posse, ut et qui medicis non utantur, in medicinam incidant : non autem ut sciant, quod in ipsa rectum fuerit, et quod non rectum : alioqui contigisset, ut seipsos eodem modo curassent, quo curati fuissent, si etiam medicis usi essent. Et hoc tandem magnum signum est substantiae ipsius artis : nempe artem esse, et quidem magnam, quando sane etiam hi qui eam esse non putant, per ipsam servati apparent. Valde enim necessarium est nosse, eos qui medicis etiam non sunt usi, si aegrotaverunt, et convaluerunt : quod aut facientes aliquid, aut non facientes sanati sunt. Aut enim inedia, aut edacitate, aut potu ampliore, aut siti, aut balneis, aut illuvie, aut laboribus, aut quiete, aut somnis, aut vigilia, aut omnibus hos promiscue utentes convaluerunt. Et de hac hactenus.

Quum vero et Medicinam describat, esse morbos ab aegris in totum tollere, et morborum vehementes impetus obtundere, et eorum qui a morbis victi sunt curationem non aggredi, quum id in confesso sit, quod medicina talia praestare non possit : an non oculis vestris videtis, quantum nostri seculi medici a tanti viri doctrina absint ? aut potius quam nihil penitus verae veteris medicinae nobis restet ? Ineptissimi quique, citra omnem linguarum et fere literarum cognitionem, se ad medicinam discendam conferunt, mox ad exercendam progrediuntur. Quid enim prohiberet, quum habeant et Doctorum suorum et aequalium exempla, quae vel in autoritatem imitari licet ? Et quum Poeta quidam dixerit : Ut jugulent homines, surgunt de no- | *p. 82* cte latrones : hi clara luce, summa licentia, nec principum nec magistratuum animadversionem formidantes (nulla enim lex poenam his statuit) per vicos, per urbium plataeas, per maximarum civitatum circulos grassantur, mactant, occidunt : neque morbi, neque aegroti, neque partis aegrae, neque loci, nec temporis, nec aetatis, nec anteactae vitae rationem tenentes : sed de una pyxide omnes potionantes, et idem unguentum omnibus adhibentes : neque quid sperandum sit, neque quid formidandum praedicere, aut etiam apud se praenosse potentes. Et tales medici magna ex parte, non modo sunt ab omni scholarum ac librorum lectionis commercio alieni, sed etiam plane idiotae, Judaei partim baptisati, partim recutiti tantum, mulierculae, aniculae delirae, quin et cerdones, et sedentariarum artium opifices, coriis ac pellibus magna horum injuria relictis, ad hanc quaestuosam lanienam exercendam se ingerunt. Videtis ad quantam prostitutionem praeclarissima ars devenerit, ut ab ejusmodi medicabulis, mendicabulis rectius appellandis, tractetur, quam quondam Reges, et regum opes possidentes, et colere, et exercere non erubescant. Hippocrates regios honores ac census meruit, et Athenis sacris Eleusiniis velut Hercules initiatus est. Galenus apud Romanos Imperatores Antoninos ac Pertinaces in magna dignatione vixit, ingentes opes cumulavit. Nec minus Asianis suis regibus, et Graecorum insulis ac urbibus charus fuit. Sed desinite admirari, quod hi magnas divitias compararunt. Hoc admiratione dignum censete, quod u- | *p. 83* terque pecunias contempsit. Hippocrates regis Persarum Artaxerxis aurum, argentum, amicitiam, ac magnifica promissa, vere magno animo respuit. Galenus et paternas opes, easque non exiguas, et quas insuper ex arte lucratus est, in peregrinationes, et artis medicae studiosorum, quos in comitatu suo multos habuit, usum insumpsit. Non est animi pecuniarum amore correpti, ad tantae artis fastigium pervenire, quum neque ad reliquas philosophiae partes facile quis penetret, qui opibus studet : nisi quis verbis, non re ipsa philosophari velit. Proinde vos hortor, studiosi juvenes, ut ad Hippocratis, ejusque doctrinae imitationem vos comparetis, et ad omnium eorum quae quaeritis inventionem methodo utamini : hoc est, via quadam procedatis, ab eorum quae quaeruntur natura progressi. Haec enim vera methodus est, ut quis via quadam et ordine procedat, ita ut aliquid in quaestione primum, et secundum, et tertium, ac quartum, et sic deinceps per reliqua omnia progrediendo faciat, donec ad id quod ab initio propositum est, perveniat. Haec autem inventio per rationalem methodum, plane opponitur ei quae fortuito fit, temereque ac casu spontaneo. Hanc igitur methodum amplectimini, sequimini, ita ut in ea Hippocratem in primis, ac Platonem, qui omnis artis constituendae methodum, velut Galenus ait, docuit : itemque ipsum Galenum, velut egregium quendam ad illos perveniendi ducem, vobis proponatis. Quum autem quatuor sint argumentorum genera, unde nobis propositiones suppetunt ac su- | *p. 84* muntur, ad veritatem rerum omnium cognoscendam, et ad ea astruenda quae vera et recta videri volumus : etiam horum cognitio ex methodi ratione nobis suppeditatur. Et primum quidem ex his generibus demonstrativum, itemque scientificum appellatum, et propositiones in ipso sumuntur ex rei quaesitae essentia, et accidentibus his quae ipsam propositam quaestionem concernunt : atque hoc solum est quod virum philosophum, physicum, ac medicum decet. Alterum dialecticum sive disputatorium est, et propositiones argumentorum in ipso sumuntur ex accidentibus ad propositam quaestionem non pertinentibus. Et hoc proxime quidem ad primum genus accedit, sed scientiam non parit, speciem quandam veri prae se ferens, ab acutis hominibus ad adolescentium exercitationem ac sophistas rearguendos excogitatum. Tertium rhetoricum seu probabile vocatur, et adhuc longius a primo recedit, utpote ab exemplis, et inductionibus, ac testimoniis externis, poëtarum, oratorum, vulgi item opinionibus dependens : et non multum adeo a quarto genere diversum, quod longissime a primo et vero distans, in aequivocationibus ac figuris dictionum versatur, sophisticumque ac captiosum et ambiguum appellatur. Haec argumentorum genera nisi ex methodo nobis fuerint cognita, nullam demonstrationis rationem assequi poterimus. Quicunque enim quamcunque tandem rem demonstrare volet, eum necesse est propositionum sumendarum differentiam nosse, et multo deinceps tempore exercitatum esse, ut ubi cum alio disputat, cujus generis ex relatis sunt ea quae ille affert, cognoscat, ubi vero neque cum alio disserendi occasio datur, ut facultas sit, et ea quidem expedita sic fuerit, quo de singulis propositis quae dicenda sunt inveniat. At haec omnia non aliunde uberius nobis contingent, quam ex assidua et diligenti Hippocratis scriptorum lectione ac imitatione. Tradidit quidem Aristoteles, et alii veteres itidem, de sophistico genere, in Elenchis sophisticis : de rhetorico, in Rhetoricis : de dialectico, in Topicis : de demonstrativo, in Posterioribus analyticis. Verum ex Hippocrate omnium istorum semina pullularunt. Neque enim aliquid horum quae in nobis sunt facultatum demonstrari potest, in hac vel in illa parte consistere, nisi hoc nobis per corporum resectionem fuerit cognitum. Hujus autem autor et maximus, et optimus, Hippocrates fuit, velut ex ipsius evidentissimis scriptis clarum est : et in multis locis, praecipue tamen in libris de Refectione Hippocratis Galenus ostendit. Adhuc igitur torpemus, et tantis virtutibus non excitamur ? Nec nos illustrissimi Principis nostri magnifica in professores pariter ac auditores liberalitas commovet ? Nec Senatorii consiliariorum ipsius ordinis favor et applausus impellit ? Nec praeceptorum optimorum praegressa exempla inhortantur ? Ne faciamus hoc crimine nos culpabiles, optimi juvenes, sed ad summi viri summas virtutes assequendas alacriter contendamus. Honestum erit in secundis tertiisque consistere, si cui ad primas enitenti, id fuerit de- | *p. 86* negatum. Quanquam si vere philosophico animo, Hippocratis veri imitatores fuerimus, adeo non desperandum est nobis, ut illi similes evadamus, ut etiam eo praestantiores fieri possimus. Dixi.

VII. Hippocrate ou le vrai docteur.
Discours de Marburg

Janus Cornarius, médecin municipal, à Johannes Oporinus, homme de savoir et habile imprimeur, salut[1].

J'ai voulu t'envoyer maintenant, Johannes Oporinus, le premier discours que j'ai prononcé dans mon Université de Marbourg, et que j'ai intitulé *Hippocrate ou le vrai docteur*. Car comme j'ai appris que depuis ta jeunesse tu as grandi en homme brûlant de manière prodigieuse de la culture des bonnes études et du désir de les propager, étranger à tout apprêt de vaine doctrine, de vanité et d'ostentation, je sais que tu liras volontiers ce discours également dirigé par moi en premier lieu contre ces Docteurs déguisés : à savoir ceux qui, si on leur enlevait ce titre fantôme, n'auraient plus rien pour les différencier des profanes et pour empêcher qu'on les regarde comme ὄνοι κυμαῖοι, καὶ λύρας (des ânes de Cumes, et des lyres), et que tu l'ajouteras aux traités préparatoires d'Hippocrate, par lesquels ce grand homme prépare et invite pour ainsi dire les *studieux* à l'étude de la médecine pure. Car comme j'ai été rappelé à nouveau dans les écoles pour enseigner, je t'ai transmis il y a peu à imprimer ces traités d'Hippocrate que j'ai mis en latin, pour attirer la jeunesse étudiante sur les traces de la vraie méthode de la doctrine hippocratique et à sa suite. C'est pourquoi tu y ajouteras notre discours, ainsi qu'un autre discours *Sur les études de médecine qu'il est bien de poursuivre*, prononcé il y a quelques mois à Grünberg, qui tendent tous deux au même but mais pour le premier après un long intervalle, et qui ne sont en outre pas dépourvus d'intérêt pour une meilleure compréhension ici ou là des traités d'Hippocrate[2]. Porte-toi bien et salue bien de ma part le très savant André Vésale, professeur public de médecine à Padoue[3]. Encore une fois, porte-toi bien. De Marburg en Hesse, le 9 avril, jour où j'ai tenu ce discours : en l'an du Christ 1543.

Hippocrate ou le vrai docteur. Discours prononcé à Marburg par Janus Cornarius, médecin.

---

1. Sur Oporinus, voir ci-dessus p. 48-49.
2. 1ère édition BEC 23.
3. Sur Vésale, voir ci-dessus p. 75 et *passim*.

Je parlerai d'Hippocrate. Et aussitôt que vous avez entendu le nom de cet homme, je sens que vos esprits à tous se passionnent, comme pour un sujet remarquable et digne d'admiration. Aussi votre ardeur à m'entendre, Recteur magnifique et très distingués messieurs, augmente-t-elle mon courage pour espérer parler de cet homme avec à la fois plus d'audace et plus de bonheur, et exhorter la jeunesse étudiante à se proposer, une fois connues les vertus d'un si grand homme, de l'imiter en tout. Mais je ne parlerai pas de Cos, sa patrie, surtout illustre aujourd'hui par le nom d'Hippocrate : ni de ses parents, dont l'un descend d'Esculape, tandis que l'autre renvoie à Hercule : ni de la célébrité de son nom, procurée par la gloire de guérir : ni des honneurs rendus de son vivant et après sa mort dans sa patrie Cos, à Athènes, dans la plupart des villes de la Grèce, chez de nombreux rois et princes, non seulement grecs mais aussi étrangers et barbares, perses, péoniens, illyriens : Car tout cela est déjà connu pour la plupart, ou peut l'être facilement d'après les *Lettres* de ce grand homme que j'ai récemment traduites en latin et éditées.

Mais je parlerai de la doctrine de cet homme supérieur, qui rendit même ses contemporains muets d'admiration, et dont la difficulté terrifia la plupart de ceux qui vinrent après : et que beaucoup adoptèrent à nouveau, à l'époque de Galien et assez longtemps ensuite, quand ce dernier eut à la fois dissipé l'obscurité de sa doctrine ardue, et procuré un accès à celle-ci en montrant la raison de sa méthode : pourtant même ainsi cette doctrine resta ensuite totalement à l'abandon pendant environ neuf cents ans, alors que des hommes barbares, les Sarrasins parcourant sous la conduite de l'Arabe Mahomet la Syrie, la Grèce, la région de Constantinople et presque toute l'Asie : et les Goths, les Huns et les Vandales à travers l'Italie et à Rome, et dans presque toute l'Europe, produisaient la ruine des meilleurs auteurs des langues latine et grecque, introduisaient la barbarie pure, et laissaient enfin à peine l'ombre des belles-lettres. Cette ruine a duré presque jusqu'à notre époque : une fois cette ruine conjurée, les meilleures études des deux langues se mirent à respirer de nouveau, et puissent-elles être entièrement rappelées à une vie durable, soutenues avec l'aide de principes bons et justes.

Et pourtant hélas, combien nous a-t-il enfin été restitué de cette doctrine hippocratique, alors qu'une tache ineffaçable, cette fausse opinion d'une supériorité des médecins arabes qui s'introduisirent peu à peu entre-temps, reste fixée dans la plupart des esprits : et alors que les écoles de médecine les plus chanceuses n'ont pas plus de cinq ou six traités d'Hippocrate à leur usage : et ceci quand il existe des exemplaires grecs, disponibles pour un prix modique, qui contiennent tous les écrits conservés de ce grand homme. Admettons alors que les *studieux* mettent à bon droit en avant leur incapacité à comprendre les Grecs : ce prétexte pourrait excuser ceux qui ne sont pas en mesure d'apprendre la langue grecque en raison de leur âge : mais nous voulons qu'il n'y ait aucun prétexte de la part de la jeunesse qui se consacre à l'étude de la médecine sur le fait qu'elle ne peut soutenir l'intelligence des deux langues, quand Hippocrate même traduit en latin ne peut être entièrement compris par quelqu'un de parfaitement inculte en grec. Tandis qu'il faudrait que ceux que l'âge excuse s'efforcent d'obtenir par leurs prières, d'abord de Dieu, ensuite des princes et des magistrats, que les talents et les travaux des savants soient à la fois stimulés par de bienveillantes recommandations, incités par des récompenses et nourris par des honneurs, pour que par là ce qui manque à la langue latine s'y ajoute par le progrès du temps : et principalement les très savants écrits d'Hippocrate, un homme dont le nom, pour le dire une bonne fois, chaque fois que je le prononce ou qu'on l'entend prononcé par d'autres, ne me semble pas être celui d'un homme mais bien celui de l'art tout entier. Si réellement une grande partie de l'art, comme Hippocrate l'a dit lui-même en commençant dans son traité *Des jours critiques*, est de pouvoir juger des choses correctement écrites (« Car l'esprit qui les utilise, dit-il, me semble ne pas pouvoir beaucoup se fourvoyer dans l'art »), je ne vois pas comment la même chose pourrait nous arriver à nous, qui ne pouvons juger de son importance, en partie parce que nous ne comprenons pas les textes grecs, en partie parce que nous n'avons pas d'aussi remarquable auteur s'exprimant en latin[4]. Sans parler du fait que, même s'il nous arrivait l'une et l'autre chose, il ne serait toujours pas facile de comprendre les livres des Anciens sans un guide pour nous les expliquer, comme Galien en témoigne lui-même dans de nombreux livres.

Par conséquent, puisque l'on m'a fait venir dans cette école pour enseigner la médecine selon mon jugement, je veux qu'on vous annonce tout d'abord, Messieurs les étudiants : qu'il n'y a pas d'auteur médecin que je préfère à Hippocrate. Il est la source d'où émane la connaissance universelle de l'art médical : et le fondement sur lequel tout le reste de cet art doit être érigé : Et moi, j'escorte depuis déjà vingt années complètes, en soldat et en chef, le camp de ce vieillard et de cet excellent Général : je n'ai pas eu honte d'exhiber parfois butin et dépouilles, et de les exposer à la censure du monde des savants : et j'espère que je ne regretterai pas de consacrer alors ce qui reste de ma vie à faire en sorte que l'on puisse un jour considérer qu'à la fois comme chef et comme soldat d'un si grand Général, je me suis acquitté de mes charges militaires et que j'en ai mérité la solde. Mais en réalité ce dont je me vanterais grandement n'est rien d'autre que le fait de voir que vous avez compris par là quel grand bonheur vous arrive et quelle facilité vous est procurée, à vous qui, sous ma conduite, tout vétéran que je sois, pouvez suivre le camp de l'invincible Général Hippocrate, et qui devez le faire, si du moins vous aspirez à une juste connaissance de l'art médical, et briguez les vrais honneurs du travail accompli et la récompense de vos études. Car rien n'est plus stupide que se vanter de titres vains : alors que parfois ceux qui essaient de se vendre à une foule achetée, comme cela se produit d'habitude, par un titre de docteur ne comprennent rien à la saine et juste doctrine. Mais je ne veux pas que l'on

---

4. 1546, 514 ; L IX, 296.

comprenne mes propos comme si je condamnais absolument les titres doctrinaux reçus dans les écoles publiques : ou parce que pour ma part j'ai progressé dans les études médicales absolument sans docteurs ni chefs.

J'ai écouté moi aussi, étant jeune homme, des professeurs de médecine, à la fois avant de me consacrer entièrement à l'apprentissage de cet art, et ensuite, quand ayant pris ma décision, j'ai cherché à obtenir ces fameux titres scolaires, et toléré ces professeurs. Mais en vérité ceux que j'ai écoutés, ne se sont pas acquis un nom par leur enseignement, et je ne peux pas les nommer comme des gens qui m'auraient appris quelque chose, et comme je n'approuve absolument jamais rien chez eux, ceux qui vivent ne le souhaitent pas je crois : et les écrits que j'ai publiés sont de telle nature qu'ils ne peuvent rien en revendiquer. Et cependant, comme l'a dit Pline, « Aucun livre n'est si mauvais qu'il ne soit utile par quelque aspect »[5] : de même aucun docteur n'est si mauvais qu'il ne puisse être utile à un auditeur pas tout à fait stupide : qu'il suive ses qualités ou qu'il évite ses défauts. J'avais donc moi aussi de docteurs à fuir, mais je n'en trouvais pas à imiter : non seulement parce qu'il y avait chez eux une extrême pénurie d'écrits hippocratiques et galéniques, et une extrême ignorance de la vraie méthode, mais aussi parce qu'ils rapportaient à la fois sans logique précise et sans les comprendre tout à fait les écrits arabes et barbares, et se contentaient de communiquer des résumés de morceaux choisis à des élèves privés. Et je n'ai jamais voulu être de leur nombre, parce que je savais et jugeais de façon certaine, que de telles choses ne peuvent supporter la lumière et le regard des hommes, quand elles ont été transmises dans l'ombre des murs domestiques : alors que toute personne honnête est impatiente d'exposer largement et publiquement ce qu'elle fait à la connaissance de tous, sachant que l'on n'a aucune considération pour la Musique occulte. Et sans doute leur enseignement était-il aussi privé que celui de Chrysippe, à propos duquel Galien affirme que l'on pouvait dire : « Il ne faut pas chercher à comprendre, et bien s'en souvenir »[6]. Il reste encore des gens qui s'asseyaient avec moi en ce temps-là dans ces salles de cours publics au moins pour rire, ce dont ces petits docteurs très stupides nous fournissaient abondamment l'occasion. Et il y en a un ou deux parmi eux, sans partir très loin, qui après avoir abandonné pour cette raison des études de médecine dans lesquelles ils avaient déjà bien avancé, se tournèrent vers la Théologie et le Droit civil[7]. Mais moi, comme j'étais persuadé qu'il faut persévérer une fois pour toutes dans ses desseins, il m'a semblé que je n'avais rien d'autre à faire que de me reporter, après avoir abandonné ces petits maîtres puants et leurs sottises, aux

---

5. Déjà cité, voir ci-dessus p. 285 n. 23.

6. Citation non identifiable sous cette forme, et peut-être faite de mémoire, mais qui fait référence à une doctrine de la connaissance bien exposée dans T. L. Tieleman, *Galen and Chrysippus on the soul. Argument and refutation in the* De Placitis *books II-III*, Leiden – New York – Köln, 1996, 156-166.

7. Un de ses anciens condisciples peut être présent dans l'auditoire.

meilleurs auteurs médicaux grecs, et en premier lieu à Hippocrate et Galien. Tel est le plan que j'applique, établi comme je l'ai dit depuis vingt ans déjà : au cours desquels, voyageant au gré des flots du sort, je suis balloté selon la volonté de Dieu : les premières années, j'ai pratiqué la médecine dans de nombreuses villes illustres de Germanie et de Gaule, et dans des villes et des cours princières de Livonie et chez les Ruthènes : les années suivantes, j'ai enseigné dans un certain nombre d'écoles publiques : et quittant bientôt de nouveau les écoles, je me suis tourné vers l'exercice de la médecine, jusqu'à ce que cette école me fasse venir pour une fonction d'enseignement[8].

Vous savez ce qu'il en est de mes docteurs : j'ajouterai mon opinion sur les titres doctrinaux reçus dans les écoles. Aucun titre à mon avis, aucune dignité de nom (si toutefois il existe une dignité seulement de nom) ne sont assez grands pour que l'on considère qu'ils suffisent à un *studieux* parfaitement cultivé grâce à l'étude des meilleurs arts, si à la fois la réalité et l'honneur n'y ajoutent les vraies récompenses de la vertu. Mais l'on peut voir désormais des hommes de bien vraiment savants, qui ne tirent aucune récompense de leurs études, ne jouissent d'aucun honneur s'ils ne font pas partie quelque part des docteurs de nom, ou s'ils n'agissent dans de perpétuelles tribulations des études, et tiennent bon. Alors si l'on ne voit pas que l'on fait injure à la fois à ces excellentes doctrines et en elles aux savants érudits, de quoi d'autre tenir compte sinon de ce que j'ai dit ? Mais ils subissent une bien plus grande injustice s'il arrive, comme c'est le cas, que des hommes dénués de savoir, grossiers, et quelquefois même ignorants des lettres mêmes de leur enseignement, briguent les mêmes postes, les obtiennent, et de là sont portés aux honneurs, aux dignités et à la fortune. Là en effet accourent des inconnus, pour une fois couverts de cette peau se conduire en vrais lions, et pratiquer leurs impostures avec autorité[9]. Accourent des hommes reconnus, pour être relégués aux dignités, revenus et ressources des Églises, même au plus haut point malheureuses à cet égard. Platon a dit que l'extrême degré de l'injustice, c'est quand passe pour juste quelqu'un qui ne l'est pas[10]. On fait l'éloge de Scipion Nasica principalement pour avoir mieux aimé être homme de bien que de le paraître : et c'est pour cette raison que le Sénat romain le jugea Très-bon[11]. Et nous, n'estimerons-nous pas malhonnêtes et iniques ces hommes qui éclaboussent à la fois les doctrines et les savants d'un tel affront, quand leur ignorance en est la cause, que toutes les bonnes études ont mauvaise réputation auprès du commun des

---

8. Voir ci-dessus p. 64-67. Notons que *medicatus <sum>* veut dire seulement « j'ai soigné » et n'est pas un verbe intransitif. C'est ici, dans l'état actuel de la recherche, la seule attestation connue d'une activité médicale de Janus Cornarius en France.

9. Allusion à Esope, *L'âne revêtu de la peau de lion et le renard*, voir ci-dessus p. 2 n. 3 et p. 8 n. 26, également citée dans Platon, *Cratyle* 411a.

10. *Rép.* II, 361a.

11. Publius Scipio Nasica (162-155 av.) reçut du Sénat le titre de Très-bon, d'après les *Pandectes* de l'Empereur Justinien ou *Digeste* I, 2, 37.

hommes, et que l'appellation de Docteur est presque tournée en ridicule ? Même Salomon, le plus sage de tous, n'a pas omis de parler de tels gens : « Une malhonnêteté sans équivalent sous le soleil, dit-il, c'est d'être un sage à ses propres yeux seulement »[12]. Plus grande encore que cette malhonnêteté est celle qui se produit si celui à qui l'on a confié la charge d'enseigner n'a même pas idée de son incompétence : « un malheur qui mérite en vérité larmes et soupirs et qui m'a souvent fait pitié », dit Grégoire le Théologien[13]. C'est pourquoi il appartenait aux bons Docteurs d'instruire la jeunesse, afin qu'avec un jugement rationnel et juste elle se tourne vers des études justes, et vise un bénéfice très différent de celui que procure un vain titre. Je ne réprouve pas que l'on appelle docteur quelqu'un qui l'est devenu par son mérite : j'ai plutôt pitié de voir que la chose et l'honneur qui conviennent ne s'y ajoutent pas. Et les ignorants, je les adjuge aux habitants de Cumes, et tant qu'ils paradent en savants, non seulement je ramène les fugitifs à leur meunier pour outrage aux meilleures doctrines, et je les condamne à porter perpétuellement des sacs au moulin : mais j'estime qu'il faut ou bien les enfermer comme à la limite des criminels, et même en leur infligeant un supplice, ou bien les punir de leur intrusion[14]. Car nous ne devons à personne d'autre qu'à ce genre d'hommes la corruption de la piété véritable, l'effondrement de la pure doctrine de l'Évangile du Christ, les opinions fausses introduites non seulement dans la religion mais aussi dans tous les arts et toutes les bonnes études, les troubles de notre siècle, où recommencent à pulluler presque toutes les anciennes hérésies, où la foi est morte, où l'hypocrisie est partout et la paix nulle part, où chaque vice « se dresse au bord de l'abîme », et où toutes les bonnes études sont menacées d'une ruine difficilement réparable : si Dieu dans sa bonté ne nous porte secours par le biais de bons princes et magistrats[15]. Ces maux, dis-je, c'est à ces ignorants et Docteurs par le titre seulement que nous les devons. Combien plus modestes les anciens philosophes grecs ne se montraient-ils pas, eux à qui il suffisait d'être appelés de leur nom, ou d'autres appellations de lieu, de chose ou de manière

---

12. Citation approximative des *Proverbes* 3, 7 et/ou 26,12 et 28, 11, condamnant celui qui est « sage à ses propres yeux seulement », associés à la formule « sous le soleil », caractéristique du style de *L'Ecclésiaste*. Il s'agit en fait d'une reprise de la citation de Grégoire de Naziance donnée ci-dessous, peut-être donnée de mémoire.

13. *Beati Gregorii Nazanzeni de officio Episcopi munere oratio, Bilibaldo Pirckeymhero interprete*, Nürnberg, Leonardus de Aich, 1529, Lyon BM SJ TH 148/2 f. C5 : « *ita nec in eo sapientes existunt, ut propriam ignorantiam cognoscere valeant. Unde mihi recte se habere videtur Salomonis illud, de ipsis loquens : Est prauitas quam vidi sub sole, vivum qui sibi ipsi sapiens videtur, et quod hoc deterius est qui alios se erudire posse credit, interim tamen ne propriam imperitiam cognoscit. Hic animi morbus prae caeteris lachrymis et suspiriis dignus est, ob quem et me saepius subiit miseratio, quum recte sciam putare, plurimum abesse distare* ».

14. Je lis *extremo* pour *extreme*. L'image est toujours celle des ânes, ici échappés d'un moulin.

15. Peut-être une citation subreptice de ces vers de l'*Énéide* décrivant le palais de Priam, aux résonances vindicatives clairement applicables à la situation religieuse : « *turrim in praecipiti stantem, summis que sub astra / eductam tectis ... agressi ferro circum ...* Sur le bord de l'abîme se dresse une tour dont le sommet s'élève jusqu'aux astres ... nous l'attaquons de tous côtés par le fer... » II, 460-464.

d'enseigner ? Combien plus simples les savants romains, qui contents de leurs trois noms d'usage, se procurèrent par leurs paroles, leurs écrits et leurs actes une solide gloire ? Je ne peux me retenir de montrer un exemple de cette modestie insigne. Pline le Jeune, après avoir passé en revue les études de son oncle Pline, ces études incroyables (comme il le dit en écrivant à Macer), ajoute à la fin de sa lettre les mots suivants : « Voilà pourquoi j'ai l'habitude de rire quand certains me disent studieux : comme je suis paresseux comparé à lui ! »[16]. Écoutez cet homme, possédant les richesses des rois de notre temps, en comparaison duquel beaucoup de princes pourraient paraître pauvres, érudit en diverses doctrines, et si éloquent que personne de comparable pour l'éloquence n'a vécu après lui, se reposer sur l'appellation de studieux et en être satisfait : alors que pour les hommes de notre siècle, qui ne lui sont en rien comparables, aucun titre assez brillant ne peut être inventé : ignorants du fait que l'opinion est très éloignée de la vérité de la chose, et la lui enlève : et que l'étude de la gloire peut être pour les hommes une grande entrave à la vraie vertu. Donc pour ôter de vos esprits l'opinion et de la conviction que vous sauriez quelque chose, et pour vous amener à être véritablement ce que vous vous préparez à paraître, je veux qu'en premier lieu vous soit présenté Hippocrate, le premier homme à la doctrine saine, et sans lequel les études de médecine, qu'il a développées et ramenées à la vraie méthode, n'auraient pu se propager ni se conserver, s'il n'y avait eu des hommes étudiant ses écrits pour les conserver, avec la faveur de l'esprit Divin, jusqu'à notre époque : ainsi rien ni de ses prédécesseurs ni de ses successeurs n'a été transmis qui ne soit contenu dans les écrits de cet homme divin, ne soit lu et ne dure en brillant de la force de la vérité. Voilà celui qui fut appelé le Dieu des médecins, comme l'a dit Cicéron. Voilà celui qui a à la fois précédé en âge et surpassé Platon et Aristote, les plus grands philosophes : et qui fut en beaucoup de choses l'occasion et l'auteur qui leur permirent de penser juste et de transmettre des dogmes vrais, même si ces grands hommes continennent certaines choses qui ne sont pas aussi pleinement en accord. Car Platon a dit que la partie principale de l'âme, la raison elle-même, était située dans la tête, la partie irascible dans le cœur et la partie désirante dans le foie, et il l'a fait en suivant Hippocrate[17]. Or Aristote a certes reconnu trois parties de l'âme, ou trois facultés s'y rapportant, mais il a décidé que leur fondement était le cœur. Or les Stoïciens et surtout Chrysippe ont certes suivi l'erreur d'Aristote en ceci qu'ils placent ces facultés de l'âme dans le cœur. Mais en vérité ils se trompent encore plus largement en ce qu'ils les confondent, et tantôt ils enseignent à la fois qu'elles ne diffèrent pas entre elles et qu'il n'y a pas une faculté par laquelle l'être vivant est mis en colère,

---

16. Pline le Jeune, *Lettres* III, 5, 7 et 19. Cette lettre est celle qui contient le catalogue des œuvres de Pline l'Ancien, suivi d'une remarque « *Miraris quod tot uolumina etc.* » que peut résumer le *illa incredibilia* de Janus Cornarius. La citation qui suit est exacte, d'après l'édition d'A. M. Guillemin, Paris, 1961, 109.

17. Galien, *De Hippocratis et Platonis placitis*, K V, 582-583.

une autre par laquelle il désire, une autre par laquelle il raisonne, mais affirment que c'est par les actions de la même faculté qu'à la fois il raisonne, se met en colère et désire manger, boire et faire l'amour : tantôt en revanche ils font trois facultés distinctes, conformément à Hippocrate et Platon : mais en étant cependant en désaccord avec ces derniers, du fait que selon le décret d'Aristote ils leur attribuent à toutes le siège du cœur. Et comme aucune opinion ne fut jamais désespérée au point de ne pas trouver ses propres acolytes et défenseurs : ainsi les Méthodiques, une secte médicale d'appellation nouvelle et controuvée, ont approuvé le dogme des Stoïciens, ou plutôt d'Aristote : combien ce nom est vaniteux et trahit la méconnaissance de soi, cela est clair même du fait qu'ils appliquent eux-mêmes aussi à ceux qui souffrent de phrénitis des onctions et des irrigations soit d'autres choses soit de vinaigre rosacé à la tête. Et pourtant c'est sur la région du cœur qu'il faudrait les appliquer, si c'était en lui que le siège de la raison était affecté de phrénitis ou de délire.

Ce serait trop long si je voulais vous exposer la justesse de la doctrine et les vertus d'Hippocrate, le vrai docteur, en montrant un par un les principes de celle-ci. Ni le temps ni le lieu impartis ne le permettent : et en plus cela pourrait paraître superflu, puisque vous avez Galien qui expose de temps en temps dans ses livres les principes de ce vieillard vénérable (car c'est ainsi qu'il l'appelle d'habitude), qui les applique et les consolide[18].

Je n'oublierai pas, cependant, ce que Galien a ajouté au sujet de la raison des causes, et que tous les plus éminents philosophes ont suivi : « Rien n'est sans cause, et ce qui n'a pas de cause n'existe absolument pas ». Encore qu'ici aussi il ait semblé aux Stoïciens qu'il y avait beaucoup de choses amenées à la légère, et qui étaient obscures, et dont la cause ne pouvait être connue. Mais Hippocrate a dit, avec beaucoup plus de prudence, que rien ne peut se faire par hasard et spontanément, mais qu'à toutes les choses il y a une cause sous-jacente, même si elle est là cachée aux hommes. ἡμῖν μὲν, dit-il, αὐτόματον, αἰτίᾳ δὲ οὐκ αὐτόματον[19]. « Car ce qui serait dû au hasard, il apparaît que ce n'est rien, dit-il, et on le découvre ». En effet quoi qu'il arrive, on trouve que cela arrive à cause de quelque chose, et même dans les cas particuliers il

---

18. Plusieurs passages de Galien peuvent correspondre à cette citation, qui ne paraît pas exacte, en particulier dans *De optima secta*, K I, pp. 106-223 et dans *De Hippocratis et Platonis placitis liber quartus*, K V, 390. En raison du contexte, il est possible d'ailleurs que la référence à Galien soit en réalité un résumé.

19. Littéralement : « spontané <dû au hasard> pour nous mais pas pour la cause » ; le passage d'Hippocrate dit : « Χυμοὶ φθείροντες καὶ ὅλον καὶ μέρος καὶ ἔξωθεν καὶ ἔνδοθεν, αὐτόματοι καὶ οὐκ αὐτόματοι, ἡμῖν μὲν αὐτόματοι, αἰτίῃ δὲ οὐκ αὐτόματοι. Αἰτίης δὲ τὰ μὲν δῆλα, τὰ δὲ ἄδηλα, καὶ τὰ μὲν δυνατά, τὰ δὲ ἀδύνατα. Les humeurs corrompent et le tout et la partie, de l'extérieur et de l'intérieur et non spontanées, spontanées pour nous, non spontanées pour la cause. De la cause ceci est clair, cela est obscur ; ceci est en notre pouvoir, cela ne l'est pas.» *Aliment* c. 14, texte et trad. de R. Joly, Paris, 1972, 141 = L IX, 102. Le passage cité ici par Janus Cornarius est repris à Galien, *De Hippocratis et Platonis placitis*, K V, 390, où il est utilisé pour une réfutation de Chrysippe et de Posidonius, en faveur des médecins rationalistes et d'Hippocrate, dans une démonstration que Janus Cornarius résume à sa façon.

semble qu'il en soit ainsi. Mais ce qui arrive spontanément, on découvre que cela n'a aucune substance, et que c'est seulement un nom nu.

J'ai envie d'ajouter maintenant à cela les autres dogmes des médecins rationalistes. Car leur fondement leur a été donné par Hippocrate, et lui-même fut leur chef de file. Voici le résumé de ces dogmes : au-delà du pouvoir clairement reconnu des causes, il veut que nous connaissions aussi la nature du corps à soigner et de la partie affectée. Ensuite il exige de nous également la connaissance de la nature de l'air, de celle des eaux, des pays, des habitudes et manières de vivre, des nourritures et des boissons, ceci pour découvrir les causes des maladies et les propriétés des remèdes. À quoi il ajoute aussi la prise en considération des pouvoirs et des moments des saisons. Vous avez compris, je pense, par là et jusqu'à un certain point, la supériorité de la doctrine de cet homme. Mais si j'ajoute aussi comment il a démontré l'essence de l'art, autrement dit que les arts étaient des substances : et comment la médecine est un art qui à la fois existe et a une substance : vous connaîtrez cela beaucoup mieux. « Il me semble, dit-il, qu'il n'y a pas d'art qui n'existe pas. Car il est absurde de penser qu'il y a quelque chose qui n'est pas : puisque en considérant quelle substance des choses qui ne sont pas pourrait-on déclarer qu'elles sont ? Car s'il n'est pas donné de voir des choses qui n'existent pas de la même manière que celles qui existent, je ne sais pas, pour ma part, comment on pourrait concevoir en esprit les choses qui ne sont pas de la même manière que celles qui sont, qu'il est assurément possible de voir avec les yeux, et dont il est possible de comprendre ce qu'elles sont par l'esprit : mais il peut arriver de façon semblable qu'on ne les voie ni ne les comprenne. Les choses qui existent sont au contraire toujours vues et connues. Et celles qui n'existent pas ne sont ni vues ni connues ». Et de cette manière Hippocrate a aussi démontré la substance des autres arts. Mais pour celle de la médecine voici ses mots : « Il me semble qu'il peut arriver que même ceux qui n'ont pas recours aux médecins, rencontrent la médecine : mais non qu'ils sachent ce qui en elle aura été conforme au bien et ce qui ne l'aura pas été : autrement il serait arrivé qu'ils se soignent eux-mêmes de la même façon qu'ils auraient été soignés s'ils avaient eu recours à des médecins. Et voilà enfin un grand signe de la substance de l'art : c'est, n'est-ce pas, un art et même un grand art, quand même ceux qui ne croient pas en lui apparaissent sauvés par lui. Il est en effet absolument nécessaire de savoir que des gens qui n'avaient même pas eu recours à des médecins, s'ils sont tombés malades, ont retrouvé la santé : car ils ont été guéris soit en faisant quelque chose, soit en ne faisant rien. En effet ils ont retrouvé la santé soit par le jeûne, soit par le fait de manger beaucoup, soit par le fait de boire davantage, soit par la soif, soit par des bains, soit en restant sales, soit en travaillant, soit par le repos, soit par le sommeil, soit par la veille, soit en usant de tout cela pêle-mêle »[20].

---

20. *De l'art* c. 2 et c. 5, 2, éd. Jouanna, Paris, 1988, 225-228.

Mais en voilà assez sur ce sujet. Quand Hippocrate définit la médecine en disant qu'elle « consiste à supprimer totalement les maladies de ceux qui souffrent, et à atténuer les assauts violents des maladies, et à ne pas entreprendre de guérir ceux qui ont été vaincus par les maladies, quand il est reconnu que la médecine ne peut pas répondre de tels cas »[21] : ne voyez-vous pas de vos propres yeux combien les médecins de notre époque sont loin de la doctrine d'un si grand homme, ou plutôt à quel point il ne nous reste absolument rien de la vraie médecine ancienne ? Tous les hommes les plus stupides se consacrent à l'apprentissage de la médecine et s'avancent bientôt jusqu'à l'exercer sans avoir aucune connaissance des langues ni quasiment de l'alphabet. En effet qu'est-ce qui l'empêcherait, quand ils ont l'exemple de leurs Docteurs et de leurs camarades qu'il est permis d'imiter même contre l'autorité <des Anciens> ? Et alors qu'un Poète a dit : « Des brigands surgissent de la nuit pour égorger les hommes »[22] : eux se promènent, sacrifient, tuent en pleine lumière, en toute liberté, sans craindre l'hostilité des princes et des magistrats (car aucune loi ne permet de prononcer de peine contre eux), dans les villages, les quartiers des villes, les cercles des très grandes cités : sans tenir compte ni de la maladie, ni de celui qui souffre, ni de la partie souffrante, ni du lieu, ni du temps, ni de son âge, ni de la vie qu'il a menée auparavant : mais en administrant toutes les potions avec la même pyxide, en appliquant le même onguent à tous : et incapables de prédire ou même de prévoir en eux-mêmes ce qui est à espérer et à craindre. Et de tels médecins sont pour une grande part non seulement étrangers à toute fréquentation des écoles et de la lecture des livres, mais aussi complètement idiots, des Juifs seulement en partie baptisés en partie circoncis, des petites bonnes femmes, des vieilles folles, et encore mieux des savetiers et des ouvriers des arts sédentaires qui, à leur grande honte, ont mis de côté cuirs et peaux et se mêlent de pratiquer une boucherie lucrative. Vous voyez à quel degré de prostitution est tombé le plus glorieux des arts, au point d'être pratiqué par des *médicinants* de ce genre, qu'il faut plutôt appeler des *mendicinants*[23], cet art qu'un jour des Rois et des hommes possédant les richesses des rois ne rougiraient pas de pratiquer et d'exercer. Hippocrate a mérité honneurs et revenus royaux, et fut initié aux Jeux sacrés athéniens d'Eleusis comme Hercule[24]. Galien a vécu en grande considération auprès des empereurs romains Antonin et Pertinax, et a amassé d'immenses richesses. Il ne fut pas moins cher à ses rois d'Asie, et aux îles et cités grecques. Mais cessez de vous étonner de ce qu'ils lui aient procuré de grandes richesses. Dites-vous que ce qu'il y a d'admirable, c'est le fait que

---

21. c. 3, 2, *ibid.* 226.
22. Horace, *Épîtres* I, 2, 32.
23. Approximation visant à tenter de rendre le jeu de mots entre *medicabulum* (lieu favorable à la guérison) et *mendicabulum* (petit mendiant).
24. *Décret des Athéniens*, L IX, 401

l'un et l'autre aient méprisé l'argent. Hippocrate a repoussé l'or, l'argent, l'amitié et les magnifiques promesses du roi des Perses Artaxerxès vraiment avec grandeur d'âme. Galien a consacré à la fois les ressources de son père, et elles n'étaient pas minces, et celles que son art lui avait procurées en plus à des voyages et à l'entretien des étudiants en médecine qui l'accompagnaient en grand nombre. Ce n'est pas le propre d'un esprit corrompu par l'amour de l'argent que de parvenir au faîte d'un si grand art, alors que celui qui recherche les richesses ne pénètre pas non plus facilement dans les autres parties de la philosophie : à moins qu'il ne veuille être philosophe en paroles sans l'être en réalité. Par conséquent, Messieurs les étudiants, je vous encourage à vous préparer à l'imitation d'Hippocrate et de sa doctrine, et à utiliser sa méthode pour la découverte de tout ce que vous cherchez : c'est-à-dire, avancez sur une voie en marchant selon la nature de ce que vous cherchez. Car voilà la vraie méthode pour progresser dans une voie et avec ordre, de manière à ce que soit mis en question une première chose, et une seconde, et une troisième, et une quatrième, et ainsi de suite en progressant à travers toutes les autres choses, jusqu'à ce que l'on parvienne à ce que l'on s'était proposé au départ. Cette façon de découvrir par une méthode rationnelle s'oppose absolument à celle qui se fait par hasard, au petit bonheur et par accident spontané.

Embrassez donc cette méthode et suivez-la, de manière à suivre par elle d'abord Hippocrate et Platon, qui comme le dit Galien, a enseigné la méthode pour fonder tous les arts[25] : et de même proposez-vous Galien lui-même comme un guide éminent pour arriver jusqu'à eux. Alors qu'il y a quatre genres d'arguments à partir desquels les propositions nous sont soumises et posées, pour connaître la vérité dans toutes les choses, et pour y ajouter les choses dont nous voulons qu'elles semblent vraies et justes : même la connaissance de ces arguments nous est abondamment fournie par la raison de la méthode. Le premier de ces genres est le genre démonstratif, également appelé scientifique, et dans ce genre les propositions sont établies d'après l'essence de la chose recherchée et à partir des accidents qui concernent la question proposée : et ce genre est le seul qui convienne au philosophe, au physicien et au médecin. Le second genre est le genre dialectique ou genre de la dispute, et dans ce genre les propositions des arguments sont établies d'après des accidents ne se rapportant pas à la question proposée. Ce genre vient immédiatement après le premier, mais ne donne pas naissance à la science, étalant une certaine apparence de vérité, et inventé par des hommes fins pour l'entraînement de la jeunesse et pour réfuter les sophistes. Le troisième genre est appelé genre rhétorique ou probable, et il s'éloigne encore davantage du premier genre, en tant qu'il dépend d'exemples, d'inductions et de témoignages extérieurs des poètes, des orateurs, et aussi des opinions de la foule : et peu différent du quatrième genre, qui en étant le plus éloigné du premier et véritable

---

25. Résumé de *De Hippocratis et Platonis placitis*, K V, 219-226.

genre argumentatif s'occupe des équivoques et des figures des discours, et qui est appelé sophistique, ainsi que captieux et ambigu[26]. Si nous ne connaissons pas ces genres argumentatifs par la méthode, nous ne pourrons pas suivre la raison d'une démonstration. Quiconque, en effet, qui veut démontrer finalement quoi que ce soit, doit nécessairement connaître la différence entre les propositions à établir et s'être ensuite exercé pendant longtemps, pour savoir, lorsqu'il débat avec un autre, de quel genre parmi ceux rapportés sont les arguments qu'il avance, et au contraire lorsque l'occasion de discuter avec un autre ne lui est pas donnée, pour en avoir la faculté et en disposer de manière à trouver ce qu'il faut dire pour les propositions particulières[27]. Mais tout cela ne nous sera pas plus abondamment donné autrement que par la lecture et l'imitation assidue et soigneuse des écrits d'Hippocrate. Aristote a traité du genre sophistique dans les *Réfutations sophistiques* : du genre rhétorique dans les *Rhétoriques*, du genre dialectique, dans les *Topiques* : du genre démonstratif dans les *Seconds analytiques*, et d'autres Anciens l'ont fait aussi. Mais en vérité c'est à partir d'Hippocrate que les germes de toutes ces choses ont pullulé. Rien en effet des choses qui sont en nous le fait des facultés, ne peut être démontré reposer sur telle ou telle partie, si nous n'en avons pas eu connaissance par la dissection des corps. Or l'auteur à la fois le plus grand et le meilleur en fut Hippocrate, comme cela est clair d'après ses écrits les plus dignes de foi : et Galien le montre en de nombreux passages, mais surtout dans les livres *De la dissection d'Hippocrate*[28].

Restons-nous donc inertes, et tant de vertus ne nous réveillent-elles pas de notre torpeur ? Ne sommes-nous pas touchés de la magnifique générosité de notre Illustrissime Prince à l'égard des professeurs comme à l'égard de l'auditoire[29] ? La faveur et les félicitations de l'ordre sénatorial des membres

26. Les quatre adjectifs désignant ces genres sont employés dans tout ce passage de *De Hippocratis et Platonis placitis* et réunis dans cette phrase : « ὅπως δὲ χρὴ γνωρίζειν τε καὶ διακρίνειν ἐπιστημονικὰ λήμματα διαλεκτικῶν τε καὶ ῥητορικῶν καὶ σοφιστικῶν, οὐκέτι ἔγραψαν ἀξιόλογον οὐδὲν οἱ περὶ τὸν Χρύσιππον οὔτε φαίνονται χρώμενοι » K V, 224.

27. Au début du l. 2 de *De Hippocratis et Platonis placitis*, Galien critique Théophraste et Aristote, dont il mentionne les *Seconds Analytiques*, ainsi que Chrysippe, parce qu'ils confondent les genres, et en particulier le genre rhétorique et le genre scientifique.

28. Le corpus aristotélicien est disponible à cette date dans l'édition latine de Gemusaeus, *Aristotelis opera quae extant omnia*, Bâle, Oporinus, 1542, VD16 A 3283, BnF R 695-696-697, reprenant la *censura* de Juan Luis Vives, dans l'édition Oporinus de 1538 contenant une dissertation *De vita Aristotelis deque genere philosophiae ac scriptis ejusdem commentatio doctissima per Philippum Melanchthonem*, VD16 A 3282, BnF R 694, l'aldine d'Aristote, de 1495-1498 (GW 2334), ne contenant parmi les titres cités ici que les *Seconds analytiques* et les *Topiques*. Le titre *De refectione Hippocratis* correspond vraisemblablement aux *In Hippocratis librum de alimento commentarii IV*, FG 92, K XV 224-417, d'après Chartier VI, 238-417, commentaires absents de l'aldine, de l'édition la *Basiliensis* de 1538 et même de BEC 32. Sur l'histoire du texte, voir D. Manetti, « Tematica filosofica e scientifica nel Papiro Fiorentino 115 : Un probabile frammento di Galeno In Hippocratis de alimento », dans *Studi su papiri Greci di logica e medicina*, W. Cavini (éd.), Firenze, 1985, 173-213.

29. Philippe de Hesse, fondateur de l'Université de Marburg en 1527, voir ci-dessus p. 67 n. 31, et p. 70.

du conseil ne nous ébranlent-ils pas ? Les exemples précédents des meilleurs préceptes ne nous encouragent-ils pas ? Ne nous rendons pas coupables, chers jeunes gens, de ce crime, mais efforçons-nous avec enthousiasme de parvenir aux éminentes vertus de cet homme éminent. « Si tendre aux premières nous a été refusé, il sera bien de nous en tenir aux secondes et aux troisièmes »[30]. Et pourtant si nous sommes de vrais imitateurs d'Hippocrate avec un esprit vraiment philosophique, nous ne devons pas désespérer d'arriver à lui ressembler, et même de lui devenir supérieurs. Fin.

---

30. Cicéron, déjà cité ci-dessus p. 309, voir n. 4.

VIII. *Hippocratis opera omnia. Epistola nuncupatoria* (1546)[1]

Augustissimis ac prudentissimis, honestissimisque viris, Senatui populoque Imperialis urbis Augustae Vindelicorum, Janus Cornarius Medicus Physicus, salutem dat.

Non alienum, nec ab re esse arbitror, Augustissime Augustae urbis Senatus, hoc in loco, hac instituta ad amplitudinem tuam, in Hippocratis Coi medicinae principis scriptorum, a me in Latinam linguam translatorum editionem, praefatione, paulo altius repetere, qualis fuerit nostro hoc aevo rei medicae, et simul etiam aliarum artium ac studiorum status : qualis factus sit progressus : quantum accesserit incrementi : et quid de toto hoc studiorum genere sit sperandum. Nam et necessariam esse Hippocratis librorum editionem, lectionem, ac cognitionem, inde clare constabit : et me haec vel peractorum laborum gratia, meminisse juvabit : et qui ista legent, non inutilem consequentur hujus narrationis cognitionem : et Amplitudo tua, spero, harum rerum memoria jucunde afficietur, et si quid praesidii ac opis ad haec studia conservanda opus fuerit, (sicut revera vestram, urbium Imperialium opem desiderant ac implorant) huc libenter incumbet, quo literae unicum totius vitae ornamentum durent ac vigeant, in Germania nostra, ne si hae corruant ac jaceant, vere neutra vita vocari mereatur, haud secus quam neutrum corpus medicis dicitur, quod neque sanum, neque aegrotum appellari potest. Talis autem futura vita mihi videtur, ut miti ac familiari nobis similitudine, res omnium tristissima, et perpetua nocte obscurior adumbretur, si horum studiorum lux extinguatur, si literarum decus deturpetur, si robur illud, quod et pacem, et rerum publicarum ac privatarum tranquillitatem retinet, elanguescat. Quum itaque primum animum ad medicinae studia adjicerem, magna erat bonorum et professorum, et librorum penuria : adeo ut Hippocrates et Galenus medicae sectae optimae, rationalis illius, principes, ne nominibus quidem suis justis, in scholis satis noti essent, quum vulgo Hippocras et Galienus a plerisque omnibus appellarentur. Itaque quum essem adolescens viginti natus annos, ex Petri Mosellani, viri et eruditi, et imprimis suave loquenti facundia ornati auditoribus (Nam neque hunc, neque alium ullum unquam privatum praeceptorem habui, post prima grammaticae rudimenta) in literis utriusque

---

1. BEC 28, d'après Paris BIU Santé 19 en ligne *via* medic@.

linguae eo progressus, ut non modo grammatica docerem, sed etiam Poetas ac Oratores Graecos publice enarrarem, plurimum mox ab initio, ab honestissimae artis discendae proposito decidebam. Avertebant enim me barbari scholarum magistri, et non multo expositoribus suis potiores scriptores, quibus tum medicorum scholae pro optimis autoribus utebantur, Avicenna, Rasis, Albucasis, Avenzoar, Mesuas, et alii non citra taedium nominandi Arabicum hominum genus. His accedebant practices scriptores superioris seculi ac illius quoque, gens per omnia inepta, sordida, ac impura, et tam spurce Latine loquens, ac tam infeliciter id quod docere vult tradens, ut penitus desperarem ex tam putidis libris fore posse, ut unquam ad medicinae cognitionem pervenirem, eam videlicet quam ex Hippocratis aliquot libellis, aphorismis dico, pro- *2 | gnostico, et eo qui de victus ratione in morbis acutis inscribitur, olfecissem : et quam mihi ex Galeni aliquot libellis Latine itidem extantibus delineassem. Erant autem hi Leoniceni interpretatione, De febrium differentiis libri duo, et Copi versione sex libri De locis affectis inscripti. Et his interpretibus, tum extabant quoque Hippocratici illi libelli. Ac in philosophia quidem eo tempore extabat sua lingua Plato, Aristoteles, Theophrastus, Xenophon et Plutarchus, magno erga bona studia Aldi Manutii beneficio. Verum in medicina nihil Hippocratis ac Galeni ipsorum lingua habebatur, praeter Hippocratis aphorimos, quos Philippus Melanchthon mihi communicaverat, et unam Galeni methodum, quam Romae si recte memini, excusam, apud amicum quemdam videram. Hic ego dum ambiguus quod facerem saepe mecum cogitarem, tandem illud statui, quod praesens esset boni consulendum esse, donec aliquando dies meliora proferret.

Proinde relictis magna ex parte Arabibus illis scriptoribus, et ex practicis quoque paucis aliquot, melioribus ut fieri solet in malorum electione, assumptis : videbantur autem tales esse, Bertrutius, Gatinaria, Guainerius : his ad praedictos libellos Hippocratis ac Galeni additis ac collatis, sed magno interposito intervallo, aliquot annis medicinae studia sectatus sum, donec cum his simul magister magnus artis venter persuasit mihi, ut artis periculum facerem, quod jam per annos vigintiquinque facere pergo, ab eo tempore quo primum animum ad medicinae studia, velut dixi, adjeci. Quanto vero meo commodo hoc fecerim aut etiam aliorum utilitate, non est quod multum jactem. Diligentiam meam et fidem, tum in docendo qualiacunque didici, tum in curando qualia ars praestare potuit, multis cognitam esse scio. Opes velut studiorum impedimenta, non anxie quaesivi, et ea quoque quae contingere potuissent, contempsi. Hoc nondum scio an commodum, aut potius incommodum dici debeat, quod totum istud studiorum priorum genus, per totos novem annos a me tractatum, relinquere ac quasi dediscere coactus fuerim, quum jam magnam Europae partem, rerum medicarum experiendarum gratia pervagatus, Basileam pervenissem. Et quod quidem incommodum hoc sit, tot horas male collocasse in studiis dediscendis, nemo non intelligit, etiam ex his quibus non dediscenda, sed amplectenda esse illa adhuc hodie videntur.

Quod vero commodum sit, totam barbaram medicinam a me esse relictam, et Graecam assumptam, productam et non parum per me etiam auctam, et ampliatam, nondum persuasum esse scio plerisque, qui adhuc cum Gryllo grunnire malunt, et glandibus vesci frugibus optimis repertis.

Profecto horum ingenia velut ineptissima, et judicia velut nihil sani habentia aversatus, tum mox toto pectore ad Hippocratem Graecum, ac Galenum, itemque Paulum me contuli, paulo ante Venetiis ex Aldi itidem officina allatos ; quibus etiam alienis ad tempus utebar, atque in his ita versabar, ut vel totum Hippocratem ad Latinos transcribere me posse non desperarem, si tam magni laboris praemium alicunde affulsisset : nedum de Galeno ac Paulo ambigerem, quos faciliores esse, vel leviter Graeca scientibus constat : si quis modo non penitus rudis eos autores aggredi conetur. Et extant libelli duo Hippocratis eo anno a me conversi, alter de aere, aquis, et locis : alter de flatibus inscriptus, qui animum meum studiosis satis declararunt, quantum [*2_b] | voluerim medicinam illinc adjutam. Nec deerant nobis inhortatores ad rem tentatam strenue obeundam, inter quos magno erga optima studia merito praecipue mihi nominandus est Desiderius Erasmus Roterodamus, cujus etiam scripta ad me epistola extat, qua ad me constanter prosequendum id quod in Hippocratem medicinae principem ortus essem, inhortatur. Ad idem me institutum Frobenius ac Episcopius, qui prius etiam aliquot mihi commentationum fuere autores, tantum non cogebant : digni profecto propter sua in doctos homines merita, ut ab omnibus bonis viris adversus ὁμοτέχνους aemulos instar ignavorum fucorum insidiantes libris ipsorum sumptibus et industria in lucem editis, foveantur et tueantur. Quum igitur haec mea tunc fuerit voluntas, et non omnino desperata etiam praestandi facultas, Cur, inquit aliquis ex illis, ad tot annos dilatum est, quod propter communem utilitatem, si ita est veluti ipse dicis, quam primum invulgari oportuerat ? Fatebor sane hic quod res est. Primum quidem voluntatem meam remorata est maxima operis difficultas. Nam ut glossas et voces penitus obsoletas omittamus : ut dicendi genus breve illud, et quo velut per aenigmata, innuere magis quam significare sententiam voluit, ne producamus : adeo ut ne Galenus quidem se ex omnibus extricare valeat : ut nihil etiam dicamus de lectione varia, ac subinde a plurimis priscis Hippocratis expositoribus mutata, et temporis insuper injuria corrupta : vel ipsa vetustatis reverendi senis majestas deterrere posset, ne quis familiarius versare doctissima, et per omnia gravissima scripta audeat. Quod vero tantae gravitatis, majestatisque scriptor sit Hippocrates, idemque optimus methodi doctor, etiam Plato testatum de ipso reliquit, cujus verba ex Phaedro adscribere non pigebit.

-Fierine posse putas, inquit Socrates, ut quis animae naturam pro dignitate consideret, absque universi natura ?

-Si quidem Hippocrati Asclepiadarum generis credere oportet, inquit Phaedrus, neque corporis, circa hanc methodum.

-Bene, inquit Socrates, amicissime Phaedre, Hippocrates dicit. Oportet tamen insuper ad Hippocratem, etiam rationem expendere, et an consona est, videre.

-Ita sentio, respondet Phaedrus.

-Proinde de natura considerare, inquit Socrates, quid tandem dicit Hippocrates, et ratio vera ? Nonne hoc modo ? De cujuscunque rei natura considerare oportet, primum simplexne sit, an multarum specierum, id in quo artifices esse volumus, et alios ut tales sint facere. Deinde si simplex est, vim ipsius considerare, quam a natura habeat, ad hoc ut in aliud faciat, quid aut quam ut ab alio patiatur. Si vero plures species habuerit, his enumeratis, id quod in una, hoc in singulis considerare, quidnam a natura facere solet, aut quid ab alio pati. -Consequens, inquit Phaedrus, hoc est ô Socrates.

-Proinde methodus, ait Socrates, absque his similis est itineri caeci. Hactenus Plato. Et non sunt quidem haec ita ad verbum in Hippocrate, sed talis est omnino doctrinae methodus libri De natura hominis inscripti, ut de nullo alio loqui hic videatur Plato : quanquam similis methodus etiam in aliis huius viri scriptis genuinis esse videatur.

Quare quum hactenus reperti sint, qui Platonem, qui Aristotelem, qui Theophrastum, qui reliquos Graeciae philosophos ac scriptores, ad Latinos convertere aggressi sint, et aliquid operae precii praestiterint in Hippocrate nemo hoc feliciter tentavit, ex toto, ut ne in minutissimis quidem libellis aliqui satis aptos artifices se declaraverint. Non igitur nihil est quod et nos de difficultate *3 | hujus scriptoris queramur, qui hactenus omnes ex aequo a se avertit : etiamsi nunquam ex toto a nobis desperatum sit, fore ut aliquando omni difficultate superata, Latinus a nobis factus Hippocrates legatur. Accessit ad hanc difficultatem alia remora ex temporum infelicitate. Quum enim per viginti ferme jam annos medicina Graeca reviviscere coeperit : reducti sint Hippocrates, Galenus, Aetius, Paulus, Dioscorides : et hi non sua solum lingua, sed Latini etiam magna ex parte (uno Hippocrate hactenus saltem excepto) tum per doctos aliquot viros, tum per nos quoque facti, tamen ea est seculi infoelicitas, ut nemo tantae artis, quae ipsam etiam vitam, qua nihil homini preciosius esse potest, conservat : pretium agnoscat. Vidimus ardens primum studium multorum circa linguas addiscendas : deferbuit hoc paulatim. Vidimus maximum studiosorum concursum ad discendam theologiam, quum primum in Germania sincerior pietatis doctrina illucesceret : Duravit hic aliquot annis. Transitum est ad studium Juris civilis : Nec puto ullo unquam tempore tot fuisse studiosos, qui leges Imperatorias sequerentur, aut doctorum titulis insignirentur. Sola Medicina ubique contempta jacet, frigent gymnasia, torpent professores, ars ipsa in ἀτεχνίαν abiit, et non nisi apud delyras aniculas, et recutitos Apellas, et eos qui multorum periculis de sua ignorantia experimenta faciunt, ejus usus quaeritur : paucis quibusdam bonis medicis non in usum publicum, sed in privatum sibi thesaurum, vera medicinae studia possidentibus. Quanquam ego quidem graviorem adhuc, ac similem timeam optimae artis ruinam, si continget ut altius aliquando evehatur, qualem videlicet Christianae religionis studium pertulit, et qualem juris scientia minari videtur. Sicut enim dum pii aliquot viri evangelium Christi purum ac sincerum reducere conati sunt, factum est ut apud plerosque Christus penitus fabula factus sit, et parum adhuc in paucorum cordibus haereat : Ita ex magna juris scientia eo pervenitur, ut jus sit in armis ac vi positum, ut sint qui quidvis sibi licere adstruant, adulterare, scortari, praedari, prodere, rapere, agere, capere, et coelum ac terram miscere, modo apex sit in jure scripto, qui ut ipsorum cupiditatibus inserviat cogi possit, quomodo summum jus summam injuriam esse juxta vetus adeo verbum, atque ita omnem optimarum legum doctrinam, usum ac necessitatem interdicere, nemo non sentit. Atque utinam non similis casus maneat rectissimum medicinae studium, si quando etiam hoc ad summum adductum fuerit : et ex scholae umbra, ad publici exercitii theatrum productum. Sed quis prohibere potest malos ut ne sui similes sint, in quocunque studiorum genere pervertendo ? et ea quae ad multorum salutem inventa sunt, partim per ignorantiam, partim ex malitia, ad perniciem abutendo ? Propter tales cessandum a nobis non est, ut non optima faciamus, doceamus, ac in lucem proferamus, et artem per se optimam ad summum statum evehamus. Nos certe ut quod possumus huc conferremus, et ut et ocii, et negocii nostri ratio publice omnibus constaret, saepe in partialibus editis libellis promissum saepe repositum saepe repetitum Hippocratem nostrum Latinum tandem etiam his infelicissimis temporibus, quibus praeter ea quae jam relata sunt, omnia perpetuo metu consternata gravantur, insidiis pertentantur, proditionibus obtinentur, bello expugnantur, incendiis consumuntur, edere vo-[*3_h] | luimus atque hunc inaestimabilibus laboribus, et non levi sumptu ac rei familiaris jactura, perpetuis quindecim annis absolutum. Non quod hos totos in hoc solum opus impenderimus : hoc enim vere esset suo sibi jumento malum accersire : sed quod nunquam hanc curam rejecerimus hujus quoque operis absolvendi, dum illa partim de Graecis plurima translata, partim a nobis scripta ac commentata, in publicum emisimus, non omnino nulla nostra privata utilitate. Fatendum enim et praedicandum quoque hoc est, quum et magnorum principum, et praeclarum urbium, magnificentiam ac liberalitatem simus experti, et ad haec praestanda quasi fomite quodam coaliti, ac provecti. Superavimus autem hanc operis difficultatem, tum saepe repetita Hippocratis lectione, tum locorum subinde alibi ab ipso Hippocrate repetitorum collatione, tum perlecta denuo tota Galeni Graeca ac Latina editione, eo studio ut totum aliquando editurus sim Galenum, aliqua parte ex mea translatione, et reliquis itidem versionibus ad veram Graecam lectionem correctis. Et profecto longum esset hic declarare, quibus rationibus inductus, multa ex lectione Aldini, plurima praeter lectionem Frobeniani exemplaris, a nobis ad multa manuscripta exemplaria collati ac editi, in hac nostra Latina Hippocratis conversione mutaverimus. Statuimus autem huc impendere quinquennium plus minus, ut si deus vitam tamdiu prorogarit, totius nostrae conversionis ratio ac aliqua expositio extet, in diurnaliorum sive conjecturarum libris, tot a me scribendis, quot omnino existunt libri Hippocratis scriptorum. Interim tamen hunc praecipuum nobis fuisse scopum, studiosos omnes non caelabimus, quem etiam pro justissima lege Galenus agnoscit, dum sic scribit : Haec inquit, Lex mihi in exponendo ac interpretando observatur, ut uniuscujusque scripta ex illo ipso declarentur et non vanis opinionibus, et pronunciata citra demonstrationem sententia quisque quicquid velit deblateret. Hanc legem nobis in scopum, in Hippocratis libris Latine conscribendis proposuimus, et omnes obscuros locos, collatione ad alios facta, ubi hoc fieri potuit, exposuimus, reddidimus ac expressimus, multis immutatis, non paucis rejectis, plurimis appositis, quae nec in impressis, nec manu scriptis codicibus ita habentur : sed tamen ut alicubi vestigia verae lectionis etiam ex illis odorati simus. Quorum omnium justo opere a nobis ratio reddetur. Atque hactenus suffecerit protulisse me studiorum nostri aevi statum, progressum ac augmentum, et praecipue rei medicae. Cujus primum, summum ac maximum authorem, tandem ego Latinis hominibus non minorem, sed aliquanto, nisi penitus fallor, meliorem quam Graecis extat legendum produco, edo ac publico. At ne ego mihi tanti beneficii publici gratiam expetere videar, aut ne tanti authoris ac operis patronum praestare me posse, aliunde confidere puter : ad te Augustissime Senatus Augustane confugio. Tuae amplitudini hanc authoritatem defero, Tuae erga literas, et literatos benignitati hanc gratiam deberi confiteor, quod Hippocrates Latinus noster publice extat, habetur, legitur : quod rebus mortalium juvandis opus expositum est, ultra duo milia annorum ab omnibus in Latina lingua desideratum. Nec vero videri possum aut velut ignotus, aut temere, ad tantorum virorum praesidium confugisse, dum in publice recepto illo more dedicandorum *4 | ac consecrandorum librorum, ad vos viri Augustenses me recipio. Nam quum vestra Respublica, per omnem non modo Europam, sed orbem terrarum celeberrima sit, a bonis legibus, a probatis ac gravibus moribus, a severa in malos animadversione, a clementi erga bonos benignitate, a pientissimo religionis cultu, ab ingenti erga literas et bona studia favore, a doctissimis consilioque ac prudentia praestantissimis viris, videri non debeo temere magis quam recto judicio, ad tam augusti senatus, ad tantorum virorum tutelam, Hippocratis et pariter meum opus attulisse. Nec ignotus ego vobis esse possum, cujus scripta ac opera tot principes viros, tot claras urbes fovere ac tueri nondum, quod sciam, poenituit. Hic non referam quibus viris semper Respublica vestra floruerit. Non recensebo Fuggaros, non Paungartneros, non Ilsongos, non Vuelferos, non Herebrotios, non alias magnas familias principum opes adaequantes, et simul pietate, prudentia, fortitudine, magnificentiaque ac summa liberalitate praestantes. Non dicam de Monopolliorum apud vos extantium utilitate, per quae sit ut Germania ab hominibus sub polo Antarctico habitantibus, et ab ipsis Antipodibus mercimonia, in quotidiano usu habeat. Non dicam de plebis sedula opera, et laudatissimis operibus, unde linei generis, biliciorum, triliciorum, quadriliciorum variis texturis, multiplicibus tincturis, non modo Germania, sed omnes exterae etiam nationes redundant. Nec dicam de urbis magnitudine, splendidis extructionibus ac aedificiis, et populositate, quae ut peculiares laudes urbium sunt, ita et loci optimum situm, et terram, ac nascentium omnium copiam ac ubertatem coarguunt. Verum studium vestrum circa literas, bonas artes, pietatem ac rectam religionem conservandam non tacebo. Quum enim videretis studiorum omnium fluctuationem, sursum deorsum omnia jactari, in praecipiti omnes linguas, artes, ac disciplinas consistere, nullo unquam tempore plures in omnibus scriptores extitisse, partim sua magnifice jactantes, partim aliorum et veterum quoque scripta damnantes : Vos optimos semper apud omnes recte sentientes habitos authores Graecos, magna copia per occasionem nuper adeo vobis oblatos non neglexistis, sed velut rem reipublicae imprimis utilem, eorum opera ac libros comparastis, coemistis, ac pro ingenti thesauro, velut revera est, reposuistis, habetis, et possidetis : non tamen ut privatam utilitatem hinc vobis quaeratis, sed publicum bonum juvetis, ut si opus sit, inde rebus humanis subsidium afferatis. Neque enim quicquam ad republicas[2] optime instituendas ac retinendas, utilius est bonorum virorum bonis scriptis. Sicut contra mera pestis est, quae ex malis malorum libris hauritur. Rectae enim artes, boni mores, optimae disciplinae traduntur ac servantur in bonis libris. At sine rectis artibus, sine bonis moribus, sine optimis disciplinis, et in summa sine literis vita non est vita censenda, velut supra ab initio dixi, et vetus illud chaos, rudis indigestaque moles reducitur. At vos sane in illo librorum Graecorum thesauro vestro, non unius alicujus liberalis artis aut disciplinae authores habetis, sed ex tota philosophia, medicina, mathesi, ac Theologia optimos, et eos neque hactenus typis excusos, neque multis adeo adhuc visos, imo ne nominibus quidem plerisque omnibus notos, et fortassis nusquam alibi extantes, velut ex indice cognovi, quem multarum rerum usu ac experientia clarus medicus apud vos Geryon Seilerus ad me misit. *[*4$_b$]* | Immo non modo indicem hic amicus noster misit, sed quae vestra est viri Augustenses erga recta studia benignitas, de vobis eorum librorum etiam usum mihi promisit, multa simul de vestra magnanimitate, ac magnifica voluntate mecum loquutus, ac mihi pollicitus. Quanquam autem antea mihi virtutum vestrarum gloria non ignota esset : (Qui enim ignota esse possit, quae per totum orbem decantata est ?) tamen ex referente plura cognovi, et propius introspexi, quam antea ex auditu et aliorum scriptis intellexeram. Accessit ad hujus narrationem vir excellenti juris scientia, et eximia prudentia praeditus Claudius Peutingerus, clarissimi Jurisconsulti Conradi Peutingeri filius, non modo in paternis virtutibus referendis, sed in maximis etiam rebus ac negotiis, pro patria obeundis ac gerendis, non jam spem, sed ipsam rem praestans. Cum hoc viro ante paucos annos mutua aliqua

2. Sic.

cognitio mihi intercessit, quae sane judicium de vobis meum confirmavit, et in id consilii me abduxit, et breviter effecit, ut non dubitaverim Hippocratem hunc Latinum meum ad vos referre, vobis inscribere ac dedicare, aere ac libra vestrum facere.

Caeterum erunt fortassis qui vel hoc nomine Hippocratem a nobis conscriptum impetent, quod praestiterat Graecum legere, ac satis fuerat Graecum extare. His sane larga data est ejus rei faciendae etiam per me copia. Nam et Graecum exemplar per me editum ex Frobeniana officina, non paucis locis melius ac correctius est quam Venetum. Et si vere Hippocratis studiosi sunt illi, non poenitebit ipsos vel ambo coemere, habere, ac legere, immo etiam plura inquirere, quo tandem emendatissimus sua lingua loquens Hippocrates habeatur. Quin et ego semper ita sensi, melius esse quosvis scriptores in sua lingua, qua ipsi scripserunt legere, quam optime etiam in aliam translatos. Sed qui facient hi qui Graecum non intelligunt ? Antea ostendi hujus autoris difficultatem, brevitatem, et aenigmatis similem obscuritatem. Quandiu vero expetendum nobis est hoc seculum, in quo medicinae studiosi ex aequo omnes ad legendum ac intelligendum Hippocratem Graecum sufficient ? Esse autem Hippocratem talem rei medicae autorem, ut sine ipso res medica integre consistere non possit, et saepe alias dixi, et nunc non minus asseverantissime affirmo. Totus enim Galenus omnem suam doctrinam ad Hippocraticam methodum, velut adamussim direxit. Idem fecerunt et ante, et post Galenum, optimi quinque tum medici tum philosophi, ut ineptissimos pariter ac indoctissimos se esse declaraverint, qui unquam ab Hippocrate desciverunt, aut ipsius dogmata impetiverunt, quorum multos adeo in libris suis hinc inde, ex omni occasione Galenus revellit, ac explodit. Demus autem hoc seculum spem nobis injicere de futuris. Nam revera nullum antea fuit, in quo omnem ferme Europam pariter utriusque linguae cognitio in tantum aliquandiu floruisset. At quid vetat, aut quid adeo obfuerit, hanc etiam accessionem linguae Latinae contingere, ut Hippocrates Latinus pariter et Graecus legatur ? maxime quum etiam Graecus ex nostra Latina interpretatione clarior evadat, et expositionis Graeci vicem Latinus supplere possit. Verum mihi, velut antea quoque dixi, videntur omnia nunc ingenia, omnes artes ac disciplinae in summo ac praecipiti stare : atque utinam sic retinentur, non retro ut ruerent, et esset aliqua saltem spes in paucis, qui in posterum suis magistris discipuli evade-[*5] | rent praestantiores. Ego profecto quum multis annis a scholis abfuerim, a docendi munere abhorruerim, studiis meis ad scribendum, et ad exercendam medicinam collatis : proximum ferme triennium rursus professor medicinae consumpsi, non omnino surdo ac muto auditorio, in Hessorum ac Cattorum principis Academia Marpurgensi, sed ut verum aperte fatear, longe infra meam spem, et inferiore successu quam Illustrissimi Herois Philippi Hessorum principis, vel erga me, vel erga studiosos, magnifica liberalitas deposcere videtur. Non tamen desunt hujus rei causae. Plerique omnes fugimus immensum studiorum laborem, delicias ac voluptatem in his consectamur. Itaque vel quantum jucundum est, vel minime molestum didicisse satis esse putamus. Alii ad ea studia se conferunt, unde quam brevissimo tempore, ac minima impensa assequantur, quo ventri sit consultum, et πρὸς τὰ ἄλφιτα respiciunt, non cogitantes plerunque quam sint ad ea tractanda appositi. Medicina vero requirit naturam idoneam, a puero institutionem, doctrinam linguarum, literarum, philosophiae, mathematum, et totius naturae cognitionem : multam insuper industriam ac diligentiam, locum studiis commodum, et longissimum etiam tempus. Si non haec sunt quae studiosos a Medicina avertunt, libenter patiar alium potiores causas afferre. Ego Hippocrati in libro De lege haec referenti accedo.

Detineo amplitudinem tuam Augustissime Senatus longius quam proposueram : Unum si adhuc retulero dimittam. Non conatus sum in hac mea translatione Ciceronianus videri, non quod omnino improbem hoc novae sectae hominum genus, qui per omnia Ciceroni in dicendo similes fieri student : aut quod penitus negem fieri posse, ut omnes artes ac disciplinae, Ciceronis dictione in imitationem assumpta ac servata, tradantur. Sed ut simpliciter dicam, primum quia non placet. Deinde quod videam magna ex parte longum et inutilem laborem et postea etiam omnibus factis, conatum infelicem, ac successu carentem, quo plerique ex illis referunt Ciceronem, non aliter quam Nero princeps Catonem, aut ut vicinius comparem, cuculus lusciniam. Accedit his servilitas et mancipatio, nullam linguae, imo ne cogitandi quidem diversum aliquid, libertatem relinquens. Et quando desinemus esse turpiculae simiae, pulcherrimum hominum genus creati ? Sed oportuit hoc quoque ad reliqua seculi incommoda accedere, ut haberemus qui non solum loquendo ac scribendo, Ciceronis simiae ut essent, se excruciarent, sed etiam Graeca omnis generis scripta in Latinam linguam convertendo, tanta sui mancipatione, ut si modo Ciceronis verbis undique conquisitis loqui videantur, etiam a sententia subinde excidere nec vereantur, nec animadvertant : quasi magni adeo referat Ciceronem ita exprimere, et quasi nemo alius bonus Latinus scriptor extet, quem sequi oporteat, ipso etiam Cicerone, si cognoscat, risuro suos κακοζήλους, praesertim si quomodo se ad Laelios, Scipiones, Terentios, atque alios composuerit, in memoriam revocet. Et tamen hic nihil dicam de his rebus quas medicus tractat, quas ne ipse quidem Cicero Ciceroniane eloqui posset, etiamsi a Medico de his edoceretur : quum sane alias non multus sit in rerum naturae tractatione, nimirum intra moralis ac rationalis philosophiae limites conclusus. At tum demum Simia vere simia est, quum etiam supra hominem praestare quid molitur. Hoc itaque agant hi quibus istud placet, ac datum est, ego neminem prohibeo. Sed sic sentio, Hippocratem istos fucatos ornatus aversari, et amare ut sicut in sua, ita in omni lingua, brevis et verbis, et sententiis, et tamen plenus ac gravis, clarus item ac dilucidus, quantum ad ejus aetatem posteris assequi datur, et quod potissimum est, rectus legatur. In hoc si quid praestiti, quod volui sum assecutus : nec est quod verear ullos nasos, vel ῥινοκέρωτας quantumvis in cornu exacutos.

Quo vero sciant studiosi aliquam hujus operae a nobis transactae partem : Habent in hoc nostro Latino Hippocrate librum de aëre, aquis et locis, duplo auctum, et nisi fallor integrum : Habent libri de capitis vulneribus principium, quod in Graecis codicibus impressis deest : Habent librum verum μοχλικόν, id est Vectiarium eundemque De ossibus inscriptum : quae omnia in Graecis exemplaribus partim desiderantur, partim alieno loco posita, justis locis restituta sunt. Quorum omnium gratiam ut vobis viri Augustenses, medicinae studiosos debere volo, ita nec pudebit, nec pigebit vos, spero, summum medicum Hippocratem vestra authoritate tutum, vestro favore commendatum, in publicam utilitatem, et meae erga Augustissimum Senatum voluntatis declarationem, vobis inscriptum ac dedicatum prodiisse. Valete viri magnifici. Marpurgi Hessorum Calendis Septembribus Anno Christi MDXLV.

VIII. Lettre dédicace de l'édition complète latine d'Hippocrate

Janus Cornarius, médecin municipal, aux Très augustes, Très sages et Très honorables Messieurs, au Sénat et du Peuple de la ville impériale d'Augsbourg, salut[1].

Il n'est pas déplacé ni hors de propos, je crois, Très auguste Sénat de la ville d'Augsbourg, ici même, par cette préface écrite à ta gloire devant l'édition des écrits d'Hippocrate de Cos, le prince de la médecine, que j'ai traduits en latin, de reprendre d'un peu plus haut quelle est la situation de la médecine à notre époque et en même temps des autres arts et études, quel progrès fut accompli, combien d'accroissement s'y est ajouté, et ce qu'il faut espérer de ce genre d'études. Car il sera clairement établi par là que l'édition, la lecture et la connaissance des livres d'Hippocrate sont indispensables : et j'aurai plaisir à me souvenir de ces choses aussi à cause des peines traversées : ceux qui liront ces lignes ne tireront pas une connaissance inutile de mon récit : et ta Grandeur aussi, je l'espère, sera agréablement touchée par la mémoire de ces faits, et s'il y a besoin d'un secours et d'une aide pour préserver ces études (en vérité elles réclament et implorent l'assistance des villes de l'Empire comme la vôtre) ils incomberont volontiers à notre Allemagne, où les lettres, unique agrément de toute la vie, subsistent et fleurissent, pour éviter que si elles s'effondraient et gisaient à terre, la vie ne mérite d'être dite neutre, de la même façon qu'un corps est dit neutre par les médecins, parce qu'il ne peut être appelé ni sain ni malade. Mais la vie future me semble la chose la plus triste de toutes, selon une comparaison pour nous douce et familière, et serait prise dans une ombre plus obscure que la nuit perpétuelle, si la lumière de nos études s'éteignait, si la gloire des lettres se flétrissait, si cette force qui maintient à la fois la paix et la tranquillité des affaires publiques et privées venait à faiblir. Ainsi quand j'ai commencé à envisager des études de médecine, la pénurie de bons professeurs et de bons livres était grande : au point qu'Hippocrate et Galien, les princes de cette grande et excellente école médicale qu'est l'école rationaliste, n'étaient pas suffisamment connus dans les écoles, et même pas sous leur nom exact, puisque la plupart les appelaient couramment Hippocras et Galienus. C'est

---

1. Sur Augsburg voir ci-dessus p. 63-64.

pourquoi, alors que dans ma jeunesse je faisais partie, à l'âge de vingt ans, des auditeurs de Pierre Mosellan, un homme à la fois érudit et surtout parlant avec une éloquence distinguée, (car je ne n'ai jamais eu de précepteur privé, ni lui ni un autre, après mes premiers rudiments de grammaire), ayant avancé dans les lettres grecques et latines au point non seulement d'enseigner les questions de grammaire, mais aussi d'expliquer en public les Poètes et les Orateurs grecs, j'abandonnais au plus tôt et dès le début mon projet d'apprendre l'art le plus honorable qui soit[2]. M'en détournaient des maîtres d'école barbares et des écrivains guère préférables à leurs commentateurs, dont ils se servaient alors comme des meilleurs auteurs scolaires médicaux, Avicenne, Rhazès, Albucasis, Avenzoar, Mésué et d'autres de la nation des Arabes, que l'on ne peut nommer sans aversion[3]. À ceux-ci s'ajoutaient des écrivains praticiens du siècle précédent et du nôtre, race stupide en tout, sordide et corrompue, parlant si salement le latin et rapportant si maladroitement ce qu'elle voulait enseigner, que je désespérais tout à fait de pouvoir parvenir un jour à la connaissance de la médecine avec des livres si puants, celle évidemment que j'avais flairée dans quelques traités d'Hippocrate, je parle des *Aphorismes*, du *Prognostic*, et de celui qui porte en titre *Du mode de vie dans les maladies aiguës* : et dont je m'étais tracé les grandes lignes à partir de quelques traités de Galien également conservés en latin. C'étaient deux livres *Sur la différence des fièvres*, dans l'interprétation de Leonicenus, et de six livres intitulés *Des lieux affectés*, dans la version de Cop. Et de ces interprètes il y avait alors aussi ces traités hippocratiques[4]. En philosophie, il restait à cette époque Platon, Aristote, Théophraste, Xénophon et Plutarque, dans leur langue, grâce au grand service rendu par Alde Manuce aux bonnes études[5]. Mais en médecine on n'avait rien d'Hippocrate et de Galien dans leur langue, à l'exception des *Aphorismes*

---

2. Périphrase désignant évidemment la médecine. La critique d'une certaine forme de cours privés ou particuliers revient très souvent dans les lettres de Janus Cornarius. Sur Pierre Mosellan, voir ci-dessus p. 81-82.

3. Sur Avicenne (Ibn Sinâ, 980-1037), Rhazes (Ar-Râzi, 865-923), Albucasis (Abu Al-Kasim, mort en 1013), Avenzoar (Abu Marwân ibn Zuhr, 1073-1162), Mésué (Ibn Masuyah, 776-855), voir D. Jacquart et F. Michaud, *La médecine arabe et l'Occident médiéval*, Paris, 1990, 74-85, 57-68, 139-142, 214-216. Sur l'anti-arabisme voir ci-dessus p. 285 n. 24.

4. Les titres évoqués ici font allusion à des éditions ou des rééditions parfois difficiles à identifier, comme celle décrite au n° 70 du catalogue BnF : *Aphorismi Hippocratis, Nicolao Leoniceno (...) interprete, libri VIII. Ejusdem Praesagia, Gulielmo Copo (...) interprete, libri III. Ejusdem de ratione victus in morbis acutis libri IIII. Ejusdem de natura humana, Andrea Brentio (...) interprete.* s. l. 1527, Rés. p. T. 87. Mentionnons, pour Galien : *Sur les différences des fièvres*, au n° 162 du catalogue BNF : *De febrium differentiis*. Lyon, 1515, dans la traduction de Leonicenus (Rés. Td 60.3) ; *Lieux affectés* : n° 249 du catalogue BnF : *Galeni de Affectorum locorum notitia libri sex, Gulielmo Copo interprete.* Paris : Henricus Stephanus, 1513 (Rés. Td 20.1).

5. Premières éditions imprimées de Platon : aldine grecque *princeps*, 1513 ; traduction latine de Marsile Ficin, *ca.* 1483 (HC 13062), rééditée chez Froben en 1532. D'Aristote : aldine grecque *princeps* de 1495-1498 (Pellechet 1175) ; révisée par Erasme, Bâle, 1539 ; édition latine *Aristotelis opera latine, cum commentariis Averrois*, Venise, 1483 (Pellechet 1178) et une édition commentée par Melanchthon, Bâle, Oporinus, 1543. L'édition *princeps* grecque de Théophraste est comprise dans l'aldine d'Aristote, t. 2-4, 1497, suivie par une édition Oporinus de 1543. De Xénophon : *princeps* grecque, Florence 1516, suivie d'une aldine en 1525 et d'une édition latine Cratander en 1534.

d'Hippocrate que Philippe Melanchthon m'avait communiqués, et de la seule *Méthode* de Galien, imprimée à Rome si je me souviens bien, que j'avais vue chez un ami[6]. Alors j'ai souvent réfléchi sans savoir quoi faire, et j'ai finalement décidé qu'il fallait se satisfaire de ce qui était là jusqu'au jour où l'on trouverait mieux. Ainsi donc après avoir abandonné une grande partie de ces écrivains arabes, et pris en outre aussi les meilleurs parmi un petit nombre de praticiens, comme on le fait d'habitude en en choisissant de mauvais : tels semblaient être Bertruccius, Gatinaria, Guainerius[7] : et après les avoir ajoutés et comparés aux traités d'Hippocrate et de Galien cités précédemment, mais après un grand intervalle, j'ai suivi quelques années des études de médecine, jusqu'à ce que le ventre, grand maître de l'art avec ces derniers, m'ait convaincu de faire l'expérience de l'art que je poursuis désormais depuis vingt-cinq ans, depuis le moment où j'ai commencé comme je l'ai dit à envisager des études de médecine. L'avantage pour moi ou même l'utilité pour autrui que j'en ai retirés ne sont pas ce dont je me vante beaucoup. Je sais que beaucoup connaissent le soin et la loyauté que j'ai mis d'une part à enseigner toutes les choses que j'ai apprises quelles qu'elles soient, et d'autre part à soigner celles dont l'art médical pouvait répondre. Je n'ai pas recherché avec anxiété les richesses, pour ainsi dire des entraves aux études, et j'ai traité avec mépris celles qui auraient pu m'échoir. Je ne sais pas encore s'il faut appeler un avantage ou plutôt un inconvénient le fait d'avoir été contraint d'abandonner et pour ainsi dire de désapprendre tout ce genre d'études antérieures dont je m'étais occupé durant neuf années complètes, lorsqu'après avoir parcouru en tous sens une grande partie de l'Europe pour faire l'essai des choses médicales, je suis arrivé à Bâle. Certes que ce soit un inconvénient d'avoir mal employé tant d'heures à désapprendre des études, tout le monde le comprend, même parmi ceux à qui elles semblent encore aujourd'hui devoir être embrassées et non désapprises. Mais que ce soit un avantage d'avoir abandonné toute la médecine barbare, d'avoir adopté la médecine grecque, de l'avoir produite et même beaucoup augmentée et élargie par mes soins, je sais que n'en sont toujours pas persuadés la plupart de ceux qui préfèrent encore grogner avec

---

6. À propos de ces *Aphorismes* communiqués par Melanchthon, voir ci-dessus p. 80-82 et 103-104. Quant à la *Méthode* de Galien en grec, il pourrait s'agir, sous le n° 264 du catalogue BnF, de Γαληνοῦ Θεραπευτικῆς μέθοδος, Venise, Z. Kallierge, 1500. Pellechet 4974 ou d'un autre ouvrage imprimé à Rome.

7. La graphie des noms de Bertrutius, Gatinaria et Guainerius est instable. Bertrutius ou Bertruccius ou Nicola Bertuccio (*Dizionario biografico degli Italiani*) ou Bertucii (BnF) fit ses études à Bologne, où il enseigna l'anatomie et mourut en 1347. Il aurait eu pour élève Guy de Chauliac. Une première édition de ses travaux, qui contenaient en particulier une description du cerveau, serait parue à Lyon en 1509. Trois titres sont régulièrement cités : *Collectorium totius fere medicinae Bertrucci Bononiensis*, *Methodi cognoscendorum tam particularium quam universalium morborum* et *Diaeta seu regimen sanitatis de rebus non naturalibus et aduertendis morbis* encore réédités à Mainz en 1534. Marco Gatinaria, médecin italien du XVe siècle, se serait attaché aux doctrines des médecins arabes, et fut réédité à Lyon jusqu'en 1539. Antonio Guainerio, médecin italien du XIVe siècle, est l'auteur d'ouvrages sur les poisons et la peste (Hain 8102 et 8103).

Gryllus et se repaître de glands, alors que les fruits les meilleurs ont été découverts[8]. Me détournant assurément des esprits de ceux-ci comme très sots, et de leurs jugements comme dénués de toute santé, je me suis alors bientôt consacré de tout mon cœur à l'Hippocrate grec, et à Galien ainsi qu'à Paul, fournis à Venise peu auparavant par l'officine des Alde ; je me servais aussi à l'occasion de ces auteurs étrangers, et je m'en occupais si bien que je ne désespérais pas de pouvoir transcrire peut-être tout Hippocrate pour les Latins, si quelque part avait relui la récompense d'un si grand labeur : et qu'à plus forte raison je n'avais pas d'incertitude au sujet de Galien et de Paul, dont il est sûr qu'ils sont plus faciles, même pour ceux qui ne connaissent pas beaucoup le grec : si du moins l'on n'essaie pas d'attaquer ces auteurs en étant tout à fait inculte. Il reste aussi deux traités d'Hippocrate traduits par moi cette année-là, l'un intitulé *De l'air, des eaux et des lieux*, l'autre *Des vents*, qui exprimèrent assez mon intention aux étudiants, et dans quelle mesure je voulais que la médecine en soit aidée[9].

Et nous ne manquions pas de gens pour nous encourager à nous acquitter vivement de cette entreprise, parmi lesquels je dois nommer au premier chef Erasme de Rotterdam, pour son grand mérite envers les meilleures études, et dont il reste aussi chez moi une lettre qu'il m'a écrite, par laquelle il m'exhorte à poursuivre avec constance ce que j'avais commencé pour Hippocrate, prince de la médecine. À la même entreprise, Froben et Episcopius, qui furent aussi auparavant pour moi les instigateurs de quelques dissertations, ne poussaient pas moins : ils sont vraiment dignes, à cause de leurs services rendus aux savants, d'être entourés de prévenances et protégés par tous les hommes de

---

8. Laurentius Gryllus, médecin originaire de Landshut en Bavière, mort en 1561 à l'âge de 76 ans, (d'après N.F. J. Eloy, *Dictionnaire historique de la médecine antique et moderne*, Mons, Hoyois, 1778, t. 2, art. *Gryll, Laurent*), raconte dans une *Oratio de peregrinatione studii medicinalis ergo suscepta* parue à Prague en 1566, sa rencontre avec Cornarius au cours de ses voyages à travers l'Europe entre 1548 et 1554, un témoignage signalé par Vivian Nutton, « Hippocrates in the Renaissance » dans *Die hippokratischen Epidemien*, G. Baader et R. Winau (éds.), Berlin, 1989, 421. L'ouvrage de Gryllus reproduit sous ce titre *Oratio de peregrinatione etc.* un discours prononcé à Ingolstadt le 10 janvier 1556. Gryllus y dit avoir rencontré Cornarius après sa visite à Georg Agricola et raconte cela en ces termes : « *His ita peractis, salutato Agricola Janum Cornarium, qui Zuiccaviae degit, accessi, insignem Graecorum scriptorum intepretem et medicum clarum, cum quo de re medica multa disceptavi. Is interpretationes quasdam et lucubrationes suas necdum publicatas, et summis laboribus ac vigilis comparatas, mihi ostendit.* Cela fait, après ma visite à Agricola, je suis allé trouver le remarquable traducteur des textes grecs et l'illustre médecin Janus Cornarius, qui vit à Zwickau, et avec qui j'ai beaucoup discuté de médecine. Il m'a montré certaines traductions et ses propres commentaires, pas encore publiés, et préparés par des travaux et des veilles immenses », p. 11a de l'exemplaire Paris BIU Santé 5018. Ce témoignage de Gryllus, qui suit de 10 ans la préface de 1545, ne permet pas de comprendre l'allusion apparemment peu aimable que Cornarius fait ici à ce personnage. Le jeu de mots perceptible en latin (*Gryllus - grunire*) n'est d'ailleurs pas nécessairement une trouvaille de Cornarius, et il peut aussi bien se comprendre comme la citation d'une plaisanterie en vigueur dans les milieux humanistes médicaux.

9. BEC 4.

bien contre les ὁμότεχνοι rivaux guettant à l'instar de paresseux frelons les livres qui paraissent à leurs frais et par leur industrie[10].

Par conséquent alors que ma volonté était telle et et que ma capacité à réussir n'était pas non plus tout à fait désespérée : - Pourquoi, dit quelqu'un d'eux, a-t-on différé tant d'années ce qui aurait dû être publié dès que possible pour l'utilité commune, si c'est comme tu le dis toi-même ?[11] J'avouerai ici pleinement ce qu'il en est. D'abord assurément c'est la très grande difficulté de l'ouvrage qui a retenu ma volonté. Oublions, en effet, les termes rares et les formules totalement désuètes : ne dévoilons pas ce style bref, et par lequel il a voulu suggérer sa pensée comme par énigmes plutôt que la signifier : au point que même Galien n'arrive pas à se débrouiller de tout : ne disons rien non plus de la diversité des leçons, ni de leur fréquente modification par un très grand nombre d'anciens commentateurs d'Hippocrate, ni en outre de leur corruption par l'injure du temps : car c'est la grandeur même de l'ancienneté du vénérable vieillard qui peut empêcher que l'on ose tourner et retourner trop familièrement ses écrits très savants et très lourds de toutes choses.

Mais qu'Hippocrate soit un écrivain d'un tel poids et d'une telle grandeur, et qu'il soit aussi le meilleur docteur de la méthode, en témoigne même Platon, dont on ne sera pas mécontent de citer les phrases tirées de *Phèdre* :

- Crois-tu qu'il puisse se faire, dit Socrate, que l'on examine comme elle le mérite la nature de l'âme en-dehors de la nature du tout ?

- S'il faut en croire Hippocrate de la famille des Asclépiades, dit Phèdre, sans cette méthode on ne peut même pas examiner la nature du corps.

- Hippocrate a bien parlé, mon très cher Phèdre, dit Socrate. Il faut cependant en outre en plus d'Hippocrate, peser aussi la raison et voir si elle est en harmonie.

- C'est mon avis, dit Phèdre.

- Donc au sujet de la nature, dit Socrate, que disent finalement Hippocrate et la vraie raison ? N'est-ce pas de la manière suivante ? Il faut considérer au sujet de la nature d'une chose quelle qu'elle soit, d'abord si elle est simple ou de plusieurs espèces, ce en quoi nous voulons être des hommes de l'art et faire que d'autres soient tels. Ensuite si elle est simple, considérer la faculté qu'elle a par nature pour faire sur autre chose ce qu'elle a subi d'une autre ou pour le faire de la manière dont elle l'a subi. Mais si elle a plusieurs espèces, il faut après les avoir énumérées considérer dans chacune d'elles ce qui est dans l'une en se demandant ce qui est habituellement fait par nature, ou ce qui est subi venant d'autre chose.

---

10. ὁμότεχνος : *qui exerce le même art, confrère.*

11. Fuchs dans *Cornarius furens*, f. [b2b] de l'exemplaire BnF Te 142.39, évoque la « *futura conversio, quam nunc annos plus decem polliceris :* la future traduction [d'Hippocrate par Cornarius], que tu promets à présent depuis plus de dix ans ».

- C'est logique, Socrate, dit Phèdre.
- Donc la méthode, dit Socrate, sans ces choses ressemble à la marche d'un aveugle. Fin de Platon[12].

Ceci ne se trouve certes pas mot pour mot chez Hippocrate, mais telle est tout à fait la méthode de la doctrine du livre intitulé *De la nature de l'homme*, au point que l'on dirait que Platon ne parle pas ici d'un autre livre : et pourtant la méthode paraît être semblable aussi dans les autres écrits authentiques d'Hippocrate. C'est pourquoi, alors qu'il s'est trouvé jusqu'à présent des gens pour entreprendre de traduire à l'usage des Latins, qui Platon, qui Aristote, qui Théophraste, qui les autres philosophes et écrivains de la Grèce, et pour fournir quelque chose qui en valait la peine, personne ne l'a tenté avec succès pour la totalité d'Hippocrate, au point que personne pour ses traités même les plus menus ne s'est montré un artisan assez capable. Nous avons donc quelques raisons de nous plaindre nous aussi de la difficulté de cet auteur, qui a détourné de lui jusqu'à présent tout le monde à égalité : même si nous n'avons jamais totalement désespéré qu'il arriverait un jour où toute difficulté surmontée, on lirait Hippocrate mis en latin par nos soins. Mais à cette difficulté s'ajoute un autre obstacle par suite du malheur des temps. Alors qu'en effet depuis presque vingt ans déjà la médecine grecque a commencé à revivre : qu'ont été restitués Hippocrate, Galien, Aetius, Paul, Dioscoride : et ces derniers non seulement dans leur langue, mais aussi en grande partie mis en latin (à la seule exception d'Hippocrate jusqu'à présent du moins) soit par quelques savants, soit par nous, pourtant le malheur du siècle est tel, que personne ne reconnaît le prix d'un si grand art qui conserve la vie elle-même, et rien ne peut être plus précieux qu'elle à un homme[13]. Nous avons vu brûler le premier zèle de beaucoup à apprendre des langues en plus, cette fièvre est retombée peu à peu. Nous avons vu le plus grand concours d'étudiants pour apprendre la théologie, dès qu'a brillé en Allemagne une plus pure doctrine religieuse : celui-ci a duré un certain nombre d'années. On est passé à l'étude du droit civil : et je ne crois pas qu'il y ait jamais eu en aucun temps un si grand nombre d'étudiants à la recherche des lois impériales ou se distinguant par le titre de docteur. Seule la médecine partout méprisée gît à terre, les écoles refroidissent, les professeurs s'engourdissent, l'art médical lui-même s'en va en ἀτεχνία, et son emploi n'est pas recherché, sinon auprès de petites vieilles délirantes et d'Apellas circoncis, et auprès de ceux qui expérimentent leur ignorance au péril d'un grand nombre de gens : alors qu'il y a un petit nombre de bons médecins possédant les études

---

12. 270c-e. Nous traduisons bien entendu la traduction de Janus Cornarius, que l'on retrouve un peu modifiée dans son édition de Platon (BEC 47, p. 327), en soulignant la difficulté du passage *Oportet tamen insuper ad Hippocratem, etiam rationem expendere et an consona est* (BEC 47 : *sit*) *uidere*, qui doit rendre le grec Χρὴ μέντοι πρὸς τῶι Ἱπποκράτει τὸν λόγον ἐξετάζοντα σκοπεῖν εἰ συμφωνεῖ. « Il faut pourtant, en plus d'Hippocrate consulter la raison et voir si elle s'accorde avec lui » trad. Vicaire, Paris, 1985, 76. Sur la méthode de Platon voir ci-dessus p. 224-227.

13. BEC 12, 8, 10, 11 et 19.

de vraie médecine non pour l'usage public, mais comme un trésor pour eux-mêmes et privé[14]. Et pourtant je craindrais pour ma part une ruine semblable encore plus grave de l'art le plus grand, s'il arrivait qu'elle soit portée un jour aussi haut que celle que supporte bien sûr sans discontinuer l'étude de la religion chrétienne, et celle qui menace, semble-t-il, la science du droit. De même en effet que pendant qu'un certain nombre d'hommes pieux s'efforçaient de restaurer un évangile du Christ pur et sincère[15], il s'est fait que chez la plupart le Christ est devenu totalement une fable, et qu'il est encore peu solide dans le cœur d'un petit nombre : de la même façon, avec la science du droit la plus grande, on en est arrivé au point que l'on met du droit dans les armes et dans la violence, qu'il y a des gens qui prouvent que n'importe quoi leur est permis, adultère, débauche, vol, trahison, pillage, chasse, enlèvement et mélange du ciel et de la terre, pourvu qu'il y ait en droit écrit un trait qui puisse être contraint à servir leurs désirs, à la manière dont selon un proverbe déjà ancien le droit suprême est une suprême injustice[16], et ainsi tout le monde comprend que toute doctrine, tout emploi et toute obligation des lois les meilleures sont interdits. Puisse un semblable malheur ne pas être réservé à la très juste étude de la médecine, si elle est un jour aussi portée au plus haut point : et si sortant de l'ombre de l'école elle se produit sur le théâtre de l'exercice public. Mais qui peut empêcher les méchants d'être semblables à eux-mêmes en anéantissant les études en tout genre ? Et en consumant jusqu'à la ruine, en partie par ignorance, en partie par malice, les inventions destinées au salut de beaucoup de gens ? À cause de telles gens, nous ne devons avoir de cesse de faire, d'enseigner, de produire au jour les meilleures choses, et d'amener à son état le plus haut un art en lui-même excellent.

Quant à nous, pour y contribuer jusqu'ici comme nous le pouvons, et pour que la raison de nos loisirs et notre travail apparaisse publiquement à tous, notre Hippocrate latin souvent promis dans les traités partiels édités, souvent abandonné, souvent repris enfin même en ces temps très malheureux, où en plus de ce que l'on a déjà rapporté, tout s'aggrave dans l'affolement d'une crainte permanente, tout est envahi par des embûches, tout s'obtient par trahison, tout est livré à la guerre et consumé par les incendies, nous avons voulu le publier, et le voilà achevé en quinze ans par un labeur inestimable, avec des frais non négligeables et le lourd sacrifice de la vie de famille[17]. Non pas que

---

14. *absence d'art*, terme du *Phèdre*, 90d. etc. ; *Apella ae* m : nom d'un juif dans Horace, *Satires* I, 5, 100.

15. Les principales éditions humanistes, c'est-à-dire grecques et néolatines, de la Bible et du *Nouveau testament* sont, sauf erreur, les suivantes : *Biblia latina cum postillis Nicolai de Lyra*. Bâle : Froben, 1501-1502, BNF Rés. A. 769. *Novum testamentum, graece et latine*. Bâle : Froben, 1516. BNF A. 523 et Rés. A. 524. *Novum testamentum (...) ab Erasmo Roterodamo recognitum*. Bâle : Froben, 1519, BNF Rés. A. 525 ou A. 2047. *Sacrae scripturae veteris novaeque omnia*. Venise : Aldes, févr. 1518/1519 *more Veneto*, BNF Rés. A. 46. Voir maintenant l'ouvrage *Biblia* cité p. 27 n. 17.

16. *modo* : sans doute pour *dummodo* ; adage fameux cité par Cicéron, *De officiis* I, 10, 33.

17. BEC 4, 4a, 20 et 23.

nous ayons consacré toutes ces années à ce seul ouvrage : ce serait en effet faire venir le mal dans son propre véhicule : mais nous n'avons jamais repoussé ce soin d'achever cette œuvre en publiant non sans quelque profit personnel d'une part un très grand nombre de traductions du grec, d'autre part nos propres écrits et commentaires. Il faut en effet l'avouer et même le dire publiquement, puisque que nous avons éprouvé la magnificence et la libéralité de grands princes et de villes célèbres, nous formant et nous élevant pour réussir cette entreprise. Nous avons vaincu la difficulté de la tâche tantôt par la lecture souvent répétée d'Hippocrate, tantôt par la collation de passages parfois repris ailleurs par Hippocrate lui-même, tantôt par la relecture intégrale de toute l'édition grecque et latine de Galien, avec tant d'application que je suis prêt à éditer un jour tout Galien pour une partie dans ma traduction et avec les autres versions corrigées de même à partir de la leçon grecque authentique[18].

Et ce serait vraiment long d'exposer ici les raisons qui nous ont conduits à changer dans notre présente traduction latine d'Hippocrate beaucoup de choses de la leçon aldine, davantage au-delà de la leçon de l'exemplaire de Froben comparé à des nombreux exemplaires manuscrits et édité par nous. Mais nous avons décidé de consacrer environ cinq ans, afin, si Dieu prolonge notre vie aussi longtemps, à conserver la raison et une explication de la totalité de notre traduction dans des *Diurnalia ou livres de conjectures* que je dois écrire en même nombre qu'il y a de livres des écrits d'Hippocrate en tout[19]. Pour l'instant cependant notre but principal fut, nous ne le cacherons pas à tous les studieux, celui que Galien reconnaît aussi pour la loi la plus juste, quand il écrit : « - La loi observée par moi quand j'explique et interprète, dit-il, c'est que les écrits de chacun soient éclairés par lui-même et non par de vaines opinions, et que quand la pensée est exposée sans démonstration, chacun bavarde en disant n'importe quoi »[20]. Telle est la loi que nous nous sommes proposée comme but en transcrivant en latin les livres d'Hippocrate, et nous avons exposé, rendu et exprimé tous les passages obscurs après comparaison avec d'autres passages, là où c'était possible, tout en en laissant un grand nombre inchangés, en en rejetant une certaine quantité, et en ajoutant de très nombreuses choses qui ne figurent pas de la même façon ni dans les livres imprimés ni dans les livres manuscrits : mais qui y figurent cependant de telle manière que nous subodo-

---

18. Référence à son exemplaire personnel de l'aldine de Galien conservé à la BU de Jena, et peut-être pour son édition latine, à un exemplaire de l'édition bâloise de 1542 conservé à la British Library, et découvert par Vivian Nutton. Les deux éditions sont annotées par Janus Cornarius. BEC 32 (1549) pour l'édition de Galien ici décrite, réalisée en collaboration avec C. Gesner.

19. *Diurnalia* : neutre pluriel du très rare adjectif *diurnalis*, à l'origine de notre *journal*. Ce mot semble avoir été conçu comme une partie du titre de ces commentaires, dont la deuxième partie commence par *siue etc.*, et avec le sens prédominant d'éclaircissements mais aussi une connotation renvoyant au caractère quotidien du travail accompli pour les rédiger, signalée un peu plus loin. Le nombre de livres ou commentaires devait être de 63 d'après *Vulpecula excoriata*, voir ci-dessus p. 80 n. 5, p. 86 et p. 379-381.

20. Il s'agirait encore apparemment, sauf erreur, d'une citation faite de mémoire.

rions aussi par eux quelque part les traces de la vraie leçon. De tout cela nous rendrons compte par un ouvrage approprié. Et il suffira jusque là que j'aie révélé la situation, le progrès et l'accroissement des études de notre temps et principalement de la médecine. Son premier, plus haut et plus grand auteur, moi je le produis, édite et publie enfin pour les Latins, non pas inférieur mais quelque peu meilleur, si je ne me trompe, que n'est ce que les Grecs ont à lire.

Et pour ne pas paraître rechercher pour moi-même la reconnaissance d'un tel bienfait public, ou pour que l'on ne croie pas que je peux répondre que le patron d'un si grand auteur et d'une si grande œuvre a confiance dans un autre lieu, je me réfugie, Sénat Très auguste d'Augsbourg, sous ta protection[21]. C'est à Ta grandeur que je défère cette autorité, c'est à Ta bienveillance à l'égard des lettres et des lettrés que je reconnais que la gratitude est due, de ce que notre Hippocrate latin existe publiquement, est possédé, est lu : de ce que pour venir en aide aux difficultés des mortels, est produit un ouvrage désiré par tous en latin depuis plus de deux mille ans. Mais je ne peux pas, en m'engageant auprès de vous, Messieurs d'Augsbourg, selon cette coutume publiquement reçue de dédicacer et dédier des livres, avoir l'air ou d'un inconnu, ou de m'être réfugié à la légère sous la protection de si grands hommes. Car comme votre République est très célèbre non seulement à travers toute l'Europe mais aussi dans le monde entier pour ses bonnes lois, pour ses mœurs éprouvées et graves, pour son sévère châtiment envers les méchants, pour sa clémente bienveillance à l'égard des gens de bien, pour son culte religieux le plus pieux, pour l'immense faveur dont jouissent les lettres et les bonnes études, pour ses hommes très savants et très supérieurs par leur jugement et leur sagesse, je ne dois pas sembler avoir, davantage à la légère que par un jugement droit, offert à un Sénat si auguste, à la tutelle de si grands hommes, l'œuvre d'Hippocrate et en même temps la mienne. Et je ne peux pas être inconnu de vous, moi dont tant de princes, tant de villes illustres n'ont pas encore regretté, que je sache, de favoriser et protéger les écrits et les œuvres. Je ne rappellerai pas ici de quels grands hommes votre République a toujours brillé. Je ne recenserai pas les Fugger[22], les Baumgartner[23], les Ilsung[24], les Welser[25], les Herbrot[26] et les autres grandes familles dont la richesse égale celle des princes, et qui se distinguent à la fois par leur piété, leur sagesse, leur courage, leur magnificence et leur très grande générosité. Je ne parlerai pas de l'utilité des Monopoles

---

21. Accusation proférée par L. Fuchs, qui reproche à Janus Cornarius « de se vanter insolemment d'être le seul à porter la médecine sur ses épaules, comme Atlas portait le ciel (*insolenter ... gloriari se unum esse, qui humeris sui medicinam, ueluti Atlas caelum sustineat*) » f. [A7a] de *Cornarrius furens*, BnF Te 142.39. Le terme *patronus* se retrouve ailleurs sous la plume de Fuchs pour désigner Janus Cornarius comme commanditaire des basses œuvres de l'imprimeur Egenolphus, de Francfort, qu'il estime dirigées contre lui, voir ci-dessus p. 76. Il est difficile de dire en quoi la protection d'Augsburg était susceptible de faire taire ces accusations. L'autre lieu pourrait éventuellement être Francfort, où la position de Janus Cornarius était particulièrement bonne.

existant chez vous, qui permettent que l'Allemagne ait pour son usage quotidien des marchandises venant des hommes habitant sous le pôle antarctique et des Antipodiens eux-mêmes[27]. Je ne parlerai pas du travail soigné du peuple et de ses ouvrages très renommés, qui font que non seulement l'Allemagne mais aussi toutes les nations étrangères regorgent de divers tissus d'un genre de lin, à deux fils, à trois fils, à quatre fils, aux multiples teintures. Je ne parlerai pas de la grandeur de la ville, de ses splendides constructions et édifices, de cette population abondante, choses qui, de même qu'elles sont la gloire particulière des villes, de même démontrent de manière irréfutable l'excellence du site et de la terre, et l'abondance et la fécondité de tous ceux qui y naissent. Mais je ne tairai pas votre zèle à l'égard des lettres, des bons arts, de la piété et de la religion juste. En effet quand vous avez vu l'agitation de toutes les études, tout être balloté sens dessus dessous, toutes les langues, tous les arts et toutes les disciplines s'arrêter au bord de l'abîme, plus d'écrivains en tout genre apparaître qu'il n'y en eut jamais en aucun temps, en partie vantant magnifiquement leurs propres écrits, en partie condamnant ceux des autres et même des Anciens : jugeant bien que les auteurs grecs étaient toujours considérés comme les meilleurs par tout le monde, vous n'avez pas négligé ceux qu'une opportunité vous avait récemment procurés en abondance, mais vous

22. La famille Fugger était installée à Augsbourg depuis la fin du XIVe siècle et devait son éclat à l'action de Jacob Fugger l'Ancien (1410-1469) et de ses fils Ulrich (1441-1510) et Georg (1453-1506). Les fils de Georg, Raymund (1489-1535) et Anton (1493-1560) se signalèrent, du point de vue qui nous intéresse ici, le premier par l'accroissement significatif de la bibliothèque constituée par Jacob, et le second par son intervention en 1547, à la fin de la guerre de Schmalkalden, auprès de Charles Quint en faveur d'Augsbourg, ville protestante. ADB.

23. Hans Baumgartner (1455-1527) et son fils, également prénommé Hans (1488-1552), furent les principaux représentant d'une famille de commerçants alliés aux Fugger, membres du *Rat* à diverses reprises. Le plus jeune était en relation avec Erasme. Ses biens furent confisqués lorsqu'il quitta Augsbourg pendant la guerre de Schmalkalden. La famille s'éteignit au XVIIe siècle. ADB.

24. Ilsung est le nom d'une des plus anciennes familles d'Augsbourg, illustrée depuis le XIVe siècle dans de nombreuses missions diplomatiques. Georg Ilsung von Tratzberg, mort en 1580, fut conseiller et soutien financier de Charles Quint, Ferdinand Ier et Maximilien II. ADB.

25. Les commerçants et banquiers Welser contribuèrent beaucoup à définir la position d'Augsbourg dans la guerre de Schmalkalden : Hans (1497-1559) était un partisan de Zwingli, tandis que les deux frères Anton (1486-1557) et Bartholomaeus (1488-1561) agirent dans un esprit de neutralité. ADB, NDB.

26. Jacob Herbrot (1490-1574), dont le père était originaire de Silésie, s'installa à son compte comme marchand de peaux en 1520. Partisan de la Réforme, il prit très rapidement la tête de l'opposition au patriciat catholique et à l'Empire. Maire d'Augsbourg en 1546 et en 1548, il soutint finalement la politique de Maurice de Saxe et fut considéré comme responsable des mesures répressives qui frappèrent les corporations, si bien qu'il dut quitter Augsbourg en 1552 dans les pires conditions. ADB.

27. Raccourci mêlant peut-être une évocation de certaines pratiques commerciales et une allusion aux voyages de Raphaël Hythlodée en Utopie, île située certes nulle part mais quand même dans l'hémisphère sud, et que cet ancien compagnon d'Amerigo Vespucci dit avoir atteinte une fois passée la zone aride équatoriale, voir T. More, *L'Utopie ou le traité de la meilleure forme de gouvernement*, trad. de M. Delcourt, Paris, 1987, 87-88. Des firmes d'Augsbourg passèrent des contrats incluant leur participation à l'armement des armadas de Vasco de Gama dès 1503, d'après G. Bouchon, *Vasco de Gama*, Paris, 1997, 276.

avez au contraire procuré leurs ouvrages et leurs livres comme une chose utile au premier chef à la république, vous les avez achetés en bloc, et comme un immense trésor qu'ils sont effectivement, vous les avez mis de côté, vous les avez et vous en êtes possesseurs : non pas cependant pour en chercher pour vous un profit privé, mais pour servir le bien public, pour, si besoin est, apporter par là un soutien aux affaires humaines. Rien n'est plus utile en effet que les bons écrits des hommes bons pour instituer et conserver au mieux les républiques. Comme en revanche sont un pur fléau les choses que l'on puise aux méchants livres des méchants. Car les arts justes, les bonnes mœurs et les meilleures disciplines sont transmis et conservés dans les bons livres. Mais sans les arts justes, sans les bonnes moeurs, sans les meilleures disciplines, et en un mot sans les lettres, on ne doit pas croire que la vie est la vie, comme je l'ai dit plus haut au début, et c'est l'ancien chaos, masse grossière et confuse, qui revient. Eh bien vous, dans votre trésor de livres grecs, vous n'avez pas les auteurs d'un unique art libéral ou d'une seule discipline, mais bien les meilleurs auteurs de toute la philosophie, toute la médecine, toute la mathématique et toute la Théologie, et ceux qui n'ont été encore ni imprimés jusqu'à présent, ni encore vus de beaucoup de gens, bien plus qui ne sont même pas connus de nom pour la plupart d'entre eux, et ne se trouvent peut-être nulle part ailleurs, comme je l'ai appris par le catalogue que m'a envoyé Geryon Seiler, illustre médecin chez vous pour sa pratique et son expérience de nombreuses choses[28]. Bien plus, notre grand ami ne m'a pas seulement envoyé le catalogue, mais avec votre bienveillance, Messieurs d'Augsbourg, à l'égard des justes études, il m'a aussi proposé de votre part l'usage de vos livres, ayant beaucoup parlé avec moi à la fois de votre magnanimité et de votre volonté magnifique, et me les ayant promises. Et bien que la gloire de vos vertus ne me fût pas inconnue auparavant : (Comment pourrait en effet être ignorée une chose qui a été chantée dans le monde entier ?), par son rapport cependant j'en ai appris davantage que ce que j'avais compris avant par ouï-dire et par les écrits des autres, et j'ai considéré cela de plus près.

Son récit fut complété par un homme doté d'une science supérieure du droit et d'une éminente sagesse, Claudius Peutinger, le fils du très célèbre Jurisconsulte Conrad Peutinger, répondant non plus de l'espoir mais de la chose elle-même, non seulement en ce qu'il reproduit les vertus de son père, mais aussi en ce qu'il se charge des plus grandes affaires et activités et les conduit au nom de sa patrie. Il y a quelques années, une connaissance mutuelle avec cet homme a intercédé pour moi, qui a pleinement confirmé mon jugement à votre propos, m'a amené au présent projet et a rapidement obtenu que je vous

---

28. Geryon ou Gereon Seiler, médecin installé à Augsbourg à partir de 1524, mort en 1563, auteur d'un *Consilium de peste*, Augsburg, 1534 (Jöcher).

offre sans hésiter mon Hippocrate latin, que je vous le dédicace et vous le dédie, que je le fasse vôtre par l'airain et la balance[29].

Il y aura du reste peut-être des gens qui attaqueront l'Hippocrate écrit par nous par exemple à cause du fait qu'il aurait mieux valu lire le grec et qu'il aurait suffi d'avoir le grec. La possibilité de le faire leur en a été donnée aussi très largement par moi. Car l'exemplaire grec que j'ai fait éditer par l'officine frobénienne est meilleur et plus correct dans un grand nombre de passages que l'exemplaire vénitien. Et si ces personnes étudient vraiment Hippocrate, elles ne seront pas mécontentes d'acheter, d'avoir et de lire également les deux, bien plus d'examiner aussi un plus grand nombre de choses, pour que par là Hippocrate parlant sa propre langue soit enfin considéré comme le mieux corrigé. Bien plus j'ai toujours pensé de même moi aussi, qu'il était mieux de lire n'importe quels auteurs dans leur langue, dans laquelle ils avaient eux-mêmes écrit, que traduits même très bien dans une autre. Mais que feront ceux qui ne comprennent pas le grec ? J'ai montré auparavant la difficulté de cet auteur, sa concision, son obscurité semblable à celle d'une énigme. Combien de temps devons-nous attendre l'époque où les étudiants en médecine auront tous à égalité la force de lire et de comprendre l'Hippocrate grec ? Or qu'Hippocrate soit un auteur médical tel que sans lui la médecine ne pourrait pas exister correctement, je l'ai souvent dit ailleurs, et je l'affirme à présent de manière non moins très sérieuse. Tout Galien en effet aligne comme au cordeau sa propre doctrine sur la méthode hippocratique. De même firent, à la fois avant et après Galien, les cinq meilleurs médecins ou philosophes, au point qu'ils ont déclaré qu'étaient également sots et ignorants ceux d'entre eux-mêmes qui se séparèrent un jour d'Hippocrate, ou qui attaquèrent ses dogmes, et dont Galien a d'ailleurs arraché et soufflé un grand nombre çà et là en toute occasion dans ses livres.

Mais accordons que notre siècle nous inspire de l'espoir pour le futur. Car réellement il n'y a eu aucun siècle auparavant dans lequel la connaissance des deux langues dans toute l'Europe ait également fleuri un certain temps à un si haut degré. Qu'est-ce qui interdit donc, - ou qu'est-ce qui s'y est à ce point opposé - qu'arrive un tel accroissement de la langue latine qu'on lise l'Hippocrate latin autant que le grec ? Surtout alors que l'Hippocrate grec devient aussi plus clair à partir de notre traduction latine, et que l'Hippocrate latin peut compléter ce qui manque à la place de l'exposé grec. Mais en vérité,

---

29. L'expression *aere ac libra* n'est pas claire, mais pourrait faire allusion à un financement de l'édition par la ville d'Augsburg. Conrad Peutinger (1464-1547) fit des études de droit à Padoue à partir de 1482, puis à Bologne et Florence, où il fréquenta Hermolaus Barbarus, Jean Pic de La Mirandole, Ange Politien, et enfin à Rome où il rencontra le pape Innocent III et le futur pape Alexandre VI. À son retour en Allemagne, il fut *Stadtschreiber* d'Augsbourg de 1497 à 1534. Claudius Peutinger (1509-1551), un des quatre fils de Conrad, juriste lui aussi, étudia à Orléans et à Ferrare, puis fut également employé de la ville d'Augsbourg. Son père lui laissa sa bibliothèque et une collection d'antiquités, entrées en possession des Jésuites d'Augsbourg en 1715 puis distribuées entre Augsbourg, Munich, Vienne et Nuremberg. ADB.

comme je l'ai aussi dit auparavant, à présent tous les talents, tous les arts et toutes les disciplines me semblent se tenir à la fois au sommet et au bord du précipice : et puissent-ils être retenus de sorte à ne pas crouler en arrière, et qu'il y ait au moins quelque espoir dans le petit nombre qui pour l'avenir finiront par devenir des disciples plus éminents que leurs maîtres. Moi assurément, alors que pendant de nombreuses années j'avais été éloigné des écoles, j'avais éprouvé de l'aversion pour la charge d'enseigner, mettant mon étude à écrire et à exercer la médecine : j'ai de nouveau passé presque les trois dernières années comme professeur de médecine à l'Académie de Marbourg des princes de Hesse et des Chattes, l'auditoire n'étant pas tout à fait sourd et muet, mais pour avouer ouvertement le vrai, très au-dessous de mon espérance, et avec un succès moindre que celui que la libéralité magnifique de l'Illustrissime Héros, le Prince Philippe de Hesse semble réclamer ou de ma part ou de celle des étudiants. Cependant les causes de cette situation ne manquent pas. Tous « nous fuyons pour la plupart la peine » des études, alors que nous recherchons en elles le plaisir et la volupté[30]. C'est pourquoi nous croyons avoir assez appris tant que c'est agréable ou très peu pénible. D'autres se consacrent à des études qui leur permettent d'obtenir en un temps très bref et au moindre coût de quoi pourvoir à leur ventre, et regardent πρὸς τὰ ἄλφιτα, sans réfléchir la plupart du temps à la façon dont pour ce faire on leur a mis la table[31]. Mais la médecine réclame un tempérament idoine, une formation dès l'enfance, la science des langues, des lettres, de la philosophie, des mathématiques, et la connaissance de la nature tout entière : en plus de cela, beaucoup d'activité et d'application, un lieu convenable aux études, et aussi un très long temps. Si ce n'est pas cela qui détourne les étudiants de la Médecine, je souffrirai volontiers qu'un autre apporte de meilleures raisons. Quant à moi, je me rallie à Hippocrate quand il rapporte cela dans son livre *De la loi*[32].

Mais je tiens, Très Auguste Sénat, Ta grandeur occupée plus longtemps que je ne me l'étais proposé : je dirai une seule chose, pour prolonger encore. Je ne me suis pas efforcé, dans ma traduction, de paraître cicéronien, non que je désapprouve entièrement ce genre d'hommes de la nouvelle école, qui s'efforcent en parlant de ressembler en tous points à Cicéron : ou que je puisse tout à fait dire qu'il n'est pas possible de transmettre tous les arts et toutes les disciplines en prenant pour modèle et en préservant le style de Cicéron. Mais, pour le dire simplement, d'abord parce que cela ne me plaît pas. Ensuite parce

---

30. Cicéron, *De oratore* 1, 150.
31. πρὸς τὰ ἄλφιτα : litt. *vers le pain quotidien*.
32. Référence à *Lex Hippocratis*, p. 4 de l'édition de 1546 : *Quisquis enim Medicinae scientiam sibi comparare volet, eum his ducibus voti sui compotem fieri oportet. Natura, Doctrina, Loco studiis apto, Institutione a puero, Industria et Tempore* : « Celui qui est destiné à acquérir des connaissances réelles en médecine a besoin de réunir les conditions suivantes : disposition naturelle, enseignement, lieu favorable, instruction dès l'enfance, amour du travail, longue application », dans la traduction de Littré, L IV, 638.

que j'y verrais un travail en grande partie long et inutile, puis aussi, tout cela fait, une tentative malheureuse et vouée à l'échec, où la plupart d'entre eux se réfèrent à Cicéron comme l'empereur Néron à Caton, ou le coucou au rossignol, pour prendre une comparaison plus voisine. S'y ajoutent une servilité et une *mancipation* ne laissant à la langue aucune liberté, pas même celle de penser quelque chose d'autre[33]. Et quand cesserons-nous d'être des singes quelque peu laids, nous qui avons été créés très beau genre humain ? Mais il a fallu aussi ajouter aux autres inconvénients de notre siècle le fait que nous ayons des gens qui se tourmentent pour être les singes de Cicéron non seulement en parlant et en écrivant, mais même en traduisant en latin des écrits grecs en tout genre, avec une telle *mancipation* d'eux-mêmes que si du moins ils semblent parler avec les mots de Cicéron recherchés de tous côtés, ils ne craignent pas non plus d'enlever souvent à sa pensée et n'y prennent pas garde : comme s'il était de si grande importance que Cicéron s'exprimât ainsi, et comme s'il n'y avait aucun autre bon écrivain latin qu'il fallût suivre, alors que Cicéron lui-même, s'il les connaissait, serait aussi prêt à rire de ses κακοζῆλοι, surtout s'il ramenait en mémoire comment il s'était réglé sur les Laelius, Scipion, Térence et autres[34]. Et pourtant je ne dirai rien ici des choses dont traite un médecin, et que Cicéron lui-même ne pourrait pas exprimer de manière cicéronienne, même s'il en était instruit par un médecin : alors qu'autrement il n'est vraiment pas prolixe dans l'étude des choses de la nature, s'étant surtout enfermé à l'intérieur des limites de la philosophie morale et rationnelle. Mais le Singe n'est vraiment singe que quand il entreprend de montrer aussi quelque chose au-delà de l'homme. Que le fassent donc ceux à qui cela plaît et qui savent le faire, moi je n'empêche personne. Mon sentiment au contraire est qu'Hippocrate se détourne de ces parures fardées, et qu'il aime être lu en toute langue comme il l'est dans la sienne, bref à la fois dans ses phrases et dans ses pensées, et pourtant plein et puissant, clair et lumineux aussi, autant qu'il est donné à la postérité d'atteindre son époque, et juste, ce qui est l'essentiel. Si j'ai un peu montré cela, j'ai atteint ce que je voulais : et il n'y a pas de raison que je craigne aucun nez, même les ῥινοκέρωτες aigus sur la corne autant qu'on voudra[35].

Mais pour que les studieux sachent une partie du travail que nous avons mené à bonne fin : Ils ont dans notre présent Hippocrate latin un livre *De l'air, des eaux et des lieux* augmenté doublement et si je ne me trompe, complet : Ils ont le début du livre *Des plaies de la tête*, qui manque dans les livres grecs imprimés : Ils ont le vrai livre μοχλικόν, c'est-à-dire *Des leviers*, et le même

---

33. *servilitas* non attesté ; *mancipatio* : terme employé avec le sens de *vente* par Pline, 9, 117 ou traduit par *mancipation* dans Gaius, *Institutiones* 1, 121.

34. κακόζηλος : *de mauvais goût* mais Janus Cornarius donne à ce mot le sens de « mauvais imitateurs ».

35. *rhinocéros* : allusion possible à Ptolémée, *Géographie* I, 9, éd. Halma – Peyroux 25.

intitulé *Des os* : tous les passages en partie perdus, en partie déplacés dans les exemplaires grecs ont été restitués à leur juste place[36]. Comme je veux que les étudiants en médecine doivent la reconnaissance de tout cela à vous, Messieurs d'Augsbourg, vous n'éprouverez, je l'espère, ni honte ni chagrin de ce qu'Hippocrate, le plus grand médecin, protégé de votre autorité, recommandé par votre faveur, paraisse en vous étant attribué et dédicacé pour l'utilité publique et avec l'expression de ma bonne volonté à l'égard du Très auguste Sénat. Portez-vous bien, hommes généreux. De Marbourg, aux Calendes de septembre 1545.

---

36. Sur les problèmes que pose la composition de ces traités, voir *Hippocrate. Plaies, Nature des os, Cœur, Anatomie*, texte établi et traduit par M.-P. Duminil, Paris, 1998, 79-89 en particulier.

IX. *In Hippocratem Latinum praefatio* (1554)[1]

[p. 6] Ad honestos ac praestantes viros, senatum populumque Zuiccaviensem, Jani Cornarii Medici Physici in Hippocratem suum Latinum, Praefatio.

Et me promisisse memini, et de praestando saepe apud animum meum anxie cogitavi : sed quo minus res hactenus ad effectum deducta est : si causas adduxero, ab omni vanitatis suspicione, apud omnes bonos ac doctos me exempturum esse confido. Promissum autem tale fuit in superiore Hippocratis mei Latini editione : statuimus autem huc impendere quinquennium plus minus, ut si Deus vitam tamdiu prorogarit, totius nostrae conversionis ratio, ac aliqua expositio extet, | *[p. 7]* in Diurnaliorum sive conjecturarum libris, tot a me scribendis, quot omnino existunt libri Hippocratis scriptorum. Magnum, fateor, est promissum, et res ipsa apud Graecos a nemine, quod equidem sciam, et cujus memoria ad nos devenisset, tentata, ut omnia Hippocratis scripta unus aliquis illustrare instituisset. Nam Galenus bonam quidem et magnam partem illorum doctissimis commentariis exposuit, sed eam quae restat ab ipso relicta, neque alius quispiam exponere aggressus est, cujus saltem conatus aliquis ad nos extet : etiamsi multi singularium illius librorum expositores subinde a Galeno commemorentur. Itaque vel hinc magnitudinis ac difficultatis promissi mei aestimatio fieri potest. Quem enim quis sequatur, aut in imitationem sibi proponat, in aliena maxime lingua, quum nullus extet qui id tentasset in ea, qua ipse autor scripta sua prodidit ? At ego Galeni quidem exemplum mihi proposueram ex parte imitandum, non tam longis commentationibus usurus, ad sententiam et res ipsas declarandas : sed veterem ac genuinam lectionem indagaturus, ex multis adeo exemplaribus quibus in convertendo ad Latinos Hippocrate usus sum. Ex hoc enim labore meo futurum sperabam, ut indicata recta lectione, etiam sententia recta cognosceretur. Nam ad tam longas enarrationes pertexendas, quales sunt Galenicae illae, totam unius hominis vitam vix sufficere posse videbam, nedum meam : qui dum hanc operam in animo volutarem, et promissionem ejus studiosis facerem, annum agebam aetatis quadragesimum quintum. Proinde hoc quidem quod ego animo volutabam, quinquennium minimum requirere judicabam : aut ad summum

---

1. BEC 38, d'après München BSB A. gr. b. 1818 *via* VD16 3745.

non multo plures annos ad id suffecturos esse credebam, quam quot in ista valetudinis firmitate sperare audebam. At Deum immortalem, quam magnum est inter cogitationes ac actiones intervallum ? Inciderunt mox tempora turbulen-| *[p. 8]* tissima ac periculosissima, in quibus studioso homini id tempus quod studiis debebatur, vix ad vitam tutandam satis fuit, etiamsi quis extra teli jactum constitutus esset. At vestra, viri Zuiccavienses, urbs, in qua vitam duximus, ab eo tempore in perpetuo obsidionis timore versata est, et perpetuum fere imposit praesidii onus pertulit, gravissimi adeo ab initio, ut ad civitatis tutelam necessarium ab illo judicaretur, ut et suburbia, et proxime circumcirca villae ac vici exurerentur, ne haberet hostis ad obsidionem paratum aliquem locum : quanquam postea compertum fuit, temere productam fuisse ejus consilii necessitatem. Tametsi autem per sequutam Caesaris victoriam pacatae res viderentur, et firma pax futura speraretur : tamen nunquam postea certus pacis status fuit, sed semper aut bellici motus, aut militares expeditiones in procinctu fuerunt, ut in hunc usque diem praesidium urbi impositum sustineatis. At in istis motibus, dum turbatis patriae rebus, in medio ejus mihi videndum fuit, et aliquando ad importunissimorum hominum curationem progrediendum, quantum mihi ocii quis superfuisse putaverit, ad ardua illa Hippocratis scripta, nostra aliqua commentatione exponenda ac illustranda ? Quum praeter reliqua mala, et ad bombardarum fulmina, et ad tympanorum tonitrua fere obsurduerimus. Non ferunt has molestias Musae placidissimum dearum genus, sed | *[p. 9]* ex turbis ac tumultibus secedentes, solitudines petunt, et quietos montes incolunt. Non addam hic de insecuta rerum omnium inopia, et maxima annonae caritate, quam mox excepit ingens per omnes has regiones pestis : quae ambo mala maxima sunt bonorum studiorum impedimenta. Non addam de immensis exactionibus, per quas ad motus illos bellicos, et ad militares istas expeditiones, omnia publica aeraria evacuata sunt, omnes fisci, omnes omnium loculi exhausti. Hinc certe non leve detrimentum ad nos quoque pervenit, quum nec ex arte medendi quaestus accesserit (quid enim ex misella ac aerumnosa plebe quis exigeret ?) nec ex librorum scriptione quicquam contigerit aut affulserit, quo ad tantos labores perferendos essent sumptus. Conqueruntur enim et non falso typographi, non esse emptores librorum, non distrahi optimorum autorum optima scripta : alioqui honoris gratia libentissime confiteor, me saepe pro laboribus meis, et operibus oblatis, liberalissimos expertum esse, Hieronymum Frobenium et Nicolaum Episcopium, praestantissimos citra omnem controversiam Germaniae typographos. Et hi sunt quos nominare possum, qui fuerunt mihi ad studia illa, edendi in publicum mea scripta, impulsores in vigesimum quintum nunc annum. Nam studiorum meorum excolendorum nomine, et ut exempla illorum in publicum ederem, nullum unquam mihi, nec annuum, nec menstruum stipen-| *[p. 10]* dium ab ullo homine contigit : sed ex solo illo annuo, quod partim ut medicinae professor, partim ut medicus physicus publicus tuli, jam triginta annos vitam dego, et rem literariam ac medicinam pro viribus provehere pergo. Atque haec recensere volui, ut studiosi, si forte aliqui in expectatione fuerunt, non amplius inhient nostris illis diurnaliorum laboribus : quum neque dies, neque noctes supersint mihi ad tantum opus absolvendum. Hanc autem futuro operi inscriptionem ex eo imposueram, quod diurna opera ad illud usurus essem. Nam ad lucernam per multos jam annos nihil lucubravi. Ne tamen penitus omnem illorum hac parte spem fallam, revidi ac relegi hoc anno totum nostrum Latinum Hippocratem diligenter : et ad notas illas, quas de tribus manuscriptis Graecis codicibus (ex quibus etiam Basiliensis nostra editio facta est) congessi, exacte contuli : et sane sicut reddidi, et quam Latinis verbis, prout potui, et res ipsa expetere visa est, expressi, eam ego judico Hippocratis sententiam genuinam. Quam si quis vel ad impressos, vel ad manuscriptos Graecos codices conferre voluerit, videbit quam ego sequutus sim et expresserim lectionem : nec mox damnabit, quod in nostra translatione leget a suo codice diversum. Non enim temere mutatio aliqua a nobis facta est, sed ejus quem semper optimum ac rectissimum codicem judicavimus, lectionem sequuti, adhibuimus etiam in | *[p. 11]* multis, alios Hippocratis locos, quum multae sententiae sint, quae in pluribus illius libris habentur. Et haud scio an ullum emendationis genus praestantius sit, quam ex hoc quo ex ejusdem autoris iisdem sententiis, aut omnino similibus locis, judicium sit de vera ac recta lectione. Continget fortassis aliquando (si non ista rerum Germaniae turbatio ad literarum ac omnium bonorum studiorum excidium pertinet) qui aut rei medicae amore ductus, aut alias melioribus conditionibus usus, onus illud in se recipiet, et studiosis de promisso nostro satisfaciet, et recte facti meritam gratiam ac gloriam consequetur. Mihi satis est si venia contingit de optimo proposito, ad quod, velut diximus, praestandum facultas nobis defuit, non voluntas : quanquam etiam illa magis ab externis causis impedita fuerit, quam e nostris viribus sublata. Quicquid id est operae, quod in secundam hanc Hippocratis nostri editionem contulimus, id totum vobis viri Zuiccavienses dedicandum censuimus, apud quos mihi hic labor, quantum prae impedimentis, quae supra commemoravi, et nunc etiam afflicta valetudine contingere potuit, diligentissime transactus est. Et apparet sane in nomine vestro Hippocratis scriptorum opus : sine quo universa res medica, non dico manca est, sed penitus nulla : et si qua etiam esse putatur, ea nullo modo consistere potest : sicut et ea quae ab initio fundamentum non habent, et | *[p. 12]* omnem subtracto postea fundamento superimpositam constructionem corruere necesse est.

Porro inter ea quae me in hac ingravescente aetate, apud vos in charissima patria mea detinent ac delectent, hoc praecipue praedicandum mihi venit, quod in his bellicis motibus, afflictionibusque ac exactionibus, ea animi constantia estis, ut sincerum verae pietatis studium, et dextrum artis medicae usum, vobis conservandum censeatis. Et quia sine literarum ac linguarum cognitione, ad illa studia perveniri non potest, ea est vestra in trilingui schola conservanda contentio, ut ipsam vobis etiam augendam judicetis, tantum abest ut aut ab avis constituta, aut a patribus ad vos delata, imminui aut intercidere patiamini. Haec est vera civitatum laus. Hoc unicum magnarum urbium decus ac ornamentum. Praeclare enim dixit Hippocrates, ad Senatum populumque Abderitarum scribens : Beati profecto sunt, inquit, populi, qui sciunt bonos viros sua esse munimenta : et non turres neque muros, sed sapientium virorum sapientia consilia. Hac igitur laude maximas civitates aequatis, et plurimas in caeteris vobis pares superatis : quod ipsum et praesens aetas grata vobis agnoscit, et posteritas, cui non minus hac parte inseruitis ac prodestis, pro dignitate praedicabit. Zuiccavii, Idibus Augusti, Anno Christi MDLIII.

IX. Préface à l'Hippocrate latin

Préface de Janus Cornarius, Médecin Physicien, à son Hippocrate latin adressée aux honorables et distingués Messieurs du Sénat et du Peuple de Zwickau.

Je me souviens avoir fait une promesse, et j'ai souvent pensé en moi-même avec amertume à la remplir : pourquoi la chose jusqu'à présent n'a-t-elle pas exécutée : si j'en donne les raisons, j'ai confiance que je serai lavé de tout soupçon de vanité de la part de tous les hommes de bien et de tous les savants. Or voici la promesse que j'ai faite dans la précédente édition de mon Hippocrate latin : « nous avons décidé de consacrer environ cinq ans, afin, si Dieu prolonge notre vie aussi longtemps, à conserver la raison et une explication de la totalité de notre traduction dans des *Diurnalia ou livres de conjectures* que je dois écrire en même nombre qu'il y a de livres des écrits d'Hippocrate en tout ». Or c'est une promesse de taille, je l'avoue, et chez les Grecs la chose n'a été tentée par personne, du moins que je sache et dont le souvenir fût parvenu jusqu'à nous, à savoir qu'une seule personne eût entrepris d'éclairer tous les écrits d'Hippocrate. Car Galien en a assurément exposé une bonne et grande part en de très savants commentaires, mais la part qui reste et qu'il a laissée de côté, personne d'autre non plus n'a entrepris de l'exposer, personne dont nous ayons du moins conservé une tentative de ce genre : même si de nombreux commentateurs de livres particuliers d'Hippocrate sont évoqués de temps en temps par Galien. C'est pourquoi même par là il n'est pas possible d'évaluer l'ampleur et la difficulté de ma promesse. Qui en effet peut le suivre ou se proposer de l'imiter, surtout dans une langue étrangère, alors qu'il ne reste personne pour l'avoir tenté dans celle dans laquelle l'auteur lui-même a présenté ses propres écrits ? Quant à moi, je m'étais proposé d'imiter en partie l'exemple de Galien, sans avoir l'intention d'user de commentaires aussi longs pour expliquer la pensée et la matière elle-même : mais en voulant suivre la piste d'une leçon ancienne et originale à partir des exemplaires d'ailleurs nombreux, dont je me suis servi en traduisant Hippocrate pour les Latins. Avec ce travail en effet j'espérais qu'une fois indiquée la leçon correcte l'on connaîtrait aussi la pensée exacte. Car développer entièrement des commentaires aussi longs que le sont les galéniques, je voyais que la vie tout entière d'un seul homme pouvait à peine y suffire, et à plus forte raison la mienne : moi qui, quand je retournais cette œuvre dans ma tête et que j'en faisais la promesse aux gens studieux, vivais la quarante-cinquième année de ma vie. Ainsi donc ce que je retournais dans ma tête, je jugeais que cela requérait un tout petit lustre : ou bien au total je croyais qu'y suffiraient un nombre d'années guère plus important que celui que j'osais espérer atteindre avec la solidité de ma santé.

Mais Dieu immortel, quel grand intervalle il y a entre les pensées et les actes ! Bientôt arrivèrent des temps très agités et très dangereux, dans lesquels le temps que le *studieux* devait aux études suffisait à peine pour défendre sa vie, même si l'on s'était trouvé hors de portée du trait. Or votre ville, Messieurs de Zwickau, où nous vivions, s'est trouvée depuis ce temps dans la peur ininterrompue du siège, et a supporté le poids presque ininterrompu d'une garnison établie, très lourd dès le début, à tel point qu'il fut jugé nécessaire à la protection de la cité d'incendier à la fois les faubourgs, et les fermes et villages des alentours immédiats, afin que l'ennemi ne trouve pas de lieu prêt à tenir un siège : il a pourtant été reconnu par la suite que la nécessité de ce plan avait été mise en avant sans réflexion. Or, bien que la situation parût paisible à cause de la victoire impériale qui a suivi, et que l'on eût l'espoir d'une solide paix future : pourtant jamais ensuite la stabilité de la paix ne fut sûre, mais on eut au contraire toujours sous la main ou des mouvements de guerre ou des expéditions militaires, au point que jusqu'à ce jour vous avez la charge d'une garnison assignée à la ville. Mais dans ces mouvements, tandis que dans les troubles de la patrie il me fallait voir en son sein les hommes les plus brutaux, et parfois me porter à leurs soins, combien de loisir croit-on qu'il me restait pour exposer et expliquer ces écrits difficiles d'Hippocrate par notre commentaire ? Alors qu'outre les autres malheurs, nous étions devenus presque sourds des coups de foudre des bombardes et du tonnerre des roues. Les Muses, le plus doux genre de déesses, ne supportent pas ces embarras, mais au contraire, à l'écart des foules et des tumultes, recherchent les solitudes et habitent de paisibles montagnes.

Je n'ajouterai rien ici sur la disette générale qui suivit et la très grande cherté de l'approvisionnement, que prolongea bientôt dans toutes nos régions une immense peste : l'un et l'autre maux sont les plus grandes entraves aux bonnes études. Je n'ajouterai rien sur les énormes réquisitions par lesquelles pour ces mouvements de guerre, pour ces expéditions militaires tous les trésors publics ont été vidés, tous les fiscs, toutes les cassettes de tous ont été ruinés. De là certainement il nous est venu à nous aussi un lourd préjudice, alors que ni le gain du métier de soigner ne rentrait (que réclamerait-on en effet à une plèbe misérable et accablée de peines ?), ni rien n'arrivait ou ne luisait du travail d'écrivain, pour qu'il y ait par là des frais pour supporter tant de peines. Car les imprimeurs se plaignent, et avec raison, qu'il n'y a pas d'acheteurs de livres, que les meilleurs écrits des meilleurs auteurs ne se vendent pas : en leur honneur au demeurant, je reconnais très volontiers que j'ai souvent éprouvé, en faveur de mes travaux et des ouvrages fournis, la très grande libéralité de

Jérôme Froben et Nicolas Episcopius, sans conteste les plus éminents imprimeurs d'Allemagne. Ce sont eux que je peux nommer ceux qui furent pour moi dans ces études les instigateurs de l'édition de mes écrits, il y a maintenant vingt-quatre ans. Car au titre de mes travaux de recherche, et pour en éditer des exemples en public, jamais il ne m'est arrivé de recevoir de personne ni revenu annuel ni solde mensuelle : mais c'est avec le seul revenu annuel que j'ai obtenu en partie comme professeur de médecine, en partie comme médecin physicien public, que je vis depuis trente ans, et que je continue à faire avancer dans la mesure de mes forces la chose littéraire et la médecine.

J'ai voulu passer en revue ces choses, pour que les *studieux*, si par hasard quelques uns ont été dans l'attente, ne bayent pas davantage après nos *Diurnalia* : alors que je n'ai ni jours ni nuit en trop pour mener à bien un si grand ouvrage. J'avais attribué ce titre de *Diurnalia* à mon futur ouvrage parce que j'avais l'intention d'y employer mon activité diurne. Car durant de nombreuses années, je n'ai rien fait de nuit à la lueur de la lampe[1]. Cependant pour ne pas tromper tout à fait tout leur espoir de ce côté, j'ai revu et relu cette année avec soin tout notre Hippocrate latin : je l'ai comparé avec exactitude aux notes que j'ai amassées de trois livres manuscrits grecs (à partir desquels aussi notre édition grecque de Bâle a été faite) : et vraiment, comme je l'ai rendue, et telle que je l'ai exprimée avec des mots latins, dans la mesure où je l'ai pu et où la chose elle-même semblait le demander, j'estime pour moi que c'est la pensée réelle d'Hippocrate. Et si quelqu'un veut la comparer à des livres grecs ou imprimés ou manuscrits, il verra quelle leçon j'ai suivie et rendue : et il ne condamnera pas ensuite ce qu'il lira dans notre traduction allant dans un sens différent de son livre. Nous n'avons fait aucun changement à la légère, mais suivant toujours la leçon du livre le meilleur et le plus correct, en de nombreux passages nous en avons aussi utilisé d'autres d'Hippocrate, puisqu'il y a de nombreuses pensées qui sont contenues dans plusieurs de ses livres. Et je ne sais s'il existe un genre de correction plus efficace que celui par lequel on peut juger de la vraie leçon correcte à partir des mêmes pensées du même auteur ou de passages tout à fait semblables.

Il se trouvera peut-être un jour quelqu'un, (si ce désordre actuel des affaires d'Allemagne n'aboutit pas à la destruction de toutes les bonnes études) ou guidé par l'amour de la médecine ou jouissant ailleurs de meilleures conditions, pour reprendre sur lui cette charge, s'acquitter de notre promesse envers les *studieux* et obtenir à juste titre la reconnaissance et la gloire méritées de ce qu'il aura fait. Pour moi c'est assez s'il m'échoit le pardon au sujet de l'excellent projet pour la réussite duquel, comme nous l'avons dit, la faculté

---

1. Précision dont la portée est difficile à saisir, avec peut-être une allusion à l'extrême finesse de l'écriture de Janus Cornarius dans certaines notes marginales, à mettre éventuellement en rapport avec un problème ou bien d'éclairage ou bien visuel. Mais il peut aussi y avoir ici une image, comme celle suggérée par le contexte de la lettre de l'édition de 1546, voir ci-dessus p. 366 n. 19.

nous a manqué, non la volonté : pourtant même cette faculté aura été davantage entravée par des causes extérieures qu'enlevée à nos propres forces. Quoi qu'il en soit de ce travail, ce que nous avons apporté dans cette seconde édition de notre Hippocrate, nous avons pensé qu'il fallait vous le dédier tout entier à vous, Messieurs de Zwickau, chez qui j'ai pu mener à bien avec le plus grand soin ce labeur, autant que faire se peut au regard des entraves que j'ai rappelées ci-dessus, et maintenant aussi que ma santé est atteinte. Et l'ouvrage des écrits d'Hippocrate paraît réellement sous votre nom : sans lequel la médecine dans son ensemble est je ne dis pas mutilée, mais totalement nulle : et même si l'on croit à son existence, elle peut ne pas exister du tout : comme aussi les choses qui dès le début n'ont pas de base, et nécessairement quand ensuite la base est enlevée toute construction mise dessus s'écroule.

En outre parmi les choses qui me retiennent et me plaisent chez vous dans ma très chère patrie, alors que mon âge se fait plus pesant, vient principalement ceci que je dois citer d'abord, à savoir le fait que dans ces mouvements de guerre, dans ces malheurs et ces réquisitions, vous ayez assez de constance pour penser que vous devez conserver la pure étude de la vraie piété et un adroit usage de la médecine. Et parce que l'on ne peut parvenir à ces études sans la connaissance des lettres et des langues, votre effort pour conserver l'école trilingue est tel que vous estimez devoir même la développer, bien loin de souffrir l'affaiblissement ou la disparition de ce qui a été ou institué par vos ancêtres ou transmis par vos pères. Voilà la vraie gloire des cités. Voilà l'unique honneur et l'unique parure des grandes villes. Hippocrate en effet l'a remarquablement dit en écrivant au Sénat et au Peuple des Abdéritains : « Heureux les peuples qui savent que ce sont les hommes de bien qui sont leurs remparts : non pas les tours ni les murs mais les sages conseils des hommes sages »[2]. Donc par cette gloire vous égalez les plus grandes cités, et vous en dépassez plusieurs qui pour le reste sont vos égales : c'est cela même qu'à la fois l'âge présent vous reconnaît avec gratitude, et que la postérité, que vous ne servez et que vous n'aidez pas moins pour cette part, célèbrera comme il sied à votre dignité. À Zwickau, le 13 août 1553.

---

2. p. 674, l. 7 de l'édition de 1546 = L 4, 327.

X. *MEDICINA SIVE MEDICUS* (1556)[1]

Ianus Cornarius medicus, Diomedi filio salutem dat.

Quam nuper in usum tuum, Diomedes fili, partim iuxta definitionis dissoluendae, siue explicandae, partim iuxta diuisionis methodum, medicinae explicationem conscripsi, eam in publicum edere nulla inuidia est. Nam et haec à liberali ingenio tuo alienissima est : et candoris animi mei testimonia, quae publice multa extant, ab omni inuidiae suspicione facile me liberant : et artis ipsius ea benignitas est, ut omnia sua in communi ad omnium utilitatem exposita esse expetat. Habeatur itaque et legatur, et ediscatur Me-| *(p. 4)* dicina haec, siue Medicus noster, qui praeterquam quòd uelut communis quidam omnium medicorum scriptorum index est, multum etiam tum ad aliorum medicorum autorum, tum ad Galeni plurimos locos intelligendos proderit. Hunc autem quanto tu diligentius uersabis, tanto te mihi chariorem efficies, quem alioqui natura charissimum mihi esse uoluit. Vale.

| *(p. 5)* Iani Cornarii medici physici, Medicina siue Medicus, Liber Unus.

1 Definitio Medicinae, 1.

Si quis de Medicina interrogatus quid sit, respondeat, Medicinam esse scientiam, quae sanitatem conseruat, et morbos submouet : is mihi quidem non absurdam definitionem recensere uidetur. Nam et omnibus medicinae partibus conuenit, et reuera hoc studiò habet, ut sanitas conseruetur, eademque amissa restituatur, aut ut morbi depellantur. Herodotus tamen, introductionis quae Medicus inscribitur autor, hanc definitionem reprobat : quòd non ipsa Medicina haec efficiat, sed per ea quae operatur haec efficiuntur, idque non semper. Non autem ex his quae efficiuntur, et fine incerto, ars constituitur, sed ex his quae certa ratione semper facit, et quibus utitur, ut in sanis sanitas conseruetur, et in aegrotis ut morbi submoueantur. Aliud enim est ars, alius eius finis.

---

1. BEC 41, d'après Paris BnF T 21.24, p. 3-68. Les intertitres reproduisent les manchettes imprimées parfois en italiques parfois non, et qui font visiblement partie du texte, dont elles soulignent la stratégie argumentative. Nous les avons utilisées ici pour délimiter des paragraphes que nous avons numérotés afin de faciliter l'étude du texte. Les très rares fautes d'impression manifestes ont été corrigées tacitement. Les *i* et *s* longs n'ont pas été reproduits. L'accentuation néo-latine a été conservée à titre documentaire, et parce que dans ce texte son application était régulière.

2 Definitio Medicinae 2.

Itaque probat Hip-| *(p. 6)* pocratis definitionem, qui in libro De flatibus dixit : Medicina nihil aliud est, quàm adpositio et ablatio : ablatio quidem eorum quae excedunt : adpositio uerò eorum quae deficiunt. Et addit : Qui autem istud optimé facere potest, is optimus Medicus censebitur : quantumque quis ab hoc praestando deficit, tantum deficit quoque ab ipsa arte.

3 Similia.

Sicut enim Orator est uir dicendi peritus, etiam si non persuadeat, nec in causa uincat : et sagittarius, est uir sagittandi peritus, etiam si scopum non attingat : ita Medicus, est uir peritus adponendi et auferendi ea quae aut deficiunt aut excedunt, etiam si successus non sequatur. Quare neque scientia propriè dici potest Medicina.

4 Scientia quid.

Si enim, uelut Aristoteli placet, ea quae scimus, omnes non aliter se habere posse putamus : et est Scientia habitus demonstratiuus : aut cognitio congrua, et firma, et à ratione immutabilis : haec certè in Medicina non reperitur.

5 Ars quid.

Verùm artem esse, confiteri par est : siue artem habitum accepimus, qui cum ratione aliquid facit : siue collectionem meditationum et sententiarum, ad aliquem finem | *(p. 7)* utilem in uita spectantium et apprehensorum.

6 *Medicina qualis ars.*

Est igitur Medicina ars coniecturalis, ex earum artium genere quae aliquid faciunt, non quidem de nouo : sed quod iam factum est, sed detritum, reficiunt : qualis est ars uestes laceras resarciendi, et soleas ueteres ruptas consuendi, uelut Galenus comparat : aut potius, uelut alii censent, ex his quae faciunt aliquid, sed dum operantur, nullum omnino ipsarum opus apparet : ubi uerò ab opere desistunt, effectus tandem apparet : qualis est ars fabrilis, et statuaria, et pictoria. Nam ut hae opera sua absoluta proponunt : sic Medicina ars, ut diximus, coniecturalis, tandem opus suum absolutum proponit, hominem uidelicet sanum, aut sanitati restitutum : aut si non successit, sub terram condere permittit : maiore hac parte fortunae fauore utens, quàm reliquae eius generis artes : quae, ubi non successit, ex opere proposito ignominiam, aut uituperationem consequuuntur, et unà cum artificibus suis uilescunt. At ne qua ad Medicum infamia peruenire possit, si fortè non successit fortuna, mox illud o-| *(p. 8)* pus, hominum oculis subducit et, terra abscondit, ut hic uerè dictum uideamus ἡ τύχη τὴν τέχνην ἔστερξεν.

7 Fortuna Medicis fauens.

Et hunc fortunae fauorem approbant etiam Leges, per quas apertè euentus mortalitatis medico non imputatur.

Non enim est Medico semper releuetur ut aeger,
Interdum docta plus ualet arte malum :
inquit ingeniosissimus poëta.

8 Definitio Medicinae 3.

Est porrò et alia apud Hippocratem definitio Medicinae, in libro de Arte his uerbis : De Medicina uerò, utpote de qua hic institutus est sermo, claram demonstrationem faciam, et primùm sane definiam quod sentio, Medicinam esse, morbos ab aegris in totum tollere, et morborum uehementes impetus obtundere, et eorum qui à morbis uicti sunt, curationem non aggredi : quum id in confesso sit, quòd Medicina tales sanare non possit, ita Hippocrates. Sed et hanc definitionem improbat Herodotus, quum recenseat ea quae non potest, et non definiat ea quae ipsi adsunt. At non ex his quae non possunt, sed ex his quorum facultatem habent, artium definitiones fieri debent.

9 Hippocratis locus expensus.

Et uidetur sanè Herodotus in hoc Hippocratis loco, Μὴ | *(p. 9)* particulam negatiuam, pro Δὴ expletiua legisse, et intellexisse Medicinam esse, morbos ab aegris non in totum tollere, etc.

10 Definitio Medicinae 4.

Est et alia Herophili definitio : Medicina est scientia salubrium, et morbosorum, et neutrorum. Trium enim horum, inquit Herodotus, cognitionem Medicina habet : salubrium quidem, siue sanorum, quae ita se habent ex his quae constituunt ea quae sunt in homine, ex quibus probè inter se coaptatis, sanitas constituitur : morbosorum uerò, quae salubrem concinnitatem dissoluunt :

11 Neutra sunt auxilia.

neutrorum autem sunt omnia, quae in morbis adhibentur auxilia, et ipsorum materio. Haec enim prius quàm à medico assumpta sunt, neutra sunt, neque salubria, neque morbosa.

12 Salubria, et morbosa, et neutra quae sint.

Facit igitur hic autor unum genus salubrium, ea uidelicet quae hominis corpus constituunt : unum item genus morbosorum, ea quae sanitatem dissoluunt : unum etiam neutrorum, ea quae neque salubria sunt, neque morbosa, prius quàm à medico in usum assumuntur. Et sic tria genera ex toto, et haec non alia, ut apparet, quàm quae Galenus et posteriores | *(p. 10)* medici Graeci : res naturales siue secundum naturam, et res non naturales, et res praeter naturam uocant : ita ut naturales sint, salubrium genus : non naturales, non quidem iuxta Herodotum, sed iuxta Galenum, neutrorum ex parte, nempe causarum neutrarum, ut in sequentibus dicemus : praeter naturam, morbosorum.

13 Definitio Medicinae 5.

Et sit idem dicere, Medicina est scientia salubrium, et morbosorum, et neutrorum : uelut si quis dicat, Medicina est scientia rerum naturalium, non naturalium, et praeter naturam.

14 Tria genera salubrium, morbosorum et neutrorum.

At Galenus in libro De arte medica, in quo Herophili definitionem sibi explicandam sumit, salubrium tria genera facit : corpus, causam, signum, eademque genera etiam morbosorum, itemque neutrorum : quum et corpus quod sanitatem suscipit, et causa quae eandem facit ac custodit, et signum quod eandem indicat, omnia haec salubria dicantur. Et eodem modo quod morbos suscipit corpus, et quae facit ac custodit morbos causa, et quod indicat signum, omnia haec morbosa appellantur. Et sic etiam neutrum, et corpus, et causa, et signum uo-| *(p. 11)* catur.

15 Galeni ab Herodoto dissensio.

Et mihi sanè uidetur Galenus contra Herodoti sententiam, definitionis illius explicandae methodum instituisse.

16 Galeni medicus, liber falso inscriptus.

Nam quòd non penitus probet ipsius scriptum, clarum fit ex libri de Propriis libris conscripti initio, ubi librum qui Galeni medicus inscriptus erat (sicut etiam hodie inter Galenicos inscriptus habetur) à quodam ex ipsa dictione, duobus primis uersibus lectis, agnitum esse dicit uelut falsò inscriptum. Quanquam alibi tum autoris, tum libri, honestam mentionem faciat, nimirum commentario secundo in sextum librum Hippocratis de Morbis popularibus :

17 Herodoti liber, Medicus inscriptus.

Extra haec, inquit, de suis libris loquens, ad oeconomiam et usum prosunt etiam quaedam ab Herodoto scripta, in libello quem ipse Medicum inscripsit. Meminit eiusdem etiam praeclarè libro quarto de Pulsuum differentiis. Ac sic quidem Galenus ab Herodoto, uelut dixi, dissensit : et neutrum corpus, et causam, et signum fecit, sicut eadem etiam salubria et morbosa.

18 Neutrum corpus esse Plato negat.

At Plato corpus neutrum esse negat. Sic enim in secundo Alcibiade, Socrates cum Alcibiade disputat. SOC. In-| *(p. 12)* super autem et sani sunt aliqui. AL. Sunt. SOC. Num et aegrotantes alii ? AL. Maxime. SO. Non ergo iidem ? AL. Non sanè. SO. Num et alii quidam sunt, qui neutro horum modorum affecti sunt ? AL. Nequaquam. SO. Necesse est enim hominem aut aegrotare, aut non aegrotare ? AL. Mihi sanè uidetur. Ita Plato.

Quòd si neutrum corpus non est, neutrum etiam signum non est : neutra item causa non est. Sed de his rursum agemus. Et de definitione quidem Medicinae satis. Nam de ipsius explicatione postea repetemus.

19 Diuisio Medicinae.

Diuiditur autem Medicina in partes quinque. Primam, quae naturam hominis considerat. Secundam, quae causas et affectus scrutatur. Tertiam, quae sanitatem tuetur. Quartam, quae signa animaduertit. Et quintam, quae curationem peragit.

20 V. Medicinae partium subdiuisio.

Singulae uerò hae partes rursus diuiduntur. Prima quidem in tres : quarum prima elementa hominem constituentia tractat. Altera generationis et fœtus formationis rationem. Tertia et internas et externas corporis partes inspicit, in resectione, aut ossium disparatione. Secunda | *(p. 13)* ueró principalis pars, res praeter naturam expendit, causas morborum scrutatur, symptomatum concursus, et affectionum constitutiones obseruat. Tertia diuiditur in partes tres : conseruantem sanitatem, praecauentem morbos, et reficientem à morbis. Quarta, complectitur cognitionem praeteritorum, inspectionem praesentium, et praenotionem futurorum. Quinta habet partes tres. Nam et uictu, et medicamentis, et manu curationem molitur.

21 Partes Medicinae duae.

Quidam partes principales duas faciunt : Speculatiuam, et Actiuam. Deinde ex quinque relatis primam, secundam, et quartam, speculatiuae subiiciunt : tertiam et quintam, actiuae. Hae enim duae in actione uersari uidentur : illae tres in speculatione permanere, et non ad actionem deuenire. Sed reuera omnes hae partes in speculatione primùm consistunt. Deinde per speculationem intellectae ac cognitae, ad actionem deducuntur, magis quidem conspicuè tertia et quinta, ita ut ex toto in actione consistere uideantur. Minus autem prima, secunda, et quarta : quum tamen etiam ipsae in acti-| *(p. 14)* one illarum simul adhibeantur et absque ipsis actiones suas illae perficere non possint. Atque haec est totius artis medicae summa. Et hanc etiam Herophilus sua definitione complexus est.

22 Diuisionis partes in definitione contentae.

Salubria enim continent naturae hominis considerationem. Morbosa ueró, rerum praeter naturam, causarum, et affectionum scrutationem. Neutra, et sanitatis tutelarem, et curatoriam partem. Et salubria uero, et morbosa, et neutra, partem eam quae signa animaduertit, in se comprehendunt. At Galenus in eius definitionis explicatione, siue dissolutione, praeterquam quod neutrum corpus eiusque causam, signum facit : etiam tuendae sanitatis, et curandi partem breuius aliquanto perstringit, et utramque sub salubris causae explicatione compraehendit : ut aliàs in salubri corpore et signo, primam et quartam partem agnoscamus. Et eodem modo in morboso corpore et signo secundam partem, itemque quartam comprehensam accipiamus. Has itaque partes iuxta relatam Herodoti diuisionem, unà cum definitionis explicatione deinceps persequemur. Tanquam | *(p. 15)* igitur nihil aliud uelit Herophilus, quàm uelut diximus, Medicinam esse scientiam rerum naturalium, et non naturalium, et rerum praeter naturam. De rebus naturalibus primum uideamus.

23 Res naturales. Elementa mundi 4. Elementa hominis 4.

Res naturales siue secundum naturam, quae hominis corpus constituunt, primum sunt Elementa ipsa mundi quatuor : Ignis, aër, aqua, terra : non quòd ex his ipsis corpus humanum constitutum sit : sed ex his quae illis proportione respondent, quae sunt, calidum, frigidum, siccum, humidum, moderatè temperata.

24 Quinti lusus.

Nec hic Quintum medicum audiamus, qui de calido, et frigido, et sicco et humido dicere solebat, balneatorum esse talia uocabula : sed Hippocrati aures praebeamus, qui in libro de Natura hominis ait : Si non calidum ac frigidum, siccum ac humidum, moderatè ac aequaliter inter se haberent, sed alterum, alterum multum praecelleret, et fortius debiliore praestaret, generatio fieri non posset. Et mox : Necesse itaque est tali existente natura, cùm aliorum omnium, tum humana, non unum esse hominem : sed singula quae ad generationem eius conferunt, uim | *(p. 16)* quandam in corpore habere, eam uidelicet quam contribuerunt. Et rursus necesse est secedere singula in suam ipsorum naturam homine moriente, humidum nimirum ad humidum, siccum ad siccum, calidum ad calidum, frigidum ad frigidum. Talis autem et animalium est natura, et aliorum omnium : generanturque similiter omnia, et occidunt similiter omnia. Constat enim natura ipsorum ex his praedictis omnibus, et desinit iuxta praedicta, in id unumquodque unde est compactum secedens. Ita Hippocrates.

25 Qualitates primae 4.

Ex his autem elementis, siue primis qualitatibus (quarum duae uim agendi habent, calidum et frigidum : duae materiales sunt, siccum et humidum) inter se permixtis ac temperatis, efficiuntur temperamenta nouem.

26 Temperamenta nouem.

Simplicia quatuor : calidum, frigidum, humidum, siccum. Composita item quatuor, calidum et humidum, calidum et siccum, frigidum et humidum, frigidum et siccum.

27 Intemperaturae.

Haec etiam intemperaturae ac intemperies dicuntur ac sunt. Vnum uero est temperatum per omnia aequaliter. Et hoc intelligitur magis, quàm quòd reuera sit.

28 Humores quatuor.

Ex se-| *(p. 17)* cundis porrò et naturae humanae propinquioribus constituitur homo ex quatuor humoribus, sanguine, pituita, bile flaua et atra. Et hoc clarè docet Hippocrates mox post ea quae paulo antea adscripsi : At uerò corpus hominis, inquit, habet in seipso sanguinem, et pituitam, et bilem duplicem, flauam uidelicet et nigram. Atque haec sunt ipsi corporis natura : et per haec et aegrotat, et sanus est. Sanus equidem maximè est, ubi temperamentum haec inter se habuerint moderatum, tum facultate, tum copia : et ubi maximè fuerint permixta. Aegrotat autem, quum horum quid minus aut amplius fuerit, aut separatur in corpore, et non fuerit reliquis omnibus contemperatum.

29 ἰσχόμενα. ἴσχοντα. ἐνορμῶντα.

Hos humores idem Hippocrates uocat ἰσχόμενα, id est quae continentur. Sicut ea quae ipsos continent ἴσχοντα, id est continentia. His addit tertio loco ἐνορμῶτα, quae intus corpore permeant : ut ex his tribus, humidis uidelicet, et siccis, et spiritibus, totus homo constituatur.

30 Hippocratis locus expositus.

Locus est in parua tabula, ad septimam sectionem sexti libri De morbis popularibus addi-| *(p. 18)* ta, ubi paucis uerbis, uelut memoriae causa in tabula solemus, annotauit haec uerba : τὰ ἴσχοντα, ἢ ἰσχόμενα, ἢ ἐνορμῶντα σώματα. Hoc est, continentia, aut contenta, aut intus permeantia corpora. Quae itaque continentur humores illi sunt, qui in uasis feruntur, et per totum corpus dispersi sunt. Ex quibus sanguis calidus et humidus facultate est : pituita, frigida et humida : bilis flaua, calida et sicca : bilis atra, frigida et sicca. Quae uerò continent, partes solidae sunt : ossa, nerui, uenae, arteriae, ex quibus musculi, et carnes, et tota corporis moles constat. At quae intus permeant ac pertranseunt corpora, spiritus sunt : de quibus paulo post agemus.

31 Partes principales 4.

Iam uerò proximè sequuntur in hominis constitutione considerandae partes, et primùm quidem hae quas uocant principales : et quatuor numero faciunt, cerebrum, cor, iecur, et testes. Et cerebrum quidem, et cor, et iecur, principes partes censentur, quòd sine ipsis homo uiuere non possit : et quòd ferè etiam ipsarum laesio letalis sit. Testes uerò ad generationem, et ad speciem conseruandam necessarii sunt : alioqui | *(p. 19)* uiuunt et quibus illi exsecti sunt, aut etiam collisi.

32 Partes inseruientes 4.

His autem partibus aliae quatuor inseruiunt : cerebro, nerui ; cordi, arteriae ; iocineri, uenae ; testibus, uasa seminaria.

33 Partes simplices.

Nec uerò praetereundum est, partium corporis alias esse simplices, quae in similes partes diuiduntur : uelut caro in carnem, ut Aristoteles primo Historiae animalium tradit. Quaelibet enim pars carnis, caro est.

34 ὁμοιομερῆ. ὁμογενῆ.

Vnde ὁμοιομερῆ, id est similium partium appelantur : et ὁμογενῆ, id est eiusdem generis : item elementares, et sensilia elementa, et solidae à natura productae corporis partes. Sunt autem hae, ossa, cartilagines, nerui, ligamenta, arteriae, uenae, caro.

35 Partes compositae.

Aliae uerò compositae sunt, et ex simplicibus constant, et in dissimiles partes diuiduntur : uelut manus in manus diuidi non potest, neque caput in capita.

36 ἀνομοιομερῆ. ἑτερογενῆ.

Vnde etiam ἀνομοιομερῆ, id est dissimilium partium uocantur : et ἑτερογενῆ, id est diuersi generis : itemque instrumentales. Caeterùm quod ad corporis partes in uniuersum attinet, nolo hic ipsarum nomenclationes recensere. Discendae ac cognoscendae sunt ex inspectione, | *(p. 20)* in corporum resectionibus, ut hinc quisque uel memoriae commendet, uel sibiipsi describat, et prout uiderit notet.

37 Anatomes studium.

Id enim praestat, quàm ex libris legere, et nunquam uisa addiscere. Si quis tamen ab anatome abhorrens, legisse satis esse ducit, extant multa eius generis, scripta ab Hippocrate, et Galeno, et aliis medicis Graecis. Habentur et Andreae Vesalii anatomes libri nuper editi, in quibus multa traduntur, quae ueteres non animaduerterunt, aut praeterierunt, dubio adhuc certamine ab ipso in plerisque cum Galeno suscepto.

38 σκελετῶν usu.

Quidam anatomen prae mollicie, ut dicunt, auersantes, σκελετοῦς habere malunt, quos assiccatos asseruant, ut quoties libuerit in tabulam producant, et ossa inter se coaptent, aut ceris pro tempore connectant, ut artuum situs, et coarticulationum modos, inde considerent. Sed ego olim usum quidem communem cum amico quodam habui : possessionem ueró neque gratis, neque precio addito, obtrudi mihi patiar : quum recordor qualia illi acciderint circa uxorem, et famulam, qui talem sceleton in aedibus suis, | *(p. 21)* et propria arca thesauri loco asseruabant.

39 Facultates tres.

Partibus porrò proxime succedunt facultates. Et hae tres sunt, animalis in cerebro, quae ψυχικὴ appellatur, et est triplex.

40 Animales facultates tres. Actiones facultatum singularum.

Prima est ipsum τὸ ἡγεμονικὸν, hoc est principalis animae pars, ipsa uidelicet ratio, et haec actiones tres perficit : imaginationem, cogitationem, et memoriam. Altera est sensitiua, et actiones quinque peragit : uisum, auditum, gustum, olfactum, tactum. Tertia est motiua, quae per unum, idque cohaerens et coniunctum instrumentum, ipsos scilicet neruos, et per unum motus modum, ipsumque uoluntarium musculos mouet.

41 Vitalis facultas.

At secunda facultas est uitalis in corde. Haec per arteriarum motum à uoluntate alienum, uitam conseruat.

42 Actio uitalis.

Vnde etiam uitalis actio, is motus appellatur. Viuere enim homo non potest, ubi illarum motus cessauit : et perfecta pulsus interceptio contingere nequit, homine adhuc uiuente. Et haec facultas irascens animae pars est : quum in iratis sanguis circa cor ebulliat. Tertia facultas naturalis est in iecinore, et est animae pars concupiscens. Et haec qua-| *(p. 22)* druplex est.

43 Naturales facultates 4.

Prima, quae familiare sibi attrahit. Secunda, quae idem retinet. Tertia, quae concoquit. Quarta, quae aliena excernit. Et hae facultates omnium corporis partium sunt, non solum ipsius hepatis :

44 Actiones naturales.

et quatuor actiones peragunt, attractionem siue appetentiam, retentionem, concoctionem, et excretionem. His cohaerent aliae quaedam, distributio, appositio, assimilatio, sanguificatio, discretio, nutritio, et auctio. Sunt et aliae actiones naturales à primo ortu, conceptio, et foetus formatio.

45 Animae partes, et sedes tres.

Caeterùm trium animae partium, de quibus diximus, et trium earundem sedium distinctionem diligenter obseruare oportet. Nam et Hippocratis eam sententiam esse, Platonem in hac Hippocratem sequi, et Galenus clarè ostendit.

46 Aristotelis error.

Aristoteles autem tres quidem animae partes agnouit, sed omnium principium et sedem cor esse statuit.

47 Stoicorum error.

Stoici uerò, et praesertim Chrysippus, Aristotelis quidem errorem sequuti sunt, in eo quòd partes illas siue facultates in corde locant : sed in hoc amplius errant, quòd illas confundunt, et modò neque inter se differre | *(p. 23)* docent, neque esse aliam facultatem qua animal irascatur, aliam qua concupiscat, aliam qua ratiocinetur : sed eiusdem facultatis opera et ratiocinari, et irasci, et cibos et potus et rem ueneream cupere, asserunt : modò rursus tres distantes facultates, iuxta Hippocratem et Platonem, faciunt. In hoc tamen ab illis dissentientes, quod iuxta Aristoteles sententiam, omnibus illis cordis sedem attribuunt.

48 Spiritus 3.

Restant spiritus, et hi tres sunt : Animalis, qui de cerebro per neruos uniuersum corpus permeat : Vitalis, qui de corde per arterias in totum corpus transit : Naturalis, qui de hepate per uenas corpus penetrat. Et hi sunt, qui et facultates, et actiones relatas gubernant.

49 Spirituum custodia.

Et horum substantiae diligens custodia tum aliàs, tum maximè in morbis habenda est, ut et qualitas, et quantitas ipsorum secundum naturam se habeat, in quantum fieri potest. Quum autem spirituum substantia subinde, modò maior, modò minor fiat, conandum est, ut quod de ea effluit, appositione corrigamus : quod alteratur, ad temperiem contraria alteratione redigamus. | *(p. 24)* Hoc autem contigit per inspirationem, qua spiritus animalis rigatur et alitur, suppediante etiam quid reticulari plexu. Aliter item per inspirationem uitalis, et naturalis spiritus : sed hi insuper etiam ex sanguine.

50 Alimentum spiritus.

Et illud alimentum spiritus nouit etiam Hippocrates, qui in libro De alimento ait : ἀρχὴ τροφῆς πνεύματος, ῥίγνες, στόμα, βρόγχος, πνεύμων, καὶ ἡ ἄλλη ἀναπνοή. Hoc est, principium alimenti spiritus, nares, os, guttur, pulmo & reliqua respiratio.

51 Alimentorum omnium meatus.

Addit ibidem mox etiam, reliqui alimenti meatus : Principium, inquit, alimenti et humidi et sicci, os, gula siue stomachus, uenter. Verùm antiquius et primordiale alimentum, per abdomen umbilicus. Et rursus eodem libro omnium unam esse confluxionem, et consentientia omnia ait : ξύρροια μῖα inquit, ξύμπνοια μία, ξυμπαθέα πάντα.

52 Animae substantia non est spiritus animalis.

Galenus porrò spiritum animalem, neque substantiam animae esse, neque domicilium eius asserit, (etiam si quidam in ea opinione fuerint, ut ex duobus alterum, si quidem corpus esset anima, necesse esset ipsum illud corpus esse : si | *(p. 25)* uerò incorporea, domicilium eius illud esse)

53 Animalis spiritus primum animae organum.

sed primum animae organum, et ad sensus omnes, et ad motus uoluntarios, spiritum animalem esse, ex eo doceri tradit, quòd euacuato ipso in uulnerationibus, statim uelut mortuum sit animal, et sensu ac motu priuatur : non autem uitam amittit, donec ille rursus coaceruatur : sed eodem aceruato, rursus reuiuiscit.

54 Animae substantia a Galeno non definita.

At si ille spiritus substantia animae esset, unà cum ipso dum euacuatur, statim animal periret. Quae uerò sit animae substantia, Galenus indefinitum relinquit. Atque haec sunt quae corpus hominis constituunt, siue res naturales, siue salubria dicere uoles : et siue septem numero facere uelis, siue sex, elementis mundi et hominis simul coniunctis, aut disparatis in numerando. Et haec sunt quae prima de quinque medicinae pars considerat, eo quo diximus hactenus modo.

55 Salubre corpus quod sit.

Et est omnino ex his constitutum salubre corpus, quod et à natiuitate, et in praesens, et semper, tum simplicibus partibus temperatum, tum instrumentalibus partibus moderatum est, non optimo, sed sibi proprio tempera-| *(p. 26)* mento ac modo. Quum autem Galenus tria salubrium, uelut diximus, genera faciat, corpus, signum et causam : huc referri debet etiam salubre signum, et salubris causa. Sed nescio quo modo ipsi uisum fuerit salubrem causam, in fine libri de Arte, aliter interpretari, quàm in principio eiusdem libri instituisse uideri possit : de qua re postea amplius dicemus. Iam uerò signa salubria ex ipsius sententia adducemus.

56 Salubria signa triplicia.

Sunt itaque signa salubria triplicia. Quaedam enim praeteritam sanitatem in memoriam reuocant : quaedam praesentem dinoscendam exhibent : quaedam de futura praenotionem praebent. Et sumuntur haec à salubrium corporum essentia, ut haec habeant salubrem constitutionem, in simplicium partium symmetria, in caliditate, et frigiditate, et siccitate, et humiditate : in instrumentalium uerò partium formatione, magnitudine, numero, et situ. Deinde sumuntur etiam ab actionibus, et ab accidentibus, ad illa necessariò sequentibus : maximè ut sint actiones integrae, et color secundum naturam : et haec in aliis magis, in aliis | *(p. 27)* minus. Et haec omnia in omnibus corpus partibus fusissimè, in memorato iam libro Galenus persequitur. At uerò secunda Medicina pars, res praeter naturam, et ea quae salubrem harmoniam dissoluunt, expendit : et ea quae etiam Herophilus in definitione secundo loco morbosa dixit.

57 Res praeter naturam 3.

Sunt autem res praeter naturam tres, morbus, causa morbum praecedens, symptoma morbum sequens. Horum cognitio necessaria medico est. Neque enim sine ipsorum cognitione, curatio aduersus ipsa rectè institui potest : et causae sunt, aduersus quas medelis instamus : et his sublatis, tolluntur etiam morbi, uelut amplius in sequentibus uidebimus.

58 Morbus quid. Morborum genera tria.

Morbus itaque est affectio corporis praeter naturam, actionem primùm et per se laedens. Genera uerò morborum in totum tria sunt. Aut enim ex uitiato temperamento morbus oritur, et in simplicibus partibus constitit : aut ex constitutione et compositione uitiata ortus, in compositis partibus haeret : aut ex unione dissoluta, in utriusque partibus existit. Primum itaque morbi genus sit, uitiato temperamen-| *(p. 28)* to aliquo naturali, siue simplici siue composito, ita ut morbosa intemperies fiat : et haec modò sola qualitate simplicium partium alterata, modò etiam cum humoris alicuius eandem qualitatem habentis coniunctione.

59 Morbi genus secundum quadruplex.

Secundum uerò morbi genus uitiatae constitutionis, quadruplex est. Nam et in formatione, et magnitudine, et numero, et compositione, instrumentales partes uitiantur. Formatione quidem, ubi figuram, aut cauitatem, aut meatum non decentem acceperunt : aut quid horum perdiderunt, quae adesse oportet : aut etiam cum asperitas, aut laeuitas, non prout conuenit alterata est. Magnitudinis uerò differentiae duae sunt, et ubi maior pars est, et ubi minor quàm esse debet. Numeri quoque differentia duplex est, aut deficiente parte quam adesse, aut redundante quam abesse oportebat. In compositione uerò morbus est, quum aut situs partium naturalis, aut mutua societas immutata est. Et in hoc genere compositi morbi fieri possunt, prout pars aliqua aut duobus, aut pluribus relatis morbis affecta est.

60 Morbi genus tertium triplex. Fractura. Vlcus. Conuulsio. Diuulsio. Ruptio. Contusio.

Tertium porrò unionis | *(p. 29)* aut continuitatis solutae genus, quod et in simplicibus, et in compositis partibus fieri potest, multiplex est. Nam ubi in ossa contingit, Fractura appellatur : ubi in carnosa parte, Vlcus : in neruis, Conuulsio : in ligamentis, Diuulsio : in uasis, Ruptio : in musculis, Contusio : ex uiolenta plaga aut casu, aut alio quodam sorti motu. Et in hoc genere compositi morbi, ex pluribus simul illapsis fieri possunt. Atque haec in uniuersum sunt omnia morborum genera.

61 Causa quid.

Pergamus ad causas, quibus non cognitis, nullus morbus rectè cognosci potest. Est itaque causa affectio corporis praeter naturam, morbum praecedens ac efficiens : sed actionem primùm et per se non laedens, sed interueniente morbo. Et in hoc à morbo differt, quòd hic per se, uelut diximus, et primùm actionem laedit.

62 Causa praecedens interna.

Est autem causa haec praecedens affectio in corpore, quae siue ex ipsa futurus est, siue iam factus est morbus, ablationem sui indicat.

63 Causa coniuncta, ipse morbus.

Sed facto iam ex ipsa morbo, et laesa iam actione, Causa coniuncta dici potest, quae nihil aliud est quàm ipse morbus, ut qua | *(p. 30)* praesente adest morbus, et cum ablata morbus admouetur. Sunt itaque unius causae internae duae appellationes, prout futurus est, aut iam factus est ex ipsa morbus, ita ut in futuro morbo praecedens in factio iam coniuncta causa dicatur.

64 Galeni locus declaratus.

Et hanc rem ita se habere, declarat Galenus in Arte his uerbis : Factum equidem et iam existentem morbum curare oportet. Eum ueró qui nondum est, futurus tamen est, ex ea quae in corpore est affectione, ut ne fiat prohibere. Ex eo ueró qui adhuc fit, id quidem quod iam factum est, curare : quod autem futurum est, ne fiat impedire. Impedietur autem, sublata affectione ex qua fieri solet. Nominatur autem talis affectio, causa praecedens. At factus iam morbus curabitur, soluta affectione, à qua primùm secundum naturam actio laeditur, quam sanè etiam ipsam morbi causam esse dicimus. Ita Galenus.

65 Causa coniuncta actionem primum laedit.

Et non dicit quidem causam esse coniunctam : attamen affectio ea quam primùm actionem laedere ait, et quam etiam ipsam causam morbi appellari addit, non est alia quàm causa coniuncta, hoc est ipse | *(p. 31)* morbus. Nulla enim alia causa est talis affectio, quae actionem primùm et per se, uelut pauló superius diximus, laedat.

66 Αἴτιον προσεχὲς, συνεχὲς, συνέχον, συνεκτικόν.

Et haec causa, coniuncta προσεχὲς et συνεχὲς αἴτιον et συνέχον et συνεκτικόν Galeno in multis locis appellatur, et ex praecedenti causa efficitur.

67 προηγουμένη. προκαταρκτική.

Et haec praecedens causa interna est, et saepe quiescit, donec ab externa causa lacessita excitetur, et morbum efficiat. Et ut illa προηγουμένη, ita haec externa προκαταρκτική appellatur, eo quòd interna lacessita, ortus morbi uelut principium det, et hoc facto discedat : uelut est ardor, frigiditas, lassitudo, plaga, et similia.

68 Causa lacessens.

Praecedens autem in corpore causa, est aliquando intemperies simplex, aut etiam composita, aliquando humorum qualitas uitiata, aliquando humorum multitudo. Atque hae duae causae in morbis principatum obtinent.

69 συναίτιος causa. Concausa.

Sunt tamen et aliae causae, quae cum his uelut concurrunt ac coincidunt : qualis est quae συναίτιος appellatur, id est concausa : et tum per se, tum cum alia, affectionem facere potest : uelut est calculus, et inflammatio in uesica.

Ambo enim haec, cau-| *(p. 32)* sae sunt suppressae urinae : et utrunque etiam per seipsum, urinam supprimere potest. Sic etiam Hippocrates libro 6. Morborum popularium, sectione tertia, flatuositatem concausam et simul causam esse dicit, in his qui scapulas alarum modo eminentes habent. Sunt enim flatuosi. Τὸ φυσῶδες ξυναίτιον, inquit, τοῖσι πτερυγώδεσι. Καὶ γάρ εἰσι φυσώδεες. Talis est etiam causa quae σύνεργος, id est cooperatrix appellatur. Est tamen potius pars causae, ut quae per seipsam non potest efficere affectionem, sed alteri cooperatur : uelut coitus ad morbum articularem, et remigatio ad sanguinis reiectionem. Porrò ad praecedentem in corpore causam, quam aliquando intemperiem simplicem, aut etiam compositam, aliquando humorum qualitatem uitiatam : aliquando humorum multitudinem esse diximus : considerandae sunt amplius causae, quae illas siue simplices, siue compositas intemperies, siue solas, siue cum humoris alicuius coniunctione efficiunt. Considerandae item uitiatae constitutionis generum, et solutae unionis modorum | *(p. 33)* causae : quas omnes è Galeni de Causis morborum libro petendas relinquimus. Hinc autem ad tertiam corporis praeter naturam affectionem, ipsum morbi symptoma, ueniamus. Est itaque symptoma, affectio corporis praeter naturam, ad morbum uelut umbra sequens et insuper accedens.

70 ἐπιγέννημα.

Vnde etiam ἐπιγέννημα, id est super accessionem, medici quidam uocarunt. Et haec propria symptomatis notio ac definitio est, ut sit affectio praeter naturam.

71 *Symptomatis a morbo differentia.*

Et hoc à morbo differt, quòd Morbus est affectio praeter naturam, actionem laedens. Necesse enim est, ut si morbus esse debet, in genere sit affectio, et actionem laedat. At horum neutrum symptomati adesse necesse est. Satis enim symptoma definitum est, ut sit praeter naturam, etiamsi non sit affectio, neque aliquam actionem laedat. Proprium enim hoc habet, ut sit praeter naturam.

72 *Symptoma et* πάθος *differunt.* πάθος *quid.*

Differt et à passione, quae pathos dicitur : quòd pathos alteratio circa materiam in motu omnino sit, et adhuc fiat, et aliquando secundum naturam : Symptomata uerò non solum in motu, sed etiam in | *(p. 34)* habitu quodam, et omnino praeter naturam. Affectio autem aliquandiu permanet. Quare et morbus, et causa, affectiones tantum sunt, non autem pathe. At Symptoma si actionis laesio est, et pathos et symptoma dicitur. Si uerò affectus corporis est, et pathos, et symptoma, et affectio appellatur. Sed ut haec clariora fiant, diligentius symptomatum distinctiones faciamus.

73 Pathos pro morbo.

Nam alioqui pathos nomen etiam pro morbo ueteres usurpasse, Galenus testatur.

74 Symptoma in genere.

Et si symptoma in genere, quicquid animali accidit praeter naturam, accipimus : etiam morbus, et causae morborum praecedentes in corpore, symptomata erunt. Sunt itaque Symptomata propriè dicta (ita ut exclusis morbis et causis, omnia reliqua quae praeter naturam sunt, symptomata appellemus) triplicia.

75 Symptomata simplicia.

Quaedam enim actionum laesiones sunt : quaedam corporis nostri affectiones : quaedam ad ambo illa sequuntur, in eorum quae excernuntur aut retinentur immodestia. Quae igitur symptomata actionum laesiones sunt, tot numero sunt, quot et animales et na-| *(p. 35)* turales actiones, suprà in rebus naturalibus, et prima Medicinae parte recensuimus. Prout enim singulae tum animales, tum naturales actiones laeduntur, ut uel intercipiantur, uel male obeantur, ita symptomata illarum alia atque alia existunt. Quin et circa arteriarum motum, quem uitalem actionem esse diximus, interceptus aut deprauatus pulsus, symptomata sunt. Huius autem generis symptomata omnino ex praecedente morbo fieri, satis euidens est. Morbi enim ipsi actiones laedunt : Symptomata uerò ipsae actiones laesae sunt.

76 *Morbi causae symptomatum.*

Quare actionum laesarum et horum symptomatum, morbi causae sunt. Quin et reliqua duo symptomatum genera morbi praecedunt, et causae rationem illorum respectu habent.

77 *Series multorum symptomatum.*

Et saepe contingit, ut series quaedam fiat symptomatum, deinceps sibi succedentium, à morbo quidem ipso primum : ab hoc autem secundum : et rursus ab hoc tertium : et ab hoc deinceps quartum.

78 Symptomata quae affectiones corporis.

At uerò alterum genus symptomatum, quae corporis affectiones sunt, quadruplex est, quaedam enim ad uisum, quaedam | *(p. 36)* ad olfactum : quaedam ad gustum : quaedam ad tactum exposita sunt.

79 Sensibus exposita symptomata.

Visui exposita, in coloribus praeter naturam consistunt, siue in toto corpore, siue in una aut pluribus partibus. Olfactui exposita symptomata, primùm sunt graueolentia, quae in respiratione, et in totius corporis perspiratione occurrunt. Deinde quae ex auribus, et naribus, et alis, et putrescentibus partibus : itemque quae ex ructibus corruptis offeruntur. Gustui exposita sunt, quae ipse aegrotus deprehendit. Nam et saliuam in lingua, et sudorem et sanguinem in os illabentem gustare potest, item ea quae ex pulmone educuntur, et quae ex uentre remouentur : et hinc symptomata coniicere. At tactui exposita symptomata sunt dura et distenta et squallida cutis, aut etiam flaccida, aut rugosa. Et ex relatis manifestum est id quod dixi, nimirum etiam hoc totum symptomatum genus à morbis oriri.

80 *Qualitates secundae ad temperamenta sequuntur.*

Nam et oculorum, et uaporum, et saporum differentiae omnes ad solidorum corporum temperamenta sequuuntur. Sic etiam tactui expositae differentiae, inquit Gale-| *(p. 37)* nus, multo adhuc magis quàm relatae : eo quòd cum qualitatibus agendi uim habentibus eiusdem generis sunt. Quare quantum in istis praeter naturam est, totum id ex intemperie ortum habet : sicut id quod secundum naturam est, ex bono temperamento. At omnis intemperies morbus est. Talia igitur symptomata ex morbis ortum habent.

81 Galeni locus emendatus.

Haec sunt Galeni uerba : quae propterea adscripsi, ut locus hic in libro De symptomatum differentia emendetur, in quo redundant uerba quaedam, quae ex margine in contextum irrepserunt, exponentia uocem ὁμογενεῖς, id est eiusdem generis. Verba ipsa redundantia haec sunt : ὁμογενεῖς αὐτὰς εἶπεν, ὡς ὑπὸ τῆς αὐτῆς αἰσθήσεως κρινομένας. Καὶ γὰρ μαλακότης καὶ σκληρότης ὑπὸ τῆς ἁφῆς δοκιμάζονται, καθάπερ αἱ δραστικαὶ ποιότητες. Hoc est : Eiusdem generis ipsas dixit, ut quae ab eodem sensu iudicantur.

82 *Qualitates tactus primae et secundae.*

Nam et mollicies et duricies à tactu iudicantur, quemadmodum qualitates agendi uim habentes : id est, ut calidum et frigidum.

83 Symptomata in excretionibus.

Restat tertium symptomatum genus, quod et ipsum omnino ad morbos aut statim sequitur, aut ad alia sym-| *(p. 38)* ptomata interuenientia succedit, in his quae excernuntur, aut retinentur praeter naturam. Horum symptomatum tres sunt differentiae. Aut enim tota substantia, aut qualitate, aut quantitate, à naturali statu discedunt. Sic sanguinis eruptio toto genere substantiae eius quae excernitur, praeter naturam est. Ita etiam fluxus muliebris. Sed et sudores aut immodicè excernuntur, aut non opportune retinentur.

84 Diabetes.

Vrinae quoque difficultas, et stillicidium, et urina suppressa, et urinae profluuium, quod diabeten uocant, ex hoc symptomatum genere sunt. Itemque aliae excretiones uel nimium profluae, uel retentae.

85 *Opera à symptomatis distinguenda.*

Verùm in his omnibus cauendum, ne opera excretionum, quae secundum naturam fiunt, pro symptomatis agnoscamus. Haec enim ad utilitatem fiunt : symptomata uerò actiones laesas sequuntur, et actiones laesae existunt. Et de symptomatis satis.

86 Sanitas ubi.

Iam sicut in corpore salubri, ubi causa est salubris, et actio integra, et color secundum naturam, Sanitas constitit :

87 Morbus ubi.

ita in corpore morboso, ubi causa morbosa est, et actio laesa, et color uitiatus, Morbus est. Et iuxta Galenum, in corpore | *(p. 39)* neutro, ubi et causa neutra est, et actio neutra, neutra etiam affectio est, media inter sanitatem et morbum.

88 Morbosum corpus quod.

Proinde Morbosum corpus est, quod et à natiuitate, et in praesens, et semper, aut simplicibus partibus intemperatum est, aut instrumentalibus immoderatum.

89 Neutrum corpus quod.

Neutrum uerò corpus, inter saluberrimum et morbosissimum est exactè medium.

90 Causae Galeni in Arte.

At quum idem Galenus in Arte, et corpus salubre, et signum salubre, et causam salubrem : et rursus corpus morbosum, et signum morbosum, et causam morbosam : et tertium, corpus neutrum, signum neutrum, causam neutram faciat, uelut iam saepe in superioribus diximus : et uideatur corpus illud triplex, triplicia signa sibi attributa in se habere, itemque triplices in se causas : mirum profecto est, ipsum causas istas triplices non in corpore constituisse, sed in rerum non naturalium, et auxiliorum, materiaeque ipsorum usu collocasse, ut haec omnia prout prosunt, aut nocent, aut neutrum praestant, sint aut causae salubres, aut morbosae, aut neutrae. Nam sunt quidem et haec causae, sed externae, et quae etiam ipsas internas efficiunt. Videtur autem is locus de internis tractationem po-| *(p. 40)* scere. Sed de hoc paulo pòst rursus uidebimus.

91 Signa morbosa triplicia.

Porrò ut de signis morbosis hic addamus : Sicut signa salubria triplicia sunt, ita etiam morbosa. Quaedam enim praeteritum morbum in memoriam reuocant : quaedam praesentem dinoscendum exhibent : quaedam de futuro praenotionem praebent.

92 *Signa morbosa unde sumuntur.*

Et sicut salubria signa à salubribus corporibus, ita sumuntur etiam haec à morbosorum corporum essentia, et ab actionibus ac symptomatis, ex necessitate ad illa sequentibus : ita ut morbosum sit constitutione corpus, in simplicium partium intemperie, in caliditate, et frigiditate, et siccitate, et humiditate : in instrumentalium uerò formatione, magnitudine, numero, et situ. Deinde ut actiones laesae sint, quod praecipuum morbosi corporis signum est : et color vitiatus, uelut paulo antè dixi. Verùm haec omnia in aliis magis, in aliis minus existere, accipiendum est. Et sanè totum symptomatum genus, et quicquid accidit aegroto, id ipsum signum est medico, aliquando trium temporum ex aequo iudicium de se praebens.

93 Indicationum signa.

Sed et indicationes, quae insinuant quid sit | *(p. 41)* faciendum, signa sunt medico ab ipsa rei natura ordienti, atque ab ipsa quod sequens et agendum est inuenienti.

94 ἔνδειξις quid.

Est enim indicatio, quam Graeci ἔνδειξιν uocant, insinuatio sequentis siue agendi, hoc est consequentis, et quid sit faciendum.

95 *Indicatio omnium morborum una.*

Tametsi ueró una sit communis omnium morborum curationis indicatio, ipsa uidelicet contrarietas, iuxta illud ab Hippocrate dictum, Contraria contrariorum sunt medicamina : tamen tredecim res recensentur à Galeno in Medendi methodo, ex quibus indicationes, hoc est signa et significationes curationis sumuntur.

96 Indicationes 13.

Harum prima ab ipso affectu, qui curandus est, sumitur : altera ab aegri temperamento : tertia ab ipsius partis affectae natura : quarta ab aegri uiribus : quinta ab aere nos ambiente : sexta ab anni tempore : septima à regione : octaua ab aetate : nona à uitae munere : decima à consuetudine : undecima à morbi magnitudine : duodecima ab affectae partis positu, forma, utilitate, et sensus subtilitate : decima tertia ab humoribus curandis. Sunt et aliae non ita magni ad curationem indicandam mo-| *(p. 42)* menti. Quanquam autem hae indicationes signa sunt faciendorum, hoc est futurae curationis, ut ad curationem pertinentia potius, quàm morbosa signa haberi debeant : tamen hîc ea recensere libuit, quòd in morbis solis uel maximè spectentur, et spectanda sint, si quis ex methodo per indicationem cuiusque morbi remedia inuenire uelit : et non ab experientia, quae obseruatione et memoria constat, ad curandos morbos progredi.

97 *Signorum triplex genus.*

At ueró ubi iam ex indicatione curatio recte instituta est, triplex deinceps signorum genus animaduertendum est. Primum genus est, signorum concoctionis aut cruditatis. Secundum, signorum iudicatoriorum. Tertium, signorum salutis et mortis. De primo et secundo genere Hippocrates libro 1. De Morbis popularibus constitutionis secundae fine, hoc modo in summa tradit :

98 Signa concoctionis.

Quaecunque ueró non periculose fiunt, concoctiones excrementorum omnes undiquaque tempestiuas aut bonas, et iudicatorios abscessus considerare oportet.

99 Signa iudicatoria.

Concoctiones celeritatem iudicationis, et securitatem sanitatis significant. Cruda ueró et incocta, et ma-| *(p. 43)* los abscessus conuersa : aut iudicationis sublationem, aut dolores, aut diuturnitatem, aut mortem, aut eorundem recidiuas. Quod ueró ex his potissimum futurum sit, ex aliis considerandum est. Ita Hippocrates. De tertio ueró totus Praenotionum liber eidem scriptus est.

100 *Signa salutis aut mortis.*

In quo primum particularia signa tum salutis, tum mortis persecutus, postea et bona et mala signa simul coniungit, expendit, ac exponit, quod ex ipsius uerbis audire melius est.

101 Signa bona.

Sunt autem signa bona, inquit, haec : facile ferre morbum, bene spirare, à dolore liberatum esse, sputum facilè tussiendo reiicere, corpus aequaliter calidum ac molle apparere, sitim non habere, urinas et alui egestiones, et somnos, et sudores, uelut descriptum est. Haec singula nosse conuenit accidere, ut quae bona sint. Nam omnibus his sic contingentibus homo non moritur. Si uerò aliqua ex his accesserint, aliqua non, non ampliore tempore uita perducta, decimaquarta die homo peribit.

102 Signa mala.

Porrò mala signa his contraria sunt : aegrè ferre morbum, spiritum magnum et densum esse, dolorem non sedari, sputum uix tussiendo reiicere, ualdè sitire, corpus inaequaliter | *(p. 44)* à febre teneri, uentrem quidem ac costas fortiter calidas esse, frontem uerò et manus ac pedes frigidos. Vrinas autem, et alui egestiones, et somnos, et sudores, uelut descriptum est. Haec singula nosse oportet, mala esse. Si enim ita accesserit horum aliquid ad sputum, peribit utique homo priusquam ad decimumquartum diem peruenerit, aut nono die, aut undecimo. Proinde et bona et mala signa expendentem, ex his praedictiones facere oportet. Ita enim potissimum ueritatem consequi quis poterit.

103 Iudicatio quid. Κρίσις.

Caeterum ad signa iudicatoria cognoscenda, necesse est nosse quid sit Iudicatio, et in quibus morbis, et quando, et quomodo fiat. Est itaque iudicatio, quam Graeci κρίσιν uocant, repentina in morbo mutatio, ad sanitatem, aut mortem. Fit autem in morbis acutis, circa summum uigorem, natura separante mala à bonis, et ad excretionem praeparante : quod ubi contingit, bona iudicatio est : sin contrà, mala : nimirum ubi aeger uiribus deuictis perit.

104 Iudicatio quadrifariam fit.

Contingit enim aliquando non statim sanitas, aut mors : sed inclinatio uel ad melius, uel ad deterius : ita ut quadrifariam illa | *(p. 45)* in morbo mutatio fiat, ad sanitatem uidelicet, aut omnino ad melius : uel ad mortem, aut omnino ad deterius. Hic ergo notandum est, omnes morbos aut acutos esse, aut diuturnos.

105 Morbi diuturni.

Diuturni frigidi sunt, et à frigidis humoribus, pituita et bile atra originem habent : nec ita certa ac stato tempore finiuntur, aut iudicantur.

106 Morbi acuti.

Acuti uerò in quatuordecim diebus iudicantur, inquit Hippocrates sectionis 2. Aphorismo 23. Et hic quidem simpliciter acutorum terminus est, nullo ipsorum tempus duarum hebdomadum excedente. Nam qui extra hunc terminum, ex dimidia inclinatione iudicantur, in aliquo iudicatorio die, usque ad quadragesimum diem : hos non simplicter acutos Hippocrates appellare solet, inquit Galenus : sed composita appellatione, ut sit tota dictio, acuti qui in quadraginta diebus iudicantur. Sed hoc clarius indicant, qui ex transmutatione acutos uocant.

107 *Acuti morbi ex transmutatione.*

De his autem in Praenotionum libro sic ait : Bonam autem spirationem ualdè magnam uim habere ad salutem, in omnibus acutis morbis putare conuenit, qui cum febribus | *(p. 46)* sunt, et in quadraginta diebus iudicantur. Ante tamen decimumquartum diem multi iudicari possunt : quum et undecimus, et nonus, et septimus, et quintus, multos iudicasse comperti sunt.

108 Peracuti morbi.

Et tales morbi peracuti dicuntur, uelut est angina, tum ea quae συνάγχη tum quae κυνάγχη Graecis appellatur : et cholera, in qua bilis flaua supernè ac infernè erumpit. Nam simpliciter acuti sunt, pleuritis, peripneumonia, phrenitis. Sicut diuturni, hydrops, tabes. Sed de his hoc loco satis.

109 *Morborum tempora quatuor.*

Quia uerò iudicationem circa summum morbi uigorem fieri dixi, notandum insuper hîc est, quatuor esse tempora morborum, principium, augmentum, uigorem, et declinationem. Et haec uniuersalia morborum tempora accipienda sunt. Nam habent quoque singulae febriles exacerbationes sua particularia principia, augmenta, uigores, et declinationes. De illorum temporum ratione Hippocrates in Praenotionum libro ita tradit : Porrò quibus horum dolor fieri incoeperit primo die, hi quarto magis quàm quinto premuntur, septimo uerò liberantur. Plerique tamen ipsorum tertio | *(p. 47)* die dolere incipiunt, uexantur autem maximè quinto, liberantur nono, aut undecimo. Qui uerò incoeperint quinto die dolore, aliaque iuxta rationem priorum ipsis fiant, his ad decimumquartum morbus iudicatur.

110 Dies iudicatorii.

Qui uerò sint iudicatorii dies, in quibus iudicationes fiunt, idem eodem libro clarius indicat, febrium exemplo proposito. Febres, inquit, iudicantur in iisdem numero diebus, ex quibus et superstites euadunt homines, et ex quibus pereunt. Etenim placidissimae febres, et signis securissimis nitentes, quarto die desinunt, aut prius. Malignissimae uerò et signis horrendissimis oborientes, quarto die aut prius occidunt. Primus igitur ipsarum insultus sic desinit. Secundus autem ad septimum producitur. Tertius, ad undecimum. Quartus, ad decimumquartum. Quintus, ad decimumseptimum. Sextus, ad uigesimum.

111 *Quaternarii dierum numeri uis.*

Hi igitur impetus ex acutissimis morbis per quatuor ad uiginti, ex additione desinunt. Et in Aphorismis sectione secunda, postquàm dixit, Acuti morbi in quatuordecim diebus iudicantur : mox sequenti aphorismo subdit :

112 Septenarii dierum numeri uis.

Septimae quarta index est. Alte-| *(p. 48)* rius hebdomadae octaua principium est. Consideranda uerò est undecima. Haec enim quarta est secundae hebdomadae. Consideranda rursus decimaseptima. Ipsa enim est quarta quidem à decimaquarta, septima uerò ab undecima.

113 *Septenarii numero per omnia uis.*

Hanc itaque uim Hippocrates quaternario et septenario dierum numero attribuit. Imò non solum dierum, sed etiam septem mensium, et septem annorum, et bis septem annorum numero, idem Hippocrates eandem iudicandi uim adscribit. Ita enim in Aphorismis sectione 3 Aphorismo 28 ait : Plurimae uerò affectiones pueris iudicantur partim in quadraginta diebus, partim in septem mensibus, partim in septem annis, partim ad pubertatem accedentibus. Quae uerò permanserint pueris affectiones, et non exolutae fuerint circa pubertatem, aut foemellis circa mensium eruptiones, diuturnae fieri solent. Quo loco Galenus ipsum de diuturnis morbis loqui dicit : et uoce diuturnae, ad uocem affectiones, de suo adiecta, sententiam aphorismi explet.

114 Quadragesimus dies.

Et addit : Ex diebus quidem quadragesimum, esse primum in morbis diuturnis iudi-| *(p. 49)* catorium : ultimum uerò in acutis ex transmutatione, uelut etiam paulo superius dixi. Qui uerò huius numerum excedunt, inquit, iuxta septenarii rationem habent iudicationem, ita ut non amplius dies conumerentur, sed primùm septem menses, deinde septem anni : post quos in pubertate iudicantur, in quo tempore secundus annorum septenarius completur.

115 Iudicari etiam diuturnos morbos.

Hoc autem loco et Hippocrates diuturnos morbos iudicari dicit, et Galenus iuxta septenarii rationem habere iudicationem ait, uerbo κρίνεται non propriè ille utens, sicut neque hic κρίσιν propriè uocans. In solis enim acutis, uelut dixi, repentina illa mutatio ad sanitatem aut mortem contingit.

116 κρίνεται pro ἀπολύεται.

Quòd autem κρίνεται, id est iudicantur, dixerit Hippocrates pro ἀπολύεται, id est exoluuntur, ipse mox sequenti posteriore eiusdem aphorismi parte declarat, ubi ait : Quae uerò permanserint pueris affectiones, et non exolutae fuerint circa pubertatem, etc. Et Galenus exponit, Quicunque morbi neque in hac aetate soluti fuerint, ad multum tempus permanere solent. Quo uerò modo, et per quos lo-| *(p. 50)* cos, futura sit illa repentina mutatio ac iudicatio, Crisis Graecis dicta, et morbus ipse, et locus affectus iudicium praebent.

117 Iudicationis modi et loci.

Nam et per sputum, et uomitum, et fluxum sanguinis narium, et fluxum alui, et urinam, et menses, et haemorrhoidas, et obscessus, iudicatio fieri solet. In phrenetide enim et capite affecto ac doloribus uexato, sanguinis per nares fluxus soluit morbum. Sic Hippocrates in Aphorismis sectione sexta, aphorismo 10,

118 Sanguinis fluxus per nares.

Caput dolenti et circumdolenti, pus, aut aqua, aut sanguis fluens per nares, aut os, aut aures, soluit morbum. Et sectione quarta, aphorismo 60, Quibus in febribus aures obsurduerunt, his sanguis è naribus effusus, aut aluus exturbata, morbum soluit. Et rursus eadem sectione, aphorismo 74, Quibus spes est abscessum fore ad articulos, eos liberat ab abscessu urina multa, et crassa, et alba prodiens, qualis in febribus laboriosis quarta die quibusdam fieri incipit. Si uerò etiam ex naribus sanguis eruperit, breui admodum soluitur. Ita iudicantur etiam sanguinis na-| *(p. 51)* rium fluxu, quaecunque circa praecordia consistunt inflammationes. At per sputum pulmo et thorax expurgantur, et morbi circa has partes consistentes iudicantur. Per uomitum uerò iudicantur morbi superno uentriculo uicini, per alui fluxum inferno uentriculo proximi. Sic sectione 7 aphorismo 29, Si à pituita alba detento, uehemens alui profluuium accedat, soluit morbum. Iidem etiam per urinam expelli ac iudicari possunt, ut Hippocrates sectione 7 aphorismo 54, Quibus inter uentrem et septum transuersum pituita conclusa est, et dolorem exhibet, non habens exitum ad neutrum uentrem, his per uenas ad uesicam conuersa pituita, morbi solutio fit. At de iudicatione per menses, Hippocrates sectione 5, aphorismo 32, sic ait : Mulieri sanguinem uomenti, mensibus erumpentibus solutio fit. Et mox sequenti aphorismo, Mulieri mensibus deficientibus sanguinem ex naribus fluere bonum est : menstruo nimirum sanguine sursum ad nares conuerso.

119 Indicatio per sudorem per omnibus morbis communis.

Multi etiam morbi pluribus modis iudicantur. Sed iudicatio per sudorem omnibus communis est, inquit Hippocrates. | *(p. 52)* Et uariant hi modi etiam pro natura, et aetate aegroti. Item iuxta anni tempus, et regionem. Et haec omnia non solùm multum Hippocratis et Galeni scriptorum lectionem, praesertim de iudicationibus, et iudicatoriis diebus requirunt : sed etiam multa circa uarios aegrotos exercitatione cognoscuntur, et omnino cognosci uolunt. Quod uerò huc pertinet, haec pauca sufficiunt.

120 Pulsuum signa.

Et iam omnibus signi in uniuersum declaratis, restant ea quae ex pulsu arteriarum sumuntur, ab Hippocrate quidem praeterita, etiamsi pulsus nomen habeat, et tamen non de omni arteriarum motu usurpet : à Galeno uerò multis libris fusissimè tractata. Nos autem prout locus exigit, breui summa totam rem perstringemus. Diximus in superioribus, arteriarum motum esse à uoluntate alienum, et appellari actionem uitalem, quòd uitam conseruet. Haec itaque actio pulsus appellatur, et definitur :

121 Pulsus quid.

Pulsus est motus cordis et arteriarum, per distensionem et contractionem contingens. Vsus eius duplex est. Per distensionem enim, qua uelut expan- | *(p. 53)* ditur ac aperitur arteria, frigidus aër ingreditur, uentilans ac suscitans uitalem firmitatem, unde etiam animalis spiritus generatur : per contractionem autem, qua arteriarum extremitates ad medium conniuent ac considunt, fuliginosarum superfluitatum excretio contingit.

122 *Pulsuum genera decem.*

Genera uerò pulsuum decem sunt. Primum, iuxta motus tempus, tum in distentione, tum in contractione consideratur. Et est triplex hoc genus pulsus, uelox, tardus, moderatus. Secundum genus, iuxta distentionis quantitatem, qua magnus aut paruus fit pulsus. Et hic triplex pulsus efficitur, longus, latus, altus : aut contrà breuis, angustus, humilis. Tertium, iuxta facultatis firmitatem.

Et huius generis triplex pulsus est, uehemens, languidus, moderatus. Quartum, iuxta corporis arteriae compagem. Et hic triplex pulsus est, durus, mollis, moderatus. Quintum, iuxta quantitatem humoris arteriae. Et hic triplex pulsus est, plenus, uacuus, moderatus. Sextum, iuxta qualitatem caloris cordis, quae circa arteriam magis manifestè apparere uidetur, | *(p. 54)* consideratur. Septimum circa quietis tempus consistit : et diuiditur in densem, rarum, et moderatum. Octauum genus circa rythmum consistit : et habet differentias primas duas, pulsum boni rythmi, et pulsum mali rythmi. Et huius triplex differentia est. Mali enim rythmi pulsus, alius praeter rythmum leuiter peruersus est : alius alterius rythmi est : alius extra rythmum, bono uidelicet rythmo penitus corrupto. Nonum in omnibus relatis generibus circa aequalitatem ac inaequalitatem consistit, et aut in uno, aut in pluribus pulsibus consideratur. Aequalis itaque pulsus est, qui consequenter aequalis est, aut magnitudine, aut firmitate, aut uelocitate, aut aliquibus aliis generibus, aut etiam omnibus. Inaequalis uerò est, qui consequenter inaequalis est. Et hic inaequalis pulsus multas differentias habet à Galeno petendas. Decimum genus ex inaequalitate generatur, et circa ordinem tum integrum, tum turbatum consistit, ut hinc ordinatus et inordinatus pulsus fiat. Et haec quidem in summa sunt pulsuum genera. | *(p. 55)*

123 *Pulsuum causae, et praenotiones.*

Quorum etiam causas cognoscere consequens est, et deinceps etiam ex ipsis praenotiones. Quum autem et res naturales, et non naturales, et praeter naturam, causae sint quae pulsus mutant, uariis omnino de causis, et modis, pulsus mutari contingit, ut res longior sit quàm ut hic tractari debeat, aut possit. Nos itaque magni pulsus uelut exemplum adscribemus, reliqua ex Galeno, aut Paulo, qui totam rem contraxit, petenda hic omittemus.

124 *Magni pulsus causae.*

Magnus itaque pulsis fit ob urgentem necessitatem, quae est caliditas in corde redundans, externam appetens refrigerationem, ac uelut uentilationem. Augescit autem caliditas, aut propter naturales causas, uelut aetatem uigoris, aut puerilem, aut simpliciter calidam : tempus item, et regionem, et temperaturam calidiorem : aut ob causas non naturales, uelut aërem nos ambientem calidiorem, balnea calida, exercitia, cibos, uinum, medicamenta calidiora : aut ob causas praeter naturam, uelut intemperiem calidam, aut humorum putrefactionem. Et causae quidem naturales, durabilem et quae aegre trans-| *(p. 56)* mutetur, magnitudinem faciunt : reliquae uerò facilè mutabilem, adeò ut etiam sub tactu aliquando penitus discedat. Quin et ut magnus fiat pulsus, non solum necessitas sufficit, sed opus est etiam ut inseruiat facultatis firmitas, et ut instrumentum duricia et mollicia sit moderatum. At uerò aucta iam, ob quamcunque ex relatis causis, cordis caliditate, primùm quidem fit magnus pulsus.

125 *Pulsus alii magno accedentes.*

Vbi uerò non suffecerit necessitati magnitudo, statim etiam uelocitas ipsi accedit. Si uerò neque sic suffecerit, etiam densitatem assumit. Et hae quidem magni pulsus causae sunt : parui autem et tardi ac rari pulsus à contrariis fiunt. Atque haec de pulsibus hoc loco sufficiunt.

Hactenus primam salubrium, et secundam morbosorum, medicinae partes, in utraque parte signis ad utranque pertinentibus comprehensis, quae alioqui in quarta medicinae parte tractantur, iuxta dissoluendae definitionis methodum explicauimus. Transeamus ergo deinceps ad neutrorum explicationem, quum Herophilus medicinam esse scientiam salubrium, et morbosorum, et neu- | *(p. 57)* trorum dixerit.

126 Neutrorum explicatio.

Neutra itaque Herodotus, uelut in superioribus diximus, esse uult omnia quae in morbis adhibentur auxilia, et ipsorum materiam. Haec enim priusquam à medico assumpta sunt, neutra sunt, neque salubria, neque morbosa.

127 *Neutra Herodoto sunt auxilia.*

Proinde si iuxta Herodotum neutra accipimus auxilia, quae in morbis adhibentur, ipsorumque materiam : sub neutrorum uoce in Herophili definitione, sola quinta medicinae pars, quae morborum curationem peragit, comprehendetur, siue auxilia illa ex uictu, siue ex medicamentis, siue per manuum opera contingant.

128 Neutra Galeni.

Si uerò iuxta Galenum sicut salubrium nomine accepimus res naturales ac secundum naturam : et per morbosa, res praeter naturam :

129 *Res non naturales.*

ita neutrorum nomine primùm intelligimus res non naturales, τὰ οὐ φύσει Galeno dictas, quae non quidem sunt secundum naturam, non tamen iam praeter naturam, sed quae ex necessitate corpus alterant. Deinde etiam auxilia, quae Herodotus neutra dixit : sub neutrorum uoce simul et tertia medicinae pars, quae sanitatem tuetur, et quinta, quae morborum curationem tractat, compre-| *(p. 58)* hendetur : et sic in tribus definitionis uocibus, quinque medicinae partes continebuntur.

130 Sex res non naturales.

Tales autem res non naturales numero sex sunt. Primo loco, aër nos ambiens : secundo, cibus et potus : tertio, motus et quies : quarto, somnus et uigiliae : quinto, ea quae excernuntur, aut supprimuntur : sexto, animi affectiones. Haec enim omnia uelut materiae quaedam sunt, ex quarum usu iusto sanitas conseruatur. Si uerò in his à modo aberretur, morbosa euadunt. Et haec uelut dixi, necessariò corpus alterant. Non enim sine his esse potest, sed necesse est ut in ambiente aëre uersetur, edat item et bibat, dormiatque ac uigilet, et caeteris eodem modo occurrat.

131 *Neutra modò salubria, modò morbosa.*

Et sunt eadem haec, modò salubria, modò morbosa, prout ad aliquid referuntur. Vbi enim motu opus est, exercitium salubre est, quies morbosa. Vbi uerò quiete corpus indiget, quies salubris est, exercitium morbosum. Et sic de aliis omnibus intelligendum est.

132 *Neutrorum et qualitas quantitas obseruanda.*

Singula enim indigenti corpori cum iusta quantitate et qualitate adhibita, salubria sunt. Si uerò non indigo corpori, aut non cum | *(p. 59)* conueniente modo et mensura exhibeantur, morbosa fiunt. Ac sic quidem res non naturales Galeno neutra sunt. At auxilia in morbis ab Herodoto sola neutra appellata, necessaria non sunt, et neutra manent, si non in usum assumuntur. Ex hoc enim tandem salubria, aut morbosa euadunt. Caeterùm Galenus totum illud relatarum rerum non naturalium genus, omne item auxiliorum et medicamentorum aduersus omnes morbos genus, salubres causas facit, et uocat, ita tamen ut eaedem ad aliquid relatae, sint quoque morbosae, et neutrae.

133 *Causae salubres, morbosae, neutrae.*

Sic enim ait : Omnia igitur quae curant eiusmodi affectiones, causas salubres appellamus, quemadmodum morbosas quae adaugent : et neutras quae neque laedunt, neque prosunt. Posset autem quispiam ipsa neque omnino causas appellare, uelut neque multi Sophistae appellant, qui rerum ipsarum differentiae inueniendae negligentes, in nominibus plurimum temporis consumunt.

134 *Causarum appellatio impropria.*

Ex his Galeni uerbis apparet ipsum non consueto apud omnes modo, causas illa omnia genera appel-| *(p. 60)* lare. Et profectò quicunque fuerunt illi quos Galenus sophistas uocat, indignè tulisse uidentur, haec genera, causas immeritò salubres, et morbosas, et neutras dici : quum uerius et rectius alia illarum causarum nomine accipiantur, quae in ipso corpore sunt, non extrinsecus adueniunt. Sicut enim corpus et salubre et morbosum, et neutrum, in sua constitutione est : et signa ex ipso corpore sumuntur, et salubria, et morbosa, et neutra : ita reuera causae, et salubres, et morbosae, et neutrae, in ipso corpore existunt, non extrinsecus adueniunt.

135 *Causarum triplicium Galeni ratio.*

At Galenus quidem causas, illa genera uocasse uidetur, quò et sanitatis tuendae, et morbos curandi partem, in definitione medicinae comprehensam declararet. Sophistae uerò illi, inter quos etiam Herodotus habendus est, illa causarum genera posteriora Galeno relata, neutra simpliciter appellarunt, eo quòd, uelut iam saepe diximus, ante usum neque salubria, neque morbosa sint : et causas salubres et morbosas, eas acceperunt, quae in ipso corpore existentes, id salubre aut morbosum faciunt. | *(p. 61)*

136 *Causarum duplicium sophistarum ratio.*

Quae enim constitutionem naturalem, aut praeter naturam efficiunt, ea omnia causarum siue salubrium, siue morbosarum rationem habent. Nam neutras causas iidem non agnoscunt : sicut neque neutrum corpus, neque neutrum signum admittunt.

137 Neutra Galeni reprobata.

Quare etiam neutrorum appellationem ad auxilia in morbis transtulerunt. Porrò quum eo, quo diximus, modo sub neutrorum uoce in Herophili definitione, et tertia medicinae pars, et quinta comprehendatur : considerandum deinceps est, quomodo et in tertia parte res non naturales in usum adhibeantur, et in quinta auxilia et medicamenta assumantur, ut et harum medicinae partium ratio nobis certò constet.

138 *Sanitatis tuendae partes tres.*

Partem itaque medicinae tertiam, quae sanitatem tuetur, rursus in tres partes diuidi, in superioribus diximus : in eam quae sanitatem conseruat, et eam quae morbos praecauet, et eam quae reficit à morbis. Haec autem omnia praestat haec pars per iustum rerum non naturalium usum, quae, uelut diximus, ex necessitate corpus alterant. Hae enim res corrigunt id quod in salubri quidem corpore, sed tamen alterationibus et mu-| *(p. 62)* tationibus obnoxio, alteratur ac mutatur.

139 *Causae conservatrices.*

Quia uerò correctionem paulatim faciunt, antequam noxa aceruatim ingruat, ideo causae conservatrices praesentis constitutionis, non praeseruantes à futuro malo uocantur. Harum autem et numerus, et utendi ipsis modus is est quem paulò superius recensui.

140 *Conservantium à praeseruantibus differentia.*

Vocantur autem omnia haec conseruatiua sanitatis, quae sanitatem ab initio conseruant, aut meliorem faciunt. Quae uerò deteriorem efficiunt constitutionem, morbosa. Sed pro corporum uarietate, et pro alterationum ratione, de his longius rem omnem exequitur Galenus tum in Arte, tum in libris de Tuenda sanitate. Est autem praestantior haec pars quae corpus in sanitate conseruat, quàm ea quae morbos praecauet, et à futuro malo praeseruat, et ad hoc curatoriis auxiliis utitur, quo morbum praeoccupet, et futuram eius constitutionem dissoluat.

141 *Praeseruatiua pars triplex.*

Et haec triplex est, partim ad sanitatis tutelarem, partim ad praeseruantem, partim ad curatoriam tractationem pertinens, prout aut inculpatè, aut non inculpatè sano, aut aegroto homini adhibetur. Et haec in totum circa humores | *(p. 63)* maximè occupata est, ut neque uiscosi neque crassi, neque aquosi, neque multi, neque amplius calidi aut frigidi, neque mordaces, neque putredinosi, neque uenenosi sint. Aucti enim morborum causae existunt. In his autem duplex medela siue auxilium adhibetur, et alteratio, et euacuatio : prior concoctione contingit, posterior purgationibus, infusis per clysterem, uominitibus, sudoribus. Et omnia quae eiusmodi affectiones curant, Causae salubres uocantur, quemadmodum Morbosae quae adaugent, et Neutrae quae neque laedunt, neque prosunt, uelut etiam antea diximus.

142 *Refectoria à morbis pars.*

Caeterum ea pars quae à morbis reficit ac renutrit, quaeque item senibus conuenit, in his consistit quae affectionem illorum corrigunt.

143 *A morbis se colligentium, et senum affectio.*

Est autem affectio ipsorum eiusmodi, ut bonus quidem, sed paucus sit in ipsis sanguis : paucus autem uitalis, et animalis spiritus : ipsae uerò solidae partes sicciores, et propterea etiam uires ipsorum debiliores, et propter has totum corpus frigidius. Ad hanc igitur affectionem corrigendam causae salubres requiruntur, quae uelo-| *(p. 64)* cem et securam nutritionem faciunt. Hoc autem particulatim praestant moderati motus, et cibi ac potus, et somni. Motuum autem species siue materiae sunt, gestationes, deambulationes, frictiones et balnea. Et si ex his multo melius habuerint, etiam consueta opera paulatim attingant. Cibi uerò ab initio humidi sint, et concoctu faciles, et non frigidi. In progressu uerò, etiam qui magis nutriant. Potus idoneus est uinum, aetate moderatum, specie purum et pellucidum, album aut sufflauum, odore iucundum : in sapore neque penitus aquosum, neque uehementem aliquam qualitatem exhibens, neque dulcedinem, neque acrimoniam, neque amaritudinem. Atque haec sunt, quae tertia medicinae pars tractat, partim per rerum non naturalium, partim per auxiliorum ac medicamentorum usum, quae ambo Galeno neutra, siue causae salubres, et morbosae, et neutrae, uelut dixi appellantur : quum Herodotus sola auxilia neutra appellet, ea ratione qua ostensum est. At uerò quinta pars, quae auxilia et medicamenta tractat ad | *(p. 65)* curandos iam morbos, rursus tres partes habet.

144 Curatoria pars triplex.

Nam et per uictum, et per medicamenta, et per manuum operam, curationem perficit. Et uictus quidem ratio certa, in omnibus morbis commoda est, maximè tamen in febribus, et in morbis acutis, quorum febres omnino continuae sunt, et occidunt, uelut Hippocrates ait :

145 Victus curatio.

qui librum de Ratione uictus in morbis acutis scripsit, omnibus ad medendum progredi uolentibus et utilissimum, et summè necessarium. Ei adiungendi sunt commentarii Galeni in illum scripti. Rarò tamen aut nunquam ulli aliqui morbi ex solo uictu curantur, sed medicamentorum usum simul expetunt. Sicut uicissim curatio per medicamenta, uictum conuenientem exigit, et aliquando etiam manuum operam requirit.

146 Chirurgia.

Quemadmodum ipsa quoque quae manuum opera curationem molitur, Chirurgia Graecis dicta, et uictum, et medicamenta aliquando simul adhibet, ut ita mutuam operam illae partes inter se praestent. Victus porrò curatio non solum cibi et potus rationem, sed omnium rerum non naturalium | *(p. 66)* idoneum usum tractat. Chirurgia uerò quae circa carnem et circa ossa uersatur, et in his tum fractis, tum luxatis, per sectiones et ustiones, et ossium correctiones peragitur. In hoc extant Hippocratis libri, per nos cum aliis illius operibus ad nos extantibus, latinè conscripti, de Vulneribus capitis, et Vlceribus, de Fistulis, de Haemorrhoidibus. Item liber de Fracturis, et liber de

Articulis, et qui Chirurgiae officina inscribitur. Et in hos extant etiam Galeni commentarii. De tota uera Chirurgia extat breuis quidem, sed absolutissimus liber Pauli Aeginetae, inter septem ex ordine sextus, itidem cum aliis à nobis latine conscriptus, et Dolabellis nostris dedolatus.

147 *Medicamentaria curatio.*

At pars quae per medicamenta curat, et simplicibus utitur, et compositis medicamentis. Et simplicium quidem materia optimè descripta est à Dioscoride Anazarbensi, cui etiam testimonium praeclarum praebet Galenus, qui et ipse undecim libros de simplicium medicamentorum facultatibus scripsit. Hi igitur autores potissimum in illis sequendi sunt. Nam et recens per nos | *(p. 67)* facta librorum quinque de Materia medica Dioscoridis ad latinos translatio, integra per omnia, et clara est :

148 *Dioscorides cum Emblematis Cornarii.*

et si quid obscuri restat, id emblematis nostris ad singula capita adiectis, satis declaratum est.

149 *Medicamina composita.*

Composita uerò medicamenta Galenus in sex libris de Compositione medicamentorum secundum genera inscriptis, bono ordine digessit, et uariis modis iuxta uarios autores descripsit, prout quisque illorum maximè idoneam compositionem fieri posse putauit. Idem praestitit etiam in libris de Compositione medicamentorum secundum locos, à nobis latinè redditis, et Commentariis medicis (ita enim inscribuntur) illustratis.

150 *Morbi particulares.*

In quibus Galeni libris omnium particularium morborum curatio continetur. Et simplicium uerò, et compositorum medicamentorum descriptionem, omnium item morborum curationem, à capite, ut aiunt, usque ad pedes, post Galenum clarissimè tractauerunt Paulus, et Aetius, uterque per nos latinè loquens.

151 Auxiliorum materiae.

Omnia porrò per quae relatae tres curatoriae partes | *(p. 68)* officium suum peragunt, auxiliorum materiae sunt, et causae salubres, aut morbosae, aut neutrae Galeno appellantur, prout prosunt, aut obsunt, aut neutrum praestant, uelut iam saepe repetiui. In his autem adhibendis, signa indicationum maximè spectanda sunt, quae suprà inter morbosa relata, ad curationem rectè peragendam, propriè pertinere dixi.

151 Indicationes.

Indicationes enim sunt, quae quid faciendum sit in morbis curandis indicant, et remedia ac auxilia, ipsorumque materiam, quo modo, siue intra corpus assumenda sunt, siue foris adhibenda, ostendunt. Nec uerò alium in his curationibus ducem sequi par est, quàm eum qui optimè nobis praeit. Hic est Galenus in quatuordecim Medendi methodi libris, prolixo quidem et uerboso, iuxta patriam autoris, opere, sed maioris utilitatis, quàm aut hic locus capiat, aut paucis peragi queat. Et de Medicina, partim iuxta explicatae definitionis, partim iuxta diuisionis methodum, hactenus.

FINIS

X. LA MÉDECINE OU LE MÉDECIN

Janus Cornarius, médecin, salue son fils Diomède[1].

Il n'y a aucune malveillance à publier l'explication de la médecine que je viens d'écrire à ton usage, mon cher Diomède, en partie selon la méthode d'analyse ou explication de la définition, en partie selon la méthode de la division. Car d'une part une telle malveillance est tout à fait étrangère à ton esprit généreux, et d'autre part les témoignages ma franchise, qui sont nombreux dans le public, me délivrent facilement de tout soupçon de malveillance, et la bonté de cet art est telle que tout ce qui le concerne exige qu'on l'expose et le mette en commun pour l'utilité de tous. C'est pourquoi l'on doit avoir, lire et apprendre cette *Médecine* ou notre *Médecin*, qui, outre le fait qu'il est une sorte d'index général de tous les écrits médicaux, sera aussi très utile pour comprendre de très nombreux passages des auteurs médicaux et en particulier de Galien. Et plus tu le liras avec soin, plus tu me seras cher, toi dont la nature a du reste voulu que tu me sois cher entre tous. Porte-toi bien.

La médecine ou le médecin de Janus Cornarius, médecin physicien, en un livre.

1 1ère définition de la médecine.

Si une personne interrogée sur ce qu'est la médecine répondait que « la médecine est la science qui conserve la santé et écarte les maladies », je ne trouverais certainement pas qu'elle répète une définition absurde[2]. Car elle convient à toutes les parties de la médecine, et cette dernière a réellement pour étude de conserver la santé, de la rétablir quand on l'a perdue, ou de repousser les maladies. Cependant Hérodote, auteur d'une introduction qui s'intitule *Le*

---

1. Sur Diomède voir ci-dessus p. 29 et n. 15-16.
2. Citation commentée de *Galeno adscripta introductio seu Medicus*, c. VI, K XIV, 674-797, 687 : « οἱ δὲ νεώτεροι οὕτως ὡρίσαντο. ἰατρική ἐστιν ἐπιστήμη, ὑγίειας μὲν τηρητική, νόσων δὲ ἀπαλλακτική, οὐκ ὀρθῶς. Οὐ γὰρ αὐτὴ ταῦτα ἐνεργεῖ, ἀλλ᾽ ἐξ ὧν ἐνεργεῖ ταῦτα ἀποτελεῖται καὶ οὐκ ἀεί. Διὸ οὐκ ἐκ τουτῶν συνέστηκεν, ἀλλ᾽ ἐκ τῶν ὑπ᾽ αὐτῆς ἀεὶ παραλαμβανομένων. Les modernes ont donné cette définition : la médecine est la science qui recherche la santé et repousse les maladies, mais elle n'est pas correcte. Car elle ne produit pas cela elle-même, mais c'est à partir de ce qu'elle produit qu'elle l'accomplit, et pas toujours. C'est pourquoi elle n'est pas constituée par ce qu'elle produit, mais par ce qu'elle transmet toujours ». Janus Cornarius n'a pas reproduit ici le texte latin de sa propre édition (BEC 32) qui donne la traduction d'Andernacus : « *Medicina est scientia sanitatis conseruatrix, morborum repultrix* etc. » (vol. 1, 100), mais il a traduit celui de l'aldine, qui publie *Introductio siue Medicus* dans le vol. 4, non paginé.

Médecin, rejette cette définition, « parce que ce n'est pas la médecine en elle-même qui produit ces effets, mais qu'ils sont produits par l'intermédiaire de son action, et qu'ils ne le sont pas toujours ». Or l'art repose non pas sur les effets qu'il produit, et pour une fin incertaine, mais sur ceux qu'il obtient toujours pour une raison certaine, et sur ceux dont on se sert pour conserver la santé chez les hommes sains, et pour écarter les maladies chez ceux qui sont malades. « Car l'art est une chose, sa fin en est une autre »[3].

2 2ème définition de la médecine.

C'est pourquoi il approuve la définition d'Hippocrate, quand il dit dans le livre *Des vents* : « La médecine n'est rien d'autre que le fait d'ajouter et d'enlever, d'enlever ce qui est en trop, d'ajouter ce qui manque ». Et il dit ensuite : « Celui qui peut le mieux faire cela, sera considéré comme le meilleur médecin. Et autant l'on échoue à procurer cela, autant l'on échoue également dans l'art lui-même »[4].

3 Choses semblables.

De même en effet que l'orateur est un homme habile à parler, même s'il ne persuade pas et s'il ne l'emporte pas dans la cause qu'il plaide, et de même que l'archer est un homme habile à lancer des flèches, même s'il n'atteint pas sa cible, de même le médecin est un homme habile à ajouter et enlever ce qui manque ou ce qui est en trop, même si le succès ne suit pas. C'est pourquoi la médecine ne peut pas non plus être appelée proprement une science[5].

4 Qu'est-ce que la science ?

Car s'il est vrai que, comme le pense Aristote, ce que nous savons, nous pensons tous que « cela ne peut être autrement », et si « la science est une attitude démonstrative ou une connaissance juste, solide et immuable en raison », ce sont assurément des choses que l'on ne trouve pas « dans la médecine »[6].

5 Qu'est-ce que l'art ?

---

3. Janus Cornarius résume ici les c. V et VI d'*Introductio siue Medicus, op. cit.* p. 684-689 et cite : « ἕτερον γάρ τί ἐστιν ἡ τέχνη καὶ ἕτερον τὸ τέλος αὐτῆς » (688) tout en bousculant l'ordre des arguments. Sur l'attribution au médecin grec du Ier ou IIème siècle Hérodote (DNP 5, 476), voir ci-dessus p. 220 et 234 et suivantes.

4. Définition reproduite dans *Introductio...* K XIV, 687, mais rapportée à sa source avec indication du contexte, à savoir Hippocrate, *Des vents* I, 5, éd. Jouanna 104-105 = L VI, 92 = 1546, 118. Toutes les citations d'Hippocrate proviennent évidemment des éditions de 1538 ou de 1546/1554.

5. Les exemples de l'orateur et de l'archer sont encore ceux d'*Introductio...* c. V, K XIV, 686, dont l'argumentation est résumée.

6. Aristote, *Seconds Analytiques*, I, 2, 15 : « οὗ ἁπλῶς ἔστιν ἐπιστήμη, τοῦτ' ἀδύνατον ἄλλως ἔχειν : Ce dont il y a science au sens absolu, il est impossible qu'il soit autrement qu'il n'est » trad. P. Pellegrin, Paris, 2005, 67. La deuxième partie de cette définition provient d'*Introductio siue Medicus*, c. V, *op. cit.* 684 : " ἐπιστήμη γάρ ἐστι γνῶσις ἀραρυῖα καὶ βεβαία καὶ ἀμετάπτωτος ὑπὸ λόγου. Αὕτη δὲ οὐδὲ παρὰ τοῖς φιλοσόφοις, μάλιστα ἐν τῷ φυσιολογεῖν · πολὺ δὲ δὴ μᾶλλον οὐκ ἂν εἴη ἐν ἰατρικῇ : car la science est une connaissance juste, solide et que la raison ne peut mettre en défaut. Elle n'est pas non plus chez les philosophes, surtout dans la physiologie ; et on la trouverait encore moins dans la médecine.»

En vérité il est juste de confesser qu'elle est un art, soit que nous prenions l'art comme « une attitude qui fait quelque chose avec raison », soit que nous le prenions comme « une collection de réflexions et de sentences, utile à quelque fin dans la vie » de ceux qui le considèrent et l'embrassent[7].

6 *Quelle sorte d'art est la médecine.*

Par conséquent la médecine est un art conjectural, du genre de ces arts qui ne font pas quelque chose de nouveau, mais qui refont ce qui a déjà été fait, ce qui est rebattu, tel que l'art de raccommoder les vêtements déchirés ou de coudre de vieilles sandales cassées, selon la comparaison de Galien, ou plutôt, comme d'autres le pensent, une de ces activités qui produisent un résultat, mais dont le travail n'apparaît pas du tout quand elles le font, tandis que lorsqu'il est fini, son effet apparaît enfin, tel qu'est l'art de l'artisan, du sculpteur et du peintre[8]. Car de même qu'ils montrent leurs œuvres une fois qu'elles sont finies, de même l'art médical, conjectural, comme nous l'avons dit, montre son ouvrage quand il est finalement terminé, c'est-à-dire montre un homme sain, ou rendu à la santé ; ou bien s'il n'y parvient pas, il a la permission de cacher son œuvre sous terre, usant en ceci d'une plus grande faveur de la fortune que les autres arts du même genre, qui, quand ils ont échoué, obtiennent déshonneur ou blâme du fait que l'œuvre est exposée, et perdent toute valeur en même temps que l'artisan. Tandis que pour éviter que le déshonneur ne puisse atteindre le médecin, si par hasard la fortune ne lui a pas souri, son œuvre est soustraite aux yeux des hommes et la terre la cache, si bien que nous voyons la véracité de cette phrase : « la fortune a chéri l'art »[9].

---

7. Janus Cornarius semble combiner ici plusieurs définitions parallèles que l'on trouve aussi dans *Definitiones medicae* c. VIII (K XIX, 350) : « Τέχνη ἐστὶ σύστημα ἐγκαταλήψεων συγγεγυμνασμένων πρός τι τέλος εὔχρηστον τῶν ἐν τῷ βίῳ. Ἢ οὕτως. Τέχνη ἐστὶ σύστημα ἐγκαταλήψεων συγγεγυμνασμένων ἐφ᾽ ἓν τέλος τὴν ἀναφορὰν ἐχόντων. L'art est un ensemble de principes exercés ensemble en vue d'une fin quelconque d'un bon usage des choses dans la vie. Ou bien ainsi : L'art un ensemble de principes exercés ensemble ayant rapport à une seule fin." Car la formule équivalente dans *Introductio...* (K XIV, 685, et aldine) dit plutôt : "τέχνη γὰρ ἐστι σύστημα ἐγκαταλήψεων καὶ διανοιῶν, ποιόν τε καὶ ποσὸν συγγεγυμνασμένον, πρός τι τέλος νευουσῶν χρήσιμον τῷ βιῷ : car l'art est un ensemble de principes et de réflexions, le comment et le combien exercés ensemble, inclinant vers une fin utile à la vie". L'aldine donne le texte des *Definitiones medicae* à la suite d'*Introductio*, vol. 4.

8. Allusion possible à Galien, *Exhortation à l'étude de la médecine* X, 3, *op. cit.* Boudon p. 103 (K I, 23) pour la comparaison entre l'art médical et celui du cordonnier, avec un souvenir de V, 2, *ibid.* p. 89 (K I, 7), pour les mentions du sculpteur, du peintre et de l'artisan, que l'on trouve également dans *Introductio* c. V, p. 686, comme exemples d'arts non conjecturaux. On ne peut exclure une certaine autodérision dans la référence, hors sujet, au cordonnier. Le qualificatif « conjectural » (*coniecturalis*) dérive de *coniectura* qui, dans les traductions latines usuelles et jusque chez Kühn, traduit en réalité le grec σύστημα des définitions reproduites ci-dessus, mais qui peut aussi évoquer un type de raisonnement défini par Cicéron, par exemple *De inventione, passim*. Dans notre contexte il s'agit d'un art qui n'est pas sûr d'obtenir les résultats espérés, suivant la définition donnée dans *Introductio* c. V, K 685 où la médecine, la rhétorique, le pilotage et le tir à l'arc sont dits conjecturaux.

9. *Aristoteles et Corpus Aristotelicum Phil., Ethica Nicomachea*, 1140a18 : καὶ τρόπον τινὰ περὶ τὰ αὐτά ἐστιν ἡ τύχη καὶ ἡ τέχνη, καθάπερ καὶ Ἀγάθων φησί "τέχνη τύχην ἔστερξε καὶ τύχη τέχνην. Et d'une certaine manière la fortune et l'art tournent autour des mêmes choses, comme l'a d'ailleurs dit Agathon : « l'art a chéri la fortune et la fortune a chéri l'art ».

7 La Fortune favorable au médecin.

Et même les Lois approuvent cette faveur de la fortune, quand elles ne mettent pas ouvertement une mort éventuelle au compte du médecin :
« Car il n'appartient pas au médecin que le malade se relève toujours
Quand le mal a plus de force qu'un art savant »
a dit un poète à l'esprit très pénétrant[10].

8 3ème définition de la médecine.

Mais il y a encore une autre définition de la médecine chez Hippocrate, en ces termes dans le livre *De l'art :* « Au sujet de la médecine, à propos de laquelle j'ai entrepris ce discours, je ferai une démonstration claire, et je définirai d'abord ce que j'en pense : la médecine consiste à supprimer totalement les maladies chez ceux qui en souffrent, à affaiblir les attaques violentes des maladies et à ne pas entreprendre le traitement de ceux qui ont été vaincus par les maladies quand on reconnaît que la médecine ne peut pas guérir de tels malades ». Voilà ce que dit Hippocrate[11]. Mais Hérodote rejette cette définition quand il passe en revue les choses qu'elle ne peut pas faire, sans définir celles qui sont à sa disposition. Or « on doit définir les arts non d'après ce qu'ils ne peuvent pas faire, mais d'après ce qu'ils ont la faculté de faire ».

9 Évaluation du passage d'Hippocrate.

Il semble bien qu'Hérodote, dans ce passage d'Hippocrate, ait lu la particule négative μή au lieu du δή explétif, et qu'il ait compris que la médecine consistait à « supprimer, mais pas totalement, les maladies chez ceux qui souffrent etc. »[12].

10 4ème définition de la médecine.

On trouve aussi une autre définition d'Hérophile : « La médecine est la science des choses saines, des choses morbides et des choses neutres. En effet,

---

10. Ovide, *Pontiques* I, 3 v. 17-18.

11. III, 1-2 : « περὶ δὲ ἰητρικῆς - ἐς ταύτην γὰρ ὁ λόγος – ταύτης οὖν τὴν ἀπόδειξιν ποιήσομαι. Καὶ πρῶτόν γε διοριεῦμαι ὃ νομίζω ἰητρικὴν εἶναι · Τὸ δὴ πάμπαν ἀπαλλάσσειν τῶν νοσεόντων τοὺς καμάτους καὶ τῶν νοσημάτων τὰς σφοδρότητας ἀμβλύνειν, καὶ τὸ μὴ ἐγχειρεῖν τοῖσι κεκρατημένοισιν ὑπὸ τῶν νοσημάτων, εἰδότας ὅτι πάντα ταῦτα δύναται ἰητρική. Mais sur la médecine – puisque c'est elle qui est l'objet du discours – je vais donc faire la démonstration de son existence. Et tout d'abord je vais définir ce qu'est, selon moi, la médecine. C'est délivrer **complètement** les malades de leurs souffrances ou émousser la violence des maladies, et ne pas traiter les malades qui sont vaincus par les maladies, en sachant bien que la médecine peut tout cela ». Hippocrate, *De l'art*, texte et trad. Jouanna, Paris, 1988, 226 = L VI, 4-6 ; 1546, p. 5.

12. K XIV, 686-687. Janus Cornarius fait ici référence au passage de l'*Introductio* précédant celui cité dans la note 1 : « ἰατρική ἐστι κατὰ μὲν Ἱπποκράτην πρόσθεσις καὶ ἀφαίρεσις (…). ὃν γάρ τινες ὅρον ἰατρικὸν ᾠήθησαν, οὐκ ἔστιν ὅρος · τό τε μὴ παράπαν ἀπαλλάσσειν τῶν νόσων τοὺς κάμνοντας καὶ τὸ τὰς σφοδρότητας ἀμβλύνειν καὶ τὸ τοῖς κεκρατημένοις μὴ ἐγχειρεῖν. Οὐ γὰρ ἐξ ὧν μὴ δύνανται αἱ τέχναι, ἀλλ᾽ ἐξ ὧν δύνανται οἱ ὅροι εἰσίν : car certains ont pensé que ce n'est pas une définition ; le fait de **ne pas** débarrasser totalement des maladies ceux qui en souffrent, et le fait d'atténuer la violence des maladies et de ne pas entreprendre de le faire pour ceux qui sont vaincus par elles. Car les définitions ne viennent pas de ce que les arts ne peuvent pas mais de ce qu'ils peuvent ».

dit Hérophile, la médecine a la connaissance de ces trois choses : les choses salubres ou saines, qui se comportent ainsi à partir des constituants de celles qui sont dans l'homme, et qui font la santé si elles sont bien ajustées entre elles ; les choses morbides, qui détruisent l'harmonie de la santé.

11 Les neutres sont des secours.

Mais aux choses neutres appartient tout ce qui est appliqué comme secours dans les maladies, ainsi que la matière de ces secours. Car avant que le médecin ne se les approprie, ces choses sont neutres, ni saines ni morbides »[13].

12 Ce que sont les choses salubres, les morbides et les neutres.

Voilà quels sont les trois genres en tout, et ils ne sont pas différents, semble-t-il, de ceux de Galien et des médecins postérieurs : ils les appellent choses naturelles ou selon la nature, choses non naturelles, et choses contre nature. De sorte que les choses naturelles seraient le genre des choses saines, les choses non naturelles seraient, non pas selon Hérodote mais selon Galien, en partie celui des neutres, à savoir celui des causes neutres, comme nous allons le dire dans ce qui suit, et les choses contre nature seraient le genre des choses morbides[14].

13 5ème définition de la médecine.

Et que ce serait la même chose de dire que la médecine est la science des choses saines, morbides et neutres. Comme si l'on disait que la médecine est la science des choses naturelles, des choses non naturelles et des choses contre nature.

14 Les trois genres des choses saines, morbides et neutres.

Mais Galien, dans son livre *De l'art médical*, dans lequel il entreprend d'expliquer la définition d'Hérophile, distingue trois genres de choses saines : le corps, la cause, le signe, et il distingue ces trois mêmes genres pour le morbide, et fait de même pour le neutre : « lorsque le corps qui a la santé, la cause qui produit et conserve cette même santé et le signe qui l'indique, sont tous dits sains. Et de la même manière le corps qui attrape des maladies, la cause qui produit et conserve les maladies et le signe qui les indique doivent tous être appelés morbides. Et sont de la même façon également dits neutres le corps, la cause et le signe »[15].

15 Désaccord entre Hérodote et Galien.

---

13. *Introductio siue Medicus, ibid.* p. 688-689 : « Ἡροφίλῳ δέ, ὅτι ἰατρική ἐστιν ἐπιστήμη ὑγιεινῶν καὶ νοσωδῶν καὶ οὐδετέρων. Τριῶν γὰρ τούτων γνῶσιν ἔχει, ὑγιεινῶν μὲν ὅσα τῶν κατασκευαζόντων τὰ ἐν ἀνθρώπῳ οὕτως ἔχειν, ἐξ ὧν εὖ ἡρμοσμένων πρὸς ἄλληλα τὸ ὑγιαίνειν συνίσταται. Νοσωδῶν δὲ τῶν τὴν ὑγιεινὴν ἁρμονίαν διαλυόντων. Οὐδετέρων δέ ἐστιν ἅπαντα τὰ προσφερόμενα ἐν ταῖς νόσοις βοηθήματα καὶ ἡ ὕλη αὐτῶν. Ταῦτα γὰρ πρὶν ἢ παραληφθῆναι ὑπὸ τοῦ ἰατροῦ, οὐδέτερά ἐστιν, οὐδὲ ὑγιεινὰ οὐδὲ νοσώδη.» Sur cette définition d'Hérophile voir ci-dessus p. 199.

14. Sur les dénominations médiévales choses naturelles, non naturelles, contre nature, voir ci-dessus p. 220-223.

15. = *Art médical* Ib 2-4, Boudon 276.

Il me semble bien que c'est contre l'opinion d'Hérodote que Galien a institué cette méthode pour expliquer une telle définition.

16 Le livre *Le Médecin* de Galien lui est attribué à tort.

Car ce que ne montre pas complètement cet écrit de Galien, devient clair dans le début du livre écrit sur *Ses propres livres*, où il dit qu'on a reconnu qu'on lui avait attribué à tort le livre qui a pour titre *Le médecin de Galien* (de même qu'aujourd'hui encore il est compté comme un titre des livres de Galien), d'après ce qu'il en avait dit lui-même, après avoir lu les deux premiers vers, bien qu'ailleurs il fasse mention honorable tant de cet auteur que du livre, comme c'est le cas dans son second commentaire au livre six des *Epidémies* d'Hippocrate.

17 Le livre intitulé *Le Médecin* est d'Hérodote.

« En-dehors de ces derniers, dit-il en parlant de ses propres écrits, sont également utiles à l'économie et à l'usage certains écrits d'Hérodote dans un petit livre qu'il a lui-même intitulé *Le médecin* ». Il mentionne aussi de manière remarquable le livre 4 du traité *Des différences des pouls*[16]. Ainsi donc Galien, comme je l'ai dit, est en désaccord avec Hérodote. Il a fait un corps neutre, une cause neutre, et un signe neutre, et il a fait de même pour ce qui est sain et ce qui est morbide.

18 Platon dit qu'il n'y a pas de corps neutre.

Mais Platon dit qu'il n'y a pas de corps neutre. En effet, dans le *Second Alcibiade*, Socrate discute ainsi avec Alcibiade :

« Socrate : Et de plus, certains hommes sont sains.

Alcibiade : Oui.

Soc. : Est-ce que par hasard il y en a d'autres qui sont malades ?

Alc. : Absolument.

Soc. : Ce ne sont donc pas les mêmes ?

Alc. : Pas du tout.

Soc. : Est-ce que par hasard il y en a d'autres qui sont malades sans être affectés de l'une ou l'autre de ces deux manières ?

Alc. : En aucun cas.

Soc. : En effet il faut nécessairement qu'un homme ou bien soit malade ou bien ne le soit pas.

Alc. : C'est tout à fait ce qu'il me semble »[17].

---

16. Sur ces arguments et les références utilisées voir *Galien tome I. Introduction générale. Sur l'ordre de ses propres livres. Sur ses propres livres. Que l'excellent médecin est aussi philosophe*, texte établi, traduit et annoté par V. Boudon-Millot, Paris, 2007, 134 et n. 3, 176 ; K XVII, 1, 999 ainsi que K VIII, 751.

17. Traduction de Janus Cornarius, BEC 45, Paris BIU Santé 1340bis, 352 = *Second Alcibiade* 138d-139a = *Platon*, Œuvres complètes, t. XIII, 2. Dialogues suspects, texte établi et traduit par J. Souilhé, Paris, 1930, 22.

Voilà ce que dit Platon. Et s'il n'y a pas de corps neutre, il n'y a pas non plus de signe neutre, et de même il n'y a pas de cause neutre. Mais nous reviendrons sur ces points. Et cela suffit pour la définition de la médecine. Car nous reviendrions ensuite sur son explication.

19 Division de la médecine.

La médecine se divise en cinq parties. La première est celle qui considère la nature de l'homme. La seconde est celle qui examine les causes et les affections. La troisième est celle qui regarde la santé. La quatrième est celle qui observe les signes. Et la cinquième est celle qui s'occupe du traitement[18].

20 Subdivision des 5 parties de la médecine.

Mais chacune de ces parties se divise à son tour. La première en trois : dont la première traite des premiers éléments constituant l'homme, la deuxième traite de la raison de la génération et de la formation du fœtus, la troisième examine les parties internes et externes du corps, par la dissection ou par la séparation des os. La seconde partie principale expose les choses contre nature, examine les causes des maladies, les ensembles de symptômes et observe les constitutions des affections. La troisième partie principale se divise en trois parties : celle qui conserve la santé, celle qui préserve des maladies, celle qui rétablit des maladies. La quatrième partie principale embrasse la connaissance du passé, l'examen du présent et la prénotion du futur. La cinquième partie principale a trois parties. Elle s'occupe en effet du régime, des médicaments et du traitement à la main[19].

21 Deux parties de la médecine.

Certains font deux parties principales : une partie spéculative et une partie active. Ensuite ils subordonnent à la partie spéculative la première, la seconde et la quatrième des cinq parties antérieurement décrites, et à la partie active la troisième et la cinquième. Ces deux dernières semblent en effet être versées dans l'action, tandis que les trois premières semblent en rester à la spéculation, et ne pas en arriver à l'action. Mais en réalité toutes ces parties se constituent d'abord dans la spéculation. Ensuite les choses qui ont été comprises et connues grâce à la spéculation sont ramenées à l'action, de façon assurément beaucoup plus visible pour ce qui concerne la troisième et la cinquième, de telle sorte que dans l'ensemble elles paraissent toutes consister en action, mais moins la première, la seconde et la quatrième, puisque dans le même temps ces dernières sont employées pour l'action des premières, et que celles-ci ne pourraient pas effectuer leur action sans celles-là. Voilà donc la somme de l'art

---

18. Division d'*Introductio siue medicus* c. VII, K XIV, 689 : « Μέρη ἰατρικῆς τὰ μὲν πρῶτά ἐστι, τό τε φυσιολογικὸν καὶ τὸ αἰτιολογικόν, ἢ παθολογικὸν καὶ τὸ ὑγιεινὸν καὶ τὸ σημειωτικὸν καὶ τὸ θεραπευτικόν ». Voir ci-dessus p. 222.

19. *Introductio* C. 7, K XIV, 689-690, ci-dessus p. 200-201.

médical tout entier. Et c'est elle également qu'Hérophile a comprise dans sa définition.

22 Les parties de la division contenues dans la définition.

En effet le sain comprend l'examen de la nature de l'homme. Tandis que le morbide comprend l'observation des choses contre nature, des causes et des affections. Le neutre comprend la partie qui protège et la partie qui soigne. Et le sain, le morbide et le neutre comprennent en eux-mêmes la partie qui observe les signes. Or Galien, dans son explication ou analyse de la définition, outre un corps et sa cause neutres, fait un signe neutre. Il resserre aussi un peu plus étroitement la partie de conservation de la santé et la partie thérapeutique, et comprend l'une et l'autre dans l'explication de la cause saine[20]. De sorte que nous pouvons reconnaître les autres dans le corps sain et le signe sain, comme première et quatrième parties. Et de la même manière dans le corps malade et le signe malade nous pouvons trouver comprises la seconde partie et de même la quatrième partie. C'est pourquoi nous nous attacherons à ces dernières parties en même temps que l'explication de la définition, d'après la division rapportée à Hérodote. Donc comme Hérophile ne voulait rien dire d'autre, comme nous l'avons dit, sinon que la médecine est la science des choses naturelles, des choses non naturelles et des choses contre nature, voyons d'abord ce qui concerne les choses naturelles.

23 Les choses naturelles. Les 4 éléments du monde. Les 4 éléments de l'homme.

Les choses naturelles, ou selon la nature, qui composent le corps humain, sont d'abord les quatre éléments du monde : le feu, l'air, l'eau, la terre, non parce que le corps humain serait composé de ces éléments eux-mêmes, mais parce qu'il est composé de ce qui leur correspond proportionnellement, à savoir le chaud, le froid, le sec, l'humide, mélangés avec modération.

24 Plaisanterie de Quintus.

N'écoutons pas ici le médecin Quintus, qui avait coutume de dire au sujet du chaud, du froid, du sec et de l'humide, que c'était là le vocabulaire des maîtres de bains[21]. Mais prêtons l'oreille à Hippocrate, qui parle ainsi dans son livre *De la nature de l'homme* : « Si le chaud et le froid, le sec et l'humide ne se trouvaient pas de manière modérée et égale entre eux, mais que l'un

---

20. Galien, *Art médical* I a. 1, K I, 305 = Boudon 274. L'enseignement exposé dans cet ouvrage procède *par analyse de la définition*, ἐξ ὅρου διαλύσεως. Voir ci-dessus p. 224-229. La définition qu'analyse Galien est celle d'Hérophile rapportée au § 10 : Ἰατρική ἐστιν ἐπιστήμη ὑγιεινῶν καὶ νοσωδῶν καὶ οὐδετέρων (*ibid.* Ib. 1 ; K I, 307 ; Boudon 276). Le développement sur la cause saine est au c. XXIII, 2-6 : K I, 366-367 : Boudon 344-346.

21. Le médecin hippocratiste Quintus, actif à Rome entre 120 et 145 ap. JC contredisait ceux qui croyaient qu'Hippocrate avait fondé la médecine sur les quatre qualités. Il est cité ici d'après Galien, *De sanitate tuenda* : τοῦ Κοΐντου ... ἀπόφθεγμα ... τὸ περὶ θερμοῦ, ψυχροῦ, ξηροῦ καὶ ὑγροῦ, διότι βαλανέων ἐστὶν ὀνόματα ταῦτα (CMG 5, 4, 2, p. 100 = K VI, 228).

l'emportait beaucoup sur l'autre, et qu'un plus fort prévalait sur un plus faible, la génération ne pourrait se faire ». Et peu après : « C'est pourquoi il faut nécessairement, puisque telle est la nature de toutes les choses comme la nature humaine, que l'homme ne soit pas un, mais que chaque chose qui contribue à sa génération ait une certaine force dans le corps, à savoir la force par laquelle elle y contribuera. Et inversement il faut nécessairement que chaque chose retourne à sa propre nature quand l'homme meurt, à savoir l'humide dans l'humide, le sec dans le sec, le chaud dans le chaud, le froid dans le froid. Telle est la nature des êtres vivants et de tous les autres êtres. Tous sont engendrés de la même façon, et tous meurent de la même façon. Car leur nature est faite de tout ce qui a été dit plus haut, et cesse selon ce qui a été dit plus haut »[22]. Voilà ce qu'a dit Hippocrate.

25 Les 4 qualités premières.

Mais à partir de ces éléments, ou qualités premières (dont deux ont une puissance active, le chaud et le froid, et deux sont matériels, le sec et l'humide), mélangés entre eux et tempérés, se produisent neuf tempéraments[23].

26 Les neuf tempéraments.

Il y a quatre tempéraments simples : le chaud, le froid, le sec, l'humide. Quatre tempéraments composés : le chaud et humide, le chaud et sec, le froid et humide, le froid et sec.

27 Les intempéries.

Ces tempéraments sont aussi dits *intempératures* et *intempéries* et ils sont bien tels. Un seul tempérament est un mélange égal de toutes les choses. Et on le comprend par l'esprit plutôt qu'on ne le trouve en réalité.

28 Les quatre humeurs.

D'après le second groupe de tempéraments, qui sont aussi les plus proches de la nature humaine, l'homme est constitué de quatre humeurs, le sang, la pituite, la bile jaune et la bile noire. Hippocrate l'enseigne clairement peu après ce que j'ai cité auparavant : « Le corps humain, dit-il, a en lui du sang, de la pituite, et une double bile, à savoir une jaune et une noire. Telle est la nature de son corps. C'est par ces humeurs qu'il est malade ou en bonne santé. Il est malade surtout quand ces humeurs ont entre elles un tempérament modéré, soit par leur faculté soit par leur abondance, et lorsque qu'elles ont été le plus mélangées. Alors qu'il est malade quand ce qui de ces humeurs sera en moins ou en plus, ou bien est séparé dans le corps, ou bien n'aura pas été mélangé avec toutes les autres »[24].

---

22. Hippocrate, *La Nature de l'homme* c. 3, éd. Jouanna, Berlin, 1975, 170-173 = L VI, 38-40.
23. La doctrine galénique exposée dans le traité *De temperamentis* a été résumée notamment par Avicenne, et chez les néo-latins par Manardi, dont Janus Cornarius corrige la formulation en ramenant la doctrine à sa source première, le traité hippocratique *De natura hominis*, c'est-à-dire en éliminant une partie de la doctrine physiologique des trois coctions successives de la nourriture par l'estomac, le foie, et les membres. Voir ci-dessus p. 148-149.
24. *La Nature de l'homme* c. 4, *op. cit.* p. 172-175 = L VI, 40.

29 ἰσχόμενα. ἴσχοντα. ἐνορμῶντα.

Le même Hippocrate appelle ces humeurs ἰσχόμενα, c'est-à-dire *qui sont contenues*. De même qu'il appelle ce qui les contient ἴσχοντα, c'est-à-dire *qui contiennent*. Il leur ajoute ici en troisième lieu ἐνορμῶντα, *qui passent à l'intérieur du corps*. De sorte que l'homme dans son entier est constitué de ces trois choses, à savoir de choses humides, de choses sèches et de souffles.

30 Présentation du passage d'Hippocrate.

Le passage se trouve dans une petite table ajoutée à la septième section du sixième livre des *Epidémies* où en quelques mots, comme nous avons coutume de le faire sur un tableau pour nous en souvenir, il a noté ces mots : τὰ ἴσχοντα, ἢ ἰσχόμενα, ἢ ἐνορμῶντα σώματα, c'est-à-dire *les contenants, ou les contenus, ou les traversants*[25]. Ainsi les contenus sont ces humeurs qui sont portées dans des vaisseaux et dispersées dans tout le corps. Parmi elles le sang est par faculté chaud et humide, la pituite est froide et humide, la bile est jaune chaude et sèche, la bile noire froide et sèche. Les contenants sont les parties solides : les os, les nerfs, les veines, les artères, grâce auxquels les muscles, les chairs et toute la masse corporelle se tiennent. Et les corps qui passent à l'intérieur et traversent les corps sont les souffles, dont nous traiterons un peu plus tard.

31 Les 4 parties principales.

Suivent immédiatement les parties à prendre en considération dans la constitution de l'homme, et d'abord celles que l'on appelle principales : elles sont quatre, le cerveau, le cœur, le foie et les testicules. Le cerveau, le cœur, le foie sont censés être les parties qui commandent, parce que sans eux l'être humain ne pourrait pas vivre ; et aussi parce que leur lésion est généralement létale. Les testicules sont nécessaires à la génération et à la conservation de l'espèce : mais par ailleurs, ceux à qui ils ont été coupés ou brisés vivent.

32 Les 4 parties à leur service.

Quatre autres parties sont au service de ces parties : les nerfs sont au service du cerveau, les artères au service du cœur, les veines au service du foie, les vaisseaux séminaux au service des testicules.

33 Les parties simples.

Mais il ne faut pas passer sous silence qu'il y a d'autres parties simples du corps, qui se divisent en parties semblables : ainsi la chair se divise en chair, comme le rapporte Aristote dans le premier livre des *Parties des animaux*[26]. Car n'importe quelle partie de la chair est de la chair.

34 ὁμοιομερῆ, ὁμογενῆ.

---

25. *Epid. VI*, 8, 7= L V 346-347, voir ci-dessus p. 256-262.

26. *Parties des animaux* le livre I, ici cité, contient en fait l'exposé de la méthode diérétique aristotélicienne. La doctrine des homéomères est exposée au début du livre II, 645b-646a.

C'est pourquoi elles sont appelées ὁμοιομερῆ, c'est-à-dire « composées de parties semblables », et ὁμογενῆ, c'est-à-dire « composées de parties du même genre ». Et de même les parties élémentaires, les éléments sensibles[27] et les parties solides produites par la nature. Ce sont les os, les cartilages, les nerfs, les ligaments, les artères, les veines, la chair.

35 Parties composées.

Et d'autres parties sont composées, résultent des simples et se divisent en parties dissemblables, ainsi la main ne peut se diviser en mains, ni la tête en têtes.

36 ἀνομοιομερῆ, ἑτερογενῆ.

C'est pourquoi elles sont aussi appelées ἀνομοιομερῆ, c'est-à-dire de parties dissemblables, et ἑτερογενῆ, c'est-à-dire de genre différent, et aussi instrumentales. Quant au reste de ce qui se rapporte en général aux parties du corps, je ne veux pas passer en revue leur nomenclature. On doit les apprendre et les connaître par l'examen visuel, en faisant la dissection des corps, pour que chacun soit les confie à sa mémoire, soit les décrive pour lui-même et les note selon ce qu'il aura vu.

37 Études anatomiques.

Car ceci vaut mieux que de lire dans les livres sans jamais ajouter ce qu'apprennent les choses vues. Cependant si l'on a de l'aversion pour l'anatomie et que l'on pense qu'il suffit d'avoir lu, il reste beaucoup de choses de ce genre, écrites par Hippocrate, Galien et d'autres médecins grecs. On a aussi les livres d'anatomie d'André Vésale, édités récemment, dans lesquels sont rapportées beaucoup de choses que les Anciens n'avaient pas remarquées, ou qu'ils avaient omises, la joute qu'il a entreprise sur la plupart des sujets avec Galien étant encore incertaine[28].

38 L'usage des σκελετῶν.

Certains, qui se refusent à l'anatomie à cause, disent-ils, de leur sensibilité[29], préfèrent avoir des σκελετοὺς qu'ils conservent desséchés, de manière à les mettre sur une table chaque fois que cela leur plaît, et dont ils attachent les os entre eux ou les relient provisoirement avec de la cire pour observer grâce à cela la place des membres et de leurs articulations[30]. Pour ma part j'en ai utilisé un autrefois en commun avec un ami, mais je ne supporterais pas que sa

---

27. *sensilia* : doublet archaïsant de *sensibilia*, employé par Lucrèce, *DNR* II, 888. On trouve une définition des éléments sensibles dans Galien, *Des facultés naturelles*, c. VI, éd. Pichot t. II, 11 : « On appelle éléments sensibles toutes les parties homoïomères du corps », trad. Daremberg. Galien explique un peu plus haut que les éléments sensibles sont les éléments « perceptibles aux sens ».

28. Allusion à *Andreae Vesalii Bruxellensis ... De humani corporis fabrica epitome*, Bâle, Oporinus, 1543 ; voir *André Vésale. Résumé de ses livres sur la fabrique du corps humain*, J. Vons et S. Velut (éds.), Paris, 2008.

29. *mollicies* non classique.

30. *coarticulatio* non classique.

possession me soit imposée, ni gratuitement, ni à un prix accessible, quand je me souviens des accidents qui lui arrivèrent avec mon épouse et mon serviteur, qui[31] conservaient un squelette dans leur propre maison et dans un coffre personnel, en guise de trésor.

39 Les trois facultés.

Aux parties succèdent en outre immédiatement les facultés. Il y a trois facultés, à savoir, dans le cerveau, celle de l'âme, que l'on appelle ψυχικὴ et qui est triple[32].

40 Les trois facultés de l'âme. Action de chaque faculté.

La première partie est τὸ ἡγεμονικὸν, c'est-à-dire la partie principale de l'âme, à savoir la raison elle-même, et cette dernière accomplit trois actions : imagination, réflexion, mémoire. La seconde partie est sensitive, et effectue cinq actions : vue, ouïe, goût, odorat, toucher. La troisième partie est la partie motrice, qui meut les muscles grâce à un unique outillage cohérent et conjoint, les nerfs bien sûr, et à un unique mode de mouvement, lui-même volontaire[33].

41 La faculté vitale.

La deuxième faculté est la faculté vitale, dans le cœur. Elle conserve la vie par le mouvement des artères, étranger à la volonté.

42 L'action vitale.

D'où le fait aussi que c'est l'action vitale qui est appelée le mouvement[34]. Car un être humain ne peut pas vivre quand le mouvement des artères a cessé, et une interruption[35] complète du pouls ne peut pas se produire tant que l'homme est vivant. Cette faculté est la partie irritable de l'âme, puisque chez les personnes en colère, le sang autour du cœur est en ébullition. La troisième faculté naturelle est celle qui est dans le foie, et elle est la partie désirante de l'âme. Et cette dernière partie est quadruple.

43 Les quatre facultés naturelles.

La première est celle attire à elle ce qui lui est familier. La seconde est celle qui le retient. La troisième est celle qui le cuit. La quatrième est celle qui évacue les éléments étrangers. Ces facultés sont le propre de toutes les parties du corps, et non pas du foie seulement :

44 Les actions naturelles.

---

31. *famulam qui* : je lis *famulum qui* plutôt que *famulam quæ* parce que le *famulus* peut être un « stagiaire » qui apprend la médecine auprès du maître, mais ce choix reste arbitraire.

32. La faculté, δύναμις, *facultas*, est la cause du mouvement efficace, δραστικὴ κίνησις, que Galien nomme ἐνέργεια, *actio*, action, dans *De facultatibus naturalibus* I, 2. Sur la tripartition *animalis, vitalis, naturalis* qui commence ici et se poursuit aux § 41-43 voir ci-dessus p. 241 et suivantes.

33. Résumé de *Quod animi mores ...* c. 2, Barras-Birchler 79.

34. Retour aux catégories du *De naturalibus facultatibus*. Pour l'action vitale, voir l'introduction d'A. Pichot dans *Galien. Œuvres médicales choisies*, Paris, 1994, t. 1, XII-LIX.

35. *interceptio* pris dans un sens non attesté.

et elles accomplissent quatre actions : attraction ou appétence, rétention, coction, excrétion. D'autres actions leur sont associées : distribution, addition, assimilation, sanguification, séparation, nutrition et augmentation. Il y a aussi d'autres actions naturelles dès l'origine, la conception et la formation du fœtus[36].

45 Les parties de l'âme et leurs trois sièges.

Du reste, il faut observer soigneusement la distinction entre les trois parties de l'âme dont nous avons parlé et les trois sièges de ces mêmes parties de l'âme. Galien montre en effet clairement que c'était l'opinion d'Hippocrate et que Platon suit sur ce point l'opinion d'Hippocrate[37].

46 Erreur d'Aristote.

Or Aristote a reconnu trois parties de l'âme, mais a décidé que le cœur était le principe et le siège de toutes ces parties.

47 Erreur des Stoïciens.

Tandis que les Stoïciens, et surtout Chrysippe, ont certes suivi l'erreur d'Aristote, du fait qu'ils placent ces parties ou facultés dans le cœur : mais ils se trompent encore davantage en ceci qu'ils les confondent, et qu'ils enseignent tantôt qu'elles ne diffèrent pas entre elles et qu'il n'y a pas une faculté par laquelle l'être vivant se mettrait en colère, une autre par laquelle il désirerait, une autre par laquelle il raisonnerait, mais ils affirment au contraire que c'est par l'opération de la même faculté qu'ils raisonnent, se mettent en colère, désirent des nourritures, des boissons et des plaisirs sexuels. Tantôt en revanche les Stoïciens pensent au contraire, suivant Hippocrate et Platon, que ce sont trois facultés différentes qui font cela. Cependant les Stoïciens sont en désaccord avec Hippocrate et Platon du fait qu'ils attribuent à toutes ces facultés, en suivant Aristote, le siège du coeur.

48 Les 3 souffles.

Restent les souffles. Ils sont trois : le souffle de l'âme, qui traverse l'ensemble du corps par les nerfs à partir du cerveau. Le souffle vital, qui passe à travers tout le corps par les artères en venant du cœur. Et le souffle naturel, qui pénètre le corps par les veines en venant du foie. Ce sont ces souffles qui dirigent à la fois les facultés et les actions qui s'y rapportent.

49 La surveillance des souffles.

Et il faut avoir une stricte surveillance de la substance de ces souffles pour que leur qualité et leur quantité se comportent autant que faire se peut selon la nature. Mais lorsque la substance de ces souffles devient tantôt plus grande tantôt plus petite, il faut s'efforcer de corriger par un ajout ce qui s'en est

---

36. Synthèse du *De facultés naturelles* III, 9, Pichot t. 2, 102 et de *De usu partium* IV, 7, Pichot t. 1, 61 et suivantes.

37. Ces trois parties de l'âme correspondent aux trois facultés de l'âme énumérées et décrites au § 40. Pour tout ce passage, voir ci-dessus p. 241-247.

échappé, et de ramener à l'équilibre par une altération contraire ce qui s'est altéré. Or ceci se produit par l'inspiration, par laquelle le souffle de l'âme est irrigué et nourri, l'entrelacement réticulaire y contribuant aussi en quelque chose[38]. C'est aussi par l'inspiration que se nourrissent[39] le souffle vital et le souffle naturel, mais ces derniers sont également nourris en plus par le sang.

50 L'aliment du souffle.

Hippocrate connaît également cet aliment du souffle, puisqu'il dit dans le livre *De l'aliment* : ἀρχὴ τροφῆς πνεύματος, ῥῖνες, στόμα, βρόγχος, πνεύμων καὶ ἡ ἄλλη ἀναπνοή. C'est-à-dire : « le commencement de l'aliment du souffle, ce sont les narines, la bouche, la gorge, le poumon et l'ensemble de la respiration »[40].

51 Les passages de tous les aliments.

Il ajoute peu après au même endroit les passages du reste des aliments : « Le commencement, dit-il, de l'aliment à la fois humide et sec est la bouche, l'œsophage ou l'estomac, le ventre. Mais il y a un aliment plus ancien et originaire, c'est l'ombilic à travers l'abdomen ». Et il dit à nouveau dans le même livre : « il y a un seul écoulement de tout, une seule respiration, toutes choses en sympathie : ξύρροια μῖα ξύμπνοια μία, ξυμπαθέα πάντα[41].

52 *La substance de l'âme n'est pas le souffle animal*[42].

Galien affirme en outre que le souffle animal n'est ni la substance de l'âme ni son domicile, (bien que certains soient d'avis que, si vraiment l'âme était un corps, il faudrait nécessairement que le corps lui-même soit l'un et l'autre des deux, âme et corps, mais que si l'âme était incorporelle, c'est le souffle qui serait son domicile),

53 Le souffle animal est le premier organe de l'âme.

mais que ce souffle de l'âme est le premier organe de l'âme ; et le fait que le souffle de l'âme soit le premier organe pour toutes les sensations et pour les mouvements volontaires, Galien rapporte qu'on l'apprend parce qu'une fois qu'il a été vidé par des blessures, l'être vivant est immédiatement comme mort, et qu'il est privé de sensation et de mouvement ; mais il ne perd pas la vie aussi longtemps que ce souffle se rassemble, au contraire quand il se rassemble, l'animal revit.

54 La substance de l'âme n'a pas été définie par Galien.

---

38. *reticularis* non attesté.

39. *aliter* : je lis *alitur*

40. Hippocrate, *Aliment* c. XXX, Joly 144 ; L IX, 107 c. 23 (« confluence unique, conspiration unique, tout en sympathie ; toutes les parties en l'ensemble » trad. Littré du même texte grec) et L I, 141 n. 2, qui renvoie à Galien, *De placitis Hipp. et Plat.* II.

41. *ibid.* Littré c. XXIII, 143. Sur la doctrine de la *sympathie* développée en particulier par Fracastoro, voir ci-dessus p. 190 n. 22, 191 n. 26.

42. *animalis* dérivé d'*anima*.

Alors que si ce souffle était la substance de l'âme, étant évacuée en même temps que lui, l'animal périrait aussitôt. Cependant Galien laisse indéfini ce qu'est la substance de l'âme[43]. Tels sont les constituants du corps humain, qu'on veuille les appeler choses naturelles ou choses saines, et que l'on veuille les faire au nombre de sept ou de six, en réunissant ou en séparant dans le compte les éléments du monde et de l'homme. Tels sont aussi les sujets que prend en considération la première des cinq parties de la médecine, dont nous avons uniquement parlé jusqu'à présent.

55 Qu'est-ce qu'un corps sain ?

Est entièrement composé de ces constituants le corps sain qui, depuis la naissance, dans le présent, et toujours, est soit tempéré par ses parties simples, soit modéré par ses parties organiques, non de la meilleure manière et suivant le meilleur tempérament mais selon sa propre manière et son propre tempérament. Mais comme Galien, ainsi que nous l'avons dit, fait trois genres de choses saines, le corps, le signe et la cause, on doit mentionner également ici le signe sain et la cause saine. Mais je ne sais pas de quelle manière il lui est apparu que la cause saine, à la fin du livre *De l'art*, était interprétée autrement que cela peut sembler établi au début de ce même livre[44]. Nous parlerons plus tard plus amplement de ce sujet[45]. Exposons d'abord quels sont, d'après son opinion, les signes sains.

56 Triples signes sains.

Ils sont triples. Certains renvoient au souvenir de l'état de santé antérieur, certains montrent l'état de santé présent à reconnaître, certains présentent une prénotion de l'état de santé futur. Ces signes sont pris à partir de l'essence des corps sains, ainsi que le comporterait une constitution saine, dans la symétrie des parties simples, chaleur, froid, sécheresse, humidité, dans la formation des parties organiques, leur taille, leur nombre et leur place. Enfin ces signes sont pris à partir des actions, et à partir des accidents qui les suivent nécessairement ; il faut par-dessus tout que ces actions soient sans atteinte, et que leur couleur soit conforme à la nature, et ceci plus ou moins dans les unes et les autres. Galien expose tout cela très abondamment dans le livre déjà mentionné[46].

57 Trois choses contre nature.

Mais la seconde partie de la médecine apprécie les choses contre nature, et celles qui détruisent l'harmonie de la santé ; et ce sont celles qu'Hérophile dans sa définition dit morbides dans le second passage[47]. Il y a trois choses

---

43. *De usu respirationis* trad. Corn 851 : *animae substantiam ignoramus*.
44. *Art médical* c. 23, Boudon 344 et n. 425 pour le « début » ; c. 36-6, 385 pour la « fin ». Les chapitres sur les causes ne traitent que des causes saines.
45. Voir plus loin les §§ 127-137 et en particulier le § 133.
46. C. 3-22, Boudon 177.
47. § 10, « qui détruisent l'harmonie de la santé ».

contre nature : la maladie, la cause précédant la maladie et le symptôme suivant la maladie. Leur connaissance est nécessaire au médecin. Car sans cette connaissance, leur traitement ne peut être correctement établi. Ces causes sont ce contre quoi nous posons des remèdes, et quand elles sont supprimées, les maladies le sont aussi, comme nous le verrons plus amplement par la suite.

58 Qu'est-ce que la maladie ? Les trois genres de maladies.

Ainsi la maladie est une affection du corps contre nature, lésant d'abord et par elle-même l'action[48]. Il y a en tout trois genres de maladies : ou bien la maladie naît d'un tempérament vicié, et s'installe dans les parties simples, ou bien étant née d'une constitution et d'une composition viciées elle s'attache aux parties composées, ou bien elle se trouve dans les deux types de parties quand l'union a été défaite. Donc il y aurait un premier genre de maladie quand un tempérament naturel est vicié, qu'il soit simple ou composé, de telle sorte qu'il se fait une *intempérie* morbide, cette dernière se produisant soit quand seule la qualité des parties simples a été altérée, soit avec conjonction d'une humeur ayant la même qualité.

59 Second genre de maladies, quadruple.

Le second genre de maladie d'une constitution viciée est quadruple. Car les parties organiques sont viciées dans leur formation, dans leur taille, dans leur nombre et dans leur composition. Elles le sont dans leur formation lorsqu'elles n'ont pas reçu la forme ou la cavité ou le conduit qui conviennent, ou bien lorsqu'elles en ont perdu quelque chose qui devait être présent, ou encore lorsqu'une aspérité, un gauchissement[49] ont été altérés d'une façon qui ne convient pas. Mais il y a deux sortes de différences de taille, lorsqu'une partie est plus grande ou plus petite qu'il ne faut. Et il y a aussi une double différence du nombre, ou bien par déficience d'une partie qui devait être présente, ou bien par excès d'une partie qui devait être absente. Il y a maladie dans la composition quand la place naturelle des parties ou leur association naturelle ont été changées. Et dans ce genre il peut se produire des maladies composites, selon qu'une partie est affectée par deux maladies rapportées ou davantage.

60 Troisième genre de maladies, multiple.

Le troisième genre d'union ou de continuité rompues, qui peut se produire dans les parties simples et dans les parties composées, est multiple. Car lorsqu'il se produit dans les os, on l'appelle une fracture, quand il se produit dans une partie charnue, une blessure, dans les nerfs, une convulsion, dans les ligaments une *divulsion*[50], dans les vaisseaux, une rupture, dans les muscles une contusion, par suite d'un coup ou d'un accident violent ou d'un autre mou-

---

48. Définition maintes fois reprise, par exemple dans *De morborum causis*, *De symptomatum differentiis* etc.
49. *laevitas* non attesté
50. *divulsio* sens non attesté

vement fort. Dans ce genre, les maladies composites peuvent se produire à partir de plusieurs événements survenant ensemble. Tels sont en général tous les genres de maladies.

61 Qu'est-ce que la cause ?

Poursuivons pour aller vers les causes, sans la connaissance desquelles aucune maladie ne peut être connue. Donc la cause est une affection du corps contre nature, précédant la maladie et la produisant, sans léser d'abord et par elle-même l'action, mais seulement quand la maladie intervient[51]. Et en ceci elle diffère de la maladie, parce que celle-ci, comme nous l'avons dit, lèse l'action d'abord et par elle-même.

62 Cause antécédente interne.

Or la cause est une affection qui précède dans le corps telle qu'elle indique son ablation, soit que par elle la maladie soit future soit qu'elle se soit déjà produite.

63 Cause conjointe, la maladie elle-même.

On peut appeler cause conjointe une cause qui n'est rien d'autre que la maladie elle-même, telle qu'en sa présence la maladie est là, et quand elle a été enlevée la maladie est supprimée. Il y a par conséquent deux appellations d'une seule cause interne, selon que la maladie est future ou qu'elle a déjà été produite par cette cause, de telle sorte que, quand la cause précède dans une maladie future, elle peut déjà être dite cause conjointe de fait.

64 Passage de Galien traduit.

Galien explique qu'il en va bien ainsi en ces termes dans *De l'art* : « Certes il faut soigner une maladie qui s'est produite et qui existe déjà. Mais il faut empêcher que la maladie qui n'existe pas encore, mais qui est future, par suite de l'affection qui est dans le corps, ne se produise[52]. Soigner ce qui s'est déjà produit d'après ce qui se produit encore : mais ce qui est futur, empêcher que cela ne se produise. Or cela sera empêché si l'on supprime l'affection à partir de laquelle cela se produit d'habitude. On appelle cause précédente une telle affection. Tandis qu'une maladie déjà produite sera soignée par la suppression de l'affection par laquelle l'action est d'abord lésée selon la nature, affection dont nous disons aussi très bien qu'elle est la cause même de la maladie »[53]. Tels sont les mots de Galien.

65 La cause conjointe lèse d'abord l'action.

Il ne dit pas que la cause est conjointe, néanmoins l'affection dont il dit qu'elle lèse d'abord l'action, et il ajoute qu'elle doit aussi être appelée cause

---

51. Les §§ 61-69 résument Galien, *De causis morborum*, K VII, 1-41, Fichtner 43.

52. *ut ne fiat prohibere* : *ne* explétif.

53. Boudon 360-361 et l'interprétation du texte d'Ali ibn Ridwan 361 n. 2. La traduction de διάθεσις par *affectio* est à l'origine des principales différences que l'on trouve dans la version de Janus Cornarius, qui corrige la traduction de Fuchs.

de la maladie, n'est pas autre chose que la cause conjointe, c'est-à-dire la maladie elle-même. Car une telle affection n'est pas une autre cause que celle qui lèserait d'abord et par elle-même l'action, comme nous l'avons dit un peu plus haut.

66 Αἴτιον προσεχές, συνεχές, συνέχον, συνεκτικόν.

Et cette cause conjointe est appelée par Galien en de nombreux passages προσεχές et συνεχές αἴτιον et συνέχον et συνεκτικόν et se produit par la cause antécédente.

67 Προηγουμένη. Προκαταρκτική.

Cette cause antécédente est interne, et souvent elle sommeille, jusqu'à ce qu'elle se réveille, provoquée par une cause externe, et produise une maladie. Et de même que la première est appelée προηγουμένη, de même cette cause externe est appelée προκαταρκτική, du fait que, la cause interne une fois provoquée, c'est la cause externe qui donnerait comme le principe de l'apparition de la maladie, et ceci fait disparaîtrait : ainsi agissent la grande chaleur, le froid, la fatigue, le coup porté et d'autres choses semblables.

68 Cause provoquante.

Mais la cause antécédente dans le corps est parfois une double intempérie, ou même une intempérie composite, tantôt une qualité viciée des humeurs, tantôt une surabondance des humeurs. Et ce sont ces deux causes qui tiennent le commandement dans les maladies.

69 συναίτιος causa. Concausa.

Cependant il y a aussi d'autres causes, qui en quelque sorte concourent et coïncident avec elles, telle que celle qu'on appelle συναίτιος c'est-à-dire cause associée[54], et elle peut produire une affection soit par elle-même soit avec une autre cause. Ainsi en va-t-il du calcul, et de l'inflammation dans la vessie. Tous deux ensemble en effet sont la cause d'une suppression de l'urine, et l'un et l'autre peuvent aussi supprimer l'urine par eux-mêmes. De la même façon Hippocrate au livre 6 des *Epidémies*, troisième section, dit que « la flatuosité[55] est à la fois une cause associée et une cause chez ceux qui ont les épaules proéminentes à la manière d'ailes. Car ils sont flatueux. Τὸ φυσῶδες ξυναίτιον, dit-il, τοῖσι πτερυγώδεσι. Καὶ γὰρ εἰσι φυσώδεες »[56]. Telle est la cause appelée σύνεργος c'est-à-dire coopératrice. Elle est cependant davantage une partie de la cause, parce que par elle-même elle ne peut pas produire l'affection, mais elle coopère avec l'autre cause : comme le coït coopère dans la goutte, et l'action de ramer coopère dans le vomissement de sang. De plus pour la cause antécédente dans le corps, dont nous avons dit qu'elle était parfois une intem-

---

54. *concausa* non attesté.
55. *flatuositas* non attesté.
56. Hippocrate, *Epidémies* VI, 3, 5, Manetti Roselli 56 = L V, 294-295 : « l'état flatulent concourt à la production des éruptions furfuracées de la tête, car les individus ainsi affectés sont semblables à du son (πιτυροειδής) ».

périe simple, parfois aussi une intempérie complexe, parfois une qualité viciée des humeurs : il faut considérer plus largement les causes qui produisent soit des intempéries simples, soit des intempéries complexes, soit seules, soit avec conjonction d'une humeur. De même il faut considérer les causes des genres de constitution viciée, et celles des modes d'union défaite : nous laissons les chercher toutes dans le livre de Galien *De causis morborum*. Venons-en à la troisième affection du corps contre nature, le symptôme de la maladie lui-même. Ainsi le symptôme est une affection du corps contre nature, suivant la maladie comme son ombre, et se produisant par-dessus la maladie[57].

70 ἐπιγέννημα.

C'est pourquoi certains médecins l'appelèrent aussi ἐπιγέννημα c'est-à-dire produit en plus[58]. Voilà donc la juste notion de symptôme et sa définition en tant qu'affection contre nature.

71 *Différence entre symptôme et maladie.*

Le symptôme diffère de la maladie en ceci que la maladie est une affection contre nature lésant l'action. Il est en effet nécessaire que s'il doit y avoir une maladie, elle soit pour le genre une affection, et qu'elle lèse l'action. Mais ni dans l'un ni dans l'autre cas il n'est nécessaire que les symptômes soient présents. Le symptôme a donc suffisamment été défini comme étant contre nature, même s'il n'est pas une affection, et qu'il ne lèse aucune action. Car il a ceci en propre d'être contre nature.

72 *Différence entre symptôme et* πάθος. *Qu'est-ce que* πάθος ?

Le symptôme est aussi différent de la passion, qui se dit *pathos* : parce que *pathos* serait absolument une altération de la matière dans le mouvement et qui se produit encore, et parfois selon la nature. Mais le symptôme ne se trouve pas seulement dans le mouvement mais aussi dans un certain comportement, et absolument contre nature[59]. Tandis que l'affection dure un certain temps. C'est pourquoi la maladie et sa cause sont seulement des affections, non des *pathè*. Tandis que si le symptôme est la lésion d'une action, il est dit à la fois *pathos* et affection. Mais s'il est affect du corps, il est appelé à la fois *pathos*, symptôme et affection[60]. Mais pour que ces choses soient plus claires, distinguons plus soigneusement les symptômes.

---

57. Les §§ 70-85 résument Galien, *De symptomatum differentiis*, K VII, 42-84, Fichtner 44, et citent littéralement certains passages, en corrigeant la traduction de Leonhart Fuchs ici K VII, 50.

58. *De symptomatum differentiis*, K VII, 42 et 51 par exemple.

59. Citation modifiée de K VII, 52, 14-17 : « νοσήματος μὲν δὴ ταύτῃ διήνεγκε, παθήματος δὲ τῷ τὸ μὲν ἐν κινήσει πάντως εἶναι τὸ πάθημα καὶ κατὰ φύσιν ἐνίοτε, τὸ δὲ σύμπτωμα δὲ οὐκ ἐν κινήσει μόνον, ἀλλὰ καὶ καθ' ἕξιν τινά, καὶ πάντως παρὰ φύσιν. C'est par cela qu'il (*sc.* le symptôme) est différent de la maladie, tandis qu'il l'est de *pathèma* par le fait que d'une part *pathèma* est absolument en mouvement et quelquefois selon la nature, et que d'autre part le symptôme n'est pas seulement en mouvement, mais aussi selon un certain état, et absolument contre nature ». Voir aussi *Methodus medendi* K X, 67 dont le livre I a été traduit par Janus Cornarius.

60. Sur l'aspect polémique de ces définitions, voir M.-L. Monfort, « Le *Medicina siue Medicus* de Janus Cornarius, une réplique à la *Medicina* de Jean Fernel », dans *Pratique et pensée médicales à la Renaissance*, 51ᵉ Colloque international d'études humanistes, Tours, 2-6 juillet 2007, J. Vons (éd.), Paris, 2009, 223-240.

73 *Pathos* pour maladie.

Car Galien témoigne d'ailleurs de ce que les Anciens ont employé à tort le nom de *pathos* même pour les maladies.

74 *Le symptôme selon le genre.*

Et si nous comprenons le symptôme selon le genre de tout ce qui arrive à l'être vivant contre nature, même la maladie et les causes antécédentes des maladies dans le corps, seront des symptômes. C'est pourquoi les symptômes proprement dits (ceci pour appeler symptômes tout ce qui est contre nature à l'exclusion des maladies et des causes) sont triples.

75 Symptômes simples.

Certains sont en effet des lésions des actions ; certains sont des affections de notre corps ; certains accompagnent ces deux situations, que l'on discerne ou retient à cause de l'anomalie[61]. Donc ces symptômes qui sont des lésions d'actions sont en aussi grand nombre que nous avons recensé d'actions animales et d'actions naturelles, ci-dessus dans les choses naturelles et la première partie de la médecine. Car selon que sont lésées les actions animales et naturelles, ou qu'elles sont même interrompues ou qu'elles se passent mal, de même apparaissent leurs symptômes toujours autres. Bien plus, au sujet du mouvement des artères, que nous disons être une action vitale, un pouls interrompu ou gâté est un symptôme. Or que les symptômes de ce genre se produisent totalement à partir de la maladie précédente, cela est absolument évident.

76 *Les maladies sont les causes des symptômes.*

C'est pourquoi les maladies sont les causes des actions lésées et de leurs symptômes. Bien plus les maladies précèdent les deux autres genres de symptômes, et ont la raison de la cause si l'on prend en considération les symptômes.

77 Série de nombreux symptômes[62].

Et il arrive souvent qu'une série de symptômes se produise, et ensuite une série de symptômes leur succédant, à savoir un premier venant de la maladie elle-même, mais à partir de celui-ci un second, et encore un troisième à partir de ce dernier, et ensuite un quatrième à partir du troisième.

78 Symptômes qui sont des affections du corps.

Mais il existe un autre genre de symptômes, qui sont les affections du corps ; il est quadruple, car certains se présentent au regard, certains à l'odorat, certains au goût, certains au toucher[63].

79 Symptômes offerts aux sens.

---

61. *immodestia* : sens non attesté.
62. *multarum* : je lis *multorum*.
63. *De symptomatum differentiis*, K VII, 74.

Ceux qui se présentent au regard consistent en couleurs contre nature, soit sur tout le corps, soit sur une seule ou sur plusieurs parties. Les symptômes se présentant à l'odorat sont d'abord les symptômes à l'odeur forte, qui s'offrent soit dans la respiration soit dans la perspiration de tout le corps. Puis ceux qui sont apportés par les oreilles, les narines, les aisselles, et les parties pourrissantes ; de même ceux des rots corrompus. Sont exposés au goût les choses que le malade lui-même découvre. Car il peut goûter lui-même la salive sur sa langue, la sueur, et le sang s'écoulant dans sa bouche, de même ce qui sort des poumons et ce qui est vomi du ventre et interpréter à partir de là des symptômes. Les symptômes offerts au toucher sont une peau dure, tendue et rugueuse, ou encore flasque, ou ridée. Et d'après ce qui est rapporté, ce que j'ai dit est manifeste, à savoir que ce genre tout entier de symptômes a son origine dans les maladies.

80 *Les qualités secondes suivent les tempéraments.*

Car toutes les différences de couleurs, de vapeurs, de saveurs découlent des tempéraments des corps solides. De même aussi, dit Galien, les différences proposées au toucher sont encore beaucoup plus que les choses rapportées : du fait qu'elles sont du même genre que les qualités qui ont la force d'agir. C'est pourquoi tout ce qui en eux est contre nature a entièrement son origine dans l'intempérie : de même que ce qui est selon la nature, a son origine dans un bon tempérament. Mais toute intempérie est maladie. Donc de tels symptômes ont leur origine dans les maladies.

81 Passage de Galien corrigé.

Tels sont les mots de Galien, que j'ai transcrits pour que soit corrigé ce passage dans le livre *De la différence des symptômes* dans lequel certains mots sont en trop, qui se sont immiscés de la marge dans le contexte, présentant le mot ὁμογενεῖς c'est-à-dire « du même genre ». Voici les mots en trop : ὁμογενεῖς αὐτὰς εἶπεν, ὡς ὑπὸ τῆς αὐτῆς αἰσθήσεως κρινομένας. Καὶ γὰρ μαλακότης καὶ σκληρότης ὑπὸ τῆς ἁφῆς δοκιμάζονται, καθάπερ αἱ δραστικαὶ ποιότητες. C'est-à-dire : « Il dit qu'elles sont du même genre parce qu'elles sont jugées par le même sens.

82 *Qualités premières et secondes du toucher.*

Car la mollesse et la dureté sont jugées par le toucher, de même que les qualités ayant la force d'agir » : c'est-à-dire le chaud et le froid[64].

83 Symptômes dans les excrétions.

Il reste un troisième genre de symptômes, qui suit lui-même tout à fait les maladies, soit aussitôt, soit succédant à d'autres symptômes venus dans l'inter-

---

64. *De symptomatum differentiis* K VII, 76-77. La correction proposée ici par Janus Cornarius n'a toujours pas été adoptée par ses successeurs. Cette remarque témoigne encore une fois de sa grande attention au vocabulaire et à la technique de la division telle que la pratique Galien, méthode qui comme ici pour ὁμογενεῖς, mérite parfois des explications.

valle, dans lesquels on discerne ou retient les choses contre nature. Il y a trois différences entre ces symptômes. Ils se distinguent de l'état naturel ou bien par toute la substance, ou bien par la qualité, ou bien par la quantité. Ainsi une éruption sanguine est contre nature par tout le genre de la substance que l'on discerne. Ainsi aussi le flux des femmes. Mais également les sueurs ou bien se discernent de manière immodérée, ou bien sont retenues de manière non opportune.

84 Diabète.

La difficulté de l'urine et son écoulement goutte à goutte et son écoulement abondant, qu'on appelle le diabète, appartiennent à ce genre de symptômes[65]. De même les autres excrétions qui sont soit trop abondantes, soit trop peu. Mais dans tous ces cas il faut prendre garde à ne pas reconnaître comme symptômes les œuvres des excrétions qui se font selon la nature.

85 Œuvres à distinguer des symptômes.

Car ces dernières se produisent pour une utilité : tandis que les symptômes suivent des actions lésées et se présentent comme des actions lésées. Voilà ce que l'on peut dire sur les symptômes.

86 Où est la santé ?

Maintenant, de même que la santé consiste en un corps sain, où la cause est saine, l'action intacte et la couleur selon la nature,

87 Où est la maladie ?

de même dans un corps malade, où la cause est malade, l'action lésée, et la couleur altérée, se trouve la maladie. Et selon Galien, dans un corps neutre où la cause est neutre, l'action est neutre, l'affection est également neutre, intermédiaire entre la santé et la maladie.

88 Qu'est-ce qu'un corps malade ?

Par conséquent un corps malade est un corps anormal de naissance et actuellement et pour toujours, ou bien dans ses parties simples ou bien dans ses parties organiques.

89 Qu'est-ce qu'un corps neutre ?

Tandis que le corps neutre est exactement intermédiaire entre le corps le plus sain et le corps le plus malade.

90 Les causes dans *L'art médical* de Galien.

Et lorsque le même Galien, dans *De l'art*, fait un corps sain, un signe sain et une cause saine ; et à nouveau un corps malade, un signe malade et une cause malade ; et troisièmement un corps neutre, un signe neutre et une cause neutre, comme nous l'avons déjà dit suffisamment plus haut ; et que ce corps paraît être triple, avoir en lui les triples signes qui lui ont été attribués, et avoir

---

65. K VII, 81.

de même les triples causes, il est assurément tout à fait étonnant que ces triples causes ne se trouvent pas dans le corps lui-même mais qu'il les ait situées dans l'usage des choses non naturelles et de leurs aides et de leur matière, étant donné que toutes ces choses, selon qu'elles sont utiles ou nuisibles, ou qu'elles existent de manière neutre, sont des causes saines, malades ou neutres. Car elles sont assurément des causes, mais externes et qui produisent elles-mêmes aussi des causes internes. Or il semble que ce passage réclame un traitement des choses internes. Mais nous reverrons ce sujet un peu plus tard[66].

91 Les signes morbides sont triples.

Ajoutons ici quelque chose au sujet des signes morbides : de même que les signes sains sont triples, de même les signes malades sont triples. Certains signes en effet rappellent en mémoire une maladie passée, certains montrent qu'il faut reconnaître une maladie présente, certains montrent une prénotion d'une maladie future.

92 *D'où sont pris les signes sains ?*

Et de même que les signes sains sont pris à partir des corps sains, de même aussi ces signes morbides sont pris à partir de l'essence des corps morbides, des actions et des symptômes qui les suivent nécessairement : de telle sorte qu'un corps est malade par constitution, par intempérie des parties simples, par la chaleur, le froid, la sécheresse et l'humidité ; et par la formation des parties organiques, leur taille, leur nombre et leur place. Ensuite que les actions soient lésées, ce qui est le signe principal d'un corps malade ; et que la couleur soit viciée, comme je l'ai dit un peu plus haut. Mais il faut admettre que toutes ces choses existent plus ou moins chez les uns et chez les autres. Et assurément, le genre tout entier des symptômes, et tout ce qui arrive au patient, est pour le médecin le même signe, présentant parfois à son sujet un jugement des trois moments *ex-aequo*.

93 Signes des indications.

Mais au contraire les indications qui insinuent ce qu'il faut faire sont pour le médecin les signes venant de la nature même de la chose, qui ourdit et trouve elle-même ce qui suit et ce qu'il faut faire.

94 Qu'est-ce que ἔνδειξις ?

En effet l'indication, que les Grecs appellent ἔνδειξις, est « l'insinuation de ce qui suit ou de ce qui doit être fait, ou de ce qui en découle et de ce qu'il faut faire »[67].

95 *Indication unique de toutes les maladies.*

---

66. Voir plus loin §§ 133-137.
67. Citation approximative et résumé du contexte de : τὴν γὰρ οἷον ἔμφασιν τῆς ἀκολουθίας ἔνδειξιν λέγομεν, *Methodus medendi*, K X, 126-127. La notion d'indication a pu sembler propre à la secte méthodique, d'après D. Gourevitch, « Les voies de la connaissance : la médecine dans le monde romain » dans *Histoire de la pensée médicale en Occident,* t. 1 Antiquité et Moyen Age, Mirko G. Grmek (éd.), Paris, 1995, 102. Mais Galien en fait aussi une notion cardinale chez les Dogmatiques, dans *De sectis ad eos qui introducuntur,* K I, 72 et la théorie proprement galénique de l'indication, qui est la méthode pour soigner, *methodus medendi*, est exposée tout au long du traité intitulé *Methodus medendi,* K X, 1-1021, ici résumé en quelques lignes.

Cependant il y a une seule indication commune pour le traitement de toutes les maladies, c'est la contrariété, selon le mot d'Hippocrate : les contraires sont les remèdes des contraires[68]. Cependant Galien a recensé treize choses, dans *De methodo medendi*, à partir desquelles on peut tirer des indications, c'est-à-dire des signes et des significations pour le traitement.

96 Les 13 indications.

La première de ces indications se tire de l'affect lui-même qui doit être soigné ; la seconde, du tempérament du patient ; la troisième, de la nature de la partie affectée ; la quatrième des forces du patient ; la cinquième de l'air qui nous entoure ; la sixième de la saison ; la septième de la région ; la huitième de l'âge ; la neuvième de la charge de vie ; la dixième des habitudes ; la onzième de la taille de la maladie ; la douzième de la position de la partie affectée, de sa forme, de son utilité et de la finesse de la sensation ; la treizième des humeurs à soigner[69]. Mais il y en a aussi d'autres qui ne sont pas d'aussi grande importance pour l'indication du traitement. Mais bien que les indications soient les signes de ce qu'il faut faire, c'est-à-dire du futur traitement, parce qu'elles doivent être considérées comme se rattachant davantage à la guérison que les signes malades, néanmoins il a plu de les recenser ici parce qu'ils sont regardés le plus possible dans les maladies seules, et doivent être regardés, si l'on veut trouver des remèdes à partir de la méthode par l'indication de chaque maladie : et non trouver des remèdes à partir de l'expérience, qui repose sur l'observation et la mémoire, pour guérir les maladies[70].

97 *Triple genre de signes.*

Mais lorsque le traitement a été bien établi à partir de l'indication, il faut ensuite faire attention à un triple genre de signes. Le premier genre des signes est celui de la coction ou de la crudité. Le second est le genre des signes critiques. Le troisième ce sont les signes de salut et de mort. Au sujet du premier et du second genre, Hippocrate a résumé les choses ainsi, dans le livre I des *Épidémies,* à la fin de la deuxième constitution :

98 Signes de la concoction.

---

68. *Meth. Med.* XI, 2, K X, 739.

69. La liste des 13 indications reprend des notations éparses dans *Methodus medendi*, comme *ab affectibus* K X, 644, *ex uiribus* 642, *ex aëre* 651, et s'insère dans une théorie de la cause et du signe propre à Janus Cornarius, dans laquelle l'indication remplace en somme le symptôme et le signe, comme cela vient d'être dit au § 95. La référence la plus pertinente pour la théorie galénique des indications telle qu'il la conçoit est en réalité l'index de son édition complète de Galien, dont on notera au passage que celui de Kühn n'offre qu'une sélection, et où l'on retrouve souvent la même formulation qu'ici.

70. Echo de la longue polémique contre les médecins de la secte empirique, et spécialement contre Thessalos, qui structure tout le traité *Methodus medendi.*

« Toutes les choses qui ne tournent pas dangereusement, il faut les considérer comme des coctions des excréments, toutes absolument[71] tempérées ou bonnes, et comme des issues de crise.

99 Signes critiques.

Les concoctions signifient la rapidité de la crise et la sûreté de la santé. Tandis que les matières crues et non cuites se transforment aussi en issues mauvaises : suppression de la crise, douleurs, durée, mort ou récidives des mêmes. Il faut considérer à partir d'autres choses ce qui arrivera principalement à partir de ces derniers ». Voilà ce qu'a dit Hippocrate[72]. Le livre des *Prénotions* qu'il a écrit est tout entier sur le troisième genre de signes[73].

100 *Signes de salut ou de mort.*

Il y expose d'abord les signes particuliers du salut et de la mort, puis joint ensemble les bons et les mauvais signes, les développe, les présente, ce qu'il vaut mieux apprendre de ses propres mots :

101 Bons signes.

« Voici, dit-il, quels sont les bons signes : supporter facilement la maladie, bien respirer, être délivré de la douleur, rejeter facilement les glaires en toussant, que le corps paraisse chaud et souple de manière égale, ne pas avoir soif, les urines, les déjections alvines, le sommeil et les sueurs comme cela a été décrit. Il convient de savoir que toutes ces choses arrivent une à une, étant donné qu'elles sont bonnes. Car si tout se passe ainsi, l'homme ne meurt pas. Mais s'il en arrive certaines, et certaines non, l'homme ne vivra pas au-delà du quatorzième jour.

102 Mauvais signes.

De plus leurs contraires sont de mauvais signes : supporter difficilement la maladie, avoir un souffle grand et rapide, que la douleur ne soit pas calmée, rejeter avec peine les glaires en toussant, avoir très soif, que le corps soit tenu de manière inégale par la fièvre, que le ventre et les flancs soient très chauds, mais le front, les mains et les pieds très froids. Les urines, les déjections alvines, le sommeil et les sueurs comme cela a été décrit. Il faut savoir que ces signes un par un sont mauvais. S'il s'en produit un au crachement, l'homme périra avant le quatorzième jour, soit au neuvième, soit au onzième. Il faut donc faire les prédictions en s'appuyant sur ces signes bons et mauvais. Ainsi l'on pourra atteindre le mieux possible la vérité »[74].

103 Qu'est-ce que la crise ? Κρίσις.

---

71. *undiquaque* non attesté.
72. Hippocrate, *Epidémies* I, L II, 632.
73. Hippocrate, *Pronostic*, L II, 110-111.
74. *Pronostic* I, c. 15, L II, 148-150.

Du reste pour connaître les signes critiques, il faut savoir ce qu'est la crise, et dans quelles maladies, quand et comment elle se produit. La crise, que les Grecs appellent κρίσις, est un changement soudain de la maladie, soit vers la guérison soit vers la mort. Elle se produit dans les maladies aiguës, au plus haut point de sa vigueur, la nature séparant les mauvaises choses des bonnes, et préparant leur excrétion. Lorsque cela se produit, la crise est bonne ; si c'est le contraire, elle est mauvaise : à coup sûr quand le patient périt, ses forces ayant été vaincues.

104 La crise se produit de quatre manières.

Car parfois la guérison ou la mort n'arrivent pas immédiatement : mais il arrive une tendance vers un mieux ou vers un pire : si bien que ce changement dans la maladie survient de quatre manières, à savoir vers la guérison, ou bien tout à fait vers un mieux, vers la mort, ou tout à fait vers un pire. Il faut donc remarquer ici que toutes les maladies sont soit aiguës soit chroniques[75].

105 Maladies chroniques.

Les maladies chroniques sont froides, et ont leur origine dans les humeurs froides, la pituite et la bile noire : elles ne se finissent pas, ne sont pas jugées, à un moment déterminé et fixe.

106 Maladies aiguës.

Tandis que les maladies aiguës se jugent en quatorze jours, dit Hippocrate, *Aphorisme 23* de la section II[76]. Et tel est simplement le terme des maladies aiguës, aucune n'excédant la durée de deux semaines. Car ceux qui sont jugés en dehors de ce terme, le sont à partir d'une tendance à la moitié, jusqu'au quarantième jour : ce sont ces maladies qu'Hippocrate appelle maladies simplement aiguës, dit Galien. Mais pour l'appellation complexe, afin que l'explication soit totale, les maladies aiguës sont celles qui sont jugées en quarante jours. Mais ceux qui parlent de maladies aiguës par transformation, indiquent cela plus clairement[77].

107 *Maladies aiguës par transformation.*

À leur sujet voici ce qu'il dit dans le livre des *Prénotions* : « Il convient de penser que, dans toutes les maladies aiguës qui se produisent avec des fièvres, une bonne respiration a une grande force pour guérir, et elles sont jugées en quarante jours »[78]. Mais beaucoup peuvent être jugées avant le quatorzième jour : puisqu'on a trouvé que de nombreuses maladies avaient été jugées le onzième, le neuvième, le septième, le cinquième jour.

---

75. Distinction canonique remontant à Hippocrate, *Régime dans les maladies aiguës*, L II, 394-529, systématisée à l'époque romaine. Voir par exemple Galien, *De diebus decretoris, in fine*.

76. *Aphorismes* II, 23. L IV, 476-477.

77. Galien, *Commentaire au Pronostic* c. 28, BEC 32 t. 4, 749 : *in solis simpliciter acutis morbis qui cum febre infestent, et item ex conversione in quadragesimum ueniant diem.*

78. Hippocrate, *Pronostic* c. V, Jones 14.

108 Maladies suraiguës.

De telles maladies sont dites suraiguës, comme c'est le cas de l'angine, autant celle que les Grecs appellent συνάγχη que celle qu'ils appellent κυνάγχη[79] : et le choléra, dans lequel la bile jaune sort par en haut et par en bas. Sont simplement « aiguës la pleurésie, la péripneumonie, la frénésie »[80]. Sont chroniques l'hydropisie, la phtisie[81]. Voilà ce que l'on peut dire sur ce sujet.

109 *Les quatre temps des maladies.*

Parce que j'ai dit que la crise se produisait au plus haut point de la vigueur de la maladie, il faut remarquer en outre ici qu'il y a quatre moments des maladies : le début, la poussée, la vigueur, et le déclin. On doit tenir ces moments pour universels dans les maladies. Car les exacerbations des fièvres ont également leur début, leur poussée, leur vigueur et leur déclin particuliers. Voici ce que rapporte Hippocrate au sujet de ces moments dans le livre des *Prénotions* : « Ceux pour qui la douleur a commencé à se produire le premier jour, la sentiront davantage le quatrième jour que le cinquième, mais seront délivrés le septième jour. Cependant la plupart d'entre eux commencent à souffrir le troisième jour, mais sont le plus malmenés le cinquième jour, sont libérés le neuvième jour ou le onzième. Ceux qui ont commencé à souffrir le cinquième jour, et ceux qui le deviennent pour une autre raison que les précédents, pour eux la maladie est jugée le quatorzième jour »[82].

110 Les jours critiques.

Dans le même livre, il indique assez clairement quels sont les jours critiques, ceux où se produisent les crises, en proposant l'exemple des fièvres : « Les fièvres, dit-il, sont jugées dans le même nombre de jours pour ceux qui s'en sortent sains et saufs et pour ceux qui en meurent. Les fièvres les plus douces, reposant sur les signes les plus sûrs, cessent le quatrième jour, ou avant. Les fièvres les plus malignes et qui commencent avec les signes les plus horribles, tuent le quatrième jour, ou avant. Le premier jour finit donc ainsi d'un seul bond[83], le second mène au septième jour, le troisième au onzième, le quatrième au quatorzième, le cinquième au quinzième, le sixième au vingtième »[84].

111 *Valeur du nombre quaternaire de jours.*

---

79. BEC 32 t. 4, 93 C : *De affectorum locorum notitia* IV, 3.

80. Hippocrate, *Du régime des maladies aiguës* V, 1, Joly 37 = L II, cité et commenté dans Galien, *De difficultate respirationis* livre 3 c. 9, BEC 32, 292.

81. L'index de BEC 32 donne t. 7. 12. 1 mais le texte reste introuvable.

82. *Pronostic* c. 24, L II, 184.

83. *insultus* de *insilio* : sauter dessus.

84. *Pronostic* c. 20, L II, 168.

Donc ces assauts des maladies les plus aiguës durent entre quatre et vingt jours, par addition. Dans les *Aphorismes*, deuxième section, après avoir dit : « Les maladies aiguës se jugent en quatorze jours » il conclut aussitôt dans l'aphorisme suivant :

112 Valeur du nombre septénaire de jours.

« L'indicateur est la quatrième partie de la semaine, la huitième partie de l'autre huitaine est le principe. Il faut donc prendre en considération la onzième. Car elle est la quatrième partie de la seconde huitaine. Il faut à nouveau considérer la dix-septième, car elle est la quatrième à partir de la quatorzième et la septième à partir de la onzième »[85]. Voilà la valeur qu'Hippocrate a attribuée au nombre de quatre jours et de sept jours. Et Hippocrate attribue la même valeur pour juger les maladies non seulement au nombre de sept jours, mais aussi de sept mois et de sept ans et de deux fois sept ans.

113 *Valeur du nombre septénaire pour tout.*

Voici ce qu'il dit dans les *Aphorismes* section III, aphorisme 28 : « La plus grande part des affections chez les jeunes enfants sont jugées soit en quarante jours, soit en sept mois, soit en sept ans, soit quand ils arrivent à la puberté. Mais les affections qui demeureront chez les jeunes enfants, et qui ne seront pas jugées aux environs de la puberté, ou pour les filles vers l'apparition des règles, deviennent d'habitude chroniques »[86]. Dans ce passage, Galien dit qu'il parle lui-même de maladies chroniques, et il complète la phrase de l'aphorisme en ajoutant de lui-même au mot *affections* le mot *chroniques*.

114 Quarantième jour.

Et il ajoute : « Le quarantième jour est le premier jour critique dans les maladies chroniques ». Mais il est le dernier dans les maladies aiguës par transformation, comme je l'ai dit un peu plus haut. « Ceux qui dépassent ce nombre, dit-il, ont une crise selon la règle septénaire, de telle sorte que les jours ne se consumeront pas davantage, mais d'abord sept mois et ensuite sept ans ; après lesquels ils seront jugés pendant la puberté, époque à laquelle s'achève le second cycle de sept ans ».

115 Que les maladies chroniques sont également jugées.

Mais dans ce passage d'une part Hippocrate dit que les maladies chroniques sont jugées, et d'autre part Galien dit qu'elles ont un jugement suivant la règle septénaire, en faisant un usage impropre du mot κρίνεται, de même qu'ici il n'emploie pas de façon appropriée le terme κρίσις[87]. En effet c'est seulement

---

85. *Aphorismes* III, 28, L IV, 500.
86. *Ibid.*
87. *Hippocratis Aphorismi et Galeni in eos commentarii* I-V, K XVII B, 639. Galien écrit : « τὰ δὲ πλεῖστα τοῖσι παιδίοισι πάθη χρόνια κρίνεται τὰ μὲν κτλ. : la plupart des maladies infantiles chroniques sont jugées les unes etc. » alors que l'aphorisme III, 28 emploie en effet ἀπολυθῇ après un premier κρίνεται.

dans les maladies aiguës, comme je l'ai dit, que se produit ce changement soudain qui conduit à la guérison ou à la mort.

116 κρίνεται *au lieu de* ἀπολύεται.

Or le fait qu'Hippocrate a dit κρίνεται, c'est-à-dire sont jugées, au lieu de ἀπολύεται, c'est-à-dire se résolvent, il l'explique lui-même dans la partie suivante du même aphorisme, lorsqu'il dit : « Les affections qui demeureront chez les enfants et qui ne seront pas *résolues* aux environs de la puberté etc. ». Et Galien expose : « Toutes les maladies qui n'auront pas été terminées à cet âge, demeurent d'habitude longtemps ». Mais de quelle manière et en quels lieux se feront ce changement soudain et la crise, dite κρίσις chez les Grecs, ce sont la maladie elle-même et le lieu affecté qui en jugent.

117 Modes et lieux de la crise.

Car la crise se fait habituellement par les glaires, le vomissement, le flux de sang par les narines, le flux du ventre, l'urine, les règles, les hémorrhoïdes et les excréments[88]. Dans la phrénétis et quand la tête est affectée et affligée de douleurs, le flux de sang par les narines fait disparaître la maladie. Hippocrate le dit ainsi, dans les *Aphorismes* section VI, aphorisme 10 :

118 Flux de sang par les narines.

« Chez celui qui souffre de la tête et autour de la tête, le pus ou l'eau ou le sang s'écoulant par les narines ou par la bouche ou par les oreilles fait disparaître la maladie »[89]. Et dans la section IV, aphorisme 60 : « Chez ceux qui ont les oreilles assourdies en cas de fièvre, le sang s'écoulant par les narines ou le ventre vidé de force, font disparaître la maladie »[90]. Et encore dans la même section, aphorisme 74 : « Ceux qui ont la perspective d'un gonflement aux articulations, une urine se présentant comme abondante, épaisse et blanche les libère du gonflement, telle que celle qui commence à se produire dans certaines fièvres pénibles le quatrième jour. Mais si du sang jaillit aussi des narines, le gonflement disparaîtra tout à fait rapidement »[91]. Sont également jugées par le flux de narines toutes les inflammations qui se trouvent autour du diaphragme. Et par les glaires le poumon et le thorax sont expurgés, et les maladies se trouvant autour de ces parties sont jugées. Par le vomissement sont jugées les maladies voisines du ventre supérieur, par le flux du ventre celles proches du ventricule inférieur. Ainsi section VII, aphorisme 29 : « Si chez un homme pris par la pituite blanche on peut provoquer un violent écoulement de ventre, la maladie disparaît »[92]. Les mêmes maladies peuvent être aussi chassées et jugées par l'urine, comme le dit Hippocrate, section VII, aphorisme 54 :

---

88. *obscessus* non attesté et qui peut inclure les sueurs.
89. *Aph.* VI, 60, L IV, 566 : λύει τὸ νούσημα.
90. *Aph.* IV, 74, L IV, 524 : même formule λύει τὸ νούσημα.
91. *Aph.* IV, 74, L IV, 528 : λυέται.
92. *Aph.* VII, 29, L IV, 584 : λύει τὴν νοῦσον.

« Ceux qui ont de la pituite enfermée entre le ventre et le diaphragme, et chez qui elle fait apparaître de la douleur, si pour eux la pituite est détournée vers la vessie par les veines, la maladie disparaît »[93]. Et pour la crise par les règles, voici ce que dit Hippocrate, section V, aphorisme 32 : « Chez une femme qui vomit du sang, la guérison se produit quand arrivent les règles. » Et après dans l'aphorisme suivant : « Pour une femme qui n'a pas ses règles, il est bon de faire couler le sang par les narines, le sang menstruel en trop étant détourné vers les narines »[94].

119 Indication par la sueur pour de nombreuses maladies communes.

De nombreuses maladies se jugent également de plusieurs manières. Mais la crise par la sueur est commune à toutes les maladies, dit Hippocrate[95]. Ces modes variant aussi selon la nature et l'âge du patient. De même en ce qui concerne la saison et la région. Et toutes ces questions ne demandent pas seulement la lecture des écrits d'Hippocrate et de Galien, surtout au sujet des crises et des jours critiques, mais elles sont également connues par un abondant entraînement auprès des patients, et veulent être totalement connues. Ces quelques mots suffisent pour ce qui a trait à ce sujet.

120 Signes des pouls.

Une fois que tous les signes ont été expliqués d'une manière générale, il reste ce qui est tiré du pouls des artères, qu'Hippocrate a laissé de côté, même s'il n'avait pas le nom de pouls, et bien qu'il ne fasse aucun usage du mouvement des artères. Mais ces questions ont été traitées très abondamment par Galien dans de nombreux livres[96]. Effleurons toute cette matière brièvement, en fonction de ce que le lieu exige. Nous avons dit plus haut que le mouvement des artères était étranger à la volonté, et qu'il était appelé action vitale, parce qu'il conserve la vie. C'est pourquoi cette action est appelée le pouls, et elle se définit ainsi :

121 Qu'est-ce que le pouls ?

Le pouls est le mouvement du cœur et des artères, arrivant par distension et contraction. Son utilité est double. Par la distension, par laquelle l'artère est comme déployée et ouverte, l'air froid entre, ventilant et suscitant la fermeté vitale, par suite de quoi le souffle de l'âme est également engendré. Tandis que par la contraction, par laquelle les extrémités des artères et leur milieu se ferment et s'affaissent, se produit l'excrétion des superfluités fuligineuses.

122 *Les dix genres de pouls.*

---

93. *Aph.* VII, 54, L IV, 594 : λύσις γίνεται τῆς νούσου.
94. *Aph.* V, 32-33, L IV, 542-543 : λύσις.
95. Sans doute un résumé du début de *Crises*, L IX, 274 et suiv. (*De judicationibus* 1546, 510 et suiv.) et du début du *Pronostic*, L II, 110 et suiv.(*Praenotiones*, 1546, 534 et suiv.).
96. *De causis pulsuum* K IX, 1-204 ; *De dignoscendis pulsibus* K VIII, 766-961 ; *De pulsibus ad Antonium* K XIX, 629-642 ; *De pulsibus ad tirones* K VIII, 453-492 ; *De pulsuum differentiis* K VIII, 493-765 ; *De usu pulsuum* K V, 149-180.

Il y a dix sortes de pouls. La première est considérée selon le temps du mouvement, tant en distension qu'en contraction. Ce genre de pouls est triple : rapide, lent, modéré. Le second genre, selon la quantité de la distension, par laquelle le pouls se fait petit ou grand. Et il se produit un triple pouls : long, large, haut ; ou au contraire : court, étroit, bas. Le troisième genre, selon la solidité de la faculté. Ce genre de pouls est triple : fort, faible, modéré. Le quatrième genre, selon l'assemblage des artères du corps. Ce pouls est triple : dur, mou, modéré. Le cinquième genre, selon la quantité d'humeur dans les artères. Ce pouls est triple : plein, vide, modéré. Le sixième, selon la qualité de la chaleur du cœur qui semble apparaître et qu'on voit plus manifestement. Le septième s'établit en fonction du temps de repos : et il se divise en dense, rare et modéré. Le huitième genre s'établit selon le rythme, et il a deux premières différences, le pouls d'un bon rythme et le pouls d'un mauvais rythme. Cette dernière différence est triple. Le pouls de mauvais rythme est l'un légèrement perverti contre le rythme, un autre d'un second rythme, un autre en dehors du rythme, à savoir d'un bon rythme tout à fait corrompu. Le neuvième de tous les genres que l'on rapporte s'établit selon l'égalité et l'inégalité et il est considéré soit dans un pouls soit dans plusieurs. Le pouls égal est celui qui est logiquement égal, soit par la grandeur soit par la solidité soit par la rapidité soit pour quelques autres genres, soit même pour tous les genres. Le pouls inégal est celui qui est logiquement inégal. Ce pouls inégal a de nombreuses différences qu'il faut aller chercher chez Galien. Le dixième pouls est généré par l'inégalité, et s'établit selon un ordre tantôt pur tantôt perturbé, si bien qu'il se produit un pouls ordonné et un pouls désordonné. Voilà en résumé quels sont les genres de pouls.

123 *Causes des pouls et prénotions.*

Il faut ensuite connaître leur cause, et ensuite à partir de ces causes le pronostic. Or comme ce sont les choses naturelles, les choses non naturelles et les choses contre nature qui sont les causes qui changent le pouls, il arrive que le pouls change pour des causes et selon des modes extrêmement divers, de sorte que ce serait trop long pour traiter ce sujet ici, ou pour qu'il puisse l'être. C'est pourquoi nous décrirons comme exemple celui du grand pouls, et nous laisserons de côté les autres genres, qu'il faut aller chercher dans Galien ou dans Paul[97].

124 *Causes du grand pouls.*

Le grand pouls se produit pour une nécessité pressante, qui est la chaleur en trop dans le cœur, demandant un refroidissement extérieur et une sorte de ventilation. La chaleur se met à augmenter soit pour des causes naturelles, comme l'âge de la vigueur ou l'âge infantile ou simplement la chaleur, celle du temps, de la région ou d'une température trop chaude : soit pour des causes non natu-

---

97. BEC 39.

relles, comme un air environnant trop chaud, des bains chauds, des exercices, des nourritures, du vin, des médicaments trop chauds ; soit pour des causes contre nature comme une intempérie chaude, ou une putréfaction des humeurs. Les causes naturelles font une grandeur durable, et qui peut se transformer en malaise. Tandis que les autres font une grandeur facilement changeable, à tel point que parfois même au toucher elle disparaît complètement. Bien plus, pour que le pouls devienne grand, il ne suffit pas seulement d'une nécessité, mais il faut aussi que la vigueur de la faculté soit utilisée et que l'organe soit modéré par la dureté ou la mollesse. Une fois que la chaleur du cœur a été augmentée, quelle que soit la cause parmi celles qui ont été rapportées, le pouls devient d'abord grand.

124 *Les autres pouls s'approchant du grand pouls.*

Tandis que quand la grandeur n'a pas suffi à la nécessité, aussitôt la rapidité s'ajoute à elle. Et si elle n'a pas suffi, elle prend aussi la densité. Voilà quelles sont les causes du grand pouls. Les pouls petits, lents et rares se produisent pour les causes contraires. Voilà ce que l'on peut dire des pouls, et ici c'est suffisant.

Jusqu'à présent nous avons expliqué, suivant la méthode de l'analyse de la définition, la première partie de la médecine, celle des choses saines, la deuxième partie, celle des choses morbides, en rassemblant dans ces deux parties les signes se rapportant à l'une et à l'autre, signes qui sont traités d'ailleurs dans la quatrième partie de la médecine. Passons donc ensuite à l'explication de la partie des neutres, puisque Hérodote a dit que la médecine était la science des choses saines, des choses morbides et des choses neutres.

126 Explication des neutres.

Hérodote, comme nous l'avons dit plus haut, veut dire que sont neutres tous les secours employés dans les maladies, et leur matière[98]. En effet ces secours sont neutres avant d'avoir été employés par le médecin, n'étant ni sains ni morbides.

127 *Pour Hérodote les neutres sont des secours.*

Par conséquent si en suivant Hérodote nous considérons les neutres comme les secours employés dans les maladies et la matière de ceux-ci : sous le nom de neutres dans la définition d'Hérodote, est seulement comprise la cinquième partie de la médecine, qui expose le traitement des maladies, que cela concerne les secours par le régime, ou par les médicaments, ou par les œuvres des mains.

128 Les neutres de Galien.

Tandis que si suivant Galien nous considérons sous le nom de médecine des choses saines les choses naturelles et les choses selon la nature, et à travers les choses morbides les choses contre nature :

---

98. § 11, 15 et 17.

129 *Les choses non naturelles.*

alors nous comprenons d'abord sous le nom de neutres les choses non naturelles, dites par Galien τὰ οὐ φύσει, qui assurément ne sont pas selon la nature, mais qui ne sont pas encore contre nature, mais qui altèrent le corps par nécessité. Ensuite aussi les secours que Hérodote dit neutres : sous l'appellation de neutres sont comprises en même temps la troisième partie de la médecine, qui regarde la santé, et la cinquième, qui expose le traitement des maladies : et ainsi les cinq parties de la médecine sont contenues dans les trois appellations des définitions.

130 Les six choses non naturelles.

De telles choses non naturelles sont au nombre de six. En premier lieu l'air nous environnant : en second lieu, la nourriture et la boisson ; en troisième lieu le mouvement et le repos ; en quatrième lieu le sommeil et la veille ; en sixième lieu, les affections de l'âme. En effet toutes ces choses sont comme des matières par un juste usage desquelles la santé est conservée. Mais si dans ces matières on s'égare en dehors de la mesure, elles finissent par devenir morbides. Et comme je l'ai dit, elles altèrent nécessairement le corps. Car il ne peut exister sans ces choses non naturelles, mais au contraire il doit nécessairement se trouver dans l'air environnant, de même manger et boire, dormir et veiller, et rencontrer les autres choses de la même manière.

131 *Les neutres sont tantôt sains tantôt morbides.*

Et ce sont ces mêmes choses qui sont tantôt saines tantôt morbides, dans la mesure où elles sont rapportées à quelque chose. Car lorsqu'on a besoin de mouvement, le repos est morbide. Tandis que quand le corps a besoin de repos, le repos est sain et l'exercice est morbide. Et il faut le comprendre ainsi de toutes les autres choses.

132 *Il faut observer la qualité et la quantité des neutres.*

Employées séparément pour un corps qui en a besoin, avec justes quantité et qualité, elles sont saines. Tandis que si elles sont appliquées à un corps qui n'est pas en besoin, ou d'une manière et dans une mesure qui ne conviennent pas, elles sont morbides. C'est ainsi que pour Galien les choses non naturelles sont neutres. Mais les secours appelés neutres seulement dans les maladies par Hérodote, ne sont pas nécessaires, et restent neutres s'ils ne sont pas utilisés. Car c'est par suite de leur usage qu'ils finissent pas devenir finalement sains ou morbides. Du reste Galien fait de ce genre tout entier des choses non naturelles qui ont été rapportées, de même que de tout le genre des aides et des médicaments contre toutes les maladies, des causes saines, et les appelle ainsi, cependant de telle manière que les mêmes choses rapportées à quelque chose sont à la fois morbides et neutres.

133 *Causes saines, morbides, neutres.*

Il dit en effet ceci : « Donc tout ce qui soigne les affections de ce genre, nous l'appelons causes saines, de même que nous appelons causes morbides ce qui augmente les affections de ce genre ; et causes neutres ce qui ne lèse pas et n'est pas utile. Mais l'on pourrait d'une part également ne pas du tout les appeler des causes, comme le font aussi seulement quelques Sophistes, qui perdent beaucoup de temps dans les noms, en négligeant de trouver une différence dans les choses »[99].

134 *L'appellation de causes est impropre.*

D'après ces mots de Galien, il apparaît que lui-même appelle causes tous ces genres, d'une manière qui n'est pas habituelle à tout le monde. Et assurément quels que soient ceux que Galien appelle des sophistes, ils semblent avoir mal supporté que ces genres soient dits à tort des causes saines, morbides et neutres : puisque d'autres choses prennent plus véritablement et plus justement le nom de ces causes qui sont dans le corps lui-même, sans arriver de l'extérieur[100].

135 *Raison des causes triples de Galien.*

Mais Galien semble avoir appelé causes ces genres, pour expliquer par là la partie comprise dans la définition de la médecine qui concerne la conservation de la santé et le traitement des maladies. Tandis que les Sophistes, parmi lesquels il faut compter Hérodote, appelèrent simplement neutres ces genres de causes déterminés plus tard par Galien, parce que, comme nous l'avons déjà souvent dit, avant leur emploi elles ne sont ni saines ni morbides ; et ils ont pris comme causes saines et causes morbides celles qui, parce qu'elles se trouvent dans le corps, le font sain ou morbide.

136 *Raison des causes doubles des Sophistes.*

Car les choses qui produisent une constitution naturelle ou contre nature, ont toutes une raison de causes ou bien saines ou bien morbides. Car les mêmes ne reconnaissent pas de causes neutres : comme ils n'admettent pas de corps neutre ni de signe neutre.

137 Rejet des neutres de Galien.

C'est pourquoi aussi ils ont transféré l'appellation des neutres aux secours dans les maladies. Donc puisque, de la manière que nous avons dite, dans la définition d'Hérophile la troisième partie de la médecine et la cinquième sont comprises sous le nom de neutres, il faut ensuite considérer comment d'une part dans la troisième partie les choses non naturelles sont employées, et d'autre part dans la cinquième partie comment les secours et les médicaments sont pris, pour que la raison de ces parties de la médecine soit établie pour nous de manière certaine.

138 *Trois parties de la préservation de la santé.*

---

99. Boudon 385.

100. Commentaire du *De morborum causis,* K VII, 1-41 ; R. J. Hankinson, « Causation in Galen », dans *Galien et la philosophie : huit exposés suivis de discussions*, J. Barnes et J. Jouanna (éds.), Genève, 2003, 31-66.

C'est pourquoi j'ai divisé à nouveau la troisième partie de la médecine, qui regarde la santé, en trois parties, comme nous l'avons dit plus haut : celle qui conserve la santé, celle qui prémunit contre les maladies, et celle qui rétablit des maladies. Or c'est cette partie qui l'emporte sur toutes par le juste usage des choses non naturelles qui, comme nous l'avons dit, altèrent nécessairement le corps. Ces choses en effet corrigent ce qui dans un corps, certes sain mais cependant soumis à des altérations et des mutations, est altéré et changé.

139 *Causes conservatrices.*

Parce qu'elles font peu à peu leur correction avant que le préjudice n'attaque par accumulation, les causes conservatrices de la constitution présente ne sont pas appelées préservatrices d'un mal futur. Leur nombre et la manière de les utiliser sont ce que j'ai recensé un peu plus haut.

140 *Différence entre les causes conservatrices et les causes préservatrices.*

Sont appelées conservatrices de la santé toutes les choses qui conservent la santé depuis le début ou qui l'améliorent. Et toutes celles qui détériorent la constitution sont appelées morbides. Mais Galien expose tout ce sujet plus longuement selon la variété des corps et selon la raison des altérations tantôt dans *De l'art*, tantôt dans les livres *De tuenda sanitate*[101]. La partie qui conserve le corps en santé est plus importante que celle qui prémunit contre les maladies et celle qui emploie les secours curatifs pour cela, du fait qu'elle s'empare d'avance de la maladie et détruit sa future constitution.

141 Partie préservative triple.

Et cette partie est triple, concernant en partie le traitement préservatif, en partie le traitement curatif, selon qu'il est employé soit sans faute, soit avec faute pour un homme sain, soit pour un homme souffrant. Et en général elle s'occupe surtout des humeurs, faisant en sorte qu'elles ne soient ni visqueuses, ni épaisses, ni aqueuses, ni abondantes, ni plus chaudes ou plus froides, ni mordantes, ni putréfiantes[102], ni vénéneuses. Car les humeurs se trouvent augmentées par la cause[103] des maladies. Pour ce qui concerne les humeurs, un double remède ou secours est appliqué, l'altération et l'évacuation : le premier se trouve par la coction, le second par les purgations, infusées par un clystère, par les vomissements, par les sueurs. Et tout ce qui soigne les affections de ce type est appelé causes saines, de même que sont appelées causes morbides toutes les choses qui les augmentent, et neutres celles qui ne lèsent ni ne sont profitables, comme nous l'avons dit auparavant.

142 *Partie reconstituante après les maladies.*

Du reste la partie qui reconstitue à partir des maladies, et qui nourrit à nouveau, et qui de même convient bien aux vieillards, se trouve dans ce qui corrige leur affection.

---

101. *De sanitate tuenda,* K VI, 1-452.
102. *putredinosus* non attesté.
103. *causae* compris comme un datif de cause.

143 *Affection des convalescents et des vieillards.*

Leur affection est du type suivant : il y a du bon sang mais en petite quantité chez ces derniers : il y a de même peu de souffle vital et de souffle de l'âme ; les parties solides sont plus sèches, et pour cette raison aussi leurs forces sont plus faibles, et à cause de ces dernières leur corps tout entier est plus froid. Par conséquent, pour corriger cette affection, sont recherchées des causes saines, qui font la nutrition rapide et sûre. Sont particulièrement importants pour cela les mouvements, les nourritures, les boissons et les sommeils modérés. Les aspects ou matières des mouvements sont les promenades, les marches, les massages et les bains. Et si l'on s'en trouve beaucoup mieux, elles atteindront également peu à peu les opérations habituelles. Il faut au début que les nourritures soient humides, faciles à la coction et ne soient pas froides. En avançant il faut aussi des nourritures qui nourrissent davantage. La boisson adaptée est le vin, modéré par son âge, pur et très clair par son aspect, blanc ou très peu jaune[104], agréable à l'odeur ; pas totalement aqueux pour le goût, et ne présentant aucune qualité marquée, ni la douceur, ni l'aigreur, ni l'amertume. Voici les sujets dont traite la troisième partie de la médecine, en partie à travers l'usage des choses non naturelles, en partie à travers celui des secours et médicaments, que Galien appelle l'un et l'autre neutres, ou qui sont appelés comme je l'ai dit, causes saines, morbides et neutres ; alors qu'Hérodote appelle seulement les secours neutres, pour la raison que l'on a montrée. La cinquième partie, qui traite des secours et des médicaments pour soigner des maladies déjà existantes, a à son tour trois parties.

144 Partie curative triple.

Elle réalise le traitement par le régime, les médicaments et l'œuvre des mains. La méthode sûre du régime est commode pour toutes les maladies, cependant surtout dans les fièvres, et dans les maladies aiguës, dont les fièvres sont continues, et tuent, comme le dit Hippocrate :

145 Traitement du régime.

Il a écrit le livre *De ratione victus in morbis acutis*, très utile pour tous ceux qui veulent avancer dans la voie de la guérison, et au plus haut point nécessaire. Il faut lui ajouter les commentaires de Galien écrits sur ce livre[105]. Rarement cependant, ou jamais, une maladie n'est soignée par le seul régime, mais on recherche en même temps l'emploi de médicaments. De même qu'à son tour le traitement par les médicaments requiert un régime convenable et parfois aussi l'œuvre de la main.

---

104. *sufflavus* non attesté

105. *Régime dans les maladies aiguës,* L II, 394-529 ; *Hippocrate. Du régime des maladies aiguës. Appendice. De l'aliment. De l'usage des liquides,* texte établi et traduit par R. Joly, Paris, 1972, 9-67 ; *Hippocratis de acutorum morborum victu liber et Galeni commentarii IV,* K XV, 418-919 ; G. Helmreich, *In Hippocratis de victu acutorum commentaria 4.* (CMG V.9,1), Leipzig-Berlin, 1914.

146 Chirurgie.

De même que l'œuvre des mains, dite chirurgie par les Grecs, emploie en même temps le régime et les médicaments, de telle sorte que ces trois parties s'offrent entre elles une œuvre mutuelle. Le traitement du régime traite non seulement de la méthode de la nourriture et de la boisson, mais aussi de l'usage adapté de toutes les choses non naturelles. Quant à la chirurgie, qui s'exerce autour de la chair et autour des os, elle agit pour eux, qu'ils soient fracturés ou luxés, par section, ustion et redressement des os. Sur ce sujet, il reste les livres d'Hippocrate, que nous avons écrits en latin avec ses autres ouvrages parvenus jusqu'à nous, *Des plaies de la tête, Des ulcères, Des fistules, Des hémorroïdes*. De même le livre *Des fractures*, le livre *Des articulations* et celui qui a pour titre *De l'officine du chirurgien*[106]. Il reste aussi les commentaires de Galien sur ces livres[107]. Au sujet de la véritable chirurgie, il reste le livre, certes bref, mais très achevé, de Paul d'Égine, le sixième de sept dans l'ordre, également écrit en latin par nous avec d'autres, et poli par nos commentaires[108].

147 *Traitement médicamenteux.*

Mais il reste aussi la partie qui soigne par les médicaments, et utilise les médicaments simples et les médicaments composés. La matière des simples a été très bien décrite par Dioscoride d'Anazarbe, auquel Galien apporte aussi un témoignage remarquable, puisqu'il a lui-même écrit onze livres *De simplicium medicamentorum facultatibus*[109]. Ce sont donc de préférence ces auteurs qu'il faut suivre sur ces sujets. Car la traduction que nous avons faite récemment des cinq livres de la *Matière médicale* de Dioscoride en latin, est pure pour toutes les choses, et claire :

148 *Dioscoride avec les* Emblèmes *de Cornarius.*

et s'il reste quelque chose d'obscur, cela est suffisamment expliqué par nos emblèmes ajoutés à chaque chapitre[110].

---

106. *Plaies de tête*, L III, 182-261 ; *Hippocrates. On head wounds. De capitis vulneribus*, edition, translation and commentary by M. Hanson CMG I, 4, 1, Berlin, 1999 ; *Plaies*, L VI, 400-433 ; *Hippocrate. Plaies, nature des os, coeur, anatomie*, texte établi et traduit par M.-P. Duminil, Paris, 1998, 9-71 ; *Fistules*, L VI, 448-461 ; *Hémorroïdes* L VI, 436-445 ; *Hippocrate. Des lieux dans l'homme, Du système des glandes, Des fistules, Des hémorroïdes, De la vision, Des chairs, De la dentition*, texte établi et traduit par R. Joly, Paris, 1978, 138-145 et 146-160 ; *Fractures*, L III, 412-563 ; *Articulations*, L IV, 78-327 ; *Officine du médecin*, L. III, 271-337 ; *Hippocrates III. On wounds in the head. In the surgery, On fractures, On joints, Instruments of reduction*, with an english translation by E. T. Withington, Cambridge, Massachusetts, 1948 (The Loeb classical library), 58-397.

107. *Hippocratis de fracturis liber et Galeni in eum commentarii III*, K XVIII B, 318-628 ; *Hippocratis de articulis liber et Galeni in eum commentarii IV*, K XVIII A, 300-767 ; *Hippocratis de medici officina et Galeni in eum commentarii III*, K XVIII B, 629-925. Pas de commentaires de Galien pour *Hémorroïdes* et *Fistules*.

108. BEC 39.

109. *De simplicium medicamentorum temperamentis et facultatibus libri XI*, K XI, 379-892 et K XII, 1-377 (libri I-VI et VII-XI).

110. BEC 41.

149 *Médicaments composés.*

Galien a développé en bon ordre les médicaments composés dans six livres intitulés *De compositione medicamentorum secundum genera* et il les a décrits de diverses manières selon divers auteurs, en fonction de ce que chacun a pensé pouvoir être la composition la plus adaptée. Le même Galien l'a aussi offert dans les livres *De compositione medicamentorum secundum locos*, que nous avons mis en latin, et illustrés de *Commentaires médicaux*, car tel est leur titre[111].

150 *Maladies particulières.*

Ces livres de Galien contiennent le traitement de toutes les maladies particulières. La description des médicaments simples et des médicaments composés de toutes les maladies, comme on dit, de la tête aux pieds, a été traitée après Galien de la manière la plus claire par Paul et Aetius, l'un et l'autre parlant latin grâce à nous[112].

151 Matières des secours.

Toutes les choses par lesquelles les trois parties thérapeutiques de la médecine remplissent leur office sont les matières des secours, et sont appelées par Galien causes saines, ou morbides ou neutres, dans la mesure où elles sont utiles, ou nuisent, ou n'accomplissent ni l'un ni l'autre, comme je l'ai souvent répété. Pour leur emploi, il faut surtout regarder les signes des indications, dont j'ai dit plus haut qu'ils se rapportaient proprement aux choses morbides relatées, pour effectuer correctement le traitement.

152 Indications.

Les indications sont ce qui indique ce qu'il faut faire dans le traitement des maladies, et qui montre comment les remèdes et les secours doivent ou bien être pris à l'intérieur du corps ou bien appliqués extérieurement, et leur matière. Il convient de ne suivre dans ces traitements aucun autre guide que celui qui nous a excellemment précédé. Ce guide est Galien, dans les quatorze livres *De methodo medendi*, ouvrage certes prolixe et diffus, suivant la patrie de l'auteur, mais d'une plus grande utilité que celle que pourrait avoir ici la citation de ce passage, ou que ce dont on pourrait traiter en quelques phrases. Voilà *De la médecine ou du médecin* suivant à la fois l'explication de la définition et la méthode de la division.

FIN

---

111. BEC 11 ; *De compositione medicamentorum secundum locos libri X*, K XII, 378-1007 et K XIII, 1-361.

112. BEC 39 et 19.

XI. *In dictum Hippocratis, Vita breuis, ars vero longa est* (1557)[1]

Oratio habita Genae, coram publicae scholae Professoribus ac Studiosis, per Ianum Cornarium Medicum Physicum, et Publicum Professorem. Genae, MDLVII. |

Clarissimo uiro D. Francisco Burgrato, Illustrissimorum Principum ac Dominorum, Ioannis Friderici secundi, Ioannis Vuilhelmi, et Ioannis Friderici tertii, Fratrum, Saxoniae Ducum, Landgrauiorum Thuringiae, et Missniae Marchionum, Consiliario, ex intimis, Ianus Cornarius. S. D.

Quum pro ueteri nostra consuetudine aliquid ad te Francisce Burgrate scribere uellem, mox animum subiit simul hanc Orationem ad te mittendam esse, non solum ut cognosceres de mea hic prae- *[Aij]* |sentia, sed ut uideres, etiam quantum sim mutatus ab illo Hectore, ut alienum dictum usurpem. Nam etsi grauis quidam Philosophus senectam, mentem et animum laedere neget, ut qui senescens repubescat, et tempus omnia alia auferens, senectae scientiam apponere asserat : Tamen mihi praeclarius sensisse Poeta noster uidetur, dum scripsit, Omnia fert aetas, animum quoque. Habe ergo tibi hanc, et in amiciciae nostrae Symbolum, et in specimen reliquiarum de uigoris aetate, quae adhuc apud me supersunt, iam ad Charontis cimbam, paratum : Quamquam sexagenario propior quam quinquagenario, nondum inter eos quos Gre- *[Aij$_b$]* |ci πεμπέλους uocant, censeri possim, id quod in solatium quoddam etiam tibi dictum uolo, qui me aetate prope aequas. Vale, Genae 5. Feb. die, MDLVII. *Aiij* |[2]

Saepe alias superioribus annis de Hippocratis doctrinae excellentia et de scriptorum eius magnitudine pariter ac rectitutine, et dixi et scripsi audiueruntque ac legerunt multi boni uiri, et cum plausu approbauerunt nostrum de hoc uiro *[Aiij$_b$]* | iudicium : Sed ego nunquam adhuc mihi ipsi satisfeci, quotiescunque aut considerationem aliquam, aut laudationem eius uiri institui. Quo magis omnibus sententiam meam approbatam esse cupio, quam in duabus orationibus, quarum altera de rectis Medicinae studiis

---

1. BEC 43, d'après Leipzig UB Med. gr. 395.
2. Au début de la page suivante, le titre de la page de titre est répété jusqu'à *Professorem*, puis commence le texte de l'*Oratio* : *Saepe etc.*.

amplectendis, altera Doctor uerus siue Hippocrates inscribitur, publice omnibus cognoscendam proposui. Proderit enim hanc nostram sententiam nosse nunc maxime, quo tempore in hanc scholam Hippocraticae doctrinae Professor accitus sum ab Illustrissimis Principibus nostris, Saxoniae Ducibus, quorum hac parte in recta studia et studiosos beneficium, neque ego in praesens pro dignitate laudandum mihi sumpsi : neque ab alio satis laudari posse arbitror, cui non et dicendi facultas, et iudicii praestantia adsit, ad tanti argumenti explicationem. Ego enim libenter confiteor nunc me huic rei imparem esse, a qua etiam rite praestanda tem- *Aiiij* | poris angustiis excludor, quod non permisit ut meditationes hac parte omnino necessarias adhiberem. Et alioqui non quod dicitur ἵππος εἰς πεδίον, sed omnino uerius quod aiunt, κάμηλος εἰς τὸ πηδᾶν huc uocatus sum, in hac ingrauescente aetate, post tot cessationis annos, quibus a scholis alienus fui, et a docendi munere quieui. Quod itaque nunc praestare conatus sum, id rursus est eiusmodi, ut ad Hippocratis laudem in primis spectet. Quum enim publice deinceps praelecturus sim eius praestantissima scripta, et initium sumpturus sim ab eo opere, quod de ratione uictus in morbis acutis inscripsit, dum in ea cogitatione uersor, quam magnus numerus mortalium ex acutis morbis pereat, mox subiit animum meum illud dictum, quod aphorismis praemisit, dum ait. Vita breuis, ars uero longa, et de eo orationem mihi habendam apud studiosam huius scholae iuuentutem constitui, quam ut placidis ani- *[Aiiij$_b$]* | mis audiatis, te magnifice Rector, et uos uaria doctrina ornatissimos Professores, rogatos uolo. Tu uero studiosa iuuentus, ut cuius res maxime agitur, attentas aures nobis praebeto.

Quae igitur mox ab initio uitae longioris spes alicui esse potest, ubi in humanis nunc Phrenitis cerebrum inflammans, animae ac mentis sedem perturbans, hominem breuissime enecat : aut si bene res Medici docti opera succedit, obliuiosum et stupidum, in lethargum coniectum efficit : Nunc pleuritis, et uere appellanda eius soror peripneumonia, propinquos cordi locos apprehendens, ipsum uitae fontem exhaurit ac extinguit : Nunc febres ardentes, uelut uredine quadam corpus totum exurunt : ut nihil dicamus de febribus pestilentibus, et ipsa adeo Peste, quae ui sua omnis ueneni uim superant. Priora enim illa quatuor genera sunt, quae Veteres acutorum morborum nomine appellarunt. Et per hos quidem morbos contingitur ut *Av* | uere agnoscamus ab Hippocrate dictum, Vita breuis est. Nec uero hi morbi solum uitam nobis abbreuiant, sed etiam hi, qui diuturnitate et mora sua corpus nostrum affligunt, et Chronici inde appellantur, ex quorum genere est Arthritis, chiragra et podagra, et quidquid aliud ad genus horum morborum refertur, deinde Cachexia, et Hydrops, Marasmus item et tabes. Postea uero etiam hi, qui animum et mentem offendunt, uel Melancholiam, uel fatuitatem quandam inducentes, quae multis per totam uitam inhaerent. Hi itaque morbi etiam ipsi faciunt ut breuis sit uita nostra. Non enim est uiuere, sed ualere uita, uelut ingeniosissimus Poëta dixit. At non istorum solum morborum causa, uita breuis est, sed etiam ipsa natura homini paucos uitae annos concessit. Galenus in prognosticon Hippocratis clare dixit, trigesimum annum esse dimidium uitae aut trigesimum quintum ad summum : ita ut quantum homini *[Av_b]* | in hunc usque annum accreuit, ut tunc in uigore summo consistat, id deinceps rursus decrescat, donec aut sexagesimo, aut septuagesimo finis instet. Quin etiamsi quid insuper ad hos annos accedat, id nihil aliud est, nisi miseria, et aerumnae fragilitatem humanae uitae declarantes. Et hoc est quod etiam Moses homo Dei sibi exponendum sumpsit, dum ait : Dies annorum nostrorum anni septuaginta. Et in potentatibus anni octoaginta. Et si quid amplius est, id labor et dolor est. Sed quid hoc dicemus, quod etiamsi quis totos illos septuaginta annos compleat, dimidium ipsorum somno consumpsit, in quo tempore nec uixisse dici quis potest, quum somnus frater mortis existat, Et ut ille ait, Stulte quid est somnus gelidae nisi mortis imago. Iam reliquum dimidium triginta quinque uidelicet annos, si quis etiam arduis Medicinae studiis impendat, quantum de his detrahunt ea, quae tum animus pius ad Dei cultum exposcit : *[Avi]* | tum corpus ad necessariam sui curam exigit, ut si quis computet quantum uentri debetur, et praestatur, dum ipsi cibos et potus ingerimus, dum lauamur, dum ungimur, dum comamur, aut alios ornatus asciscimus, ex triginta illis quinque annis uix supersit dimidium medicinae studiis impendendum : Quid uero de his perit amplius, dum amicis et sodalibus gratificamur, dum aut consilia nostra, aut consolationes requirunt, aut opem petunt ? Nec uero dicam hic de his, quibus fortuna parum fauens, multum uitae temporis subtrahit ad rem faciendam unde corpori sit bene, et uita commodius sustentari possit, ad artis studia persequenda. Ex his itaque facile colligere est uix totos denos annos homini Mediciae studioso superesse, ad tam longae, uelut Hippocrates dixit, artis cognitionem.

Quare recte pronunciauit Hippocrates, uita breuis est, tum alias, uelut nunc recensuimus, tum si ad artis longitudinem collatio fiat. Pro- *[Avi_b]* | inde recte quoque dictum est a poëta non malo : infantes sumus, et senes uidemur. Hinc ergo reliquum est, ut eam artis longitudinem consideremus, quam non temere Hippocrates mox ad uitae breuitatem adiecit, etiamsi alia quoque essent tria, quae mox duobus his subiecit : nimirum occasio, quam praecipitem esse pronunciauit : Experientia, quam periculosam : iudicium, quod difficile. Hanc autem longitudinem nos admodum adolescentes mente recolentes, quum ad prima experimenta artis facienda, progrederemur, in urbe et schola Rostochiana, oratione publice coram schola habita explicauimus, prout tum uires nostrae ualebant, et audita est ea tum non sine applausu eorum, qui auditores essent : et lecta postea multis approbantibus. Est autem inscriptio eius : Quarum artium ac linguarum cognitione Medico opus est. Sed et superiori anno, quum Diomedi filio artis longitudinem uelut in transitu, et quasi per tran- *[Avij_b]* | sennam ostendere uellem, libellum exiguum quidem mole, sed magnitudine rei ac longitudine in immensum se extendente conscripsi, ipsumque Medicinam siue Medicum appellaui, nihil aliud in hoc posteriore, Medico appellato, scripto nostro, et priore illa Rostochiana oratione conatus, quam ut horum scriptorum nostrorum editione cognosceretur arduae artis Medicinae magnitudo, quam longitudinem Hippocrates dixit, eo quod longum tempus uitae hominis desideret, quam tamen breuem esse pro re nata palam confessus est. Ponat igitur ob oculos sibi studiosus artis Medicae futurus totum hoc quod mundus uocatur. Hoc enim quantumcunque tandem est in omnes suas partes extentum, totum cum omnibus suis partibus Medico cognoscendum est. Et quamquam aliae artis sint, quae priuatim sibi sumunt, aliae aliarum mundi partium considerationem : astronomi supernorum corporum coelestium ac syderum, ex quibus hi, qui *[Avij$_b$]* | priuatim Astrologi uocari gaudent, etiam futura ex illis praesagiunt. Musici harmoniarum ac concentuum, quos etiam numeros harmonicos appellant, supernorum corporum cum inferioribus inquirunt. Iidem etiam mundi totius animae secundum numeros harmonicos compositionem, ad animalium inferiorum animae constitutionem referunt, uelut Plato, et quem in hoc ille sequutus est, Timaeus philosophantur : Geometrae etiam mundi constitutionem suis numeris Geometricis attribuunt : Physici eorum, quae in communi omnibus naturalibus rebus adsunt, tractationem sibi uendicant, dum quicquid cum materia coniunctum est, et ab ipsa separari non potest, physicum, hoc est, corporeum appellantes, magnis libris, et longioribus adhuc commentariis fusissime exponunt : Tamen quicquid hoc totum est, quod illi inter se diuiserunt, et in singulas artes distribuerunt, hoc totum inquam, ad Medici *[Aviij]* | cognitionem in summa spectat, et non solum hic in terra et aquis, animalium naturas per omnes ipsorum partes perscrutabitur : et stirpium omnium naturas membratim inuestigabit, ut habeat haec omnia in promptu ad hominis, qui minor mundus dictus est, conseruationem et curationem, si quid ex superius relatis malis fragilitati ipsius accidat : sed expendet etiam, quo statu rerum coelestium, singula commode colligi, reponi, asseruari, et corpori humano adhiberi possint. Iam uero ipsum corpus humanum non uulgarem considerationem sui expostulat, sed per omnes suas partes cognosci uult, tum principales, tum inseruientes illis : et tum simplices, tum compositas : Et ut paucis dicamus, cognoscenda sunt Medico omnia quae hominem constituunt, quae Hippocrates in parua tabula breuissime annotauit. τὰ ἴσχοντα, ἢ ἰσχόμενα, ἢ ἐνορμῶντα σώματα : omnia proponens esse in corporibus, aut continentia, aut contenta, aut intus permeantia *[Aviij$_b$]* | corpora : nimirum per continentia solidas partes insinuans : per contenta, humores : per intus permeantia, spiritus. At ut omnia haec, non exacte et absolute dico, quis assequatur, sed mediocriter, quantum cuiusque naturae benignus Deus largitur, quantum temporis satis esse putas ? Certe non hoc, quod in superioribus breuissimum esse diximus, et uix decem annorum, si quis meminit quae recensuimus. Non est tamen ideo cessandum nobis, sed fortiter honestissimus labor subeundus ac tolerandus, id cogitantibus quod gentili prouerbio usurpatur, dii bona laboribus uendunt : et id quod M. Cicero dixit : Honestum est in secundis ac tertiis consistere, si cui prima assequi negatum est : Vere profecto dixit quisquis ille fuit, qui ea quae scimus uix millesimam partem esse eorum, quae ignoramus, pronunciauit. Non tamen hoc sententiarum genere absterreamur, sed omni conatu honestissimae et omnium in uita u- *B* | tilissimae arti incumbamus. Exhortetur nos angusta illa ab Hippocrate proposita, et a nobis declarata uitae breuitas, ut tanto maiore sedulitate artem longissimam tractemus, quanto minus habemus temporis ad operam nostram impendendam. Excitet nos Illustrissimorum Principum nostrorum largissima magnificentia, per quam sumptus liberalissimos impendunt, ut sint in hac ipsorum schola quantumuis recens instituta, praestantes omnium bonarum artium professores, non solum Medici, inter quos et nos allecti sumus, cuius in hac parte studium uobis magis probatum ac gratum esse cupio, quam doctrinae excellentiam commendatam.

Haec tamen qualiscunque est, existimationem aliquam meruit apud uiros bonos et doctos, qui utilem illam multis fore persuasi, me ad hanc scholam reuocandum curarunt. Quorum iudicium si rectum est : sicut rectum esse mihi persuaserunt : merito et hoc ipsum uos extimulare *[B$_b$]* | debet, ut alacrioribus animis ad ardua Medicinae studia concitemini. Nam quod ad me attinet, omnem operam polliceor, ut pro uiribus largiente Deo, qui ipse de se dixit, sine me nihil potestis facere, efficiam, ut et breuissimo tempore, et maxime Methodica uia ac ordine, ad artis cognitionem perueniatis. Et propterea ad Hippocratem adiungam Aristotelem, ipsiusque Physicam doctrinam, quam octo libris exposuit, Graece enarrabo. Et hic stimulus quispiam esse debet, quo ad sedulitatem ampliorem impellamini. Hinc enim cognoscetis aliquando quae ratio eius dicti sit, quod uulgo fertur : Ubi Philosophus Physicus desinit, ibi Medicus incipit. Et uidetur quidem hoc uelle, quod uelut animae perfectio Philosophia est, ita corporis Medicina : ut accipiamus animi curam priorem esse, corporis posteriorem. Verum hic intellectus ad omnes Philosophiae partes referri potest, non ad eam solum quae naturalis appellatur, *B2* | a qua proxima transitio est ad ipsam Medicinam. Sicut autem Physica studia praeuia sunt ad Medicinam : et naturae rerum cognitio deducit ad ipsum Medicae artis exercitium : ita tamen non putabimus Aristotelem esse qui Hippocratem praecesserit, ipsique aliquam occasionem ad Medicae artis progressum exhibuerit : Sed Hippocrates est qui et aetate tum Platonem, tum Aristotelem praecessit, et utrique de rebus naturalibus recte sentiendi autor fuit, uelut apertis uerbis Plato testatur. Hoc igitur agamus, et diuinum auxilium sedulo implorantes, ad longissimam artem alacriter contendamus : Sic enim continget, ut uice uersa res euasura sit. Et non sit uita breuis, ars longa, uelut Hippocrate dixit, sed omnino contra, ars breuis et iucunda, uita autem longa, non solum nostra, sed etiam eorum, qui nostra ope, Deo dante, et ab acutis, et a longis morbis liberati, longam in posterum uitam degent : et artis benefi- *[B2$_b$]* | cium agnoscentes dignis laudibus ipsam uehent, et proinde gloriam Dei praedicabunt, qui talia dona hominibus largitur. Quod dum ab illis praestabitur, non exiguus honor hinc ad illustrissimos Principes nostros deriuabitur, quibus nostrum studium gratissimum erit, et fructum eius suauissime percipient, dum nos ipsorum liberalitate ac beneficio gratis animis utentes cognouerint. Recte profecto dixit poëta : οὐ γὰρ ἀπόβλητ' εἰσὶ θεῶν ἐρικήδεα (*sic*) δῶρα. Ne ergo negligamus magna illa Heroum Illustrissimorum dona, sed grati illis utentes, Deo nostro magno et illorum et nostram, ac studiorum nostrorum salutem ac conseruationem commendemus. Ipsi porro sic uitam degemus, ut notoriam discipulorum Domini tesseram, mutuam dilectionem, seruare cognoscamur, illud animo recolentes, ab Apostolo uere beato dictum esse, maximam esse charitatem, ipsamque et fidei et spei illam praetulisse.

Nobilis historicus praecla- *[B3]* | ra sententia pronunciauit, concordia inquit, paruae res crescunt, discordia maximae dilabuntur. Sed longe praeclarius ille dixit, qui contentione et altercando ueritatem amitti dixit. Ne sit ergo inter nos qui recta studia sectamur, ulla contentio, nec dissensionis nomen inter nos audiatur. Non enim solum ueritatem contendendi et altercandi nimio studio amittemus, sed etiam magnam uitae partem insuauiter transmittemus. Imo multum temporis inutiliter perdemus, et uitam tum per se, tum propter uarias occasiones, uelut diximus, alioqui breuem, nostra contentione amplius decurtabimus. Quod damnum ego perfecto longe grauius duco, quam aliarum omnium rerum amissionem, quam etiam princeps Poëtarum contentioni, et dissensioni ac discordiae attribuit, dum ait : Et scissa gaudens uadit discordia palla : Quare cogitemus ne in hac uitae breuitate, nostra aliqua inanis contentionis aut dissensionis culpa, ultronea nobis mala accersamus. Dixi. *[B3$_b$]* |

XI. Sur le dit d'Hippocrate
« La vie est courte, mais l'art est long »

Discours prononcé à Jena devant les Professeurs et les Étudiants de l'Université par Janus Cornarius, Médecin Physicien, et Professeur de l'Université, Jena 1557.

Janus Cornarius au Très distingué Monsieur Franciscus Burgratus, conseiller des Très illustres Princes et Seigneurs Johann Friedrich II, Johann Wilhelm et Johann Friedrich III, frères, Ducs de Saxe, Landgraves de Thuringe et des Marches de Meissen, de ses familiers, salut[1].

Alors que je voulais, Franciscus Burgratus, t'écrire quelque chose selon notre vieille habitude, il m'est bientôt venu à l'esprit que je pouvais en même temps t'envoyer ce Discours, non seulement pour que tu aies connaissance de ma présence ici, mais pour que tu voies aussi « combien <je suis devenu> différent du grand Hector », pour employer la phrase d'un autre[2]. Car bien qu'un grave Philosophe dise, en homme qui rajeunit en vieillissant, que la vieillesse ne blesse pas l'esprit et l'âme, et affirme que le temps qui emporte tout le reste ajoute de la science à la vieillesse : Cependant notre Poète me semble avoir plus clairement senti la chose, quand il écrivit : « L'âge emporte tout, même la mémoire »[3]. Voilà donc pour toi ce discours, à la fois en Symbole de notre amitié et en échantillon des restes de l'âge de la vigueur qui subsistent encore chez moi qui suis prêt dès maintenant pour la barque de Charon : Bien que plus proche du sexagénaire que du quinquagénaire, l'on pourrait encore ne pas me mettre au nombre de ceux que les Grecs appellent πεμπέλους, ce que je veux

---

1. Burkhard est le patronyme de Georg Spalatin (1482-1545), à l'origine du séjour de Janus Cornarius à Rostock du fait de ses liens avec les Princes de Mecklenburg, ADB 35, 1-29. Franciscus B. ne semble pas autrement connu, mais les Princes qu'il conseillait sont les dédicataires de BEC 42. Un certain Peter Burchardt († 1526) est donné comme l'auteur d'une *Parua Hippocratis tabula* dont Melanchthon a rédigé la préface, par W. Kaiser et A. Völker, *Ars medica Vitebergensis 1502-1817*, Halle (Saale), 1980, 12.

2. Virgile, *Enéide* II, 274, 275.

3. Sénèque, *Quaestiones naturales,* VI, 4, 2 : « *quorum adeo est mihi dulcis inspectio ut, quamuis aliquando de motu terrarum uolumen iuuenis ediderim, tamen temptare me uoluerim et experiri, aetas aliquid nobis aut ad scientiam aut certe ad diligentiam adiecerit* (cet examen m'est d'autant plus doux que, bien que j'aie publié jadis, étant jeune homme, un volume sur le mouvement des terres, je voudrais cependant tenter et essayer de voir si l'âge ajoute pour nous quelque chose à la science ou du moins à la conscience) » ; Virgile, *Bucoliques*, IX, 51.

aussi te dire en manière de consolation, à toi qui en âge es presque mon égal[4]. Porte-toi bien. À Jena, le 5 février 1557.

J'ai souvent à la fois parlé et écrit d'autres fois, les années précédentes, au sujet de l'excellence de la doctrine d'Hippocrate et de la grandeur comme de la justesse de ses écrits, et beaucoup d'hommes de bien m'ont écouté et lu, et ont approuvé de leurs applaudissements notre jugement sur cet homme : Mais je ne me suis encore jamais justifié moi-même, toutes les fois que j'ai entrepris ou quelque réflexion sur cet homme ou son éloge. Et je désire d'autant plus que mon opinion ait été approuvée de tous, que dans deux discours, dont l'un s'intitule *Des études de médecine qu'il est juste d'embrasser* et l'autre *Hippocrate ou le vrai docteur*, je l'ai publiquement présentée à la connaissance de tous[5]. Il sera utile en effet de connaître cette opinion qui est la nôtre, surtout maintenant, au moment où me font venir dans cette Université, comme Professeur de doctrine hippocratique, nos Très illustres Princes les Ducs de Saxe, dont moi non plus je n'ai pas choisi pour le moment de louer ici conformément à leur dignité les bienfaits à l'égard des justes études et étudiants : et je ne pense pas qu'ils puissent l'être assez par un autre, que n'assisteraient pas l'éloquence et la supériorité du jugement pour développer une si grande matière. J'avoue en effet volontiers maintenant pour ma part que je ne suis pas à la hauteur de la tâche, que je suis aussi empêché de remplir selon les règles par l'étroitesse du temps, ce qui n'a pas permis d'y employer les réflexions tout à fait indispensables à mon sens. Du reste ce n'est pas comme ce qui est dit ἵππος εἰς πεδίον, mais bien plus véritablement comme ce que l'on appelle κάμηλος εἰς τὸ πηδᾶν, que j'ai été appelé ici, à cet âge qui devient pesant, après tant d'années de repos où je fus étranger aux écoles et où je n'ai pas exercé la charge d'enseigner[6]. C'est pourquoi ce que j'ai entrepris d'exécuter à présent, c'est encore une fois du genre qui vise avant tout à la gloire

---

4. πεμπέλους : *des vieillards décrépits*.
5. BEC 21 et BEC 23, ce dernier ci-dessus p. 325-347.
6. ἵππος εἰς πεδίον ou 'cheval vers la plaine' ; κάμηλος εἰς τὸ πηδᾶν ou 'chameau prêt à bondir' : calembour faisant probablement référence à un proverbe expliqué dans les *Adages* : « *Camelus saltat. Ubi quis indecore quippiam facere conatur, et inuita, sicut aiunt, Minerua, camelum saltare dicebant. Veluti si quis natura seuerus ac tetricus, affectet elegans ac festiuus uideri, naturae genioque suo uim faciens. Diuus Hieronymus prouerbii nomine citat, torquetque in Heluidium. 'Risimus, inquit, in te prouerbium, Camelum uidimus saltitantem.' Taxat Hieronymus hominis ineptia, qui cum a musis esset alienissimus, tamen disertus haberi uellet.* Le chameau saute. Lorsque quelqu'un s'efforce de faire une chose quelconque d'une manière inconvenante, et comme on dit, en dépit de Minerve, on dit que le chameau saute. Par exemple si quelqu'un de sévère et de sombre par nature cherchait à paraître délicat et gai, en faisant violence à sa nature et à son génie. Saint Jérôme le cite sous le nom de proverbe, et le tourne contre Helvidius : 'Nous avons ri de ce proverbe à ton sujet : Nous avons vu le chameau sauter' ». d'après *Adagiorum chiliades Desiderii Erasmi Roterodami*, Bâle, Froben, 1551, BM Lyon 23467, p. 556 n° LXVI. Ce proverbe, inconnu par ailleurs, semble-t-il, est donc lui-même tiré du discours *Adversus Helvidium de perpetua uirginitate beate Maria* de Jérôme, qu'Erasme vient de citer exactement, discours publié dans *Epistolae diui Hieronymi*, Lyon, 1525, BM Lyon Rés 31583, avec ce commentaire d'Erasme : « *camelum saltitantem) cum quis affectat indecore ad quod non est aptus. Camelorum est onera gestare, non saltitare. Prouerbium est, cuius meminimus in Chiliadibus.* Chameau sautant) lorsque l'on vise d'une manière inconvenante à quelque chose à quoi l'on n'est pas apte. Le propre des chameaux est de porter des charges, non de sauter », t. 2 p. 147.

d'Hippocrate. En effet alors que je vais ensuite expliquer publiquement ses écrits très remarquables, et que je vais choisir le début de l'œuvre intitulée *Du régime dans les maladies aiguës*, pendant que je réfléchissais au grand nombre de mortels qui meurent de maladies aiguës, il m'est bientôt venu à l'esprit cette sentence qu'il a mise en tête des *Aphorismes* en disant : « La vie est courte, mais l'art est long », et j'ai décidé que c'était sur elle que je devais faire devant la jeunesse studieuse de cette école le discours que je vous prie, toi Recteur magnifique, et vous Professeurs des diverses disciplines, d'écouter sereinement[7]. Mais toi, jeunesse studieuse, comme c'est surtout de toi que le sujet traite, prête-nous une oreille attentive.

Quel espoir d'une vie assez longue peut-on avoir dès son début, lorsque chez les humains tantôt la *Phrénitis*, qui enflamme le cerveau et trouble le siège de l'âme et de l'intelligence, assassine un homme en très peu de temps ; ou, si l'affaire tourne bien par le soin d'un savant Médecin, le rend oublieux et stupide, tombé en léthargie ? Tantôt la *pleuritis*, et la *péripneumonie* qu'il faut vraiment appeler sa sœur, en s'emparant des lieux proches du cœur, épuisent et éteignent la source même de la vie : Tantôt les fièvres ardentes consument tout le corps comme un charbon : pour ne rien dire des fièvres pestilentielles et à plus forte raison de la *Peste* elle-même, qui par leur violence dépassent celle de n'importe quel poison. Car ce sont là les quatre premiers genres que les Anciens ont appelés du nom de maladies aiguës. Et à travers ces maladies est justifié le fait que nous admettions vraiment la sentence d'Hippocrate : « La vie est courte ». Mais ce ne sont pas seulement ces maladies qui abrègent notre vie, mais aussi celles qui affligent notre corps par leur longueur et leur délai, et sont par suite appelées *Chroniques*, au genre desquelles appartiennent l'*Arthrite*, *chiragre* et *podagre*, et n'importe quoi d'autre qui se rapporte au genre de ces maladies, ensuite la *Cachexie*, et l'*Hydropisie*, de même le *Marasme* et la consomption. Ensuite il y a aussi celles qui blessent l'âme et l'esprit, amenant soit la *Mélancolie* soit une sottise quelconque, qui pour beaucoup leur restent attachées toute leur vie durant. C'est pourquoi ces maladies elles aussi font que notre vie est courte. Car « ce n'est pas vivre, mais affronter la vie », comme l'a dit un poète génial[8]. Or ce n'est pas seulement à cause de ces maladies que la vie est courte, mais la nature elle-même a accordé à l'homme un petit nombre seulement d'années de vie. Galien dans le *Pronostic d'Hippocrate* a dit clairement que la trentième année était la moitié de la vie à son point culminant ou la trente-cinquième[9] : de telle sorte qu'autant que cela s'est accru pour l'homme jusqu'à cette année, comme cela s'arrête alors au sommet de sa vigueur, ensuite cela décroît à nouveau, jusqu'à

---

7. « Ὁ βίος βραχὺς, ἡ δὲ τέχνη μακρὴ, ὁ δὲ καιρὸς ὀξὺς, ἡ δὲ πεῖρα σφαλερὴ, ἡ δὲ κρίσις χαλεπή ». L IV, 458.

8. Martial, *Epigrammes* VI, 70, 15.

9. K XVIII B, 281-282.

ce que la fin menace, à la soixantième ou soixante-dixième année. Et de plus, même s'il accède un peu au-delà de ces années, ce n'est rien d'autre que misère, et des épreuves qui font voir clairement la fragilité de la vie humaine. Et c'est ce que Moïse, homme de Dieu, retient comme ce qu'il doit exposer, quand il dit : « Le jour de nos années, c'est l'an soixante-dix. Et chez les puissants quatre-vingts ans. Et si c'est davantage, c'est labeur et douleur »[10]. Mais pourquoi dire cela, parce que même si l'on remplit ces soixante-dix années, la moitié d'entre elles a été entièrement absorbée par le sommeil, temps pendant lequel personne non plus ne peut dire avoir vécu, puisque le sommeil apparaît comme le frère de la mort. Et comme on l'a dit : « Imbécile, qu'est-ce que le sommeil sinon l'image de la mort glacée ? »[11]. Déjà la moitié qui reste, à savoir trente-cinq années, si on la dépense encore en études ardues de médecine, combien en enlève ce que d'un côté l'esprit de piété réclame pour le culte de Dieu : d'un autre côté ce que le corps exige pour ses soins nécessaires, de sorte que si l'on calculait combien est dû au ventre et lui est assuré, pendant que nous-mêmes ingérons nourritures et boissons, pendant que nous nous lavons, pendant que nous nous pommadons, pendant que nous nous peignons, ou que nous adoptons d'autres parures, de ces trente-cinq années il en resterait à peine la moitié à dépenser en études de médecine : Et qu'est-ce qui de ces années périt en plus, pendant que nous obligeons nos amis et nos camarades, pendant qu'ils réclament ou nos conseils ou nos consolations, ou qu'ils demandent de l'aide ? Mais je ne parlerai pas non plus de ceux à qui la fortune peu favorable enlève beaucoup de temps de vie pour faire quelque chose par quoi le corps se trouve bien et par quoi la vie puisse mieux se supporter, pour poursuivre l'étude de l'art. Et ainsi il est facile de calculer à partir de cela qu'il reste à l'être humain étudiant en médecine à peine dix années complètes pour la connaissance d'un art aussi long, comme l'a dit Hippocrate. C'est pourquoi Hippocrate a justement proclamé « La vie est courte », d'une part pour tous les cas que nous avons passés en revue à l'instant, d'autre part si l'on fait la comparaison avec la longueur de l'art. Par conséquent il a aussi été dit justement par un poète qui n'est pas mauvais : « Nous sommes des enfants, et nous paraissons des vieillards »[12].

Il nous reste donc à partir de maintenant à considérer cette longueur de l'art qu'Hippocrate n'a pas ajoutée ensuite sans raison à la brièveté de la vie, même s'il y a aussi trois autres choses qu'il a ensuite mises après ces deux-là : l'occasion, qu'il a proclamée rapide : L'expérience, dangereuse : le jugement, difficile. Tout jeune, en repassant dans notre esprit cette longueur, alors que nous avancions pour faire nos premières expériences de l'art dans la ville et l'Université de Rostock, nous l'avons développée en tenant publiquement un dis-

---

10. Moïse homme de Dieu : *Deut.* 33, 1.
11. Ovide, *Amours* II, 9, 41.
12. Martial, *Epigrammes* VI, 70, 11.

cours devant l'Université, dans la mesure où nos forces alors le pouvaient, et il ne fut pas sans être applaudi alors de ceux qui étaient ses auditeurs : et lu ensuite, beaucoup l'ont approuvé. Son titre est : *Quels sont les arts et les sciences dont la connaissance est nécessaire au Médecin ?*[13] Mais aussi l'année dernière, voulant montrer à mon fils Diomède la longueur de l'art comme en passant, et pour ainsi dire à travers un grillage, j'ai rédigé un petit livre, certes peu étendu par sa masse, mais d'une grandeur et longueur de sujet s'élargissant sans limites, et je l'ai appelé *La Médecine ou le Médecin*, n'ayant rien entrepris d'autre, dans notre dernier écrit appelé *Le médecin* et dans le premier discours de Rostock, que de faire en sorte que par cette édition de nos écrits soit connue la grandeur de l'art difficile de la Médecine, qu'Hippocrate a dit être de la longueur, parce qu'elle réclame un long moment de la vie humaine, dont il a cependant avoué ouvertement qu'elle était courte, vu l'état des circonstances[14].

Que le futur étudiant de l'art Médical place alors devant ses yeux ce tout qui est appelé *monde*. C'est en effet ce tout, quelque étendu qu'il soit enfin dans toutes ses parties, que le Médecin doit connaître avec toutes ses parties. Et bien que les unes, qui demandent considération en particulier pour elles-mêmes, soient de l'art, d'autres demandent considération d'autres parties du monde : les astronomes demandent considération des corps célestes supérieurs et des étoiles, et parmi les astronomes ceux qui se plaisent à s'appeler Astrologues prévoient aussi à partir d'eux en particulier les événements futurs. Les musiciens recherchent la considération des harmonies et des accords, qu'ils appellent aussi nombres harmoniques, entre les corps supérieurs et les corps inférieurs. Les mêmes rapportent aussi la composition de l'âme du monde tout entier à la constitution de l'âme des êtres vivants inférieurs d'après les nombres harmoniques, comme Platon et Timée, qu'il a suivi en cela, en ont philosophé : Les Géomètres aussi attribuent la constitution du monde à leurs nombres géométriques : les Physiciens revendiquent pour eux-mêmes le traitement des choses qui sont présentes en commun pour toutes les choses naturelles, tant que n'importe quoi est lié avec de la matière et ne peut en être séparé, l'appelant physique, c'est-à-dire corporel, ils l'exposent très abondamment dans de grands livres et dans des commentaires encore plus longs : Cependant, quel que soit ce tout qu'ils se sont divisé entre eux et qu'ils ont distribué en parties une à une, ce tout, dis-je, a trait en totalité à la connaissance du Médecin, et ce dernier ne sondera pas seulement sur terre et dans les eaux la nature des êtres vivants dans toutes leurs parties : il scrutera aussi membre par membre la nature de toutes les plantes, pour avoir toutes ces choses sous la main pour la conservation et la cure de l'homme, qui est dit *un plus petit monde*, s'il arrive à sa fragilité un des maux rapportés plus haut : mais il pèsera

---

13. BEC 1, ci-dessus p. 269-286.
14. BEC 41, ci-dessus p. 383-410.

aussi avec soin dans quel état des choses célestes chacune d'elles peut être bien cueillie, rangée, conservée et appliquée au corps humain. Et maintenant le corps humain lui-même ne réclame pas une considération ordinaire de lui-même, mais veut être connu par toutes ses parties, autant les principales que leurs subordonnées : et autant les simples que les composées : Et pour le dire en peu de mots, le Médecin doit connaître toutes les choses qui constituent l'homme, qu'Hippocrate a notées très brièvement dans la « petite table ». τὰ ἴσχοντα, ἢ ἰσχόμενα, ἢ ἐνορμῶντα σώματα : en exposant que tout dans les corps est corps soit contenant, soit contenu, soit passant au-dedans : signifiant évidemment par contenant les parties solides, par contenu les humeurs, par passant au-dedans les souffles[15].

Mais pour que l'on comprenne toutes ces choses, je ne dis pas de manière absolue et exacte mais approximative, combien de temps Dieu dans sa bonté a-t-il généreusement accordé à la nature de chacun, combien de temps croit-on qu'il suffise ? Assurément ce n'est pas celui dont nous avons dit dans ce qui précède qu'il était très court, et d'à peine dix années, si l'on se souvient de ce que nous avons passé en revue. Nous ne devons cependant pas nous arrêter à cause de cela, mais au contraire supporter et accepter courageusement le travail le plus honnête, en réfléchissant à l'emploi du proverbe national « Aide-toi, le Ciel t'aidera »[16] : et à ce qu'a dit Cicéron : « Il est bon de se placer au second et troisième rang, si l'on s'est vu refuser d'obtenir le premier »[17] : Il a tout à fait dit vrai celui, quel qu'il soit, qui a dit que les choses que nous connaissons sont à peine la millième partie de celles que nous ignorons. Ne soyons pas détournés par ce genre de sentences, mais appliquons-nous de tous nos efforts à l'art le plus honnête et de tous le plus utile dans la vie. Que cette étroitesse présentée par Hippocrate, et traduite par nous en « brièveté de la vie » nous exhorte à traiter un art très long avec d'autant plus d'empressement que nous avons moins de temps à y consacrer notre activité. Que nous y incite la très large magnificence de nos Très illustres princes, qui leur fait engager les dépenses les plus libérales, pour qu'il y ait dans leur école, fondée si récemment que ce soit, des professeurs éminents dans tous les arts, non seulement des Médecins, parmi lesquels nous avons aussi été choisis, nous dont je désire que vous ayez plus approuvé et reconnu le zèle à cet égard, que fait valoir l'excellence de la doctrine.

Quelle que soit cette dernière, elle a cependant mérité une certaine réputation auprès des hommes de bien et des savants, qui persuadés qu'elle serait utile à beaucoup, ont eu soin de me faire revenir à cette école. Si leur jugement est juste : comme ils m'en ont persuadé : c'est à bon droit qu'il doit aussi vous pousser à vous lancer avec entrain dans les études ardues de Médecine. Car

---

15. Voir ci-dessus p. 420 § 30 et p. 256-262.
16. Littéralement : « Les dieux vendent leurs biens contre des travaux ».
17. *Orator* I, 4, déjà cité à plusieurs reprises, voir ci-dessus p. 309 n. 4.

pour ce qui me concerne, je promets de mettre toute mon énergie pour arriver, selon mes forces, avec l'aide généreuse de Dieu qui dit de lui-même : « sans moi vous ne pouvez rien faire », à ce que vous parveniez à la connaissance de l'art médical à la fois en un temps très court et surtout par la voie et l'ordre Méthodiques. Et à cause de cela, à Hippocrate j'ajouterai Aristote, et je commenterai sa doctrine Physique en grec, qu'il a exposée en huit livres. Et ce dernier doit être quelque aiguillon, qui vous pousse à une plus grande application. De là en effet vous connaîtrez un jour quelle est la raison de cette phrase que l'on rapporte communément : « Là où cesse le Philosophe Physicien, commence le Médecin ». Et cela semble vouloir dire que de même que la Philosophie est la perfection de l'âme, de même la Médecine est celle du corps : pour que nous comprenions que le soin de l'âme vient d'abord, celui du corps ensuite. Mais ce sens peut se rapporter à toutes les parties de la Philosophie, non à celle-là seule qui est appelée naturelle, par laquelle le passage à la Médecine est le plus proche. Mais comme les études de Physique sont les précurseurs de la Médecine : et que la connaissance de la nature emmène à la pratique même de l'art Médical : ainsi nous ne croirons pourtant pas que c'est Aristote qui a précédé Hippocrate, et qui a lui présenté quelque occasion en faveur du progrès de l'art médical : Mais au contraire, c'est Hippocrate qui à la fois a précédé en âge autant Platon qu'Aristote, et qui fut l'auteur pour l'un et l'autre de la juste intelligence des choses naturelles, comme Platon en témoigne à mots ouverts[18]. Faisons donc cela, et en implorant de notre mieux l'aide divine, tendons vaillamment vers l'art le plus long. Car c'est ainsi qu'il arrivera que la situation s'inverse. Et que la vie ne soit pas courte et l'art long, comme l'a dit Hippocrate, mais tout au contraire, que l'art soit court et agréable, mais que la vie soit longue, non seulement la nôtre, mais aussi celle de ceux qui, libérés par notre activité, si Dieu le veut, des maladies aiguës et des longues maladies, mèneront une longue vie dans le futur : et reconnaissant par de dignes louanges les bienfaits de l'art médical, le transmettront et proclameront par conséquent la gloire de Dieu, qui donne généreusement de tels présents aux hommes. Pendant qu'ils exécuteront cela, ce n'est pas un mince honneur qui en dérivera vers nos Très illustres Princes, auxquels notre étude sera très reconnaissante, et ils en percevront le fruit très agréablement nous sachant reconnaissants de leur libéralité et de leurs bienfaits. Le poète l'a dit de manière vraiment juste : « οὐ γὰρ ἀπόβλητ᾽ εἰσὶ θεῶν ἐρικήδεα δῶρα »[19]. Ne négligeons donc pas ces dons de nos Héros Très illustres, mais en les utilisant avec reconnaissance, recommandons à notre grand Dieu à la fois leur salut et leur conservation et les nôtres, ainsi que ceux de nos études. Nous-mêmes d'ailleurs nous vivrons de manière à ce que l'on sache que nous gar-

---

18. Dans *Phèdre* déjà cité, voir ci-dessus p. 364 n. 12.
19. ἐρικήδεα *sic. Iliade* III, 65 : « οὔ τοι ἀπόβλητ᾽ ἐστὶ θεῶν ἐρικυδέα δῶρα : Il ne faut pas mépriser les dons glorieux des dieux », d'après le texte de l'éd. Mazon, Paris, 1961, 72.

dons la tessère qui signale les disciples du Seigneur, l'amour mutuel, en repassant dans notre esprit cette parole de l'Apôtre bien heureux disant que la charité est la plus grande, et qu'elle a surpassé et la foi et l'espérance[20].

Un noble historien l'a exposé dans une sentence brillante : « La concorde, a-t-il dit, fortifie les petits États, la discorde détruit les plus grands »[21]. Mais il a dit une chose beaucoup plus brillante, celui qui a dit que dans le conflit et « dans la dispute, la vérité se perd »[22]. Qu'il n'y ait donc aucun conflit entre nous qui recherchons des études justes, et que l'on n'entende pas le nom de dissension entre nous. Non seulement en effet nous perdrons la vérité par trop de zèle à être en conflit et à nous disputer, mais nous traverserons aussi désagréablement une grande partie de notre vie. Ou plutôt nous perdrons inutilement beaucoup de temps, et nous raccourcirons davantage par nos conflits une vie du reste brève, tant par elle-même qu'à cause de diverses occasions, comme nous l'avons dit. Et c'est un dommage que je juge pour moi absolument bien plus grave que la perte de toutes les autres choses que le prince des Poètes attribue aussi aux conflits, à la dissension et à la discorde, quand il dit : « Et la Discorde satisfaite marche le manteau déchiré »[23]. C'est pourquoi songeons à ne pas nous faire venir, dans cette brièveté de notre vie, par la faute de nos vains conflits ou dissensions, des malheurs volontaires. Fin.

---

20. 1*Co* 13, 13.
21. Salluste, *Bellum Jugurthinum* 10, 6, trad. A. Ernout, Paris, 1941, 140.
22. « *Nimium altercando veritas amittitur* », Publilius Syrus (46 av. – 43 ap. JC), *Sententiae* N 40, d'après *Die Sprüche des Publilius Syrus*, ed. H. Beckby, München, 1969, en ligne sur *Bibliotheca Augustana*.
23. Virgile, *Enéide* VIII, 702.

Annexe II

Bibliographie des éditions cornariennes (BEC)

Cette bibliographie tente de recenser toutes les premières éditions cornariennes. On appelle ici éditions cornariennes non seulement celles qui publient les textes dont Janus Cornarius est l'auteur, mais également celles auxquelles il a contribué soit comme correcteur d'un texte grec ou latin, soit comme traducteur latin d'un texte grec. Le classement des notices suit l'ordre chronologique de parution des éditions originales, d'après la date indiquée par la page de titre ou le colophon, sauf pour quelques rééditions totales ou partielles significatives, signalées à la suite de l'édition originale. Mais d'une manière générale cette bibliographie laisse de côté les très nombreuses rééditions des traductions et écrits personnels de Janus Cornarius. Ont été prises en compte toutes les éditions dont on a conservé une trace bibliographique non seulement dans les outils bibliographiques traditionnels mentionnés dans la *Bibliographie générale*, mais aussi dans les catalogues, bibliographies et bibliothèques indiqués ci-dessous, même en l'absence d'exemplaire connu, et sauf dans ce dernier cas, chaque notice décrit en priorité l'exemplaire consulté, dont on donne en fin de notice la localisation et la cote.

Ces notices mentionnent d'abord les auteurs et les titres des ouvrages édités ou traduits sous leur désignation française courante, puis reproduisent les noms des auteurs et les titres des œuvres tels qu'ils figurent sur la page de titre. Les lieux d'édition et les noms des imprimeurs ou des éditeurs ont été normalisés suivant leur forme nationale actuelle pour les noms de lieux, et d'après la forme d'autorité de la Bibliothèque nationale de France pour les noms d'imprimeurs ou d'éditeurs. Suit une brève description de la lettre dédicace de Janus Cornarius, puis éventuellement un commentaire signalant une particularité de l'exemplaire décrit ainsi que les contributions de Janus Cornarius dans les ouvrages collectifs.

BIBLIOGRAPHIES CITÉES EN CAS DE MENTION UNIQUE

Blas Bruni Celli, *Bibliografia hipocratica,* Caracas, 1984 (Blas Bruni Celli)
Conrad Gesner, *Bibliotheca universalis, sive catalogus omnium scriptorum locupletissimus, in tribus linguis (...) Tiguri apud Christophorum Froschoverum Mense Septembri, Anno MDXLV.* Milliaria. Faksimiledrucke zur Dokumentation der Geistesentwicklung / hrsg. v. Pr. Dr. Hellmut Rosenfeld u. Dr. Otto Zeller, mit Nachwort v. Pr. Dr. Hans Widmann. Osnabrück : Otto Zeller Verlagsbuchhandlung, 1966 (Gesner)
Daniel Leclerc etc., *Biographie médicale par ordre chronologique d'après Daniel Leclerc, Eloy etc. mise dans un nouvel ordre, revue et complétée par MM. Bayle et Thillaye*, Paris, Adolphe Delahays, 1855, (Biographie médicale)

G. Maloney et R. Savoie, *Cinq cents ans de bibliographie hippocratique : 1473-1982*, St-Jean-Chrysostome Québec, Les éditions du Sphynx, 1982 (Maloney Savoie)

J. A. Van der Linden, *De scriptis medicis libri duo quibus praemittitur ad Petrum tulpium manuduxtio ad medicinam.* Amstelodami : apud Johannem Blaeu, 1637 (Van der Linden)

BIBLIOTHÈQUES EN POSSESSION DE L'EXEMPLAIRE DÉCRIT

Basel UB = Universitätsbibliothek Basel
Dresden SUB = Sächsische Landesbibliothek- Staats- und Universitätsbibliothek Dresden
Göttingen SUB = Niedersächsische Staats- und Universitätsbibliothek
Leipzig UB = Universitätsbibliothek Leipzig
Lyon BM = Bibliothèque municipale de Lyon
Montpellier BIUM = Bibliothèque interuniversitaire de médecine de Montpellier
München BSB = Bayerische Staatsbibliothek
Paris BIU Santé = Bibliothèque interuniversitaire de Santé de Paris
Paris BnF = Bibliothèque nationale de France
Paris BU Sorbonne = Bibliothèque universitaire de la Sorbonne
Tübingen UB = Universitätsbibliothek Tübingen
Wien ÖNB = Österreichische Nazionale Bibliothek
Wolfenbüttel HAB = Herzog-August-Bibliothek in Wolfenbüttel
Zwickau RSB = Ratsschulbibliothek Zwickau

1
JANUS CORNARIUS, *Quarum artium ac linguarum cognitione medico opus sit*
HIPPOCRATE, *Aphorismes*, première section. Texte grec
Quarum artium ac linguarum cognitione medico opus sit. Praefatio ante Hippocratis aphorismorum initium, per Janum Cornarium Zuiccaviensem, habita Rostochii. Aphorismi Hippocratis, graece. Ἀφορισμοί, τμῆμα πρῶτον. – Haguenau : Johann Setzer, [mai 1527], [88] p. in 8°

Dédicace à Casparus Callodryus, de Rostock
Paris BnF T 21.17

1a
[HIPPOCRATE, *Aphorismi*, traduction latine de Janus Cornarius
dans MELANCHTHON et alii, *De re medica libri octo*
Paris : Christian Wechel, 1529]

Maloney Savoie 115 (1529) : « Melanchthon, Philipp ; Ruel, Jean ; Cornarius, Janus trad. De re medica libri octo (…) ad veterum et recentium exemplarium fidem, necnon doctorum hominum judicium summa diligentia excusi. Accessit huic thesaurus verius, quam liber, Scriboni Largi, titulo Compositionum medicamentorum : nunc primum, tineis et blattis, ereptus industria Joannis Ruelli Parisiis apud Christianum Wechel, 197 f. »

2
JANUS CORNARIUS, *In divi Hippocratis laudem praefatio*
In divi Hippocratis laudem praefatio ante ejusdem Prognostica, per Janum Cornarium Zuiccaviensem habita Basileae, MDXXVIII Calendis Decembribus. – Basel : Hieronymus Froben, [s.d.] (après le 1er décembre 1528), 11 p. in 4°

Dédicace à Bonifacius Amerbach
Paris BnF Td 21.34

3
JANUS CORNARIUS, *Universae rei medicae ἐπιγραφή*
Universae rei medicae Ἐπιγραφή seu enumeratio, compendio tractata, Cornario Zuiccaviense autore. – Basel : Hieronymus Froben, 1529, 96 p. in 4°

Dédicace au Sénat et au peuple de Zwickau datée de Bâle le 1er novembre 1528
Paris BnF Rés. P.T. 80 (1)

4
HIPPOCRATE, *Airs, eaux, lieux. Vents.* Texte grec et traduction latine
Ἱπποκράτους Κωίου Περὶ ἀέρων, ὑδάτων, τόπων. Περὶ φυσῶν. Hippocratis Coi, De aëre, aquis et locis libellus. Ejusdem, de Flatibus. Graece et Latine Jano Cornario Zuiccaviensi interprete. – Basel : Hieronymus Froben, 1529, 70 p. in 4°

Dédicace à Johann von Sachsen datée de Bâle le 1er juillet 1529
Zwickau RSB 22.11.3(2b)
Paris BnF Rés. Tc 3-1. Exemplaire de Rabelais.

4a
HIPPOCRATE, *Airs, eaux, lieux. Vents.* Texte grec.
Ἱπποκράτους Κωίου Περὶ ἀέρων, ὑδάτων, τόπων. Περὶ φυσῶν. – Paris : Jacques Bogard, 1542, 44 p. in 4°

Airs, eaux, lieux et *Vents* en grec, suivis des *Annotationes* de Cornarius publiées en 1529, puis d'un avertissement anonyme *Lectori* et d'un texte latin *De temporibus*, vieille traduction latine d'*AEL*.
Paris BnF Tc 3-2

5
DIOSCORIDE, *De materia medica. De venenatis animalibus.* Texte grec
Πεδακίου Διοσκορίδου περὶ ὕλης ἰατρικῆς λόγοι ἕξ. Περὶ ἰοβόλων
Pedacii Dioscoridis de materia medica libri sex. Ejusdem de venenatis animalibus libri duo. – Basel : Johann Bebel, août 1529, 446 p. in 4°

Dédicace au duc Johann Friedrich von Sachsen datée de Bâle le 13 août 1529
München BSB 4° A gr. b. 608

6
JANUS CORNARIUS, *Selecta epigrammata Graeca*
Selecta epigrammata Graeca latine versa, ex septem epigrammatum Graecorum libris. Accesserunt omnibus omnium prioribus editionibus ac versionibus plus quam quingenta epigrammata, recens versa, ab Andre Alciato, Ottomaro Luscinio, ac Jano Cornario Zuiccaviensi. Basel : Johann Bebel, août 1529, 422 p. in 8°

Dédicace au duc de Mecklenburg datée de Bâle en août 1529
Paris BnF Yb 23 84

7
PARTHENIUS, Περὶ ἐρωτικῶν παθημάτων. Texte grec et traduction latine
JANUS CORNARIUS, *In peregrinationis laudem*

Parthenii Nicaeensis, de amatoriis affectionibus liber, Jano Cornario interprete. In peregrinationis laudem Praefatio ante D[omini] Hippocratis de aere aquis locis libellum, per Janum Cornarium Zuiccaviensem habita Vuittembergae. – Basel : Hieronymus Froben et Nikolaus Episcopius, septembre 1531, 76 p. [+ 21 f.] in 8°

Dédicace à Matthaeus Aurogallus datée de Zwickau le 1er avril 1530
Paris BnF Y2. 6022

8
AETIUS D'AMIDA, *Libri medicinales* VIII-XIII. Traduction latine
PAUL D'ÉGINE, *De ponderibus et mensuris*. Traduction latine
Aetii Antiochenis medici de cognoscendis et curandis morbis sermones sex, jam primum in lucem editi, interprete Jano Cornario Zuiccaviensi medico. De ponderibus ac mensuris, ex Paulo Aegineta, eodem interprete. – Basel : Hieronymus Froben, 1533, 442 p. in 2°

Dédicace à Charles Quint datée de Zwickau le 1er septembre 1532
Au v° de la page de titre : « Ad lectorem, Posteaquam hi sex sermones Aetii jam sub praelo essent, nacti sumus praeterea alios quinque, nempe primum, et quatuor qui deinceps sequuntur. Quod si praesentem operam nostram studiosis gratam ac frugiferam senserimus, illos quoque vertendos edendosque curabimus. Quin etiam spes est, omnia reliqua ejusdem autoris scripta a nobis conquisita publicanda. Atque in hoc nunc gustum eorum praebemus, quo facilius sit de reliquorum editione consilium capere. Vale. » Ce volume est en effet le deuxième d'un ensemble de trois dont le 1er et le 3ème sont constitués par la traduction latine des livres 1 à 7 puis 14 à 16 d'Aetius par Johannes Baptistus Montanus, imprimés par Hieronymus Froben en 1535.
Paris BnF T28.33

9
JANUS CORNARIUS, *Universae rei medicae ἐπιγραφή seu enumeratio*, éd. revue et augmentée
Universae rei medicae ἐπιγραφή seu enumeratio, a Jano Cornario Zuiccaviensi ejus autore recognita, ac aliquot locis aucta. – Basel : Hieronymus Froben et Nikolaus Episcopius, mars 1534, 106 p. in 4°

Dédicace au Sénat et au Peuple de Zwickau datée de Bâle le 1er avril 1530
Montpellier BIUM Ea 69

10
MARCELLUS EMPIRICUS, *De medicamentis*. Texte latin
GALIEN, *De causis respirationis, De usu respirationis, De difficultate respirationis, De uteri dissectione, De formatione fœtuum, De semine*. Traduction latine
Marcelli viri illustris, De medicamentis empiricis, physicis, ac rationalibus liber, ante mille ac ducentos plus minus annos scriptus, jam primum in lucem emergens, et suae integritati plerisque locis restitutus, per Janum Cornarium medicum physicum Northusensem. Item Galeni libri novem nunc primum Latini facti, idque opera ejusdem Jani Cornarii. – Basel : Hieronymus Froben, 1536, 252 + 178 p. in 2°

Dédicace à Reineke et Rinck datée du 1er septembre 1535
Dédicace à Gulielmus Reifenstein datée de Nordhausen le 10 mars 1535
Dédicace à Michel Meienburg datée de Nordhausen le 10 mars 1535
Montpellier BIUM Ea 60, 2°

11
GALIEN, *De compositione medicamentorum secundum locos*. Traduction latine
JANUS CORNARIUS, *Commentarii medici*
Claudii Galeni Pergameni [...] de compositione pharmacorum localium sive secundum locos libri decem, recens fideliter et pure conversi a Jano Cornario medico physico. Iani Cornarii [...] commentariorum medicorum in eosdem Galeni libros conscriptorum libri decem. – Basel : Hieronymus Froben et Nikolaus Episcopius, 1537, 550 p. in 2°

Dédicace à Albrecht von Mainz datée de Nordhausen le 1er mars 1537
Dédicace à Philipp von Hessen datée de Nordhausen le 10 mars 1537
Montpellier BIUM Ea 64 – 2°

12
HIPPOCRATE, *Opera omnia*, Texte grec
Ἱπποκράτους Κωίου [...] βιϐλία ἅπαντα. Hippocratis Coi [...] libri omnes ad vetustos codices summo studio collati ac restaurati. – Basel : Hieronymus Froben, 1538, 562 p. in 2°

Dédicace à Matthias Helt datée de Nordhausen le 26 mars 1536
Lyon BM Rés. 158 218

13
ANONYME, *Geoponica*. Texte latin
Constantini Caesaris selectarum praeceptionum, de Agricultura libri viginti, Jano Cornario medico physico interprete. – Basel : Hieronymus Froben, 1538, 390 p. in 8°

Dédicace à Wolfgang, Graf zu Stolberg-Wernigerode datée du 13 février 1537
Zwickau RSB 2.6.49(1)

14
ARTÉMIDORE, *Interprétation des songes*. Traduction latine
Artemidori Daldiani [...] De somniorum interpretatione libri V, jam primum a Jano Cornario medico physico Francofordensi latina lingua conscripti. – Basel : [Hieronymus Froben], 1539, 479 p. in 8°

Dédicace à Philippus Pucheymerus et Joannes Magobacchus, médecins d'Albrecht von Mainz et de Philipp von Hessen datée de Frankfurt le 1er septembre 1538
Zwickau RSB 2.6.26(1)

15
BASILE DE CÉSARÉE, *Sur la sainte nativité du Christ. Aux jeunes gens, sur la manière de tirer profit des lettres helléniques*. Traduction latine
Homilia sive contio, divi Basilii magni Caesareae Cappadociae Archiepiscopi, In sanctam Christi nativitatem, Jano Cornario medico physico interprete. Ejusdem alia contio, Ad adolescentes, quomodo ex Graecis autoribus utilitas capienda sit, eodem interprete. – Frankfurt-am-Main : Christian Egenolff, février 1539, 32 p. in 8°

Dédicace à Matthias de Limbourg datée de Francfort le 13 janvier 1539
Göttingen SUB 8° Patr. Gr. 420/65

16
AEMILIUS MACER, *De plantis*. Texte latin
MARBODE, *De lapidibus ac gemmis carmina*. Texte latin
Macri de materia medica libri V uersibus conscripti per Janum Cornarium medicum physicum emendati ac annotati et nunquam antea ex toto editi. – Frankfurt-am-Main : Christian Egenolff, 1540, [12] + 132 f. in 8°

Dédicace à Georg Pylander datée de Francfort le 1er mars 1540
Paris BnF Te 142.9

17
BASILE DE CÉSARÉE, *Opera omnia*. Traduction latine
Omnia Divi Basilii magni archiepiscopi caesareae Cappadociae, quae extant opera [...] Jano Cornario medico physico interprete. – Basel : Hieronymus Froben, 1540, 758 p. en 4 vol. in 2°

Dédicace à Albrecht von Mainz datée de Francfort le 20 mars 1540
Tome 1 : *In opificium sex dierum homiliae XI, In Psalmos homiliae XVII, Variorum argumentorum homiliae XXVIII*
Tome 2 : *De virginitate, De paradiso, Contra apologeticum Eunomii, Contra Sabellianos et Arium, De spiritu sancto, De libero arbitrio, De baptismate*
Tome 3 : *Exercitamenta per aliquot sermones, Praefatio de judicio dei, De fidei confessione, Moralium summae singulae, Quaestiones diffuse explicatae, Quaestiones compendio explicatae, Constitutiones exercitatoriae*
Tome 4 : *Epistolae Divi Basilii, itemque Gregori Theologi, Epistola de vita solitaria, et quaedam aliae [...] cum oratione adversus eos qui calumniantur nos quod tres deos dicimus*
Paris BU Sorbonne Rés. R. XVI. 383

18
Basilii et Gregorii Nazianzeni epistolarum volumen
Gesner 370a

19
AETIUS, *Libri medicinales I-XVI*. Traduction latine
Aetii medici Graeci contractae ex veteribus medicinae tetrabiblos [...] id est sermones XVI per Janum Cornarium medicum physicum latine conscripti. – Basel : Hieronymus Froben, 1542, 932 p. in 2°

Dédicace au Sénat et au Peuple de Frankfurt a. M. datée du 1er novembre 1541
Montpellier BIUM Ea 39 – 2°

20
HIPPOCRATE, *Lettres, Sur la folie de Démocrite, Décret des Athéniens, Discours à l'autel, Discours d'ambassade*. Traduction latine
Hippocratis Coi [...] epistolae elegantissimae cum quibusdam aliis [...] Jano Cornario medico physico Francofordensi interprete. – Köln : Johann Gymnik, 1542, 128 p. in 8°

Dédicace à Cornelius Sittard datée de Francfort le 5 avril 1542
München BSB A. gr. b. 296/2

21

JANUS CORNARIUS, *De rectis medicinae studiis amplectendis, oratio*

De rectis medicinae studiis amplectendis, oratio habita Gronbergae Hessorum, coram celebri universitatis Marpurgensis schola, eo ad tempus translata, per Janum Cornarium medicum physicum et publicum professorem. – Marburg : Christian Egenolff, mars 1543, [30] p. in 8°

Discours prononcé le 27 octobre 1542, réédité dans les n° 23 et 40
Zwickau RSB 2.5.28(4)

22

EPIPHANE, *Opus Panarium contra octoginta haereses, Ancora fidei, De mensuris ac ponderibus, De asterisco ac obelo*. Traduction latine

Divi Epiphanii episcopi Constantiae Cypri, Contra octoginta haereses opus, Panarium sive Arcula aut Capsula medica appellatum [...] Jano Cornario medico physico interprete. Item ejusdem D. Epiphanii Epistola sive liber ancoratus appellatus [...]. Ejusdem D. Epiphanii Anacephaleosis sive summa totius operis Panarii appellati et contra octoginta haereses conscripti. Ejusdem D. Epiphanii libellus de mensuris ac ponderibus, et de asterisco ac obelo, deque notis ac characteribus in divinae scripturae interpretibus per Origenem usurpatis. Omnia per Janum Cornarium medicum physicum nunc primum latine conscripta. – Basel : Robert Winter, septembre 1543, 624 p. in 2°

Dédicace à Johann Friedrich von Sachsen datée de Frankfurt a. M. le 1er novembre 1542
Zwickau RSB 17.3.1

23

HIPPOCRATE, *Serment, Loi, Art, Ancienne médecine, Médecin, Bienséance, Préceptes*. Traduction latine

JANUS CORNARIUS, *Hippocrates siue doctor verus, oratio. De rectis medicinae studiis amplectendis, oratio.*

Hippocratis [...] libelli aliquot [...] per Janum Cornarium medicum physicum latina lingua conscripti [...]. Item Hippocrates sive doctor verus, Oratio habita Marpurgi [...] per Janum Cornarium medicum physicum ac publicum professorem [...]. Item, De rectis medicinae studiis amplectendis, Oratio per eundem Cornarium habita Gronibergae Hessorum. – Basel : Johann Oporinus, août 1543, 105 p. in 4°

Dédicace à Joannes Ferrarius Montanus datée de Marburg le 9 avril 1543
Dédicace à Johannes Oporinus datée de Marbourg le 9 avril 1543
Dédicace à Justus Studaeus
Paris BnF T 23. 121

24

ADAMANTIUS, *Physiognomica*. Traduction latine

JANUS CORNARIUS, *De utriusque alimenti receptaculis dissertatio, contra quam sentit Plutarchus*

PLUTARQUE, *Adversus eos qui Platonem reprehendunt, quod dixerit potum per pulmonem penetrare, ex septimum convivalium quaestionum disputatio*. Traduction latine

ADAMANTIUS, Φυσιογνωμονικά. Texte grec

Adamantii sophistae physiognomicon id est De naturae indiciis cognoscendis libri duo, per Janum Cornarium medicum physicum latine conscripti. Jani Cornarii medici physici, professoris scholae Marpurgensus, De utriusque alimenti receptaculis dissertatio, contra quam sentit Plutarchus. Plutarchi Chaeronensis philosophi loci duo, ad idem argumentum pertinentes, sed reprobati. Adamantii etiam exemplar Graecum est adjectum. – Basel : Robert Winter, 1544, 203 p. in 8°

Dédicace à Dryander datée du 1er septembre 1543
Dédicace à Jacob Micyllus datée de Marburg le 1er septembre 1543
Montpellier BIUM Eb 366

25
JEAN CHRYSOSTOME, *De episcopalis ac sacerdotalis muneris praestantia.* Traduction latine
De episcopalis ac sacerdotalis muneris praestantia, Joannis Chrysostomi, episcopi Constantinopolitani cum Basilo Magno dissertatio, per Janum Cornarium medicum physicum Latine conscripta, nuncque primum in lucem edita. – Basel : Johann Oporinus, avril 1544, 168 p. in 8°

Dédicace à Hieronymus a Glaburgo datée de Marburg le 9 avril 1544
Lyon BM 349 761

26
JANUS CORNARIUS, *Vulpecula excoriata*
Vulpecula excoriata per Janum Cornarium medicum physicum, Hippocraticum in schola Marpurgensi professorem. – Frankfurt a. M. : Christian Egenolff, mars 1545, 38 p. in 4°
Paris BnF Te 142.37

27
JANUS CORNARIUS, *Nitra ac brabyla*
Nitra ac brabyla, pro vulpecula excoriata asservanda, per Janum Cornarium medicum physicum, Hippocraticum in Schola Marpurgensi professorem. – Frankfurt a. M. : Christian Egenolff, août 1545, 40 p. in 4°
Paris BnF Te 142.38

28
HIPPOCRATE, *Opera omnia.* Traduction latine
Hippocratis Coi [...] opera quae ad nos extant omnia, per Janum Cornarium medicum physicum latina lingua conscripti. – Basel : Hieronymus Froben, 1546, 693 p. in 2°

Dédicace au Sénat et au peuple d'Augsburg datée de Marburg le 1er septembre 1545
Paris BnF T 23.4

28a
HIPPOCRATE, *Opera omnia.* Traduction latine
Hippocratis Coi [...] opera quae ad nos extant omnia, per Janum Cornarium medicum physicum latina lingua conscripti. – Venezia : Vicenzo Valgris, 1546, 691 + [49] p. in 4°

Dédicace au Sénat et au peuple d'Augsbourg datée de Marburg le 1er septembre 1545
Zwickau RSB 41.2.14

28b
HIPPOCRATE, *Opera omnia.* Traduction latine
Hippocratis Coi [...] opera quae ad nos extant omnia, per Janum Cornarium medicum physicum latina lingua conscripti. – Venezia : Girolamo Scoto, 1546, 372 p. in 2°

Dédicace au Sénat et au peuple d'Augsbourg datée de Marburg le 1er septembre 1545
Wolfenbüttel HAB Ma 4° 33

28c
HIPPOCRATE, *Opera omnia.* Traduction latine
Hippocratis Coi [...] opera quae ad nos extant omnia, per Janum Cornarium medicum physicum latina lingua conscripti. – Venezia : Giovanni Griffio, 1546.
Maloney Savoie 228

28d
HIPPOCRATE, *Opera omnia.* Traduction latine
Hippocratis Coi [...] opera quae ad nos extant omnia, per Janum Cornarium medicum physicum latina lingua conscripti. – Paris : Charlotte Guillard et Guillaume Des Bois, 1546, in 8°

Dédicace au Sénat et au peuple d'Augsbourg datée de Marburg le 1er septembre 1545
Paris BnF T 23.4.A

29
JANUS CORNARIUS, *Fuchseides III*
Jani Cornarii medici physici orationes in Leonhartum Fuchsium sive Fuchseides III quarum inscriptiones sunt : I Vulpecula excoriata, II Vulpecula excoriata asservata, sive Nitra ac Brabyla pro Vulpecula excoriata asservanda, III Vulpeculae catastophe, seu qui debeat esse scopus, modus ac fructus contentionum. – Frankfurt-am-Main : Christian Egenolff, 1546, 168 p. in 8°
Paris BnF Te 142.40

30
JANUS CORNARIUS ET IOANNES RICHIUS, *Propemptica II*
Propemptica II D[omino] Francisco a Stiten in Livoniam abeunti per Janum Cornarium medicum et per Joannem Richium Annoveriacaenum conscripta. – Marburg : Andreas Colbius, 1546, 14 p. in 8°

30 distiques de Janus Cornarius intitulés *Francisco Stiteni jurisconsulta deductorium in Livoniam abeunti*, p. A2 à [A3a]
München BSB L. impr. c. n. mss. 1034, Beiband 10

31
JANUS CORNARIUS, *De conuiuiorum veterum Graecorum et hoc tempore Germanorum ritibus, moribus ac sermonibus. De amoris praestantia et de Platonis ac Xenophontis dissensione.*
PLATON, *Banquet.* Traduction latine
XÉNOPHON, *Banquet.* Traduction latine
Jani Cornarii medici physici Zuiccaviensis De conviviorum veterum Graecorum et hoc tempore Germanorum ritibus, moribus ac sermonibus. Item De amoris praestantia et de Platonis ac Xenophontis dissensione, libellus. Item Platonis [...] symposium, eodem Jano Cornario interprete, et Xenophontis [...] ab eodem Latine conscriptum. – Basel : Johann Oporinus, septembre 1548, 200 p. in 8°

Dédicace à O. Lasanus
Lyon BM FA346 068

32

GALIEN, *Opera omnia*. Traduction latine

Cl. Galeni Pergameni [...] opera quae ad nos extant omnia [...] a viris doctissimis in Latinam linguam conversa, et nunc multis recentissimis translationibus per Janum Cornarium medicum physicum exornata ab eodemque recognita ex toto et innumeris locis restitutis absolutissima. Accesserunt etiam nunc primum capitum numeri et argumenta per Conradum Gesnerum medicum in omnes libros [...] . – Basel : Hieronymus Froben et Nikolaus Episcopius, 1549, 9 vol. in 2°

Dédicace à Maurice de Saxe datée de Zwickau le 1er septembre 1548
Traductions de Janus Cornarius :

vol. 0 : *De optimo dicendi genere* col. 115 ; *Quomodo deprehendere oportet eos qui aegrotare se fingunt* 237

vol. 1 : *De uteri sectione* 395 ; *De utilitate respirationis* 413 ; *De causis respirationis* 427 ; *De Hippocratis et Platonis decretis libri novem, liber primus* 881 ; *De semine* 1255 ; *De septimestri partu* 1313

vol. 2 : *Hippocratis De aere, aquis, locis* 5 ; *De ptisana* 181 ; *De paruae pilae exercitatione* 187

vol. 3 : *De marasmo siue marcore* 169 ; *De comate* 183 ; *De tremore et palpitatione et convulsione et rigore* 195 ; *De difficultate respirationis* 221

vol. 4 : *De urinis* 473 ; *De dinotione ex insomniis* 819 ; *De praenotione ad Epigenem* 821

vol. 5 : *De compositione pharmacorum localium* 449 ; *De ponderibus ac mensuris* 1045 ; *De hirudinibus, reuulsione* etc. 1053

vol. 6 : *De remediis parabilibus* 419

vol. 7 : *Obsoletarum vocum Hippocratis expositio* 265

vol. 8 : *De melancholia ex Galeno, Rufo* etc. 411

Wolfenbüttel HAB 2.3 – 2.6 med. 2°.

33

PLATON, *Alcibiade, Second Alcibiade, Hipparque, Rivaux*. Traduction latine
PSELLOS, *Allégories de Tantale, de la Sphynx, de Circé*. Traduction latine
JANUS CORNARIUS, *Acteonis fabulae allegoria*

Platonis [...] summi dialogi IV [...] Jano Cornario medico physico Zuiccaviensi interprete. [...] Fabularum aliquot poeticarum allegoriae ex Psello eodem Cornario interprete, et ipsius Cornarii Venator Acteon. [...] Jani Cornarii praefatio de recto rerum judicio longe gravissima. – Basel : Hieronymus Froben et Nikolaus Episcopius, août 1549, 180 p. in 8°

Dédicace à Maurice de Saxe datée de Zwickau le 1er septembre 1547 intitulée *De recto rerum judicio, praefatio* p. [3] à 24
Paris BnF R 46840. Lyon BM FA 105 573

34

JANUS CORNARIUS, *Dum aliquot bonos ac doctos uiros*

Oratio habita Marpurgi per Janum Cornarium medicum physicum Zuiccaviensem dum aliquot bonos ac doctos viros doctoratus ornamentis in medicina insigniret, XXV. Aprilis die. – Marburg : Andreas Colbius, 1er mai 1549, 14 p. in 8°
Wien ÖNB *69 O 111(4)

35

JANUS CORNARIUS, *De peste*

Jani Cornarii medici physici de peste libri duo pro totius Germaniae, imo omnium hominum salute [...]. – Basel : Johann Herwagen, 1551, 136 p. in 4°

Dédicace à Hulderichus Mordisius, chancelier du duc et prince électeur Maurice de Saxe
Epistola à Johannes Trogerus Gordielicensis physicus datée de 1500 [*sic*]
Montpellier BIUM Ec 213 – 4°

36
JANUS CORNARIUS, *De podagrae laudibus oratio*. – Patavii : 1553, in 8°
Biographie médicale

37
SAINT BASILE, *Opera omnia*. Texte grec
Ἅπαντα τὰ τοῦ […] Βασιλείου. Divi Basilii Magni opera Graeca quae ad nos extant omnia. – Basel : Hieronymus Froben et Nikolaus Episcopius, 1551, 698 p. in 2°

Dédicace en grec à Julius von Pflug datée de Zwickau le 4 septembre 1546
Zwickau RSB 16.6.1

38
HIPPOCRATE, *Opera omnia*. Traduction latine
Hippocratis Coi [...] opera quae ad nos extant omnia per Janum cornarium medicum physicum Latina lingua conscripta, et denuo ex toto recognita. – Basel : Hieronymus Froben, 1554, 859 p. in 8°

Dédicace au Sénat et au peuple de Zwickau datée de Zwickau le 1er août 1553
Wolfenbüttel HAB Ma 335

39
PLUTARQUE, Œuvres morales. Traduction latine
Plutarchi Chaeronei, […] Ethica siue moralia opera, quae in hunc usque diem de Graecis in Latinum conuersa extabant, uniuersa, a Iano Cornario nunc primum recognita, et nouorum aliquot librorum translatione ab eodem locupletata. – Basel : Mich. Isingrin, 1554, [42], 271 f. in 2°

Dédicace de Hieronymus Gemusaeus à Philippus à Gundelsheim, Episcopus Basiliensis, datée de Basel le 1er mars 1541
Plutarchi, utrum aqua aut ignis utilio existat, libellus, Iano Cornario medico physico interprete : f. 235b-236b
Plutarchi, de primo frigido libellus, Iano Cornario medico physico interprete : f. 237a-240a
Plutarchi summa, quod Stoici magis inopinata quam poetae dicunt, Iano Cornario medico physico interprete : f. 240a-240b
Plutarchi de Stoicis contrarietatibus liber, Iano Cornario medico physico interprete : f. 240b-249a
Plutarchi de placitis philosophorum libri quinque, Iano Cornario medico physico interprete : f. 249a-262b
Universitätsbibliothek Basel, Ba I 17

40
PAUL D'ÉGINE, *De re medica*. Traduction latine
JANUS CORNARIUS, *Dolabellae in Paulum Aeginetam*
Pauli Aeginetae totius rei medicae libri VII [...] per Janum Cornarium medicum physicum Latina lingua conscripti. [...] Jani Cornarii medici physici dolabellarum in Paulum Aeginetam libri septem. – Basel : Johann Herwagen, 1556, 474 p. in 2°

Dédicace à Michael Meienburg datée de Zwickau le 1er avril 1555
Dédicace à Justus Studaeus datée de Zwickau le 1er avril 1555
Lyon BM FA 107 374

41
JANUS CORNARIUS, *Medicina siue Medicus. Hippocrates siue doctor verus. De rectis medicinae studiis amplectendis.*
Jani Cornarii medici physici Medicina sive medicus, liber unus. Ejusdem orationes duae, altera Hippocrates sive doctor verus, altera de rectis medicinae studiis amplectendis. – Basel : Johann Oporinus, mars 1556, 128 p. in 8°
Paris BnF T21.24

42
DIOSCORIDE, *De materia medica. De bestiis venenum eiaculantibus.* Traduction latine
JANUS CORNARIUS, *Emblemata. Expositiones.*
Pedacci Dioscoridae Anazarbensis de materia medica libr[i quinque] Cornario medico p[hysico] ejusdem Jani [Cornarii] emblemata singulis capitibus adjecta. Dioscoridae de bestiis venenum eiaculantibus et talibus medicamentis libri II eodem Cornario interprete. Ejusdem Jani Cornarii in eosdem libros expositionum libri II. – Basel : Hieronymus Froben, 1557, 560 p. in 2°

Dédicace aux ducs Johann Friedrich senior, Johann Wilhelm et Johann Friedrich junior von Sachsen, datée de Zwickau le 12 avril 1555
Paris BnF Te 138.43

43
JANUS CORNARIUS, *In dictum Hippocratis*
In dictum Hippocratis, vita brevis, ars uero longa, oratio. – Jena, 1557, [24] p. in 8°
Blas Bruni Celli 871
Leipzig UB Med. gr. 35

44
HIPPOCRATE, *Opera omnia.* Traduction latine
Hippocratis Coi [...] opera quae ad nos extant omnia per Janum Cornarium medicum physicum Latina lingua conscripta et recognita, cum accessione Hippocratis de hominis structura libri, antea non excusi, recens illustrata cum argumentis in singulos libros [...] per Joan[nem] Culmanum Geppingensem nunc primum editis. – Basel : Froben, septembre 1558, 806 p. in 2°

Dédicace au Sénat et au peuple de Zwickau datée de Zwickau le 1er août 1553
Paris BnF T 23.4.C

44a
HIPPOCRATE, *Opera omnia.* Traduction latine
Hippocratis Coi [...] opera quae ad nos extant omnia per Janum Cornarium medicum physicum Latina lingua conscripta et recognita, cum accessione Hippocratis de hominis structura libri, antea non excusi, recens illustrata cum argumentis in singulos libros [...] per Joan[nem] Culmanum Geppingensem nunc primum editis. – Lyon : Antoine Vincent, 1564, 542 ff. in 8°

Dédicace au Sénat et au peuple d'Augsbourg datée de Marburg le 1er septembre 1545
Lyon BM 511 679

44b
HIPPOCRATE, *Opera omnia*. Traduction latine
Hippocratis Coi [...] opera quae ad nos extant omnia per Janum Cornarium medicum physicum Latina lingua conscripta et recognita, cum accessione Hippocratis de hominis structura libri, antea non excusi, recens illustrata cum argumentis in singulos libros [...] per Joan[nem] Culmanum Geppingensem nunc primum editis. – Lyon : héritiers de Jacques Giunta, 1567, 590 p. in 2°

Dédicace au Sénat et au peuple de Zwickau datée de Zwickau le 1er août 1553
Paris BnF T23. 4 E

44c
HIPPOCRATE, *Opera omnia*. Traduction latine
Hippocratis opera omnia ex Jani Cornarii versione una cum Jo[annis] Marinelli commentariis ac Petri Matthaei Pini indice [...]. – Venezia : Joannes Radicius, 1737-1739, 3 vol. in 2°

Préface de Joannes Baptista Paitonus retraçant l'histoire des éditions imprimées d'Hippocrate et suivie de leur catalogue
Paris BnF T23.12

44d
HIPPOCRATE, *Opera omnia*. Texte grec et traduction latine
Τὰ τοῦ Ἱπποκράτους ἅπαντα. Hippocratis opera omnia [...] ex Cornarii et Sambuci cod[icibus] in Caesar[ea] Vindobonensi bibliotheca hactenus asservatis et ineditis, partim ex aliis ejusdem bibliothecae m[anuscriptis] cod[icibus] collectis, quarum ope saepenumero Graecus contextus fuit restitutus [...] studio et opera Stephani Mackii, Elisabethae Christinae Aug[ustae] aulae medici. – Wien : Leopold Johannes Kaliwoda, t. 1, 1743, XXXII + 368 p., t. 2, 1749, VIII + 391 p. in 2°

Préface décrivant les ouvrages manuscrits et imprimés en possession de la bibliothèque impériale de Vienne utilisés par l'éditeur scientifique Stephan Macke, qui reproduit une liste de corrections manuscrites portées par Cornarius dans son exemplaire de l'édition grecque de 1538, BEC 12.
Paris BnF T23.13

45
GALIEN, *Des humeurs*. Traduction latine
Cl. Galeni Pergameni De humoribus liber, Iano Cornario Medico Physico interprete. – Jena : Thomas Rebart, 1558, 10 p. [8°]
Dresden SUB (Lit. Graec. B 1591) Medici Gr. 130a

46
SYNÉSIOS DE CYRÈNE, *Discours sur la royauté, Dion, Éloge de la calvitie, Sur la Providence, Homélie I, Traité sur les songes, Lettres*. Traduction latine
Georgii Pachymerii [...] in uniuersam fere Aristotelis philosophiam, epitome [...] a Graeco in Latinum sermonem nunc primum [...] conuersa, a [...] D. Philippo Bechio [...]. Subiunctus est [...] Synesius Cyrenaeus, per Ianum Cornarium [...] nunc primum Latinus factus. [...] Synesii Cyrenaei [...] eximia atque doctissima tum monumenta, omni sententiarum ubertate referta, tum scripta quae ad nos extant universa per Janum Cornarium primi nominis medicum Latine lingua conscripta. – Basel : Hieronymus Froben et Nikolaus Episcopius, septembre 1560, 158 p. in 2°

Préface de Janus Cornarius, *De aetate, studiis et moribus Synesii Cyrenaei ejusque coaetaneis*
De Synesio ex Suida
De Synesio ex Evagrio scholastica
De Synesio ex Nicephoro
Ensemble imprimé à la suite d'une traduction latine de l'*Abrégé de la philosophie d'Aristote* de Georges Pachymère, comme le montre la collation imprimée dans le premier cahier. La préface de Cornarius est donc à considérer comme apocryphe.
Paris BnF R 179

47
PLATON, *Opera omnia.* Traduction latine
JANUS CORNARIUS, *Eclogae decem*
Platonis [...] opera quae ad nos extant omnia, per Janum Cornarium medicum physicum Latina lingua conscripta. Ejusdem Cornarii eclogae decem [...]. Additis Marsilii Ficini argumentis et commentariis in singulos dialogos [...]. – Basel : Hieronymus Froben, 1561, 1048 p. in 2°

Préface d'Achates Cornarius
Paris BIU Santé 1340 bis

48
JANUS CORNARIUS, *De obedientia*
De obedientia oratio habita coram publica schola uniuersitatis Marpurgensis, Per Janum Cornarium Medicum in Rectoratu suo. – Marburg : [s.n.], [s.d.], 12 p. in 8°
Wien ÖNB 80.X.63

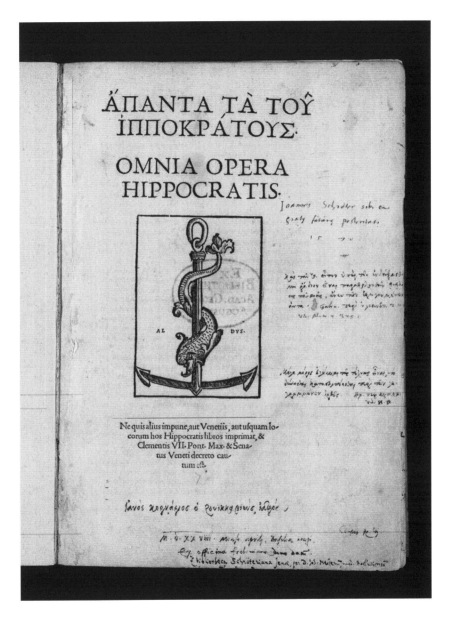

Page de titre de l'aldine de Göttingen, édition *princeps* grecque de la collection hippocratique, conservée à la SUB Göttingen, 4° Cod. mss. hist. nat. 3. Exemplaire de travail de Janus Cornarius.

Nous remercions la *Niedersächsische Staats- und Universitätsbibliothek* d'avoir aimablement autorisé la reproduction de cette page et des suivantes.

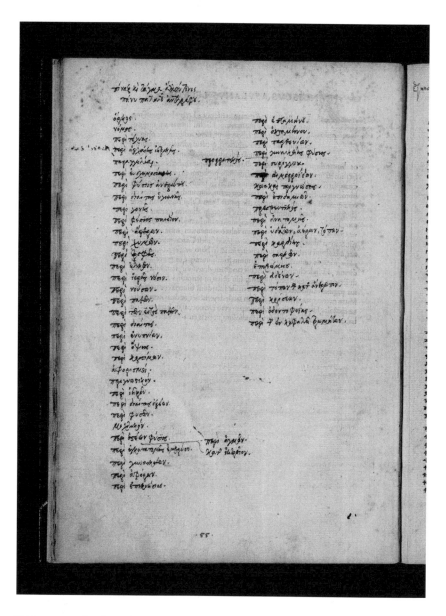

Table manuscrite des traités hippocratiques, de la main de Janus Cornarius, en vis-à-vis de la table imprimée de l'aldine de Göttingen.

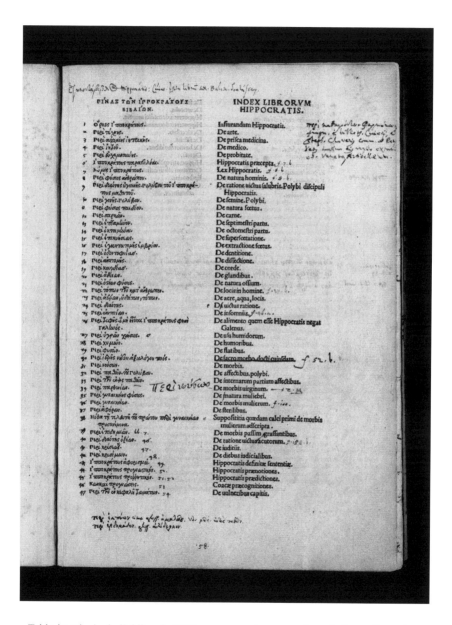

Table imprimée de l'aldine de Göttingen, avec des annotations de Janus Cornarius.

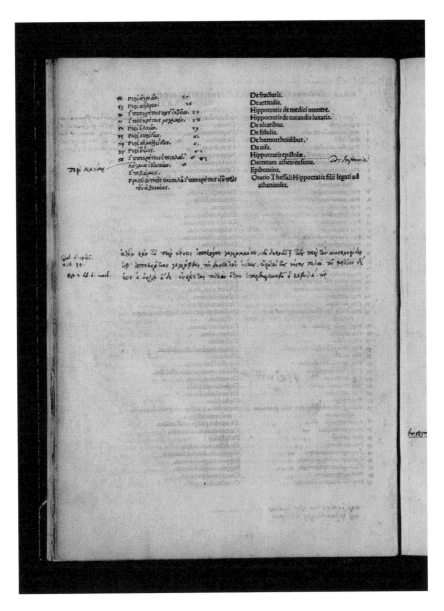

Suite de la table imprimée et annotée de l'aldine de Göttingen.

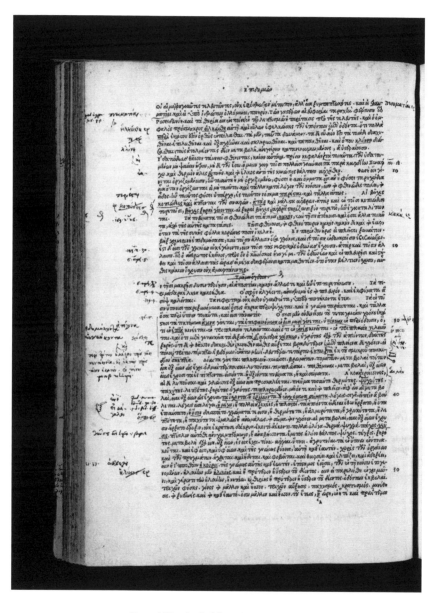

Page 150v de l'aldine de Göttingen.

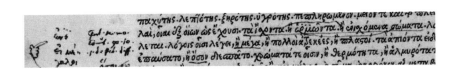

Détail des lignes 39-42 à la page 150v de l'aldine de Göttingen.

Bibliographie générale

1. OUVRAGES CITÉS PAR ABRÉVIATION

ADB : *Allgemeine deutsche Biographie*, Berlin, Duncker & Humblot, 1875-1912.

BL : *Biographisches Lexikon der hervorragenden Ärzte aller Zeiten und Völker*, hrsg. von August Hirsch. 2. Aufl., Berlin - Wien, Urban & Schwarzenberg, 1929-1935.

DBDI : *Dizionario biografico degli Italiani*, Roma, Istituto della enciclopedia italiana, 1960 →

FG : *Corpus Galenicum, Bibliographie der galenischen und pseudogalenischen Werke*, zusammengestellt von Gerhard Fichtner †, weitergeführt durch die Arbeitsstelle « Galen als Vermittler, Interpret und Vollender der antiken Medizin (Corpus Medicorum Graecorum) » der Berlin-Brandenburgischen Akademie der Wissenschaften. Erweiterte und verbesserte Ausgabe 2012/08, http://galen.bbaw.de (mise à jour continue)

FH : *Corpus Hippocraticum, Bibliographie der hippokratischen und pseudo-hippokratischen Werke*, zusammengestellt von Gerhard Fichtner †, Berlin-Brandenburgische Akademie der Wissenschaften, http://galen.bbaw.de (mise à jour continue)

GW : *Gesamtkatalog der Wiegendrucke*, hrsg. von der Kommission für den Gesamtkatalog der Wiegendrucke [vol. 1-7] ; hrsg. von der deutschen Staatsbibliothek zu Berlin [vol. 8-10], Leipzig - Stuttgart - Berlin, Hiersemann u. Akademie Verlag, 1925-2008. http://www.gesamtkatalogderwiegendrucke.de (mise à jour continue)

Jöcher : Jöcher (Christian Gottlieb), *Allgemeines Gelehrten-Lexicon*, Leipzig, Gleditsch, 1750-1751.

K : *Claudii Galeni opera omnia, editionem curavit* Carl Gottlob Kühn, Hildesheim - Zurich - New York, G. Olms, 1997 (Leipzig, 1821[1]).

L : *Œuvres complètes d'Hippocrate*, Emile Littré (éd.), Paris, Baillère, 1839-1861.

Loeb : *Hippocrates. Vol. I-X*, (The Loeb classical library), London - Cambridge, Mass., Heinemann - Harvard University Press, 1923-2012.

MS : Maloney (Gilles) et Savoie (Raymond), *Cinq cents ans de bibliographie hippocratique : 1473-1982*, St-Jean-Chrysostome Québec, Les éditions du Sphynx, 1982.

NDB : *Neue deutsche Biographie*, Berlin, Duncker & Humblot, 1953-1955.

NP : *Der neue Pauly. Enzyklopädie der Antike*, hrgs. von Hubert Cancik und Helmut Schneider, Stuttgart-Weimar, Metzler, 1996 →

2. SOURCES GRECQUES ET LATINES jusqu'en 1453, éditées après 1700

Adamantios
Förster (R.), *Scriptores physiognomonici Graeci et Latini* 1, Leipzig, Teubner, 1893.

Ps.-Alexandre d'Aphrodise
Tassinari (Piero), *Ps. Alessandro d'Afrodisia. Trattato sulla febbre*, edizione critica, traduzione e commento, Alessandria, Edizioni dell'Orso, 1994.

Anonyme de Londres
Manetti (Daniela), *De medicina. Anonymus Londiniensis*, Berlin, De Gruyter, 2011.

Ricciardetto (Antonio), *L'Anonyme de Londres (P.Lit.Lond. 165, Brit.Libr. inv. 137)*, Liège, Presses universitaires de Liège, 2014.

Anonyme latin
André (Jacques), *Traité de physiognomonie*, texte établi, trad. et comm., Paris, Les Belles Lettres, 1981.

Aristote
Carteron (Henri), *Physique,* texte établi et trad., Paris, Les Belles Lettres, 1926.

Louis (Pierre), *Parties des animaux,* texte établi et trad., Paris, Les Belles Lettres, 1956.

Louis (Pierre), *Météorologiques I-IV*, texte établi et trad., Paris, Les Belles Lettres, 1982.

Moraux (Paul), *Du ciel,* texte établi et trad., Paris, Les Belles Lettres, 2003 (1965[1]).

Mugnier (René), *Petits traités d'histoire naturelle*, texte établi et trad., Paris, Les Belles Lettres, 1953.

Rashed (Marwan), *De la génération et de la corruption,* texte établi et trad., Paris, Les Belles Lettres, 2005.

Thillet (Pierre), *Météorologiques*, éd., trad., présentation et notes, Paris, Gallimard, 2008.

Celse
Mudry (Philippe), *La préface du "De medicina" de Celse*, texte, trad. et comm., Genève, Droz, 1982.

Spencer (Walter George), *De medicina*, with an english translation, London - Cambridge (Mass.), Heinemann Harvard University Press, 1960-1961.

Damigéron - Évax
Halleux (Robert), Schamp (Jacques), *Les lapidaires grecs. Lapidaire orphique, Kérygmes lapidaires d'Orphée, Socrate et Denys, Lapidaire nautique, Damigéron-Évax* (traduction latine), texte établi et trad., Paris, Les Belles Lettres, 1985.

Dioclès de Caryste
van der Eijk (Philip J.), *Diocles of Carystus : a collection of fragments with translation and commentary,* Leiden Boston Köln, Brill, (vol. 1) 2000, (vol. 2) 2001.

Empédocle
Wright (M.R.), *Empedocles. The extant fragments,* edited with Introduction, Commentary, Concordance and New Bibliography, London, Bristol Classical Press, 1995.

Érasistrate
Garofalo (Ivan), *Erasistrati fragmenta*, Pisa, Giardini Editori, 1988.

Ésope
Chambry (Émile), *Fables*, texte établi et trad., Paris, Les Belles Lettres, 1960.

Galien
Claudii Galeni Opera omnia, editionem curavit Carl Gottlob Kühn, Hildesheim - Zürich - New York, G. Olms, 1997 (Leipzig, 1821[1])

Boudon (Véronique), *Galien. Exhortation à l'étude de la médecine, Art médical*, texte établi et trad., Paris, Les Belles Lettres, 2002.

Boudon-Millot (Véronique), *Galien. Introduction générale. Sur l'ordre de ses propres livres. Sur ses propres livres. Que l'excellent médecin est aussi philosophe,* texte établi, trad. et annoté, Paris, Les Belles Lettres, 2007.

Brock (Arthur John), *Galen. On the Natural Faculties*, with an english translation, (Loeb classical library), London - Cambridge, Harvard University Press, 2000 (1916[1]).

Daremberg (Charles), *Fragments du Commentaire de Galien sur le Timée de Platon*, publiés pour la première fois en grec et en français, avec une introduction et des notes, suivis d'un *Essai sur Galien considéré comme philosophe*, Paris, Masson, 1848.

De Lacy (Phillip), *Galen. On Semen*, ed., transl. and comm., Berlin, Akademie Verlag, 1992.

De Lacy, (Phillip), *Galen. On the elements according to Hippocrates,* ed., transl. and comm., Berlin, Akademie Verlag, 1996.

De Lacy (Phillip), *Galen. On the doctrines of Hippocrates and Platon*, ed., transl. and comm., 3 vol., Berlin, Akademie Verlag, 2005.

Durling (Richard J.), *Burgundio of Pisa's translation of Galen's* Περὶ κράσεων, De complexionibus, Berlin, De Gruyter, 1976.

Furley (David J.), Wilkie (James Sterling), *Galen. On Respiration and the Arteries*, an edition with english translation and commentary of *De usu respirationis, An in arteriis natura sanguis contineatur, De usu pulsuum*, and *De causis respirationis*, Princeton, Princeton University Press, 1984.

Garofalo (Yvan) et Debru (Armelle), *Galien. L'anatomie des nerfs. L'anatomie des veines et des artères*, texte établi et annoté, Paris, Les Belles Lettres, 2008.

Helmreich (Georg), *Galeni* De temperamentis libri III, Leipzig, Teubner, 1904.

Helmreich (Georg), *In Hippocratis de victu acutorum commentaria 4*, Leipzig-Berlin, Akademie Verlag, 1914.

Koch (Konrad), *Galeni De sanitate tuenda libri VI*, Leipzig-Berlin, Akademie Verlag, 1923.

Larrain (Carlos J.), *Galens Kommentar zu Platons Timaios*, Stuttgart, Teubner, 1992.

Petit (Caroline), *Galien. Le médecin, introduction*, texte établi et trad., Paris, Les Belles Lettres, 2009.

Schröder (H. O.), *Galeni in Platonis Timaeum commentarii fragmenta*, Leipzig - Berlin, Akademie Verlag, 1934.

Hérophile
Staden (Heinrich von), *Herophilus. The Art of Medicine in Early Alexandria. Edition, translation and essays*, Cambridge, Cambridge University Press, 1989.

Hippocrate
Littré (Émile), Œuvres complètes d'*Hippocrate*, Paris, Baillère, 1839-1861.

Hippocrates (The Loeb classical library), vol. 1-10, London - Cambridge Mass., Heinemann - Harvard University Press, 1923-2012.

Alexanderson (Bengt), *Die hippokratische Schrift Prognosticon*, Göteborg, Acta Universalis, 1963.

Craik (Elizabeth M.), *Two Hippocratic treatises,* On Sight *and* On Anatomy, Leiden-Boston, Brill, 2006.

Diller (Hans), Über die Umwelt, Berlin, Akademie-Verlag, 1999 (1970[1]).

Duminil (Marie-Paule), *Plaies, Nature des os, Coeur, Anatomie*, texte établi et trad., Paris, Les Belles Lettres, 1998.

Grensemann (Hermann), Über Achtmonatskinder. Ueber das Siebenmonatskind (Unecht), Berlin, Akademie Verlag, 1968.

Hanson (Maury), *On head wounds. De capitis vulneribus*, ed., transl. and comm., Berlin, Akademie Verlag, 1999.

Joly (Robert), *Du régime*, texte établi et trad., Paris, Les Belles Lettres, 1967.

Joly (Robert), *De la génération, De la nature de l'enfant, Des maladies IV, Du foetus de 8 mois*, texte édité et trad., Paris, Les Belles Lettres, 1970.

Joly (Robert), *Du régime des maladies aiguës. Appendice. De l'aliment. De l'usage des liquides*, texte établi et trad., Paris, Les Belles Lettres, 1972.

Joly (Robert), *Des lieux dans l'homme, Du système des glandes, Des fistules, Des hémorroïdes, De la vision, Des chairs, De la dentition,* texte établi et trad., Paris, Les Belles Lettres, 1978.

Jones (W. H. S.), *Hippocrates. Volume II [Prognostic, Regimen in acute diseases]*, with an english transl., Cambridge, Mass. - London, Harvard University Press, 1992 (1923[1]).

Jones (W. H. S.), *Hippocrates. Volume IV [Aphorisms]* with an english translation, Cambridge, Mass.- London, Harvard University Press, 1992 (1931[1]).

Jouanna (Jacques), *La Nature de l'homme*, éd., trad. et comm., Berlin, Akademie Verlag, 1975.

Jouanna (Jacques), *Maladies II*, texte établi et trad., Paris, Les Belles Lettres, 1983.

Jouanna (Jacques), *Des Vents. De l'art*, texte établi et trad., Paris, Les Belles Lettres, 1988.

Jouanna (Jacques), *L'ancienne médecine*, texte établi et trad., Paris, Les Belles Lettres, 1990.

Jouanna (Jacques), *Airs, eaux, lieux*, texte établi et trad., Paris, Les Belles Lettres, 1996.

Jouanna (Jacques), *La maladie sacrée*, texte établi et trad., Paris, Les Belles Lettres, 2003.

Jouanna (Jacques), Grmek (Mirko D.), *Épidémies* V et VII, texte établi et trad., Paris, Les Belles Lettres, 2000.

Magdelaine (Caroline), *Histoire du texte et édition critique, traduite et commentée des* Aphorismes *d'Hippocrate*, Thèse Paris IV, 1994.

Manetti (Daniela), Roselli (Amneris), *Epidemie libro sesto*, introduzione, testo critico, commento e traduzione, Firenze, La Nuova Italia Editrice, 1982.

Monfort (Marie-Laure), « L'histoire moderne du fragment hippocratique *Des remèdes* », *Revue des Etudes Anciennes* 102, 3-4 (2000), 361-377, texte grec et versions néo-latines édités p. 373-377.

Withington (Edward Theodore), *Hippocrates. Volume III* [*On wounds in the head. In the surgery, On fractures, On joints, Instruments of reduction*], with an english translation, London - Cambridge Mass., Heinemann - Harvard University Press, 1984 (1928^1).

Jean d'Alexandrie
Iohannis Alexandrini commentaria in sextum librum Hippocratis Epidemiarum, recognovit et adnotatione critica instruxit C. D. Pritchet, Leiden, Brill, 1975.

Lucrèce
Kany-Turpin (José), *De la nature. De rerum natura*, trad., intr. et notes, Paris, Garnier-Flammarion, 1997.

Marbode
Riddle (John M.), *Marbode's of Rennes* De lapidibus, Wiesbaden, F. Steiner, 1977.

Herrera (Maria Esthera) Marbode de Rennes, *Liber lapidum*, édición, traducción y commentario, Paris, Les Belles Lettres, 2006.

Nicandre
Jacques (Jean-Marie), *Les Alexipharmaques. Lieux parallèles du Livre XIII des* Iatrica *d'Aetius*, texte établi et trad., Paris, Les Belles Lettres, 2007.

Parthénios de Nicée
Biraud (Michelle), Voisin (Dominique) et Zucker (Arnaud), *Passions d'amour*, texte grec établi, trad. et comm., Grenoble, J. Millon, 2008.

Platon
Diès (Auguste), *Le Sophiste*, texte établi et trad., Paris, Les Belles Lettres, 1925.

Moreschini (Claudio) et Vicaire (Paul), *Phèdre*, texte établi et trad., Paris, Les Belles Lettres, 1985.

Rivaud (Albert), *Timée. Critias*, texte établi et trad., Paris, Les Belles Lettres, 1925.

Souilhé (Joseph), *Dialogues suspects*, texte établi et trad., Paris, Les Belles Lettres, 1930

Pline l'Ancien
André (Jacques), Bloch (Raymond) et Rouveret (Agnès), *Histoire naturelle Livre XXXVI*, texte établi, trad. et comm., Paris, Les Belles Lettres, 1981.

Ptolémée
Robbins (Frank Egleston), *Tetrabiblos*, edited and translated, London - Cambridge Mass., Heinemann - Harvard University Press, 1940.

Souda
Adler (Ada), *Suidae lexicon*, Leipzig, Teubner, 1928-1938.

Stéphane d'Athènes
Westerink (Leendert G.), *Stephanus of Athens. Commentary on Hippocrates' Aphorisms, sections I-II*, text and translation, Second edition, Berlin, Akademie Verlag, 1998.

Théophile Protospathaire
Dietz (Friedrich Reinhold), *Apollonii Citiensis, Stephani, Palladii, Theophili, Meletii, Damascii, Ioannis, aliorum Scholia in Hippocratem et Galenum* II, Amsterdam, Hakkert, 1966 (Koenigsberg 1834[1]).

Ermerins (Franciscus Zacharias) *Anecdota medica Graeca*, Amsterdam, Hakkert, 1963 (Leiden, 1840[1]).

Ideler (Julius Ludwig), *Physici et medici graeci minores*, vol. I, Amsterdam, Hakkert, 1963 (Berlin, 1841[1]).

Grimm-Stadelmann (Isabel), Θεοφίλου περὶ τῆς τοῦ ἀνθρώπου κατασκευῆς. *Theophilos. Der Aufbau des Menschen*. Kritische Edition des Textes mit Einleitung, Übersetzung und Kommentar, Diss., München, 2008.

Thucydide
Romilly (Jacqueline de), *La guerre du Péloponnèse*, Livre II, texte établi et trad., Paris, Les Belles Lettres, 1962.

3. PRINCIPAUX IMPRIMÉS ANTÉRIEURS À 1700 ET AUTRES QUE LES ÉDITIONS CORNARIENNES

Albinus (Petrus)
Meißnische Land- und Bergchronica [...] gestellet durch Petrum Albinum, Dresden, Bergen, 1590, VD16 W 1679, Dresde SLSUB Hist.Sax.A.63, misc. 1-2.

Aristote
Aristotelis Stagiritae Parva quae vocant naturalia, Paris, Simon de Colines, 1530, Lyon BM Rés. 106 067.

Aristotelis [...] opera quae [...] extant omnia, Bâle, Oporinus, 1542, VD16 A 3283, Paris BnF 695-696-697.

Articella
[Articella] Venise, Hermann Liechtenstein, [29 III] 1483, GW 02679, Paris BIU Santé 129.

Avicenne
Avicennae Canonis libri V ex Gerardi Cremonensis versione et Andreae Alpagi Belunensis castigatione, Venise, Juntes, 1608, Lyon BM 22 737.

Baillou (Guillaume de)
Gulielmi Ballonii Epidemiorum et ephemeridum libri duo, Paris, J. Quesnel, 1640, Lyon BM 341 167.

Copernic
Nicolai Copernici Torinensis De Revolutionibus orbium coelestium Libri VI, Nuremberg, Petri, 1543, Lyon BM Rés 103907.

Érasme
Adagiorum chiliades Desiderii Erasmi Roterodami, Bâle, Froben, 1551, Lyon BM 23 467.

Foes (Anuce)
Oeconomia Hippocratis alphabeti serie distincta, Anutio Foesio Mediomatrico medico authore, Frankfurt-am-Main, Wechel, 1588, Lyon BM 107 355.

Fracastoro (Girolamo)
Hieronymii Fracastorii Veronensis De sympathia et antipathia rerum liber unus, De contagione et contagiosis morbis et curatione libri III, Venise, 1546, Lyon BM 341 242.

Fuchs (Leonhart)
De historia stirpium commentarii (...) Leonharto Fuchsio (...) authore, Bâle, Isingrin, 1542, Montpellier BIUM Dc 43-2°.

Cornarrius furens, per Leonhartum Fuchsium, Bâle, Xylotectus, 1545, Paris BnF Te 142 39.

Galien
Galeni librorum pars prima - quinta, Venise, Aldes, 1525, BIU Santé Paris 1623 (1-5), Jena ThULB HZ 2 Med. V, 2e (1-5).

Claudi Galeni aliquot opuscula [...] Principium commentarii primi in primum librum Hippocratis Epidemiorum, quod in aliis impressionibus desiderabatur [...], Lugduni, apud G. Rouuilium, 1550, Paris BnF Rés. T23 119.

Galeni opera omnia, Venise, Juntes, 1565, Paris BIU Santé 42.

Galeni omnia quae extant opera in latinum sermonem conversa, Venise, Juntes, 1576-1577, Paris BnF T23-77.

Grégoire de Naziance
Beati Gregorii Nazanzeni de officio Episcopi munere oratio, Bilibaldo Pirckeymhero interprete, Nürnberg, Leonardus de Aich, 1529, Lyon BM SJ TH 148/2.

Gryllus (Laurentius)
Laurentii Grylli [...] De Sapore dulci et amaro libri II [...]. Accessit in fine oratio ejusdem Laurentii Grylli de peregrinatione studii medicinalis ergo suscepta, Prague, Melantrichus, 1566 Paris BIU Santé 5018.

Hippocrate
Hippocratis octaginta volumina [...] per M. Fabium Calvum Rhavennatem [...] latinitate donata, Rome, Franciscus Minutius Calvus, 1525, Montpellier BIUM Ea 10.

Hippocratis Choi Aphorismi Nicolao Leoniceno interprete, Lyon, Blanchard, 1525, Lyon BM Rés. 813 317.

Ἅπαντα τὰ τοῦ Ἱπποκράτους. *Omnia opera Hippocratis*, Venise, Aldes, 1526, Göttingen UB 4° Cod. mss. hist. nat. 3.

Hippocratis opera nunc tandem per Marcum Fabium, Guilielmum Copum, Nicolaum Leonicenum et Andream Brentium, latinitate donata ac jamprimum in lucem aedita, Bâle, Cratander, 1526, Paris BnF Fol-T23-3(A).

Hippocratis EpidemiΩn liber sextus, a Leonardo Fuchsio medico latinitate donatus, et luculentissima enarratione illustratus, Bâle, Bebel et Isingrin 1537, Paris BIU Santé 65 (2).

Hippocrati De Morbis libri IV Georgio Pylandro interprete, emendatis ac restitutis quam plurimis locis. In eosdem praefatio et argumentum ad candidum lectorem, eodem Georgio Pylandro authore, Paris, Wechel, 1540, Paris BnF 4-TD28-2.

Hippocrate & Galien
Hippocratis ac Galeni libri aliquot, ex recognitione Francisci Rabelaesi, Lyon, Sébastien Gryphe, 1532, Lyon BM Rés 813 827.

Operum Hippocratis Coi et Galeni Pergameni [...] Renatus Charterius edidit, t. 5, Paris, 1539, Paris BIU Santé 13/5.

Jérôme (saint)
Epistolae divi Hieronymi [...] scholiis Erasmiani [...], Lyon, Mareschal, 1525, Lyon BM Rés. 31 583.

Le Gallois (Pierre), *Traité des plus belles bibliothèques du monde*, Paris, Etienne Michalet, 1680 (1617[1])

Manardi (Giovanni)
Epistolae medicinales in quibus multa recentiores errata, et antiquorum decreta reserantur, autore Ioane Manardo Ferrariensi Medico, Paris, Christian Wechel, 1528, Grenoble BM F 7619.

Ioannis Manardi Ferrariensis medici epistolarum medicinalium Tomus Secundus, Lyon, Sébastien Gryphe, 1532, Grenoble BM F 1619bis (Rés.)

Epistolae medicinales diuersorum authorum, nempe Ioannis Manardi, Nicolai Massae, Aloisii Mundellae, Io. Baptistae Theodosii, Ioan. Langii Lembergii, Lyon, Juntes, 1557, Lyon BM 107 449.

Pic de la Mirandole (Jean & Jean François)
Joannis Pici Mirandulae ... [tomo I], item Joannis Francisci Pici opera quae extant omnia editio ultima, Bâle, Henricpetri, [1601], Lyon BM 107 764.

Pline l'Ancien
Caii Plinii Secundi Historia naturalis, Parme, Andreas Portilia, 1481, GW M34304, Paris BIU Santé 863.

Caii Plinii Secundi Historiae naturalis libri XXXVII, Venise, Bubei, 1507, Paris BIU Santé 1575.

Sydenham (Thomas)
Thomae Sydenham Opera omnia medica, Genève, de Tournes, 1696, Paris BnF 8-TD3-18.

Wolf (Hieronymus)
Catalogus Graecorum librorum manuscriptorum Augustanae bibliothecae, Augsbourg, Manger, 1575, München BSB Hbh/Dc 4000.

4. AUTRES ÉTUDES ET OUVRAGES CITÉS

Agasse (Jean-Michel), *Girolamo Mercuriale. L'art de la gymnastique*, *Livre premier*, édition, traduction, présentation et notes, Paris, Les Belles Lettres, 2006.

BIBLIOGRAPHIE GÉNÉRALE   493

Anastassiou (Anargyros), Irmer (Dieter), *Testimonien zum Corpus Hippocraticum*. Teil II, *Galen*. 1. Band, *Hippokrateszitate in den Kommentaren und im Glossar*, Göttingen, Vandenhoeck & Ruprecht, 1997.

Anastassiou (Anargyros), Irmer (Dieter), *Index Hippocraticus. Supplement*, Göttingen, Vandenhoeck & Ruprecht, 1999.

Anastassiou (Anargyros), Irmer (Dieter), *Testimonien zum Corpus Hippocraticum*. Teil II, *Galen*. 2. Band, *Hippokrateszitate in den übrigen Werken Galens einschliesslich der alten Pseudo-Galenica*, Göttingen, Vandenhoeck & Ruprecht, 2001.

Anastassiou (Anargyros), Irmer (Dieter), *Testimonien zum Corpus Hippocraticum*. Teil I, *Nachleben der hippokratischen Schriften bis zum 3. Jahrhundert n. Chr.*, Vandenhoeck & Ruprecht, 2006.

Anastassiou (Anargyros), Irmer (Dieter), *Index Hippocraticus. Supplement. Nachträge*, Göttingen, Vandenhoeck & Ruprecht, 2007.

Anastassiou (Anargyros), Irmer (Dieter), *Testimonien zum Corpus Hippocraticum*. Teil III, *Nachleben der hippokratischen Schriften in der Zeit vom 4. bis zum 10. Jahrhundert n. Chr.*, Göttingen, Vandenhoeck & Ruprecht, 2012.

André (Jean-Marie), *La médecine à Rome*, Paris, Tallandier, 2006.

André (Jean-Marie), « La notion de *pestilentia* à Rome. Du tabou religieux à l'interprétation préscientifique », *Latomus* 39 (1980), 3-16.

Antonioli (Roland), *La médecine dans la vie et dans l'œuvre de Fr. Rabelais*. Thèse Paris IV (1974), Service de reproduction des thèses, Université de Lille III, 1977.

Arcangeli (Alessandro) et Nutton (Vivian) (éds.), *Girolamo Mercuriale. Medicina e cultura nell'Europa del Cinquecento*, Atti del Convegno « Girolamo Mercuriale e lo spazio scientifico e culturale del Cinquecento » (Forlì, 8-11 novembre 2006), Firenze, Olschki, 2008.

Atti del convegno Internazionale per la Celebrazione del V. centenario della nascita di Giovanni Manardo (1462-1536), Ferrara Italie, Università degli Studi di Ferrara, 1963.

Audouin-Rouzeau (Frédérique), *Les chemins de la peste. Le rat, la puce et l'homme*, Rennes, Presses universitaires de Rennes, 2002.

Aujac (Germaine), *Claude Ptolémée astronome, astrologue, géographe. Connaissance et représentation du monde habité*, Paris, Éd. du CTHS, 1993.

Avezzù (Guido), « Le fonti greche di Copernico », dans *Copernico a Padova. Atti della giornata Copernicana nel 450º della pubblicazione del* De revolutionibus orbium coelestium, Bertola (Francesco) (éd.), Padova, CLEUP, 1995, p. 123-147.

Augustijn (Cornelis), « Le dialogue Erasme-Luther dans l'Hyperaspistes II », dans *Actes du Colloque international Érasme*, Tours 1986, Chomarat (Jacques), Godin (André) et Margolin (Jean-Claude) (éds.), Genève, Droz, 1990, 171-183.

Baader (Gerhard), « Die Tradition des Corpus Hippocraticum im europäischen Mittelalter », dans *Die hippokratischen Epidemien : Verhandlungen des* Vème Colloque international hippocratique, Baader (Gerhard) et Winau (Rolf) éds., Sudhoffs Archiv, Beiheft 27, Berlin, 1989, 409-419.

Backus (Irena), *Lectures humanistes de Basile de Césarée. Traductions latines (1439-1618)*, Paris, Institut d'études augustiniennes, 1990.

Balme (David M.), *Aristotele's* De partibus animalium I *and* De generatione animalium I (*with passages from* II. 1-3) translated with notes, Oxford, Clarendon Press, 1972.

Barnes (Jonathan), « *Aristotle's Theory of Demonstration* », *Phronesis* 14 (1969), 123-152.

Barnes (Jonathan) et Jouanna (Jacques) (éds.) *Galien et la philosophie* : *huit exposés suivis de discussions*, Genève, Fondation Hardt, 2003.

Barras (Vincent), Birchler (Terpsichore) et Morand (Anne-France), *L'âme et ses passions. Galien. Les passions et les erreurs de l'âme. Les facultés de l'âme suivent les tempéraments du corps*, intr., trad. et notes, Paris, Les Belles Lettres, 1995.

Barras (Vincent), Birchler (Terpsichore) et Morand (Anne-France), *Galien. De la bile noire,* intr., trad. et notes, Paris, Gallimard, 1998.

Baumann (Brigitte), Baumann (Helmut), Baumann-Schleihauf (Susanne) (éds.), *Der Kräuterbuchhandschrift des Leonhart Fuchs*, Stuttgart, Verlag Eugen Ulmer, 2001.

Beck (Hans Georg), *Der Vater der deutschen Byzantinistik. Das Leben des Hieronymus Wolf von ihm selbst erzählt*, München, Institut für Byzantinistik und neugriechische Philologie, 1984.

Benzing (Josef), *Bibliographie der Schriften Johannes Reuchlins im 15. und 16. Jahrhundert*, Bad Bocklet, Walter Krieg, 1955.

Benzing (Josef), *Die Buchdrucker des 16. und 17. Jahrhunderts im deutschen Sprachgebiet*, Wiesbaden, Harrassowitz, 1982.

Berti (Enrico), « La *Métaphysique* d'Aristote : onto-théologie ou philosophie première ? », *Revue de philosophie ancienne* 14 (1996), 61-85.

Berti (Enrico), « Primato della fisica ? », dans *La* Fisica *di Aristotele oggi. Problemi e prospettive. Atti del Seminario*, Catania, 26-27 settembre 2003, Cardullo (R. Loredana) et Giardina (Giovanna R.), Catania, CUECM, 2005, 33-49.

Biard (Joël), *Logique et théorie du signe au XIVe siècle,* Paris, Vrin, 1989.

Biard (Joël), « La conception cartésienne de l'étendue et les débats médiévaux sur la quantité », dans *Descartes et le Moyen âge,* Biard (Joël) et Rashed (Roshdi) (éds.), Paris, Vrin, 1997, 349-361.

Bietenholz (Peter G.), Deutscher (Thomas B.) (éds.), *Contemporaries of Erasmus. A biographical register of the Renaissance and Reformation,* Toronto, University of Toronto press, 1985-1987.

Biliński (Bronisław), « Il pitagorismo di Niccoló Copernico » dans *Copernico a Padova. Atti della giornata Copernicana nel 450. della pubblicazione del* De revolutionibus orbium coelestium, Bertola (Francesco) (éd.), Padova, CLEUP, 1995.

Biraben (Jean-Noël), *Les hommes et la peste en France et dans les pays européens et méditerranéens*, 2 t., Paris, Mouton, 1975-1976.

Biraud (Michèle), « Les *Erotica pathémata* de Parthénios de Nicée : des esquisses de poétique accentuelle signées d'acrostiches numériques », *Revue des Études Grecques* 121 (2008), 65-98.

Blanchette (Richard), *Le problème de la classification en zoologie*, Thèse Université Laval, 2002.

Blank (August), Wilhelmi (Axel), *Die Mecklenburgischen Ärzte von den ältesten Zeiten bis zur Gegenwart*, Scwerin, Herberger, 1901.

Böcker (Dagmar), « Das Fremde und das Eigene in gedruckten Bildern des 16. Jahrhunderts am Beispiel von Riga », dans *Riga und der Ostseeraum von der Gründung 1201 bis in die Frühe Neuzeit*, Misāns (Ilgvars) et Wernicke (Horst) (éds.), Marburg, Verlag Herder-Institut, 2005, 432-450.

Bodson (Liliane), « Le vocabulaire latin des maladies pestilentielles et épizootiques », dans *Le latin médical. La constitution d'un langage scientifique*, Sabbah (Guy) (éd.), Saint-Etienne, Publications de l'Université de Saint-Etienne, 1991, 215-241.

Bouchon (Geneviève), *Vasco de Gama*, Paris, Fayard, 1997.

Boudon-Millot (Véronique), « La notion de mélange dans la pensée médicale de Galien : *mixis* ou *krasis* ? », *Revue des études grecques* 124 (2011/2), 261-279.

Boudon-Millot (Véronique), Cobolet (Guy) et Jouanna (Jacques) (éds.), *René Chartier (1572-1654), éditeur d'Hippocrate et Galien*, Paris, De Boccard, 2012.

Boulogne (Jacques), *Galien. Méthode de traitement*, trad. intégrale du grec et annotations, Paris, Gallimard, 2009.

Bourgey (Louis), *Observation et expérience chez les médecins de la Collection hippocratique*, Paris, Vrin, 1953.

Bourgain (Pascale), « Sur l'édition des textes littéraires latins médiévaux », *Bibliothèque de l'École des Chartes 150*, 1 (1992), 5-49.

Braunstein (Jean-François), *Broussais et le matérialisme. Médecine et philosophie au XIXe siècle*, Paris, Klincksieck, 1986.

Brennsohn (Isodorus), *Biographien baltischer Ärztz. Die Ärzte Livlands von den ältesten Zeiten bis zur Gegenwart*, Riga, Bruhns, 1905.

Broussais (François Joseph Victor), *De l'irritation et de la folie. Ouvrage dans lequel les rapports du physique et du moral sont établis sur les bases de la médecine physiologique*, 2ème éd., Paris, J.B. Baillière, 1839 (réimp. Corpus des œuvres de philosophie française, Paris, Fayard, 1986).

Buchwald (Georg), *Zur Wittenberger Stadt- und Universitäts-Geschichte in der Reformationszeit. Briefe aus Wittenberg an M. Stephan Roth in Zwickau*, Leipzig, Wigand, 1893.

Bund (Hildegard), *Kurfürst Moritz von Sachsen. Aufgabe und Hingabe 32 Jahre deutscher Geschichte. 1521-1553*, Hagen, Im Eigenverlag der Verfasserin, 1966.

Burmeister (Karl Heinz), *Georg Joachim Rhetikus, 1514-1574. 1 Humanist und Wegbereiter der modernen Naturwissenschaften. Eine Bio-Bibliographie*, Wiesbaden, Pressler, 1967.

Burmeister (Karl Heinz), *Georg Joachim Rhetikus, 1514-1574. 2 Quellen und Bibliographie*, Wiesbaden, Pressler, 1968.

Burmeister (Karl Heinz), *Georg Joachim Rhetikus, 1514-1574. 3 Briefwechsel*, Wiesbaden, Pressler, 1968.

Burmeister (Karl Heinz), *Achilles Pirmin Gasser, 1505-1577. Arzt und Naturforscher, Historiker und Humanist*, 3 vol., Wiesbaden, Pressler, 1970.

Burnett (Charles), « *Verba Ypocratis preponderanda omnium generum metallis*. Hippocrates On the Nature of man in Salerno and Montecassino, with an edition of the chapter on the elements in the *Pantegni* » dans *La scuola medica Salernitana. Gli autori e testi*. Convegno internazionale, Università degli studi di Salerno, 3-5 novembre 2004, Jacquart (Danielle) et Paravicini Bagliani (Agostino), Firenze, Edizioni del Galluzzo, 2007, 59-92.

Burton (Robert), *Anatomie de la mélancolie*, trad. de B. Hoepffner, Paris, Corti, 2000.

Campenhausen (Hans von), *Les Pères grecs*, traduit de l'allemand par O. Marbach, Paris, Seuil, 2001.

Canart (Paul), « Identification et différenciation de mains à l'époque de la Renaissance », dans *La paléographie grecque et byzantine*. Colloque international, Paris, 21-25 octobre 1974, Paris, Ed. du CNRS, 1977, 363-369.

Canguilhem (Georges), *Le normal et le pathologique*, Paris, PUF, 2005 (1966[1]).

Casanova (Jean-Laurent), *La théorie génétique des maladies infectieuses*. Article mis en ligne le 26 avril 2009 sur http://www.canalacademie.com/La-theorie-genetique-des-maladies.html.

Casanova (Jean-Laurent), Fieschi (Claire), Zhan (Shen-Ying) et Abel (Laurent), « Revisiting human primary immunodeficiencies », *Journal of internal medicine* 264 (2008), 115-127.

Céard (Jean), « Rabelais, Tiraqueau et Manardo », dans *Les grands jours de Rabelais en Poitou.* Actes du colloque international de Poitiers (30 août-1er septembre 2001), Demonet (Marie-Luce) et Geonget (Stéphan) (éds.), Genève, Droz, 2006, 217-228.

Chauvet (Gilbert), *La vie dans la matière. Le rôle de l'espace en biologie*, Paris, Flammarion, 1995.

Chomarat (Jacques), Godin (André) et Margolin (Jean-Claude) (éds.), *Actes du Colloque international Érasme, Tours, 1986*, Genève, Droz, 1990.

Clemen (Otto), « Janus Cornarius », *Neues Archiv für Sächsiche Geschichte und Altertumkunde*, 39 (1912), p. 36-76.

Combarnous (Yves), *Les hormones*, Paris, PUF (Collection *Que sais-je ?* n° 63), 1998.

Coope (Ursula), *Time for Aristote.* Physics IV. 10-14, Oxford, Clarendon Press, 2005.

Copernic (Nicolas), Œuvres complètes II. Version française. Fac-similés des manuscrits des écrits mineurs, Paris - Varsovie - Cracovie, Académie polonaise des sciences - CNRS, 1992.

Corrozet (Gilles), *Second livre des Fables d'Esope*, introduction, traduction et notes par Paola Cifarelli, Genève - Paris, Slatkine, 1992.

Coste (Joël), « Histoire de la médecine : maladies, malades, praticiens », *Annuaire de l'*École pratique des hautes études (EPHE), Section des sciences historiques et philologiques, 139 (2008), [http://ashp.revues.org/index499.html].

Couloubaritsis (Lambros), « Dialectique et philosophie chez Aristote », Φιλοσοφία 8-9 (1978-79), 229-255.

Couloubaritsis (Lambros), La *Physique* d'Aristote, deuxième édition modifiée et augmentée de *L'avènement de la science Physique*, Bruxelles, Ousia, 1997.

Couloubaritsis (Lambros), *Aux origines de la philosophie européenne. De la pensée archaïque au néoplatonisme*, 4e édition, Bruxelles, De Boeck, 2005.

Crubelier (Michel) et Pellegrin (Pierre), *Aristote. Le philosophe et les savoirs*, Paris, Seuil, 2002.

Cushing (Harvey), *A bio-bibliography of Andreas Vesalius*, 2ème éd., Hamden-London, Archon-Books, 1962.

Czok (Karl), *Geschichte Sachsens*, Weimar, Böhlaus, 1989.

De Vocht (Henry), *History of the foundation and rise of the Collegium trilingue Lovaniense, 1517-1550*, Louvain, Uystpruyst, 1951-1953.

Daremberg (Charles), *Galien. Œuvres anatomiques, physiologiques et médicales choisies de Galien*, vol. 2, Paris, Baillière, 1856.

Debru (Armelle), *Le corps respirant. La pensée physiologique de Galien*, Leiden-New York Köln, Brill, 1996.

Defoe (Daniel), *Journal de l'Année de la Peste*, trad. et notes de Francis Ledoux, Préface de Henri Mollaret, Paris, Gallimard, 2003.

Delumeau (Jean), *La Peur en Occident* (XVIe-XVIIIe siècles), Paris, Fayard, 2003 (1978[1]).

Descartes (René), *Règles pour la direction de l'esprit*, Paris, Vrin, 1951.

Deville (Jean-Pierre), « L'évolution des vulgates et la composition de nouvelles versions latines de la Bible au XVIe siècle », dans *Biblia. Les Bibles en latin au temps des Réformes*, Gomez-Géraud (Marie-Christine) (éd.), Paris, Presses de l'Université de Paris-Sorbonne, 2008.

Dewurst (Kenneth), *Dr. Thomas Sydenham (1624-1689). His Life and Original Writings*, London, The Wellcome historical medical library, 1966.

Diels (Hermann), *Die Handschriften der antiken Ärzte, Teil 1 Hippokrates und Galenos*, Berlin, Verlag der Königlich-Preussischen Akademie der Wissenschaften, 1905. Paris BIU Santé, medic@ 90841 (1905).

Diels (Hermann), *Bericht über den Stand der interakademischen Corpus medicorum antiquorum. Erster Nachtrage zu den Katalogen 'Die Handschriften der antiken Ärtze I. II.'*, Berlin, Verlag der Königlich-Preussischen Akademie der Wissenschaften, Paris 1907 BIU Santé medic@ 90841.

Diller (Hans), « Die Überlieferung des hippokratischen Schrift ΠΕΡΙ ΑΕΡΩΝ ΥΔΑΤΩΝ ΤΟΠΩΝ » *Philologus*, Suppl. 23, Heft 3, Leipzig, 1932.

Diller (Hans), « Nochmals : Überlieferung und Text der Schrift von der Umwelt » dans *Festschrift Ernst Kapp*, Hamburg, M. von Schröder, 1958.

Drizenko (Antoine), « Jacques Dubois, dit Sylvius, traducteur et commentateur de Galien », dans *Lire les médecins grecs à la Renaissance*, V. Boudon-Millot et G. Cobolet (éds.), Paris, De Boccard, 2004, 199-208.

Duminil (Marie-Paule), *Le Sang, les vaisseaux, le coeur dans la collection hippocratique : anatomie et physiologie*, Paris, Les Belles Lettres, 1983.

Durling (Richard J.), « A chronological census of Renaissance editions and translations of Galen », *Journal of the Wartburg and Courtauld Institutes* 24 (1961), 230-305.

Duschesneau (François), *L'empirisme de Locke*, La Haye, Nijhoff, 1973.

Edwards (W.F.), « Nicolo Leoniceno and the Origins of the Humanist Discussion of Method », *Philosophy and Humanism, Renaissance Essays in Honor of Paul Oskar Kristeller*, ed. by E. P. Maloney, Leiden, Brill, 1976, 283-305.

Erasmus (Desiderius), *Opera omnia*, Le Clerc (Jean) (éd.), 11 vol., Hildesheim-Zurich-New York, 1962-2001.

Erasmus (Desiderius), *Opus epistolarum Desiderii Erasmi Roterodami*, Allen (Percy Stafford) (éd.), Oxford, Clarendon, 1906-1958.

Erasmus (Desiderius), « *Declamatio in laudem artis medicae* », dans *Opera omnia Desiderii Erasmi Roterodami*, Union académique internationale et Académie royale néerlandaise des sciences et des sciences humaines (éd.), vol. I-4, Amsterdam, North-Holland Publishing Company, 1973, 145-186.

Ermerins (Franz Zacharias), *Anecdota medica Graeca*, Leyde, Luchtmans, 1840.

Farmer (S.A.), *Syncretism in the West : Pico's 900 Theses (1486). The Evolution of Traditonal Religious and Philosophical Systems* with Text, Translation and Commentary, Tempe, Medieval and Renaissance Texts and Studies, (Arizona), 1998.

Febvre (Lucien) et Martin (Henri-Jean), *L'apparition du livre*, Paris, Albin Michel, 1971 (1958[1]).

Federici Vescovini (Graziella), « La médecine, synthèse d'art et de science selon Pierre d'Abano », dans *Les doctrines de la science de l'Antiquité à l'âge classique*, Rashed (Roshdi) et Biard (Joël) (éds.), Leuven, Peeters, 1999, 237-255.

Fernel (Jean), *La physiologie*, texte revu par José Kany-Turpin, Paris, Fayard, 2001.

Fichtner (Gerhard), « Neues zu Leben und Werk von Leonhart Fuchs aus seinen Briefen an Joachim Camerarius I. und II. in der Trew-Sammlung », *Gesnerus* 25(1968), 65-82.

Fischer, (Klaus-Dietrich), *Bibliographie des textes médicaux latins : Antiquité et Haut Moyen Âge : premier supplément 1986-1999*, Saint-Étienne, Publications de l'Université de Saint-Étienne, 2000.

Fischer, (Klaus-Dietrich), « Neues zur Überlieferung der lateinischen *Aphorismen* im Frühmittelalter », *Latomus* 62, 1 (2003), 156-164.

Forrester (John M.), *Jean Fernel's On the hidden causes of things. Forms, souls and occult diseases in Renaissance Medicine*, with an edition and translation of Fernel's *De abditis rerum causis* by John m. Forrester. Introduction and annotations by John Henry and John M. Forrester, Leiden, Brill, 2005.

Fortuna (Stefania), « Niccolò Leoniceno e la traduzione latina dell'*Ars medica* di Galeno », dans *I Testi medici greci. Tradizione e Ecdotica*. Atti del III Convegno Internazionale, Napoli 15-18 Ottobre 1997, A. Garzya et J. Jouanna (éds.), Napoli, D'Auria, 1999, 157-173.

Fortuna (Stefania), « Wilhelm Kopp possessore dei Par. gr. 2254 e 2255 ? Ricerche sulla sua tradizione del *De victus ratione in Morbis acutis* di Ippocrate », *Medicina nei secoli*, N. S. 13 (1) (2001), 47-57.

Fracastor (Jérôme), *Syphilis ou le mal vénérien*, poème en latin avec la traduction en français et des notes, Paris, Guillau, 1753, Lyon BM 808 645.

Fracastor (Jérôme), *La syphilis ou Le mal français*, texte établi, traduit, présenté et annoté sous la direction de Jacqueline Vons, avec la collaboration de Concetta Penutto et Danielle Gourevitch et le concours du Dr Jacques Chevallier, Paris, Les Belles Lettres, 2011.

Frazer (James George), *Le Rameau d'Or. Le roi magicien dans la société primitive. Tabou et les périls de l'âme*, trad. de Pierre Sayn et de Henri Peyre, Paris, Robert Laffont, 1998.

Freud (Sigmund), *Totem et tabou*, trad. par S. Jankélévitch, Paris, Payot & Rivages, 2001 (*Totem und Tabou*, 1912-1913[1]).

Freudenthal (Gad), « The Astrologization of the Aristotelian Cosmos : Celestial Influences on the Sublunar World in Aristotle, Alexander of Aphrodisias, and Averroes » dans *New Perspectives on Aristotle's* De caelo, Bowen (Allan C.) et Wildberg (Christian) (éds.), Brill, Leiden, 2009, 239-281.

Garin (Eugenio), *Le Zodiaque de la vie. Polémiques antiastrologiques à la Renaissance*, trad. de Jeannie Carlier, Paris, Les Belles Lettres, 1991.

Garofalo (Ivan), « Agostino Gadaldini et le Galien latin » dans *Lire les médecins grecs à la Renaissance*, Boudon-Millot (Véronique) et Cobolet (Guy) (éds.), Paris, De Boccard, 2004, 283-322.

Gaulin (Jean-Louis), « Sur le vin au Moyen Âge. Pietro de'Crescenzi lecteur et utilisateur des *Géoponiques* traduites par Burgundio de Pise », *Mélanges de l'Ecole française de Rome. Moyen Age et Temps modernes* », 96 (1984) 1, 95-127.

Gesner (Konrad), *Bibliotheca universalis* und *Appendix* (1545) dans *Milliaria, Faksimiledrucke zur Dokumentation der Geistesentwicklung* V, Rosenfeld (Halmut), Zeller (Otto) (éds.), Osnabrück, Otto Zeller Verlagsbuchhandlung, 1966.

Ghersetti (Antonello), *Il Kitab Aristâtalîs al-faylasûf fî l-firâsa*, nella traduzione di Hunayn b. Ishâq, (*Quaderni di studi arabi*), Roma-Venezia, Herder, 1999.

Giardina (Giovanna R.), *La Chimica Fisica di Aristotele. Teoria degli elementi e delle loro proprietà. Analisi critica del* De generatione et corruptione, Roma, Aracne, 2008.

Giese (Ernst) et Hagen (Benno von), *Geschichte des medizinischen Fakultät der Friedrich-Schiller-Universität Jena*, Jena, Gustav Fischer Verlag, 1958.

Gilmont (Jean-François) (éd.), *La Réforme et le livre. L'Europe de l'imprimé (1517-v. 1570)*, Paris, Cerf, 1990.

Giorgianni (Franco), « Bartolomeo da Messina traduttore del De natura pueri ippocratico » dans *Il bilinguismo medico fra tardoantico e medioevo*, Anna Maria Urso (éd.), Messina, EDAS, 2012, 149-164.

Gingerich (Owen), *Le livre que nul n'avait lu. A la poursuite du* De revolutionibus *de Copernic*, trad. de l'anglais par Szczeciniarz (Jean-Jacques), Paris, Dunod, 2008.

Gourevitch (Danielle) « Peut-on employer le mot d'*infection* dans les traductions françaises de textes latins ? » dans *Textes médicaux latins antiques*, G. Sabbah (éd.), Mémoires du Centre Palerne 5, Saint-Étienne, 1984, 49-52.

Gourevitch (Danielle), « Les voies de la connaissance : la médecine dans le monde romain » dans *Histoire de la pensée médicale en Occident*, t. 1 Antiquité et Moyen Age, Mirko G. Grmek (éd.), Paris, Editions du Seuil, 1995, 95-122.

Goyard-Fabre (Simone), *John Locke et la raison raisonnable*, Paris, Vrin, 1986.

Graesse (Johann Georg Theodor), Benedict (Friedrich), Plechl (Helmut), *Orbis Latinus. Lexikon lateinischer geographischer Namen des Mittelalters und der Neuzeit*, Grossausgabe, Braunschweig, Klinkhardt und Biermann, 1972.

Grmek (Mirko Drazen), *Les maladies à l'aube de la civilisation occidentale*, Paris, Payot, 1983.

Grmek (Mirko Drazen) , « Les vicissitudes des notions d'infection, de contagion et de germe dans la médecine antique » dans *Textes médicaux latins antiques,* G. Sabbah (éd.), Saint-Etienne, Publications de l'Université de Saint-Etienne, Centre Jean Palerne, 1984, 53-70.

Grmek (Mirko Drazen), « Introduction », dans *Histoire de la pensée médicale en Occident, t. 1 Antiquité et Moyen Age*, Mirko G. Grmek (éd.), Paris, Editions du Seuil, 1995, p. 7-24.

Grmek (Mirko Drazen), « Le concept de maladie », dans *Histoire de la pensée médicale en Occident, t. 1 Antiquité et Moyen Age*, Mirko G. Grmek (éd.), Paris, Editions du Seuil, 1995, 211-226.

Gualde (Norbert), *Comprendre les épidémies. La coévolution des microbes et des hommes*, Paris, Le Seuil, 2006.

Guardasole (Alessia), « In margine alla tradizione a stampa del *De compositione medicamentorum secundum locos* di Galeni », dans *I testi medici greci. Tradizione e ecdotica*, Atti del III Convegno Internazionale, Napoli 15-18 ottobre 1997, a cura di Antonio Garzya e Jacques Jouanna, Napoli, D'Auria, 1999, 241-247.

Guenter (Johannes), *Lebensskizzen der Professoren der Universität Jena seit 1558 bis 1858*, Jena, Mauke, 1858.

Gundlach (Franz), *Catalogus Professorum Academiae Marburgensis. Die akademischen Lehrer der Philipps-Universität in Marburg von 1527 bis 1910*, Marburg, Elwert, 1927.

Halkin (Léon Ernest), *Erasme parmi nous*, Paris, Fayard, 1987.

Halleux, (Robert), « Damigéron, Evax et Marbode. L'héritage alexandrin dans les lapidaires médiévaux », *Studi medievali* ser. 3, vol. 13 (1974) 327-347.

Halleux (Robert), *Georg Agricola. Bermannus, le mineur. Un dialogue sur les mines*, introduction, texte établi, traduit et commenté par Robert Halleux et Albert Yans, Paris, Les Belles Lettres, 1990.

Halleux (Robert), *Le savoir de la main. Savants et artisans dans l'Europe pré-industrielle*, Paris, Armand Colin, 2009.

Hamou (Philippe) et Spranzi (Marta), *Galilée. Lettre à Christine de Lorraine et autres écrits coperniciens,* Paris, Libraire générale française, 2004.

Hankinson (R. J.), « Causation in Galen », dans *Galien et la philosophie : huit exposés suivis de discussions*, J. Barnes et J. Jouanna (éds.), Genève, Fondation Hardt, 2003, 31-66.

Harlfinger (Dieter), « Zu griechischen Kopisten und Schriftstilen des 15. und 16. Jahrhunderts », dans *La paléographie grecque et byzantine*. Colloque international, Paris, 21-25 octobre 1974, Paris, Editions du CNRS, 1977, 328-341.

Harlfinger (Dieter) (éd.) et Barm (Reinhard) (éd.), *Graecogermania. Griechischstudien deutscher Humanisten. Ausstellung im Zeughaus der Herzog August Bibliothek Wolfenbüttel vom 22. April bis 9. Juli 1989*, Weinheim - New York, VCH Acta Humaniora, 1989.

Hartfelder (Karl), *Philipp Melanchthon als Praeceptor Germaniae*, Berlin, Hoffmann, 1889. Réimp. Nieuwkoop, B. de Graaf, 1964.

Hartmann (Alfred), *Die Amerbachkorrespondenz* (1481-1558), 10 vol., Bâle, Verlag der Universitätsbibliothek, 1942-1991.

Herczeg (Árpád), « Johannes Manardus, Hofarzt in Ungarn und Ferrara im Zeitalter der Renaissance », *Janus* 33(1929), p. 52-78 et p. 85-130.

Hermans (Jos. M. M.), « Byzantinische Handschriften im 16. Jahrhundert. Bemerkungen zum ältesten gedruckten Handschriftenkatalog (Augsburg 1575) », dans *Polyphonia Byzantina. Studies in Honour of Willem J. Aerts*, Hero Hokwerda, Edmé R. Smits and Marinus M. Woesthuis (éds.), Groningen, Forsten, 1993, p. 189-220.

Hirai (Hiro), *Le concept de semence dans les théories de la matière à la Renaissance. De Marsile Ficin à Pierre Gassendi*, Turnhout, Brepols, 2005.

Hirai (Hiro), « Ficin, Fernel et Fracastor autour du concept de semence : Aspects platoniciens des *seminaria* » in *Girolamo Fracastoro fra medicina, filosofia e scienze della natura : atti del convegno internazionale di studi in occasione del 450 anniversario della morte*, Alessandro Pastore & Enrico Peruzzi éd., Firenze, 2006, 245-260.

Hirai (Hiro), « Lecture néoplatonicienne d'Hippocrate chez Fernel, Cardan et Gemma », dans *Pratique et pensée médicales à la Renaissance. 51e Colloque international d'études humanistes, Tours 2-6 juillet 2007*, Paris, De Boccard, 2009, 241-256.

Hoffmann (Philippe), Rashed (Marwan), « *Phèdre* 249b8-c1 : une faute d'onciale », *Revue des études grecques* 121 (2008), p. 43-64.

Hugonnard-Roche (H.), Rosen (E.), Verdet (J.-P.), *Introductions à l'astronomie de Copernic. Le Commentariolus de Copernic. La Narration prima de Rheticus*, introduction, traduction française et commentaire, préface de R. Taton, Paris, Blanchard, 1975.

Ilberg (Johannes), « Zur Überlieferung des Hippokratischen Corpus », *Rheinisches Museum* 42 (1887), 436-461.

Ilberg (Johannes), « Prolegomena » dans *Hippocrate, Opera quae feruntur omnia. Volumen I*, Leipzig, Bibliotheca Teubneriana, 1894.

Irigoin (Jean), « Tradition manuscrite et histoire du texte. Quelques problèmes relatifs à la Collection hippocratique », dans *La collection hippocratique et son rôle dans l'histoire de la médecine*. Colloque de Strasbourg (23-27 octobre 1972) organisé par le Centre de Recherches sur la Grèce antique, Leiden, Brill, 1975, 3-18.

Irigoin (Jean), « L'Hippocrate du cardinal Bessarion (Marcianus graecus 269 [533]) », dans *Miscellanea Marciana di Studi Bessarionei*, Medioevo e Umanesimo, 24, Padova, 1976, 161-147.

Irigoin (Jean), « Le rôle des *recentiores* dans l'établissement du texte hippocratique », dans *Corpus hippocraticum*. Actes du colloque hippocratique de Mons (22-26 septembre 1975) édités par Robert Joly, Mons, Université de Mons, 1977, 9-17.

Irigoin (Jean), *Tradition et critique des textes grecs*, Paris, Les Belles Lettres, 1997.

Irigoin (Jean), « Le manuscrit V d'Hippocrate », dans *I testi medici greci. Tradizione e ecdotica*, Atti del III Convegno Internazionale, Napoli 15-18 ottobre 1997, a cura di Antonio Garzya e Jacques Jouanna, Napoli, D'Auria, 1999, 269-283.

Issel (Emil), *Quaestiones Sextinae et Galenianae*, Diss. Marburg, 1917.

Jacquart (Danielle), « De *crasis* à *complexio* : note sur le vocabulaire du tempérament en latin médiéval », dans *Textes médicaux latins antiques*, Sabbah (Guy) (éd.), Saint-Etienne, Publications de l'Université de Saint-Etienne, 1984, 71-76.

Jacquart (Danielle), *La science médicale occidentale entre deux Renaissances (XIIe s.-XVe s.)*, Aldershot - Brookfield, Variorum, 1997.

Jacquart (Danielle), *La médecine médiévale dans le cadre parisien, XIVe-XVe siècles*, Paris, Fayard, 1998.

Jacquart (Danielle), « Lectures universitaires du *Canon* d'Avicenne », dans *Avicenna and his heritage. Acts of the international Colloquium Leuven-Louvain-La-Neuve, september 8 - september 11, 1999*, Janssens (Jules) et De Smet (Daniel) (éds.), Leuven, Leuven University Press, 2002, 313-324.

Jacquart (Danielle) et Micheau (Françoise), *La médecine arabe et l'Occident médiéval*, Paris, Maisonneuve et Larose, 1996.

Jaeger (Werner), « Das Pneuma in Lykeion », *Hermes* 48 (1913), 30-74.

Jaeger (Werner), *Diokles von Karystos. Die griechische Medizin und die Schule des Aristoteles*, Berlin, Walter De Gruyter & Co, 1963^2.

Jouanna (Jacques), « L'analyse codicologique du *Parisinus gr.* 2140 et l'histoire du texte hippocratique », *Scriptorium* 38 (1984), 50-62.

Jouanna (Jacques), « Remarques sur la valeur relative des traductions latines pour l'édition des textes hippocratiques », dans *Le latin médical. La constitution d'un langage scientifique*, Sabbah (Guy) (éd.), Saint-Etienne, Publications de l'Université de Saint-Etienne, 1991, 11-26.

Jouanna (Jacques), *Hippocrate,* Paris, Fayard, 1992.

Jouanna (Jacques), « L'Hippocrate de Modène : *Mut. Est. gr.* 233 (*a.* T.1.12), 220 (*a.* O. 4. 8) et 227 (*a.* O. 4. 14) », *Scriptorium* 49, 2 (1995), 273-283.

Jouanna (Jacques), Magdelaine (Caroline), *L'art de la médecine. Serment, Ancienne médecine, Airs, eaux, lieux, Maladie sacrée, Nature de l'homme, Pronostic, Aphorismes*, présentation, traductions, chronologie, bibliographie et notes, Paris, Garnier-Flammarion, 1999.

Jouanna (Jacques), « Miasme, maladie et semence de la maladie. Galien lecteur d'Hippocrate », dans *Studi su Galeno. Scienza, filosofia, retorica e filologia.* Atti del seminario, Firenze, 1998, D. Manetti (éd.), Firenze, Università degli studi di Firenze, 2000, 59-92.

Jouanna (Jacques), « Foes éditeur d'Hippocrate », dans *Lire les médecins grecs à la Renaissance*, V. Boudon-Millot et G. Cobolet (éds.), Paris, De Boccard, 2004, 1-26.

Jouanna (Jacques), « Famine et pestilence dans l'antiquité grecque : un jeu de mots sur *LIMOS / LOIMOS* », *Actes du colloque* L'homme face aux calamités naturelles dans l'Antiquité et au Moyen Âge, J. Jouanna, J. Leclant et M. Zink éds., *Cahiers de la villa « Kérylos »*, n° 17, 2006, 197-219.

Joutsivuo (Timo), *Scholastic tradition and humanist innovation. The concept of neutrum in Renaissance medicine*, Helsinki, Suomalainen tiedakatemia, 1999.

Kaiser (Wolfram) et Völker (Arina), *Ars medica Vitebergensis 1502-1817*, Halle (Saale), Wissenschaftliche Beiträge der Martin-Luther-Universität Halle-Wittenberg, 1980.

Karant-Nunn (Susan C.), *Zwickau in transition, 1550-1547. The Reformation as an agent of change*, Columbus Ohio, Ohio State University press, 1987.

Kessler (Eckhard), « Metaphysics or Empirical Science ? Two Faces of Aristotelician Natural Philosophy in the Sixteenth Century », dans *Renaissance readings of the* Corpus Aristotelicum. *Proceedings of the conference held in Copenhagen 23-25 April 1998*, Pade (Marianne) (éd.), Copenhagen, Museum Tusculanum Press, 2001, 79-101.

Kibre (Pearl), *The Library of Pico della Mirandola*, New York, Columbia University Press, 1936.

Kibre (Pearl), *Hippocrates Latinus : repertorium of Hippocratic writings in the latin middle-ages*, revised edition, New-York, Fordham University Press, 1985.

Klibansky (Raymond) avec Erwin Panofsky et Fritz Saxl, *Saturne et la mélancolie*, trad. de l'anglais et d'autres langues par Fabienne Durand-Bogaert et L. Evrard, Paris, Gallimard, 1989.

Kovacic (Franjo), *Der Begriff der Physis bei Galen vor dem Hintergrund seiner Vorgänger*, Stuttgart, Franz Steiner Verlag, 2001.

Koyré (Alexandre), *Nicolas Copernic. Des révolutions des orbes célestes*, traduction, introduction et notes, [Paris], Diderot Éditeur, 1998.

Kollesch (Jutta), *Untersuchungen zu den pseudogalenischen* Definitiones medicae, Berlin, Akademie Verlag, 1973.

Krabbe (Otto), *Die Universität Rostock im 15. und 16. Jahrhundert*, Rostock - Schwerin, Stiller, 1854.

Krey (Johann Bernhard), *Andenken an die Rostockschen Gelehrten aus den drei letzten Jahrhunderten*, Rostock, Adler, 1813-1816.

Kucharscki (Paul), « La 'méthode d'Hippocrate' dans le *Phèdre* », *Revue des études grecques* 52 (1939), 301-357.

Kudlien (Fridolf), « Die Datierung des Sextus Empiricus und des Diogenes Laertius », *Rheinisches Museum für Philologie* 106 (1963), 251-254.

Kühlewein (Hugo), « Hippocratea », *Hermes* 27 (1892), 301-307.

Kühn (Hans-Josef), Fleischer (Ulrich), Alpers (Klaus), *Index Hippocraticus*, Göttingen, Vandenhoeck & Ruprecht, 1986-1989.

Kuhn (Thomas Samuel), *The Copernican revolution. Planetary astronomy in the development of western thought*, Cambridge (Mass.) - London, Harvard University Press, 1985.

Kullmann (Wolfgang) et Föllinger (Sabine) (éds.), *Aristotelische Biologie. Intentionen, Methoden, Ergebnisse. Akten des Symposions über Aristoteles's Biologie vom 24.-28. Juli 1995 in der Werner-Reimers-Stiftung in Bad Homburg*, Stuttgart, Franz Steiner Verlag, 1997.

La Charité (Claude), « Rabelais lecteur d'Hippocrate dans le *Quart Livre* », dans *Langue et sens du Quart Livre. Actes du colloque de Rome (novembre 2011)*, Giacone (Franco) (éd.), Paris, Classiques Garnier, 2012, 233-268.

Labarre (Albert), « L'étude des bibliothèques privées anciennes », dans *Mélanges offerts à Albert Kolb*, Van der Vekene (Emil) (éd.), Wiesbaden, Pressler, 1969, 294-302.

Laks (André), « Remarks on the Differentiation of Early Greek Philosophy », dans *Philosophy and the Sciences in Antiquity*, Sharples (Robert W.) (éd.), Aldershot-Burlington, Ashgate, 2005, 8-22.

Langholf (Volker), « L'air (pneuma) et les maladies », dans *La maladie et les maladies dans la collection hippocratique. Actes du VIe Colloque international hippocratique*, P. Potter, G. Maloney, J. Desautels (éds), Québec Canada, Les Éditions du Sphinx, 1990, 339-359.

Lathrop (H. B.), « Janus Cornarius *Selecta epigrammata Graeca* and the early english epigrammatists », *Modern Language Notes*, XLIII, 4 (1928), 223-229.

Leboucq (G.), Bidez (Joseph), « Une anatomie antique du cœur humain. Philistion de Locres et le *Timée* de Platon », *Revue des études grecques* 57 (1944), 7-40.

Lerner (Michel), « 'Der Narr will die gantze kunst Astronomiae umkehren' : sur un célèbre *Propos de table* de Luther », dans *Nouveau ciel, nouvelle terre. La révolution copernicienne dans l'Allemagne de la Réforme (1530-1630)*, Granada (Miguel Ángel) et Mehl (Edouard) (éds.), Paris, Les Belles Lettres, 2009, 41-65.

Leu, (Urs Bernhard), Keller (Raffael), Weidmann (Sandra), *Conrad Gessner's private library*, Leiden, Brill, 2008.

Lloyd (Geoffrey Ernest Richard), *Magie, raison et expérience. Origines et développement de la science grecque*, trad. de l'anglais par Carlier (Jeannie) et Regnot (Franz), Paris, Flammarion, 1990.

Lloyd (Geoffrey Ernest Richard), « Le pluralisme de la vie intellectuelle avant Platon », dans *Qu'est-ce que la philosophie présocratique ?* Laks (André), Louguet (Claire) (éds.), Villeneuve d'Ascq, Presses Universitaires du Septentrion, 2002, 39-53.

Lloyd (Geoffrey Ernest Richard), « Mathematics as a Model of Method in Galen », dans *Philosophy and the Sciences in Antiquity*, Sharples (Robert W.) (éd.), Aldershot-Burlington, Ashgate, 2005, 110-130.

Long (Antony A.) et Sedley (David N.), *Les philosophes hellénistiques*, trad. par Jacques Brunschwig et Pierre Pellegrin, 3 vol., Paris, Garnier-Flammarion, 2001. (*The Hellenistic Philosophers*, 1987[1]).

Lowry (Martin), *Le monde d'Alde Manuce. Imprimeurs, hommes d'affaires et intellectuels dans la Venise de la Renaissance*, trad. de l'anglais par S. Mooney et F. Dupuigrenet Desroussilles, Paris, Promodis, 1989.

Luccioni (Pascal), « Le traité *Sur les vents* d'Adamantios : quelques remarques » dans *La météorologie dans l'Antiquité. Entre science et croyance. Actes du Colloque international interdisciplinaire de Toulouse*, 2-3-4 mai 2002, Centre Jean Palerne, Cusset (Christophe) (éd.), Saint-Etienne, Publications de l'Université de Saint-Etienne, 2003, 437-454.

Magdelaine (Caroline), « La *translatio antiqua* des *Aphorismes* d'Hippocrate », dans *I testi medici greci. Tradizione e ecdotica*, Atti del III Convegno Internazionale, Napoli 15-18 ottobre 1997, a cura di Antonio Garzya e Jacques Jouanna, Napoli, D'Auria, 1999, 349-361.

Magdelaine (Caroline), « Rabelais éditeur d'Hippocrate », dans *Lire les médecins grecs à la Renaissance*. Boudon-Millot (Véronique) et Cobolet (Guy) (éds.), Paris, De Boccard, 2004, 61-83.

Maillard (Jean-François), Portalier (Monique), Kecskeméti (Judit) *L'Europe des humanistes. XIVe-XVIIe siècles*, Paris - Turnhout, CNRS Editions - Brepols, 1998.

Manetti (Daniela), « Tematica filosofica e scientifica nel Papiro Fiorentino 115. Un probabile frammento di Galeno In Hippocratis de alimento » dans *Studi su papiri Greci di logica et medicina*, Cavini (Walter) (éd.), Firenze, Olschki, 1985, 173-213.

Manetti (Daniela), « Il Proemio di Erotiano e l'oscurità intentionale di Ippocrate », dans *I testi medici greci. Tradizione e ecdotica*, Atti del III Convegno Internazionale, Napoli 15-18 ottobre 1997, a cura di Antonio Garzya e Jacques Jouanna, Napoli, D'Auria, 1999, 363-377.

Mansion (Augustin), « L'origine du syllogisme et la théorie de la science chez Aristote », dans *Aristote et les problèmes de méthode. Symposium aristotelicum, Louvain 24 août-1er septembre 1960*, Suzanne Mansion (éd.), Louvain, Publications universitaires, 1961, 59-81.

Mariotte (Jean-Yves), *Philippe de Hesse (1504-1567), le premier prince protestant*, Paris, Honoré Champion, 2009.

Marrache-Gouraud (Myriam), *'Hors toute intimidation'. Panurge ou la parole singulière*, Études Rabelaisiennes t. XLI, Genève, Droz, 2003.

Martini, (Edgar) « Virgil und Parthenios », *Studi Virgiliani*, Mantova, Mondovi, 1930, 149-159.

Mayaud (Pierre-Noël), *Le conflit entre l'Astronomie Nouvelle et l'Écriture Sainte aux XVIe et XVIIe siècles. Un moment de l'histoire des idées. Autour de l'affaire Galilée*, Paris, Champion, 2005, 6 volumes.

Mazliak (Paul), *Avicenne et Averroès. Médecine et biologie dans la civilisation de l'Islam*, Paris, Vuibert, 2004.

Mazzini (Innocento), « Manente Leontini, Übersetzer der hippokratischen Epidemien (cod. Laurent. 73, 12). Bemerkungen zu seiner Übestezung von Epidemien Buch 6 », dans *Die hippokratischen Epidemien : Verhandlungen des* Vème Colloque international hippocratique, Baader (Gerhard) et Winau (Rolf) éds., Sudhoffs Archiv, Beiheft 27, Berlin, 1989, 312-320.

Menini (Romain), *Rabelais altérateur. « Græciser en François »*, Paris, Classiques Garnier, 2014.

Meyer (Frederick G.), Trueblood (Emily Emmart), Heller (John L.), *The great herbal of Leonhart Fuchs (De historia stirpium commentarii insignes, 1542) : notable commentaries on the history of plants*, Stanford Calif, Stanford University Press, 2 vol., 1999.

Mittler (Elmar) et Werner (Wilfried), *Mit der Zeit : die Kurfürsten von der Pfalz und die Heidelberger Handschriften der Bibliotheca Palatina*, Wiesbaden, L. Reichert, 1986.

Mondrain (Brigitte), « La collection des manuscrits grecs d'Adolphe Occo », *Scriptorium* 42 (1988), 156-175.

Mondrain (Brigitte), « Un manuscrit d'Hippocrate : le *Monacensis graecus* 71 et son histoire aux XVe et XVIe siècles », *Revue d'Histoire des textes* 13 (1988), 201-204.

Mondrain (Brigitte), « Etudier et traduire les médecins grecs au XVIe siècle. L'exemple de Janus Cornarius » dans *Les voies de la science grecque. Etudes sur la transmission des textes de l'Antiquité au XIXe siècle*, Danielle Jacquart (éd.), Genève, Droz, 1997, 391-417.

Monfort (Marie-Laure), « Les notes de Cornarius dans l'aldine de Göttingen : une source manuscrite retrouvée », *I test medici greci. Tradizione e ecdotica. Atti del III Convegno internazionale. Napoli 15-18 ottobre 1997* a cura di Antonio Garzya e Jacques Jouanna, Napoli, D'Auria, 1999, 419-427.

Monfort (Marie-Laure), « La notion de vulgate hippocratique » dans *Medical Latin from the late Middle Ages to the Eighteenth Century, Proceedings of the European Foundation Exploratory Workshop in the Humanities*, Brussels 3 and 4 September 1999, Koninklije Akademie voor Geneeskunde von België, 2000, 53-66.

Monfort (Marie-Laure), « L'histoire moderne du fragment hippocratique *Des remèdes* », *Revue des Etudes Anciennes* 102, 3-4 (2000), 361-377.

Monfort (Marie-Laure), « Les traités hippocratiques *Epidémies V* et *VII* dans le texte de la vulgate », *Würzburger medizinhistorische Mitteilungen* 20 (2001), 123-140.

Monfort (Marie-Laure), « Le traité hippocratique *De videndi acie* est-il d'époque impériale ? », dans *Les cinq sens dans la médecine de l'époque impériale. Sources et développements*, Actes de la table ronde du 14 juin 2001, I. Boehm et P. Luccioni (éds)., Lyon, CEROR-De Boccard, 2003, 39-54.

Monfort (Marie-Laure), « L'*Oeconomia Hippocratis* de Foes », dans *Lire les médecins grecs à la Renaissance*, V. Boudon-Millot et G. Cobolet (éds.), Paris, De Boccard, 2004, 27-41.

Monfort (Marie-Laure), « Le *Medicina siue Medicus* de Janus Cornarius, une réplique à la *Medicina* de Jean Fernel », dans *Pratique et pensée médicales à la Renaissance, 51e Colloque international d'études humanistes*, Tours, 2-6 juillet 2007, Vons (Jacqueline) (éd.), Paris, De Boccard, 2009, 223-240.

Monfort (Marie-Laure), « Les traductions d'Hippocrate et de Galien par Janus Cornarius dans l'édition Chartier », dans *René Chartier (1572-1654), éditeur d'Hippocrate et Galien*, Boudon-Millot (Véronique), Cobolet (Guy) et Jouanna (Jacques) (éds.), Paris, De Boccard, 2012, p. 325-342.

Monfort (Marie-Laure), « Le discours scientifique de Panurge », *XVIe siècle*, 8 (2012), 255-272.

More, (Thomas), *L'Utopie ou le traité de la meilleure forme de gouvernement*, trad. de Marie Delcourt, Paris, Garnier-Flammarion, 1987 (1966[1]).

Morneweg (Karl), *Johann von Dalberg, ein Deutscher Humanist und Bischof*, Heidelberg, Winter, 1887.

Nachmanson (Ernst), *Erotianstudien*, Uppsala-Leipzig, A.-B. Akademiska Bokhandeln-O. Harrassowitz, 1917.

North (J. D.), « Celestial influence - the major premiss of astrology », in P. Zambelli (éd.), *Astrologi hallucinati : Stars and the End of the World in Luther's Time*, Berlin-New-York, De Gruyter, 1986, 45-121.

Nutton (Vivian), « Hippokrates in the Renaissance » dans *Die hippokratischen Epidemien : Verhandlungen des* Vème Colloque international hippocratique, Baader (Gerhard) et Winau (Rolf) éds., Sudhoffs Archiv, Beiheft 27, Berlin, 1989, 420-439.

Nutton (Vivian), « Comment évaluer les annotations médicales des humanistes », in A. Garzya et J. Jouanna (éds.), *Storia e ecdotica dei testi medici greci. Atti del II Convegno Internazionale. Parigi 24-26 maggio 1994*, Napoli, D'Auria, 1996, 351-361.

Nutton (Vivian), *Ancient Medicine*, London - New York, Routledge, 2004.

Olivier (Jean-Marie), « Le codex *Aurogalli* des *Geoponica* », *Revue d'Histoire des textes*, 10 (1980), 249-259.

Olivier (Jean-Marie), Monégier du Sorbier (Marie-Aude), *Catalogue des manuscrits grecs de Tchékoslovaquie*, Paris, Editions du CNRS, 1983.

Omont (Henri), *Catalogue des manuscrits grecs de Fontainebleau*, Paris, Imprimerie nationale, 1889.

Omont (Henri), *Inventaire sommaire des manuscrits grecs de la Bibliothèque nationale*, Paris, Leroux, 1898.

Opsomer (Carmélia) et Halleux (Robert), *La lettre d'Hippocrate à Mécène et la lettre d'Hippocrate à Antiochus*, [Milano], G. Bretschneider, 1985.

Opsomer (Carmélia) et Halleux (Robert), « Marcellus ou le mythe empirique » dans *Les écoles médicales à Rome. Actes du IIIème colloque international sur les textes médicaux latins antiques. Lausanne, septembre 1986*, P. Mudry et J. Pigeaud (éds.), Genève, 1991, 160-178.

Oser-Grote (Caroline M.), *Aristoteles und das* Corpus Hippocraticum. *Die Anatomie und Physiologie des Menschen*, Stuttgart, Franz Steiner Verlag, 2004.

Palmieri (Nicoletta), « La théorie de la médecine des Alexandrins aux Arabes », in D. Jacquart (éd.), *Les voies de la science grecque*, Paris-Genève, Droz, 1997, 33-133.

Palmieri (Nicoletta) (éd.), *L'Ars Medica (Tegni) de Galien. Lectures antiques et médiévales*, Saint-Étienne, Publications de l'Université de Saint-Étienne, 2008.

Palmieri (Nicoletta), « Elementi 'presalernitati' nell'Articella : la Translatio antiqua dell'Ars medica, detta Tegni », *Galenos* 5, 2011, 43-70.

Palmieri (Nicoletta), « La translatio antiqua degli Aforismi di Ippocrate e la tradizione presalernitana », *Galenos* 6, 2012, 65-101.

Palmieri (Nicoletta), « I traduttori greco-latini dell'Articella e i loro lettori », *Galenos* 8, 2014, 13-33.

Pater (W. A. de), *Les Topiques d'Aristote et la dialectique platonicienne. Méthodologie de la définition*, Fribourg Suisse, Ed. Saint-Paul, 1965.

Pellegrin (Pierre), *La Classification des animaux chez Aristote. Statut de la biologie et unité de l'aristotélisme*, Paris, Les Belles Lettres, 1982.

Pellegrin (Pierre) (éd.), *Aristote, Parties des animaux Livre I*, trad. de J. M. Le Blond, Introduction de P. Pellegrin, Paris, Garnier-Flammarion, 1995 (1945[1]).

Pellegrin (Pierre) (éd.), *Galien, Traités philosophiques et logiques, Des sectes pour les débutants, Esquisse empirique, De l'expérience médicale, Des sophismes verbaux, Institution logique*, trad. inédites de C. Dalimier, J. P. Levet, P. Pellegrin, Introduction par P. Pellegrin, Paris, Garnier-Flammarion, 1998.

Pellegrin (Pierre), *Aristote, Seconds Analytiques*, trad. fr., Paris, Garnier-Flammarion, 2005.

Pennuto (Concetta), « The debate on critical days in Renaissance Italy » dans *Astro-Medicine. Astrology and Medicine, East and West*, edited by Akasoy (Anna), Burnett (Charles) et Yoeli-Tlalim (Ronit), Firenze, SISMEL - Edizioni del Galluzzo, 2008, 75-98.

Pennuto (Concetta), *Simpatia, fantasia e contagio. Il pensiero medico e il pensiero filosofico di Girolamo Fracastoro*, Roma, Edizioni di Storia e Letteratura, 2008.

Peremans (Nicole), Érasme et Bucer d'*après leur correspondance*, Paris, Les Belles Lettres, 1970.

Perfetti (Stefano), *Aristotle's zoology and its Renaissance commentators (1521-1601)*, Louvain, Leuven University Press, 2000.

Peyroux (Jean), *Nicolas Copernic. Sur les révolutions des orbes célestes*. Première traduction complète du latin en français avec un avertissement et des notes, Paris, Librairie Blanchard, 1987.

Peyroux (Jean), *Traité de géographie de Claude Ptolémée*, traduit pour la première fois du grec en français sur les manuscrits de la Bibliothèque du Roi par M. L'Abbé Halma, Paris, Eberhart, 1828, nouv. éd. augm., Paris, Blanchard, 1989.

Pic de la Mirandole (Jean), Œuvres philosophiques, texte latin, trad. et notes par Olivier Boulnois et Giuseppe Tognon, Paris, PUF, 1993.

Pichot (André), *Galien. Œuvres médicales choisies*, traduction de Charles Daremberg, choix, présentation et notes par André Pichot, 2 tomes, Paris, Gallimard, 1994.

Pietrobelli (Antoine), « Le modèle des démonstrations géométriques dans la médecine de Galien », *Bulletin de l'Association Guillaume Budé* 2009, 2, 110-130.

Pigeaud (Jackie), *L'Homme de génie et la mélancolie, Problème XXX, 1*, traduction, présentation et notes, Paris, Rivages, 2006, (1988[1]).

Pittion (Jean-Paul), « Entre tradition et innovation : l'œuvre de Jean Fernel (1497-1558) » dans *Médecine et médecins au XVIe s.. Actes du IXe colloque du Puy-en-Velay*, Vialon-Schoneveld (Marie) (éd.), Saint-Etienne, Publications de l'Université de Saint-Etienne, 2002, 173-181.

Pollet (Jacques), *Huldrych Zwingli et le zwinglianisme. Essai de synthèse historique et théologique mis à jour d'après les recherches récentes*, Paris, Vrin, 1988.

Potter (Paul), « The *editiones principes* of Galen and Hippocrates and their relationships », dans *Text and Tradition. Studies in ancient medicine and its transmission presented to Jutta Kollesch*, Fischer (Klaus-Dietrich), Nickel (Dieter) and Potter (Paul) (éds.), Leiden, Brill, 1998, 243-261.

Quilliet (Bernard), *La tradition humaniste. VIIIe siècle av. J.-C. - XIXe siècle apr. J.-C.*, Paris, Fayard, 2002.

Rabelais (François), Œuvres complètes, texte établi et annoté par Jacques Boulenger, édition revue et commentée par Lucien Scheler, Paris, Gallimard, 1955.

Rasched (Roshdi) et Biard (Joël), *Les doctrines de la science de l'Antiquité à l'Âge classique*, Leuven, Peters, 1999.

Rashed (Marwan), « De qui la clepsydre est-elle le nom ? Une interprétation du fragment 100 d'Empédocle », *Revue des Études grecques* 121 (2008), 443-468.

Renouard (Philippe), *Imprimeurs et libraires parisiens du XVIe siècle.* Tome 5, Postel-Lecoq (Sylvie) et Beaud-Gambier (Marie-Josèphe) (éds.), Paris, Service des travaux historiques de la Ville de Paris, 1991.

Reynolds (Leighton Durham) et Wilson (Nigel Guy), *D'Homère à Érasme. La transmission des classiques grecs et latins*, Paris, Editions du CNRS, 1991.

Rivier (André), *Recherche sur la tradition manuscrite du traité* De morbo sacro, Bern, Francke, 1962.

Rocca (Julius), *Galen on the brain : anatomical knowledge and physiological speculation in the second century AD*, Leiden, Brill, 2003.

Roger (Jacques), « La situation d'Aristote dans l'œuvre de Symphorien Champier », dans *Actes du colloque sur l'Humanisme lyonnais au XVIe siècle* (mai 1972) publié avec le concours de l'Université Lyon II, Grenoble, Presses de l'Université de Grenoble, 1974, 41-51.

Roger (Jacques), « Science humaniste et pratique technicienne chez Georg Agricola », dans *L'Humanisme allemand (1480-1540). XVIIIe colloque international de Tours*, München - Paris, Fink - Vrin, 1979, 211-220.

Roger (Jacques), « Jean Fernel et les problèmes de la médecine de la Renaissance », dans *Pour une histoire des sciences à part entière*, Paris, Albin Michel, 1995 (1960[1]), 77-94.

Rossi (Paolo), « Sul declino dell'astrologia agli inizi dell' età moderna » in *Aspetti della rivoluzione scientifica*, Napoli, 1971, 29-49.

Rossi (Paolo), *Aux origines de la révolution scientifique moderne,* trad. de l'italien par P. Vighetti, Paris, Seuil, 2004 (1999[1]).

Ruffié (Jacques), Sournia (Jean-Charles), *Les épidémies dans l'histoire de l'homme. Essai d'anthropologie médicale*, nouv. éd. rev. at augm., Paris, Flammarion, 1995.

Rummel (Erika), *Erasmus as Translator of the Classics*, Toronto Buffalo London, University of Toronto Press, 1985.

Rütten (Thomas), *Demokrit-lachender Philosoph und sanguinischer Melancholiker. Eine pseudohippokratische Geschichte*, Leiden, Brill, 1992.

Rütten (Thomas), *Hippokrates im Gespräch. Ausstellung des Instituts für Theorie und Geschichte der Medizin und der Universitäts- und Landesbibliothek Münster (10.12.1993 bis 8.1.1994) anläßlich der Eröffnung der Zweigbibliothek Medizin*, Münster, Univ- und Landesbibliothek - Institut für Theorie und Geschichte der Medizin, 1993.

Rütten (Thomas) et Rütten (Ulrich), « Melanchthons Rede *De Hippocrate* », *Medizinhistorisches Journal*, 33 (1998), 19-55.

Rütten (Thomas), « Hippocrates and the Construction of 'Progress' in Sixteenth- and Seventeenth-Century Medicine » dans *Reinventing Hippocrates*, Cantor (David) (éd.), Aldershot, Ashgate, 2002, 37-58.

Rütten (Thomas), « The Melancholia-Author Rufus in the Psychopathological Literature of the (Early) Modern Period », dans Pormann (Peter) éd., *Rufus of Ephesus. On Melancholy*, Tübingen, Mohr Siebeck, 2008, 245-262.

Sabbah (Guy), Corsetti (Pierre-Paul) et Fischer (Klaus-Dietrich), *Bibliographie des textes médicaux latins. Antiquité et Haut Moyen Âge*, Saint-Etienne, Publications de l'Université, 1987.

Sabbah (Guy) (éd.), *Le latin médical. La constitution d'un langage scientifique*, Saint-Etienne, Publications de l'Université de Saint-Etienne, 1991.

Schmitt (Charles), *Aristote et la Renaissance*, traduit de l'anglais et présenté par Luce Giard, Paris, PUF, 1992 (*Aristote and the Renaissance*, 1983).

Schubring (Konrad), « Untersuchungen zur Überlieferungsgeschichte der hippokratischen Schrift *De locis in homine* », (Neue Deutsche Forschungen. Abt. Klassische Philologie. Bd. 12), Berlin, Junker-Dünnhaupt, 1941.

Schumacher (Gert-Horst), Wischhusen (Heinzgünther), Anatomia Rostockiensis. *Die Geschichte der Anatomie an der 550 Jahre alten Universität Rostock*, Berlin, Akademie Verlag, 1970.

Siraisi (Nancy G.), *Avicenna in Renaissance Italy. The Canon and Medical Teaching in Italian Universities after 1500*, Princeton, Princeton University Press, 1987.

Skernewitz (Lieselotte), *Janus Cornarius, der erste Dekan der Med. Facultät der Universität Jena*, Diss. Jena, [1954].

Steinmann (Martin), *Johannes Oporinus, ein Basler Buchdrucker um die Mitte des 16. Jahrhunderts*, Basel-Stuttgart, Helbing et Lichtenhahn, 1967.

Stephens, (W. Peter), *Zwingli le théologien*, Genève, Labor et Fides, 1999.

Stevenson, (Henry M.) et Pitra (Jean Baptiste), *Codices manuscripti Palatini graeci bibliothecae Vaticanae descripti*, Rome, Imprimerie Vaticane, 1885.

Stornajolo (Cosimus), *Codices Urbinates Graeci Bibliothecae Vaticanae*, Roma, Vaticano, 1895.

Strieder (Friedrich Wilhelm), *Grundlage zu einer hessischen Gelehrten- und Schriftsteller-Geschichte*, Bd. 2, Göttingen, Barmeier, 1782.

Strohmaier (Gotthard), « La tradition hippocratique en latin et en arabe », dans *Le latin médical. La constitution d'un langage scientifique. Actes du IIIe Colloque international 'Textes médicaux latins antiques'*, Saint-Etienne, 11-13 septembre 1989, Sabbah (Guy) (éd.), Saint-Etienne, Publications de l'Université de Saint-Etienne, 1991, 27-39.

Szczeciniarz (Jean-Jacques), *Copernic et le mouvement de la Terre*, Paris, Flammarion, 1998.

Taton (René) (éd.), *La science antique et médiévale des origines à 1450*, Paris, PUF, 1994 (1966[1]).

Temkin (Owsei), « Die Krankheitsauffassung von Hippokrates und Sydenham in ihren *Epidemien* », *Archiv für Geschichte der Medizin* 20 (1928), 327-352.

Temkin (Owsei), « On Galen Pneumatology », *Gesnerus* 8 (1951), 180-189.

Teyssier (Paul) et Valentin (Paul), *Voyages de Vasco de Gama. Relations des expéditions de 1497-1499 et 1502-1503. Récits et témoignages*, Paris, Chandeigne, 1995.

Thorndike (Lynn), *A History of Magic and Experimental Science*, New York, Colymbia University Press, 1923-1958.

Tieleman (Teunis Lambertus), Galen and Chrysippus on the soul. Argument and refutation in the De Placitis books II-III, Leiden - New York - Köln, Brill, 1996.

Tricot (Jules), *Aristote. Métaphysique*, t. 1, Livres A - Z, trad. et notes, Paris, Vrin, 2000 (1953[1]).

Tricot (Jules), *Aristote. Métaphysique*, t. 2, Livres H - N, trad. et notes, Paris, Vrin, 2004 (1953[1]).

Trinquier (Jean), « La hantise de l'invasion pestilentielle : le rôle de la faune des marais dans l'étiologie des maladies épidémiques d'après les sources latines », dans *Le médecin initié par l'animal. Animaux et médecine dans l'antiquité grecque et latine*, Boehm (Isabelle) et Luccioni (Pascal) (éds.), Lyon, MOM, 2008, 149-195.

Tsouyopoulos (Nelly), « La philosophie et la médecine romantiques », dans *Histoire de la pensée médicale en Occident* t. 3, Grmek (Mirko D.) (éd.), Paris, Seuil, 1999, 7-27.

Tubiana (Maurice), *Histoire de la pensée médicale. Les chemins d'Esculape*, Paris, Flammarion, 1995.

Uhlig (Paul), « Artz und Apotheker in Altzwickau », *Sudhoffs Archiv* 30 (1937-1938), 301-306 ; 330-336.

Valke (Louis), *Pic de la Mirandole. Un itinéraire philosophique*, Paris, Les Belles Lettres, 2005.

van der Eijk (Philip J.), *Medicine and philosophy in classical antiquity : doctors and philosophers on nature, soul, health and diseases*, Cambridge, Cambridge University Press, 2005.

van der Eijk (Philip J.), « Between the Hippocratics and the Alexandrians : Medicine, Philosophy and Science in the Fourth Century BCE », dans *Philosophy and the Sciences in Antiquity*, Sharples (Robert W.) (éd.), Aldershot-Burlington, Ashgate, 2005, 72-109.

Vegetti (Mario), « Entre le savoir et la pratique : la médecine hellénistique », dans *Histoire de la pensée médicale en Occident*, t. 1 Antiquité et Moyen Age, Mirko G. Grmek (éd.), Paris, Editions du Seuil, 1995, 66-94.

Vegetti (Mario), « Le origini della teoria aristotelica delle cause », dans *La Fisica di Aristotele oggi. Problemi e prospettive. Atti del Seminario*, Catania, 26-27 settembre 2003, Cardullo (R. Loredana) et Giardina (Giovanna R.), Catania, CUECM, 2005, 21-31.

Verbeke (Gérard), *L'évolution de la doctrine du pneuma du Stoïcisme à S. Augustin. Étude philosophique*, Paris-Louvain, Desclée de Brouwer-Éditions de l'Institut Supérieur de Philosophie, 1945.

Verlet (Loup), *La malle de Newton*, Paris, Gallimard, 1993.

Vico (Giambattista), *Réponses aux objections faites à la métaphysique. De antiquissima Italorum sapientia, Liber metaphysicus* 1711-1712, traduction, présentation et notes par Vighetti (Patrick), Paris, L'Harmattan, 2006.

Vogt (Sabine), *Physiognomonica. Aristoteles*, übersetzt und kommentiert von Sabine Vogt, Berlin, Akademie Verlag, 1999.

Vons (Jacqueline), *André Vésale. Résumé de ses livres sur la fabrique du corps humain*, texte et traduction par Jacqueline Vons, Introduction, notes et commentaire par Jacqueline Vons et Stéphane Velut, Paris, Les Belles Lettres, 2008.

Vuillemin (Jules), *De la logique à la théologie. Cinq études sur Aristote*, nouvelle version remaniée et augmentée, Louvain-la-Neuve, Peeters, 2008.

Wallis (Faith), « 12th Century Commentaries on the *Tegni*. Bartholomaeus of Salerno and Others », dans *L'Ars Medica (Tegni) de Galien. Lectures antiques et médiévales*. Actes de la *Journée d'étude internationale, Saint-Étienne, 26 juin 2006*, organisée par le Centre Jean Palerne, Palmieri (Nicoletta) (éd.), Saint-Étienne, Publications de l'Université de Saint-Étienne, 2008, 127-168.

Weil (Eric), *La philosophie de Pietro Pomponazzi. Pic et la critique de l'astrologie*, Paris, Vrin, 1986.

Wellisch (Hans), « Conrad Gessner. A bio-bibliography », *Journal of the Society for the Bibliography of Natural History* 7, 2 (1974), 151-247.

Wellmann (Max), *Die pneumatische Schule bis auf Archigenes in ihrer Entwicklung dargestellt*, Berlin, Weidmannsche Buchhandlung, 1895.

Wellmann (Max), « Demosthenes Περὶ ὀφθαλμῶν », *Hermes* 38 (1903), 546-566.

Wilson (L. G.), « Erasistratus, Galen and the Pneuma », *Bulletin of History of Medicine* 33 (1959), 293-314.

Wilson (Malcolm), « Speusippus on knowledge and division », dans *Aristotelische Biologie. Intentionen, Methoden, Ergebnisse. Akten des Symposions über Aristoteles's Biologie vom 24.-28. Juli 1995 in der Werner-Reimers-Stiftung in Bad Homburg*, Wolfgang Kullmann et Sabine Föllinger (éds.), Stuttgart, Franz Steiner Verlag, 1997, 13-25.

Wirszubski (Chaïm), *Pic de la Mirandole et la cabale*, trad. de l'anglais et du latin par Jean-Marc Mandosio, Paris-Tel Aviv, Editions de l'éclat, 2007.

Wolska-Conus (Wanda), « Stéphanos d'Athènes (d'Alexandrie) et Théophile le Prôtospathaire, commentateurs des *Aphorismes* d'Hippocrate sont-ils indépendants l'un de l'autre ? », *Revue des études byzantines* 47 (1989), 5-89.

Wolska-Conus (Wanda), « Les sources des commentaires de Stéphanos d'Athènes et de Théophile le Prôtospathaire aux *Aphorismes* d'Hippocrate », *Revue des études byzantines* 54 (1996), 5-66.

Zambelli (Paola), « Giovanni Manardi e la polemica sull'astrologia », dans *L'opera et il pensiero di Giovanni Pico della Mirandola nelle storia dell'umanesimo*, Firenze, Istituto nazionale di studi sul Rinascimento, 1965, t. 2, 205-279.

Zambelli (Paola) (éd.), *Astrologi hallucinati : Stars and the End of the World in Luther's Time*, Berlin-New York, De Gruyter, 1986.

Zambelli (Paola), *L'apprendista stregone. Astrologia, cabala e arte lulliana in Pico della Mirandola e seguaci*, Venise, Marsilio, 1995.

6. MANUSCRITS ÉTUDIÉS

Monacensis gr. 71 (Mo)
Parisinus gr. 2168 (O')
Parisinus gr. 2219 (W')
Parisini gr. 2255/2254 (ED)
Urbinas gr. 64 (Vat)
Urbinas gr. 68 (U)
Vaticanus Palatinus gr. 192 (Pal)

TABLE DES MATIÈRES

Introduction 7

PREMIÈRE PARTIE

JANUS CORNARIUS ÉDITEUR DE L'*HIPPOCRATES TOGATUS*

Chapitre I. Années de formation, années de voyage 25
Chapitre II. Un médecin humaniste dans la Réforme 53
Chapitre III. Les éditions hippocratiques cornariennes 79

DEUXIÈME PARTIE

HIPPOCRATE CONTRE GALIEN

Chapitre I. Le courant anti-astrologique 115
Chapitre II. La physiologie des humeurs et des qualités 147

TROISIÈME PARTIE

LA DOCTRINE HIPPOCRATIQUE DE JANUS CORNARIUS

Chapitre I. Le *De peste* de 1551 et la question épidémique 181
Chapitre II. *Enumeratio* de toute la médecine 201
Chapitre III. Le traité *Medicina siue medicus* 219
Chapitre IV. Vers un Hippocrate pneumatiste 241

CONCLUSION 263

Annexe I

Textes de Janus Cornarius édités et traduits..................267

I. *Quarum artium ac linguarum cognitione medico opus sit* (*ca.* 1527)......269
   Quels sont les arts et les langues que le médecin a besoin de connaître ?.......277
II. *In Hippocratis laudem præfatio ante ejusdem Pronostica* (*ca.* 1528)....287
   Éloge d'Hippocrate en préface à ses *Pronostics*..................293
III. *De aëre, aquis et locis. De flatibus. Epistola nuncupatoria* (1529).......299
   Lettre dédicace d'*Airs, eaux, lieux* et *Vents*..................301
IV. *Hippocratis libri omnes restaurati. Epistola nuncupatoria* (1538).......303
   Lettre dédicace de l'édition grecque d'Hippocrate..................307
V. *Hippocratis epistolae. Epistola nuncupatoria* (1542)..................311
   Lettre dédicace des *Lettres d'Hippocrate*..................315
VI. *Hippocratis libelli aliquot. Epistola nuncupatoria* (1543)..................319
   Lettre dédicace de *Quelques livres d'Hippocrate*..................321
VII. *Hippocratis siue Doctor uerus, Oratio habita Marpurgi* (1543)........325
   Hippocrate ou le vrai docteur. Discours de Marburg..................335
VIII. *Hippocratis opera omnia. Epistola nuncupatoria* (1546)..................349
   Lettre dédicace de l'édition complète latine d'Hippocrate..................359
IX. *In Hippocratem Latinum præfatio* (1554)..................375
   Préface à l'Hippocrate latin..................379
X. *Medicina siue medicus* (1556)..................383
   La Médecine ou le médecin..................411
XI. *In dictum Hippocratis, Vita breuis, ars vero longa est* (1557).............449
   Sur le dit d'Hippocrate « La vie est brève, mais l'art est long »..................455

Annexe II

Bibliographie des éditions cornariennes (BEC)..................463

Reproductions de l'aldine de Göttingen..................479

Bibliographie générale..................485

Table des matières..................515